Kenn-buch-stabe	Aufgabe bzw. Zweck des Objektes	Schlagwort	Beispiele elektrischer Objekte (Betriebsmittel)	Schaltzeichen
A	Mehrere Aufgaben oder Zwecke (keine Haupteigenschaft)	**Keine Hauptaufgabe**	Stromkreisverteiler A1 Schaltschrank A2 Hausanschlusskasten A3	A1 A2 A3
B	Umwandeln einer physikalischen Eigenschaft in ein Signal	**Umwandlung in Signal**	Mikrofon B1 Stromwandler B2 Drucksensor B3 Grenztaster B4	B1 B2 B3 p B4
C	Speichern von Material, Energie, Information	**Speichern**	Kondensator C1 Batterie C2 Warmwasserspeicher C3	C1 C2 C3
E	Bereitstellung von Strahlung oder Wärmeenergie	**Bereitstellen von Wärme**	Kühlschrank E1 Infrarotstrahler E2 Leuchten E3	E1 *** E2 E3
F	Direkter Schutz von Energie- oder Signalfluss für Personen oder Sachen	**Schutz**	Sicherung F1 Leitungsschutz-Schalter F2 RCD F3 Motorschutzrelais F4	F1 F2 F3 F4
G	Initiieren von Energie-, Material- bzw. Signalfluss	**Initiieren von Energie**	Generator G1 Solarzelle G2 Ventilator G3 Elektro-chem. Element G4	G1 G G2 G3 G4
K	Verarbeiten von Signalen bzw. Informationen	**Verarbeiten von Signalen**	UND-Baustein K1 Hilfsschütz K2 Schaltrelais K3 Zeitrelais K4	K1 & K2 K3 K4 t
M	Bereitstellung mechanischer Energie zu Antriebszwecken	**Mechanische Energie**	Motor M1 Betätigungsspule M2	M1 M M2
P	Darstellen von Information	**Darstellen von Information**	Messgerät P1 Lautsprecher P2 Hupe P3 Signalleuchte P4	P1 V P2 P3 P4
Q	Kontrolliertes Schalten oder Variieren von Energie-, Signal- bzw. Materialfluss	**Schalten von Energie**	Installationsschalter Q1 Hauptschütz Q2 Leistungsschalter Q3 Stromstoßschalter Q4	Q1 Q2 Q3 Q4
R	Begrenzen bzw. Stabilisieren von Bewegung, Energie-, Informations- bzw. Materialfluss	**Begrenzen**	Diode R1 Widerstand R2 Bremse R3 Regler R4	R1 R2 R3 R4
S	Umwandeln von manueller Betätigung in ein Signal	**Umwandeln in Signale**	Tastatur S1 Steuerschalter S2 Tastschalter S3	S1 S2 S3
T	Umwandeln von Energie unter Beibehaltung der Energieart oder eines Signals ohne Informationsverlust	**Umwandeln von Energie**	AC/DC-Umformer T1 Transformator T2 Gleichrichter T3 Verstärker T4 Stromwandler T5 Antenne T6	T1 T4
U	Halten von Objekten	**Halten**	Isolator Kabelpritschen	
V	Verarbeiten bzw. Behandeln von Materialien	**Verarbeiten von Material**	Geschirrspüler V1 Waschmaschine V2 Staubsauger V3	V1 V2 V3 M
W	Leiten oder Führen von Energie, Signalen und Materialien	**Leiten**	Kabel W1 Leitung W2 Sammelschiene W3	W1 NYY3x2,5 W2 NYM3x1,5 W3
X	Verbinden von Objekten	**Verbinden**	Steckdose X1 Stecker X2 Klemmleiste X3	X1 X2 X3 1 2 3 4

westermann

Autoren: Heinrich Hübscher, Dieter Jagla, Jürgen Klaue, Mario Levy, Hannes Rewald, Mike Thielert

Elektrotechnik

Grundwissen
Lernfelder 1 – 4

6. Auflage

Bestellnummer 221569

Diesem Buch wurden die bei Manuskriptabschluss vorliegenden neuesten Ausgaben der DIN-Normen, VDI-Richtlinien und sonstigen Bestimmungen zu Grunde gelegt. Verbindlich sind jedoch nur die neuesten Ausgaben der DIN-Normen und VDI-Richtlinien und sonstigen Bestimmungen selbst.

Die DIN-Normen wurden wiedergegeben mit Erlaubnis des DIN Deutsches Institut für Normung e.V. Maßgebend für das Anwenden der Norm ist deren Fassung mit dem neuesten Ausgabedatum, die bei der Beuth-Verlag GmbH, Saatwinkler Damm 42/43, 13627 Berlin, erhältlich ist.

Zusatzmaterialien zu Elektrotechnik Grundwissen Lernfeld 1–4

Für Lehrerinnen und Lehrer

Lösungen: 978-3-14-221570-9
Lösungen Download: 978-3-14-245052-0
Lösungen zum Arbeitsheft: 978-3-14-221572-3
Lösungen zum Arbeitsheft Download: 978-3-14-104886-5

Lehrerlizenz BiBox Dauerlizenz: 978-3-14-104422-5
Kollegiumslizenz BiBox Dauerlizenz: 978-3-14-104418-8
Kollegiumslizenz BiBox Schuljahr: 978-3-14-107664-6

Für Schülerinnen und Schüler

Arbeitsheft: 978-3-14-221571-6

Schülerlizenz BiBox Schuljahr: 978-3-14-104420-1

westermann GRUPPE

Druck und Bindung: Westermann Druck GmbH, Georg-Westermann-Allee 66, 38104 Braunschweig

ISBN 978-3-14-221569-3

Vorwort

Das handlungsorientiert aufgebaute Buch der Elektrotechnik ist in unterrichtlichen Lernsituationen der **Berufsschule im ersten Ausbildungsjahr** insbesondere in den Fachrichtungen

- Energie- und Gebäudetechnik,
- Betriebstechnik sowie
- Automatisierungstechnik einsetzbar.

Da im Buch grundlegende Inhalte der Elektrotechnik übersichtlich und lernwirksam aufbereitet worden sind, kann das Buch auch in

- Berufsfachschulen,
- Fachschulen,
- Fachoberschulen und
- Fachgymnasien benutzt werden.

Die Gliederung entspricht den vier Lernfeldern des 1. Ausbildungsjahres:

1 Elektrotechnische Systeme

2 Elektrische Installationen

3 Steuerungen und Regelungen

4 Informationstechnische Systeme

Das Buch ist so gestaltet, dass es außer zur Unterstützung des Unterrichts auch in der Weiterbildung und zum selbstständigen Erarbeiten von Bildungsinhalten dienen kann.

Praxisnähe und die ausführlichen, erklärenden und herleitenden Darstellungen unterstützen die Lernmotivation. Abstrakte elektrotechnische Vorgänge werden gründlich erklärt und mit Schaltplänen und Fotos verdeutlicht.

Am Ende von Lernsequenzen befinden sich farblich unterlegte Merksätze. Sie enthalten in kurzer Form die wesentlichen Lerninhalte und dienen der Festigung des Lehrstoffs.

Auch die Aufgaben sollen helfen, den Lehrstoff zu vertiefen und zu wiederholen.

Wichtige Fachbegriffe sind im Text durch Fettdruck hervorgehoben worden. Englische Fachbegriffe befinden sich dahinter in eckigen Klammern. Sie sind auch im Sachwortverzeichnis aufgeführt.

Die Texte sind in der Regel so verfasst, dass übersichtliche Lernsequenzen entstehen, in vielen Fällen auf einer Doppelseite.

Durch Kapitelverweise werden Zusammenhänge hergestellt (Vorwärts- und Rückwärtsverweise).

Aufgrund der technologischen Weiterentwicklung sind gegenüber der 5. Auflage folgende **Änderungen** vorgenommen worden:

- Durchgängige Aktualisierung der Normen und Vorschriften
- Aufnahme neuer Normen und Vorschriften

Da die Informationstechnik für alle Bereiche der Elektrotechnik zunehmend bedeutsam geworden ist, wurde das Kapitel 4 (Informationstechnische Systeme bereitstellen) vollständig überarbeitet und an den gegenwärtigen Stand der Technik angepasst.

Am Anfang werden dazu energietechnische Systeme mit Steuerungen und Regelungen durch eine informationstechnische Sichtweise ergänzt. Danach folgt die PC-Technik, die heute gewissermaßen zum Grundlagenwissen elektrotechnischer Berufe gehört. Wesentliche Prinzipien und aktuelle Komponenten werden ausführlich behandelt. Dabei spielt Datenschutz, Datensicherheit und Datensicherung eine wichtige Rolle.

Abschließend werden exemplarisch mögliche Kommunikationsformen in einem Museum handlungsorientiert dargestellt.

Für Hinweise und Verbesserungsvorschläge sind die Autoren und der Verlag jederzeit aufgeschlossen und dankbar.

Autoren und Verlag

Braunschweig 2021

1 Elektrotechnische Systeme

2 Elektrische Installationen

3 Steuerungen und Regelungen

4 Informationstechnische Systeme

Anhang:

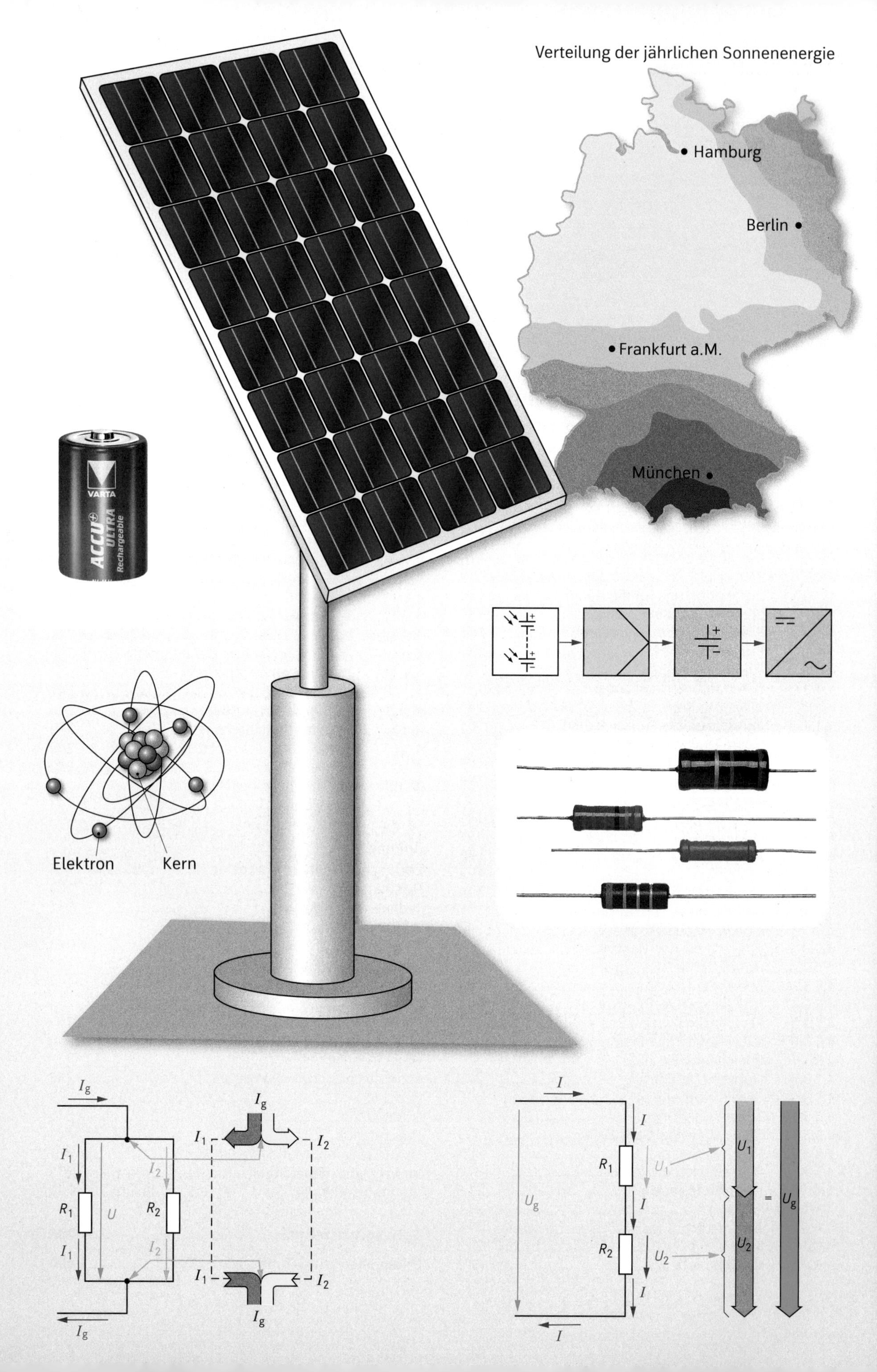
Verteilung der jährlichen Sonnenenergie
Hamburg
Berlin
Frankfurt a.M.
München
VARTA
ACCU
ULTRA
Rechargeable
Elektron
Kern
I_g
I_1
I_2
R_1
R_2
U
I
U_1
U_2
U_g
=

1 Elektrotechnische Systeme

1.1 Photovoltaik-Anlage

Weil für ein Wochenendgrundstück eine elektrische Energiezuführung über das Leitungsnetz nicht möglich war, wurde von Ihrer Firma eine Photovoltaik-Anlage installiert. An diesem elektrotechnischen System soll jetzt ermittelt werden, welche elektrischen Größen eine Rolle spielen und welche Grundschaltungen vorhanden sind.

Der Hersteller hat die Anlage wie folgt beschrieben:

Netzunabhängige Photovoltaik-Anlagen/ Inselanlagen

Netzunabhängige Photovoltaik-Anlagen (Anlagen im Inselbetrieb) kommen überall dort zum Einsatz, wo keine Anbindung an das öffentliche Energieversorgungsnetz besteht oder eine solche Versorgung nicht erwünscht bzw. unrentabel ist.

Die Anlagen werden so ausgelegt, dass sie in der Zeit des größten Energiebedarfs den maximalen Ertrag liefern. So ist z. B. bei einer schwerpunktmäßigen Nutzung im Winter ein anderer Neigungswinkel der Solarmodule optimal (ca. 65°) als im Sommer (30°).

Um die Energieversorgung auch nachts oder während strahlungsarmen Perioden zu gewährleisten, ist bei Inselanlagen ein Energiespeicher (Akkumulator) erforderlich. Ebenso wird die Installation eines Ladereglers notwendig, um den Akkumulator vor Überladung bzw. Tiefentladung zu schützen.

Sollen durch die Photovoltaik-Anlage auch Geräte versorgt werden, die Wechselspannung benötigen, ist zusätzlich ein Wechselrichter zu installieren.

Die Beschreibung enthält bereits wichtige Informationen über die Funktion und den Aufbau dieses Systems. Grundsätzlich dient es dazu, Sonnenenergie in elektrische Energie umzuwandeln.

Folgende Komponenten werden im Text genannt:
- **Solarmodul** [*solar module*]
- **Laderegler** [*charge controller*]
- **Akkumulator** [*accumulator, storage battery*]
- **Wechselrichter** [*inverter*]

1.1.1 Systemanalyse

Die vier Komponenten der Photovoltaik-Anlage sind kompakte Baugruppen. Sie können nach DIN EN 61346 als **Objekte** [*objects*] bezeichnet werden. Es soll nun geklärt werden, wie diese einzelnen Objekte im System zusammenwirken.

Die Umwandlung der Sonnenenergie in elektrische Energie erfolgt im **Solarmodul** (Abb. 1) ①. Den Begriff „Modul" verwendet man, wenn mehrere Elemente – in diesem Fall sind es einzelne Solarzellen – zusammengeschaltet sind (vgl. Kap. 1.3.3). Die Wirksamkeit wird dadurch vergrößert.

Da auch in Zeiten, in denen die Sonne nicht scheint, elektrische Energie benötigt wird, muss Energie in **Akkumulatoren** ③ (vgl. Kap. 1.3.2) auf chemischem Wege gespeichert werden. Zwischen dem Solarmodul und dem Akkumulator befindet sich ein **Laderegler** ②. Er enthält elektronische Schaltungen, mit denen die Aufladung überwacht und optimiert wird.

Akkumulatoren geben an ihrem Ausgang elektrische Energie in Form einer Gleichspannung ab. Da die Geräte im Haushalt in der Regel eine Wechselspannung von 230 V benötigen (vgl. Kap. 1.1.3), erfolgt eine Umwandlung in einem **Wechselrichter** ④. Die Abnahme der Spannung erfolgt dann über eine Schalttafel. Auf ihr können Steckdosen, Schutzschalter usw. montiert sein.

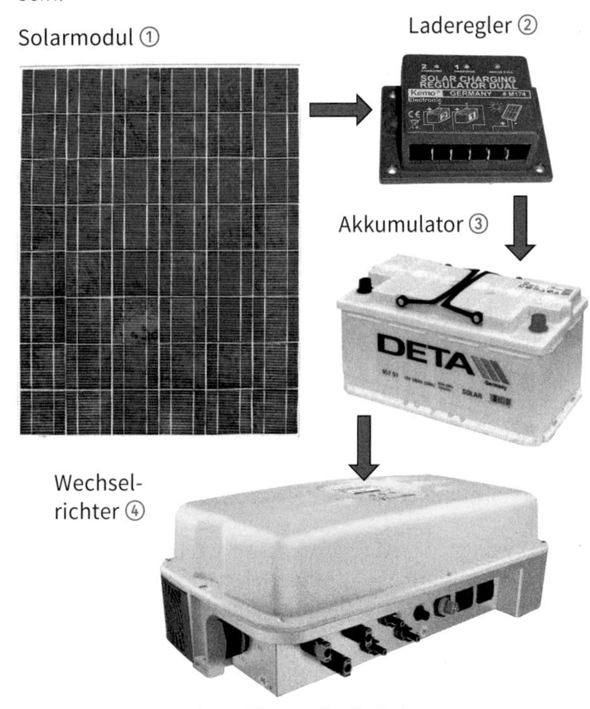

1: Komponenten einer Photovoltaik-Anlage

Was sind elektrotechnische Systeme?

Elektrotechnische Systeme [*electrical systems*]
- besitzen Ein- und Ausgänge (die Ausgangsgrößen sind von den Eingangsgrößen abhängig),
- haben eine Funktion bzw. Aufgabe und
- lassen sich in technische Objekte zerlegen, die in einem bestimmten Zusammenhang stehen.

Neben dieser Funktionssicht können Systeme auch aus der Sicht des Produktes oder des jeweiligen Ortes dokumentiert werden.

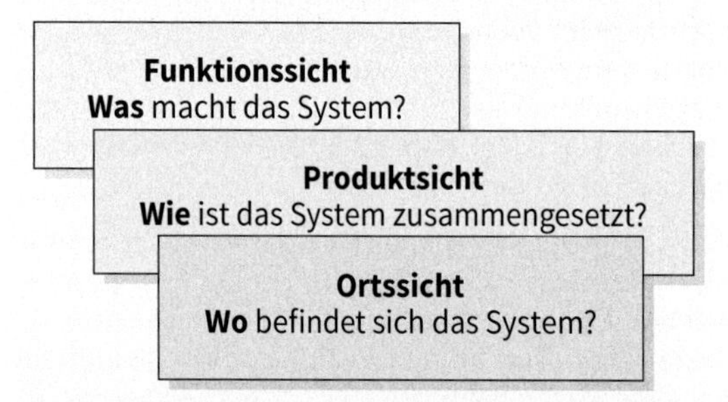

Elektrotechnische Systeme lassen sich unterschiedlich dokumentieren. In der Herstellerunterlage auf der vorigen Seite wurde z. B. die Photovoltaik-Anlage mit Worten beschrieben. Dieser Text reicht für Anwender bzw. Käufer aus.

Für Elektrofachleute sind diese Informationen nicht ausreichend. Deshalb wurde z. B. in der Abb. 1 auf S. 7 der Energiefluss zwischen den einzelnen Objekten zusätzlich durch Pfeile eingezeichnet. Auf diese Weise ist die Wirkrichtung zwischen den Objekten erkennbar. Sie geht vom Solarmodul bis hin zum Wechselrichter.

In der Elektrotechnik werden häufig **Schaltpläne** [*circuit diagrams*] verwendet, mit denen man die Funktion der Systeme dokumentiert (Funktionssicht). Man erkennt aber an den Symbolen nicht, wie das System, das Teilsystem oder das Bauteil tatsächlich aussieht. Durch die Verwendung genormter Symbole (**Schaltzeichen** [*graphical symbols*]) wird jedoch für Fachleute sofort deutlich, welche Funktion sich hinter dem Symbol verbirgt. Als Beispiel dazu dient die Photovoltaik-Anlage in Abb. 1. Dort sind die einzelnen Objekte des Systems durch Schaltzeichen in Blockform dargestellt (**Blockschaltplan** [*block diagram*]).

In der Elektrotechnik können die Objekte in den Plänen zusätzlich durch Buchstaben gekennzeichnet werden (**Kennbuchstaben** [*code letters*]). In Abb. 1 ist z. B. das Solarmodul durch den Buchstaben G gekennzeichnet worden. Damit drückt man nicht die spezielle Funktion des Solarmoduls, sondern lediglich die allgemeine Funktion „Auslösen (Initiieren) eines Energieflusses“ aus. In diesem Fall ist es das Sonnenlicht, das einen elektrischen Energiefluss auslöst. Der Kennbuchstabe G wird auch für Netzgeräte, Batterien usw. verwendet.

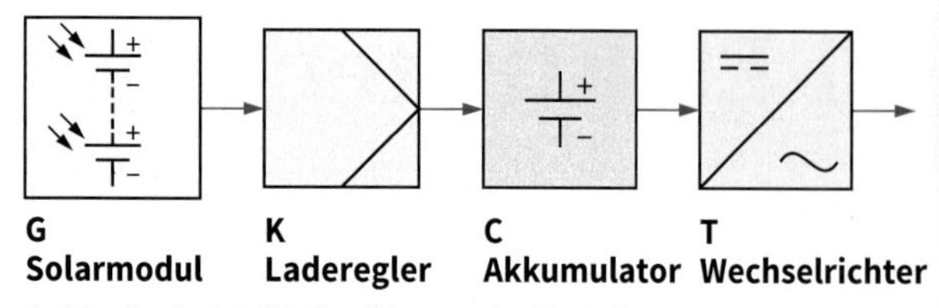

1: Blockschaltbild der Photovoltaik-Anlage

Auch der Kennbuchstabe K kann für verschiedene Bauteile verwendet werden. Er wird z. B. für ein mechanisches Schütz bzw. Relais oder auch für einen Transistor eingesetzt, der als elektronischer Schalter arbeitet. In allen Fällen findet eine „Verarbeitung von Signalen und Informationen“ statt.

Der Akkumulator hat in der Photovoltaik-Anlage eine doppelte Funktion. Er wirkt wie eine Energiequelle, müsste also mit dem Buchstaben G gekennzeichnet werden. Er hat aber auch die Funktion der Energiespeicherung. Seine Kennzeichnung müsste dann durch den Kennbuchstaben C erfolgen. In solchen Fällen muss entschieden werden, welche Hauptfunktion im Plan angegeben werden soll.

Den Kennbuchstaben T benutzt man, wenn in dem Objekt eine Umwandlung der Energie stattfindet und die Energieart unverändert bleibt. Bei der Photovoltaik-Anlage ist es der Wechselrichter, der die Gleichspannung des Akkumulators in Wechselspannung umwandelt.

Kennbuchstabe	Zweck und Aufgabe
C	Speichern von Energie oder Information
G	Initiieren eines Energieflusses
K	Verarbeitung von Signalen und Informationen
T	Umwandlung der Energie unter Beibehaltung der Energieart

2: Kennbuchstaben für Objekte

Aufgabe 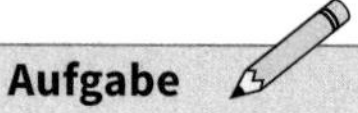

1. Finden Sie heraus, wodurch beim Dynamo und bei der Brennstoffzelle der elektrische Energiefluss ausgelöst wird und beschreiben Sie die grundsätzliche Funktion der beiden Generatoren.

- Systeme bestehen aus Objekten, die untereinander in Beziehung stehen.
- Systeme lassen sich in Teile (Objekte) untergliedern.
- Objekte eines Systems können durch Kennbuchstaben verdeutlicht werden (Zweck und Funktion).
- Systeme lassen sich aus der Sicht der Funktion, des Produktes oder des Ortes dokumentieren.

1.1.2 Elektrische Größen des Solarmoduls

Das verwendete Solarmodul besteht aus 72 einzelnen Zellen. Sie sind zur Erhöhung der Wirksamkeit zusammengeschaltet (Abb. 3b). Die Eigenschaften dieses Moduls lassen sich durch elektrische Größen kennzeichnen (Kenngrößen). Sie sind in der Tabelle von Abb. 3a aufgeführt. Es sind dies die **Leistung** ① (vgl. Kap. 1.1.10), **Spannung** ② (vgl. Kap. 1.1.3) und **Stromstärke** ③ (vgl. Kap. 1.1.4). Es handelt sich dabei um physikalische Größen, die über Messverfahren eindeutig definiert sind. Sie werden durch Formelzeichen in kursiver (schräger) Schrift abgekürzt.

Maximale Leistung ①	220 W
Spannung ②	41,0 V DC ④
Stromstärke ③	5,37 A

a) Kenngrößen des Solarmoduls

Maßangaben in mm

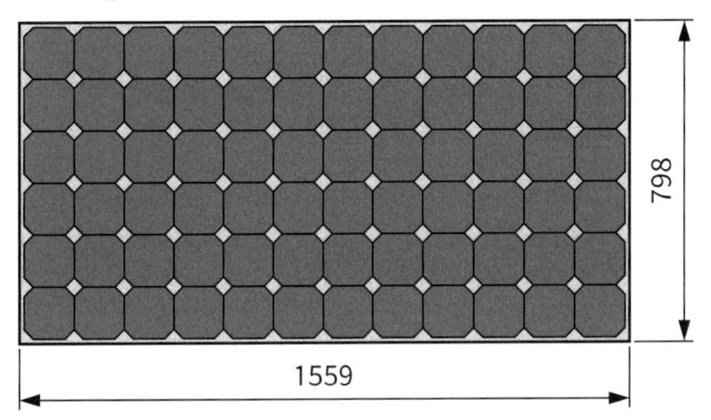

b) Anordnung der einzelnen Solarzellen

3: Daten des Solarmoduls

Wenn man den Wert einer Größe (Größenwert) angeben will, muss man den **Zahlenwert** [*numerical value*] und die dazugehörige **Einheit** [*unit*] nennen, in der diese Größe gemessen wird. Die Zeichen für den Zahlenwert und die dazugehörige Einheit werden im gedruckten Text in senkrechter Schrift gesetzt. Der Zusammenhang zwischen Zahlenwert und Einheit lässt sich durch folgende **Größengleichung** [*quantity equation*] ausdrücken:

Beispiel: Spannung ②

Größenwert	=	**Zahlenwert**	·	**Einheit**
U	=	$\{U\}$	·	$[U]$
U	=	41,0	·	V
Spannung	=	Zahlenwert der Spannung	·	Einheit der Spannung

Die Spannung in der Tabelle von Abb. 3a ist zusätzlich durch die Buchstaben **DC** gekennzeichnet worden ④. Damit drückt man aus, dass es sich um eine Spannung handelt, deren Zahlenwert sich innerhalb einer Zeitspanne nicht ändert. Diese Gleichspannung verursacht dann einen **Gleichstrom** [*Direct Current*].

Daneben gibt es auch Spannungen, deren Zahlenwerte sich ständig ändern (Wechselspannungen). Der Strom wird dann mit **AC** gekennzeichnet [*Alternating Current*].

Basisgrößen und Einheiten

Das physikalische-technische Größensystem basiert auf wenigen voneinander unabhängigen Größen, den **Basisgrößen** [*basic quantities*]. International sind aus den verschiedenen Bereichen der Physik sieben Basisgrößen mit ihren entsprechenden Einheiten festgelegt worden. Sie sind die Grundlage für das **SI-Einheitensystem** (**S**ystème **I**nternational d'Unités, Internationales Einheitensystem).

Für Deutschland ist das SI-Einheitensystem durch das „Gesetz über die Einheiten im Messwesen und die Zeitbestimmung" verbindlich.

Größe und Formelzeichen	**Einheitenname und Einheitenzeichen**
Länge l	Meter, 1 m
Masse m	Kilogramm, 1 kg
Zeit t	Sekunde, 1 s
Temperatur T	Kelvin, 1 K
Elektrische Stromstärke I	Ampere, 1 A
Stoffmenge n	Mol, 1 mol
Lichtstärke I	Candela, 1 cd

Die in der Physik und Technik vorkommenden Zahlenwerte können groß, aber auch sehr klein sein. Aus Gründen der Vereinfachung verwendet man **Vorsätze** [*prefixes*] ① mit entsprechenden **Vorsatzzeichen** [*prefix signs*] ②, die einem bestimmten **Faktor** [*factor*] entsprechen ③ (z.B: $10^3 = 1000$; $10^{-3} = 1/1000$).

①	②	③	①	②	③
Pico	**p**	10^{-12}	Deka	**da**	10^1
Nano	**n**	10^{-9}	Hekto	**h**	10^2
Mikro	**µ**	10^{-6}	Kilo	**k**	10^3
Milli	**m**	10^{-3}	Mega	**M**	10^6
Zenti	**c**	10^{-2}	Giga	**G**	10^9
Dezi	**d**	10^{-1}	Tera	**T**	10^{12}

- Wichtige elektrische Größen sind Spannung, Stromstärke und Leistung.
- Eine physikalische Größe besteht aus dem Zahlenwert und der dazugehörigen Einheit.
- Physikalische Größen lassen sich durch Größengleichungen darstellen.
- Gleichstrom kann durch DC und Wechselstrom durch AC gekennzeichnet werden.
- Im SI-Einheitensystem sind als Basis sieben Größen und Einheiten festgelegt.

Kennlinie des Solarmoduls

Um die Arbeitsweise elektrischer Objekte zu veranschaulichen, sind in den Herstellerunterlagen oft Kennlinien in Diagrammform vorhanden. Für das verwendete Solarmodul ist in Abb. 1 beispielhaft eine Kennlinie dargestellt.

Die Kennlinien zeigen das Verhalten des Solarmoduls bei einer bestimmten Sonneneinstrahlung, die als Leistung in Watt (Einheitenzeichen W) pro Fläche (Einheitenzeichen m²) angegeben wird ①. Sie beträgt 1000 W/m².

An den beiden Achsen des Koordinatensystems sind die Stromstärke ② in Abhängigkeit von der Spannung ③ mit entsprechenden Zahlenwerten angegeben.

Es ist bei Diagrammen üblich, dass man an der waagerechten Achse (**Abszisse** [*abscissa*]) die unabhängige Größe und an der senkrechten Achse (**Ordinate** [*ordinate*]) die abhängige Größe darstellt. Damit die Zahlenwerte an den Achsen eindeutig sind, müssen neben der Größe auch die Einheit angegeben werden (z. B. U in V oder U/V).

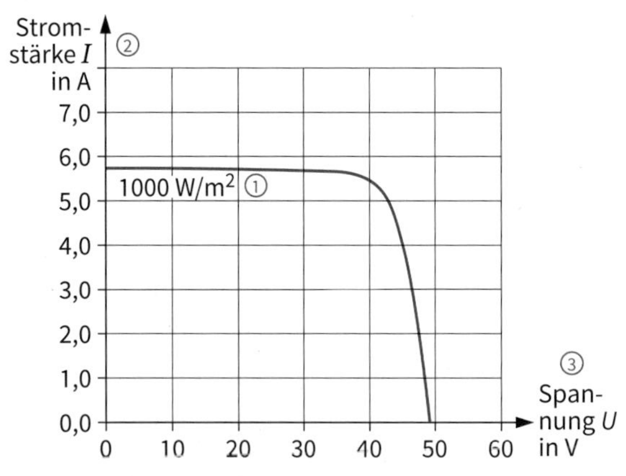

1: Kennlinien eines Solarmoduls

Aufgabe

1. Ermitteln Sie die Größenwerte sowie die Spannungsart (Gleich- bzw. Wechselspannung) für die Betriebsspannungen folgender Geräte bzw. Anlagen: Fernbedienung für Fernsehgerät, Spannungsversorgung im Automobil, Fön, Elektrorasierer, Mobiler Datenspeicher (z. B. SD Card), Digitaler Videorecorder.

- Zusammenhänge zwischen elektrischen Größen lassen sich in Form von Kennlinien darstellen.
- In einem Diagramm befindet sich in der Regel an der Abszisse die unabhängige Größe und an der Ordinate die abhängige Größe.

Wie entsteht eine elektrische Spannung?

Auch in der Natur kommen elektrische Spannungen vor, deren gewaltige Entladungen wir in Form von Blitzen erleben.

Aber auch kleinere elektrische Erscheinungen sind seit langem bekannt. Mit einem geriebenen Bernstein konnte man in der Antike kleine Körper auf geheimnisvolle Weise anziehen oder sogar schweben lassen. Diese so genannte **Reibungselektrizität** [*electricity of friction*] wurde noch bis ins 18. Jahrhundert zur Belustigung in Salons der vornehmen Gesellschaft benutzt.

Heute wissen wir, dass für das elektrische Verhalten der Materie die Ladungen der atomaren Bausteine verantwortlich sind.

Was sind Ladungen und woher kommen sie?

Alle Stoffe bestehen aus **Atomen** [*atoms*], die wiederum aus einem **Kern** und einer **Hülle** aufgebaut sind. Im Kern sind positive Kernteilchen vorhanden, die **Protonen** [*protons*] und außerdem neutrale Teilchen, die **Neutronen** [*neutrons*]. In der Hülle befinden sich negative Teilchen, die **Elektronen** [*electrons*].

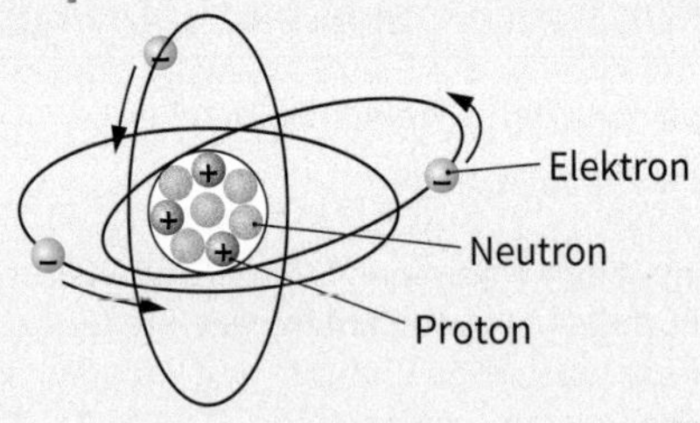

Wenn ein Stoff nicht geladen ist, dann sind gleich viele positive und negative Ladungen vorhanden. Der Stoff ist neutral. Bei einem aufgeladenen Stoff ist das Gleichgewicht gestört. Der Stoff wirkt nach außen positiv, wenn die positiven Ladungen überwiegen. Er ist negativ, wenn die negativen Ladungen überwiegen (**Elektronenüberschuss**).

Die Trennung von Ladungen kann auf einfache Weise durch Reiben eines Kunststoffstabes mit einem Wolltuch hervorgerufen werden. Oft genügt schon ein intensiver Kontakt zwischen den einzelnen Stoffen (z. B. Folien). Daher bezeichnet man diese Ladungstrennung als Reibungselektrizität.

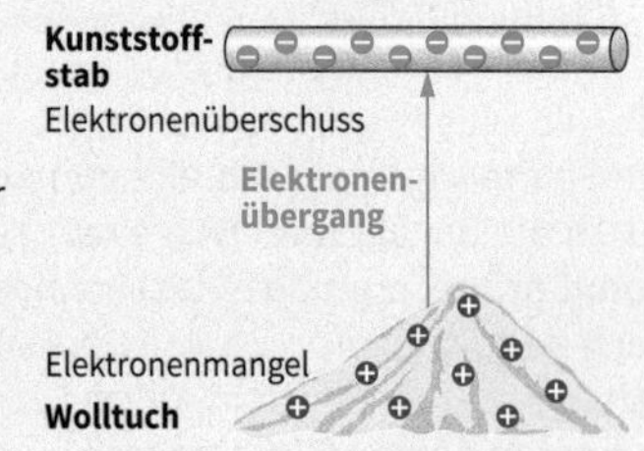

1.1.3 Elektrische Spannung

Der Begriff „Spannung“ wird umgangssprachlich unterschiedlich verwendet. So kann z. B. eine Feder gespannt sein oder man ist selbst gespannt, wie ein Fußballspiel enden wird. In allen Fällen handelt es sich um einen besonderen Zustand, der nach „Entspannung“ strebt.

Auch mit dem Begriff „elektrische Spannung“ kennzeichnet man einen besonderen Zustand, allerdings den einer elektrische Energiequelle. Dort wird durch Ladungstrennung (vgl. S. 10, rechte Spalte) eine elektrische Spannung hervorgerufen und ständig aufrecht gehalten. Diese Quellen werden deshalb als **Spannungsquellen** [*voltage sources*] bezeichnet. Auch das Solarmodul ist eine Spannungsquelle.

In der Photovoltaik-Anlage werden Akkumulatoren als Spannungsquellen verwendet, bei denen die elektrische Spannung durch chemische Prozesse entsteht (vgl. Kap. 1.3.2). Man bezeichnet sie deshalb auch als elektrochemische Spannungsquellen.

Bei der Photovoltaik-Anlage werden die Akkumulatoren (vgl. Kap. 1.3.2) zur Energiespeicherung benutzt. Sie besitzen zwei Pole, die durch Plus (+) und Minus (–) gekennzeichnet sind. Die Unterschiede sind in Abb. 2 vereinfacht dargestellt. Verbindet man diese beiden Pole z. B. mit einer Glühlampe, dann gleichen sich die Ladungen aus. Die beweglichen Ladungen sind Elektronen. Sie wandern außerhalb der Quelle vom **Minuspol** [*negative pole*] zum **Pluspol** [*positive pole*].
Es fließt ein elektrischer Strom (vgl. Kap. 1.1.4). Dies geschieht in elektrochemischen Spannungsquellen so lange, bis die chemischen Substanzen in der Quelle vollständig umgewandelt sind.

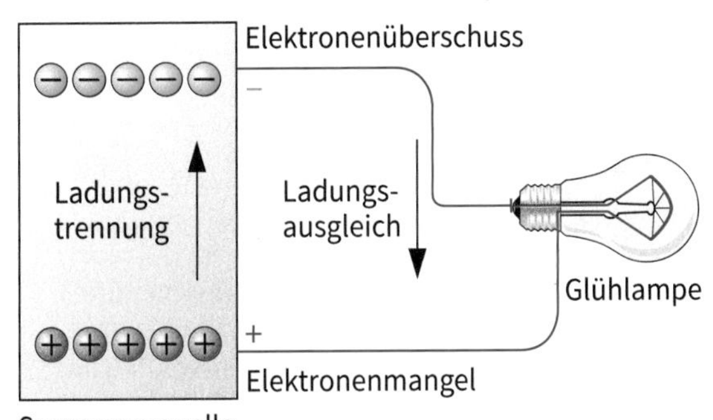

2: Spannungsquelle und Ladungsausgleich

Damit elektrische Geräte einwandfrei arbeiten können, muss die Spannungsquelle eine Spannung liefern, die das Gerät zum Funktionieren benötigt. Die von der Quelle gelieferte Spannung muss also mit der für das Gerät erforderlichen Spannung übereinstimmen (Abb. 3). Die Quellenspannung wird deshalb auch als Versorgungsspannung oder **Bemessungsspannung** [*rated voltage*] bezeichnet. Mitunter wird nicht ein einzelner Wert, sondern ein Spannungsbereich angegeben (z. B. Netzteil 100 V bis 240 V AC).

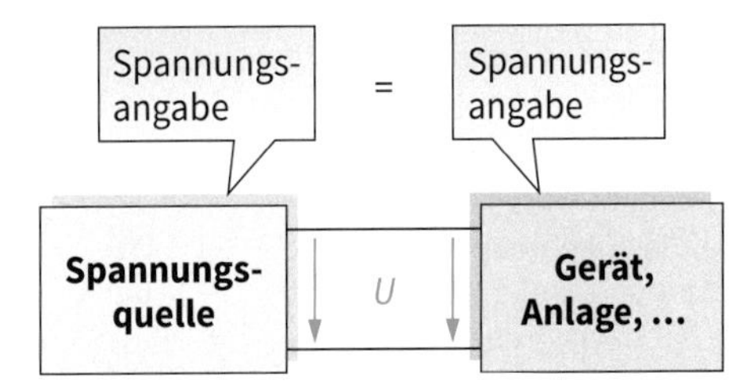

3: Spannungsquellen und Geräte

In elektrotechnischen Plänen können Spannungen durch Pfeile gekennzeichnet werden (Abb. 3). Sie geben die Polarität zwischen zwei Punkten der Schaltung (Leitungen, Klemmen, Anschlüsse usw.) an und gehen definitionsgemäß vom Pluspol (Elektronenmangel) zum Minuspol (Elektronenüberschuss).

Die elektrische Spannung kürzt man durch das Formelzeichen U ab. Als Einheit wird **Volt** [*volt*] verwendet (Alessandro Volta, italienischer Physiker, 1745-1827).

	Formelzeichen	Einheit
Elektrische Spannung	U	V (Volt)

Der Zahlenwert sagt etwas über die Wirksamkeit der Quelle aus. So ist z. B. die Netzspannung von 230 V, die am Ausgang des Wechselrichters der Solaranlage zur Verfügung steht, erheblich wirkungsvoller als die Spannung von 12 V bei einem Klingeltransformator.

Um große und kleine Spannungen übersichtlich darstellen zu können, verwendet man Vorsätze mit entsprechenden Vorsatzzeichen (vgl. Abb. 4 und Kap. 1.1.2).

1 GV	1 Gigavolt	1 000 000 000 V = $1 \cdot 10^9$ V
1 MV	1 Megavolt	1 000 000 V = $1 \cdot 10^6$ V
1 kV	1 Kilovolt	1 000 V = $1 \cdot 10^3$ V
1 mV	1 Millivolt	0,001 V = $1 \cdot 10^{-3}$ V
1 µV	1 Mikrovolt	0,000 001 V = $1 \cdot 10^{-6}$ V

4: Spannungsangaben mit Vorsätzen

- In Spannungsquellen werden Ladungen voneinander getrennt.
- Die Pole einer Gleichspannungsquelle unterscheiden sich durch Elektronenmangel (Pluspol) und Elektronenüberschuss (Minuspol).
- Damit elektrische Geräte einwandfrei funktionieren, muss die Spannung bzw. der Spannungsbereich der Quelle mit der Bemessungsspannung des Gerätes übereinstimmen.
- Spannungspfeile gehen vom Plus- zum Minuspol.
- Zur Kennzeichnung kleiner bzw. großer Größen verwendet man Vorsätze mit entsprechenden Vorsatzzeichen, die bestimmten Faktoren entsprechen.

Wie lassen sich Ladungen nachweisen?

Benutzt wird dazu ein **Elektroskop** [*electroscope*], bei dem mit einer negativ aufgeladenen Kugel der oben angebrachte Teller berührt wird. Dabei stellt man fest, dass der bewegliche Zeiger ausschlägt. Gleichartige Ladungen stoßen sich also ab. Das gleiche Ergebnis erhält man mit positiven Ladungen.

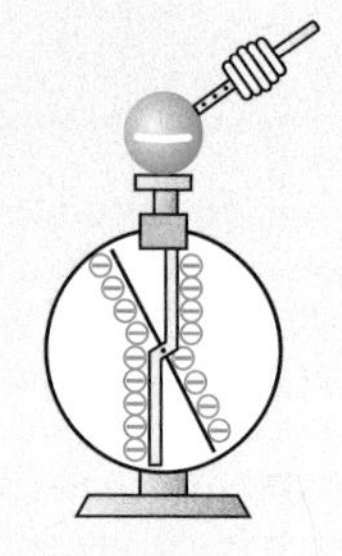

Zur Messung der **Ladung** [*charge*] (Formelzeichen *Q*) ist eine Einheit notwendig. Sie wird zu Ehren des Physikers Charles Augustin Coulomb (1736–1806) mit 1 **Coulomb** (Einheitenzeichen **C**) festgelegt.

Für die Ladung von 1 Coulomb werden $6{,}25 \cdot 10^{18}$ Elektronen benötigt. Diese Zahl ist unvorstellbar groß.

In Spannungsquellen sind oder werden Ladungen ständig voneinander getrennt. Dazu ist Arbeit erforderlich, die auf unterschiedlichste Weise aufgebracht wird.

- Batterie, Akkumulator: Elektrochemische Prozesse
- Solarzelle: Licht (Ladungstrennung im Halbleiter)
- Generator: Bewegung von Spulen im Magnetfeld

Model zur Spannungserzeugung

Das Prinzip der Spannungserzeugung soll mit einem einfachen Modell erklärt werden, das aus zwei unterschiedlich aufgeladenen Platten besteht.

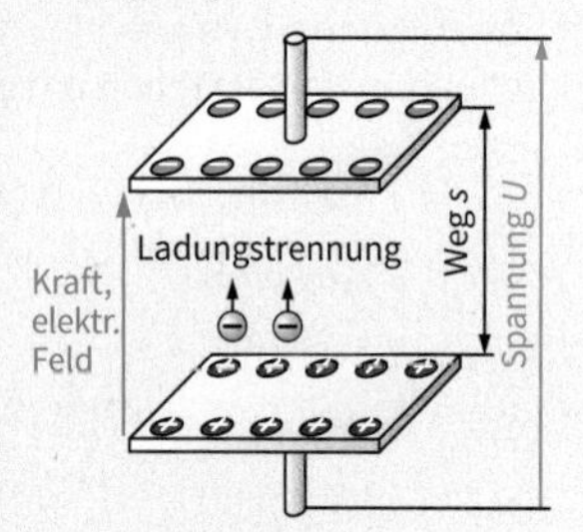

Um weitere Ladungen zu trennen, ist Arbeit erforderlich, da Abstoßungskräfte *F* überwunden werden müssen. Bei einer Verdopplung der Ladung *Q* würde man auch eine doppelt so große Trennungsarbeit (*W*) aufbringen müssen. Trennungsarbeit und Ladung steigen im gleichen Verhältnis (proportional). Bildet man aus *W* und *Q* das Verhältnis *W/Q*, ergibt sich eine Konstante. Diese wird als elektrische Spannung bezeichnet. Sie lässt sich durch folgende Formel ausdrücken:

$$\textbf{Spannung} = \frac{\textbf{Arbeit}}{\textbf{Ladung}} \qquad \boxed{U = \frac{W}{Q}} \qquad W = F \cdot s$$

Zu Ehren des italienischen Physikers Alessandro Volta (1745–1827) wird als Einheit das Volt verwendet. Die Einheit für die Arbeit ist 1 Newtonmeter, sodass sich die folgende Einheitengleichung ergibt:

$$1\,\text{V} = \frac{1\,\text{Nm}}{1\,\text{C}}$$

Spannungsarten

In der Photovoltaik-Anlage (vgl. Kap. 1.1.1) kommen zwei Arten von Spannungen vor, Gleich- und Wechselspannungen (Abb. 1). Das Solarmodul und der Akkumulator geben eine Gleichspannung ab. Die Polarität an den Klemmen ist immer gleich (Plus- und Minuspol). Danach erfolgt mit dem Wechselrichter eine Umwandlung der Gleich- in eine Wechselspannung.

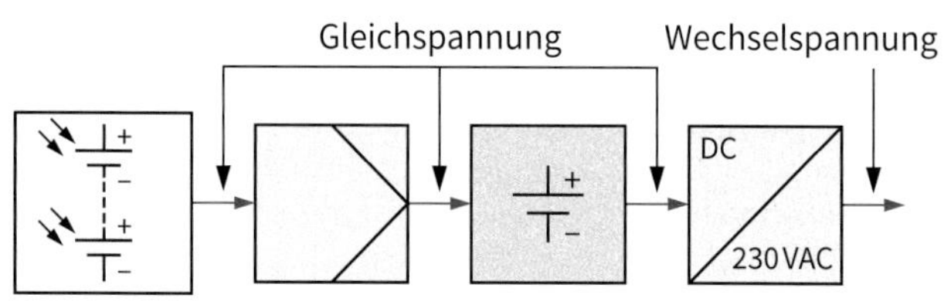

1: Spannungsarten in der Photovoltaik-Anlage

Elektrochemische Spannungsquellen geben Gleichspannungen ab. Man muss dabei zwischen wiederaufladbaren (Akkumulatoren, **Sekundärelementen** [*electric storage batteries*]) und nicht wiederaufladbaren Quellen (**Primärelementen** [*primary cells*], Abb. 2 und vgl. Kap. 1.3.2) unterscheiden.

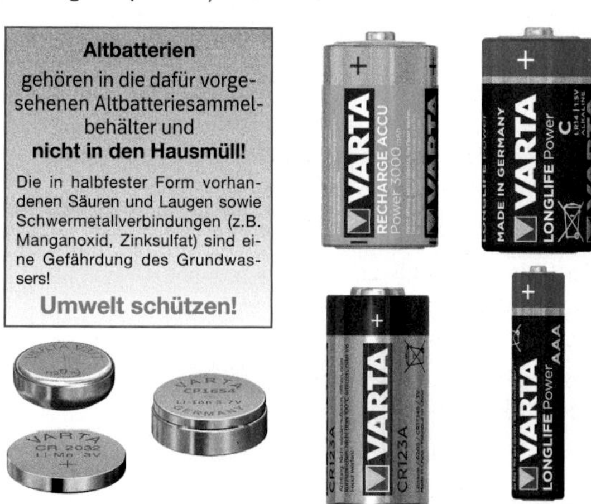

2: Elektrochemische Spannungsquellen

Im Gegensatz dazu ist die Spannung, die von Kraftwerken erzeugt und über Hochspannungsleitungen bis in unsere Wohnungen für die häusliche Energieversorgung gelangt, eine **Wechselspannung** [*alternating voltage*] (Abb. 3).

An den Anschlüssen einer Wechselspannungsquelle ändert sich die Polarität ständig. In Abb. 3 steigt beispielsweise der Zahlenwert der Spannung von Null beginnend, erreicht einen positiven Höchstwert, sinkt bis auf Null, erreicht einen negativen Höchstwert usw.

Würde diese Änderung langsam geschehen, müsste sich bei einem Gleichspannungs-Messinstrument mit einem Zeiger, der Zeiger ständig hin- und herbewegen. Bei der Netzwechselspannung geschieht dies jedoch 50-mal in der Sekunde, sodass diese Instrumente für eine Darstellung der Spannung zu träge sind.

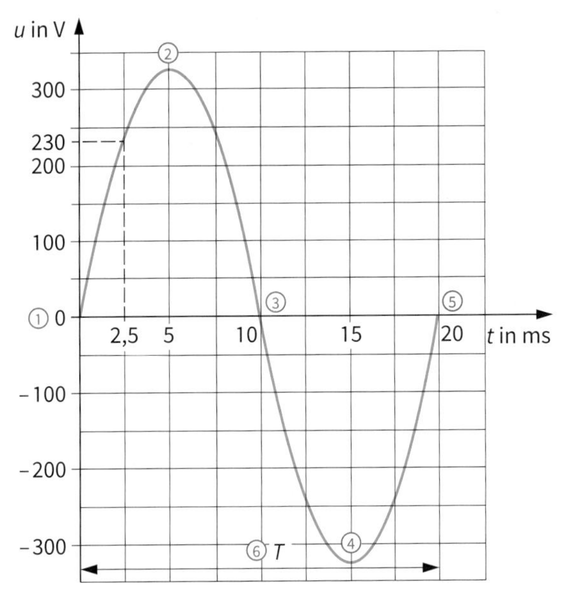

3: Liniendiagramm einer Wechselspannung

Für die Darstellung des Verlaufs von Wechselspannungen benutzt man deshalb ein **Oszilloskop** [*oscilloscope*] (s. rechte Spalte).

Der Kurvenverlauf wird als **Sinuskurve** [*sine curve*] bezeichnet. Sie ist in Abb. 3 als Linienverlauf (**Liniendiagramm** [*line diagram*]) dargestellt und besitzt folgende Merkmale:

- Nulldurchgänge ①, ③, ⑤
- Positiver Maximalwert (positive **Amplitude** [*amplitude*]): $+\hat{u}$ ② (sprich: u-Dach)
- Negativer Maximalwert ④ (negative Amplitude): $-\hat{u}$
- **Periodendauer *T*** [*period time*] ⑥

Die Periodendauer ist die Zeit, die für eine vollständige Schwingung benötigt wird. In der Regel wird aber nicht die Periodendauer, sondern die **Frequenz *f*** [*frequency*] zur Kennzeichnung von Wechselspannungen verwendet. Sie gibt an, wie viele Schwingungen in einer Sekunde ablaufen. Als Einheit wird Hertz (Hz) benutzt.

Folgender Zusammenhang zwischen Frequenz und Periodendauer ergibt sich dann:

$$\textbf{Frequenz} = \frac{\textbf{Anzahl der Perioden}}{\textbf{Zeit für diese Perioden}}$$

$$f = \frac{1}{T} \qquad 1\ \text{Hz} = \frac{1}{\text{s}} = \text{s}^{-1}$$

Frequenz	Formelzeichen	Einheit
	f	Hz (Hertz)

Messen mit dem Oszilloskop

Beim Oszilloskop wird auf dem Display jeder augenblickliche Wert der Spannung (**Augenblickswert** [*instantaneous value*]) in senkrechter (vertikaler) Richtung abgebildet. Die Einstellung des Maßstabes geschieht mit einem Steller mit 10 V/cm ①. Verwendet wird auch die Angabe 10 V/Div bzw. 10 V/div. Mit der Bezeichnung „Div" kennzeichnet man die Rastereinheit auf dem Bildschirm des Oszilloskops (Divit: Teil).

Der positive Maximalwert ② der Spannung lässt sich dann wie folgt berechnen:

$$3\ \text{cm} \cdot 10\ \text{V/cm} = 30\ \text{V}$$

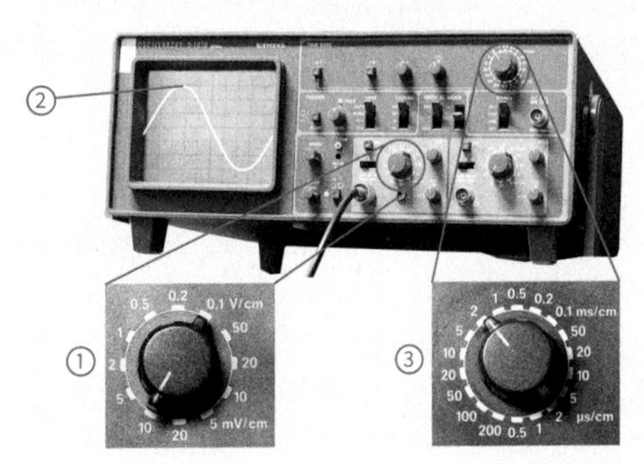

Zusätzlich zu dieser vertikalen Darstellung wird die horizontale (waagerechte) Position der Spannung ermittelt und abgebildet, sodass der zeitliche Verlauf (**Zeitablenkung** [*time base sweep*]) der Spannung erkennbar wird. Es entsteht ein ruhendes Bild. Mit einem Steller (Timebase-Steller) kann die Zeitablenkung eingestellt werden. Bei dem abgebildeten Oszilloskop beträgt sie z. B. 2 ms/cm ③ (oder auch 2 ms/Div). Je nach Einstellung ergeben sich eine oder mehrere Schwingungen.

Aufgabe 

1. Lesen Sie aus dem Diagramm (Abb. 3) die Spannung bei 7,5 ms und bei 17,5 ms ab. Nennen Sie Gemeinsamkeiten bzw. Unterschiede.

- Eine Gleichspannungsquelle liefert eine gleichbleibende Spannung. Die Polarität an den Anschlüssen ändert sich nicht.
- Eine sinusförmige Wechselspannung ändert im Gegensatz zur Gleichspannung ihre Größe und Polarität.
- Eine sinusförmige Wechselspannung wird durch Amplitude und Frequenz gekennzeichnet.
- Die Zeitspanne für die Schwingung einer Wechselspannung bezeichnet man als Periodendauer.
- Mit einem Oszilloskop lassen sich die zeitlichen Verläufe von Spannungen darstellen.

1.1.4 Elektrischer Strom

Der Begriff „Strom" wird in der Umgangssprache für verschiedene Vorgänge benutzt. Wir sprechen z. B. von einem Fahrzeugstrom auf der Autobahn, von einem Menschenstrom (Abb. 1) oder Flüssigkeitsstrom. Allen diesen Beispielen ist gemeinsam, dass eine Bewegung von Körpern, Flüssigkeiten oder Teilchen in eine bestimmte Richtung stattfindet.

1: Menschenstrom

Was ist elektrischer Strom?

Wenn ein elektrisches Gerät oder eine Anlage „eingeschaltet" wird, sagen wir oft: „es fließt Strom". Voraussetzung hierfür ist, dass eine Spannungsquelle und entsprechende Leitungen zum Gerät bzw. der Anlage vorhanden sind sowie ein Schalter betätigt wird. Diese Anordnung nennt man dann einen **Stromkreis** [*electric circuit*].

In Abb. 2 ist ein Stromkreis mit Schaltzeichen dargestellt. Mit Hilfe von Leitern aus Metall (in der Regel Kupfer) wird die elektrische Energie aus der Quelle transportiert und diese anschließend in der Lampe umgewandelt. Dabei fließt der elektrische Strom.

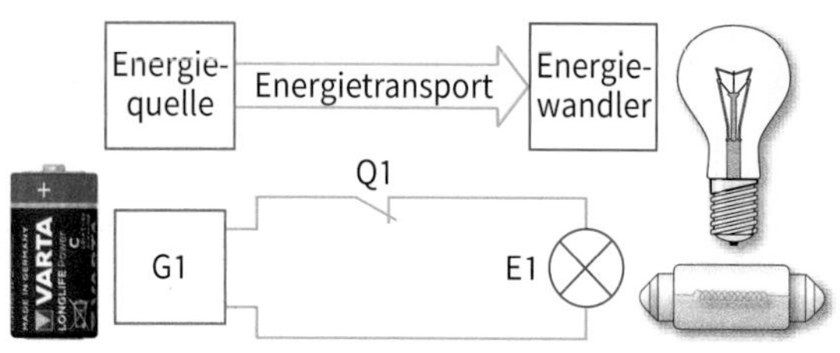

2: Elektrischer Stromkreis

Im elektrischen Stromkreis der Abb. 2 fließt der Strom in metallischen Leitern. Man stellt sich diese Bewegung als eine gerichtete Bewegung von Elektronen vor. Da am Minuspol der Quelle ein Elektronenüberschuss herrscht, bewegen sich im Leiter die Elektronen vom Minuspol zum Pluspol. In Abb. 3 ist dieses modellhaft dargestellt.

- Der elektrische Stromkreis ist ein System, in dem elektrische Energie transportiert und umgewandelt wird.
- Es fließt nur dann ein elektrischer Strom, wenn der Stromkreis geschlossen ist.

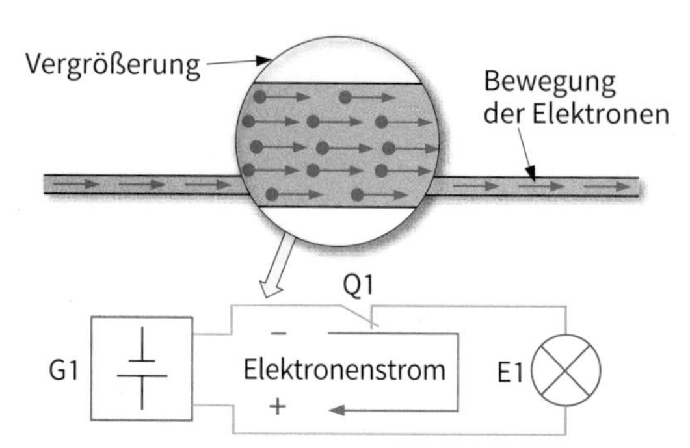

3: Elektrischer Stromfluss als Elektronenbewegung

Wovon hängt die Stärke des Stromes ab?

Die Elektronen besitzen die **Ladung *Q*** [*charge*] mit der Einheit Coulomb (Einheitenzeichen C). Diese Ladungen bewegen sich in einer bestimmten Zeit durch den Leiterquerschnitt. Da sich innerhalb des Stromkreises die Ladungen nicht ändern – es gehen keine Elektronen „verloren" oder kommen welche hinzu – ist die Stromstärke überall gleich. Sie wird um so größer, je größer die Zahl der Ladungen und je geringer die Zeit *t* ist, in der sich die Elektronen durch den Leiterquerschnitt bewegen.

Die Stromstärke wird durch das Formelzeichen *I* abgekürzt. Als Einheit wurde das **Ampere** [*ampere*] gewählt (Andrè-Marie Ampere, franz. Physiker 1775–1836). Damit ergibt sich für 1 Ampere die Einheit 1 Coulomb durch 1 Sekunde.

Fasst man diese Abhängigkeiten zusammen, erhält man folgende Formel für die **elektrische Stromstärke** [*electric current intensity*]:

$$\textbf{Stromstärke } I = \frac{\textbf{Ladung}}{\textbf{Zeit}}$$

$$\boxed{I = \frac{Q}{t}} \qquad 1\,\text{A} = 1\,\frac{\text{C}}{\text{s}}$$

Elektrische Stromstärke	Formelzeichen	Einheit
	I	A (Ampere)

Die Ladung eines einzelnen Elektrons ist sehr klein und beträgt $1{,}6 \cdot 10^{-19}$ C. Sie wird auch als Elementarladung bezeichnet und durch das Formelzeichen *e* abgekürzt.

Stromrichtung

In technischen Unterlagen ist es mitunter sinnvoll, die Richtung des Stromes anzugeben. Dies geschieht durch einen Pfeil innerhalb oder außerhalb der Leitung bzw. über dem jeweiligen Objekt (Abb. 4). Wenn die Quelle über einen Plus- und Minuspol verfügt, geht der Pfeil (Richtungspfeil) definitionsgemäß vom Pluspol zum Minuspol (technische Stromrichtung). Die Pfeilrichtung sagt nichts über die tatsächliche Elektronenbewegung aus.

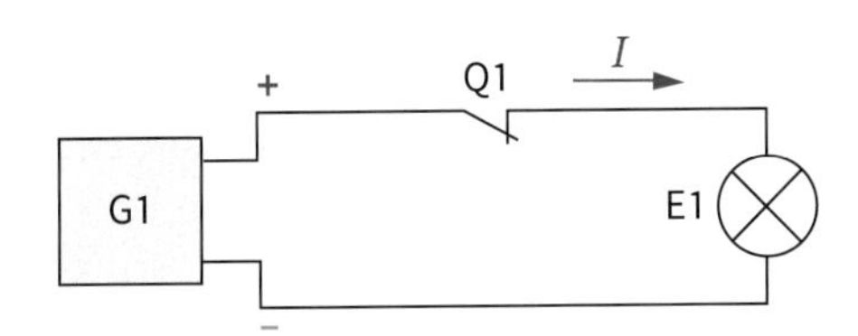

4: Stromrichtung

Stromarten

Entsprechend den Spannungsarten unterscheidet man Gleich- und Wechselstrom. Gleichstromquellen sind Batterien, Akkumulatoren und Energieversorgungen für elektronische Geräte. Zeichen: — oder ⎓

Das Energienetz für die Industrie und Haushalte versorgt uns mit Wechselstrom. Die Stromrichtung ändert sich dabei ständig. Es entstehen gleichgroße positive und negative Anteile (Abb. 5). Zeichen: ∼

Wenn der Strom Anteile von Gleich- und Wechselstrom enthält, nennt man ihn **Mischstrom** [UC: *Universal Current*] (Abb. 6). Zeichen: ≂

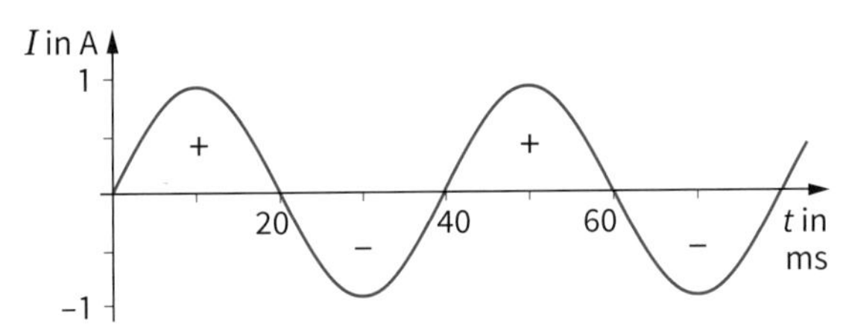

5: Wechselstrom

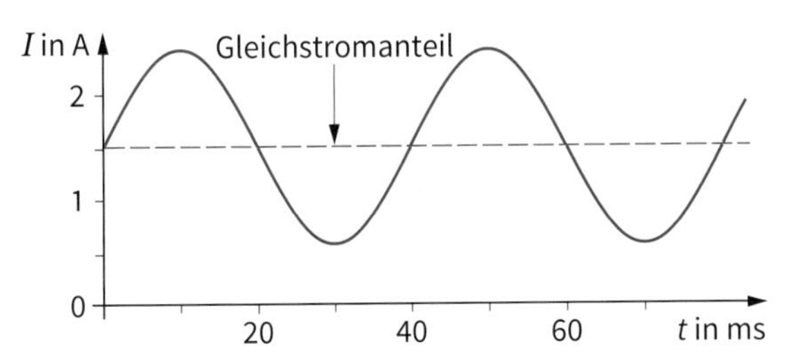

6: Mischstrom

Aufgabe

1. Ermitteln Sie die Stromstärken für folgende Geräte: Taschenlampe, Energiesparlampe 25 W, CD-Player, Staubsauger, Monitor (eventuell technische Unterlagen heranziehen).

- Eine Gleichspannungsquelle liefert eine gleichbleibende Spannung. Die Polarität an den Anschlüssen ändert sich nicht.
- Eine sinusförmige Wechselspannung ändert im Gegensatz zur Gleichspannung Größe und Richtung.

Modellvorstellungen zum elektrischen Strom

Was bewegt sich im **Leiter** [*conductor*]?

Zur Klärung dieser Frage wird der modellhafte Aufbau eines metallischen Leiters betrachtet.

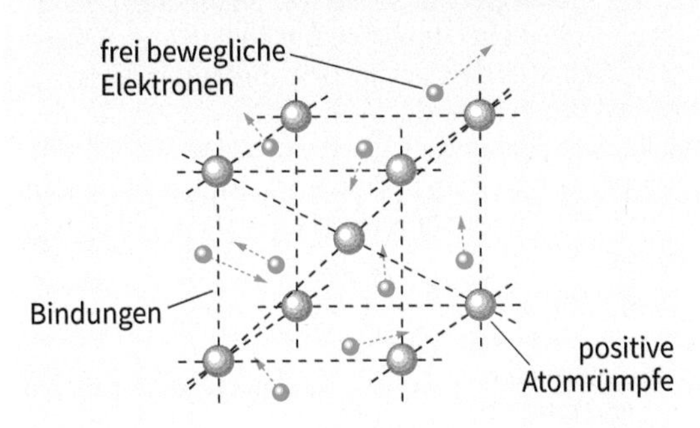

Bei diesem festen Körper befinden sich die Atome an bestimmten Stellen des Raumes (**Kristallgitter** [*crystal lattice*]). Da bei Metallatomen die äußeren Elektronen nicht besonders fest an den Kern gebunden sind, können sie sich im Kristallgitter frei bewegen. Diese Bewegung ist ungeordnet. Erst wenn wie in der folgenden Abbildung eine Spannung anliegt, findet eine gerichtete Bewegung statt. Die Elektronen werden abgestoßen (Minuspol) bzw. angezogen (Pluspol) und es fließt Strom.

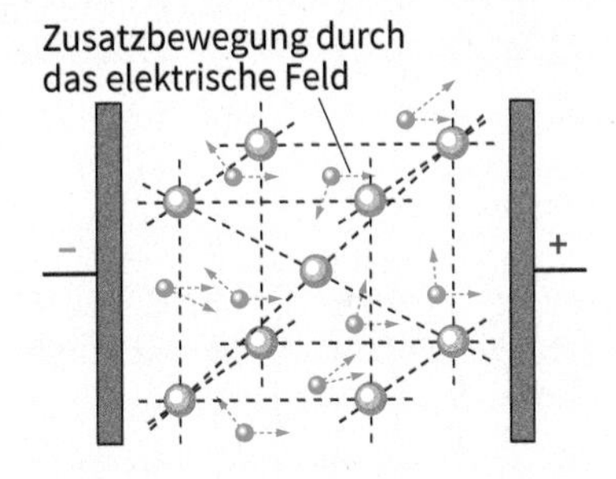

Modell des elektrischen Stromkreises

Der elektrische Stromkreis lässt sich in begrenztem Umfang mit einem Wasserkreislauf vergleichen. Beide besitzen Antriebsquellen (Turbine ≙ Spannungsquelle). Diese sorgen dafür, dass Wasser bzw. Ladungen in einem ständigen Kreislauf transportiert werden. Mit dem Wasserkreislaufmodell können aber nicht die besonderen Wirkungen des elektrischen Stromes erklärt werden (z. B. magnetische Wirkung, Licht).

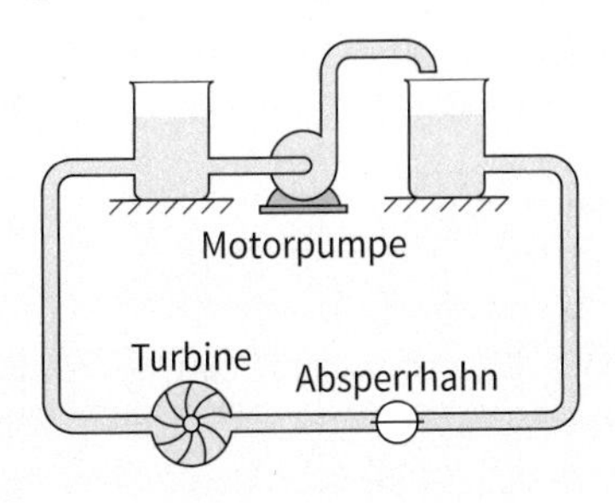

1.1.5 Messen von Spannung und Stromstärke

Spannungsmessung

Als Spannungsquelle wird in Abb. 1 eine elektrochemische Quelle verwendet, an der eine Glühlampe (z. B. Meldelampe) angeschlossen ist. Die Spannung besteht zwischen Plus- und Minuspol. Die beiden Anschlüsse des Messgerätes müssen deshalb direkt mit diesen Polen verbunden werden. Das Messgerät liegt also parallel zur Spannungsquelle. Wenn im Messgerät keine automatische Umschaltung der Polarität erfolgt, müssen beim Geräteanschluss Plus- und Minuspol beachtet werden.

Folgende Vorgehensweise ist dabei sinnvoll:

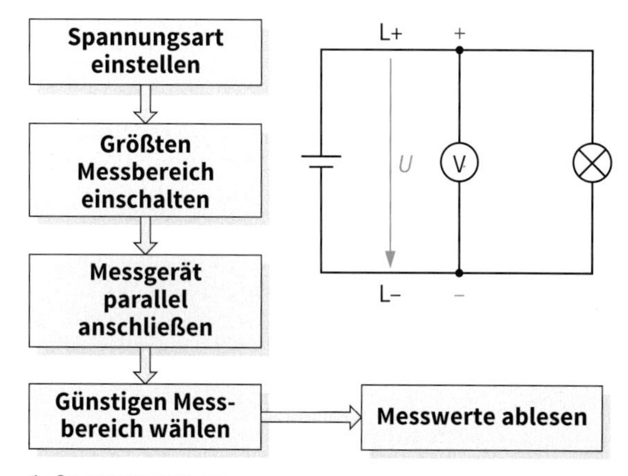

1: Spannungsmessung

Stromstärkenmessung

Da die Stromstärke direkt im Stromkreis gemessen wird, muss dieser unterbrochen und das Messgerät eingefügt werden. Der Strom fließt jetzt durch das Messgerät und kann gemessen werden.

Folgende Vorgehensweise ist dabei sinnvoll:

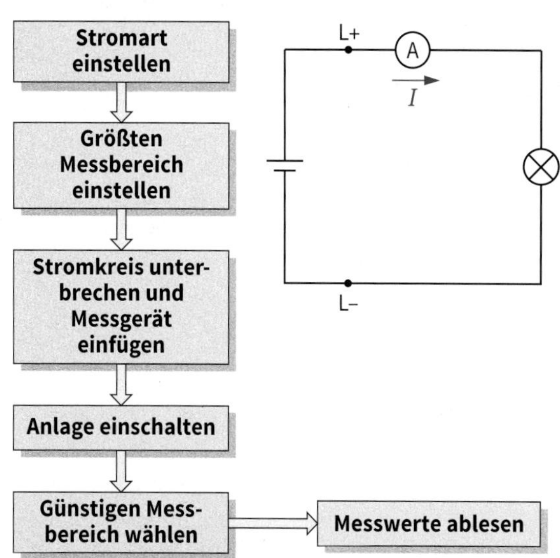

2: Messen der Stromstärke

Messungen an der Photovoltaik-Anlage

Als praktisches Beispiel soll die Ausgangspannung an der Photovoltaik-Anlage gemessen werden. Es handelt sich um eine Wechselspannung (Abb. 3 ①).

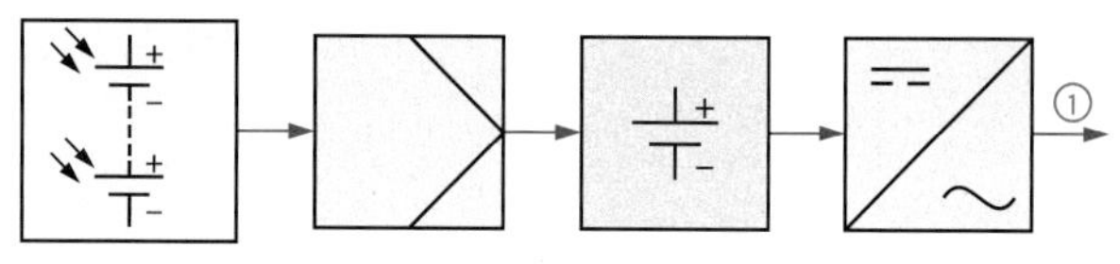

3: Photovoltaik-Anlage

Die Wechselspannung wird verwendet, um elektrische Geräte zu betreiben. Als Belastung dient in diesem Fall eine Glühlampe.

Als Messgeräte werden verwendet:

- Messinstrument P1 mit Zeigerausschlag
- Oszilloskop P2

Die **Messschaltung** *[measuring circuit]* in Abb. 4 zeigt, dass die Spannungsmessgeräte parallel angeschlossen werden.

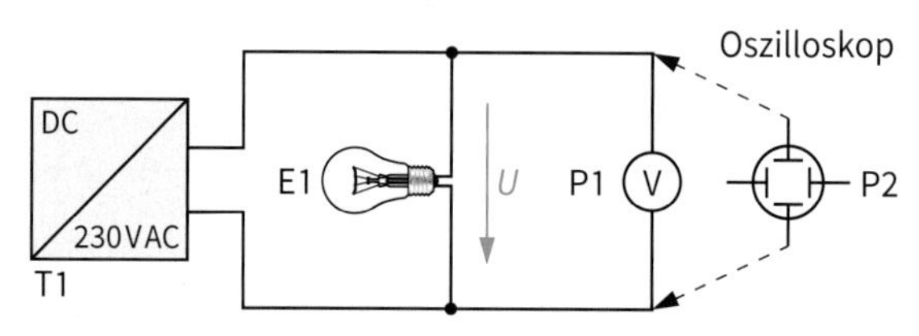

4: Messschaltung

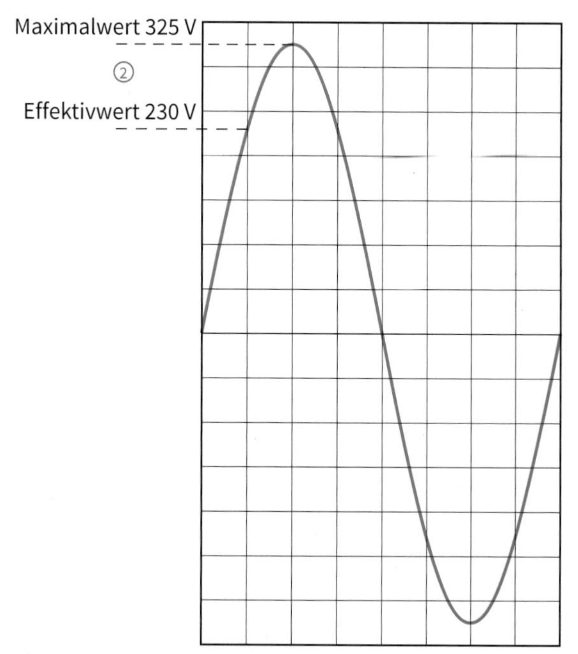

Einstellungen am Oszilloskop:
A_Y = 50 V/Div, A_X = 5 ms/Div

5: Ergebnis der Wechselspannungsmessung mit dem Oszilloskop

Die Messungen mit dem Messinstrument P1 liefern folgende Ergebnisse:

- DC (Gleichspannung) im 1000 V-Bereich: 0 V
- AC (Wechselspannung) im 1000 V-Bereich: 230 V

Das Oszilloskop P2 liefert keinen bestimmten Wert, sondern zeigt auf dem Bildschirm den Spannungsverlauf an (Abb. 5). Der Maximalwert lässt sich über die Einstellung A_Y = 50 V/Div berechnen:

Abgelesener Wert: 6,5 Div (Abb. 5 ②)

Maximalwert: $\hat{u}$ = 6,5 Div · 50 V/Div
$\hat{u}$ = 325 V

Mit dem Vielfachmessgerät misst man nicht den Spitzenwert, sondern einen kleineren Wert. Er wird als **Effektivwert** [*root mean square value*] bezeichnet und gibt an, wie groß eine Gleichspannung mit gleicher Wirkung wäre (z. B. bei einem Wärmegerät).

Messfehler [*measuring error*]

Messungen sind stets mit Fehlern behaftet. Die Genauigkeit, mit der ein Messgerät misst, wird als **Güteklasse** bezeichnet. Sie wird in Prozent des Skalenendwertes angegeben. Betriebsmessgeräte besitzen Güteklassen von 1; 1,5; 2,5 und 5.

Bei den Fehlerarten wird zwischen dem relativen und dem absoluten Fehler unterschieden. Der **absolute Fehler *F*** [*absolute error*] ist die Abweichung des angezeigten Messwertes (Ist-Wert) vom tatsächlichen Wert (Soll-Wert). Er ist für die gesamte Skala gleich groß.

Der **relative Fehler *f*** [*relative error*] ist der absolute Fehler, bezogen auf den jeweiligen Messwert. Er wird in Prozent angegeben und ist für die gesamte Skala unterschiedlich. Da er am Ende der Skala am geringsten ist, sollte möglichst bei großen Zeigerausschlägen gemessen werden.

Aufgaben

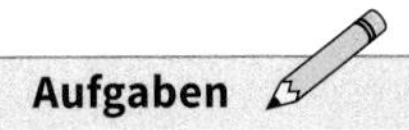

1. Schauen Sie auf ein Ihnen zur Verfügung stehendes Vielfach-Zeigerinstrument und listen Sie in einer Tabelle auf, welche Messungen damit durchgeführt werden können.
2. Ermitteln Sie für die in Abb. 5 dargestellte Wechselspannung die Periodendauer.

- Spannungsmessgeräte werden parallel an die zu messende Spannung angeschlossen. Der Stromkreis wird nicht unterbrochen.
- Stromstärkenmessgeräte werden direkt in den Stromweg geschaltet. Dazu muss der Stromkreis unterbrochen werden.
- Vielfachmessgeräte zeigen im Wechselspannungsbereich den Effektivwert an.

1.1.6 Anzeige bei Messgeräten

Analoge Anzeige

Die Größen in der Elektrotechnik sind in der Regel stetige Größen, d. h., sie können innerhalb gewisser Grenzen beliebige Zwischenwerte annehmen. Bei **analog** [*analog*] arbeitenden Messgeräten wird dazu jede Signalgröße (z. B. Spannung 1,98 V in Abb. 6b) durch eine stetige Messgröße mit einer entsprechenden Winkelstellung des Zeigers abgebildet (Abb. 6a).

Die Messgenauigkeit hängt dabei vom Gerät und der Ablesegenauigkeit ab. Sinnvoll ist ein Ablesen im letzten Drittel der Skala (s. linke Spalte, relativer Fehler), was durch Einstellen eines entsprechenden Messbereichs erreicht werden kann.

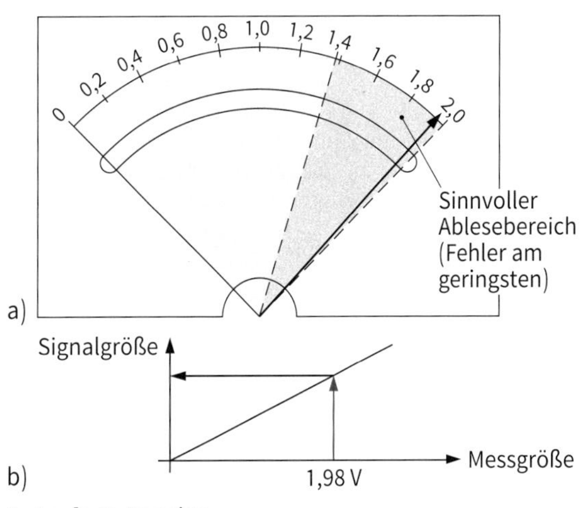

6: Analoge Anzeige

Digitale Anzeige

Bei der digitalen Anzeige wird die Messgröße direkt als Zahlenwert angezeigt (z. B. 1,98 V in Abb. 7a). Dieser eine Zahlenwert gilt allerdings für einen Messgrößenbereich, der z. B. in Abb. 7b von 1,98 V bis 1,99 V reicht (gestufte Anzeige, Quantisierung). Die Messgenauigkeit hängt dabei von der Höhe der Stufen ab (Quantisierungsstufen).

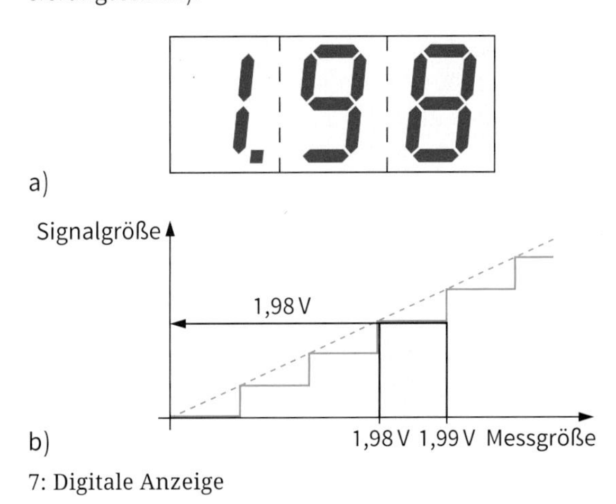

7: Digitale Anzeige

Sieben-Segment-Anzeige

Die zahlenmäßige Darstellung in digitalen Messgeräten erfolgt z. B. mit **Sieben-Segment-Elementen** [*seven segment display elements*] (s. Abb., sieben Segmente A bis G). Die Zahlen 0 bis 9 lassen sich so durch eine entsprechende Ansteuerung der einzelnen Segmente darstellen. Man unterscheidet Elemente mit LEDs und LCDs.

- **LED**: Lichtaussendende Diode (Leuchtdiode) [*Light Emitting Diode*], z. B. 1,5 V; 30 mA
- **LCD**: Flüssigkristall-Anzeigeelement [*Liquid Crystal Display*], z. B. 1,8 V... 8 V; 4,5 µA

LED-Anzeigeeinheiten bestehen aus sieben Leuchtdioden. Sie leuchten dann, wenn durch sie ein elektrischer Strom fließt. Verschiedene Farben sind möglich.

LCD-Anzeigeeinheiten bestehen aus **Flüssigkristallen** [*liquid crystal elements*]. Im spannungslosen Zustand sind die Moleküle zwischen den Glasplatten noch ungeordnet. Licht kann durch sie hindurch treten und an der Rückwand reflektiert werden. Das gesamte Anzeigefeld erscheint gleichmäßig hell. Legt man jetzt zwischen der rückwärtigen Platte (gemeinsame Elektrode für alle Segmente) und den einzelnen Segmenten eine Spannung, dann richten sich die dazwischen befindlichen Moleküle aus. Die optischen Eigenschaften verändern sich und die Kristalle bleiben nicht mehr durchsichtig. Auftretendes Licht wird jetzt an der Oberfläche reflektiert und das einzelne Segment wird deutlich sichtbar.

Nachteilig ist, dass LCD- Anzeigeeinheiten nur bei Beleuchtung anzeigen. Vorteilhaft ist, dass sie zum Betrieb weniger elektrische Energie benötigen als LED-Anzeigen.

Digitales Messprinzip

Zur Erklärung des digital arbeitenden Messprinzips soll die vereinfachte Darstellung von Abb. 1 benutzt werden. Die analoge Messgröße ① wird zunächst im Analog-Digital-Umsetzer in eine Signalfolge bestehend aus 0 und 1 umgewandelt (z. B. 0011 ②). Diese gelangt dann in einen Decoder. Er wandelt die Signalfolge so um, dass sie von der nachfolgenden Anzeigeeinheit als Ziffer ③ abgebildet werden kann.

Bei der digitalen Aufbereitung wird der Gesamtbereich der stetigen Messgröße in eine endliche Anzahl von Teilen (**Quanten** [*quanta*]) eingeteilt. Je feiner die Einteilung, desto genauer ist die Anzeige.

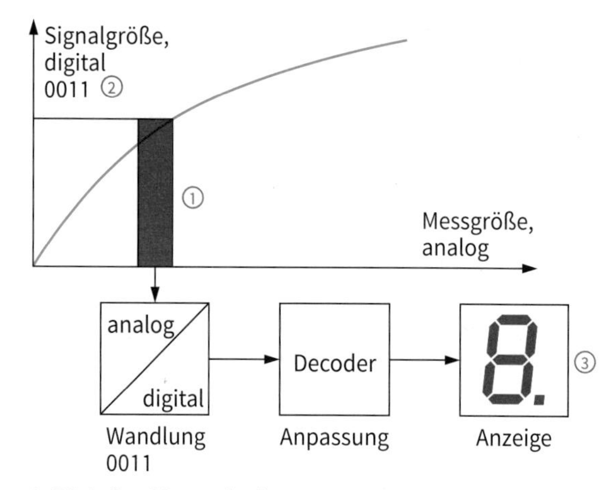

1: Digitales Messprinzip

Zur Veranschaulichung soll ein Spannungsmessgerät mit einer 4½-stelligen Anzeige betrachtet werden. Diese Angabe bedeutet, dass an den letzten vier Stellen als Anzeige die Ziffern 0 bis 9 erscheinen können. Die Angabe „½-Stelle“ bedeutet, dass die höchstwertige Dezimalstelle nur als 0 oder 1 angezeigt werden kann.

In einem eingestellten 200 V-Bereich wäre demnach die größtmögliche Anzeige 199,99 V. Man spricht in diesem Zusammenhang auch von einem Anzeigeumfang, der in diesem Fall 19.999 **Digits** beträgt. Die Zahl der Messschritte beträgt dabei 20.000 und jeder Schritt entspricht einer Spannungsänderung von 10 mV. Dies ist eine sehr feine Unterteilung.

Bei einer 3½-stelligen Anzeige wäre die Zahl der Messschritte um den Faktor 10 kleiner. Das Gerät verfügt dann nur über 1.999 Digits.

Messfehler bei digitalen Messgeräten

Digital anzeigende Messgeräte vermitteln durch die eindeutige Anzeige oft den Eindruck, dass sie den Messwert „genau“ anzeigen. Dieses ist jedoch nicht der Fall. Auch diese Messgeräte besitzen einen Fehler, der häufig geringer ist als bei vergleichbaren analog anzeigenden Messgeräten. Die Fehlerangabe findet man in der Regel in der Bedienungsanleitung.

Wodurch entstehen diese Fehler?

Elektronische Bauteile arbeiten im digitalen Messgerät nicht fehlerfrei. Sie verfügen über einen Toleranzbereich. Außerdem können durch verschiedene Einflüsse, z. B. durch die Temperatur, zusätzliche Fehler auftreten.

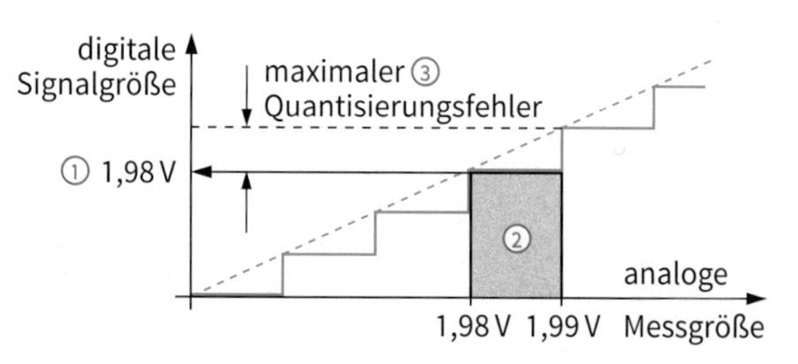

2: Quantisierungsfehler

Ein weiterer Fehler wird durch das Messverfahren an sich hervorgerufen. Man nennt ihn den **Quantisierungsfehler** [*quantisation error*]. In Abb. 2 ③ ist der maximale Quantisierungsfehler von 0,01 V dargestellt. Aufgrund der Stufigkeit wird ein einzelner digitaler Wert ① erzeugt, der innerhalb eines analogen Bereichs ② liegt. Beispiel: 1,98 $V_{Digital}$ = 1,98 V bis 1,99 V

Eine Verringerung des Quantisierungsfehlers lässt sich durch eine kleinere Schrittfolge (z. B. 1 mV) erreichen.

Eine vollständige Fehlerangabe eines digital anzeigenden Messgerätes enthält deshalb eine Fehlerangabe in Prozent vom Messwert und zusätzlich die mögliche Zahl der fehlerhaften Digits. Beispiel: 0,2 % + 2 Digits.

LCD Anzeige	3 ½-stellig
DC V	200 mV/2/20/200/100 V, ±0,5 % 10 MΩ Eingangswiderstand
AC V (Effektivwert) 40 Hz bis 600 Hz	200 mV/2/20/200/750 V, ±1 % 10 MΩ Eingangswiderstand
DC A	200 µA/2/20/200 mA/2/10 A, ±0,5 %
AC A (Effektivwert) 40 Hz bis 600 Hz	200 µA/2/20/200 mA/2/10 A, ±1 %
Widerstand	200 Ω/2/20/200 kΩ/2/20 MΩ, ±0,5 %, 20 MΩ, ±0,75 % max. 250 V DC/eff Überlast

3: Daten eines digitalen Vielfachmessgerätes

Aufgabe 

1. Ermitteln Sie anhand der Betriebsanleitung eines digital anzeigenden Vielfachmessgerätes die jeweiligen Fehler im Gleichspannungsbereich.

- Bei der analogen Anzeige wird zu jeder Signalgröße eine entsprechende Messgröße gebildet, in der Regel als Zeigerausschlag (Winkel).
- Bei digital anzeigenden Messgeräten wird die Messgröße direkt zahlenmäßig angezeigt. Die analoge Messgröße wird dazu in eine Folge von 0/1-Signalen umgewandelt.
- Bei analog anzeigenden Messgeräten ist der Anzeigefehler am geringsten, wenn er im Endbereich der Anzeige liegt.
- Bei der Digitalisierung analoger Signale wird das Signal zu bestimmten Zeiten abgetastet. Der Wert wird gespeichert und in eine Quantisierungsstufe eingeordnet. Abschließend wird jedem Wert eine Dualzahl zugeordnet (Codierung).

Digitalisierung

Das abgebildete analoge Signal U_a soll in ein digitales Signal umgewandelt werden. Der Vorgang vollzieht sich in mehreren Schritten.

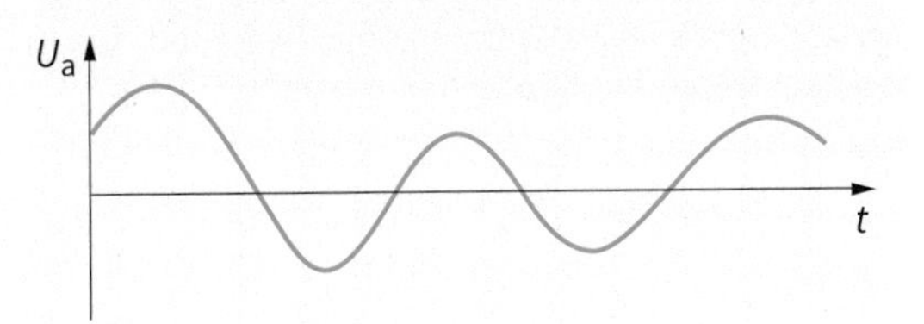

- **Abtasten und Halten**
  Aus dem analogen Signal U_a werden zu genau festgelegten Zeitpunkten die jeweiligen Spannungen U_b ermittelt. Damit der Wert weiterverarbeitet werden kann, muss er begradigt und über die Abtastzeitspanne konstant gehalten werden.

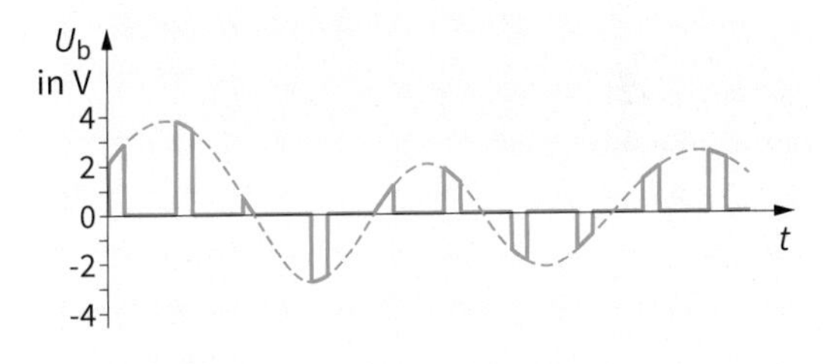

- **Quantisieren und Codieren**
  Jeder abgetastete Analogwert wird danach in eine Stufe bestimmter Höhe (Quantisierungsstufe, U_c) eingeordnet. Wenn der Abtastwert zwischen den Stufen liegt, ergeben sich Fehler. Sie sind um so kleiner, je größer die Zahl der Quantisierungsstufen ist.

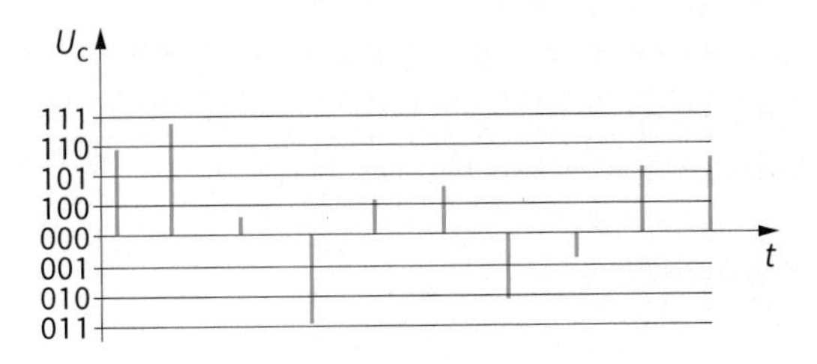

Jedem Wert in der Stufe wird eine bestimmte 0/1-Folge (Bitfolge) zugeordnet U_d (Codierung durch ein Codewort). In diesem Fall sind es 3 Bit.

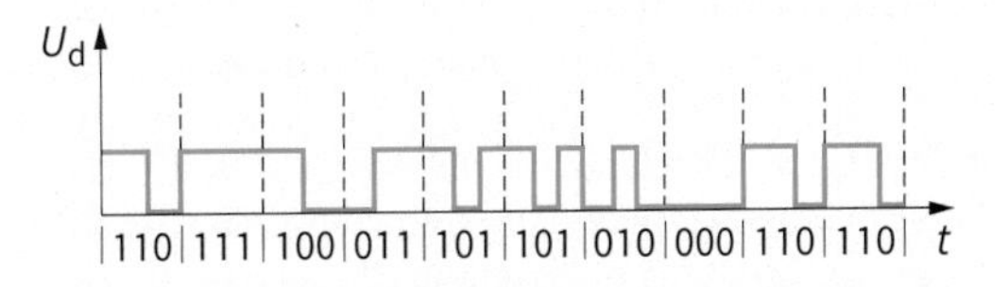

Elektrotechnische Systeme

1.1.7 Elektrischer Widerstand

Die in Kap. 1.1.1 analysierte Photovoltaik-Anlage wird benutzt, um elektrische Geräte oder einzelne Objekte, wie z. B. Glühlampen, zu betreiben (Abb. 1). Bei der Glühlampe wird elektrische Energie in Licht umgewandelt. Spannung und Stromstärke spielen dabei eine wichtige Rolle. Welche Zusammenhänge bestehen, soll in den nachfolgenden Kapiteln untersucht werden.

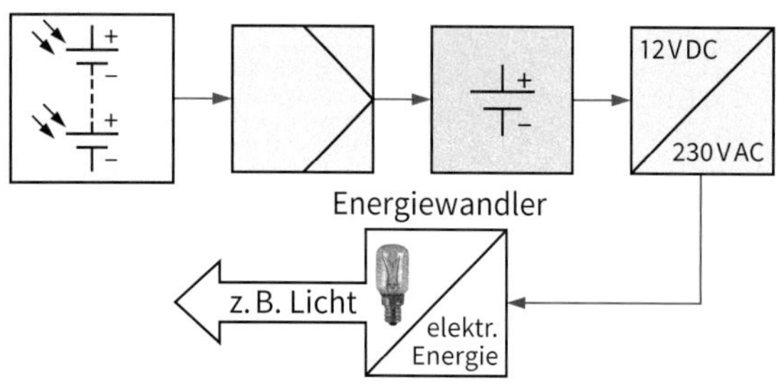

1: Energiewandlung

Benutzt wird die Messschaltung in Abb. 2. Zwei kleine Glühlampen (Meldelampen) mit 6 V/0,3 A ① und 6 V/0,1 A ② werden nacheinander an eine 6 V Spannung angeschlossen. Es stellen sich die unterschiedlichen Stromstärken von 0,3 A und 0,1 A ein. Wie lässt sich das erklären?

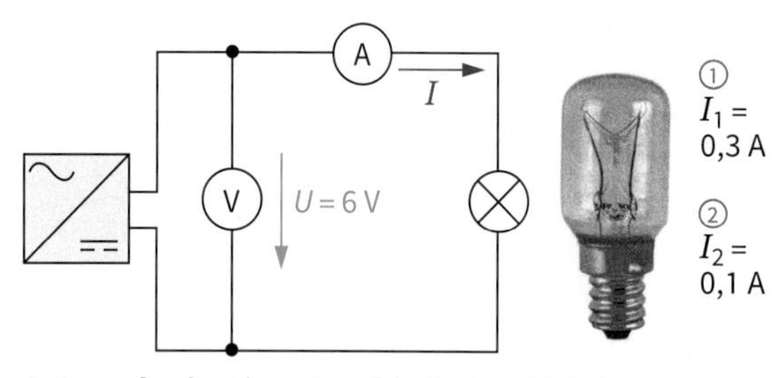

2: Stromkreis mit unterschiedlichen Glühlampen

Die Drähte innerhalb der Glühlampen wirken für den Strom wie unterschiedlich große „Hindernisse". Diese Eigenschaft wird durch die physikalische Größe **Widerstand *R*** [*resistance*] ausgedrückt. Als Einheit wurde Ohm (Einheitenzeichen Ω, Omega) festgelegt (Georg Simon Ohm, deutscher Physiker 1789–1854).

Widerstand	Formelzeichen	Einheit
	R	Ω (Ohm)

Für den elektrischen Widerstand wird in der Elektrotechnik als Schaltzeichen ein Rechteck verwendet. Da die Glühlampe in Abb. 2 wie ein Widerstand im Stromkreis wirkt, kann sie durch das Widerstandssymbol ersetzt werden (Abb. 3).

Elektrische Widerstände im Stromkreis können aber nicht nur als Hindernisse aufgefasst werden. So ruft z. B. Lampe ① bei gleicher Spannung einen größeren Strom als Lampe ② hervor. Die Lampe ① leitet also „besser". Diese Aussage ist dem Sinn nach das Gegenteil von „Hindernis" (Widerstand).

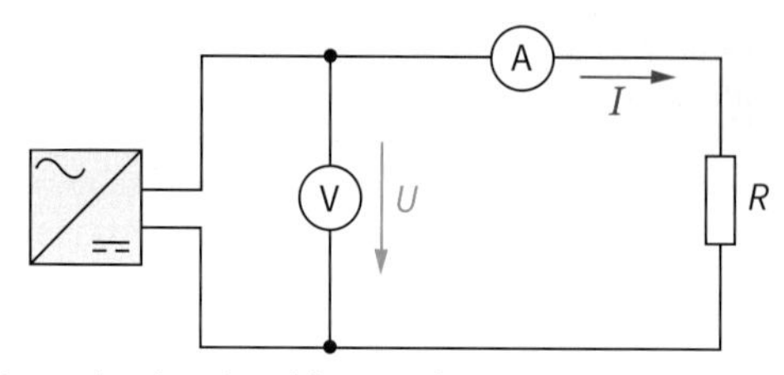

3: Stromkreis mit Widerstand

Eine entsprechende Größe lässt sich definieren. Sie wird als elektrischer **Leitwert** [*conductance*] bezeichnet. Als Formelzeichen wird *G* verwendet. Als Einheit wurde **Siemens** [*siemens*] festgelegt (Werner v. Siemens, deutscher Erfinder, 1816–1892).

Leitwert	Formelzeichen	Einheit
	G	S (Siemens)

Zwischen Widerstand und Leitwert ergibt sich somit folgende formelmäßige Beziehung:

$$\boldsymbol{G = \frac{1}{R}} \qquad 1\,\mathrm{S} = \frac{1}{\Omega}$$

S: Siemens
Ω: Ohm

Das Wort Widerstand wird nicht nur für die Eigenschaft von Leitern verwendet, sondern auch für das elektrische Bauteil selbst. In Dokumentationen wird ebenfalls der Buchstabe R verwendet, allerdings in gerader Schrift. Folgende Aussage ist deshalb möglich:
Der Widerstand (Bauteil) R1 hat den Widerstand (Eigenschaft) von $R_1 = 4{,}7\,\Omega$.

Widerstand als Bauteil

Je nach Anwendungsbereich werden verschiedenartige Widerstände hergestellt. Sie können wie in Abb. 4 aus einem Metalldraht bestehen, der auf einem Keramikkörper aufgewickelt ist. Die Oberfläche kann lackiert, glasiert oder zementiert sein. **Drahtwiderstände** [*wire wound resistors*] werden in der Regel für hohe Belastungen eingesetzt. Die Oberflächentemperatur kann bei glasierten Drahtwiderständen bis zu 450 °C betragen.

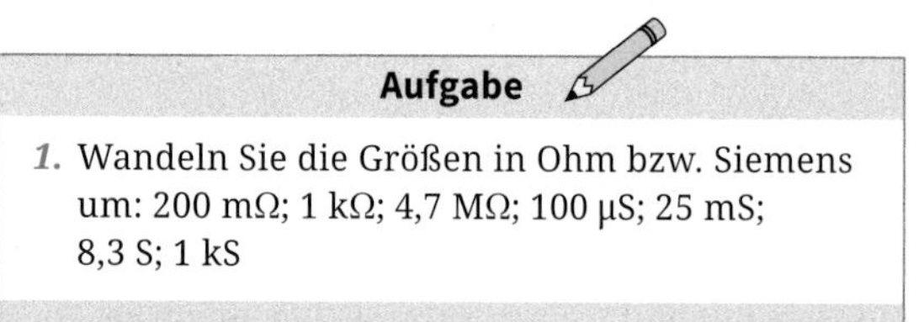

Aufgabe

1. Wandeln Sie die Größen in Ohm bzw. Siemens um: 200 mΩ; 1 kΩ; 4,7 MΩ; 100 µS; 25 mS; 8,3 S; 1 kS

- Die Eigenschaft der Behinderung des Stromflusses durch elektrische Leiter wird als Widerstand *R* bezeichnet.
- Mit dem elektrischen Leitwert *G* kennzeichnet man die Fähigkeit der Stromleitung von elektrischen Leitern.
- Widerstand und Leitwert stehen in einem umgekehrten Verhältnis zueinander (umgekehrt proportional).

4: Drahtwiderstände

Bei **Kohleschicht-Widerständen** [*carbon film resistors*] (Abb. 5) befindet sich auf einem Keramikkörper eine Kohleschicht von 0,001 µm bis 10 µm Dicke. Durch Einschleifen einer Wendel wird der gewünschte Bemessungswert (Baugrößen bis 10 MΩ) hergestellt. Die Kohleschicht ist mit einem Kunstharz überzogen. Der Widerstand von Kohleschicht-Widerständen verringert sich mit zunehmender Temperatur. Kohleschicht-Widerstände können bis ca. 150 °C eingesetzt werden.

5: Kohleschicht-Widerstände

Bei **Metallschicht-Widerständen** [*metal film resistors*] werden auf einem Keramikkörper Metallschichten oder Metallpasten aufgetragen. Diese werden bei erhöhter Temperatur eingebrannt und dann mit einer Kunstharzschicht überzogen. Sie können bis zu einer Temperatur von etwa 250 °C eingesetzt werden. Im Gegensatz zum Kohleschicht-Widerstand vergrößert sich der Wert mit zunehmender Temperatur.

Neben Festwiderständen werden einstellbare Widerstände (**Potenziometer** [*potentiometer*]) verwendet (Abb. 6). Ein Schleifer bewegt sich z. B. über eine Drahtwicklung (Abb. 6a) oder über eine Kohleschicht (Abb. 6b). Die Einstellung kann über einen Knopf auf einer Achse oder mit Hilfe eines Schraubendrehers erfolgen (Trimmpotenziometer).

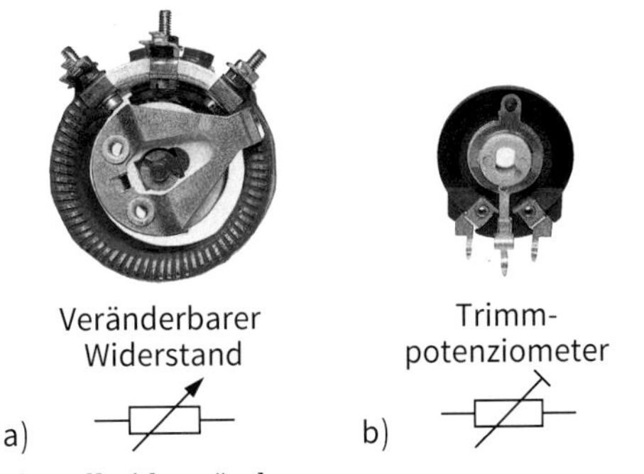

6: Einstellwiderstände

Wichtig für die Unterscheidung von Widerständen sind folgende **Kenngrößen** [*parameters*]: Bemessungswert, Toleranz und Belastbarkeit.

Der **Bemessungswert** [*rated value*] kann angegeben werden durch

- direkt aufgedruckte Werte, z. B. 820 Ω,
- Zahlen und Buchstaben, z. B. 3R3 (= 3,3 kΩ); R33 (= 0,33 Ω), oder einen
- Farbcode (Farbringe), Abb. 7.

Dekade (Zehnerpotenz)
Zahl | Toleranz

$R = (27 \cdot 10^0)\,\Omega \pm 10\,\%$
$R = 27\,\Omega \pm 2{,}7\,\Omega$

Kennfarbe	Widerstandswert in Ω			Toleranz
	1. Kennziffer	2. Kennziffer	3. Kennziffer	
keine	–	–	–	±20 %
silber	–	–	10^{-2}	±10 %
gold	–	–	10^{-1}	± 5 %
schwarz	–	0	$10^0 = 1$	–
braun	1	1	10^1	± 1 %
rot	2	2	10^2	± 2 %
orange	3	3	10^3	–
gelb	4	4	10^4	–
grün	5	5	10^5	±0,5 %
blau	6	6	10^6	–
violett	7	7	10^7	–
grau	8	8	10^8	–
weiß	9	9	10^9	–

7: Farbcode von Widerständen

Aus wirtschaftlichen Gründen ist es nicht sinnvoll für jeden Wert Widerstände herzustellen. Es werden deshalb Abstufungen entsprechend der **IEC-Normenreihe** (E6, E12, …, Abb. 2, S. 22) vorgenommen. Eine Dekade umfasst Werte von 1 bis 10, 10 bis 100 usw.

- E6: 6 Teile = 6 Widerstände pro Dekade
- E12: 12 Teile = 12 Widerstände pro Dekade
- E24: 24 Teile = 24 Widerstände pro Dekade

Widerstand und Wärme

Die Entstehung der Wärme in einem Widerstand lässt sich erklären, wenn man den Leiteraufbau betrachtet. Zwischen den positiven Atomrümpfen können sich die quasifreien Elektronen bewegen. Legt man jetzt eine Spannung an, so führen die Elektronen eine zusätzliche gerichtete Bewegung zum Pluspol aus. Es fließt elektrischer Strom. Die Elektronen werden in ihrer Bewegung im Leiter durch Zusammenstöße mit den Atomrümpfen behindert (Widerstand). Sie geben einen Teil ihrer Bewegungsenergie an die Atomrümpfe ab, sodass diese in stärkere Schwingungen versetzt werden. Es entsteht Wärme.

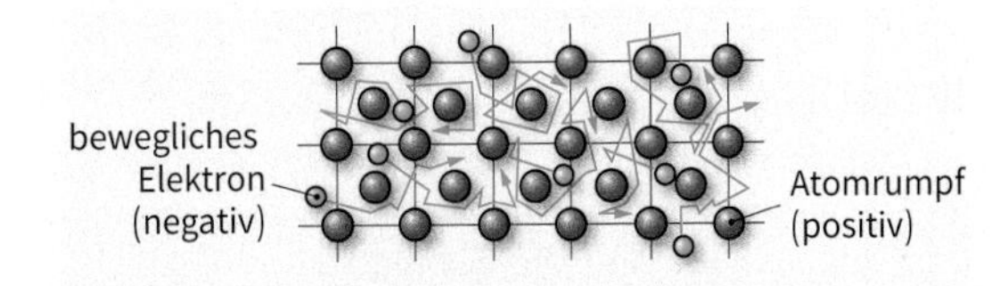

Die **Toleranzen** [*tolerances*] für die Werte in den Normreihen sind so ausgewählt worden, dass sich eine Überlappung benachbarter Werte ergibt (Toleranzfelder, Abb. 1).

Beispiele für Widerstände der E6-Reihe:
- Ein Bemessungswert von $R = 1{,}0\ \Omega$ bedeutet: Der Wert kann zwischen 0,8 Ω und 1,2 Ω ① liegen.
- Ein Bemessungswert von $R = 4{,}7\ \Omega$ bedeutet: Der Wert liegt zwischen 3,76 Ω und 5,64 Ω ②.

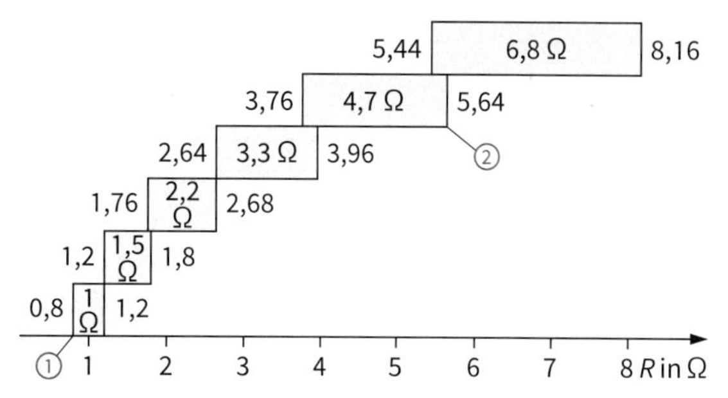

1: Toleranzfelder der E6-Reihen

IEC-Reihe								
E6 +/- 20 %	Beispiel	E12 +/- 10 %		E24 +/- 5 %				
1,0	1,0 Ω	1,0	1,2	1,0	1,1	1,2	1,3
1,5	1,5 Ω	1,5	1,8	1,5	1,6	1,8	2,0
2,2	2,2 Ω	2,2	2,7	2,2	2,4	2,7	3,0
3,3	3,3 Ω	3,3	3,9	3,3	3,6	3,9	4,3
4,7	4,7 Ω	4,7	5,6	4,7	5,1	5,6	6,2
6,8	6,8 Ω	6,8	8,2	6,8	7,5	8,2	9,1

2: IEC-Reihen

Die **Belastbarkeit** [*power rating*] von Widerständen wird in Watt (vgl. Kap. 1.1.10) angegeben und hängt im Wesentlichen vom Aufbau ab (Beispiele: 0,1 W; 0,25 W; 1 W). Wird die Belastbarkeit überschritten, kann die Erwärmung zu einer Veränderung des Wertes führen. Das Bauteil kann auch zerstört werden.

Aufgaben

1. Welche Farbring-Reihenfolge trägt ein Schichtwiderstand von 68 Ω (E6, E12 und E24)?
2. Zwischen welchen Grenzwerten kann ein Widerstand mit folgender Farbkennzeichnung liegen:
   a) grau, rot, orange, silber
   b) gelb, violett, rot, braun
   c) rot, rot, schwarz

- Widerstände sind durch Bemessungswert, Toleranz und Belastbarkeit gekennzeichnet.
- Festwiderstände werden als Draht- oder Schichtwiderstände hergestellt.

1.1.8 Zusammenhang zwischen Spannung und Stromstärke

Bisher wurden Spannung und Stromstärke einzeln behandelt. In elektrischen Systemen stehen diese beiden Größen jedoch in einem Zusammenhang. Er soll jetzt mit Hilfe einer Versuchsbeschreibung hergestellt werden.

Damit gefahrlos experimentiert werden kann, wird als Spannungsquelle ein Netzteil (Abb. 4 ①) verwendet, das maximal 24 V abgeben kann. Anstelle eines elektrischen Gerätes wird ein einzeln steckbarer Widerstand (Bauteil) von 20 Ω ② verwendet.

Damit die messtechnischen Untersuchungen erfolgreich verlaufen, sollte in der Regel wie folgt vorgegangen werden (Abb. 3):

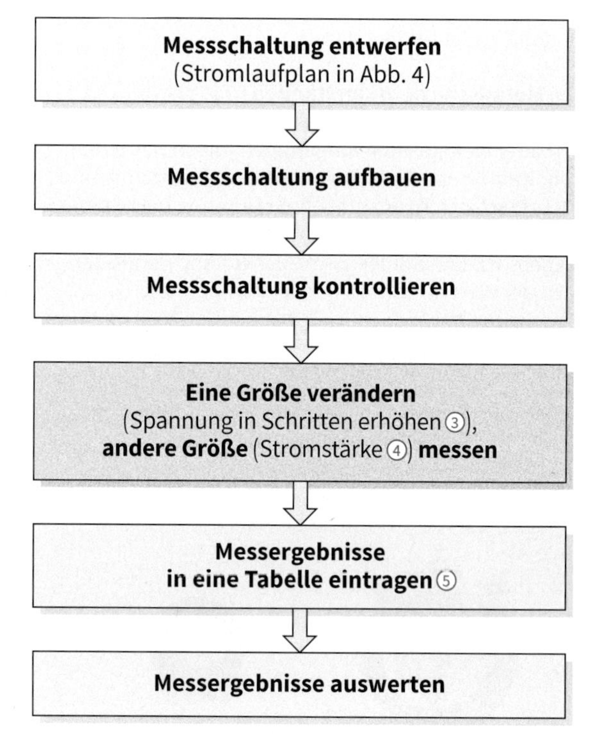

3: Reihenfolge einer experimentellen Untersuchung

Wie werden Messergebnisse ausgewertet?

Es gibt verschiedene Möglichkeiten, Messergebnisse auszuwerten:
- in Textform
- zeichnerisch (Diagramm)
- mathematisch (Formel)

Zunächst werden die vorliegenden Messwerte untersucht (Abb. 4 ⑤). Sie verdeutlichen bereits, dass mit zunehmender Spannung U und dem konstant bleibenden Widerstand R die Stromstärke I ansteigt. Weiter kann festgestellt werden, dass der Anstieg der Stromstärke gleichmäßig ist. Sie steigt immer um etwa 0,1 A an, wenn die Spannung um 2 V erhöht wird.

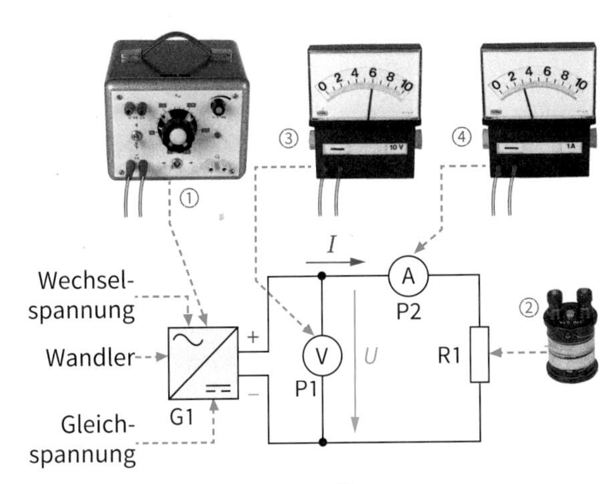

Messergebnisse bei **R = 20 Ω** ⑤

U in V	*I* in A	*U* in V	*I* in A
0	0	6	0,30
2	0,09	8	0,41
4	0,20	10	0,50

4: Messschaltung und Versuchsaufbau

Neben dieser sprachlichen Beschreibung der Ergebnisse ist es sinnvoll, die Messwerte grafisch darzustellen (**Diagramm** [*diagram*], Abb. 5).

Wie wird ein Diagramm gezeichnet?

- Zuerst wird ein Achsenkreuz mit einem geeigneten Maßstab gezeichnet.
  Beispiel: Der Spannung von 1 V entspricht 1 cm; der Stromstärke von 0,1 A entspricht 2 cm.
- Die Spannung *U* wird an der waagerechten Achse aufgetragen ① (**Abszisse** [*abscissa*]).
- Danach wird die Stromstärke *I* als abhängige Größe an der senkrechten Achse (**Ordinate** [*ordinate*]) eingezeichnet ②.
- Zuletzt werden die eingestellten und gemessenen Werte eingetragen (sechs Kreuzungspunkte ③). Sie verdeutlichen den Anstieg der Stromstärke, wenn die Spannung erhöht wird.
- Die Kreuzungspunkte liegen nahezu auf einer Linie (zwei Abweichungen), sodass unter Berücksichtigung von Messfehlern eine Gerade als Versuchsergebnis eingezeichnet werden kann. Dadurch wird es möglich, auch Zwischenwerte abzulesen.

Auswertung der Messung

- Die Stromstärke *I* hängt von der eingestellten Spannung ab.
- Unter Berücksichtigung von Messfehlern ergibt sich als Kennlinie eine Gerade.
- Die Stromstärke *I* erhöht sich in gleichem Verhältnis wie die Spannung *U* (bei gleich bleibendem Widerstand *R*).

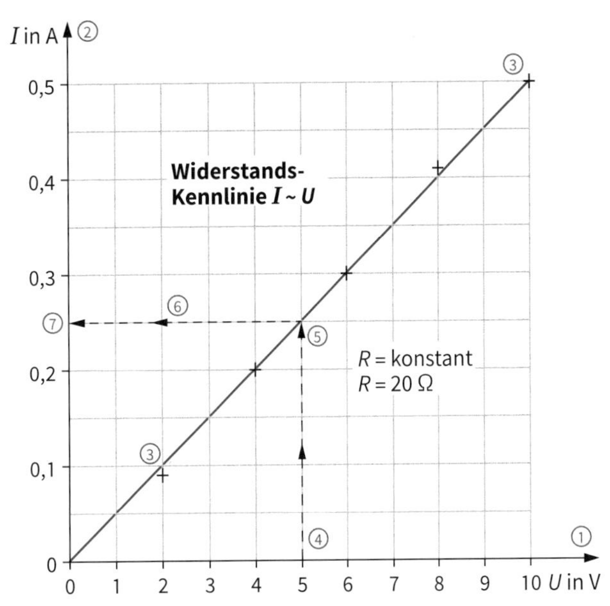

5: Stromstärke *I* in Abhängigkeit von der Spannung *U* bei konstantem Widerstand *R*

Wie werden Werte aus Kennlinien abgelesen?

Beispiel: Spannung $U = 5$ V

Vorgehensweise:

1. Zahlenwert auf der Spannungs-Achse markieren ④.
2. Senkrechte Linie bis zur Widerstandskennlinie ziehen ⑤.
3. Von diesem Schnittpunkt eine waagerechte Linie bis zur Achse der Stromstärke zeichnen ⑥.
4. Stromstärke von 0,25 A ablesen ⑦.

Ergebnis:

Liegt am Widerstand $R = 20\ \Omega$ eine Spannung von $U = 5$ V, dann ergibt sich eine Stromstärke von $I = 0{,}25$ A.

Welches mathematische Ergebnis erhält man?

Aufgrund des einfachen Zusammenhangs lässt sich das Messergebnis auch mathematisch ausdrücken. Dazu wird für ausgewählte Punkt auf der Geraden das Verhältnis *U* durch *I* gebildet. Es ergeben sich immer gleich bleibende Werte.

$$\frac{U}{I} = \frac{2\ \text{V}}{0{,}1\ \text{A}} = \frac{4\ \text{V}}{0{,}2\ \text{A}} = \ldots \qquad \frac{U}{I} = 20\ \Omega$$

$$I \sim U \quad (I \text{ proportional } U)$$

Das Verhältnis *U*/*I* bezeichnet man als elektrischen Widerstand *R*. Das Verhältnis lässt sich dann durch folgende mathematische Gleichung ausdrücken:

$$\frac{U}{I} = \text{konstant} \qquad \boxed{R = \frac{U}{I}} \qquad 1\ \Omega = \frac{1\ \text{V}}{1\ \text{A}}$$

Wenn das Verhältnis zwischen *U* und *I* konstant ist, wird dies als Ohmsches Gesetz bezeichnet.

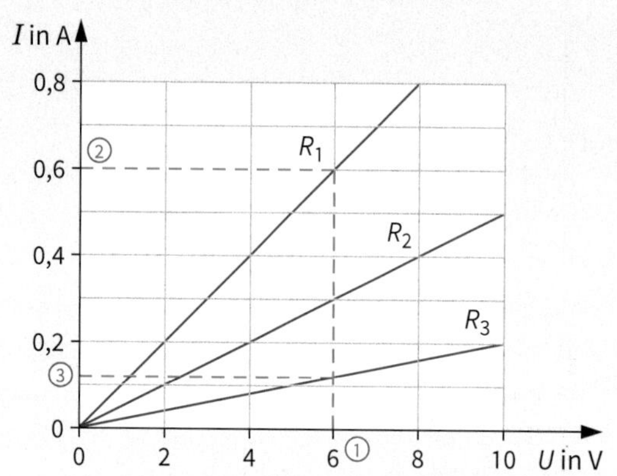

Welcher Widerstand hat den kleinsten und welcher hat den größten Wert?

Lösung:

1. Beliebige Spannungen annehmen (z. B. 6 V). ①
2. Stromstärke ablesen (z. B. bei R_1 ist $I_1 = 0{,}6$ A ② und bei R_3 ist $I_3 = 0{,}12$ A). ③
3. $R_1 = 10\ \Omega$; $R_3 = 50\ \Omega$

Ergebnis: R_1 ist kleiner als R_3.

Bei gleich bleibender Spannung fließt durch den größten Widerstand der kleinste und durch den kleinsten Widerstand der größte Strom.

Aufgaben 

1. Ermitteln Sie aus dem oberen Kennlinienfeld:
   a) Größenwert von R_2
   b) Stromstärke durch R_1 bei 5 V
   c) Spannungen an R_1 bis R_3 bei $I = 0{,}2$ A
2. Wie groß sind die Stromstärken durch die Widerstände R_1, R_2 und R_3 bei einer Spannung von 8 V?

- Messwerte lassen sich in Textform, zeichnerisch und formelmäßig auswerten.
- In Diagrammen werden Abhängigkeiten zwischen Größen dargestellt.
- Die unabhängige Größe wird an der waagerechten Achse (Abszisse) und die abhängige Größe an der senkrechten Achse (Ordinate) aufgetragen.
- Die Messpunkte werden miteinander verbunden (Kennlinie). Dabei wird der wahrscheinlichste Kurvenverlauf eingezeichnet. Dadurch können Mess- und Ablesefehler in Grenzen korrigiert werden.
- Wenn in einem Stromkreis die Stromstärke im gleichen Verhältnis wie die Spannung steigt (proportional ist), bezeichnet man dieses Verhalten als Ohmsches Gesetz.

1.1.9 Zusammenhang zwischen Widerstand und Stromstärke

Im vorangegangenen Kapitel wurde der Zusammenhang zwischen Spannung und Stromstärke in einem elektrischen Stromkreis erarbeitet. Als nächstes soll nun geklärt werden, wie sich die Stromstärke verändert, wenn bei konstanter Spannung der Widerstand verändert wird.

Zur Problemlösung wird wieder in folgenden Schritten vorgegangen:
Zielsetzung, Planung, Durchführung und Auswertung

Zielsetzung

Der Zusammenhang zwischen Widerstand und Stromstärke bei konstanter Spannung soll geklärt werden.

Planung

Zur Untersuchung wird eine Laborschaltung verwendet (Messschaltung in Abb. 1). Am Netzteil wird eine konstant bleibende Spannung von $U = 10$ V eingestellt. Der Widerstand R_1 kann in Stufen verändert werden.

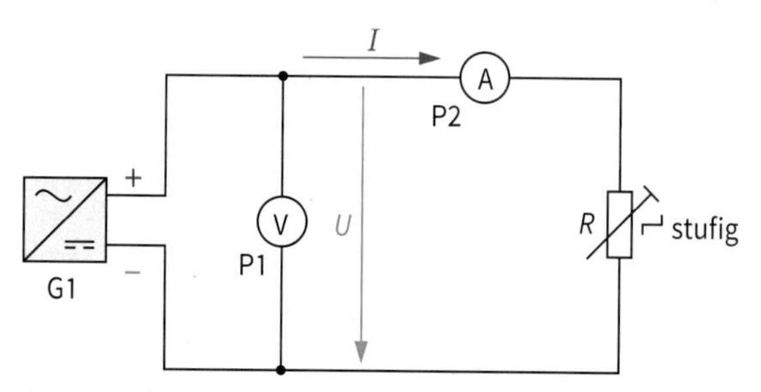

1: Messschaltung für die Stromstärke in Abhängigkeit vom Widerstand

Durchführung

1. Geeignetes Messgerät auswählen.
2. Die Messschaltung aufbauen und kontrollieren.
3. Bei konstanter Spannung (gewählt $U = 10$ V) den Widerstand von $R = 10\ \Omega$ ① bis $40\ \Omega$ ② in vier Stufen verändern und die Stromstärke I messen ③.
4. Die Messergebnisse in eine Tabelle (Abb. 2) und in ein Diagramm eintragen (Abb. 3).

U = 10 V konstant	
R in Ω	**I in A** ③
10 ①	1,0
20	0,5
30	0,33
40 ②	0,25

2: Messergebnisse

Auswertung

Die Kurve im Diagramm (Abb. 3) zeigt den Verlauf einer **Hyperbel** [*hyperbola*]. Dies bedeutet:

- Je größer der Widerstand in einem Stromkreis mit konstanter Spannung ist, desto kleiner ist die Stromstärke (umgekehrtes Verhalten).

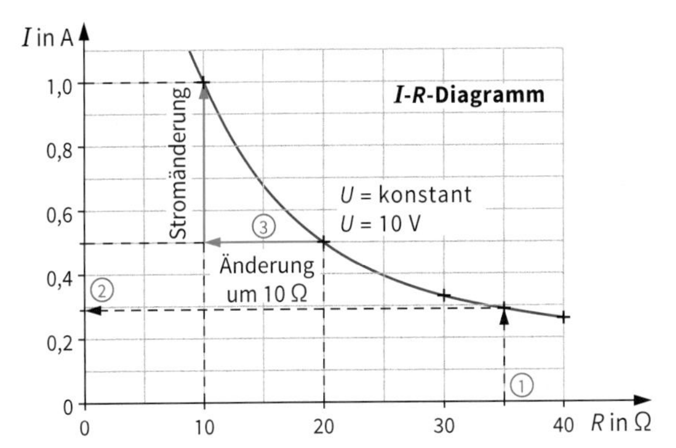

3: Stromstärke I in Abhängigkeit vom Widerstand R bei konstanter Spannung U

- Je kleiner der Widerstand in einem Stromkreis mit konstanter Spannung ist, desto größer ist die Stromstärke. Man sagt dann dazu, die Stromstärke und der Widerstand sind umgekehrt proportional (antiproportional).
- Mathematisch lässt sich das wie folgt ausdrücken:

$$I \sim \frac{1}{R} \qquad \boxed{I = \frac{U}{R}}$$

Obwohl nur vier Messungen durchgeführt wurden, können jetzt mit Hilfe der Formel andere Werte berechnet werden.

Ablesen von Größen aus einem Diagramm

Beispiel 1:

Es ist ein Widerstand von $R = 35\ \Omega$ eingestellt. Wie groß ist die Stromstärke?

1. Widerstand von $R = 35\ \Omega$ auf der Widerstandsachse (Abb. 3) suchen und markieren ①.
2. Senkrechte Linie bis zur Kennlinie ziehen.
3. Waagerechte Linie bis zur Achse der Stromstärke zeichnen ②.
4. Stromstärke von 0,29 A ablesen.

Ergebnis:

Liegt an einem Widerstand $R = 35\ \Omega$ eine Spannung von $U = 10$ V, dann ergibt sich eine Stromstärke von $I = 0{,}29$ A.

Beispiel 2:

Der Widerstand von $R = 20\ \Omega$ wird auf $R = 10\ \Omega$ verringert. Wie groß ist die Änderung der Stromstärke?

1. Widerstand von $R = 20\ \Omega$ auf der Widerstandsachse (Abb. 3) suchen und markieren.
2. Änderung des Widerstandes von $R = 10\ \Omega$ ③ eintragen.
3. Änderung der Stromstärke an der Achse der Stromstärke ablesen.

Ergebnis:

Wenn sich der Widerstand von $R = 20\ \Omega$ auf $R = 10\ \Omega$ verringert, vergrößert sich die Stromstärke von $I = 0{,}5$ A auf $I = 1{,}0$ A, also um 0,5 A.

Berechnungen zum Ohmschen Gesetz

1. An einer Kochplatte ($U = 230$ V) wird bei eingeschalteter Stufe 4 eine Stromstärke von 2,05 A gemessen.
   Wie groß ist der Widerstand R der Kochplatte?
   Geg.: $U = 230$ V; $I = 2{,}05$ A; Ges.: R

   $$R = \frac{U}{I} \qquad R = \frac{230\ \text{V}}{2{,}05\ \text{A}} \qquad \underline{\underline{R = 112\ \Omega}}$$

2. Ein Netzteil für die Energieversogung einer elektronischen Schaltung liefert eine Ausgangsspannung von 10 V. Der Widerstand der elektrischen Schaltung beträgt 250 Ω.
   Wie groß ist die Stromstärke I?
   Geg.: $U = 10$ V; $R = 250\ \Omega$; Ges.: I

   $$R = \frac{U}{I} \qquad R \cdot I = \frac{U \cdot I}{I} \qquad \frac{R \cdot I}{R} = \frac{U}{R}$$

   $$I = \frac{U}{I} \qquad I = \frac{10\ \text{V}}{250\ \Omega} \qquad I = 0{,}04\ \text{A} \qquad \underline{\underline{I = 40\ \text{mA}}}$$

3. In einer Hochspannungsanlage wird eine Stromstärke von 2 A ermittelt. Die Belastung der Anlage beträgt 0,5 kΩ.
   Für welche Spannung ist die Anlage ausgelegt?
   Geg.: $I = 2$ A; $R = 0{,}5$ kΩ; Ges.: U

   $$R = \frac{U}{I} \qquad \frac{U \cdot I}{I} = R \cdot I \qquad U = R \cdot I$$

   $U = 2\ \text{A} \cdot 0{,}5\ \text{k}\Omega \qquad U = 1000\ \text{V}$

   $\underline{\underline{U = 1\ \text{kV}}}$

Aufgaben 

1. Wie groß sind die Stromstärken (Abb. 3) bei 15 Ω, 22 Ω und 31 Ω?
2. Wie groß ist die Änderung der Stromstärke (Abb. 3), wenn sich der Widerstand von 30 Ω auf 10 Ω verringert?

- Probleme lassen sich schrittweise wie folgt lösen: Zielsetzung, Planung, Durchführung und Auswertung.
- Wenn ein Widerstand in einer Schaltung bei konstant bleibender Spannung verkleinert wird, steigt die Stromstärke. Sie sinkt, wenn der Widerstand vergrößert wird.
- Bei konstanter Spannung in einem Stromkreis verhalten sich die Stromstärke und der Widerstand umgekehrt proportional.

1.1.10 Elektrische Leistung

Mit der **elektrischen Leistung** [*electric power*] lässt sich die Wirksamkeit von Anlagen, Geräten und Bauteilen kennzeichnen. Man findet sie in der Regel auf einem Schild, dem **Leistungsschild** [*rating plate*] (z. B. Motorleistungsschild in Abb. 1). Neben der Betriebsspannung ① und der Stromstärke ② befindet sich dort die Angabe der elektrischen Leistung ③.

1: Leistungsschild für einen Motor

Die Leistung wird durch das Formelzeichen *P* abgekürzt. Als Einheitenzeichen wird der Buchstabe W für **Watt** [*watt*] verwendet (James Watt, engl. Universitätsmechaniker, 1736–1819). Das in Kap. 1.1.2 behandelte Solarmodul besaß z. B. eine maximale Leistung von 220 Watt.

Elektrische Leistung	Formelzeichen	Einheit
	P	W (Watt)

Von welchen Größen hängt die elektrische Leistung ab?

Zur Klärung der Zusammenhänge werden zwei kleine Glühlampen verwendet. Damit sie Licht abgeben können, muss bei der Bemessungsspannung ein bestimmter Strom fließen. Zunächst wird eine einzelne Glühlampe für 24 V mit einer Leistung von 40 W benutzt (Abb. 2). Sie wird an die erforderliche Spannungsquelle von 24 V angeschlossen. Die Stromstärke wird gemessen. Sie beträgt 1,67 A ①.

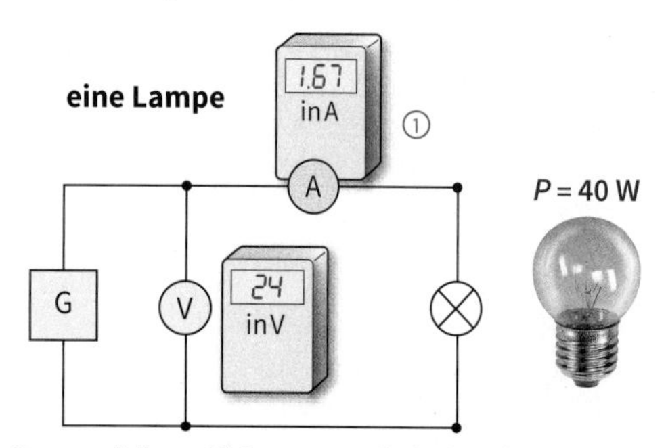

2: Stromstärke und Spannung bei einer Glühlampe

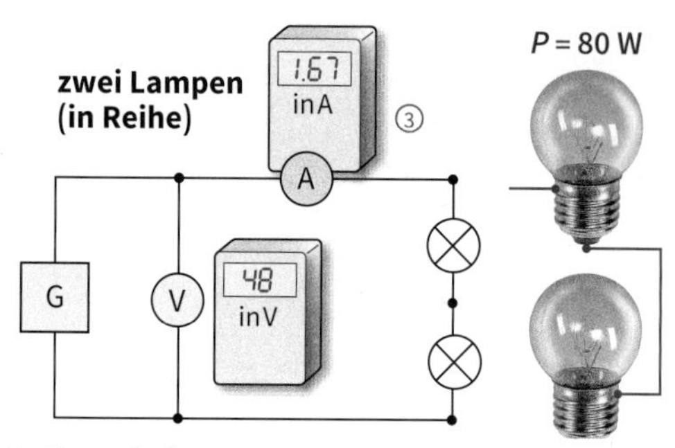

3: Reihenschaltung von Glühlampen

Wenn jetzt zwei Glühlampen wie in Abb. 4 mit gleicher Leistung nebeneinander (parallel) angeschlossen werden, wird insgesamt eine elektrische Leistung von 80 W umgesetzt. Das Netzgerät muss dementsprechend eine doppelt so große Stromstärke von 3,33 A ② liefern. Folgendes lässt sich deshalb festhalten:

- Wenn die Spannung gleich bleibt und eine doppelt so große Leistung gewünscht wird, muss die Stromstärke verdoppelt werden ($P \sim I$).

In einem nächsten Versuch werden jetzt die Lampen hintereinander (in Reihe) an die Spannungsquelle geschaltet (Abb. 3). Damit mit jeder Lampe eine elektrische Leistung von 40 W erzielt wird, muss ein Strom von 1,67 A ③ fließen. Dies erreicht man nur, wenn die Spannung auf 48 V verdoppelt wird. Folgendes kann deshalb festgehalten werden:

- Wenn die Stromstärke gleich bleibt und eine doppelt so große Leistung gewünscht wird, muss die Spannung verdoppelt werden ($P \sim U$).

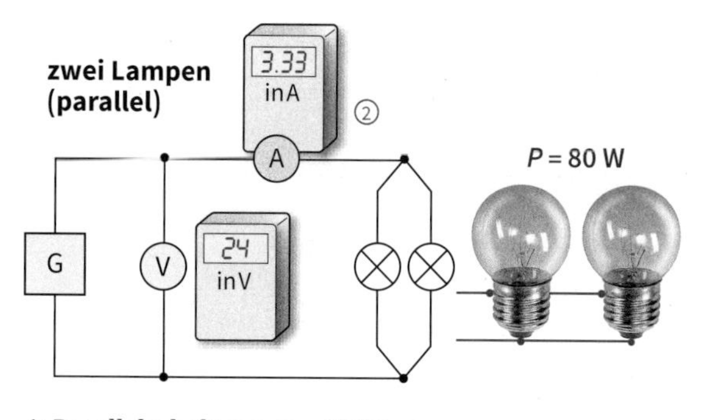

4: Parallelschaltung von Glühlampen

Diese Abhängigkeit der Leistung von Spannung und Stromstärke lässt sich durch folgende Gleichung darstellen:

U = konstant (Abb. 4) I = konstant (Abb. 3)

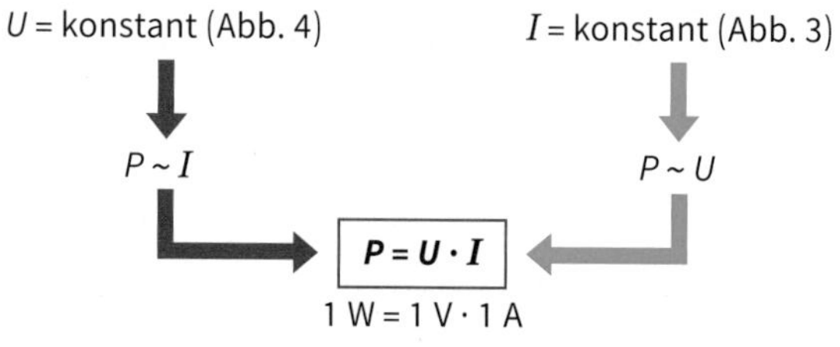

5: Leistungsformel

Leistungsmessung

Die Leistungsmessung kann indirekt erfolgen (**indirekte Leistungsmessung** [*indirect power measurement*]), indem man Stromstärke und Spannung misst (Abb. 6) und dann die Leistung als Produkt berechnet. Zwei Schaltungen sind möglich. In der Schaltung 6a liegt das Spannungsmessgerät parallel zum Messobjekt. In der Schaltung 6b wird der Strom direkt durch das Messobjekt gemessen. Da Messgeräte auch einen Widerstand besitzen, treten in beiden Fällen Fehler auf. Die Schaltung 6a nennt man **Stromfehlerschaltung** [*current error circuit*] und die Schaltung in Abb. 6b **Spannungsfehlerschaltung** [*voltage error circuit*]. Weshalb sie so bezeichnet werden, wird im Kap. 1.2.6 geklärt.

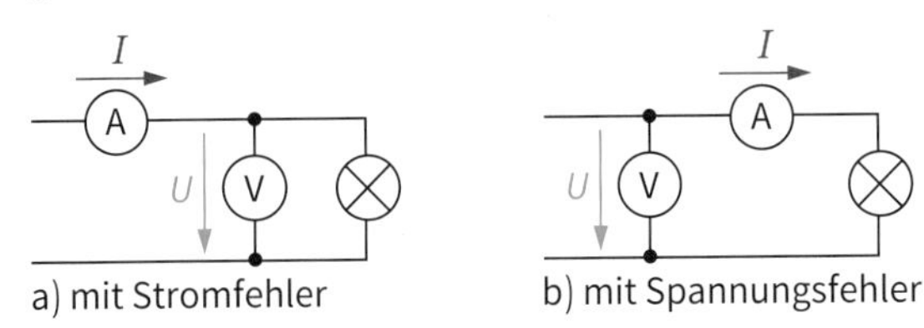

a) mit Stromfehler b) mit Spannungsfehler

6: Indirekte Leistungsmessung

In Leistungsmessern wird im Gerät selbst das Produkt gebildet und die Leistung direkt in Watt angezeigt (**direkte Leistungsmessung**, Abb. 7). Auch hierbei werden Strom- und Spannungsfehlerschaltungen unterschieden.

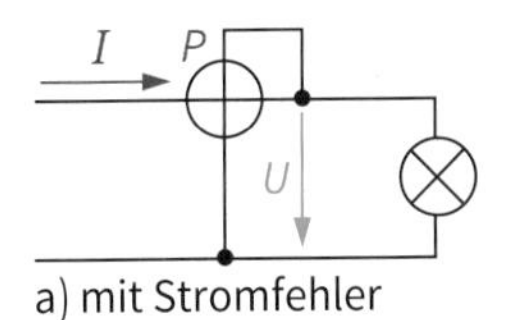

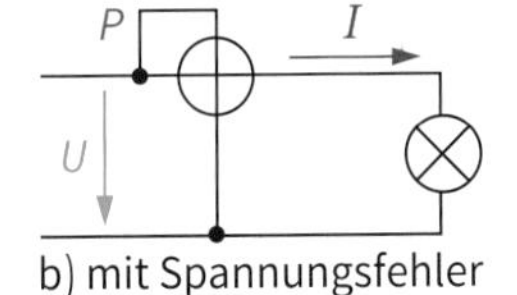

a) mit Stromfehler b) mit Spannungsfehler

7: Direkte Leistungsmessung

Aufgaben

1. Die Werbung für einen Staubsauger lautet u.a.: Doppelt so große Leistung! Was lässt sich über Spannung und Stromstärke aussagen?
2. Berechnen Sie die Stromstärke einer 60 W-Lampe, die an einer Spannung von 230 V liegt.

- Mit der elektrischen Leistung kennzeichnet man die Wirksamkeit der elektrischen Energieumwandlung von Bauteilen, Geräten und Anlagen.
- Die elektrische Leistung P ist das Produkt aus Spannung U und Stromstärke I ($P = U \cdot I$).
- Die Leistung kann indirekt durch Messung von U und I und dessen Produktbildung ermittelt werden.
- Bei einem Leistungsmessgerät wird im Messgerät das Produkt aus U und I gebildet.

1.1.11 Elektrische Arbeit und Energie

Mit **elektrischer Energie** [*electrical energy*] und entsprechenden Geräten (Energiewandlern) erleichtern wir unser tägliches Leben (Abb. 8). Beispiele:

- Motoren helfen Lasten zu heben
- Heizgeräte erwärmen Wasser
- Glühlampen beleuchten unsere Wohnungen

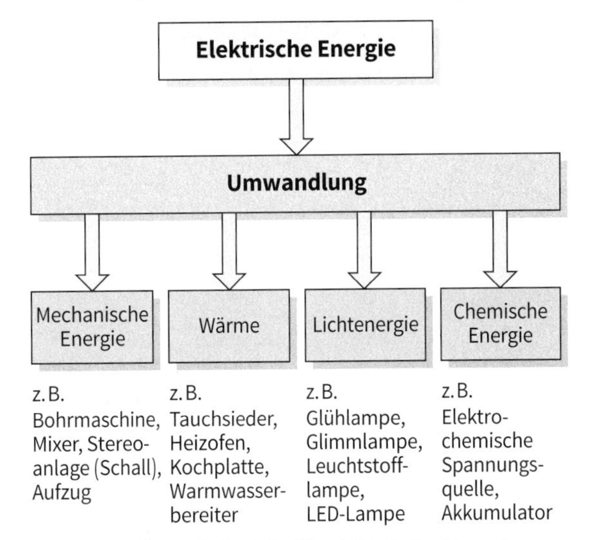

8: Umwandlungsbeispiele für elektrische Energie

Die „Dienstleistungen" der elektrischen Energie gibt es nicht umsonst. In den Elektrizitätswerken wird **Arbeit** verrichtet, um Ladungen zu trennen. Das Ergebnis wird dann als Energie mit Hilfe des Verteilungssystems (Leitungsnetz) übertragen. Diese elektrische Energie wird dann wieder genutzt, um Arbeit zu verrichten. Gemessen wird sie in einem **„Elektrizitätszähler"** [*electricity meter*] (Abb. 9, vgl. auch Kap. 2.2.2). Er müsste eigentlich „Arbeits- oder Energiezähler" heißen, da mit ihm nicht „Elektrizität" gezählt wird.

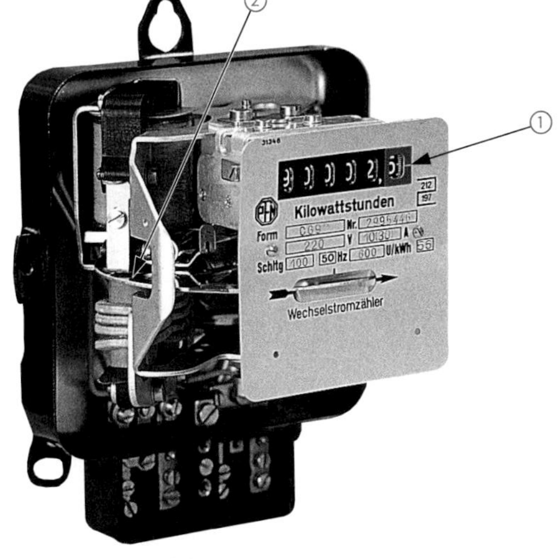

9: Elektrizitätszähler

Was misst der Elektrizitätszähler?

Der Elektrizitätszähler (verkürzt auch als Zähler bezeichnet) befindet sich in der Regel in einem Verteilerkasten und ist als Messgerät zwischen der Energiezuführung (Hausanschlusskasten) und der Energieverteilung (Leitungen für einzelne Stromkreise bzw. Geräte) im Haus fest eingebaut (vgl. Kap. 2.2.2). Das Messergebnis wird als Zahl mit der Einheit Kilowattstunde (Abb. 9, S. 27 ①, kWh) angezeigt. In dieser Angabe ist die Einheit der Leistung (Watt, W) und die Zeit (Stunde, h) enthalten. Der Zähler misst also die Leistung *P* der eingeschalteten Geräte und multipliziert diese mit der Einschaltdauer (Zeit *t*). Das Ergebnis ist dann die **elektrische Arbeit** [*electrical work*] (Formelzeichen *W*).

	Formelzeichen	Einheit
Elektrische Arbeit	*W*	Ws (Wattsekunde) kWh (Kilowattstunde)

$$W = P \cdot t \qquad W = U \cdot I \cdot t$$

Wattsekunde	1 Ws = 1 W · 1 s 1 Ws = 1 J (Joule)
Kilowattstunde	1 kWh = 1000 W · 3600 s 1 kWh = $3{,}6 \cdot 10^6$ Ws

In der Einheit kWh sind das Vielfache der Einheit Watt (kilo = 1000) und Stunde als Vielfaches der Sekunde (1 Stunde = 3600 Sekunden) enthalten. Der Zusammenhang ist in den oben aufgeführten Einheitengleichungen dargestellt.

Im Zähler wird die Leistung über die Stromstärke und die Spannung gemessen. In der häuslichen Energieversorgung beträgt die Spannung 230 V. Die Zeit wird über eine rotierende Scheibe (Abb. 9, S. 27 ②) gemessen und die Arbeit dann mit einer verbundenen Ziffernanzeige angezeigt. Es handelt sich also um eine **direkte Arbeitsmessung** [*direct work measurement*] (Abb. 1). Die bisher eingesetzten mechanisch arbeitenden Zähler werden zunehmend durch elektronische Zähler ersetzt, die keine beweglichen Teile besitzen. Bei der indirekten Arbeitsmessung werden Spannung, Stromstärke und die Zeit separat gemessen und daraus das Produkt berechnet.

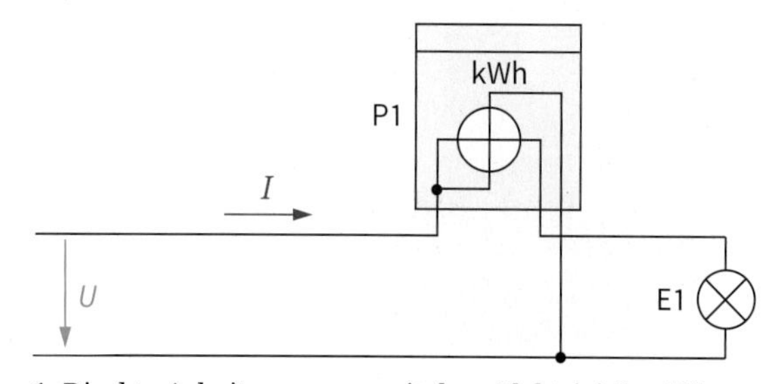

1: Direkte Arbeitsmessung mit dem Elektrizitätszähler

Wirkungsgrad

Die Wirksamkeit der Umwandlung der elektrischen Energie in gleichartigen Geräten kann unterschiedlich sein. Zur Kennzeichnung verwendet man den **Wirkungsgrad** [*efficiency*]. Als Formelzeichen wird η verwendet (griech. Buchstabe Eta). Zur Verdeutlichung ist in Abb. 2 ein Solarmodul dargestellt. Dem Modul wird Arbeit (W_{zu}) bzw. Leistung (P_{zu}) zugeführt. Durch Verluste (W_V bzw. P_V) sind die abgeführten Größen (W_{ab} bzw. P_{ab}) nicht so groß wie die Eingangsgrößen.

Setzt man die abgegebenen zu den aufgenommenen Größen ins Verhältnis, ergibt sich eine Zahl, die stets kleiner als 1 ist. Dieses ist der Wirkungsgrad. Multipliziert man die Zahl mit 100, erhält man den Wirkungsgrad in Prozent. Das in Kap. 1.1.2 aufgeführte Solarmodul hat z. B. einen Wirkungsgrad von 11,7 %.

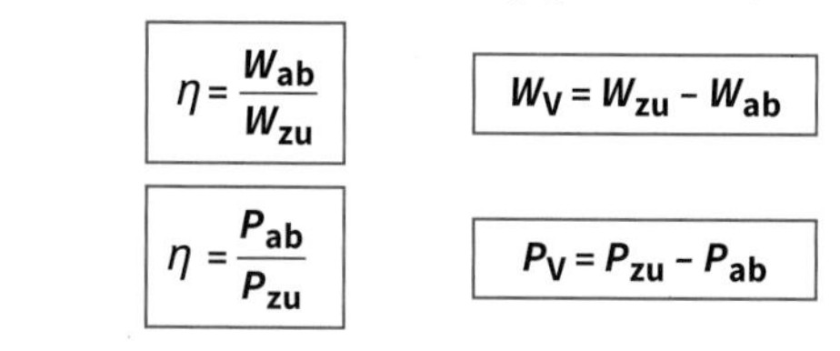

$$\eta = \frac{W_{ab}}{W_{zu}} \qquad W_V = W_{zu} - W_{ab}$$

$$\eta = \frac{P_{ab}}{P_{zu}} \qquad P_V = P_{zu} - P_{ab}$$

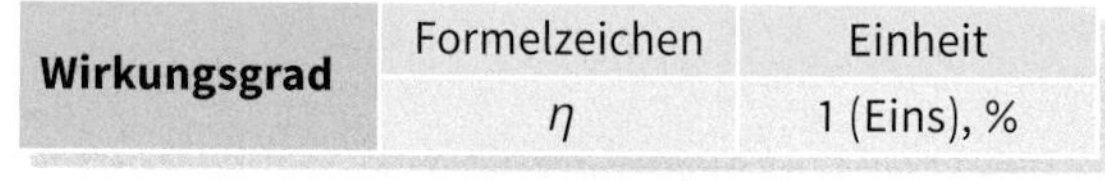

	Formelzeichen	Einheit
Wirkungsgrad	η	1 (Eins), %

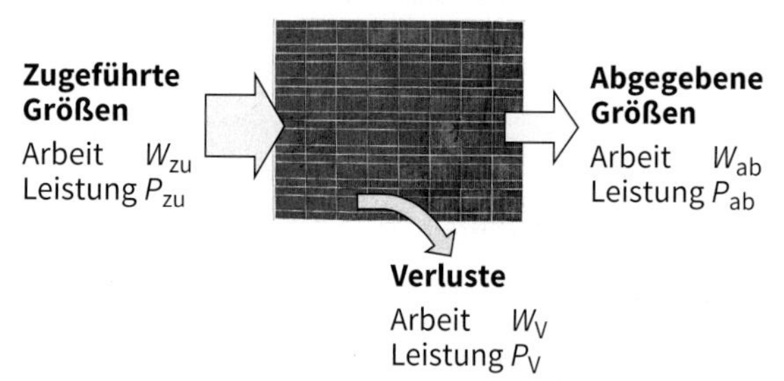

2: Wirkungsgrad

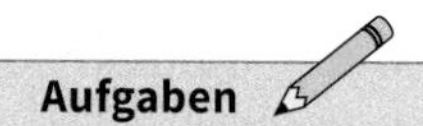

Aufgaben

1. Erklären Sie den Unterschied zwischen elektrischer Arbeit und Leistung.
2. Ermitteln Sie die technischen Angaben auf dem Elektrizitätszähler für Ihre Wohnung und schreiben Sie diese auf.

- Mit elektrischer Energie wird Arbeit verrichtet.
- Die elektrische Arbeit *W* ist das Produkt aus Leistung *P* und Zeit *t*.
- Mit dem Elektrizitätszähler wird die verrichtete Arbeit in Kilowattstunden (kWh) gemessen.
- Die abgegebene Arbeit (Energie, Leistung) ist stets kleiner als die zugeführte Arbeit (Energie, Leistung). Deshalb ist der Wirkungsgrad jeder Maschine stets kleiner als 1 bzw. kleiner als 100 %.

1.2 Wärmequelle und Widerstände

1.2.1 Analyse einer elektrischen Wärmequelle

Die am Ende der Umwandlungskette der Photovoltaik-Anlage zur Verfügung stehende Energie kann genutzt werden, um z. B. Wärme zu erzeugen. Als einfaches Beispiel dient eine **Kochplatte** [*hot plate*] (Abb. 3). Es sollen daran die Funktion analysiert und mit einer Messschaltung Gesetzmäßigkeiten erarbeitet werden.

Die Wärmesteuerung der Kochplatte geschieht mit Hilfe eines Schalters, der in diesem Fall sieben Stellungen besitzt (7-Takt-Schalter, 0 bis 6). Im Innern befinden sich Heizdrähte (Widerstände), die die Bezeichnungen R_1, R_2 und R_3 besitzen. Betrachtet wird hier also die Eigenschaft der Heizdrähte und nicht das Bauteil selbst. Damit die Kochplatte unterschiedliche Wärmemengen abgeben kann, werden mit dem Schalter die Widerstände einzeln oder in Gruppen an die Netzwechselspannung von $U = 230$ V angeschlossen. Dadurch ändert sich die Stromstärke I und damit auch die elektrische Leistung P.

Aufgrund der bisherigen Erörterungen lassen sich bereits erste Aussagen über Zusammenhänge und Abhängigkeiten festhalten:

- Die Betriebsspannung bleibt für alle Messungen konstant und beträgt $U = 230$ V.
- Über die Schalterstellungen werden unterschiedliche Widerstände an die Spannung angeschlossen.
- Jeder Widerstand verursacht eine bestimmte Stromstärke I.
- Jede Schalterstellung entspricht einer bestimmten elektrischen Leistung P.

Diese Aufstellung führt nun zu folgender Frage: Welchen Einfluss haben die Widerstände auf Leistung und Stromstärke?

Strahlungsheizkörper und Schalter mit 6 Stellungen

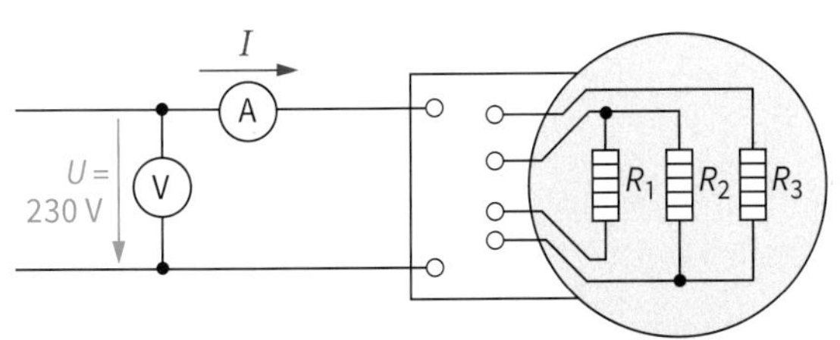

3: Messschaltung mit Kochplatte (ohne Schalter)

Durchführung

Zur Klärung der Frage wird zunächst die Messschaltung in Abb. 3 betrachtet. Mit dem Schalter (vgl. Kap. 1.2.2, Abb. 2) werden die Schaltstufen 0 bis 6 eingestellt (Abb. 4 ①). Dadurch wird die Leistung der Kochplatte entsprechend der Herstellerangabe verändert ②. Die Stromstärken wurden gemessen ③ und dann alle Werte in eine Tabelle eingetragen.

Auswertung

Da die Größen der Widerstände nicht bekannt sind, werden sie mit der für alle Messungen gleich gebliebenen Spannung von 230 V und den jeweils gemessenen Stromstärken berechnet ④: $R = U/I$

Aus den Tabellenwerten (Abb. 4) lassen sich bereits folgende allgemeine Abhängigkeiten in Form von Wirkungsketten aufstellen:

$R\downarrow$ ④ $\Rightarrow I\uparrow$ ③ $\Rightarrow P\uparrow$ ② und $R\uparrow \Rightarrow I\downarrow \Rightarrow P\downarrow$

Beispiel:
Wenn die Schaltstufe von 2 nach 3 geändert wird, verringert sich der Widerstand von 173 Ω auf 118 Ω.

Daraus folgt:

- Die Stromstärke I steigt von 1,33 A auf 1,96 A.
- Die eingestellte Leistung P ist von 305 W auf 450 W gestiegen.

	$U = 230$ V	$U =$ konstant	
Schalt-stufe ①	**eingestellt**	**gemessen**	**berechnet**
	***P* in W** ②	***I* in A** ③	***R* in Ω** ④
0	0	0	∞
1	200	0,87	265
2	305	1,33	173
3	450	1,96	118
4	950	4,13	55,7
5	1400	6,09	37,8
6	2000	8,70	26,5

4: Einstellwerte in Spalte 1 u. 2, Messwerte in Spalte 3

Diagramm

Um die Werte der Tabelle aus Abb. 4 zu veranschaulichen, ist in Abb. 1 auf S. 30 die Leistung in Abhängigkeit vom Widerstand dargestellt. Die Kurve zeigt folgendes Verhalten:

- Je kleiner der Widerstand bei konstanter Spannung ist, desto größer ist die Leistung.
- Je größer der Widerstand bei konstanter Spannung ist, desto kleiner ist die Leistung.
- Leistung und Widerstand sind also umgekehrt proportional. Diese Kurve zeigt den Verlauf einer **Hyperbel** (vgl. Kap. 1.1.9).

$$P \sim \frac{1}{R}$$

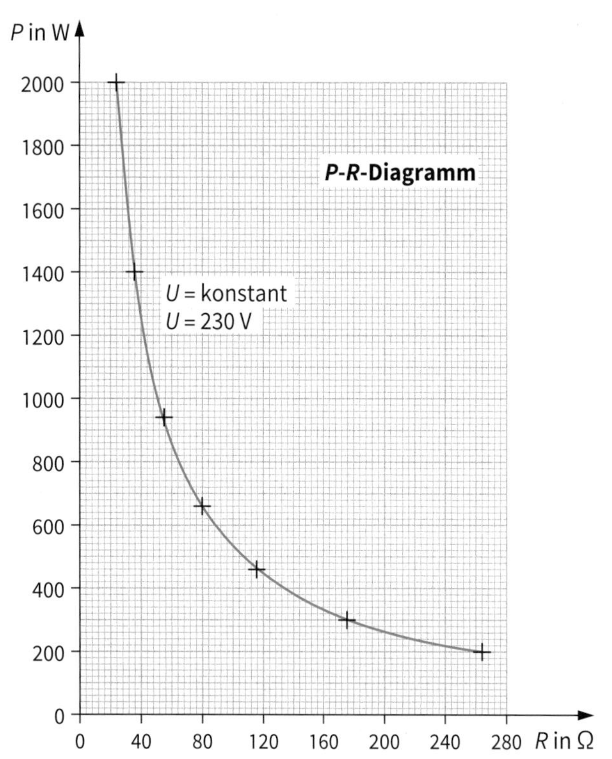

1: Leistung in Abhängigkeit vom Widerstand bei konstanter Spannung

Diese gewonnene umgekehrte proportionale Beziehung lässt sich in eine Gleichung umwandeln, wenn weitere Größen hinzugefügt werden. Es ist naheliegend, dass dies die Spannung oder die Stromstärke sein werden, da beide Größen für die Leistung bestimmend sind.

Der Zahlenwert und die Einheit für diese Größe lassen sich ermitteln, indem man die Beziehung wie eine Gleichung behandelt und das Produkt aus $P \cdot R$ bildet.

Für jeden Messpunkt ergibt sich dann ein konstanter Wert. Man erhält z. B. mit dem letzten Messwert:
$P \cdot R = 2000\ \text{W} \cdot 26{,}5\ \Omega$
$P \cdot R = 5300\ \text{W} \cdot \Omega$

Diese etwas ungewöhnliche Einheit W · Ω kann ersetzt werden, denn es gilt:
$1\ \text{W} = 1\ \text{V} \cdot \text{A}$ und $1\ \Omega = 1\ \text{V}/1\ \text{A}$

Durch Einsetzen und Kürzen bleibt das Quadrat der Spannung übrig:
$P \cdot R = 5300\ \text{W} \cdot \Omega$ $\quad P \cdot R = 5300\ \text{V} \cdot \text{A}\ (\text{V/A})$
$P \cdot R = 5300\ \text{V}^2$ oder $\quad P \cdot R = (230\ \text{V})^2$

Für die Leistung ergibt sich dann die folgende Formel:

$$P = \frac{U^2}{R}$$

Diese Formel macht deutlich, dass z. B. bei konstant bleibendem Widerstand und Verdopplung der Spannung die Leistung auf den vierfachen Wert ansteigt.

In der Gleichung kann aber auch die Spannung durch das Produkt aus Stromstärke und Widerstand wie folgt ersetzt werden:

$$P = \frac{(I \cdot R) \cdot (I \cdot R)}{R} \qquad P = \frac{I^2 \cdot R^2}{R}$$

Der Widerstand R lässt sich kürzen und damit ergibt sich:

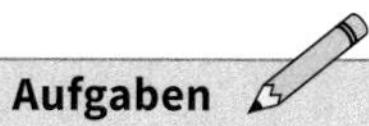

$$P = I^2 \cdot R$$

Diese letzte Beziehung macht deutlich, dass die Leistung vom Quadrat der Stromstärke abhängig ist. Eine Verdopplung der Stromstärke sorgt also für eine Vervierfachung der Leistung.

Leistungsberechnung

Der elektrische Widerstand eines Heizlüfters wird mit 100 Ω angegeben. Er ist an die Spannung von 230 V angeschlossen.
Wie groß sind Leistung und Stromstärke?
Geg.: $U = 230\ \text{V}$; $R = 100\ \Omega$; Ges.: P und I

$$P = \frac{U^2}{R} \qquad P = \frac{230\ \text{V} \cdot 230\ \text{V}}{100\ \Omega} \qquad P = \frac{52900\ \text{V}^2}{100\ \Omega}$$

$$\frac{1\ \text{V}^2}{\Omega} = \frac{1\ \text{V}^2}{(\text{V/A})} = 1\ \text{W} \qquad \underline{\underline{P = 529\ \text{W}}}$$

$$I = \frac{U}{R} \qquad I = \frac{230\ \text{V}}{100\ \Omega} \qquad \underline{\underline{I = 2{,}3\ \text{A}}}$$

Aufgaben

1. Ermitteln Sie aus dem Diagramm der Abb. 1 die Leistung bei $R = 200\ \Omega$ und den Widerstand bei $P = 1\ \text{kW}$.
2. Wie verändert sich die Leistung in einem Stromkreis mit konstanter Spannung, wenn der Widerstand verdoppelt bzw. auf die Hälfte verringert wird?
3. Wie groß ist die Leistung, wenn bei der Kochplatte ein Widerstand von 80 Ω eingeschaltet werden könnte (Diagramm in Abb. 1)?

- Wenn der Widerstand bei konstant bleibender Spannung in einem Stromkreis verringert wird, steigt die Leistung.
- Wenn der Widerstand bei konstant bleibender Spannung in einem Stromkreis vergrößert wird, sinkt die Leistung.
- Bei konstantem Widerstand hängt die Leistung vom Quadrat der Spannung bzw. vom Quadrat der Stromstärke ab.

1.2.2 Grundschaltungen mit Widerständen

Um bei der Kochplatte verschiedene Leistungen zu erzielen, sind die Widerstände unterschiedlich zusammen geschaltet worden (Abb. 2).

- In der Spalte 1 sind vier verschiedene Schaltereinstellungen mit den Leistungen aufgeführt.
- In der Spalte 2 befinden sich vereinfacht die Schalter mit den Widerstandsschaltungen. Die eingeschalteten Widerstände sind farblich gekennzeichnet.
- In der Spalte 3 ist der jeweilige Stromlaufplan für die Widerstandsschaltung zu sehen.

Die Stromlaufpläne zeigen folgendes:
Die Widerstände sind einzeln, hintereinander ① (in Reihe, in Serie) oder nebeneinander ② (parallel) geschaltet. Man nennt diese Schaltungen deshalb **Reihenschaltung** [*series connection*] (vgl. Kap. 1.2.4) bzw. **Parallelschaltung** [*parallel connection*] (vgl. Kap. 1.2.5).

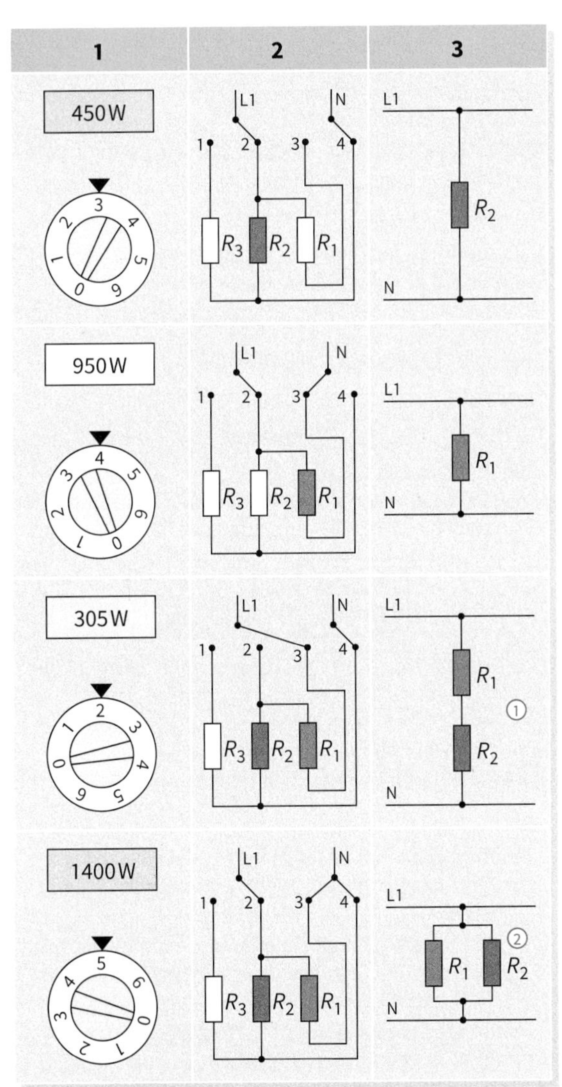

2: Widerstandsschaltungen in der Kochplatte

Welche Gesetzmäßigkeiten ergeben sich?

Mit Hilfe der auf S. 29 in Abb. 4 festgehaltenen Mess- und Einstellwerte sowie den Schaltungen aus Abb. 2 konnten bereits wichtige Kenntnisse über Grundschaltungen von Widerständen gewonnen werden. Vertiefende Kenntnisse erhält man, indem man die folgenden vier Fälle genauer untersucht:

450 W Der Widerstand R_2 ist eingeschaltet.

Am Widerstand liegt die Netzspannung von 230 V. Der Widerstand $R_2 = 118\ \Omega$ hat eine Stromstärke von $I_2 = 1{,}96$ A zur Folge (vgl. S. 29, Abb. 4).

950 W Der Widerstand R_1 ist eingeschaltet.

Am Widerstand liegt die Netzspannung von 230 V. Der Widerstand $R_1 = 55{,}7\ \Omega$ hat eine Stromstärke von $I_1 = 4{,}13$ A zur Folge (vgl. S. 29, Abb. 4).
Im Vergleich zu 450 W: $I_1 > I_2$, da $R_1 < R_2$

305 W Die Widerstände R_1 und R_2 sind in Reihe geschaltet (genaue Herleitung vgl. Kap. 1.2.4).

Die Netzspannung von 230 V ist die gesamte Spannung. Sie kann deshalb nicht vollständig für jeden Widerstand „wirksam" werden. Das „Hindernis" dieser in Reihe geschalteten Widerstände ist also größer, als wenn ein einzelner Widerstand an der Netzspannung liegen würde.

Folgendes kann vermutet werden:
Die Einzelwiderstände lassen sich zu einem Gesamtwiderstand addieren.

$R_1 + R_2 = 55{,}7\ \Omega + 118\ \Omega \qquad R_1 + R_2 = 173{,}7\ \Omega$

Der Gesamtwiderstand einer Reihenschaltung ist also immer größer als jeder einzelne Widerstand.

Dieser Sachverhalt drückt sich auch in der geringeren Stromstärke ($I_{1,2} = 1{,}33$ A) und in der geringeren Gesamtleistung ($P_{1,2} = 305$ W) aus (vgl. S. 29, Abb. 4).

1400 W Die Widerstände R_1 und R_2 sind parallel geschaltet.

An jedem Widerstand liegt wie bei den Schalterstellungen 450 W und 950 W die Netzspannung von 230 V. Die einzelnen Stromstärken können also zu einer Gesamtstromstärke und die Einzelleistungen zu einer Gesamtleistung addiert werden.

$I_1 + I_2 = 4{,}13\ \text{A} + 1{,}96\ \text{A} \qquad I_1 + I_2 = 6{,}09\ \text{A}$

$P_1 + P_2 = 950\ \text{W} + 450\ \text{W} \qquad P_1 + P_2 = 1400\ \text{W}$

Die einzelnen Widerstände dagegen dürfen nicht addiert werden (genaue Herleitung vgl. Kap. 1.2.3). Der Gesamtwiderstand kann aber auch über die anliegende Spannung von 230 V und der Stromstärke von 6,09 A wie folgt berechnet werden:

$$R_g = \frac{230\ \text{V}}{6{,}09\ \text{A}} \qquad R_g = 37{,}8\ \Omega$$

Der Gesamtwiderstand ist also kleiner als jeder Einzelwiderstand (55,7 Ω und 118 Ω).

1.2.3 Parallelschaltung von Widerständen

Alle Geräte, die über Steckdosen mit elektrischer Energie versorgt werden, liegen schaltungstechnisch nebeneinander (**parallel** [*parallel*]) und an der gleichen Spannung. Für die Herleitung der Gesetzmäßigkeiten sind dazu in Abb. 1 beispielsweise zwei Geräte durch Widerstände dargestellt worden.

Unabhängig von der Anzahl der parallel geschalteten Widerstände gibt es für diese Schaltung zwei Verbindungspunkte, in denen sich der Strom I_g aufteilt ① bzw. wieder vereinigt ② (**Stromverzweigung** [*current branching*]). Bei zwei Widerständen entstehen zwei Teilströme I_1 und I_2. Wenn weitere Widerstände (Geräte) hinzugeschaltet werden, ändert sich die Spannung nicht, aber durch den zusätzlichen Strom erhöht sich die Gesamtstromstärke. Wenn ein Widerstand (Gerät) entfernt wird, verringert sich die Gesamtstromstärke.

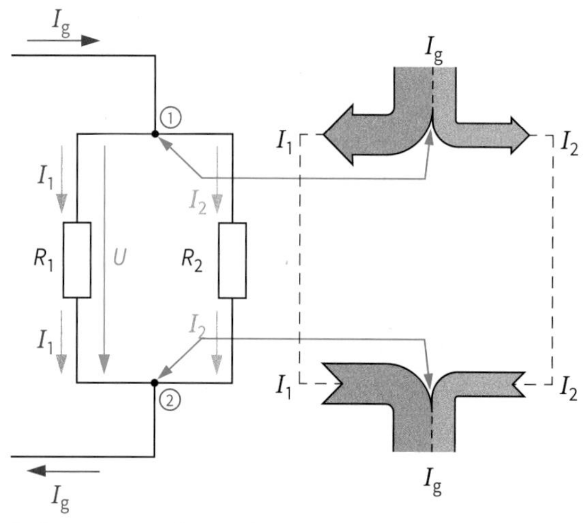

1: Stromverzweigung, $R_1 < R_2$

Verallgemeinert man die Parallelschaltung von zwei Widerständen auf beliebig viele Widerstände (Abb. 2), lassen sich die folgenden Formeln aufstellen.

Stromstärken

Ausgegangen wird von der Grundformel für die Stromverzweigung (**1. Kirchhoffsches Gesetz** [*1. Kirchhoff's law*]).

$$I_g = I_1 + I_2 + \ldots + I_n$$

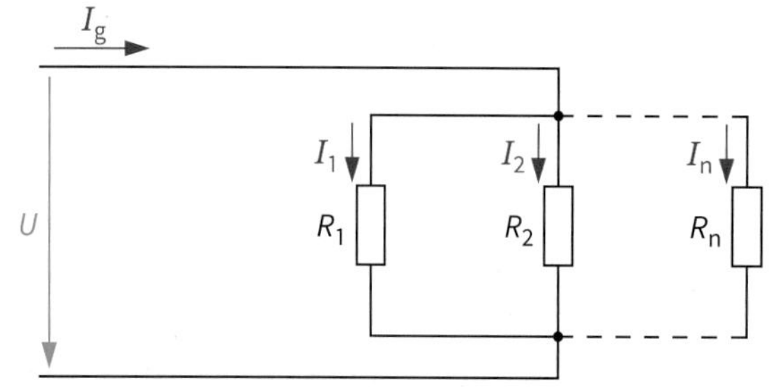

2: Parallelschaltung

Messschaltung zur Parallelschaltung

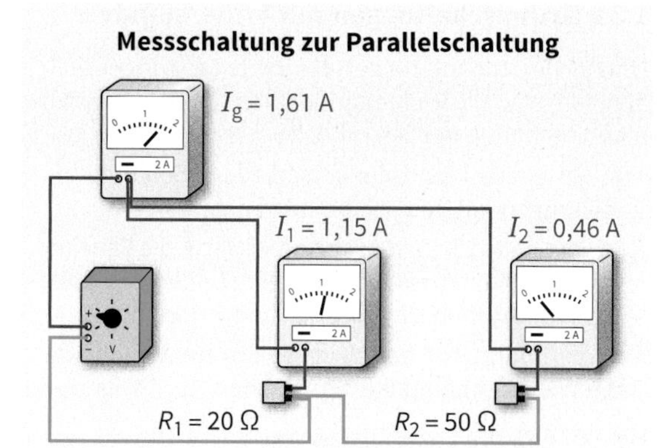

Jede Stromstärke lässt sich durch das Verhältnis von Spannung zu Stromstärke ausdrücken. Man erhält dann:

$$I_g = \frac{U}{R_g} \qquad I_1 = \frac{U}{R_1} \qquad I_2 = \frac{U}{R_2} \qquad \ldots \qquad I_n = \frac{U}{R_n}$$

Zwischen den Widerständen und den Stromstärken durch die Widerstände besteht eine Beziehung. Sie lässt sich aufstellen, wenn man die oben aufgeführten Gleichungen nach U umstellt:

$U = I_1 \cdot R_1 \qquad U = I_2 \cdot R_2 \qquad U = I_3 \cdot R_3 \ldots$

Da in der Parallelschaltung die Spannung an jedem Widerstand gleich ist, kann die Spannung durch das Produkt aus Stromstärke und Widerstand ersetzt werden. Man erhält dann Gleichungen, in denen nur die einzelnen Stromstärken und ihre Widerstände vorkommen:

$I_1 \cdot R_1 = I_2 \cdot R_2 \qquad I_1 \cdot R_1 = I_3 \cdot R_3 \ldots$

Stellt man die Gleichungen so um, dass sich die Stromstärken und die Widerstände auf einer Seite der Gleichung befinden, erhält man folgende Formeln:

$$\frac{I_1}{I_2} = \frac{R_2}{R_1} \qquad \frac{I_1}{I_3} = \frac{R_3}{R_1}$$

Die Formeln verdeutlichen, dass sich die Stromstärken umgekehrt wie die Widerstände verhalten. Anders ausgedrückt: Die Stromstärke durch den kleinsten Widerstand ist am größten und die Stromstärke durch den größten Widerstand ist am kleinsten.

- Bei der Parallelschaltung ist die Gesamtstromstärke I_g gleich der Summe der Einzelstromstärken.
- Die Einzelstromstärken lassen sich aus der anliegenden Spannung und dem jeweiligen Widerstand berechnen ($I = U/R$).
- Bei der Parallelschaltung fließt durch den größten Widerstand der kleinste und durch den kleinsten Widerstand der größte Strom.

Leitwerte und Widerstände

Ziel der folgenden Überlegungen ist es, eine Formel für den Gesamtwiderstand herzuleiten. Benutzt wird dazu die Stromverzweigungsformel, in die dann die Formeln für die einzelnen Stromstärken eingesetzt werden.

$$\frac{U}{R_g} = \frac{U}{R_1} + \frac{U}{R_2} + \ldots + \frac{U}{R_n}$$

Als gemeinsame Größe kommt die Spannung U vor. Sie kann ausgeklammert und dann gekürzt werden. Auf diese Weise erhält man eine Gleichung, in der nur die Kehrwerte der Widerstände (Leitwerte) vorkommen:

$$\mathbf{\frac{1}{R_g} = \frac{1}{R_1} + \frac{1}{R_2} + \ldots + \frac{1}{R_n} \qquad \frac{1}{R_g} = G_g}$$

$$\mathbf{G_g = G_1 + G_2 + \ldots + G_n}$$

Gesamtwiderstand von zwei parallel geschalteten Widerständen

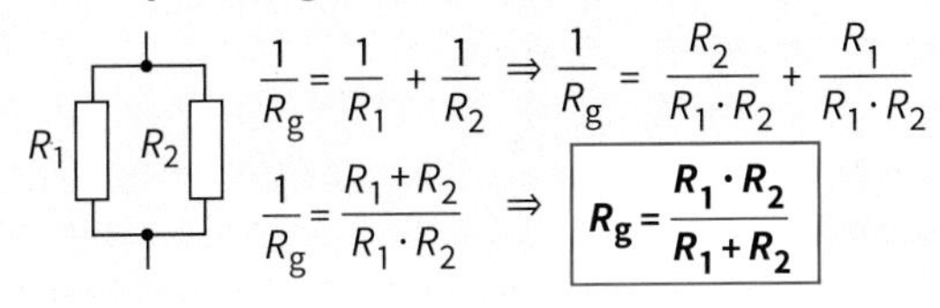

$$\frac{1}{R_g} = \frac{1}{R_1} + \frac{1}{R_2} \Rightarrow \frac{1}{R_g} = \frac{R_2}{R_1 \cdot R_2} + \frac{R_1}{R_1 \cdot R_2}$$

$$\frac{1}{R_g} = \frac{R_1 + R_2}{R_1 \cdot R_2} \Rightarrow \mathbf{R_g = \frac{R_1 \cdot R_2}{R_1 + R_2}}$$

Leistungen

Die Leistung ist das Produkt aus Spannung und Stromstärke ($P = U \cdot I$, vgl. Kap. 1.1.10). Da an jedem Widerstand Spannung liegt und ein entsprechender Strom fließt, ergeben sich folgende Einzelleistungen:

$P_1 = U \cdot I_1 \qquad P_2 = U \cdot I_2 \qquad \ldots$

Die Gesamtleistung P_g ergibt sich dann aus der Summe der Einzelleistungen:

$$\mathbf{P_g = P_1 + P_2 + \ldots + P_n}$$

Aufgaben

1. Zwei parallel geschaltete Widerstände liegen an einer Spannung. Ein Widerstand wird verkleinert. Welche Größen verändern sich in welcher Weise und welche ändern sich nicht?
2. Berechnen Sie den Wert des Gesamtwiderstandes aus dem Beispiel in der rechten Spalte mit Hilfe der Spannung und der Stromstärke.

- Den Gesamtleitwert einer Parallelschaltung erhält man, indem man die Einzelleitwerte addiert.
- Der Gesamtwiderstand der Parallelschaltung aus Widerständen ist kleiner als der kleinste Einzelwiderstand.
- Die Gesamtleistung bei der Parallelschaltung ist gleich der Summe der Einzelleistungen.

Parallelschaltung aus drei Widerständen

Die abgebildete Parallelschaltung aus drei Widerständen soll berechnet werden.

Gegeben:

$R_1 = 10\ \Omega$, $R_2 = 20\ \Omega$, $R_3 = 50\ \Omega$, $U = 16$ V

Gesucht:

a) Die einzelnen Stromstärken I_1, I_2, I_3, I_g

b) Die einzelnen Leitwerte G_1, G_2, G_3 und G_g sowie der Gesamtwiderstand R_g

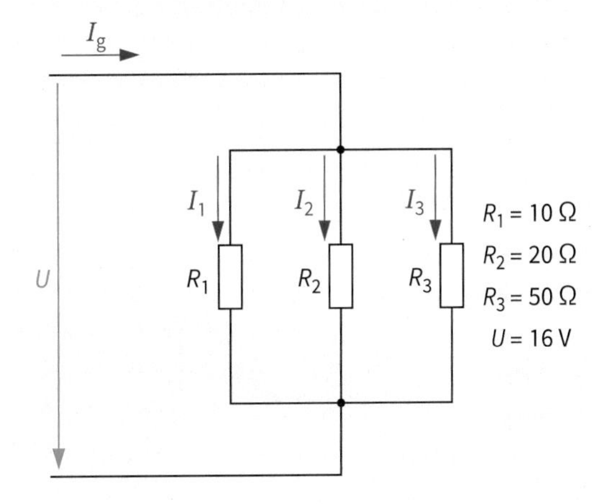

a) Stromstärken

$I_1 = \frac{U}{R_1} \qquad I_1 = \frac{16\text{ V}}{10\ \Omega} \qquad \underline{\underline{I_1 = 1{,}6\text{ A}}}$

$I_2 = \frac{U}{R_2} \qquad I_2 = \frac{16\text{ V}}{20\ \Omega} \qquad \underline{\underline{I_2 = 0{,}8\text{ A}}}$

$I_3 = \frac{U}{R_3} \qquad I_3 = \frac{16\text{ V}}{50\ \Omega} \qquad \underline{\underline{I_3 = 0{,}32\text{ A}}}$

$I_g = 1{,}6\text{ A} + 0{,}8\text{ A} + 0{,}32\text{ A} \qquad \underline{\underline{I_g = 2{,}72\text{ A}}}$

b) Leitwerte und Widerstände

$G_1 = \frac{1}{R_1} \qquad G_1 = \frac{1\text{ V}}{10\ \Omega} \qquad \underline{\underline{G_1 = 100\text{ mS}}}$

$G_2 = \frac{1}{R_2} \qquad G_2 = \frac{1\text{ V}}{20\ \Omega} \qquad \underline{\underline{G_2 = 50\text{ mS}}}$

$G_3 = \frac{1}{R_3} \qquad G_3 = \frac{1\text{ V}}{50\ \Omega} \qquad \underline{\underline{G_3 = 20\text{ mS}}}$

$G_g = G_1 + G_2 + G_3$

$G_g = 100\text{ mS} + 50\text{ mS} + 20\text{ mS}$

$\underline{\underline{G_g = 170\text{ mS}}}$

$R_g = \frac{1}{G_g} \qquad R_g = \frac{1}{170\text{ mS}} \qquad \underline{\underline{R_g = 5{,}9\ \Omega}}$

1.2.4 Reihenschaltung von Widerständen

Bei der Analyse der Kochplatte in Kap. 1.2.2 wurde festgestellt, dass in der Schaltstufe 2 (305 W) die Widerstände R_1 und R_2 hintereinander (**in Reihe, in Serie** [*in series*]) liegen. Für diese Reihen- bzw. Serienschaltung sollen jetzt die Gesetzmäßigkeiten ermittelt werden.

Durch beide Widerstände fließt derselbe Strom. Die Stromstärke ist also überall gleich (Abb. 1). Die insgesamt zur Verfügung stehende Spannung U_g teilt sich auf die zwei Widerstände mit den Teilspannungen U_1 ① und U_2 ② auf (**Spannungsaufteilung** [*voltage sharing*]).

Wenn Widerstände (Geräte) zusätzlich in Reihe geschaltet werden, verringert sich die ursprüngliche Stromstärke. Wenn durch Entfernen eines Widerstandes (Gerätes) die Reihenschaltung unterbrochen wird, fließt kein Strom mehr.

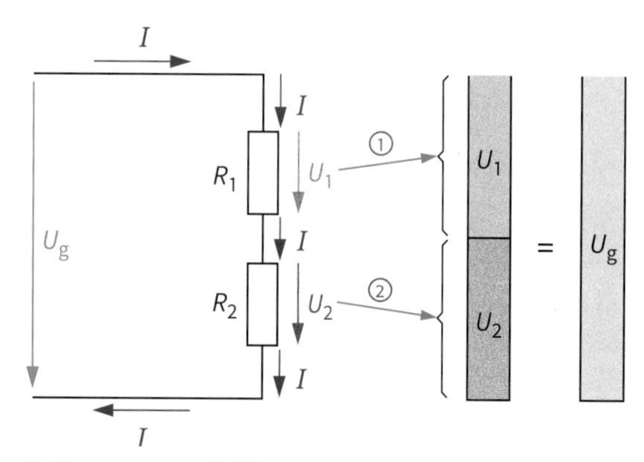

1: Spannungsaufteilung

Verallgemeinert man die Reihenschaltung von zwei Widerständen auf beliebig viele Widerstände (Abb. 2), lassen sich folgende Formeln aufstellen:

Spannungen

Bei der Reihenschaltung kommt es zu einer **Spannungsaufteilung** (2. Kirchhoffsches Gesetz).

$$U_g = U_1 + U_2 + \ldots + U_n$$

$$U_g = I \cdot R_g \quad U_1 = I \cdot R_1 \quad U_2 = I \cdot R_2 \quad \ldots \quad U_n = I \cdot R_n$$

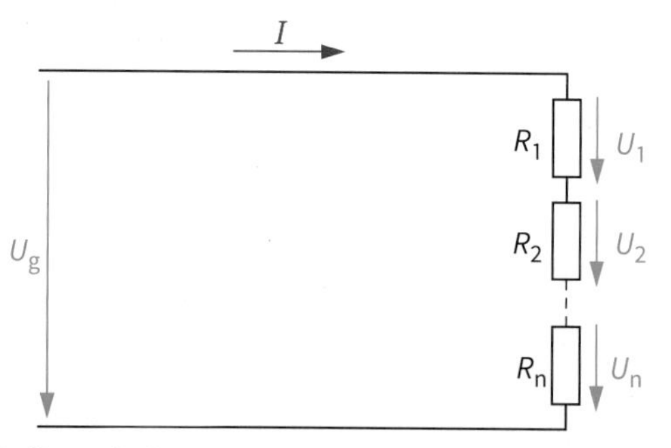

2: Reihenschaltung

Messschaltung zur Reihenschaltung

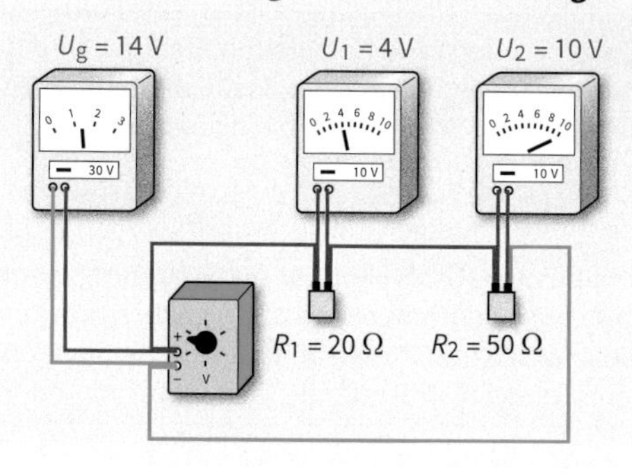

Widerstände

In der Formel für die Spannungsaufteilung lassen sich die Einzelspannungen durch $I \cdot R$ ausdrücken.

$$I \cdot R_g = I \cdot R_1 + I \cdot R_2 + \ldots + I \cdot R_n$$

Als gemeinsame Größe kommt die Stromstärke I vor. Sie lässt sich kürzen und man erhält dann eine Gleichung nur mit Widerständen:

$$R_g = R_1 + R_2 + \ldots + R_n$$

Leistungen

Die Leistung ist das Produkt aus Spannung und Stromstärke. Da an jedem Widerstand eine Spannung liegt und ein Strom fließt, ist die Gesamtleistung gleich der Summe der Einzelleistungen.

$$P_g = P_1 + P_2 + \ldots + P_n$$

Aufgaben 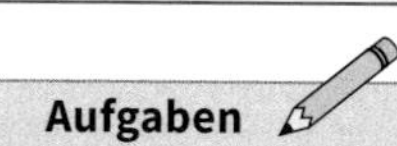

1. Eine Reihenschaltung aus zwei Widerständen ist an eine Spannungsquelle angeschlossen. Ein Widerstand wird vergrößert. Welche Größen verändern sich in welcher Weise und welche ändern sich nicht?
2. In einer Reihenschaltung von drei Widerständen wird ein Widerstand entfernt. Geben Sie an, welche Änderungen eintreten.

- Bei der Reihenschaltung ist die Gesamtspannung gleich der Summe der Einzelspannungen. Die Gesamtspannung teilt sich auf die einzelnen Widerstände auf.
- Die Einzelspannungen lassen sich aus der Stromstärke und dem jeweiligen Widerstand berechnen ($U = I \cdot R$).
- Am größten Widerstand liegt die größte und am kleinsten Widerstand die kleinste Spannung.
- Der Gesamtwiderstand ist gleich der Summe der Einzelwiderstände.
- Die Gesamtleistung ist gleich der Summe der Einzelleistungen.

1.2.5 Gruppenschaltungen von Widerständen

In Widerstandsnetzwerken können Parallel- und Reihenschaltungen gemeinsam vorkommen. Um den **Gesamtwiderstand** [*total resistance*] zu ermitteln, müssen in der Ausgangsschaltung schrittweise Vereinfachungen vorgenommen werden, bis am Ende ein einzelner Widerstand R_g übrig bleibt.

Beispiel 1: $R_1 = 55{,}7\ \Omega$; $R_2 = 118\ \Omega$; $R_3 = 91{,}3\ \Omega$

- Zum Widerstand R_1 liegt in Reihe die Parallelschaltung aus den zwei Widerständen R_2 und R_3.
- Die Schaltung muss so verändert werden, dass eine Grundschaltung entsteht.

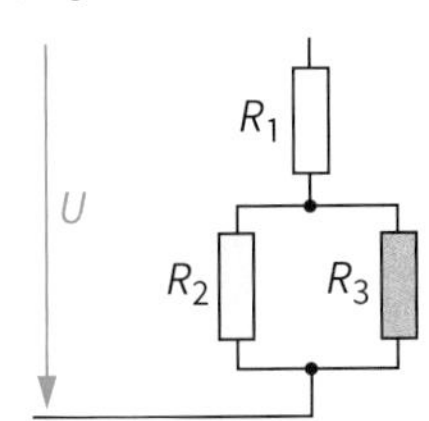

1. Lösungsschritt

- Die Parallelschaltung aus R_2 und R_3 kann zu einem Widerstand R_{23} ($R_2 \parallel R_3$) zusammengefasst werden.
- $R_{23} = \dfrac{R_2 \cdot R_3}{R_2 + R_3}$

  $R_{23} = 51{,}5\ \Omega$
- Ergebnis:
  Es ist nur noch eine Reihenschaltung aus den zwei Widerständen R_1 und R_{23} vorhanden.

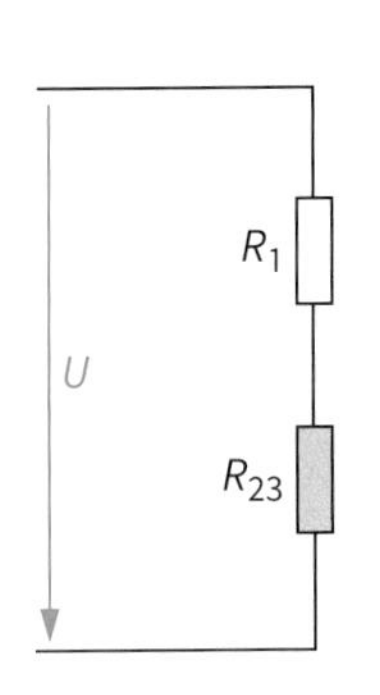

2. Lösungsschritt

- Der Gesamtwiderstand lässt sich jetzt durch Addition ermitteln.
- $R_g = R_1 + R_{23}$

  $R_g = 55{,}7\ \Omega + 51{,}5\ \Omega$

  $R_g = 107{,}2\ \Omega$

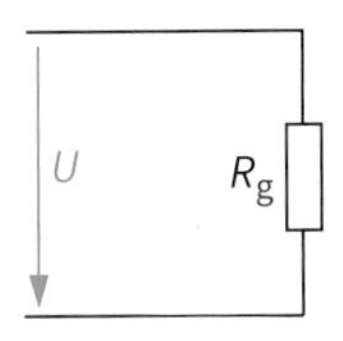

- Vorgehensweise bei der Ermittlung des Gesamtwiderstandes einer Gruppenschaltung:
  1. Eine Parallel- oder Reihenschaltung aus zwei oder mehreren Widerständen suchen und zu einem Widerstand zusammenfassen.
  2. Schaltplan der Gruppenschaltung mit dem zusammengefassten Widerstand zeichnen.
  3. Im Plan eine weitere neu entstandene Grundschaltung suchen, diese zu einem einzelnen Widerstand zusammenfassen usw., bis am Ende nur der Gesamtwiderstand vorhanden ist.

Beispiel 2: $R_1 = 55{,}7\ \Omega$; $R_2 = 118\ \Omega$; $R_3 = 91{,}3\ \Omega$

- Zum Widerstand R_1 liegt parallel die Reihenschaltung aus den zwei Widerständen R_2 und R_3.
- Die Schaltung muss so verändert werden, dass eine Grundschaltung entsteht.

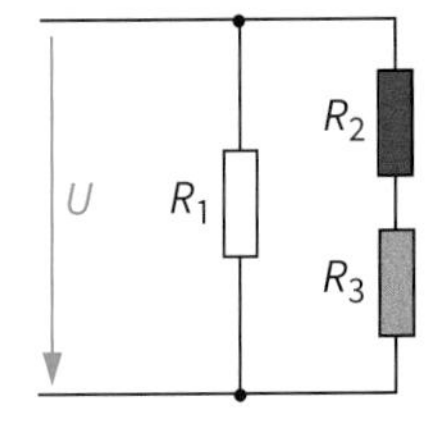

1. Lösungsschritt

- Die Reihenschaltung aus R_2 und R_3 kann zu einem Widerstand R_{23} zusammengefasst werden.
- $R_{23} = R_2 + R_3$

  $R_{23} = 118\ \Omega + 91{,}3\ \Omega$

  $R_{23} = 209{,}3\ \Omega$
- Ergebnis: Es ist nur noch eine Parallelschaltung aus den zwei Widerständen R_1 und R_{23} vorhanden.

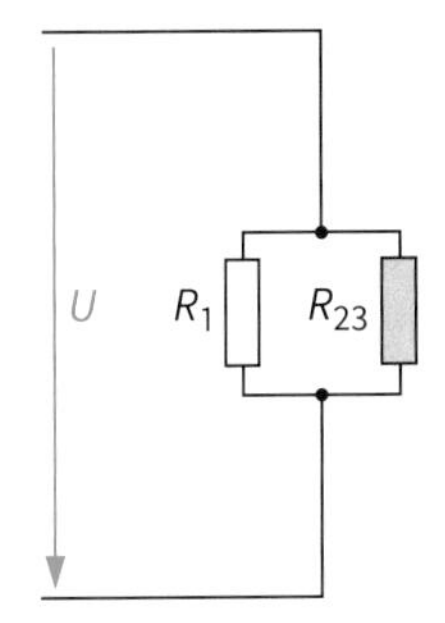

2. Lösungsschritt

- Der Gesamtwiderstand lässt sich jetzt ermitteln.
- $R_g = R_1 \parallel R_{23}$

  $R_g = \dfrac{R_1 \cdot R_{23}}{R_1 + R_{23}}$

  $R_g = 44\ \Omega$

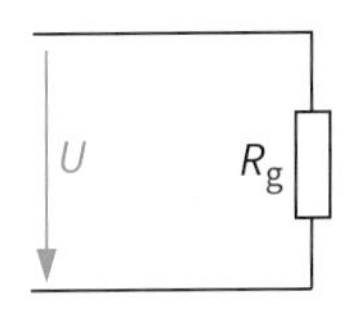

Aufgaben

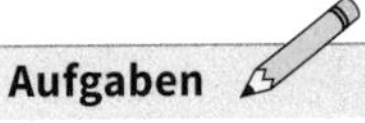

1. Übernehmen Sie aus Beispiel 1 die Gruppenschaltung und kennzeichnen Sie durch Pfeile:
   - U (Gesamtspannung)
   - U_1 (Spannung an R_1)
   - U_{23} (Spannung an R_2 und R_3)
   - I_1 (Stromstärke durch R_1)
   - I_2 (Stromstärke durch R_2)
   - I_3 (Stromstärke durch R_3) und I_g

   Die Schaltung liegt an 230 V. Der Widerstand R_3 wird jetzt verkleinert. Wie wirkt sich diese Änderung auf folgende Größen aus (größer, kleiner oder konstant angeben)?

   a) R_{23}, R_g c) U_1, U_2, U_3
   b) I_1, I_2, I_3, I_g d) P_1, P_2, P_3, P_g
2. Übernehmen Sie aus dem Beispiel 2 die Gruppenschaltung und kennzeichnen Sie die Größen durch Strom- und Spannungspfeile. Die Schaltung liegt an 230 V. Der Widerstand R_3 wird jetzt vergrößert. Wie wirkt sich diese Änderung auf folgende Größen aus (größer, kleiner oder konstant angeben)?

   a) R_{23}, R_g c) U_2, U_3
   b) I_1, I_{23}, I_g d) P_1, P_2, P_3, P_g
3. Berechnen Sie für die Gruppenschaltungen der Beispiele 1 und 2 die folgenden Größen:
   a) Spannungen an den Widerständen
   b) Stromstärken durch die Widerstände
   c) Leistungen der einzelnen Widerstände

1.2.6 Anwendungen von Widerstandsschaltungen

1.2.6.1 Messschaltungen

In Kap. 1.1.10 wurden zur Leistungsermittlung Spannung und Stromstärke gemessen. Neben der Glühlampe befanden sich die zwei Messgeräte, die wie Widerstände wirken, in der Schaltung. Diese Gruppenschaltung aus drei Widerständen liefert fehlerbehaftete Messergebnisse. Welche Auswirkungen die einzelnen Messgeräte auf die Messergebnisse haben, soll nun am Beispiel der **Widerstandsmessung** [*resistance measurement*] erarbeitet werden (Abb. 1).

Verwendet werden neben dem unbekannten Widerstand R_x ein Spannungsmessgerät P1 und ein Stromstärkenmessgerät P2. In beiden Schaltungen werden die Spannung U und Stromstärke I gemessen und der Widerstand R_x berechnet. Die Ergebnisse sind unterschiedlich. Woran liegt das?

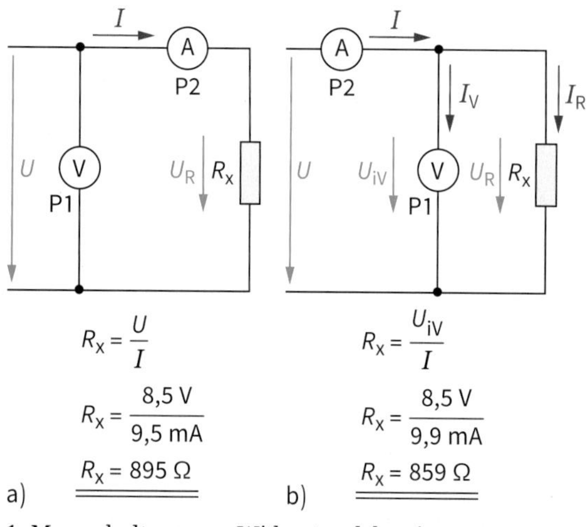

1: Messschaltung zur Widerstandsbestimmung

Durch die Messgeräte fließen Ströme. Deshalb liegt auch an jedem Messgerät eine Spannung. Die Messgeräte wirken deshalb wie zusätzliche Widerstände in der Schaltung. Sie besitzen in diesem Beispiel folgenden Werte:

- Stromstärkenmessgerät $R_{iA} = 30\ \Omega$
- Spannungsmessgerät $R_{iV} = 100\ k\Omega$

Somit ergeben sich für die Messschaltungen aus Abb. 1 die Ersatzschaltungen in Abb. 2.

In beiden Schaltungen wird jeweils eine Größe falsch gemessen. In Abb. 2a wird nicht die am Widerstand R_x liegende Spannung U_R zur Berechnung verwendet, sondern die Gesamtspannung U. Sie ist größer als die Spannung am Widerstand. Diese Schaltung bezeichnet man deshalb als **Spannungsfehlerschaltung** [*voltage error circuit*].

Zur Berechnung mit den Werten aus Abb. 2b wird dagegen eine zu große Stromstärke verwendet, weil auch durch das Spannungsmessgerät ein Strom I_V fließt.

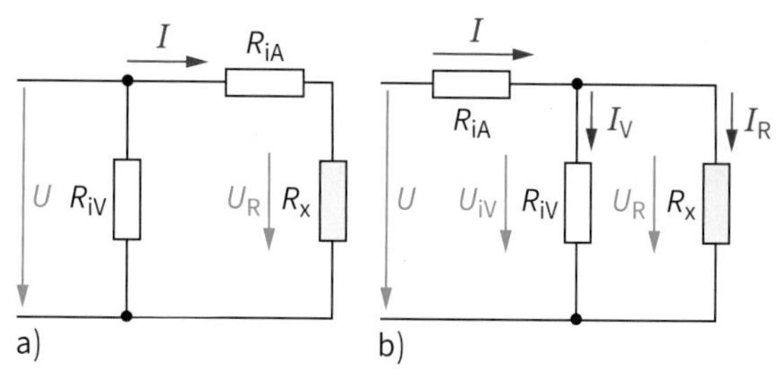

2: Ersatzschaltungen der Messschaltungen in Abb. 1

Die Schaltung wird deshalb als **Stromfehlerschaltung** [*current error circuit*] bezeichnet. Mit den Werten dieser Stromfehlerschaltung wird jetzt der „richtige" Wert für den Widerstand R_x wie folgt berechnet:

$$I_V = \frac{U_{iV}}{R_{iV}} \qquad I_V = \frac{8{,}5\ V}{100\ k\Omega} \qquad I_V = 0{,}085\ mA$$

$$I_R = I - I_V \qquad I_V = 9{,}9\ mA - 0{,}085\ mA \qquad I_R = 9{,}815\ mA$$

$$R_x = \frac{U_{iV}}{I_R} \qquad R_x = \frac{8{,}5\ V}{9{,}815\ mA} \qquad \underline{\underline{R_x = 866\ \Omega}}$$

Es kann auf eine Korrektur unter Umständen verzichtet werden, wenn folgendes beachtet wird:

- Stromfehlerschaltung für $R_x << R_{iV}$
- Spannungsfehlerschaltung für $R_x >> R_{iA}$

Messung nach dem Strommessprinzip

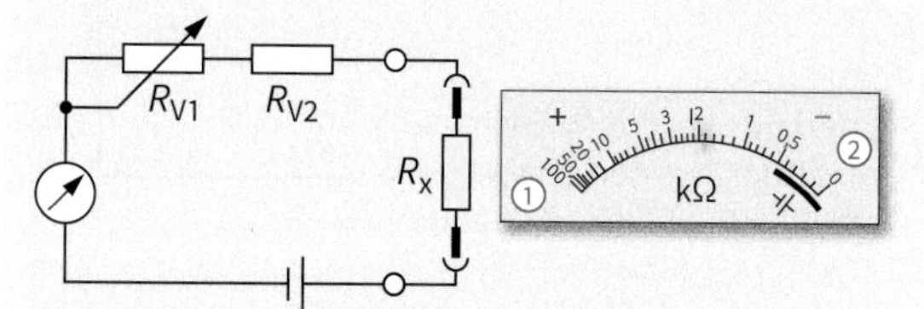

Die Stromstärke wird durch den Widerstand gemessen und der Wert in Ohm auf einer nichtlinearen Skala direkt abgelesen.

Aufgaben

1. Ermitteln Sie für die Spannungsfehlerschaltung (Abb. 1a) die Spannung am Strommessgerät und die Stromstärke durch das Spannungsmessgerät.
2. Wie groß ist in der Stromfehlerschaltung (Abb. 1b) die Spannung am Strommessgerät ($R_{iA} = 30\ \Omega$)?

- Bei der indirekten Bestimmung von Widerständen mit Strom- und Spannungsmessgeräten müssen die berechneten Werte ggf. korrigiert werden.
- Bei der Spannungsfehlerschaltung ist die angezeigte Spannung zu groß.
- Bei der Stromfehlerschaltung ist die angezeigte Stromstärke zu groß.

1.2.6.2 Brückenschaltung

Eine weitere Möglichkeit zum Messen von Widerständen ist die **Brückenschaltung** [*bridge circuit*]. Die Schaltung wird mit einer Spannungsquelle betrieben. Der grundsätzliche Aufbau ist in Abb. 3 zu sehen. Jeweils zwei in Reihe geschaltete Widerstände liegen parallel. Der Widerstand R_x ist der unbekannte Widerstand. Das Anzeigeinstrument befindet sich wie eine „Brücke" (Zweig C-D) zwischen den Widerständen. Wenn kein Strom durch das Instrument fließt (Nullstellung), steht der Zeiger in der Mitte der Skala. Dieser Zustand kann mit R_2 eingestellt werden.

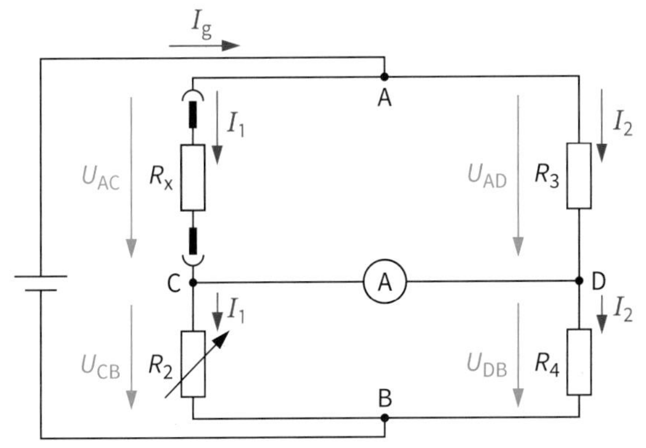

3: Messbrücke (abgeglichen)

Messvorgang

1. Den unbekannten Widerstand R_x anschließen. Der in der Mitte befindliche Zeiger des Strommessgerätes schlägt nach einer Seite aus.
2. Den einstellbaren Widerstand R_2 so lange verändern, bis sich der Zeiger wieder in der Nullstellung (Mittelstellung) befindet. Es fließt dann durch das Anzeigeinstrument kein Strom. Dieser Zustand wird als „**abgeglichene Brücke**" bezeichnet. Der Wert des unbekannten Widerstandes kann jetzt an einer Skala abgelesen werden.

Die hier beschriebene Brückenschaltung wird auch nach Sir Charles Wheatstone (engl. Physiker, 1802–1875) als **Wheatstone-Brücke** [*Wheatstone bridge*] (Abb. 4) bezeichnet.

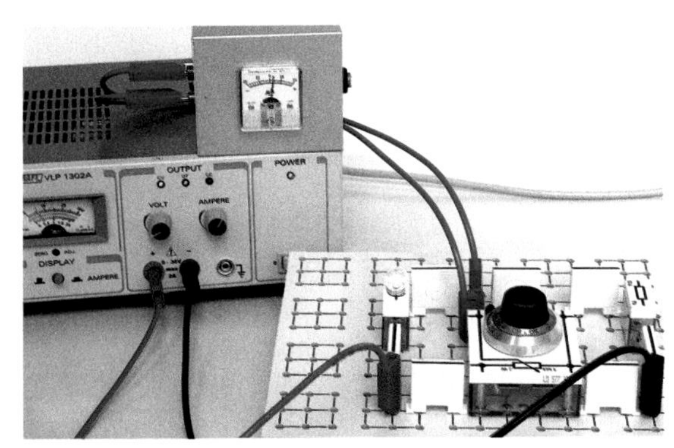

4: Versuchsaufbau Wheatstone-Brücke

Warum fließt im abgeglichenen Zustand kein Strom im Brückenzweig C-D?

Diese Frage lässt sich beantworten, wenn die Gesetzmäßigkeiten des elektrischen Stromkreises auf diese Schaltung angewendet werden.

- Die Spannungsquelle verursacht durch jede Reihenschaltung einen Strom.
- I_1 fließt durch R_x und R_2 (Einstellwiderstand).
- I_2 fließt durch R_3 und R_4 (Festwiderstände).
- Die Spannung teilt sich in jedem Zweig entsprechend den Widerständen auf.

Das Instrument liegt zwischen den Anschlüssen C und D (Brückenzweig). Da im abgeglichenen Zustand zwischen diesen Punkten kein Strom fließt, muss die Spannung U_{CD} Null Volt sein.

Brückenabgleich

Für die Spannungen an den vier Widerständen gilt:

$$U_{AC} = I_1 \cdot R_x \qquad U_{CB} = I_1 \cdot R_2$$
$$U_{AD} = I_2 \cdot R_3 \qquad U_{DB} = I_2 \cdot R_4$$

Die Bedingung $U_{CD} = 0\ \text{V}$ (**Abgleichbedingung**) wird erreicht, wenn die Spannungsaufteilung im linken Brückenzweig gleich der Spannungsaufteilung im rechten Brückenzweig ist.

Es gilt dann: $U_{AC} = U_{AD} \quad U_{CB} = U_{DB}$

Als Verhältnis ausgedrückt: $\frac{U_{AC}}{U_{AD}} = 1 \qquad \frac{U_{CB}}{U_{DB}} = 1$

Diese beiden Gleichungen lassen sich zusammenfassen:

$$\frac{U_{AC}}{U_{AD}} = \frac{U_{CB}}{U_{DB}}$$

Die Spannungen können durch Ströme und Widerstände ausgedrückt werden:

$$\frac{I_1 \cdot R_x}{I_2 \cdot R_3} = \frac{I_1 \cdot R_2}{I_2 \cdot R_4} \qquad R_x = \frac{(I_1 \cdot R_2 \cdot I_2 \cdot R_3)}{I_2 \cdot R_4 \cdot I_1}$$

Die Stromstärken lassen sich kürzen.

$$\mathbf{R_x = \frac{R_2 \cdot R_3}{R4}}$$

Da in dieser Gleichung R_3 und R_4 konstante Größen sind, hängt R_x vom einstellbaren Widerstand R_2 ab. Seine Größe wird dann im entsprechenden Verhältnis auf der Skala angezeigt.

- In der Brückenschaltung wird ein unbekannter Widerstand mit einem bekannten Widerstand verglichen (Vergleichsmessung).
- Bei der Widerstandsmessung mit Hilfe einer Brückenschaltung muss die Einstellung solange verändert werden, bis die Stromstärke im Brückenzweig Null geworden ist (Brückenabgleich).

1.2.6.3 Vorwiderstand, Spannungsteiler

In elektrotechnischen Schaltungen ist es mitunter erforderlich, Objekte wie z. B. Glühlampen oder Leuchtdioden (LEDs) an einer Spannung zu betreiben, die größer als die Bemessungsspannung der Objekte ist (Abb. 1). Das Herabsetzen der Gesamtspannung U_g erfolgt durch einen Widerstand, der vor das Objekt geschaltet wird (**Vorwiderstand** [*series resistor*]). Es entsteht so eine Reihenschaltung aus zwei Widerständen.

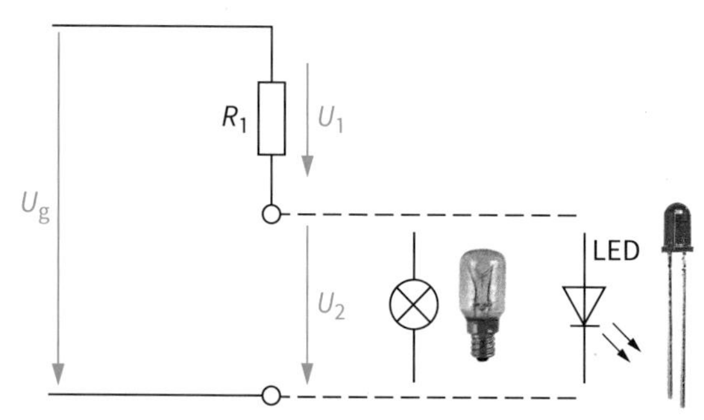

1: Objekte mit Vorwiderstand

Da mit dem Vorwiderstand die Gesamtspannung aufgeteilt wird, bezeichnet man diese Schaltung auch als **Spannungsteiler** [*voltage divider*]. Stellt man die angeschlossenen Objekte auch durch Widerstände dar, ergibt sich die allgemeine Form eines Spannungsteilers von Abb. 2. Zur Berechnung können die Formeln für die Reihenschaltung von Widerständen (vgl. Kap. 1.2.4) verwendet werden.

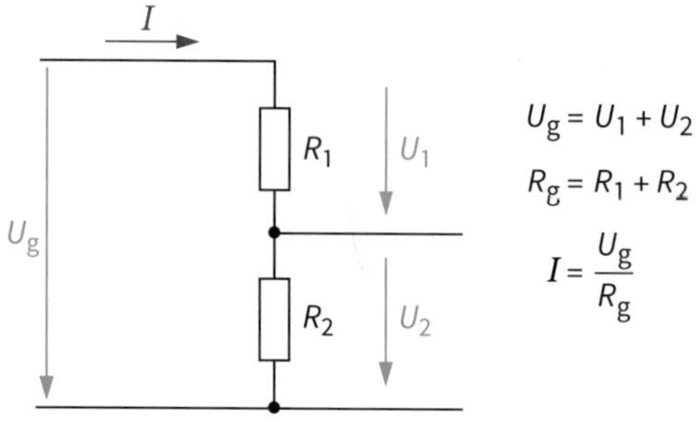

$$U_g = U_1 + U_2$$

$$R_g = R_1 + R_2$$

$$I = \frac{U_g}{R_g}$$

2: Spannungsteiler

Die Spannung U_2 erhält man, indem man die Stromstärke ($I = U_g/(R_1 + R_2)$ mit R_2 multipliziert. Man erkennt in der Formel, dass sich die Spannungen wie die Widerstände verhalten.

$$\frac{U_2}{U_g} = \frac{R_2}{R_1 + R_2}$$

$$\boxed{\mathbf{U_2 = U_g \cdot \frac{R_2}{R_1 + R_2}}}$$

Der aus zwei Widerständen bestehende Spannungsteiler kann auch durch ein Potenziometer ersetzt werden (Abb. 3). Die gesamte Widerstandsbahn wird über den Schleifkontakt in die Widerstände R_1 und R_2 aufgeteilt. Je nach Schleiferstellung kann man die Spannung U_2 von 0 V bis U_g einstellen.

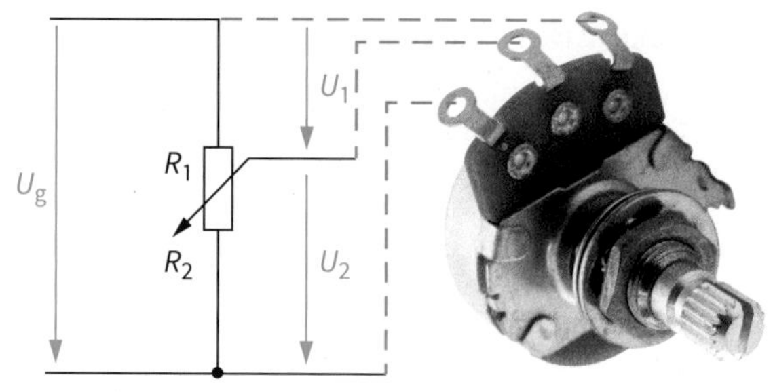

3: Potenziometer als unbelasteter Spannungsteiler

Der bisher behandelte Spannungsteiler wird als **unbelasteter Spannungsteiler** [*unloaded voltage divider*] bezeichnet, weil parallel zu R_2 kein weiterer Widerstand angeschlossen ist. Dieser Zustand wird als Leerlauf bezeichnet. Wenn wie in Abb. 4 ein Belastungswiderstand R_L angeschlossen wird, erhält man einen **belasteten Spannungsteiler** [*loaded voltage divider*]. Es fließt der Belastungsstrom I_L.

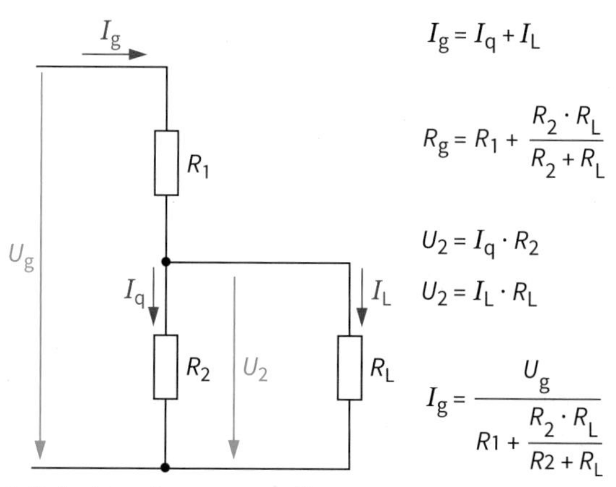

$$I_g = I_q + I_L$$

$$R_g = R_1 + \frac{R_2 \cdot R_L}{R_2 + R_L}$$

$$U_2 = I_q \cdot R_2$$

$$U_2 = I_L \cdot R_L$$

$$I_g = \frac{U_g}{R1 + \frac{R_2 \cdot R_L}{R2 + R_L}}$$

4: Belasteter Spannungsteiler

Leuchtdiode mit Vorwiderstand

Eine rot leuchtende LED soll mit einem Vorwiderstand an 6 V mit 14,7 mA betrieben werden. Die Betriebsspannung der LED beträgt 1,6 V.

Geg.: $U_g = 6\,V$ Ges.: R_V

$$R_V = \frac{U_g - U_{LED}}{I_F}$$

$$R_V = \frac{6\,V - 1{,}6\,V}{14{,}7\,mA}$$

$$\underline{\underline{R_V = 299\,\Omega}}$$

I_F, R_V, U_g, P1, U_{LED}

- Mit einem Vorwiderstand, Spannungsteiler oder Potenziometer lässt sich eine höhere Spannung auf eine kleinere Bemessungsspannung von Objekten verringern.

1.3 Verhalten von Spannungsquellen

1.3.1 Belastete Spannungsquelle

Die analysierte Photovoltaik-Anlage enthält zwei Arten von Spannungsquellen (Abb. 5), nämlich das Solarmodul und die Akkumulatoren. Die Umwandlung von Sonnenenergie in elektrische Energie erfolgt in den Solarzellen ①. Sie geben nur dann Spannung ab, wenn sie beleuchtet werden. Die elektrische Energie gelangt dann zur Speicherung über den Laderegler in die Akkumulatoren ②.

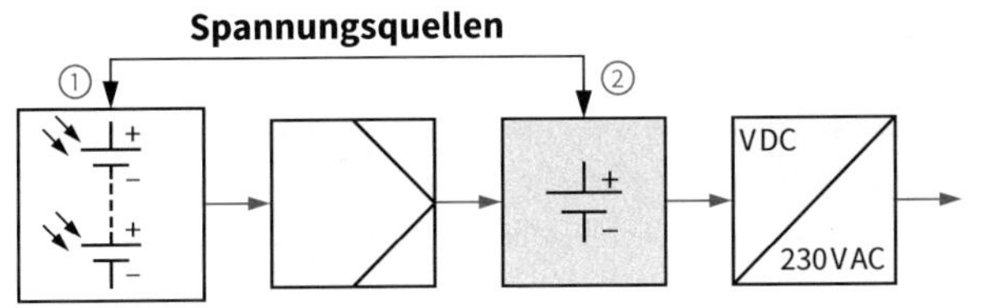

5: Spannungsquellen der Photovoltaik-Anlage

Das typische Verhalten von Spannungsquellen bei Belastung soll jetzt untersucht werden. Stellvertretend für Akkumulatoren wird eine kleine elektrochemische Spannungsquelle verwendet (Abb. 6).

Zur Untersuchung wird diese Spannungsquelle mit unterschiedlichen Widerständen belastet. Dabei wird die Stromstärke I in Abhängigkeit von der Spannung an den Klemmen der Quelle (**Klemmenspannung U_{Kl}** [*terminal voltage*]) gemessen.

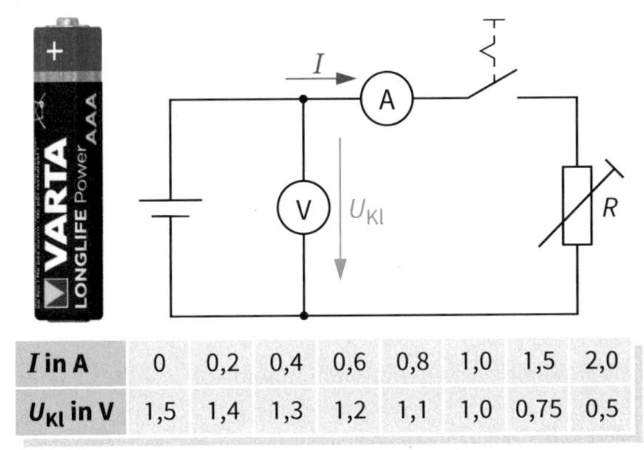

I in A	0	0,2	0,4	0,6	0,8	1,0	1,5	2,0
U_{Kl} in V	1,5	1,4	1,3	1,2	1,1	1,0	0,75	0,5

6: Messschaltung und Messergebnisse

Die Messwerte zeigen, dass bei steigender Stromstärke die an den Klemmen zur Verfügung stehende Spannung geringer wird. Den genauen Verlauf verdeutlicht das Diagramm in Abb. 7. Die Kennlinie zeigt im Rahmen der Messpunkte ein nahezu lineares Verhalten. Die Gerade lässt sich über den letzten Messpunkt hinaus bis zur Stromstärkenachse verlängern. Man erhält einen Punkt, bei dem die Klemmenspannung 0 V und die Stromstärke maximal wird. Die Spannungsquelle ist bei diesem Punkt kurzgeschlossen, weil der Belastungswiderstand Null geworden ist. Diese Stromstärke wird deshalb als **Kurzschlussstromstärke I_K** [*short circuit current intensity*] bezeichnet.

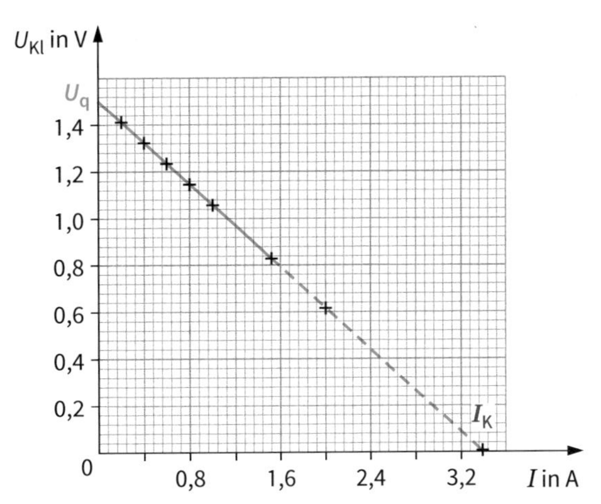

7: Klemmenspannung in Abhängigkeit von der Belastungsstromstärke

Wie lässt sich dieses Ergebnis erklären, denn es fließt ein Strom, ohne dass an den Klemmen eine Spannung vorhanden ist?

Da aber ohne Spannung kein Strom fließen kann, muss im Innern der Quelle noch die ursprüngliche Spannung (**Quellenspannung U_q** [*source voltage*]) existieren, denn dort werden auch weiterhin auf chemischem Wege Ladungen getrennt. Den „Spannungsverlust" kann man sich nur als einen Spannungsfall an einem inneren Widerstand (**Innenwiderstand R_i** [*internal resistance*]) vorstellen.

Als Ergebnis dieser Überlegungen lässt sich ein Ersatzschaltbild der Spannungsquelle ① zeichnen (Abb. 8). Darin sind die Quellenspannung U_q ② und ein in Reihe liegender Innenwiderstand R_i ③ vorhanden.

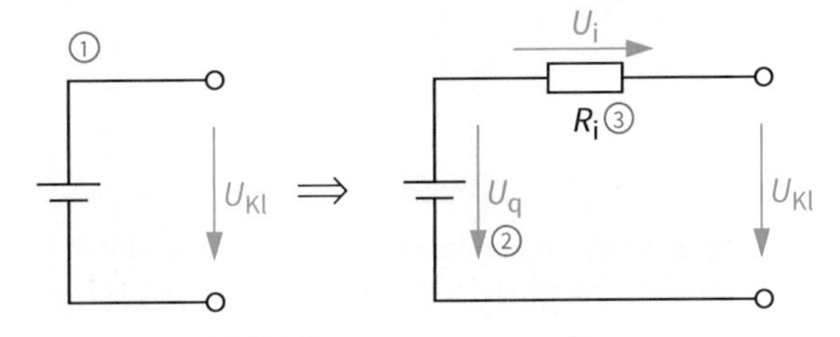

8: Ersatzschaltbild der Spannungsquelle

In einem letzten Schritt sollen diese Erkenntnisse durch Formeln festgehalten und somit verallgemeinert werden.

Bei einer belasteten Spannungsquelle liegen der Innenwiderstand der Quelle und der Belastungswiderstand in Reihe. Die Quellenspannung teilt sich also auf die beiden Widerstände auf:

$$U_q = U_i + U_{Kl}$$

Der Spannungsfall am Innenwiderstand lässt sich durch die Stromstärke und den Innenwiderstand ausdrücken:

$$U_i = I \cdot R_i$$

Somit ergibt sich für die Klemmenspannung folgende Formel:

$$U_{Kl} = U_q - I \cdot R_i$$

Dieses mathematische Ergebnis soll jetzt benutzt werden, um folgende Belastungsfälle zu untersuchen:

Leerlauf [*no-load operation*]

Es ist kein Belastungswiderstand R angeschlossen, die Klemmen sind offen und R ist somit unendlich groß. Die Stromstärke beträgt 0 A. Der zweite Teil des rechten Terms der Gleichung wird somit Null: $\Rightarrow U_{Kl} = U_q$

Mit einem Messgerät, dessen Innenwiderstand sehr groß gegenüber dem Innenwiderstand der Spannungsquelle sein muss, kann diese Quellenspannung direkt gemessen werden (vgl. Kap. 1.2.6.1).

Kurzschluss [*short circuit*]

Die Klemmen der Quelle werden kurzgeschlossen. Der Belastungswiderstand R ist jetzt 0 Ω. Die Stromstärke wird zur Kurzschlussstromstärke I_K bei einer Klemmenspannung $U_{Kl} = 0\,V$. Durch Umstellen der Gleichung erhält man dann folgende Formel zur Berechnung des Innenwiderstandes:

$$0 = U_q - I_K \cdot R_i \qquad R_i = \frac{U_q}{I_K}$$

Wenn man den Innenwiderstand bestimmen will, sind somit die leicht messbare Leerlaufspannung U_q und die Kurzschlussstromstärke I_K erforderlich. Es ist aber nicht sinnvoll, I_K direkt zu messen, da dabei die gesamte Quellenenergie über den Innenwiderstand in Wärme umgesetzt wird. Dies kann zur Zerstörung der Quelle führen. Deshalb werden bei verschiedenen Belastungsfällen die Klemmenspannungen und die dazugehörigen Stromstärken gemessen und der Innenwiderstand über die Differenz wie folgt berechnet:

$$R_i = \frac{U_{Kl1} - U_{Kl2}}{I_2 - I_1}$$

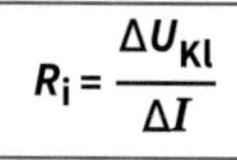

$$R_i = \frac{\Delta U_{Kl}}{\Delta I}$$

Aufgaben

1. Berechnen Sie den Innenwiderstand mit Hilfe der Kennlinie bzw. der Messwerte aus der Messschaltung (S. 39, Abb. 6 und 7).
2. Bei Belastung einer Spannungsquelle mit 1 Ω sinkt die Klemmenspannung auf die Hälfte. Wie groß ist der Innenwiderstand?

- Wenn eine Spannungsquelle belastet wird, verringert sich die Klemmenspannung.
- Eine reale Spannungsquelle besteht aus einer inneren idealen Spannungsquelle und einem Innenwiderstand.
- Wenn der Innenwiderstand der Spannungsquelle klein gegenüber Belastungswiderständen ist, bleibt die Klemmenspannung nahezu konstant.

1.3.2 Elektrochemische Spannungsquellen

Elektrochemische Spannungsquellen lassen sich in Primär- und Sekundärelemente einteilen. **Primärelemente** [*primary cells*] sind z. B. Zink-Braunstein-Elemente oder alkalische Elemente. Sie können nicht aufgeladen werden (Abb. 1).

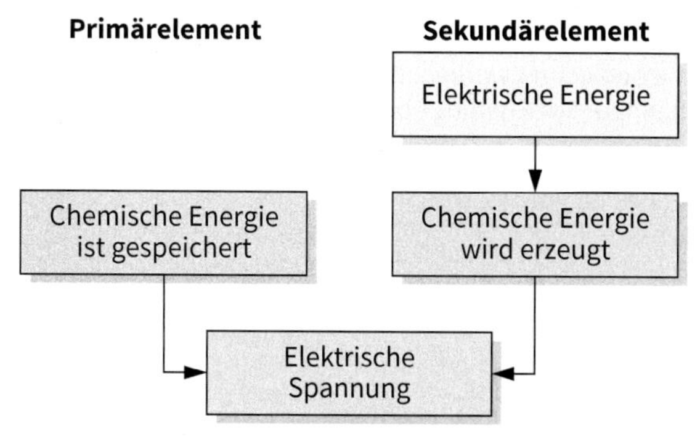

1: Primär- und Sekundärelemente

Batteriegrößen				
Internationale Bezeichnung	Handelsübliche Bezeichnung	Technologische Bezeichnungen		Bemessungsspannung
		für Alkaline	für Zink-Kohle	
AA	Mignon	LR6	R6	1,5 V
AAA	Micro	LR03	R03	1,5 V
C	Baby	LR14	R14	1,5 V
D	Mono	LR20	R20	1,5 V
E	9-Volt-Block	6LR61	6F22	6x1,5V=9,0V
J	Flachbatterie	3LR12	3R12	3x1,5V=4,5V

2: Batteriegrößen

	NiCD [1]	NiMH [2]	Li-Ion [3]
Leerlaufspannung in V	1,28 ... 1,35	1,28 ... 1,35	3,7
Umweltverträglichkeit	nein (Giftstoffe)	ja	ja
Arbeitsbereich bis ... V	1,0	1,0	2,7
Energiedichte in Wh/kg	40 ... 60	50	100
in Wh/l	105 ... 110	175	260

[1] NiCD: Nickel-Cadmium [2] NiMH: Nickel-Metallhydrid [3] Li-Ion: Lithium-Ionen

3: Akkumulatoren

Akkumulatoren werden auch als **Sekundärelemente** [*secondary cells*] bezeichnet, weil ihnen zunächst elektrische Energie zugeführt werden muss (Abb. 1). Sie werden geladen. Dabei wird die elektrische Energie benutzt, um die Elektroden chemisch zu verändern.

Wenn nur eine Zelle bzw. ein Element (z. B. Monozelle) vorhanden ist, darf man eigentlich nicht von einer „Batterie" sprechen. Mit dem Begriff „Batterie" kennzeichnet man immer mehrere zusammen geschaltete Zellen. Im Handel und in der Technik wird diese Unterscheidung häufig nicht gemacht.

Elektrochemische Spannungsquellen unterscheiden sich im Aufbau und in der Form. In Abb. 2 und 3 sind einige aufgeführt. Als Kenngrößen werden u. a. auch die Entladespannung, Kapazität und Energiedichte verwendet.

Entladespannung

Die Kurven in Abb. 4 zeigen die Klemmenspannungen für verschiedene Zellen in Abhängigkeit von der Belastungszeit. Die gespeicherte Energie wird dabei in Arbeit umgesetzt, d. h. die Zelle wird „entladen".

Bei Silberoxid- und Luft-Zink-Zellen ① ist die Klemmenspannung über eine bestimmte Zeit nahezu konstant, fällt dann aber stark ab ②. Bei Alkaline-Zellen ③ tritt die Spannungsabsenkung schon früher auf.

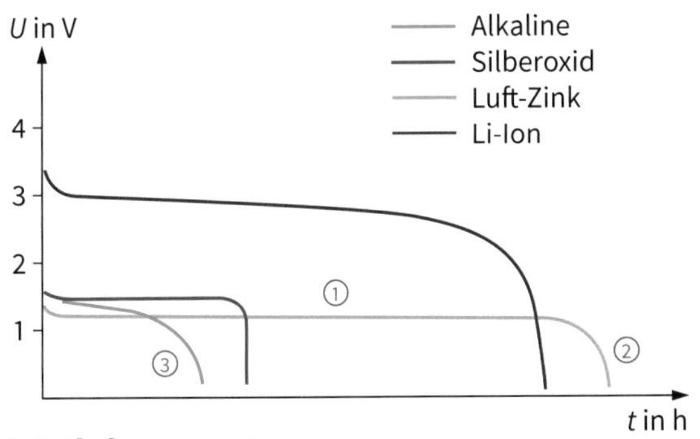

4: Entladespannungen

Kapazität

Die Fähigkeit, Energie zu speichern, drückt man durch die **Kapazität *C*** [*capacity C*] der Batterie aus. Sie wird in Amperestunden (Ah) bzw. Milliamperestunden (mAh) angegeben. Die Größe gibt an, welche Stromstärke in welcher Zeit möglich ist, bis ein bestimmter Entladezustand erreicht worden ist.

Beispiele: 100 mAh = 100 mA · 1 h

100 mAh = 10 mA · 10 h

Energiedichte

Batteriebetriebene Geräte werden immer kleiner, deshalb verringert sich auch der Platz für die Spannungsversorgung. Es werden also immer kleinere Batterien benötigt, die aber die gleiche Kapazität haben sollen. Die gespeicherte Energie bezogen auf das Volumen (oder die Masse) wird also immer größer. Dieses Verhältnis wird **Energiedichte** [*energy density*] genannt.

Beispiele:

LR14: 300 mWh/cm³ MR14: 500 mWh/cm³

Elektrochemische Spannungserzeugung

Eine elektrochemische Spannungsquelle besteht im Prinzip aus zwei unterschiedlichen Elektroden ① ②, die sich in einer elektrisch leitenden Flüssigkeit (**Elektrolyt** [*electrolyte*]) befinden. In einem Elektrolyten sind positiv und negativ geladene Atome (**Ionen** [*ions*]) vorhanden. Je nach Art der Elektroden, können diese an den Elektolyten Elektronen bzw. Ionen abgeben bzw. Ladungen aufnehmen. Sie laden sich dadurch positiv bzw. negativ auf. Somit ist eine Spannungsquelle entstanden. Verbindet man jetzt z. B. die beiden Elektroden mit einer Glühlampe, dann gleichen sich die Ladungen aus und die Lampe leuchtet.

Positive Ionen sind Atome, denen auf der Außenschale Elektronen fehlen. Da sie in den Elektrolyten wandern, löst sich eine Elektrode auf. Eine elektrochemische Spannungsquelle kann also nicht beliebig lange Spannung liefern.

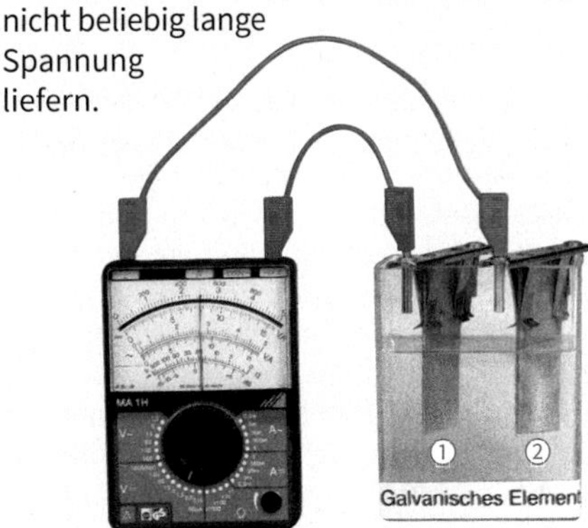

Experimentell hat man Elektroden aus verschiedenen Werkstoffen untersucht und eine elektrochemische Spannungsreihe der Elemente erstellt. Zwischen Zink und Kupfer ergibt sich beispielsweise die abgebildete Spannung von 1,1 V.

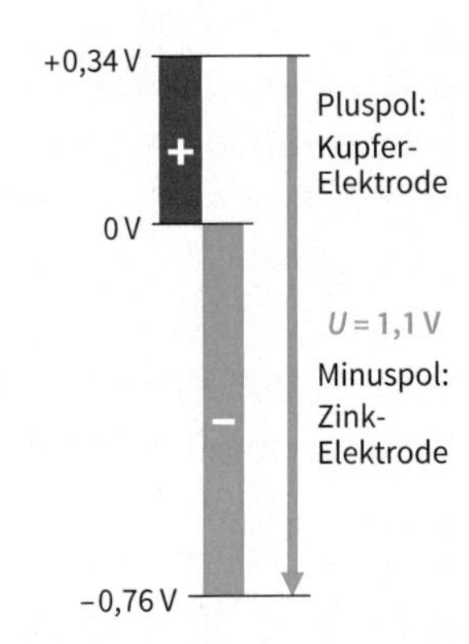

- Die gespeicherte Energie einer Batterie wird durch die Kapazität ausgedrückt.
- Die Energiedichte gibt die gespeicherte Energie pro Volumen oder Masse an.

Typbezeichnung

Die Typbezeichnung ist nach **IEC** [***International Electrotechnical Commission***] genormt. Beispiele:

1. Buchstabe: Elektrochemisches System
- **C**: Lithium (z. B. CR2, CR123)
- **L**: Alkaline (z. B. LR3)
- **S**: Silberoxid Knopfzelle (z. B. SR60)
- **H**: Ni-MH Akku (z. B. HR6)
- **P**: Zink-Luft Knopfzelle

2. Buchstabe: Bauart
- R: Rundzelle

Umgang mit Batterien

- Nicht kurzschließen!
  Die hohe Stromstärke kann die Batterie zerstören.
- Nicht zerlegen!
  Der Elektrolyt kann Verätzungen verursachen.
- Nicht ins Feuer werfen!
  Die Batterie kann explodieren.
- Kühl lagern!
  Hohe Temperaturen fördern die Selbstentladung.
- Batterien aus ungenutzten Geräten entfernen!
  Die Batterien können auslaufen oder sich selbst entladen.

Entsorgen

Schadstoffhaltige und gekennzeichnete Batterien mit Schwermetallen (Cadmium, Blei oder Quecksilber) dürfen nicht in den Hausmüll (gesetzlich verboten), sondern müssen vom Händler zurückgenommen bzw. an Sammelstellen der Städte und Gemeinden unentgeltlich abgegeben werden. Dort werden sie nach Inhaltsstoffen getrennt gesammelt und an konzessionierte Wiederaufbereitungs-Unternehmen geschickt (**Batterieverordnung**, BattV). Die Kennzeichnung erfolgt mit dem Symbol einer durchgekreuzten Mülltonne (Abb. 1). Die chemischen Kurzzeichen befinden sich darunter.

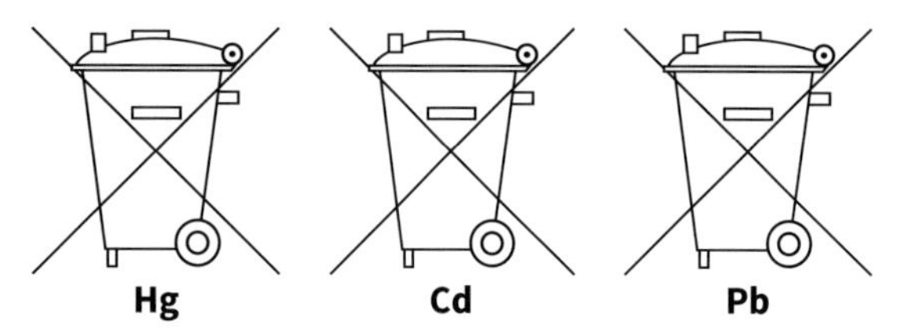

Hg: Quecksilber Cd: Cadmium Pb: Blei

1: Kennzeichnung schadstoffhaltiger Batterien

Einsatzbereiche

Damit die richtige Batterie für das betreffende Gerät verwendet wird, gibt es Anwendungssymbole. Sie sind häufig auf den Verpackungen der Batterien abgebildet.

- Elektrochemische Spannungsquellen müssen vom Händler bzw. von den Sammelstellen kostenlos zurückgenommen werden.

1.3.3 Schaltungen mit Spannungsquellen

Aufgrund der Besonderheiten chemischer bzw. physikalischer Prozesse können einzelne Zellen nur geringe Spannungen abgeben. Bei dem im Kapitel 1.1.2 beschriebenen Solarmodul (Abb. 2 ①) liefert eine Zelle z. B. nur eine Spannung von 0,5 V. Auch die Zellen der Akkumulatoren ② geben Spannungen von nur 2 V ab, sodass zur Erhöhung der Wirksamkeit die einzelnen Zellen in Reihe geschaltet werden. Diese an der Photovoltaik-Anlage vorgenommenen Betrachtungen sollen jetzt verallgemeinert werden.

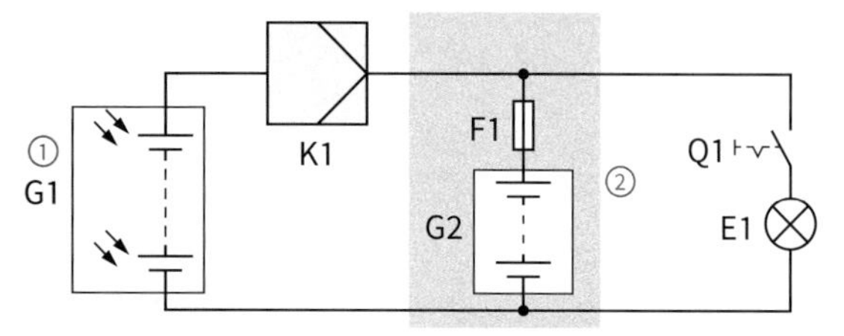

2: Reihenschaltungen in der Solaranlage

Die Untersuchungen an der elektrochemischen Spannungsquelle (vgl. Kap. 1.3.2) haben gezeigt, dass diese aus einer Spannungsquelle (innere Quellenspannung U_q) und einem Innenwiderstand R_i besteht. An Stelle des einen Schaltzeichens (kurzer und längerer Strich) müssten zwei Symbole verwendet werden. Es kann aber auch das Schaltzeichen für eine ideale Spannungsquelle (Abb. 3) verwendet werden. Der Strich durch den Kreis soll den Innenwiderstand von 0 Ω verdeutlichen.

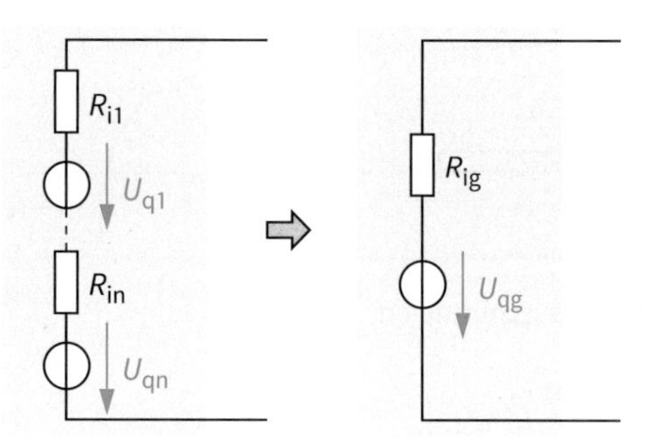

3: Reihenschaltung von Spannungsquellen

Aus der Abb. 3 wird deutlich, dass sich die einzelnen Quellenspannungen sowie die einzelnen Innenwiderstände addieren und der Strom durch alle Zellen und Widerstände fließt.

$$U_{qg} = U_{q1} + \ldots + U_{qn}$$

$$R_{ig} = R_{i1} + \ldots + R_{in}$$

- Zur Erhöhung der verfügbaren Spannung werden Spannungsquellen in Reihe geschaltet.
- Bei der Reihenschaltung von Spannungsquellen addieren sich die Quellenspannungen und die Innenwiderstände.

Parallelschaltung von Spannungsquellen

Wenn man die abzugebende Stromstärke erhöhen will, werden Spannungsquellen parallel geschaltet. Jede Quelle verursacht dann im Belastungswiderstand einen Strom. Die Klemmenspannung bleibt dabei nahezu unverändert.

Probleme können auftreten, wenn die Innenwiderstände unterschiedlich groß sind und die Quellenspannungen voneinander abweichen (Abb. 4). Es fließt dann wie im Beispiel ein Ausgleichsstrom von 21 A zwischen den Quellen, der zur Entladung der Quellen führt. Wie kommt dieser Ausgleichsstrom zustande?

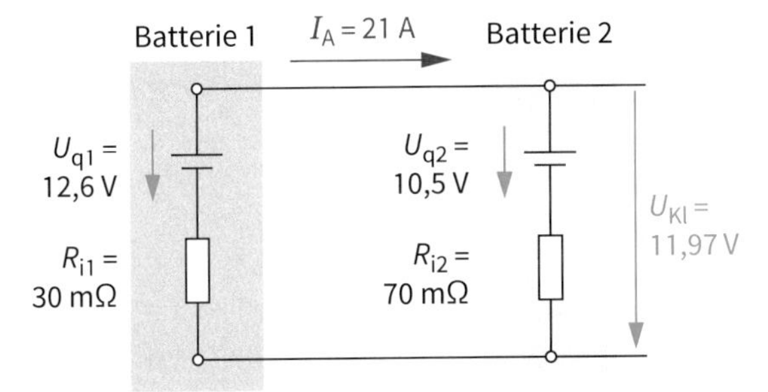

4: Ausgleichsstrom bei einer Parallelschaltung

Die beiden Quellenspannungen U_{q1} und U_{q2} sind zwar aus der „Sicht" der Klemmen parallel geschaltet, intern liegen sie aber in Reihe, sodass ein Stromkreis mit zwei gegeneinander geschalteten Spannungsquellen entstanden ist. In diesem Stromkreis ist die Differenz der Quellenspannung ΔU die wirksame Spannung für den Ausgleichsstrom. Der wirksame Widerstand ist die Summe der einzelnen Innenwiderstände. Somit ergibt sich folgende Stromstärke:

$$I_A = \frac{U_{q2} - U_{q1}}{R_{i1} + R_{i2}}$$

$$I_A = \frac{12{,}6\ \text{V} - 10{,}5\ \text{V}}{30\ \text{m}\Omega + 70\ \text{m}\Omega} \qquad I_A = \frac{2{,}1\ \text{V}}{100\ \text{m}\Omega} \qquad \underline{\underline{I_A = 21\ \text{A}}}$$

$$\boxed{I_A = \frac{\Delta U}{R_{i1} + R_{i2}}} \qquad \boxed{\Delta U = U_{q1} - U_{q2}}$$

Um den Ausgleichsstrom gering zu halten und die Batterien möglichst gleichmäßig zu belasten, sollten bei einer dauerhaften Parallelschaltung von Spannungsquellen folgende Bedingungen erfüllt sein:

- Batterien mit gleichgroßen Quellenspannungen (gleicher Ladezustand) einsetzen.
- Gleichen Batterietyp (Innenwiderstände gleich) verwenden.

Das Ersatzschaltbild für die Parallelschaltung ist in Abb. 5 zu sehen. Wenn beispielsweise U_{q1} größer als U_{q2} ist, muss der Spannungsfall an R_{i2} für die Ersatzquellenspannung U_q^* berücksichtigt werden. Der Ersatzinnenwiderstand R_i^* ergibt sich dann aus der Parallelschaltung der Innenwiderstände (vgl. Kap. 1.2.3).

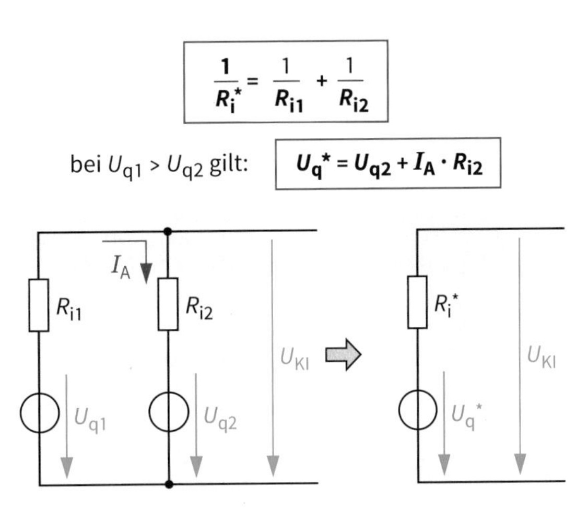

5: Parallelschaltung von Spannungsquellen

Starthilfe

Beim Starten eines Autos dreht sich der Anlasser nur kurzzeitig und langsam. Die Spannung der Batterie wird vor dem Starten mit 12 V gemessen. Beim Starten beträgt die Spannung nur 10,5 V und sinkt weiter ab.

Folgende Größen wurden bei der Parallelschaltung von zwei Starterbatterien festgestellt:

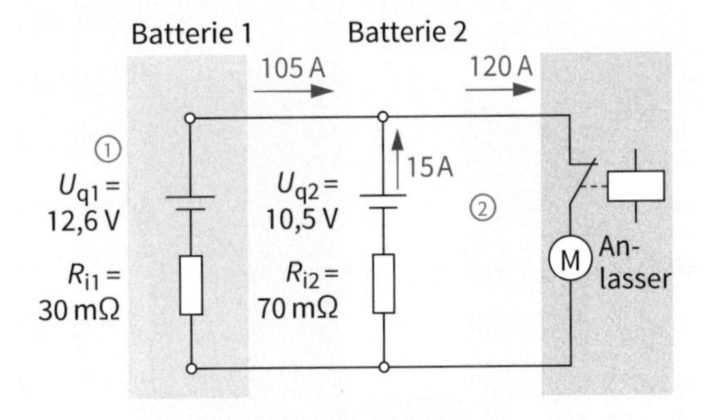

- Parallel zu schaltende Spannungsquellen sollten in ihren Kenndaten übereinstimmen.
- Durch die Parallelschaltung von Spannungsquellen erhöht sich die abgebbare Stromstärke und verringert sich der Innenwiderstand.

1.4 Netzteile

1.4.1 Netzteilauswahl

In einem Schulungsraum für die betriebsinterne Weiterbildung befinden sich zwei Videokameras (Abb. 1) und ein Aufzeichnungsgerät. Die Spannungsversorgung erfolgt über ein Netzteil mit einer Ausgangsspannung DC 24 V. Da das separate Netzteil ① für den Einsatz der anderen Geräte hinderlich ist, soll es jetzt durch ein in einem Schaltschrank untergebrachtes Netzteil mit genormten Abmessungen ersetzt werden. Es muss deshalb ein geeignetes Netzteil ausgewählt und bestellt werden.

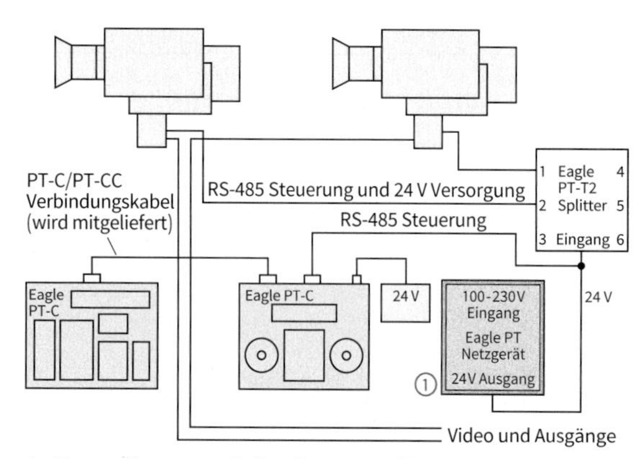

1: Netzteilaustausch in einem Studio

Vorgehensweise

1. **Leistung ermitteln**
   Aus den Betriebsdaten der angeschlossenen Geräte wird eine maximale Leistung von 200 W ermittelt. Das Netzteil muss somit folgende Stromstärke liefern:
   $P = U \cdot I$; $I = P/U$; $I = 200\,W/24\,V$; $\boldsymbol{I = 8{,}33\,A}$

2. **Netzteil auswählen**
   Aus dem Datenblatt (Abb. 3) wird das Netzteil mit der Bezeichnung **SITOP PSU100S 24 V/10 A** ausgewählt.

2: Ausgewähltes Netzteil SITOP PSU100S

Datenblatt	**6EP1334-2BA20**
Eingang	
Versorgungsspannung • 1 bei AC Nennwert 120 V • 2 bei AC Nennwert	 120 V 230 V
Eingangsspannung • 1 bei AC • 2 bei AC	 85 … 132 V 170 … 264 V
Netzfrequenzbereich	47 … 63 Hz
Eingangsstrom • bei 120 V • bei 230 V	 4,49 A 1,91 A
Einschaltstrombegrenzung	60 A
Eingangssicherung (nicht zugänglich)	T 6,3 A/250 V
Ausgang	
Spannungsnennwert Ua Nenn DC	24 V
Gesamttoleranz, statisch ±	3 %
Restwelligkeit Spitze-Spitze, typ.	20 mV
Einstellbereich	22,8 … 28 V
Einstellung der Ausgangsspannung	über Potentiometer
Anlaufverzögerung, max.	0,3 s
Stromnennwert Ia Nenn	10 A
abgegebene Wirkleistung typisch	288 W
Anzahl parallel schaltbarer Geräte zur Leistungserhöhung, Stück	2
Wirkungsgrad	
Wirkungsgrad bei Ua Nenn, Ia Nenn, ca.	90 %
Verlustleistung bei Ua Nenn, Ia Nenn, ca.	25 W
Schutz und Überwachung	
Strombegrenzung	12 … 14,6 A
Eigenschaft des Ausgangs kurzschlussfest	ja
Sicherheit	
Potenzialternnung primär/sekundär	ja
Schutzklasse	Klasse 1
EMV	
Störaussendung (Emission)	EN 55022 Kl. B
Netzoberwellenbegrenzung	EN 61000-3-2
Umgebungsbedingungen	
Betriebs-Umgebungstemperatur	− 25 °C … + 70 °C
Anschlüsse: Schraubklemmen 0,5 … 2,5 mm²	
Netzeingang	L, N, PE
Ausgang	+, −
2 Hilfskontakte	Meldesignale

3: Auszüge aus dem Datenblatt SITOP PSU100S 24 V/10 A

Aus dem Datenblatt (Abb. 3) und dem Blockschaltbild (Abb. 4) lassen sich folgende besondere Eigenschaften des Netzteils ermitteln:

- Für den Anschluss der Ausgangsspannung gibt es zwei Schraubklemmen (Abb. 4 ①), sodass sich die Videokomponenten problemlos verbinden lassen.
- Vorteilhaft bei dem gewählten Netzteil ist, dass die Spannung zwischen 22,8 V bis 28 V ② verändert werden kann. Eine Anpassung ist ggf. möglich.
- Das Netzteil ist kurzschlussfest. Mögliche defekte Komponenten führen zu keinen Folgeschäden.
- Auch Sicherheitsaspekte sind berücksichtigt worden (z. B. Potenzialtrennung, Schutzklasse und EMV, Abb. 3).

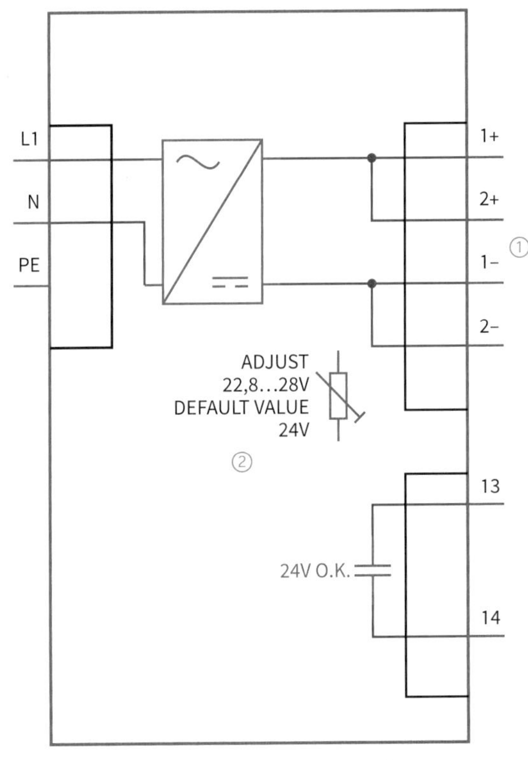

4: Blockschaltbild (Herstellerunterlage)

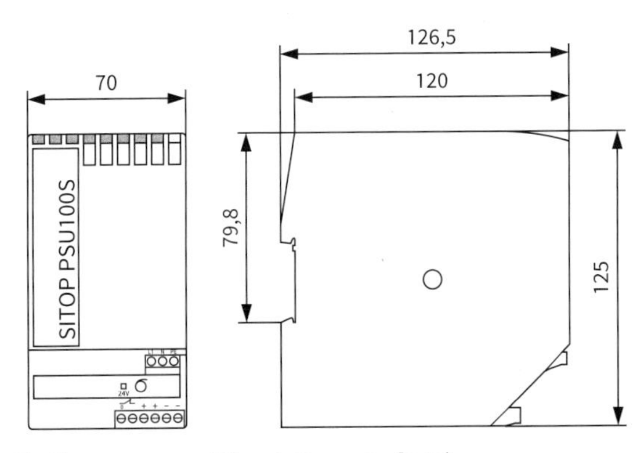

5: Abmessungen (Herstellerunterlage)

Steckernetzteile

Ein Netzteil wandelt die Eingangsspannung in eine gewünschte Ausgangsspannung um. In Europa werden Eingangsspannungen von 100 V bis 240 V verarbeitet. Je nach Aufbau unterscheidet man **Einbaunetzteile** – z. B. für PCs, TV-Geräte – und Netzteile, die die Umwandlung in der Regel direkt an der Steckdose für die Energieversorgung vornehmen. Letztere werden auch als **Steckernetzteile** bezeichnet. Sie sind sehr klein und kompakt. In Abb. 6 ist beispielhaft ein geöffnetes Steckernetzteil für einen Router abgebildet.

6: Steckernetzteil (geöffnet)

Alle diese Netzteile erzeugen eine konstante Spannung. Zum Betrieb von LEDs und Ladegeräten für Akkumulatoren wird dagegen eine konstante Stromstärke benötigt.

Die Stecker der Netzteile sind in der Regel zweipolige **koaxiale Steckverbinder** (Abb. 6 ③) mit einem Hohlraum. Dabei ist die Polarität zu beachten, denn es gibt zwei Anschlussmöglichkeiten (Abb. 7)

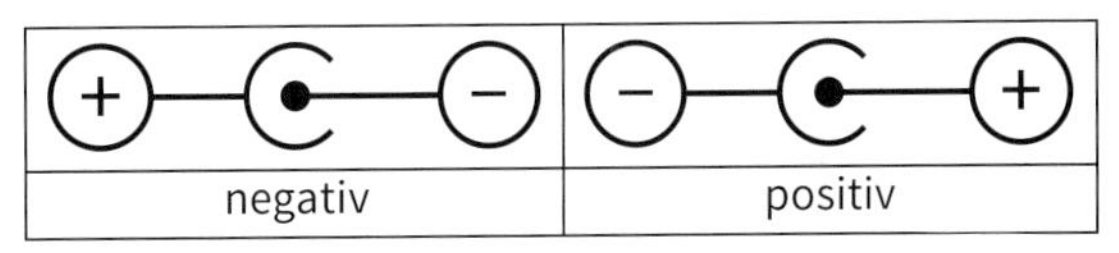

7: Polaritäten

Da sich die Abmessungen der mobilen Geräte im Laufe der Zeit stark verändert haben, wurden die koaxialen Steckverbinder entsprechend angepasst. In Abb. 8 sind einige Beispiele zu sehen.

8: Verschiedenartige koaxiale Steckverbinder

- Ein Netzteil ist ein separates Gerät oder eine kompakte Einheit innerhalb eines Gerätes. Das Netzteil dient der Energieversorgung und liefert eine konstante Spannung bzw. Stromstärke.

1.4.2 Netzteiltypen

Das in Kap. 1.4.1 ausgewählte Netzteil ist nach der Herstellerangabe ein geregeltes Netzteil. Was bedeutet dieses?

Der Hersteller liefert dazu folgende Informationen:

> ***Zur Technik***
>
> *Die Stromversorgungen sind geregelt. Gegenüber einer einfachen ungeregelten Stromversorgung gibt es den entscheidenden Vorteil einer exakten Ausgangsspannung, auch bei starken Netzschwankungen. Zudem sind die Verbraucher vor Überspannungsspitzen geschützt.*
>
> *Die geregelte Stromversorgung arbeitet nach folgendem Prinzip:*
>
> *Eine gleichgerichtete und gesiebte Netzspannung wird mit hoher Frequenz geschaltet. Anschließend wird die erzeugte Impulsfolge wieder gleichgerichtet und gesiebt. Der Schaltvorgang findet auf der Netzseite statt (Primärtaktung). Die Ausgangsspannung wird über das Tastverhältnis geregelt, die Schaltfrequenz ist konstant.*

In dem Informationstext wird zunächst zwischen

- einfachen, ungeregelten und
- geregelten

Stromversorgungen (Netzteilen) unterschieden. Die weiteren Beschreibungen machen jedoch deutlich, dass im Netzteil komplexe Umformungsprozesse stattfinden, die erst dann verstanden werden können, wenn weitere Grundlagen erarbeitet worden sind.

Zum ausgewählten Netzteil gibt es zusätzliche Informationen. Danach lassen sich Netzteile entsprechend Abb. 1 einteilen. Die farbig hervorgehobenen Netzteile werden anschließend behandelt.

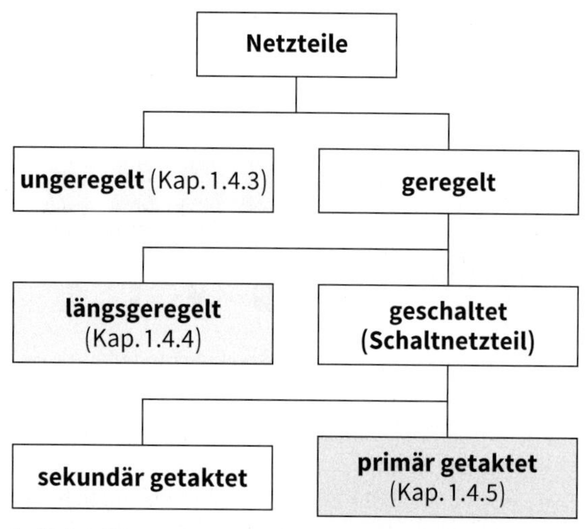

1: Netzteile

1.4.3 Ungeregelte Netzteile

Über ungeregelte Netzteile befinden sich in den Herstellerunterlagen folgende Informationen:

> ***Ungeregelte Gleichstromversorgung***
>
> *Die Netzwechselspannung wird mittels 50 Hz/60 Hz Sicherheits-Transformatoren auf eine Schutzkleinspannung transformiert und mit anschließender Gleichrichtung und Kondensatorsiebung geglättet.*
>
> *Bei den ungeregelten Gleichstromversorgungen wird die Ausgangs-Gleichspannung nicht auf einen bestimmten Wert geregelt, sondern ändert in Abhängigkeit von der Schwankung der (Netz-) Eingangsspannung und der Belastung ihren Wert.*
>
> *Die Welligkeit liegt im Volt-Bereich und ist abhängig von der Belastung. Eine Wertangabe der Welligkeit erfolgt üblicherweise in Prozent, proportional zur Höhe der Ausgangs-Gleichspannung. Ungeregelte Gleichstromversorgungen zeichnen sich besonders durch ihren robusten, unkomplizierten, auf das Wesentliche beschränkten und auf Langlebigkeit ausgelegten Aufbau aus.*

Aus dem Informationstext und der grundsätzlichen Schaltung (Abb. 2) werden folgende wesentlichen Stufen deutlich:

- **Netztrennung**: Netzwechselspannung und Ausgangsspannung sind getrennt. Dieses geschieht durch einen **Transformator** [*transformer*], der gleichzeitig die hohe Eingangsspannung verringert (vgl. Kap. 1.4.3.1).
- **Gleichrichtung**: Aus der Wechselspannung wird mit Hilfe von **Gleichrichtern** [*rectifier*] eine Gleichspannung erzeugt (vgl. Kap. 1.4.3.2 und 1.4.3.3).
- **Glättung**: Die noch pulsierende Gleichspannung wird anschließend durch **Kondensatoren** [*capacitors*] geglättet (vgl. Kap. 1.4.3.4).

Um die Funktion von Netzteilen verstehen zu können, sind also Informationen über Transformatoren, Gleichrichter und Kondensatoren erforderlich. Sie werden deshalb nachfolgend behandelt.

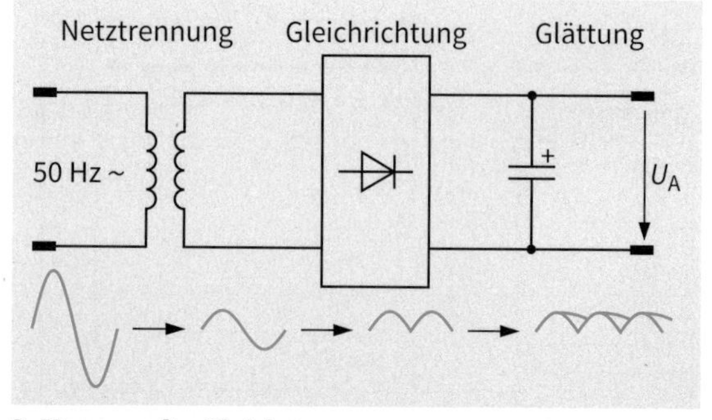

2: Ungeregelte Gleichstromversorgung (Herstellerunterlage)

1.4.3.1 Transformator

In Abb. 3a ist der grundsätzliche Aufbau eines Transformators dargestellt. Er besteht aus zwei Wicklungen (Primär- und Sekundärwicklung) die durch einen Eisenkern miteinander gekoppelt sind. Der Stromfluss in der **Primärwicklung** (Windungszahl N_1) [*primary winding*] erzeugt ein **Magnetfeld** [*magnetic field*] im Eisenkern, dass auch die **Sekundärwicklung** (N_2) [*secondary winding*] durchdringt. In der Abbildung ist dieses durch grüne und kreisförmige Linien (Feldlinien) dargestellt, die eine Richtung haben. Wir sprechen von einem **magnetischen Fluss** (Formelzeichen Φ) [*magnetic flux*]. Wenn sich wie bei Wechselstrom die Stromstärke ändert, ändert sich auch der magnetische Fluss in der Sekundärwicklung. Damit wird dort eine Spannung erzeugt (**Induktion** [*induction*], siehe Einschub).

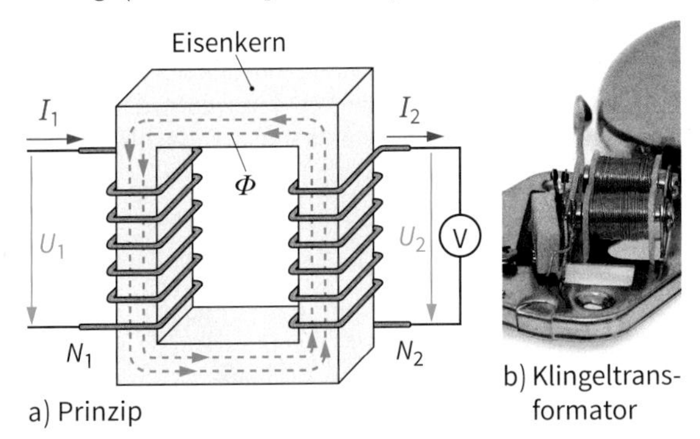

a) Prinzip b) Klingeltransformator

3: Transformator

Was ist ein Magnetfeld?

Wenn Strom durch einen Leiter fließt, verändert sich der umgebende Raum. Es entsteht ein Magnetfeld, das durch Magnetnadeln oder Eisenfeilspäne nachgewiesen werden kann. Weil Kräfte auf sie einwirken, richten sie sich aus. Um einen Leiter herum ist die Ausrichtung kreisförmig. Die Kraftwirkung nimmt mit zunehmendem Abstand vom **stromdurchflossenen Leiter** [*current carrying conductor*] ab.

Das Feld wird durch gerichtete Linien dargestellt (Feldlinien [*field lines*]). Die Linien sind geschlossen.

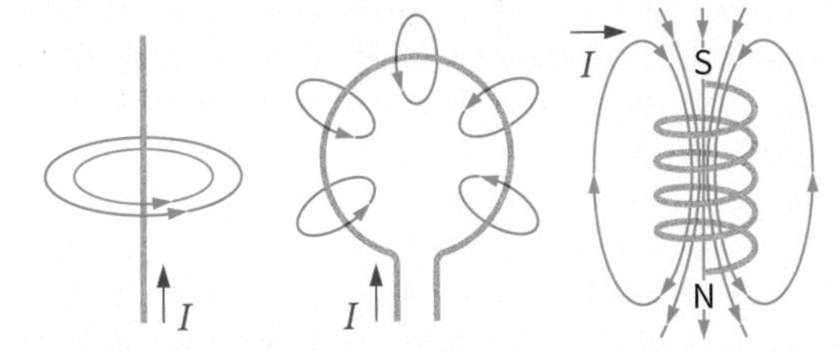

Wenn man den Leiter aufwickelt, entsteht eine **Spule** [*coil*]. Die Form des Magnetfeldes entspricht dann dem Feld eines Stabmagneten. Die Feldlinien treten definitionsgemäß am Nordpol aus und am Südpol wieder ein.

Spannung durch Induktion

Die Spannung auf der Sekundärseite des Transformators entsteht durch einen Induktionsvorgang. Was versteht man darunter?

Mit dem abgebildeten Experiment lässt sich der grundsätzliche Vorgang verdeutlichen.

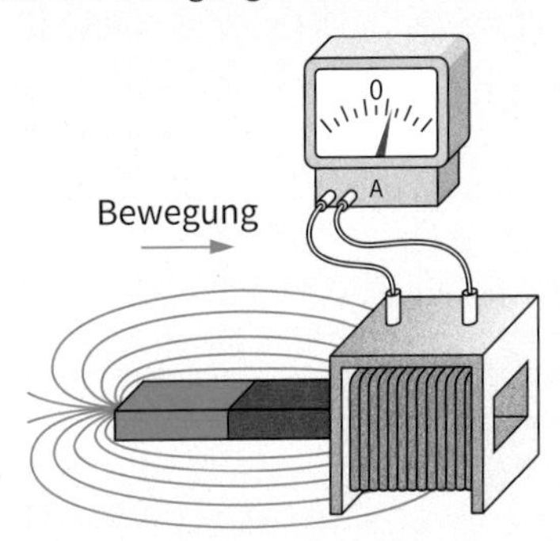

Ein Dauermagnet, der um sich herum ein magnetisches Feld besitzt, wird einer Spule genähert, an die ein Messgerät angeschlossen ist.

Ergebnis: Eine Spannung entsteht immer dann, wenn sich das Feld in der Spule ändert (Magnet wird bewegt).

Erklärung: Durch die Bewegung des Magneten ändert sich der magnetische Fluss in der Spule. Diese Änderung verursacht im Leiter eine Ladungstrennung, Spannung entsteht.

Ein sich ändernder magnetischer Fluss kann aber auch durch eine ruhende Spule wie beim Transformator erzeugt werden, indem die Stromstärke verändert wird.

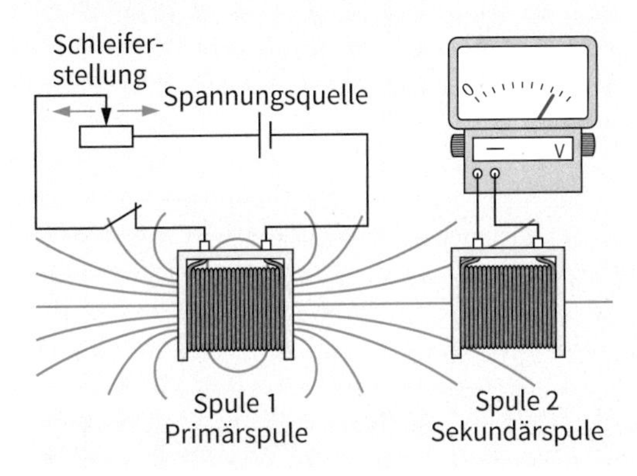

- Ein Transformator besitzt Primär- und Sekundärwicklungen, die durch einen Eisenkern magnetisch gekoppelt sind.
- Beim Transformator wird durch den Stromfluss auf der Primärseite ein sich ändernder magnetischer Fluss erzeugt. Der Fluss durchdringt auch die Sekundärwicklung und dort entsteht durch Induktion eine Spannung.

Übersetzungen beim Transformator

Beim Betrieb von Transformatoren kommen folgende Belastungsarten vor:

- **Leerlauf** [*no load operation*], Sekundärwicklung ist unbelastet, Spannung ist dort vorhanden, es fließt kein Strom.
- **Belastung** [*load*], sekundärseitig sind Spannung und Stromstärke vorhanden.
- **Kurzschluss** [*short circuit*], Sekundärwicklung ist kurzgeschlossen, Spannung ist Null, Stromstärke maximal (z. B. beim Schweißtransformator).

Leerlauf: Die Eingangsspannung wird verändert, die Ausgangsspannung wird jeweils gemessen.

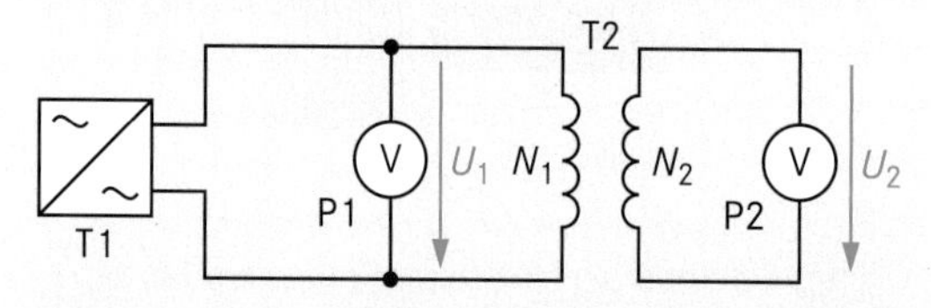

N_1	N_2	$\frac{N_1}{N_2}$	U_1 in V	U_2 in V	$\frac{U_1}{U_2}$
4100	262	15,6	50	3,2	15,6
4100	262	15,6	100	6,4	15,6
4100	262	15,6	230	14,7	15,6

Ergebnis: Die Spannungen verhalten sich verhältnisgleich wie die Windungszahlen N_1 und N_2. Das Verhältnis der Spannungen wird als **Übersetzungsverhältnis *ü*** [*transformation ratio*] bezeichnet.

$$\frac{U_1}{U_2} = \frac{N_1}{N_2} \qquad ü = \frac{U_1}{U_2} \qquad \frac{N_1}{N_2} = ü$$

Belastung: Der Lastwiderstand wird im Sekundärkreis verändert, Eingangs- und Ausgangsstromstärke werden gemessen.

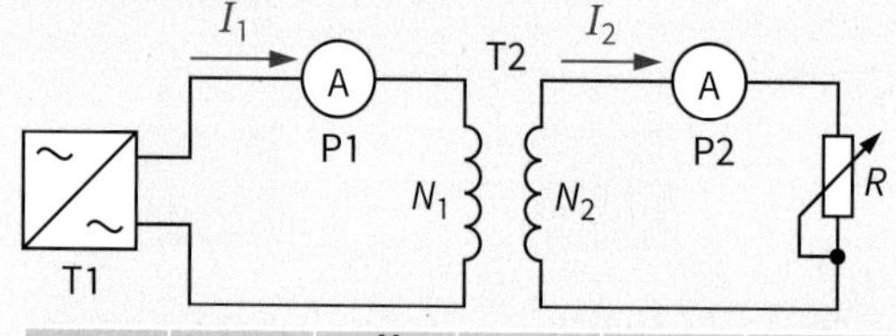

N_1	N_2	$\frac{N_1}{N_2}$	I_1 in A	I_2 in A	$\frac{I_1}{I_2}$
4100	262	15,6	0,016	0,25	15,6
4100	262	15,6	0,032	0,5	15,6
4100	262	15,6	0,064	1,0	15,6

Ergebnis: Die Stromstärken verhalten sich umgekehrt wie die Windungszahlen.

$$\frac{I_2}{I_1} = \frac{N_1}{N_2} \qquad \frac{I_2}{I_1} = ü$$

1.4.3.2 Gleichrichtung

Beim ungeregelten Netzteil folgt nach dem Transformator der **Gleichrichter** [*rectifier*]. Aus den Herstellerunterlagen auf S. 46, Abb. 2 wird deutlich, dass am Ausgang dieser Stufe nur noch positive Schwingungsteile vorhanden sind. Mit welchen Bauteilen kann dieses erreicht werden?

Im Prinzip müssen diese Bauteile wie Schalter arbeiten, die in diesem Fall von der anliegenden Wechselspannung die

- positiven Anteile durchlassen und
- negativen Anteile sperren.

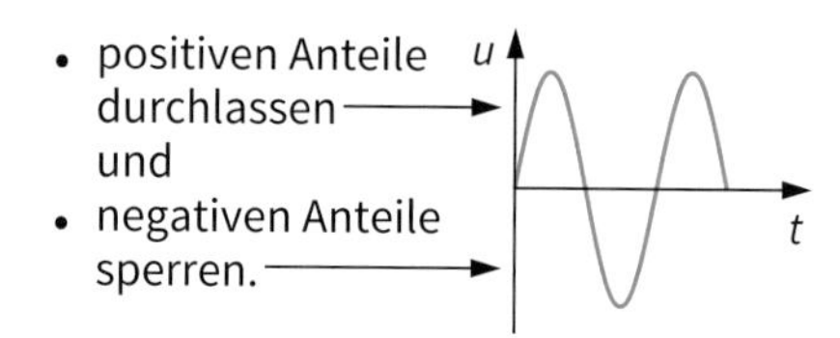

Die in Abb. 1 dargestellten Dioden erfüllen diese Aufgaben. Sie können Stromstärken von wenigen µA bis zu einigen kA gleichrichten und sind aus **Halbleitermaterialien** aufgebaut.

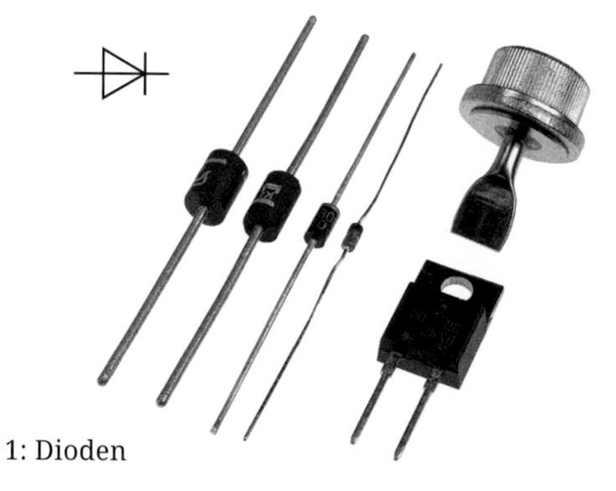

1: Dioden

Es sollen jetzt die Gleichrichterwirkung einer einzelnen Diode messtechnisch untersucht werden.

Zielsetzung

Bei einer Halbleiterdiode soll der Zusammenhang zwischen Spannung und Stromstärke ermittelt werden.

Planung

Da der Stromfluss durch eine Diode von der Polarität der angelegten Spannung abhängig ist, werden zwei Versuchsreihen mit unterschiedlich gepolten Spannungsquellen durchgeführt. Die Spannung wird in Schritten erhöht und die jeweilige Stromstärke gemessen (Abb. 2).

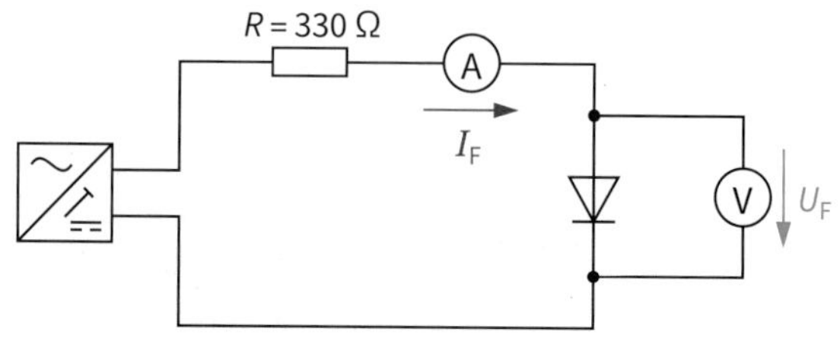

2: Messschaltung

Messergebnisse

Die Werte der Messungen sind in den folgenden Tabellen eingetragen.

1. Durchlasszustand U_F: Durchlassspannung
I_F: Durchlassstromstärke
F: Forward (engl.), vorwärts

U_F in V	0	0,1	0,2	0,3	0,4	0,5	0,6	0,7	0,8	0,9
I_F in mA	0	0	0	0	0	1	2	8	33	64

2. Sperrzustand U_R: Sperrspannung
I_R: Sperrstromstärke
R: Reverse (engl.), rückwärts

U_R in V	3	6	9	12	15	18	21	24	27	30
I_R in µA	0	0	0	0	1	2,1	2,7	3,5	4,2	5,0

Auswertung

Die Kennlinie für den **Durchlassbereich** [*on state region*] ist in Abb. 4 dargestellt.

- Der Verlauf der Kennlinie ist am Anfang flach. Es fließt kein Strom.
- Ab etwa 0,7 V steigt die Kennlinie steil an (**Schleusenspannung** [*forward voltage*]). Es fließt Strom. Die Diode „lässt durch".

Die Kennlinie für den **Sperrbereich** [*cut-off region*] wurde nicht gezeichnet. Durch die Messwerte lassen sich jedoch folgende Eigenschaften feststellen:

- In Sperrrichtung fließt auch bei einer höheren Spannung nur ein sehr geringer Strom (µA). Er ist etwa tausendfach kleiner als im Durchlassbereich und kann deshalb vernachlässigt werden. Die Diode sperrt.

Was sind Halbleiter?

Weil ihre Leitfähigkeit zwischen Metallen und Isolatoren liegt (Abb. 3), bezeichnet man sie als **Halbleiter** [*semiconductor*]. Die untersuchte Diode besteht z. B. aus dem Halbleitermaterial Silizium. Andere Halbleitermaterialien sind z. B. Germanium oder Galliumarsenid.

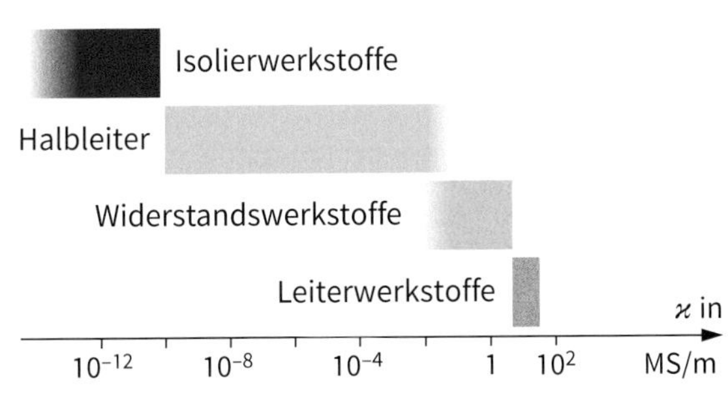

3: Leitfähigkeit von Werkstoffen

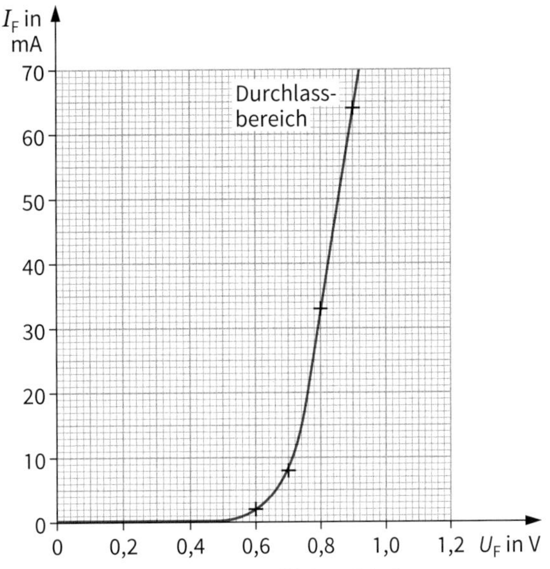

4: Durchlassbereich einer Silizium-Diode

Der Unterschied zwischen Halbleitern und Metallen besteht vor allem darin, dass Halbleiter auf der Außenschale vier Elektronen (Valenzelektronen) besitzen, die mit den anderen umgebenden Atomen Bindungen eingehen. Unter Normalbedingungen sind dadurch nur wenige freie Ladungsträger für einen Stromfluss vorhanden. Die Leitfähigkeit lässt sich erheblich verbessern, wenn in das Halbleitermaterial Atome anderer Stoffe gezielt eingebaut werden (**Dotierung** [*doping*]).

Für die Dotierung werden Elemente verwendet, die auf den Außenschalen drei bzw. fünf Elektronen besitzen. Fügt man diese dotierten Materialien zusammen, entsteht an der Berührungsstelle eine ladungsfreie Zone, die wie eine **Sperrschicht** [*reverse direction*] wirkt. Sie kann nur in eine Richtung von Ladungsträgern überwunden werden (Gleichrichtereffekt).

Aufgaben

1. Ermitteln Sie den Durchlasswiderstand der Diode (Abb. 4) bei 0,6 V und 0,8 V.
2. Wie groß ist der Widerstand der messtechnisch untersuchten Diode im Sperrbereich bei 30 V?
3. Neben Silizium-Dioden gibt es Dioden aus Germanium. Finden Sie heraus, ab welcher Spannung diese Dioden leitend werden.

- Dioden besitzen einen Durchlass- und einen Sperrbereich.
- Silizium-Dioden lassen den Strom ab einer geringen Spannung (etwa 0,7 V) nur in eine Richtung passieren. Sie können deshalb als Gleichrichter verwendet werden.

Elektrotechnische Systeme

PN-Übergang

Die Gleichrichterwirkung der Sperrschicht von Halbleiterdioden lässt sich genauer erklären, wenn wir untersuchen, was sich auf atomarer Ebene bei der Dotierung abspielt.

Dotierung mit einem fünfwertigen Element
Arsenatome besitzen auf der Außenschale fünf Elektronen. Da für den Kristallaufbau des Halbleitermaterials nur vier Elektronen benötigt werden, können sich diese einzelnen Elektronen (negativ) im Kristallgitter frei bewegen. Das Material ist **N-leitend** [*N-conductive*]. Die beweglichen Elektronen hinterlassen im Kristall feste positive Ladungen. Insgesamt ist das Material immer noch elektrisch neutral.

Dotierung mit einem dreiwertigen Element
Indiumatome besitzen auf der Außenschale nur drei Elektronen. Diese „Fehlstelle" kann durch ein Elektron eines Nachbaratoms ausgefüllt werden. Das Indiumatom wird dadurch zu einer festen negativen Ladung. Da das Elektron aber von einem vorher neutralen Atom stammt, besitzt diese Fehlstelle (Störstelle) eine positive Ladung. Da diese durch andere Elektronen wieder ausgefüllt werden kann, wandert das „Loch" oder diese „Störstelle" als freie positive Ladung durch den Kristall. Das Material ist **P-leitend** [*P-conductive*].

Wenn jetzt P- und N-leitendes Material für den Aufbau einer Diode zusammengefügt werden (s. unten), wandern die beweglichen Ladungen (Diffusion) auch in die gegenüberliegende Schicht. Dort treffen negative Ladungen auf feste positive Ladungen und positive Ladungen auf feste negative Ladungen. Sie gleichen sich aus und es entsteht eine dünne Zone (**Grenzschicht** [*junction*]) ohne frei bewegliche Ladungen. Allerdings sind dort noch die festen positiven und negativen Ladungen vorhanden, sodass in der Grenzschicht eine geringe Spannung entsteht (**Diffusionsspannung** [*diffusion potential*]). Bei Silizium beträgt sie etwa 0,7 V.

Bedeutung der Symbole:
- ● feste positive Ladungen
- ● feste negative Ladungen
- • bewegliche negative Ladungen
- • bewegliche positive Ladungen

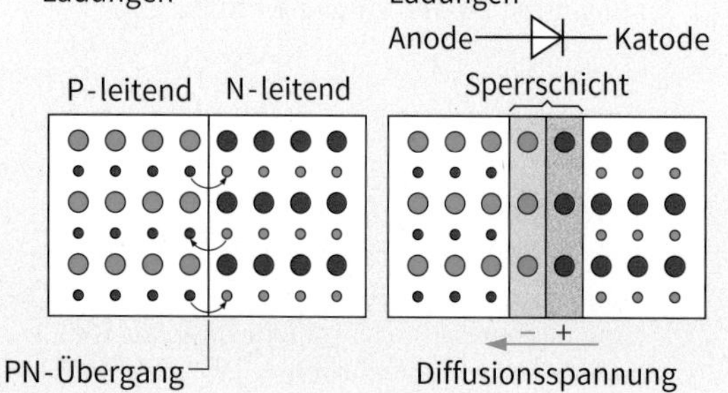

Wie verhält sich der PN-Übergang, wenn eine Spannung angelegt wird?
Wir betrachten die folgenden zwei Fälle.

- **Minuspol der Spannungsquelle an der P-leitenden Schicht, Pluspol der Spannungsquelle an der N-leitenden Schicht.**

  Die beweglichen Ladungen werden von der Quelle abgezogen. Die Sperrschicht verbreitert sich. Es fließt kein Strom. Die Diode befindet sich im **Sperrzustand**.

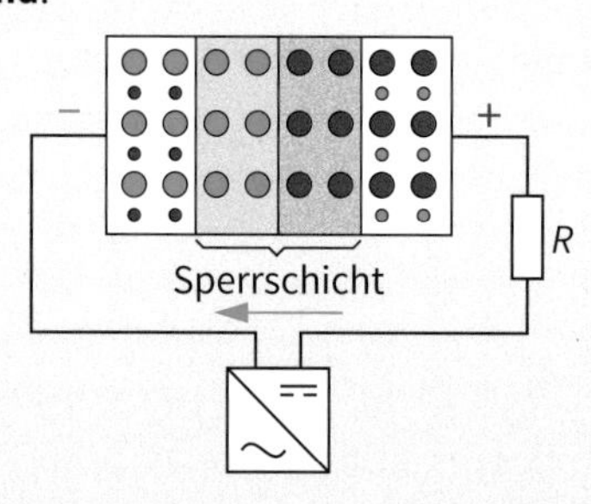

- **Pluspol der Quelle an der P-leitenden Schicht, Minuspol der Quelle an der N-leitenden Schicht.**

  Von der Quelle werden jetzt zusätzliche bewegliche Ladungen in die Sperrschicht gedrückt. Sie ist ab etwa 0,7 V abgebaut. Es fließt Strom. Die Diode befindet sich im leitenden Zustand (Durchlasszustand).

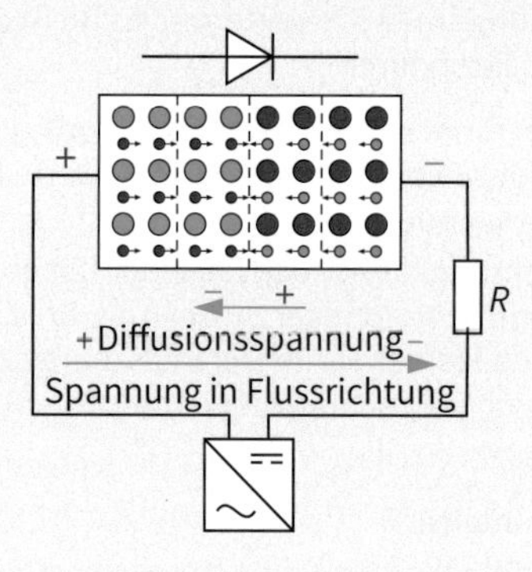

Zusammenfassend lässt sich festhalten:
- N-leitendes Halbleitermaterial enthält frei bewegliche negative Ladungen und feste positive Ladungen.
- P-leitendes Halbleitermaterial enthält frei bewegliche positive Ladungen und feste negative Ladungen.
- Wenn P- und N-leitendes Material zusammengefügt werden, entsteht in der Grenzschicht eine Diffusionsspannung (0,7 V bei Silizium).
- Wenn eine Diode in Sperrrichtung betrieben wird, verbreitert sich die Sperrschicht. Es fließt kein Strom.
- Im leitenden Zustand der Diode wird die Sperrschicht abgebaut. Es fließt Strom.

1.4.3.3 Gleichrichterschaltungen

In den Herstellerinformationen über eine Gleichrichterschaltung auf S. 46 in Abb. 2 sind die Spannungsverläufe am Ein- und Ausgang vereinfacht dargestellt. Der genaue Verlauf wurde deshalb mit einem Oszilloskop aufgenommen (Abb. 1). Es sind nur positive Anteile vorhanden. Es hat den Anschein, als wenn die negativen Anteile der Eingangswechselspannung nach oben „geklappt" wurden. Wie kommt dieser Verlauf zustande?

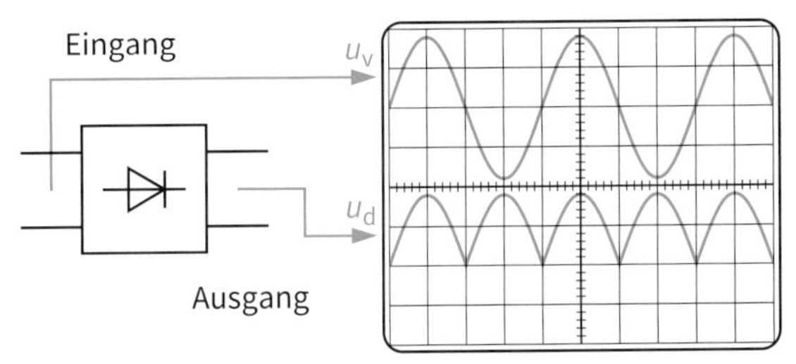

1: Untersuchung einer Gleichrichterschaltung

Zur Klärung dieser Frage geht man zunächst von einer Diode R1 aus, die entsprechend der Messschaltung von Abb. 2a in den Stromkreis einfügt wurde. Mit einem Zweikanal-Oszilloskop bildet man die Spannung „vor" und „hinter" der Diode ab (Y_I und Y_{II} Abb. 2b).

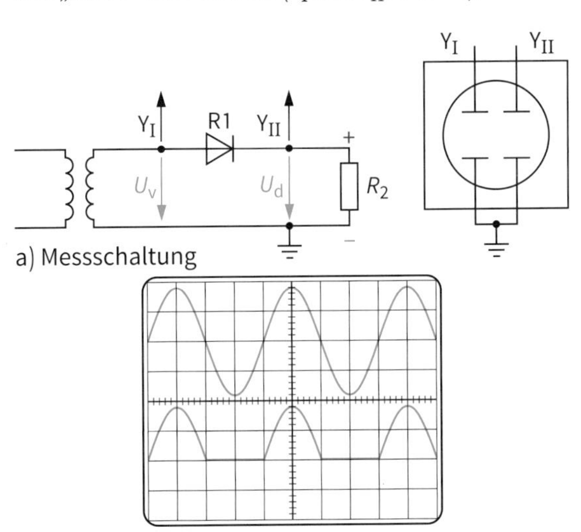

2: Untersuchung einer Gleichrichterschaltung

Ergebnis

Die Ausgangsspannung U_d am Widerstand R_2 zeigt einen pulsförmigen Verlauf. Es sind nur positive Halbschwingungen vorhanden. Der negative Anteil wird nicht durchgelassen. Er wird also gesperrt.

Durchlassverhalten der Diode

Sobald die Eingangsspannung U_v den positiven Wert von etwa 0,7 V überschritten hat (Schleusenspannung), wird die Diode leitend und es fließt ein Strom durch den Widerstand R_2.

Sperrverhalten der Diode

Wenn die Eingangsspannung U_v negativ wird, sperrt die Diode. Es fließt kein Strom und die Spannung U_d am Ausgang wird 0 V. Weil bei dieser Schaltung während einer Periode nur ein Impuls der Wechselspannung „durchgelassen" wird, nennt man sie **Einpuls-Mittelpunktschaltung M1U**. Das Messergebnis entspricht jedoch nicht dem Spannungsverlauf in Abb. 1. Es ist nur eine Halbschwingung vorhanden. Mit der folgenden Schaltung lässt sich jedoch das gewünschte Ergebnis erzielen.

Schaltung mit vier Dioden

Die Gleichrichterschaltung (Abb. 3) enthält vier Dioden (R1 bis R4) zur Gleichrichtung der Wechselspannung. Sie sind in Form einer Brücke zusammen geschaltet. Die Schaltung wird als **Zweipuls-Brückenschaltung B2U** bezeichnet.

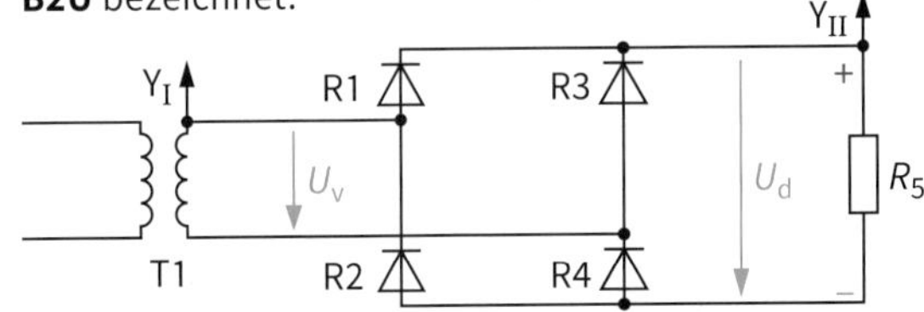

3: Zweipuls-Brückenschaltung

Wie entsteht die Spannung bei der Brückenschaltung?

Zur Erklärung wird die Abb. 4 benutzt, in der zwei Fälle dargestellt sind.

1. **Positive Halbschwingung**: R1 und R4 sind leitend. R2 und R3 sind gesperrt. Es fließt durch den Widerstand R_5 der Strom I_d mit der eingezeichneten Richtung.
2. **Negative Halbschwingung**: Nur R2 und R3 sind leitend. Durch diese Umlenkung fließt der Strom durch R_5 in die gleiche Richtung wie vorher. Das Ergebnis ist ein weiterer positiver Spannungspuls.

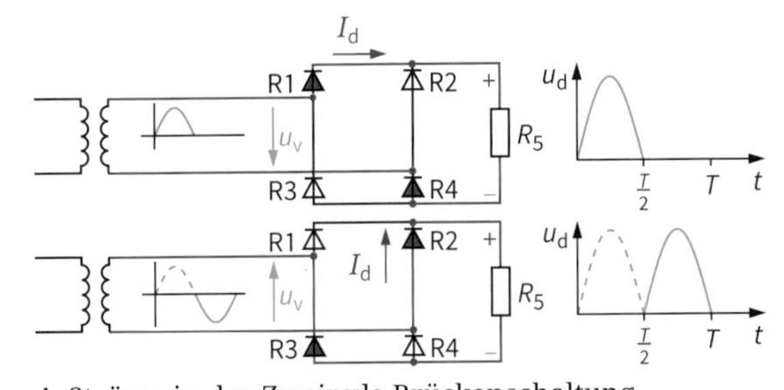

4: Ströme in der Zweipuls-Brückenschaltung

- Bei der Einpuls-Mittelpunktschaltung wird durch die Diode nur ein Anteil der Wechselspannung durchgelassen.
- Bei der Zweipuls-Brückenschaltung sind abwechselnd zwei Dioden in Durchlass- und zwei in Sperrrichtung geschaltet. Dadurch werden der positive und der negative Anteil der Wechselspannung genutzt.

Elektrotechnische Systeme

1.4.3.4 Kondensatoren

Am Ausgang der Gleichrichterschaltung auf S. 46 in Abb. 2 befindet sich ein Kondensator. Es sorgt dafür, dass aus der noch pulsierenden Gleichspannung eine geglättete Spannung entsteht. Bevor diese Glättungsfunktion erklärt werden kann, müssen noch die grundlegenden Funktionen des Kondensators erarbeitet werden.

Wie arbeitet ein Kondensator [*capacitor*]**?**

Kondensatoren bestehen aus zwei voneinander isolierten Platten bzw. aufgewickelte Folien (Abb. 1). Das Schaltzeichen verdeutlicht, dass zwischen den Leitern keine elektrische Verbindung besteht.

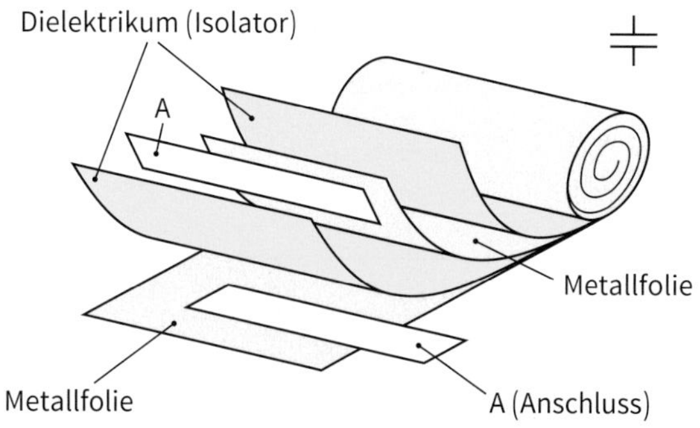

1: Aufbau eines Folienkondensators [*film capacitor*]

Zur Untersuchung der Arbeitsweise wird ein Kondensator über ein Netzteil an eine Gleichspannungsquelle angeschlossen (Abb. 2) und anschließend wieder getrennt.

Im Einzelnen unterscheidet man die folgenden Fälle:

Ungeladener Kondensator (Abb. 2a)

Auf jeder Platte sind gleich viele positive und negative Ladungen vorhanden. Die Platten sind neutral.

Aufladevorgang [*charging process*] (Abb. 2b)

Der Schalter wird geschlossen. Die Gleichspannung U liegt zwischen den Platten 1 und 2. Sie sorgt dafür, dass bewegliche negative Ladungen (Elektronen) von der Platte 1 abgezogen und gleichzeitig negative Ladungen von der Quelle zur Platte 2 transportiert werden. Es fließt kurzzeitig Strom. Die Spannung an den Platten steigt solange an, bis $U_C = U$ geworden ist.

Geladener Kondensator (Abb. 2c)

In den Zuleitungen zum Kondensator fließt kein Strom mehr. Die Platte 1 ist positiv und die Platte 2 negativ geladen. Zwischen beiden Platten besteht ein **elektrisches Feld** [*electric field*], das modellhaft durch Linien (Feldlinien) von positiven zu negativen Ladungen gekennzeichnet ist. Der Ladungsunterschied zwischen den Platten bleibt auch dann bestehen, wenn der Kondensator von der Spannungsquelle getrennt wird. Die Ladungen sind gespeichert. Der Kondensator kann deshalb als **Ladungsspeicher** [*charge storage*] verwendet werden (z. B. in Netzteilen).

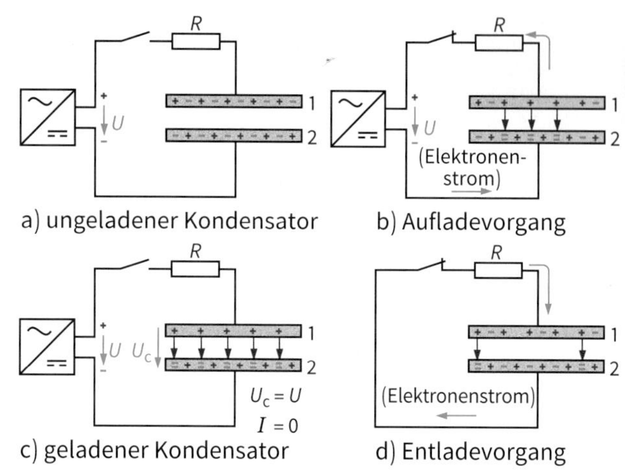

2: Auf- und Entladung beim Kondensator

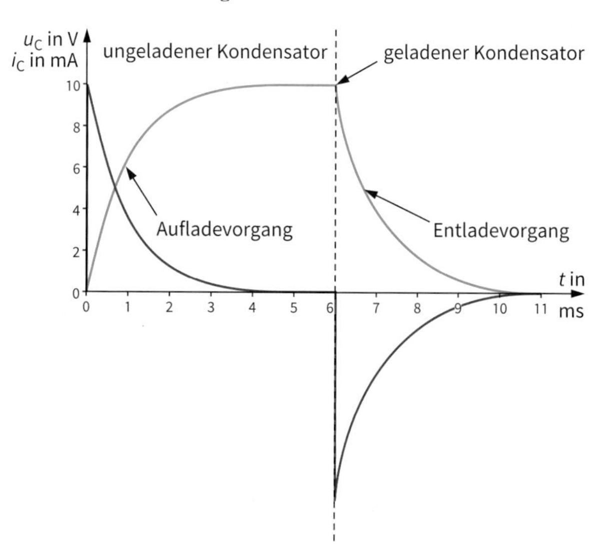

3: Strom- und Spannungsverlauf beim Kondensator

Die Speicherfähigkeit (Fassungsvermögen) des Kondensators von Ladungen drückt man durch die **Kapazität C** [*capacity*] aus. Als Einheit ist das **Farad F** [*farad*] festgelegt worden (benannt nach Michael Faraday, engl. Physiker, 1791 – 1867). Da 1 Farad eine sehr große Kapazität ist, unterteilt man sie in folgende kleinere Bereiche:

Mikro: $1\ \mu F = 10^{-6}\ F$
Nano: $1\ nF = 10^{-9}\ F$
Piko: $1\ pF = 10^{-12}\ F$

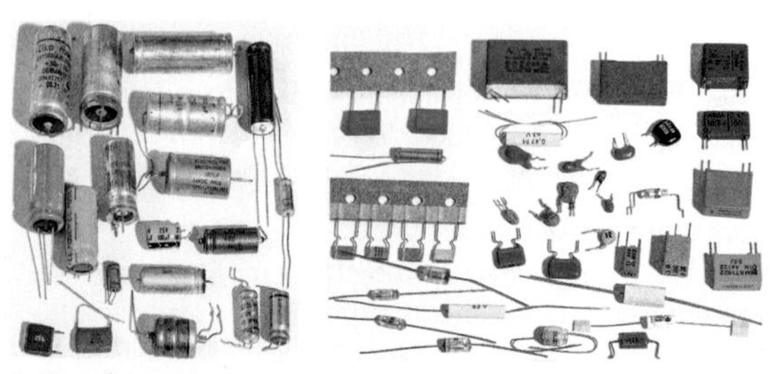

4: Kondensatoren

Welche Beziehung besteht zwischen Spannung, Ladung und Kapazität?

Durch die Spannung am Kondensator verändert man seine Ladung Q. Sie steigt also mit größer werdender Spannung U. Zwischen beiden Größen besteht ein proportionaler Zusammenhang:

$U\uparrow \Rightarrow Q\uparrow \quad Q \sim U$

Die Ladung lässt sich auch vergrößern, wenn ein Kondensator mit einer größeren Kapazität verwendet wird. Der proportionale Zusammenhang lautet:

$C\uparrow \Rightarrow Q\uparrow \quad Q \sim C$

Beide Proportionalitäten lassen sich zu einer Gleichung zusammenfassen:

$Q \sim U \qquad Q \sim C$

$Q = C \cdot U$

Stellt man die Gleichung nach der Kapazität um, erhält man die Definitionsgleichung für die Kapazität:

$$C = \frac{Q}{U} \qquad 1\,\text{F} = \frac{1\,\text{C}}{1\,\text{V}} \qquad 1\,\text{F} = \frac{1\,\text{As}}{1\,\text{V}}$$

Entladevorgang *[discharge operation]* (Abb. 2d)

Der Kondensator wird jetzt von der Spannungsquelle getrennt. Damit die Stromstärke nicht zu groß wird und der Vorgang langsamer abläuft, wird der Kondensator über einen Widerstand R entladen. Es kommt jetzt zu einem Ausgleich der Ladungen zwischen den Platten. Die frei beweglichen Ladungen (Elektronen) fließen solange von Platte 2 zur Platte 1, bis beide Platten wieder elektrisch neutral sind. Das elektrische Feld baut sich ab.

Der vollständige Spannungs- und Stromverlauf ist in Abb. 3 dargestellt.

Stromrichtung

Betrachtet wird zunächst die Platte 2. Beim Aufladen sind Elektronen auf die Platte geflossen, beim Entladen fließen sie wieder herunter. Entsprechendes gilt für die Platte 1. Die Stromrichtung kehrt sich um, die Kurve im Stromdiagramm der Abb. 3 verläuft also bei der Entladung im negativen Bereich.

Wie lässt sich mit einem Kondensator die Ausgangsspannung einer Gleichrichterschaltung glätten?

Diese Frage lässt sich jetzt beantworten, denn der Kondensator ist ein Energiespeicher. Er kann Energie (Ladungen) aufnehmen und wieder abgeben. Der Kondensator wird parallel zum Belastungswiderstand R geschaltet (Abb. 5). Wenn der Strom durch die Diode fließt, lädt sich der Kondensator auf. In der Phase, in der die Diode gesperrt ist, gibt er seine Ladungen wieder ab. Die Spannung sinkt deshalb nicht auf Null ①.

Kapazität des Plattenkondensators *[plate capacitor]*

Die Kapazität eines Kondensators kann durch seine Baugrößen A, d und durch die Art des Isoliermaterials (Dielektrikum ε) verändert werden.

- **Fläche *A*** *[area]*
  Je größer die Plattenfläche, desto mehr Ladungen lassen sich unterbringen. Es gilt:
  $A\uparrow \Rightarrow C\uparrow \quad C \sim A$
- **Plattenabstand *d*** *[plate distance]*
  Wenn der Plattenabstand vergrößert wird, verringert sich die Wirkung auf die Ladungen. Beide Größen sind umgekehrt proportional.
  $d\uparrow \Rightarrow C\downarrow \quad C \sim \frac{1}{d}$
- **Dielektrikum** *[dielectric]*
  Die Kapazität von Kondensatoren lässt sich erheblich vergrößern, wenn an Stelle von Luft besondere Materialien zwischen die Platten eingefügt werden. Die Materialeigenschaften werden in der **Permittivität** ε *[permittivity]* zusammengefasst.
  $\varepsilon\uparrow \Rightarrow C\uparrow \quad C \sim \varepsilon$

Zusammenfassend ergeben sich die folgenden Formeln:

$$C = \frac{\varepsilon \cdot A}{d} \qquad \varepsilon = \varepsilon_0 \cdot \varepsilon_r$$

ε_0: Elektrische Feldkonstante
$\varepsilon_0 = 8{,}86 \cdot 10^{-12}\,\text{As/Vm}$
ε_r: Permittivitätszahl

Beispiele für Permittivitätszahlen:
Tantaldioxid: 26; Keramik: 10 bis 50000

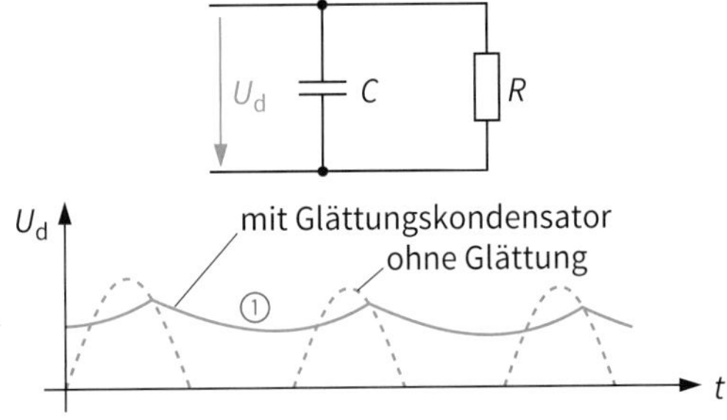

5: Glättung pulsierender Gleichspannung

- Ein Kondensator besteht aus zwei elektrischen Leitern (Folien, Platten), zwischen denen sich ein Isolator (Dielektrikum) befindet.
- Ein Kondensator ist ein Ladungsspeicher. Sein Fassungsvermögen wird als Kapazität C bezeichnet.
- Die Ladung eines Kondensators steigt mit der Spannung und der Kapazität.
- Beim Laden eines Kondensators steigt die Spannung an, beim Entladen sinkt sie bis auf Null.
- Beim Entladen des Kondensators ist die Richtung des Stromes im Vergleich zum Aufladen umgekehrt.

Schaltungen mit Kondensatoren

In Netzteilen werden Kondensatoren mitunter parallel geschaltet. Was soll dadurch erreicht werden?

Parallelschaltung

Bei parallel geschalteten Kondensatoren (Abb. 1) liegt an jedem Kondensator dieselbe Spannung (gemeinsame Größe). Die gesamte Fläche und damit die Ladung vergrößert sich entsprechend ($A\uparrow \Rightarrow C\uparrow$). Die Gesamtkapazität C_g setzt sich aus der Summe der Einzelkapazitäten zusammen.

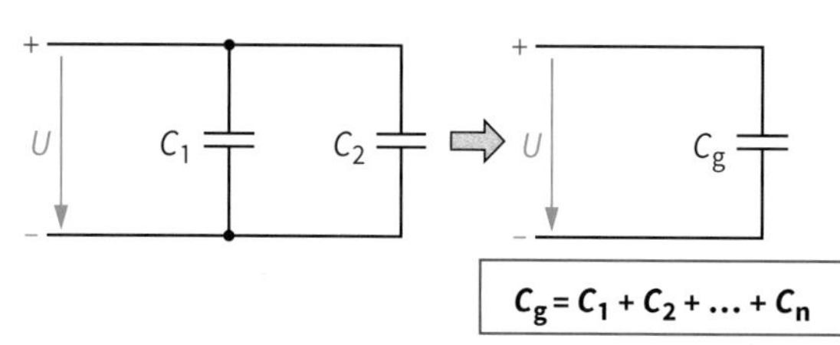

$$C_g = C_1 + C_2 + \ldots + C_n$$

1: Parallelschaltung von Kondensatoren

Reihenschaltung

In einer Reihenschaltung mit Kondensatoren fließt nur ein Strom (gemeinsame Größe). Trotz unterschiedlicher Baugrößen besitzt deshalb jeder Kondensator die gleiche Ladung. Die Spannung teilt sich auf (Abb. 2). Für die Gesamtkapazität vergrößert sich auch der gemeinsame „Plattenabstand". Die Gesamtkapazität ist deshalb immer kleiner als jede Einzelkapazität.

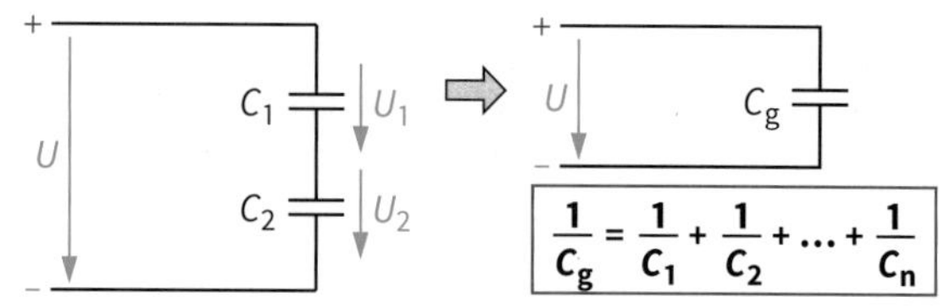

$$\frac{1}{C_g} = \frac{1}{C_1} + \frac{1}{C_2} + \ldots + \frac{1}{C_n}$$

2: Reihenschaltung von Kondensatoren

Aufgaben

1. Bei einem Plattenkondensator werden die Fläche und gleichzeitig der Plattenabstand verdoppelt. Wie verändert sich die Kapazität?
2. Berechnen Sie die Gesamtkapazität von drei Kondensatoren mit jeweils 4,7 µF, die a) parallel und b) in Reihe geschaltet sind.
3. Begründen Sie, warum ein aufgeladener Kondensator, der von der Spannungsquelle getrennt wurde, seine Ladung „verliert".

- Bei der Parallelschaltung von Kondensatoren ist die Gesamtkapazität gleich der Summe der Einzelkapazitäten.
- Bei der Reihenschaltung von Kondensatoren ist die Gesamtkapazität kleiner als die kleinste Einzelkapazität.

Leuchtdioden

Leuchtdioden (**LED** [***Light Emitting-Diode***]) werden häufig als Ersatz für kleine Glühlampen zur Anzeige von Signalzuständen eingesetzt. Es soll nun geklärt werden, was beim Einbau zu beachten ist.

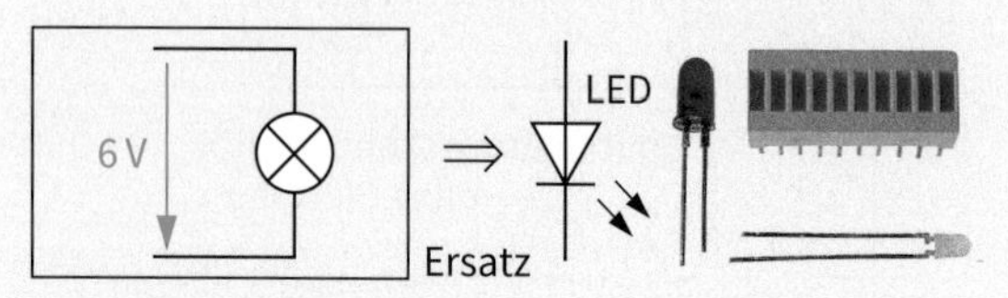

Eine Leuchtdiode ist im Prinzip wie eine Gleichrichterdiode aufgebaut. Sie besitzt einen Durchlass- und einen Sperrbereich. Wenn sie in Durchlassrichtung betrieben wird, sendet die Sperrschicht Licht aus. Je nach Aufbau der Diode hat das Licht eine bestimmte Farbe (Rot, Grün, Gelb, Blau, Weiß, Infrarot, Ultraviolett).

Die Kennlinie zeigt, dass ab etwa 1,5 V die „rote" Diode leitend wird. Dieses ist der Bereich, in dem die Diode leuchtet.

Auf Grund des steilen Anstiegs der Kennlinie, darf die LED nicht direkt an die Betriebsspannung angeschlossen werden. Der Strom würde zu groß werden. Durch einen Vorwiderstand R_V lässt sich die Stromstärke auf den gewünschten Wert begrenzen (s. rechte Spalte).

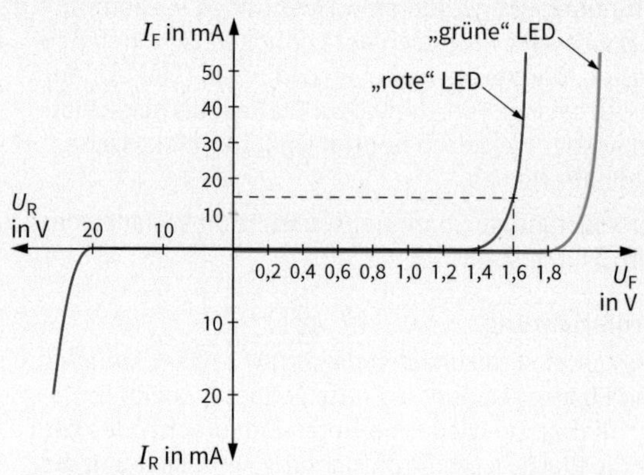

Vorwiderstand

Eine rot leuchtende LED soll mit einem Vorwiderstand an 6 V betrieben werden. Im Arbeitsbereich soll an der LED eine Spannung von 1,6 V liegen.

Geg.: $U_B = 6\,V$ Ges.: R_V

$$R_V = \frac{U_B - U_{LED}}{I_F} \qquad R_V = \frac{6\,V - 1{,}6\,V}{14{,}7\,mA}$$

$$\underline{\underline{R_V = 299\,\Omega}}$$

+ I_F R_V U_B U_{LED} P1 –

1.4.4 Längsgeregelte Netzteile

Wenn größere Anforderungen an die Stabilität der Ausgangsspannung gelegt werden, setzt man geregelte Netzteile ein. Regeln heißt (vgl. auch Kap. 3.1.1), dass die Ausgangsspannung ständig kontrolliert wird und bei Abweichungen eine Rückmeldung erfolgt. Diese Rückmeldung sorgt dafür, dass der Änderung am Ausgang entgegen gewirkt wird. Die Spannung bleibt deshalb in bestimmten Bereichen stabil.

Aus den Informationsunterlagen eines Herstellers kann folgende Grundschaltung (Abb. 3) eines längsgeregelten Netzteils sowie eine Kurzbeschreibung entnommen werden:

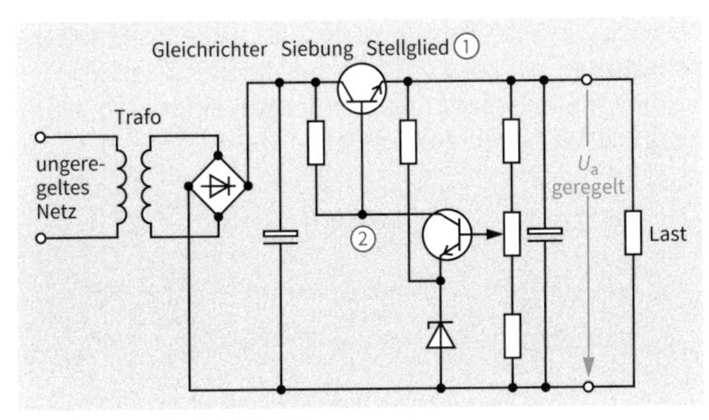

3: Prinzipschaltbild: Längsregelung (Herstellerunterlage)

> ***Längsgeregelte Netzteile***
>
> *Die Anpassung an die jeweilige Sekundärspannung geschieht über einen Transformator.*
>
> *Die gleichgerichtete und gesiebte Sekundärspannung wird in einem Regelteil in eine geregelte Spannung am Ausgang umgeformt. Das Regelteil besteht aus einem Stellglied und dem Regelverstärker. Die Differenz zwischen geregelter Ausgangsspannung und ungeregelter Spannung am Ladekondensator wird im Stellglied in Verlustwärme umgesetzt. Das Stellglied wirkt dabei wie ein schnell veränderbarer Widerstand. Die entstehende Verlustwärme ist jeweils das Produkt aus Ausgangsstrom und Spannungsabfall über dem Stellglied.*
>
> *Dieses System ist sehr anpassungsfähig. Es sind auch ohne weiteres mehrere Ausgangsspannungen möglich. In der Regel werden bei Mehrfachausgängen die einzelnen Sekundärkreise aus jeweils getrennten Sekundärwicklungen des Eingangstrafos generiert.*
>
> *Allerdings ist der Wirkungsgrad schlecht, sowie Gewicht und Volumen sehr groß. Deshalb ist der Längsregler nur bei kleinen Leistungen eine preisliche Alternative.*

Die Herstellerinformationen verdeutlichen, dass auch bei diesem Netzteil ein Transformator zur Spannungsanpassung, ein Gleichrichter (Brückenschaltung mit vier Dioden) und Kondensatoren zur Glättung der Spannung verwendet werden. Im Ausgangsbereich befinden sich jedoch Halbleiterbauteile (Transistoren und Z-Diode), die für die Spannungsüberwachung und Regelung zuständig sind. Fasst man die einzelnen Bauteile in Blöcken zusammen, ergibt sich das vereinfachte Blockschaltbild in Abb. 4.

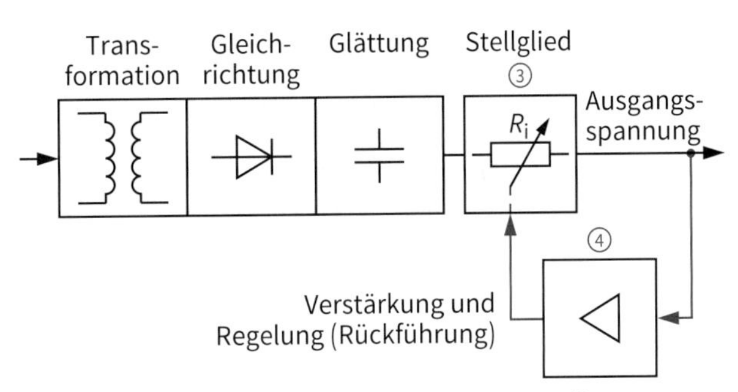

4: Blockschaltbild eines längsgeregelten Netzteils

In der technischen Beschreibung wird deutlich gemacht, dass der Transistor ③, der als Stellglied bezeichnet wird, wie ein Widerstand wirkt. Er liegt in Reihe mit dem Belastungswiderstand und wird durch einen Verstärker ④ (Transistor) in seinem Widerstandsverhalten beeinflusst.

Die Schaltung in der technischen Information besteht aus einzelnen Bauteilen. Die Schaltung gibt es aber auch als integrierte Schaltung. Sie wird dann häufig als **Festspannungsregler** [***constant voltage regulator***] bezeichnet (Abb. 5a). Nur noch wenige Bauteile müssen hinzugefügt werden, um ein vollständiges Netzteil zu erhalten. Abb. 5b zeigt modellhaft, wie durch die Ausgangsspannung U_2 der Widerstand R_i des Spannungsreglers geregelt wird. Er liegt mit dem Belastungswiderstand R in Reihe.

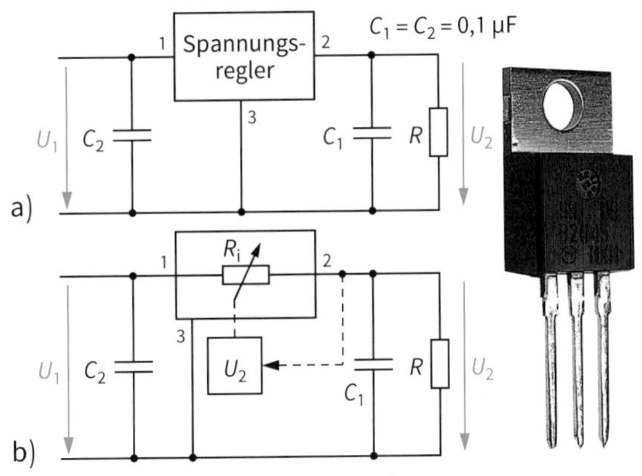

5: Netzteil mit Festspannungsregler

> ▪ **Bei einem längsgeregelten Netzteil wird die Ausgangsspannung ständig kontrolliert und die Änderung benutzt, um die Ausgangsspannung zu stabilisieren (Regelung).**

Arbeitsweise von Transistoren

In den technischen Informationen über längsgeregelte Netzteile wurden die Aufgaben der Transistoren (Stellen und Verstärken) angesprochen. Um diese Aufgaben besser verstehen zu können, wird jetzt die grundsätzliche Arbeitsweise von Transistoren behandelt.

1: Bauformen von Transistoren

Die Gehäuseformen von Transistoren sind sehr unterschiedlich (Abb. 1). Je nach Aufbau können Stromstärken von einigen µA bis kA verarbeitet werden. Weil für die Funktion der abgebildeten Transistoren zwei Arten von Ladungsträgern (Löcher und Elektronen) eine Rolle spielen, werden sie auch als **bipolare Transistoren** [*bipolar transistors*] bezeichnet. Allen gemeinsam sind drei Anschlüsse mit folgenden Bezeichnungen: **Basis** [*base*] (B), **Emitter** [*emitter*] (E) und **Kollektor** [*collector*] (C). Jeder dieser Anschlüsse führt an eine dotierte Halbleiterschicht. Je nach Zonenfolge werden NPN- (Abb. 2a) oder PNP-Transistoren (Abb. 2b) unterschieden.

Die Diodenstrecken des Transistors sind gegeneinander geschaltet ①, sodass auch bei angelegter Spannung zwischen Kollektor und Emitter kein Strom fließen kann. Dieses ändert sich erst dann, wenn zwischen Basis und Emitter (Diodenstrecke bei Silizium) eine Spannung von etwa 0,7 V angelegt wird (bei NPN-Transistoren: Basis positiv gegenüber dem Emitter).

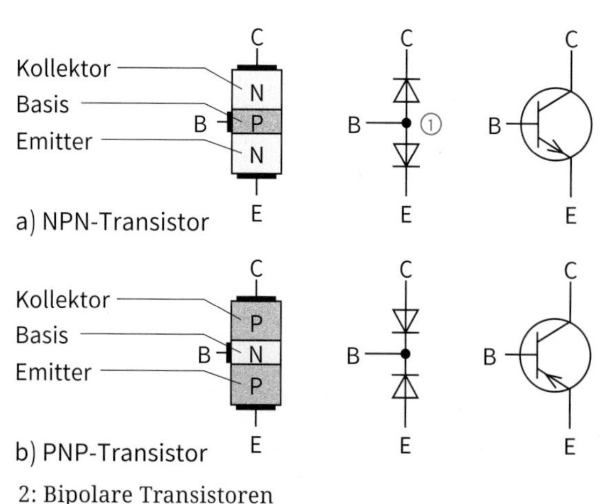

2: Bipolare Transistoren

Die bisher gesperrte Diodenstrecke zwischen Basis und Emitter wird jetzt abgebaut und die Ladungen werden von der größeren Spannung zwischen Kollektor und Emitter angezogen. Der große Kollektorstrom (z. B. I_C = 1 A) ist also durch die kleinen Eingangsgrößen der Basis (Basisstromstärke z. B. I_B = 1 mA und Basis-Emitter-Spannung U_{BE} = 0,7 V) schaltbar.

Wenn jetzt wie in Abb. 3 die Basis-Emitter-Spannung über einen Schalter angelegt wird, lässt sich die Lampe im Kollektorstromkreis schalten. Ein Transistor kann also wie ein **elektronischer Schalter** [*electronic switch*] eingesetzt werden.

In dieser Schaltung wird der Emitter als gemeinsamer Anschluss für den Ein- und Ausgangsstromkreis verwendet. Die Schaltung wird deshalb auch als **Emitterschaltung** [*common emitter*] bezeichnet. Die Basis ist die Eingangselektrode und der Kollektor wird als Ausgangselektrode verwendet.

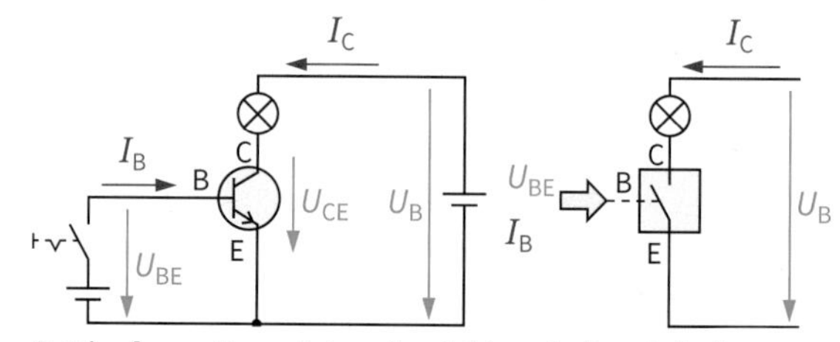

3: Bipolarer Transistor als elektronischer Schalter

Um die Verstärkungsfunktion verstehen zu können, muss man sich mit den **Transistorkennlinien** [*transistor characteristics*] befassen und dabei den Ein- und Ausgangsbereich unterscheiden.

Eingangsbereich [*input range*]

Die Basis-Emitter-Strecke verhält sich wie eine Diode, sodass sich als Kennlinie für I_B in Abhängigkeit von U_{BE} eine typische Diodenkennlinie ergibt (Abb. 4).

Ausgangsbereich [*output range*]

Im Ausgangsbereich wird die Kollektorstromstärke I_C in Abhängigkeit von der Kollektor-Emitter-Spannung U_{CE} dargestellt (Abb. 5). Da als weitere Einflussgröße die Basisstromstärke vorhanden ist, sind zwei Fälle eingezeichnet.

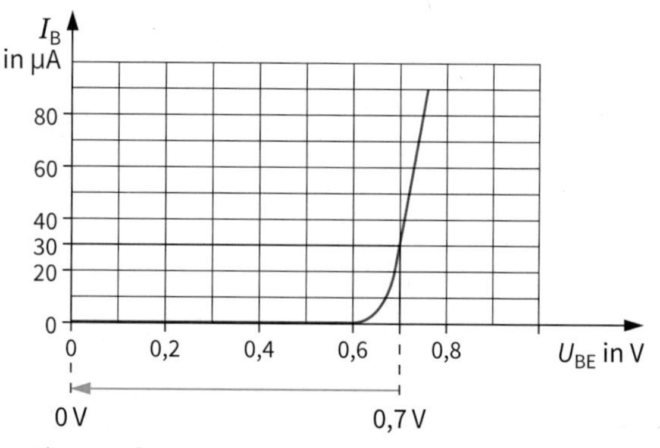

4: Eingangskennlinie eines bipolaren Transistors

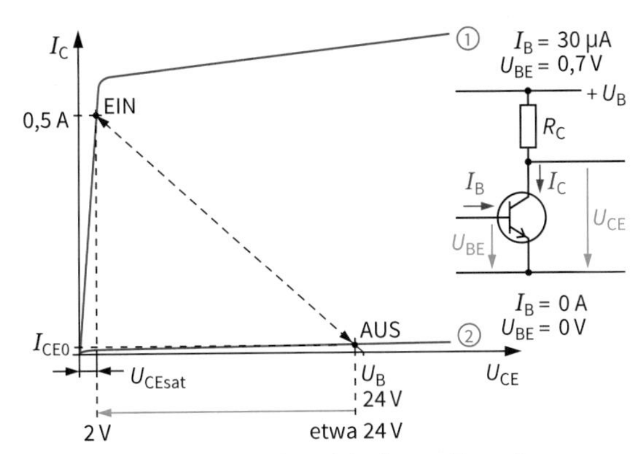

5: Ausgangskennlinie eines bipolaren Transistors

1. I_B maximal; U_{BE} etwa 0,7 V; Kennlinie ①

Dieses ist der Zustand EIN. I_C ist maximal und die Betriebsspannung von 24 V liegt fast vollständig an der Lampe. Nur eine kleine Spannung ist noch zwischen Kollektor und Emitter vorhanden. Sie wird als Sättigungsspannung (U_{CEsat}) bezeichnet.

⇒ **„Schalter" ist geschlossen**

2. I_B und U_{BE} sind Null; Kennlinie ②

Dieses ist der Zustand AUS. Die Betriebsspannung liegt fast vollständig zwischen Kollektor und Emitter.

⇒ **„Schalter" ist offen**

Es fließt jedoch noch ein kleiner Kollektorstrom (I_{CE0}). Dieses liegt daran, dass die beiden Dioden kein ideales Sperrverhalten zeigen.

Stromstärken und Spannungen

Die Aufteilung der Ströme in einem bipolaren Transistor zeigt Abb. 6. Die Basisstromstärke ist etwa 20 bis 300 mal kleiner als die Kollektorstromstärke.

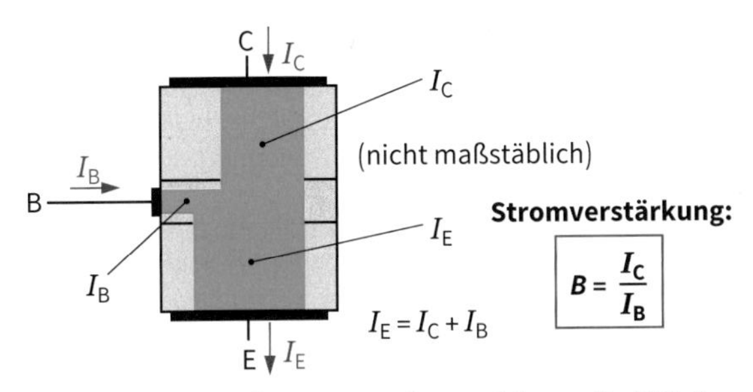

6: Ströme im bipolaren Transistor, nicht maßstäblich

Mit diesen grundlegenden Kenntnissen über die Arbeitsweise des Transistors kann die Verstärkungswirkung des Transistors in dem längsgeregelten Netzteil erklärt werden. Zunächst muss aber geklärt werden, was man grundsätzlich unter einer Verstärkung versteht?

Folgende **Gemeinsamkeiten** gibt es bei Verstärkern:

- Verstärker benötigen immer eine elektrische Energieversorgung (Abb. 7) ①.
- Verstärker haben Ein- und Ausgangsgrößen.
- Verstärker besitzen einen Eingangs- und einen Ausgangswiderstand ②.
- Die Ausgangsgrößen sind größer als die Eingangsgrößen.
- Folgende Größen können verstärkt werden: Spannung, Stromstärke und Leistung.
- Die Verstärkung (**Verstärkungsfaktor *v*** [***gain factor***]) ist das Verhältnis von Ausgangsgröße zu Eingangsgröße.
- Für den Verstärker kann ein allgemeines Schaltzeichen angegeben werden.

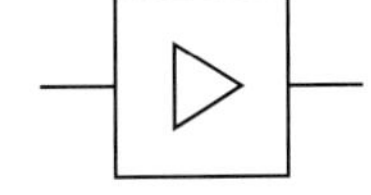

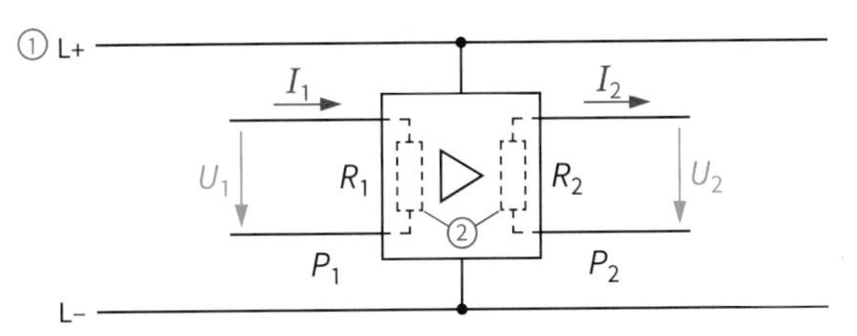

7: Verstärker mit Energieversorgung

Die hier herausgestellten Gemeinsamkeiten werden auf den Transistor übertragen.

- Eingangsgrößen sind I_B und U_{BE}.
- Ausgangsgrößen sind I_C und U_{CE}.
- Verstärkungswirkung: Mit kleinen Eingangsgrößen lassen sich die großen Ausgangsgrößen steuern.

Vereinfacht kann deshalb eine Transistorschaltung wie eine Reihenschaltung aus zwei Widerständen aufgefasst werden, wobei der eine Widerstand durch die Eingangsgrößen in seinem Wert verändert wird (Abb. 8). Da die Betriebsspannung konstant ist, ändert sich in Abhängigkeit von den Eingangsgrößen die Spannungsaufteilung.

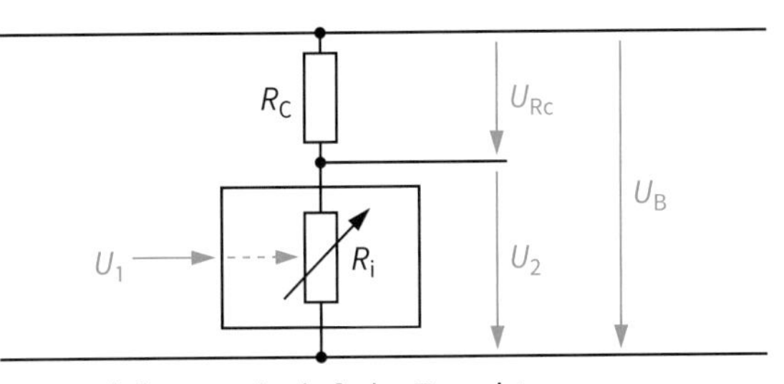

8: Verstärkungsprinzip beim Transistor

- Bei bipolaren Transistoren werden die Basis-Emitter-Diode in Durchlass- und die Kollektor-Basis-Diode in Sperrrichtung betrieben.
- Die Kollektorstromstärke eines bipolaren Transistors lässt sich durch die Eingangsgrößen I_B und U_{BE} schalten.
- Ein bipolarer Transistor ist kein idealer Schalter. Im „offenen" Zustand fließt noch ein kleiner Strom (I_C) und im „geschlossenen" Zustand liegt eine kleine Spannung ($U_{CE} = U_{CEsat}$) an.
- Kollektor- und Basisstrom ergeben zusammen den Emitterstrom des bipolaren Transistors.

1.4.5 Primär getaktetes Schaltnetzteil

Zu Beginn dieses Kapitels „Netzteile“ wurde für den Auftrag (vgl. Kap. 1.4.1) ein primär getaktetes Schaltnetzteil ausgewählt. Aus den Informationsunterlagen des Herstellers ist folgendes zu entnehmen:

Primär getaktetes Schaltnetzteil

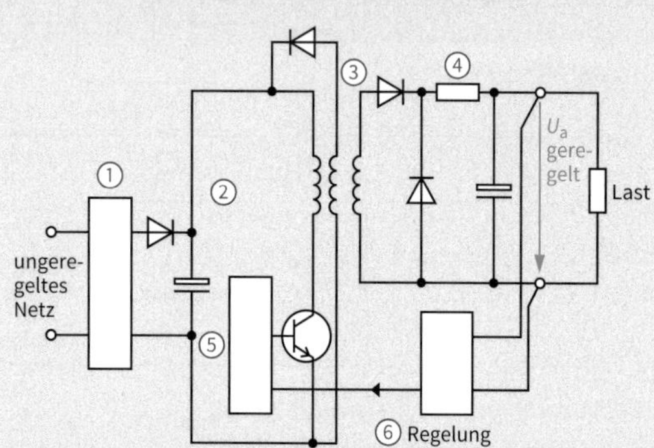

Prinzipschaltbild

Die ungeregelte Netzspannung wird zunächst gleichgerichtet und gesiebt. Die Kapazität des Kondensators am Zwischenkreis bestimmt die Speicherzeit des Netzteiles bei Ausfall der Eingangsspannung. Die Spannung am Zwischenkreis beträgt bei einem 230 V-Netz ca. 320 V DC. Aus dieser Gleichspannung wird nun ein Eintaktwandler versorgt, der mit Hilfe eines Impulsweiten-Reglers und bei hoher Schaltfrequenz die Primärenergie über einen Transformator auf die Sekundärseite überträgt. Der Schalttransistor hat in seiner Funktion als Schalter geringe Verlustleistung, sodass die Leistungsbilanz je nach Ausgangsspannung und Strom bei einem Wirkungsgrad zwischen > 70 % und ca. 90 % liegt.

Das Trafovolumen ist wegen der hohen Schaltfrequenz im Verhältnis zu einem 50 Hz-Trafo klein, weil die Trafogröße im Verhältnis zur höheren Schaltfrequenz geringer wird. Mit modernen Halbleitern lassen sich ohne weiteres Taktfrequenzen von 100 kHz und mehr erreichen. Allerdings steigen bei zu hohen Taktfrequenzen auch die Schaltverluste, sodass man im Einzelfall einen Kompromiss wählen muss zwischen hohem Wirkungsgrad und größtmöglicher Taktfrequenz. In den überwiegenden Anwendungen liegen die Taktfrequenzen bei ca. 20 kHz … 250 kHz je nach Ausgangsleistung.

Die Spannung der Sekundärwicklung wird gleichgerichtet, gefiltert und gesiebt. Die Regelabweichung am Ausgang wird über Optokoppler auf den Primärkreis zurückgemeldet. Über die Steuerung der Impulsbreite wird die benötigte Energie auf die Sekundärseite übertragen und die Ausgangsspannung geregelt. Es wird immer nur so viel Energie übertragen, wie am Ausgang entnommen wird.

Primärgetaktete Netzteile haben sich in den letzten Jahren gegenüber den anderen Schaltungsprinzipien mehr und mehr durchgesetzt. Vor allem wegen der geringen Baugröße, dem geringen Gewicht, dem hohen Wirkungsgrad und dem guten Preis-/Leistungsverhältnis.

Mit den bisher erarbeiteten Grundlagen kann man einige Teile dieser Beschreibung verstehen, andere sind jedoch noch unklar. Was ist ein

- Zwischenkreis,
- Eintaktwandler mit Impulsweiten-Regelung,
- Optokoppler und wie kann
- über die Impulsbreite die Energie geregelt werden?

Die Zusammenhänge werden jetzt mit Hilfe des vereinfachten Blockschaltbildes in Abb. 1 erklärt.

Im Eingangsbereich erfolgt die Gleichrichtung der 50 Hz Netzwechselspannung mit nachfolgender Glättung ①. Der Kondensator und die Spule des Transformators bilden zusammen einen Energiespeicher. Beide werden als **Zwischenkreis** [*d.c. link*] bezeichnet.

Diese Gleichspannung wird mit Hilfe eines Transistors ②, der wie ein elektronischer Schalter arbeitet, in **Rechteckimpulse** [*rectangular pulse*] (z. B. 50 kHz) umgeformt. Er wird als **Eintaktwandler** [*single ended forward converter*] ⑤ bezeichnet.

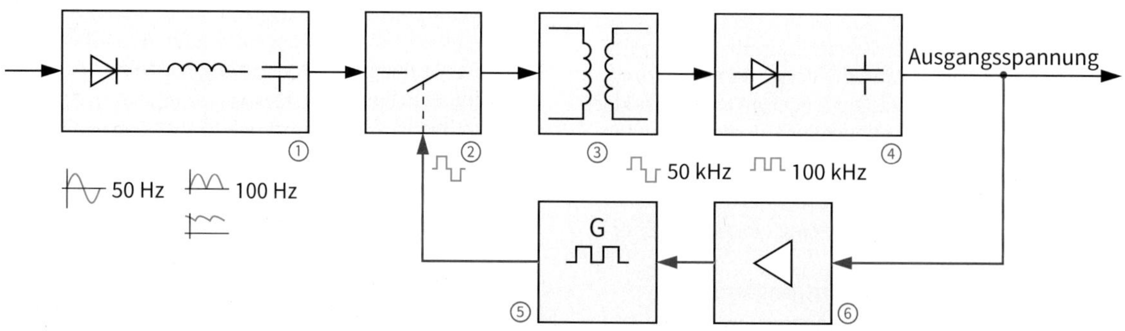

1: Blockschaltbild eines primär getakteten Schaltnetzteiles

2: Schaltnetzteil eines PCs

Der Eintaktwandler wird geregelt ⑥, d.h., er erhält vom Ausgang Informationen über die zu liefernde Energie und passt dementsprechend seine Impulsbreite an (**Pulsweiten-Regelung** [*pulse width control*]). Wie dieses möglich ist, zeigt Abb. 3.

In Abb. 3a sind die Impulse und die Pausen gleich breit. Eine daraus zu erzeugende Gleichspannung ist halb so groß wie der Spitzenwert der Impulse. Wenn wie in Abb. 3b die Impulse schmaler werden, lässt sich daraus nur eine kleinere Gleichspannung erzeugen (z.B. 1/4 des Spitzenwertes).

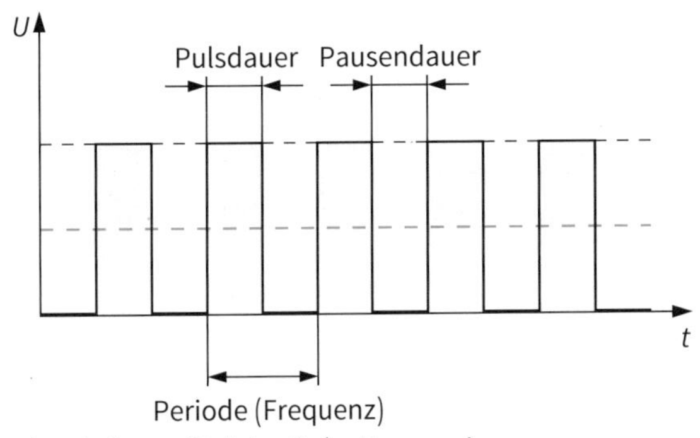

a) Pulsdauer (Pulsbreite) = Pausendauer

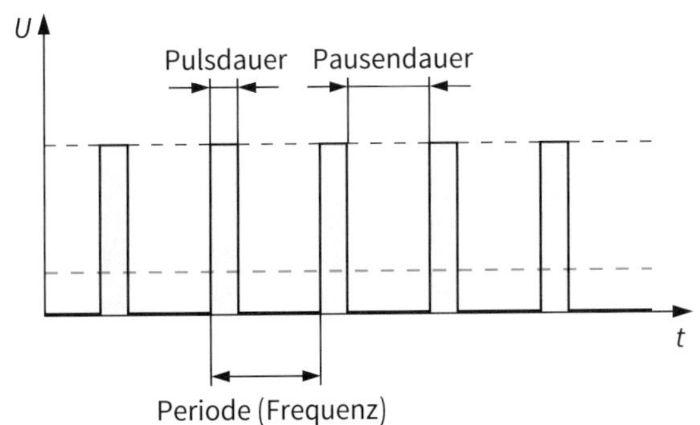

b) Pulsdauer = 1/3 Pausendauer

3: Beispiele für Impulsweiten-Regelung

Die Signalrückmeldung vom Ausgang zum Eintaktwandler erfolgt über einen **Optokoppler** [*optocoupler*]. Er besteht im Prinzip aus einem Lichtsender und einem Lichtempfänger. Die elektrischen Signale werden also in Lichtsignale umgewandelt. Auf diese Weise erreicht man, dass keine leitende Verbindung zwischen Ein- und Ausgang besteht (**galvanische Trennung** [*electrical isolation*]). Dadurch wird ein hohes Maß an Sicherheit erreicht.

Mit einem Transformator ③ werden jetzt die geregelten Rechteckimpulse übertragen, gleichgerichtet ④ und geglättet.

In Abb. 2 ist das Schaltnetzteil eines PCs geöffnet dargestellt. Erkennbar sind die zahlreichen elektronischen Bauteile, Kondensatoren, Widerstände, Spulen und Transformatoren. Da die Frequenz für die Übertragung im Vergleich zur Netzfrequenz (50 Hz ⇒100 kHz) groß ist, können kleine und leichte Eisenkerne für den Transformator und die Spulen verwendet werden (Gewichtsersparnis).

- Bei einem Schaltnetzteil wird die Netzwechselspannung gleichgerichtet und geglättet, mit einem Schalttransistor „zerhackt“ (z.B. in Impulse von 50 kHz) und diese Wechselspannung heruntertransformiert. Anschließend wird diese Wechselspannung gleichgerichtet und geglättet.
- Schaltnetzteile sind im Vergleich zu längsgeregelten Netzteilen kleiner, haben ein geringeres Gewicht und einen höheren Wirkungsgrad.

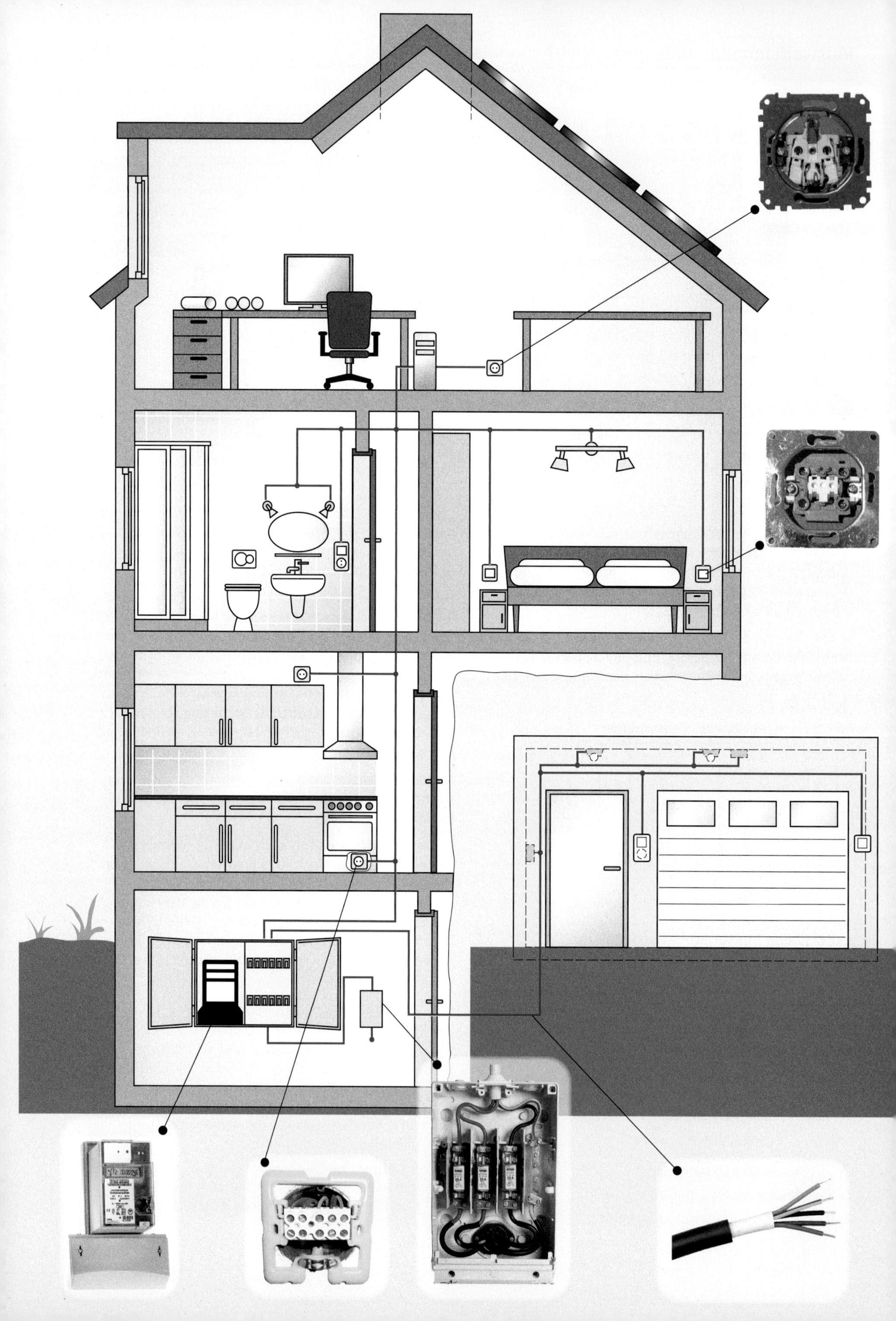

2 Elektrische Installationen

In diesem Kapitel werden wesentliche Überlegungen hinsichtlich Planung und Ausführung von elektrischen Hausinstallationen an dem Bauvorhaben **Installation einer Garage** dargestellt.

In Abb. 1 sind wichtige Schritte der Vorgehensweise aufgezeigt. In den folgenden Kapiteln werden zu dieser Grobstruktur die Einzelheiten erläutert, die in der Übersicht auf der nächsten Seite (Abb. 2) dargestellt sind.

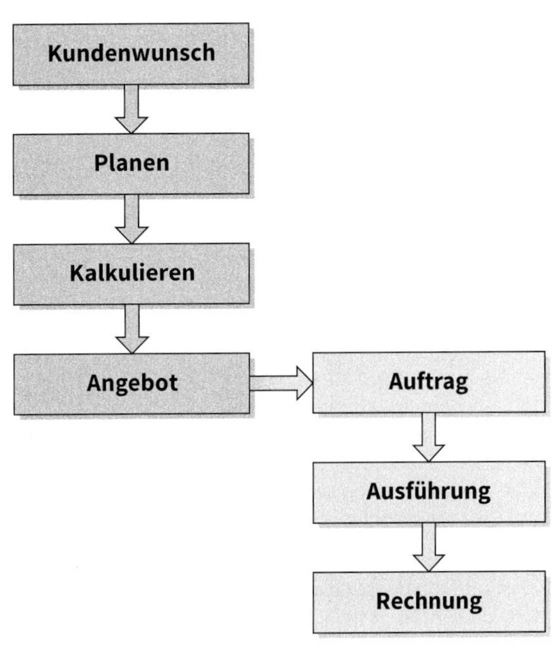

1: Abfolge eines Bauvorhabens

2.1 Kundenwunsch

Es gibt zwei Möglichkeiten, die Ausstattung von Gebäuden mit elektrischen Betriebsmitteln (Fachwort: **Objekte**) festzulegen.

- Entweder gibt der Auftraggeber seine Wünsche an
- oder es wird nach DIN 18015-2 (Elektrische Anlagen in Wohngebäuden) verfahren (vgl. Kap. 2.2.3)

Bei unserem Bauvorhaben ist der **Kundenwunsch** die Grundlage. Er gibt an, welche Objekte an welcher Stelle installiert werden sollen.

Das Ehepaar Carsten ist Eigentümer des Wohnhauses (s. linke Seite). Auf dem Grundstück befindet sich eine Garage, die jetzt mit elektrischer Energie versorgt werden soll. In der Garage ist auch ein Arbeitsplatz mit Werkbank vorgesehen. Es müssen Leuchten, Schalter, Steckdosen, Abzweigdosen u. a. installiert werden. Das Ehepaar Carsten wendet sich an die Firma **Elektrotechnik Steffen** und bittet um ein entsprechendes Angebot.

Der Inhaber der Firma, Herr Steffen, trifft sich mit den Kunden zu einer Ortsbesichtigung.

Er trägt dabei im Grundriss der Garage

- die gewünschten Objekte ein,
- nimmt die notwendigen Maße auf und
- notiert die Wünsche des Ehepaars Carsten. Es entsteht die in Abb. 2 dargestellte Niederschrift.

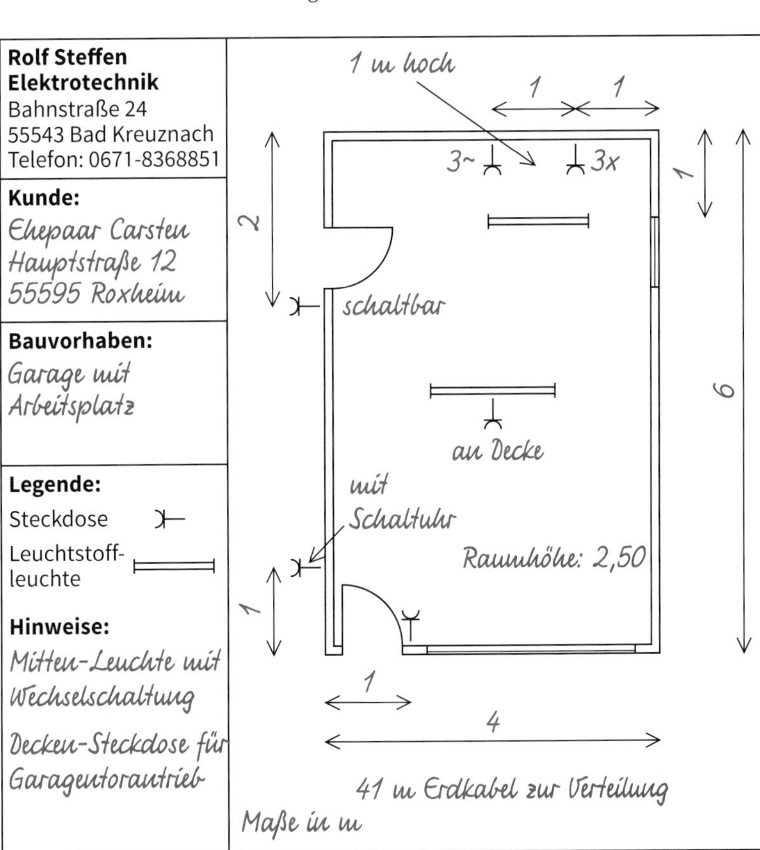

2: Niederschrift

2.1.1 Lastenheft

Alle Vorgaben des Kunden werden in einem **Lastenheft** festgehalten. Es besteht in diesem Fall aus dem Lageplan (Abb. 1) und der **Niederschrift** (Abb. 2, Seite vorher). Dort sind notiert:

- die gewünschten **Objekte** mit ihren Installationsorten,
- alle notwendigen **Maße** sowie
- zusätzliche Anforderungen des Kunden.

Man kann also sagen, ein Lastenheft enthält alle Wünsche des Kunden an die Installationsfirma. Bei großen Bauvorhaben werden die Lastenhefte in Form von Leistungsverzeichnissen erstellt.

Der Auftragnehmer setzt die Forderungen des Auftraggebers in technisch konkrete Lösungen um. Es wird z. B. aus dem Installationsplan der Übersichtsschaltplan mit Angabe der Adernzahlen (vgl. Kap. 2.3.3) erstellt. Damit die Firma Steffen alle Wünsche des Ehepaars Carsten erfüllen kann, sind weitere Informationen und Entscheidungen notwendig.

Dem Kunden werden die **Installationsarten** (z. B. Unterputz) und die **Installationsformen** (z. B. mit Verbindungsdosen) vorgestellt, damit er gemeinsam mit Herrn Steffen die geeigneten auswählen kann. Einige Leuchten sollen von verschiedenen Stellen aus geschaltet werden. Es müssen die betreffenden **Schaltungen** ausgewählt werden. Die notwendigen Informationen werden in den folgenden Kapiteln vorgestellt. Die Abb. 2 zeigt eine Übersicht der Struktur des Bauvorhabens.

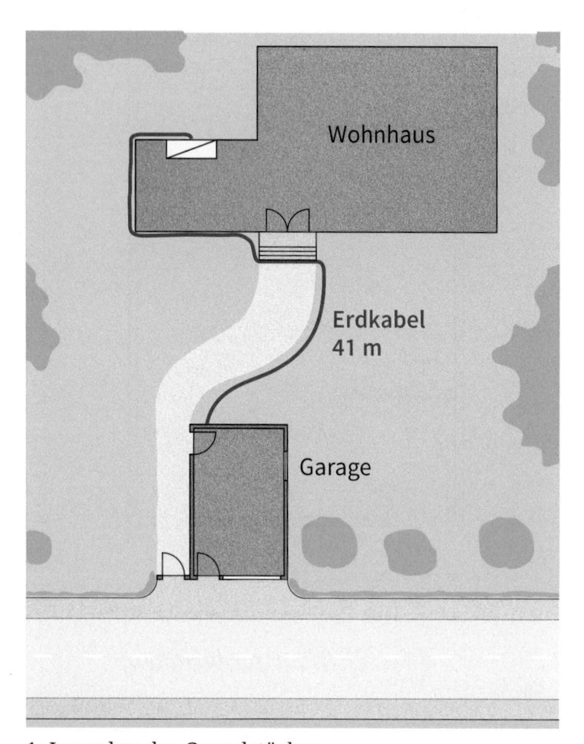

1: Lageplan des Grundstückes

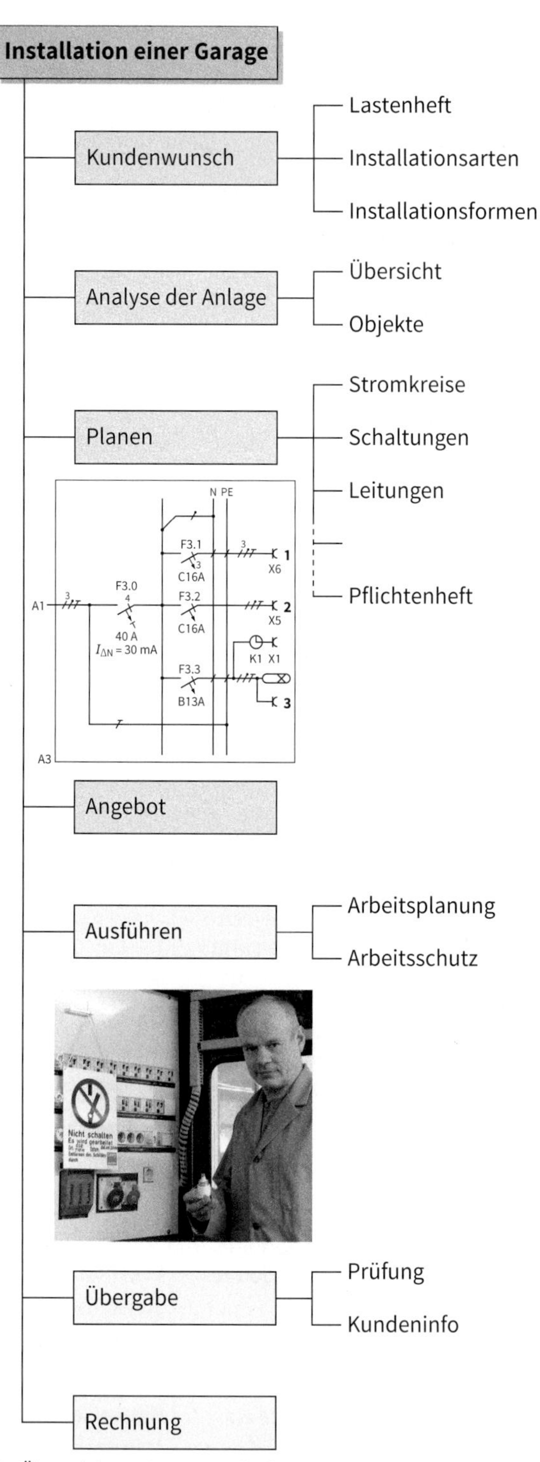

2: Übersicht zum Bauvorhaben

- Zur eindeutigen Festlegung der Auftraggeberanforderungen ist eine Niederschrift sinnvoll.
- Lastenhefte enthalten die Forderungen des Auftraggebers.

2.1.2 Installationsarten

Für das vorgestellte Bauvorhaben des Ehepaars Carsten muss jetzt die Installationsart festgelegt werden (Abb. 5). Herr Steffen erläutert daher dem Kunden die verschiedenen Möglichkeiten. Da die Garage verputzt werden soll, kommen in ersten Linie die Unterputz- oder die Imputz-Installation infrage.

Früher wurde häufig die **Imputz-Installation** [*semi-flush wiring*] angewendet. Hierzu wurde die Stegleitung (NYIF) direkt auf die Wand oder Decke genagelt oder geklebt. Wegen der Beschädigungsgefahr wird diese Installationsart heute kaum noch angewendet.

Bei der **Unterputz-Installation** [*concealed wiring*] werden in die rohen Wände bzw. Decken Schlitze (Abb. 4) gefräst, in die dann Mantelleitungen (z. B. NYM, H05VV-U) verlegt werden. Diese werden mit Kunststoffschellen oder Gipsbrücken befestigt.

Mit Hilfe von Kunststoffklammern (Abb. 3) ist eine einfache Fixierung der Leitungen möglich. Die Schlitze müssen so tief sein, dass sie die Leitungen vollständig aufnehmen. Die Löcher der Dosen werden mit einem Dosenfräser gebohrt. Vor dem Verputzen werden die Dosen mit Deckeln versehen.

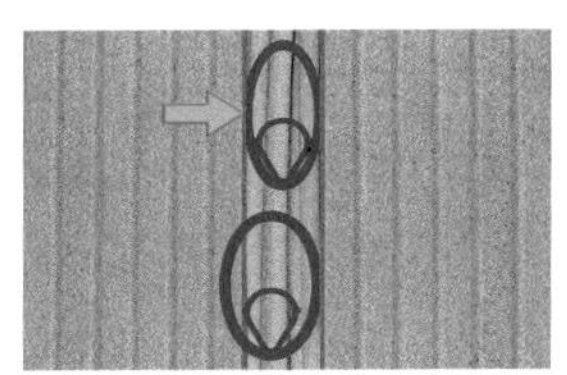
3: Fixieren von Leitungen mit Klammern

4: Fräsen mit Mauernutfräse

In Kellern und Werkstätten sowie in Garagen werden in den meisten Fällen die Leitungen auf den Wänden montiert. Diese Installationsart heißt **Aufputz-Installation** [*surface wiring*]. Hierbei werden Mantelleitungen (vgl. Kap.2.3.4) entweder direkt mit Schellen auf den Wänden befestigt oder in Rohre eingezogen, die ihrerseits mit Schellen an den Wänden montiert sind (Abb. 6). Damit ein gefälliges Bild entsteht, sollen die Leitungen waagerecht (horizontal) bzw. senkrecht dazu (vertikal) verlegt werden.

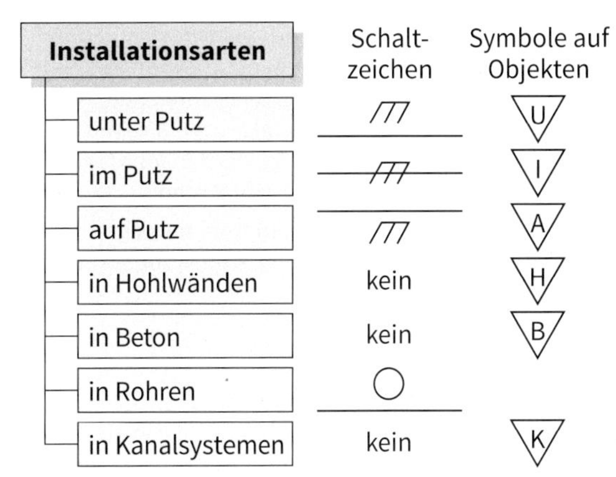

5: Installationsarten

Für die Aufputz-Installation werden folgende Maße empfohlen (Abb. 6):

- Abstand zwischen Objekt und Rohrende: 5 cm ③
- Abstand zwischen 1. Schelle und Rohrende: 10 cm ④
- Abstand zwischen den Schellen: 50 cm ②

An den Rohrenden ist ausreichender Platz vorzusehen, damit die Mantelleitungen in weiten Bögen ① geführt werden können.

Oft werden die Begriffe „Installationsart“ und „Verlegeart“ gleichsinnig verwendet. Sie bezeichnen aber nicht das Gleiche. Unter der **Installationsart** [*kind of installation*] werden die Begriffe Aufputz-, Unterputz-, Imputz-Installation usw. verstanden (Abb. 5), während die **Verlegearten** [*methods of wiring*] die Verlegung der Leitungen genauer festlegen, z. B. „Ein- oder mehradrige Kabel oder Mantelleitungen in Installationsrohren auf Wänden“ (vgl. Kap.2.3.5.3). Die Bezeichnungen sind mit den entsprechenden Ausführungshinweisen nach DIN VDE 0100-520 (Kap. 5.2.1) genormt. Dort sind über 50 verschiedene Möglichkeiten genannt.

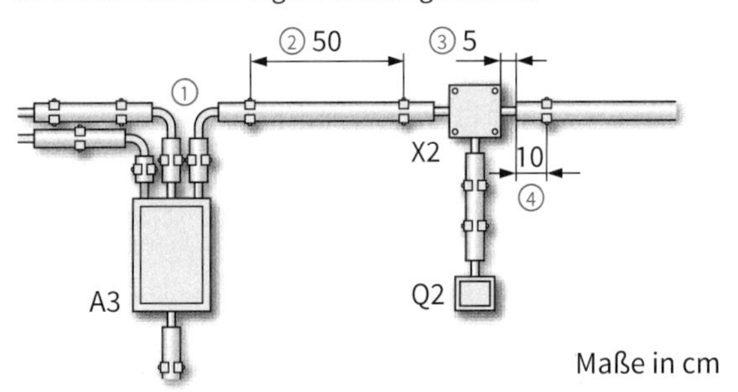

6: Maße einer Aufputz-Installation

- Mantelleitungen werden bei der Unterputz-Installation in Schlitzen von rohen Wänden verlegt. Anschließend wird der Putz aufgetragen.
- Bei der Aufputz-Installation werden Mantelleitungen mit Schellen direkt auf den Wänden befestigt oder in Rohre eingezogen.

Bei der **Hohlwand-Installation** [*installation in hollow wall*], z. B. in einer Rahmenkonstruktion aus Holz oder Metall, die mit Gipskarton oder ähnlichem Material abgedeckt ist, dürfen nur Geräte- bzw. Verbindungsdosen nach DIN 49073 verwendet werden (Abb. 1). Bei der Installation ist Folgendes zu beachten:

- Der Durchmesser des Dosenbohrers muss mit dem Durchmesser der Hohlwanddose exakt übereinstimmen.
- Zur Befestigung der Steckdosen und Schalter dürfen keine Krallen, sondern nur Schrauben verwendet werden.
- Die Leitungen müssen an den Dosen zugentlastet sein, d. h. die Leitungen werden an den Doseneinlässen festgeklemmt.
- Es dürfen keine Stegleitungen verlegt werden.

1: Installation in Beton

Bei der **Beton-Installation** [*concrete installation*] werden die Leitungen in Decken bzw. Wänden aus Beton verlegt. Dazu werden Rohre mit Zugdrähten in der Schalung verlegt, die anschließend mit Beton vergossen werden. Durch spezielle Gerätedosen und Verbindungselemente lassen sich Schalter, Steckdosen, Verteiler und Leitungsauslässe bereits vor dem Vergießen mit Beton in der Schalung installieren (Abb. 2). Diese Methode erfordert sehr exaktes Arbeiten, da die Lage der Dosen und Rohrverbindungen später nicht mehr korrigiert werden kann. Außerdem darf der Beton während des Gießens nicht durch undichte Stellen in die Gerätedosen eindringen. Als Rohrverbindungen in Stampf- oder Schüttbeton sind Elektroinstallationsrohre der Bauart „AS“ (für schwere Druckbeanspruchung) zu verwenden.

2: Installation in Beton (Schalungsquerschnitt)

Bei einer **Rohr-Installation** [*conduit installation*] werden zunächst Installationsrohre in gefräste Schlitze verlegt. Nach dem Verputzen werden dann einadrige bzw. mehradrige Leitungen (H07V-U) oder Mantelleitungen (NYM) eingezogen. Das Einziehen der Leitungen wird erleichtert, wenn die Rohre vorher mit Zugdrähten versehen werden und die Biegungen der Rohre weiträumig sind. Somit lassen sich nachträglich zusätzliche Leitungen einziehen. Diese Installationsart wird häufig bei Antennenleitungen (Abb. 3) oder Leitungen für die Telekommunikation angewendet.

3: Rohr-Installation

In Bürogebäuden hat sich die **Kanalsystem-Installation** [*installation in cable throughs*] sehr bewährt. Dabei wird das Kanalsystem (Abb. 4) direkt auf der Rohdecke befestigt. Später lassen sich durch die Kanäle die erforderlichen Leitungen ziehen. In den Bodendosen befinden sich die Betriebsmittel (z. B. Steckdosen usw.). Bei der Installation ist zu beachten, dass die Zug- und Bodendosen des Kanalsystems mit einem Nivellierinstrument in der Höhe so ausgerichtet werden, dass die Deckel mit dem späteren Fußboden abschließen.

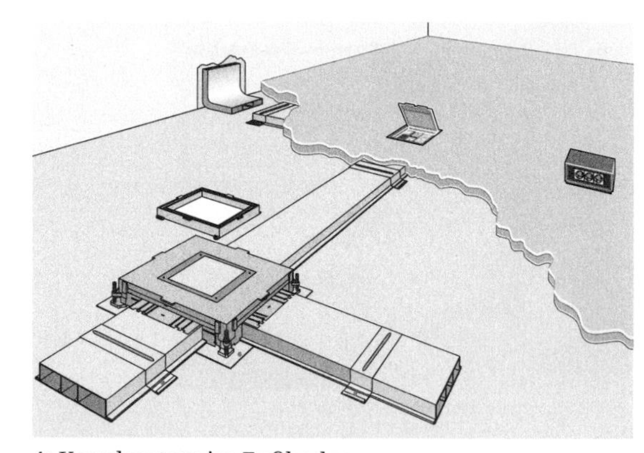

4: Kanalsystem im Fußboden

- Bei Installationen in Hohlwänden dürfen keine Stegleitungen verwendet werden. Die Leitungen müssen an den Dosen zugentlastet sein.
- Bei allen Installationsarten dürfen nur die dafür zugelassenen Dosen verwendet werden.

Bei Unterputz- und Imputz-Installationen sind die Leitungen nach dem Verputzen nicht mehr zu sehen. Damit die Leitungen beim späteren Befestigen von Bildern o. ä. nicht beschädigt werden, dürfen sie nur in bestimmten Bereichen verlegt werden. Diese **Installationszonen** [*installation zones*] (Abb. 5) verlaufen nach DIN 18015-3 an den Wänden horizontal oder vertikal zu den Objekten. An Decken und Fußböden sind keine Leitungsführungen vorgeschrieben. Auch hier ist es sinnvoll, die Leitungen rechtwinklig von den Wänden zu den Objekten zu installieren. Die genannten Zonen gelten in Wohn- und Geschäftsräumen.

In Küchen werden einige Steckdosen in 115 cm Höhe – also über den Arbeitsflächen – angebracht. Andere Steckdosen, z. B. für Kühlschrank, Mikrowellengerät, liegen hinter den betreffenden Objekten. Ihre Lage wird durch die Aufstellungspläne der Küchenmöbel festgelegt.

Hinweise zur Installation

- Die Maße in Abb. 5 gelten ab der Oberkante des fertigen Fußbodens (OKFF). Da in Rohbauten der Fußboden noch nicht fertig ist, wird als Anhaltspunkt der „Meterriss" verwendet. Er gibt die Höhe von 1 m über OKFF an.
- Schalterdosen müssen so gesetzt werden, dass die Krallen der später zu montierenden Steckdosen die Leitungen nicht beschädigen.
- An Schornsteinen sollten möglichst keine Leitungen verlegt werden, weil sie sonst einer erhöhten Umgebungstemperatur ausgesetzt sind und weil die Schlitze der Unterputz-Leitungen das Mauerwerk des Schornsteins verringern.

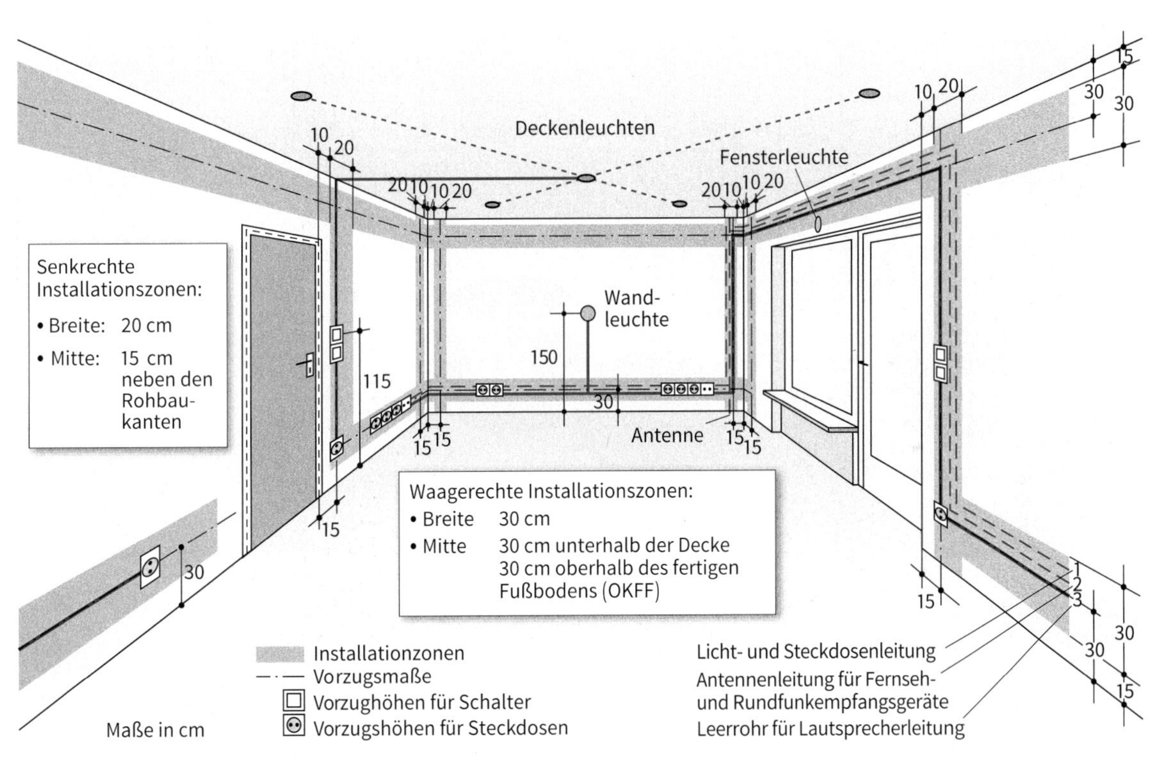

5: Installationszonen in Wohnräumen

- Schalter werden an der Türgriffseite in einer Höhe von 115 cm (Mitte oberer Schalter) installiert.
- Die Steckdosen sind in der unteren waagerechten Installationszone in 30 cm Höhe anzuordnen, außer in Küchen.
- Bei der Unterputz-Installation müssen die Installationszone eingehalten werden.

Aufgaben

1. Geben Sie die Vor- und Nachteile der Unterputz-Installation an.
2. Worauf müssen Sie bei der Installation von Hohlwanddosen achten? Nennen Sie drei Punkte.
3. Welchen Vorteil haben Verlegungen in Rohren und im Kanal?
4. Warum müssen Installationszonen eingehalten werden?

2.1.3 Installationsformen [*kinds of installations*]

Die Verbindungen zwischen den Objekten in der Garage des Ehepaars Carsten können auf unterschiedliche Arten hergestellt werden. Der Kunde und der Elektroniker müssen daher die Vor- und Nachteile erörtern und dann festlegen wie zu verfahren ist. Die Übersicht in Abb. 1 zeigt neben Beispielen aus der Wohnungsinstallation auch die Eigenarten der Installationsformen.

Herr Carsten entscheidet sich für die Installationsform mit Verbindungsdosen, und zwar mit folgenden Begründungen:

- Wenn später Veränderungen an den Schaltungen vorgenommen werden müssen, können die Deckel der Abzweigdosen ohne Probleme geöffnet werden.
- Bei der gewählten Installationsform mit Verbindungsdosen sind spätere Erweiterungen möglich, da die Abzweigdosen ausreichend Platz bieten.
- Das Verfahren mit einem Verteilerkasten wäre wegen der längeren Leitungen teurer als die beiden anderen Formen.

Installationsformen		
mit Verbindungsdosen	**mit Geräte-Verbindungsdosen**	**mit zentralen Verteilerkästen**
Abzweigdose	Geräte-Verbindungsdose (Schalterabzweigdose)	Verteilerkasten
• Die **Abzweigdosen** (Verbindungsdosen) befinden sich in der oberen Installationszone der Wände in den Kreuzungspunkten der Leitungen. • Bei Wartungs- bzw. Prüfarbeiten muss häufig die Tapete beschädigt werden, um den Dosendeckel zu entfernen. • Bei der Wohnungsinstallation wird meistens diese Installationsform verwendet.	• Die Verbindung der Leitungen erfolgt in den **Geräte-Verbindungsdosen**. Diese Dosen besitzen zusätzlichen Platz für die Unterbringung der Verbindungsklemmen. • Bei der Leitungseinführung in die Dose ist aus Platzgründen sorgfältig und platzsparend zu arbeiten. • Bei späteren Wartungsarbeiten sind die Verbindungsklemmen durch Herausnehmen der Geräte leicht zugänglich. Tapeten werden nicht beschädigt.	• Alle Leitungen werden sternförmig in einen zentralen Verteilerkasten verlegt. • Durch Raumänderungen (z.B. Zwischenwände) sind Veränderungen in den Schaltungen problemlos möglich. Diese Installationsform bietet sich bei Verwaltungsgebäuden, Krankenhäusern und ähnlichen Gebäuden an. • Nachteilig sind die längeren Leitungswege.

1: Installationsformen

- Es gibt Installationsformen mit Abzweigdosen, Geräte-Verbindungsdosen und Verteilerkasten.
- Bei Installation mit Verteilerkasten werden längere Leitungen benötigt.
- Bei der Verwendung von Abzweigdosen sind bei tapezierten Wänden Schaltungsänderungen problematisch.

2.2 Analyse der Hausverteilung

Bevor der Elektroniker sich mit der Planung der Installation beschäftigen kann, muss zuerst die vorhandene Anlage analysiert werden.

Die elektrische Anlage des Hauses ist ein System mit vielen Geräten, Leitungen, Schaltern u. ä. Die Hauptaufgabe ist, die gelieferte **Energie an verschiedenen Stellen zur Verfügung** zu stellen. Dabei ergeben sich Teilaufgaben. In Abb. 2 sind wesentliche Aufgaben aufgeführt. Hinzu kommen noch die Versorgungen mit Informations- und Kommunikationsmedien, z. B. TV, Telefon.

In Abb. 3 sind entsprechende Objekte aufgeführt, die bestimmte Teilaufgaben erfüllen.

In den folgenden Kapiteln werden diese Objekte besprochen und auf die betreffenden Vorschriften eingegangen.

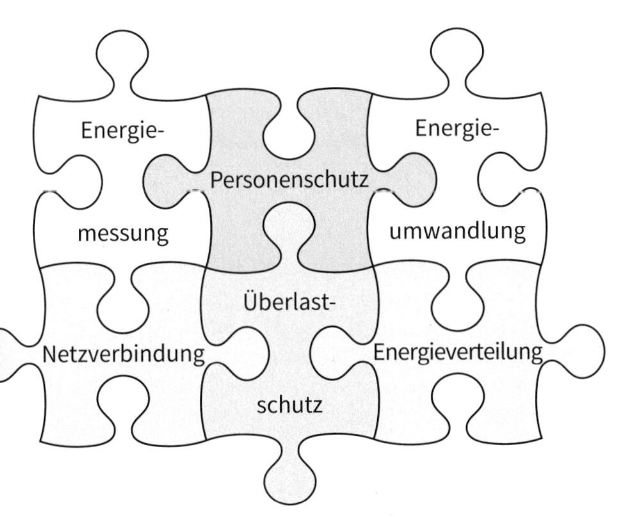

2: Hauptaufgaben einer Hausanlage

Aufgabe

1. Nennen Sie die zugehörigen Objekte für die Aufgaben folgender Systeme der Hausverteilung:
   - Verteilen der Energie
   - Messen der Energie
   - Schutz gegen Überlast

- Die Hausverteilung hat die Aufgabe elektrische Energie sicher zu verteilen und die gelieferte Energie zu messen.
- Die einzelnen Objekte einer Hausverteilung übernehmen verschiedene Teilaufgaben.

2.2.1 Hausanschlusskasten

In diesem Kasten befindet sich der Übergabepunkt des **Verteilernetzbetreibers (VNB)** [*distribution system operator*] für die Anlage des Kunden. Deshalb muss eine Trennvorrichtung vorhanden sein. Damit das vorgeschaltete Netz nicht durch Fehler in der Kundenanlage beeinträchtigt wird, befinden sich dort auch Schutzorgane gegen zu hohe Stromstärken.

Diese Aufgaben werden durch Niederspannungs-Hochleistungs-(NH-) Sicherungen wahrgenommen (Abb. 1, nächste Seite). Diese Schutzorgane lösen bei Kurzschlüssen und bei Überlast selbsttätig aus.

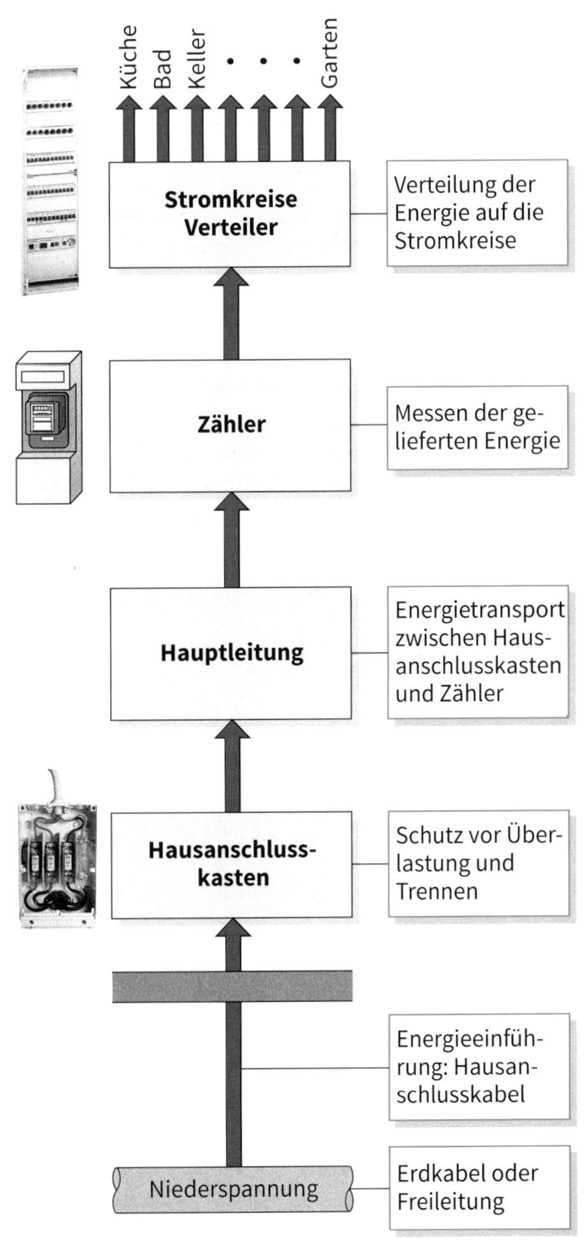

3: Gliederung einer Hausverteilung

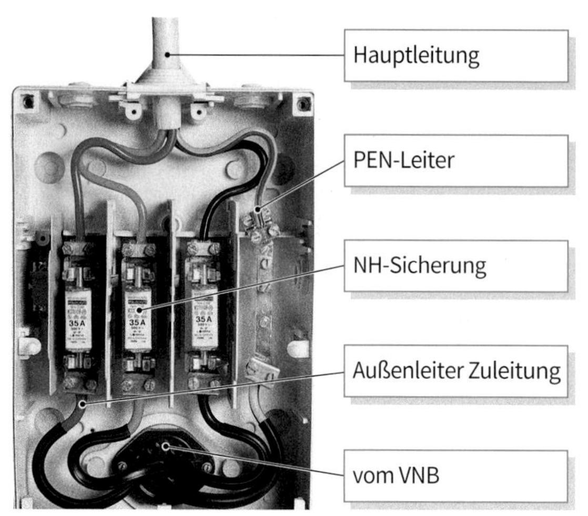

1: Hausanschlusskasten (HAK)

Eine manuelle Trennung muss auch vorgenommen werden können, wenn vom Netz Energie entnommen wird. Dieser Vorgang wird mit „Trennen unter Last" bezeichnet. Durch große Stromstärken können schmelzende Metallteile als Funken versprühen. Außerdem besteht die Gefahr der Berührung Spannung führender Teile. Aus diesem Grund darf z. B. das „Ziehen" der NH-Sicherung nur mit der entsprechenden Schutzkleidung (Abb. 3) vorgenommen werden.

Wegen einer möglichen Gefährdung durch Stromschlag und zur Verhinderung von „Stromdiebstahl" haben nur berechtigte Personen (Mitarbeiter des Verteilungsnetzbetreibers und beim VNB zugelassener Betriebe) Zugang zu dem **H**aus**a**nschluss**k**asten (**HAK**). Sie sind deshalb verplombt. Eine Beschädigung der Plomben ist unverzüglich dem betreffenden VNB zu melden.

3: Schutzkleidung

In Abb. 2 befindet sich der HAK im **Hausanschlussraum** [*service entrance room*], in dem alle zur Versorgung notwendigen Anschlüsse zentral untergebracht sind.

Ein solcher Raum ist bei Wohngebäuden mit mehr als zwei Wohnungen vorgeschrieben. Diese und andere rechtlich verbindliche Grundlagen für die VNB und die installierenden Betriebe finden sich in den **T**echnischen **A**nschluss**b**edingungen (**TAB**) der einzelnen Energieversorgungsunternehmen.

- Der Hausanschlusskasten stellt die Verbindungsstelle zwischen der VNB- und der Kundenanlage her.
- Die NH-Sicherungen im HAK schützen die VNB-Anlage gegen zu hohe Belastungen aus der Kundenanlage. Sie sind außerdem die Trennstelle zwischen den Anlagen.

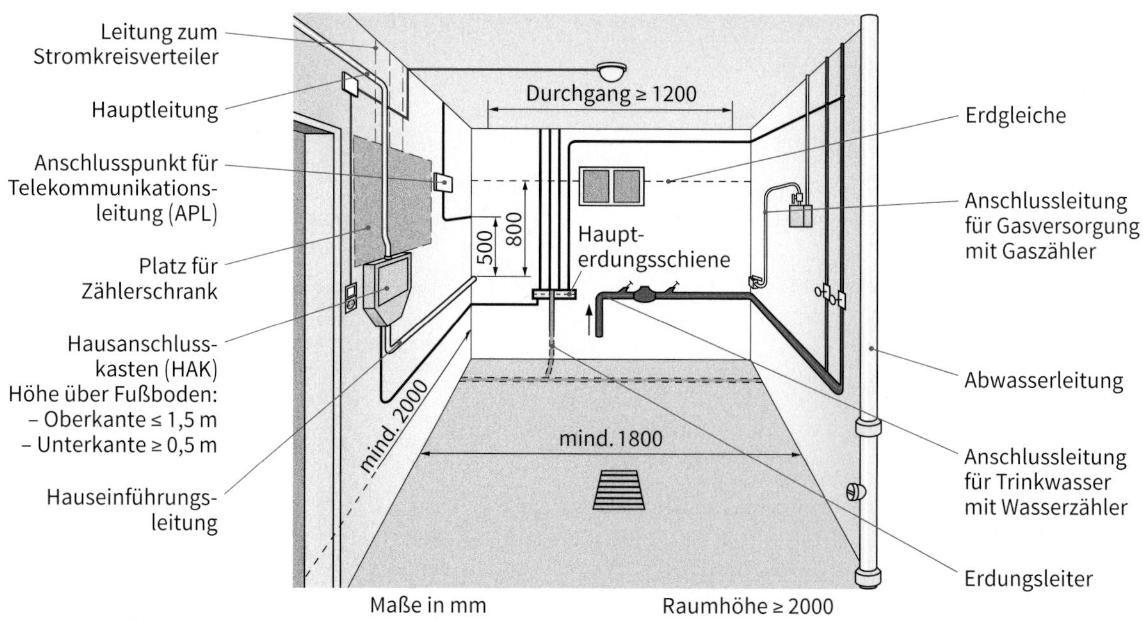

2: Hausanschlussraum

Spannungen am HAK

Die Einspeisung der Energie erfolgt üblicherweise über die vier Leiter des Drehstromnetzes. Es sind drei Spannung führende Leiter L1, L2 und L3 (**Außenleiter**) [*phase conductor*] und der PEN-Leiter vorhanden. Der PEN-Leiter vereinigt zwei Funktionen, nämlich die des Schutzleiters **PE** [*Protective Earth conductor*] und des Neutralleiters **N** [*neutral conductor*]. Hierauf wird in Kapitel 2.3.7 eingegangen.

Es stehen zwei unterschiedliche Spannungen zur Verfügung.

- Spannung zwischen zwei Außenleitern (**Leiterspannung U_L** = 400 V), z. B. U_{12}.
- Spannung zwischen einem Außenleiter und dem Neutralleiter (**Strangspannung U_{Str}** = 230 V), z. B. U_{1N}. Die Erklärung hierzu befindet sich auf der nächsten Seite.

Abb. 4 zeigt die Durchführung von Spannungsmessungen am HAK in einem Schaltplan und in einer gegenständlichen Darstellung.

Das Entstehen der unterschiedlichen Spannungen zeigt die Erläuterung auf der folgenden Seite. Die Unterschiede haben ihre Ursache in der Phasenverschiebung zwischen den Spannungen (s. nächste Seite).

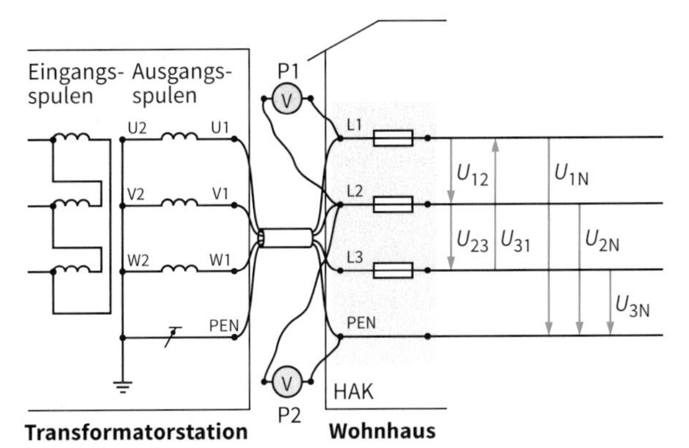

Leiterspannungen U_{12} U_{23} U_{31} — Strangspannung U_{2N}

4: Spannungsmessungen im HAK

Hauptleitung

Die **Hauptleitung** [main power cable] verbindet den Hausanschlusskasten mit der Zähleinrichtung.

Auf allen Leitungen entstehen Verluste, sodass am Leitungsende weniger Spannung vorhanden ist als am Anfang (vgl. Kap. 2.3.5.2). Dieser Unterschied (Fachwort: Spannungsfall) darf nach TAB der VNB für Hauptleitungen bei einem Anschlusswert bis 100 kVA maximal 0,5 % der Bemessungsspannung U_N sein. Für die Netze mit 400 V sind das 2 V.

Welche **Leitungsart** verlegt wird, hängt von der örtlichen Gegebenheiten und dem benötigten Querschnitt und damit von der maximalen Strombelastung ab.

Hauptleitungen dürfen in Schächten nicht mit anderen Versorgungsleitungen geführt werden.

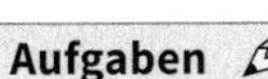

Aufgaben

1. Listen Sie die Funktionen des Hausanschlusskastens auf.
2. Welche Spannung wird zwischen L2 und L3 gemessen?
3. Welche Spannung wird zwischen L1 und N gemessen?

Welcher Leiterquerschnitt zu verlegen ist, hängt von der Absicherung der Hauptleitung ab. Die betreffenden Mindestwerte sind nach DIN 18015-1 (Abb. 5) festgelegt.

Warmwasser	Einfamilienhaus	Zwei Wohnungen	Drei Wohnungen
mit	I_N = 63 A q_N = 16 mm²	I_N = 80 A q_N = 25 mm²	I_N = 100 A q_N = 35 mm²
ohne	I_N = 63 A q_N = 16 mm²	I_N = 63 A q_N = 25 mm²	I_N = 63 A q_N = 35 mm²

5: Absicherung und Querschnitte von Hauptleitungen

- Die Spannung zwischen zwei Außenleitern beträgt jeweils 400 V.
- Die Spannung zwischen einem Außenleiter und dem Neutralleiter beträgt jeweils 230 V.
- Die Hauptleitung verbindet den HAK mit der Zähleinrichtung.

Drei-Phasen-Wechselspannung

Die Energieversorgungsnetze sind üblicherweise als Drehstromnetze aufgebaut. Um einen europa- und weltweiten Austausch von Energie und Geräten zu ermöglichen, sind Spannungen, Frequenzen und deren Toleranzen genormt.

Die folgende Abbildung zeigt den prinzipiellen Aufbau eines **Drehstromgenerators** [*three phase generator*].

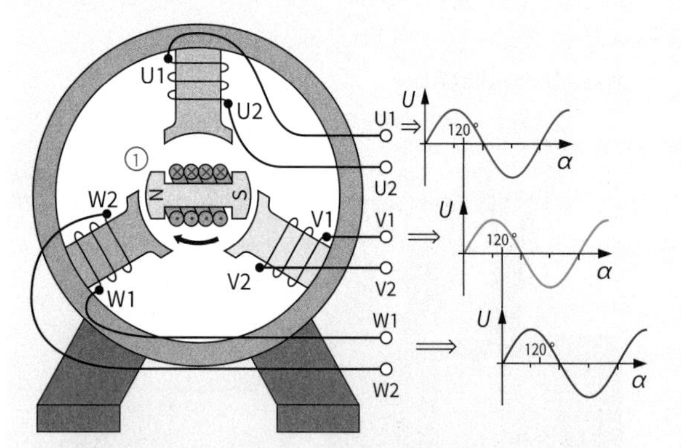

Im Generator sind die drei Wicklungen U, V, W um 120° versetzt angeordnet. Durch Stromfluss wird im Läufer ① ein Magnetfeld erzeugt. Wird der Läufer gedreht, werden drei sinusförmige Spannungen gleicher Größe und Frequenz erzeugt. Diese Spannungen entstehen nacheinander. Sie sind um 120° „phasenverschoben".

Verkettung

Diese sechs Spulenanschlüsse werden so verbunden, dass die Übertragung der Energie durch drei oder vier Leiter erfolgen kann. Die drei Spannungen sind miteinander **verkettet** [*interlinked*]. Die Abbildung zeigt

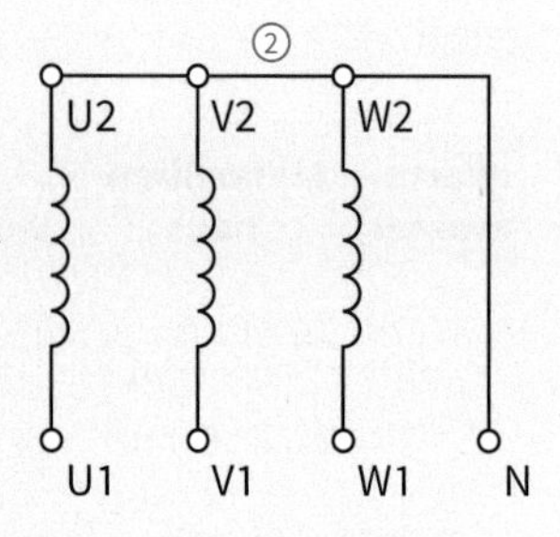

die Verkettung auf vier Leitern, man spricht dann von einer **Sternschaltung** [*star connection*]. Die Spulenenden sind im Sternpunkt ② zusammengeschaltet und bilden den Neutralleiter (N-Leiter). Das ist ohne die Gefahr eines Kurzschlusses möglich, da die drei Spulen voneinander unabhängige Spannungsquellen sind. Zwischen den Anschlüssen U2 und V2 besteht keine Spannung, und somit kann auch kein Strom fließen. Dieses Vierleiternetz wird im HAK zur Verfügung gestellt.

Durch die besondere Verschaltung stehen dem Anwender zwei Spannungen zur Verfügung:

- 230 V (die Spannung einer Spule) und
- 400 V (die Spannung zweier Spulen in Reihe)

Entstehung der Leiterspannung

Wie die Spannung 400 V aus der Reihenschaltung zweier 230 V-Spulen entsteht, lässt sich aus dem Liniendiagramm der Strangspannungen erklären: Bildet man die Differenz der Augenblickswerte der Spannungen U_1 und U_2, so erhält man die Spannung U_{12}.Teilt man den Effektivwert der Leiterspannung U_{12} durch die Strangspannung U_{1N}, so erhält man den Verkettungsfaktor, der das Verhältnis von Leiterspannung zur Strangspannung bestimmt.

$$\frac{400\ \text{V}}{230\ \text{V}} = 1{,}74$$

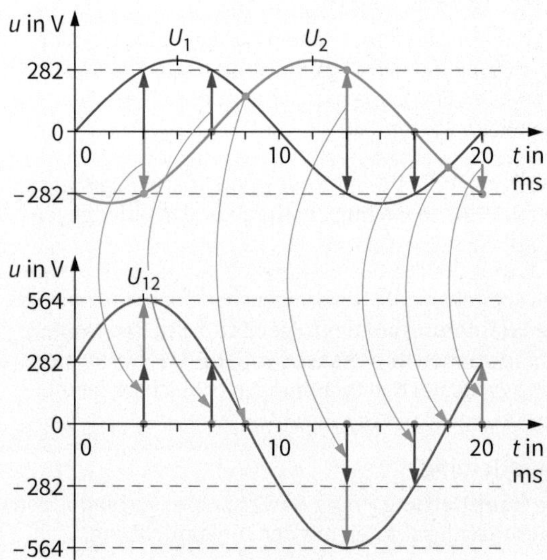

Eine andere Erklärung kann über das Zeigerdiagramm gefunden werden. So wie die Richtung bei der Addition und Subtraktion mechanischer Kräfte beachtet werden muss, ist das auch bei Spannungen unterschiedlicher Phasenlage notwendig. Die unten stehende Abbildung stellt die Spannungen als Zeiger dar.

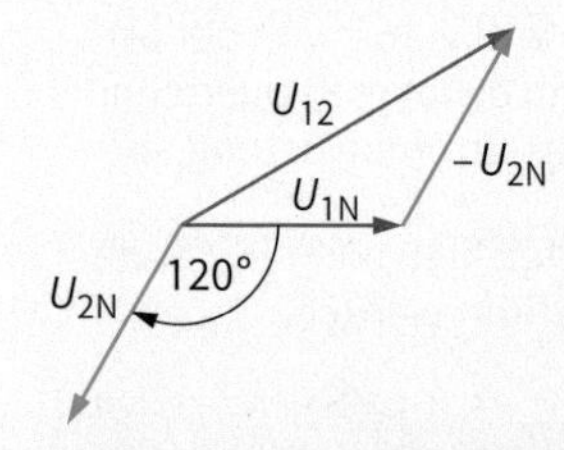

U_{1N} und U_{2N} sind die 230 V Strangspannungen. Die Spulen sind in Sternschaltung verkettet, die Länge der Zeiger entsprechen den Effektivwerten. U_{12} ist die Leiterspannung. Der Winkel zwischen U_{1N} und U_{2N} entspricht der Phasenverschiebung von 120°. Um die Spannungen zwischen zwei Außenleitern berechnen zu können, muss die Differenz der zugehörigen Strangspannungen gebildet werden.

$$U_{12} = U_{1N} - U_{2N}$$

Die Länge des Zeigers kann auch mit Hilfe der Winkelfunktionen bestimmt werden.

2.2.2 Zähler

Die von den VNB gelieferte elektrische Energie muss natürlich bezahlt werden. Die Erfassung dieser Energie erfolgt über ein Zählwerk, das über ein Sichtfenster abgelesen werden kann (Abb. 1).

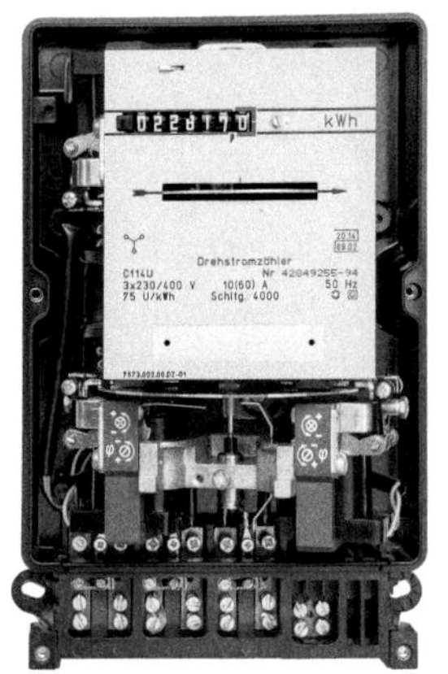

1: Mechanischer Zähler

Prinzipielle Funktion

Zwei Spulen (Spannungs- und Stromspule) versetzen die Zählerscheibe ② in Drehung (vgl. Kap. 1.1.11). Sie ist Teil des sichtbaren Antriebs des Zählwerks. Die Drehzahl ist abhängig von der dem Netz entnommenen Energie. Je mehr Energie angefordert wird, desto schneller dreht sich die Zählerscheibe.

Das **Zählwerk** ① registriert die abgenommene Energie in kWh. Die **Fabriknummer** ③ ist eine Herstellerangabe. Sie wird zur Identifizierung des Zählers benötigt. Die **Bemessungsfrequenz** ④ gibt an, für welche Frequenz der Zähler hergestellt wurde. Mit der **Zählerkonstanten** ⑥ wird ausgedrückt, wieviel Mal sich die Scheibe dreht, wenn die Arbeit $W = 1$ kWh gemessen wird (vgl. Kap. 1.1.11).

$$c_Z = \frac{n}{W}$$

n: Anzahl der Umdrehungen

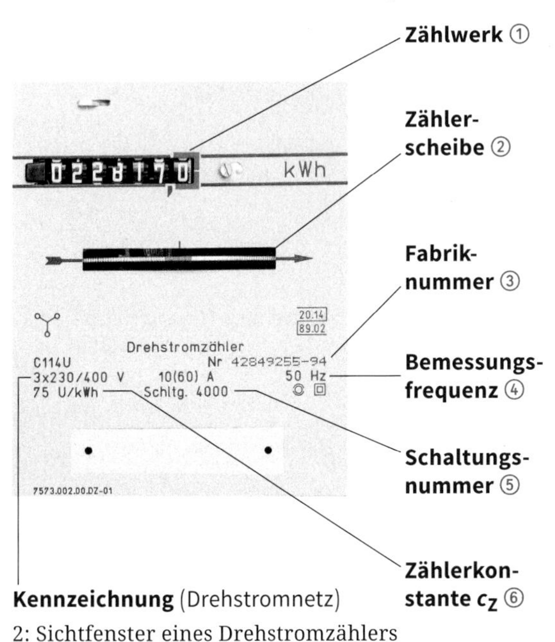

2: Sichtfenster eines Drehstromzählers

Da der Buchstabe W zweifach verwendet wird, ist Folgendes wichtig:

W (kursiv geschrieben): **Formelzeichen** für Arbeit.
W (gerade geschrieben): **Einheitenzeichen** für Watt.

Die Schaltungsnummer ⑤ gibt die Verwendung des Zählers an. Die Bedeutungen der Ziffern ist in Abb. 4 aufgeführt.

Neben den mechanischen Zählern werden auch elektronische Zähler (Abb. 3) eingesetzt. Bei diesen können auch weitere Größen gemessen werden, z. B. durchschnittlicher Verbrauch.

3: Elektronischer Zähler

4 1 0 1

Ziffer	Grundart	Zusatzeinrichtung	Anschluss	Schaltung der Zusatzeinrichtg.
0	–	keine	direkt	kein Anschluss
1	einphasig (L/N)	Zweitarif	Stromwandler	einpoliger innerer Anschluss (Klemme 13, 14)
2	zweiphasig (L1/L2)	Maximum	Strom- und Spannungswandler	äußerer Anschluss (Klemme 13, 15, oder 14, 16)
3	dreiphasig (L1/L2/L3)	Zweitarif u. Maximum	–	Maximalauslöser in Öffnerschaltung
4	dreiphasig (L1/L2/L3/N)	Maximum mit elektr. Rückstellung	–	Maximalauslöser in Schließerschaltung

4: Schaltungsnummern

Zusätzliche Zählerfunktionen

Viele VNB bieten zu bestimmten Zeiten günstige Tarife an. Um diese korrekt abzurechnen, sind besondere Zähler erforderlich. Ein elektromechanischer Zweitarifzähler besteht aus zwei Zählwerken zum Erfassen der beiden Tarife. Die Umschaltung kann auf zwei Arten erfolgen. Eine Möglichkeit ist das Setzen einer **Tarifschaltuhr** am Zähler, die An- und Abschaltung vornimmt.

Eine andere Möglichkeit ist einen **Rundsteuerempfänger** [*ripple control receiver*] einzusetzen. Hierbei wird die Umschaltung zentral vom VNB gesteuert. Dazu wird ein hochfrequentes Steuersignal in die Außenleiter eingespeist und der Rundsteuerempfänger nimmt dann die Tarifumschaltung vor.

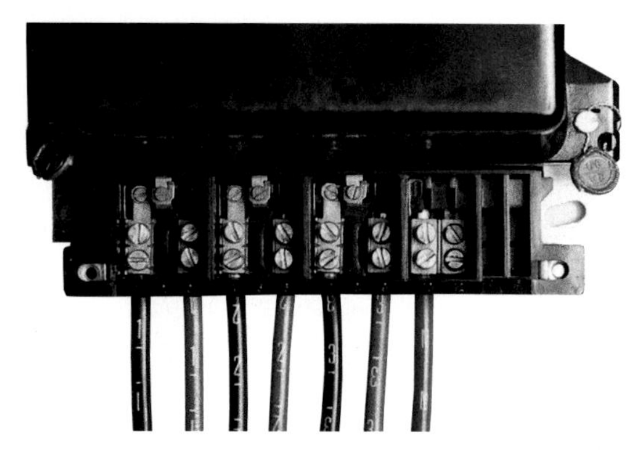

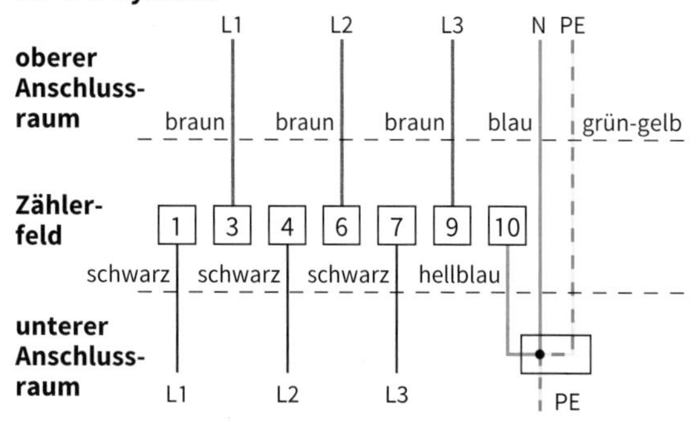

1: Verdrahtung eines Drehstromzählers

Aufgaben 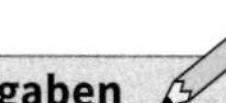

1. Ein Zähler mit der Zählerkonstanten 180 1/kWh macht in fünf Minuten 40 Umdrehungen. Berechnen Sie die Leistung der angeschlossenen Geräte.
2. Notieren Sie die Schaltungsnummer eines direkt angeschlossenen Wechselstromzählers ohne Zusatzeinrichtung.
3. Ein Zähler hat die Schaltungsnummer 4223. Geben Sie an, um welchen Zähler es sich handelt und welche Zusatzeinrichtung vorhanden ist.
4. Berechnen Sie für drei Anbieter (z. B. mit Hilfe des Internet) paarweise den jeweiligen Grenzverbrauch.

- Zähler registrieren die von dem VNB gelieferte elektrische Energie.
- Die Zählerkonstante gibt die Umdrehung der Zählerscheibe pro Kilowattstunde an.
- Aus der Schaltungsnummer kann der Aufbau und Anschluss eines Zählers abgeleitet werden.
- Mit Zweitarifzählern können unterschiedliche Tarife abgerechnet werden.

Stromtarife

Der Kunde kann für seine Bedürfnisse bei verschiedenen Anbietern elektrischer Energie den günstigsten Tarif wählen.

Grundsätzlich berechnen die Anbieter elektrischer Energie den

- **Grundpreis**
  als Kosten für die prinzipielle Bereitstellung und
- **Verbrauchspreis**
  als Kosten für die abgenommene Energie.

Bei Geschäftskunden werden auch Tarife angeboten, die einen geringen Verbrauch in Spitzenzeiten belohnen bzw. einen hohen Verbrauch besonders hoch berechnen.

Beispiel:

Ab welchem Energiebedarf pro Monat lohnt es sich, den Tarif mit der höheren Grundgebühr zu wählen?

	Arbeitspreis pro kWh	Grundpreis pro Monat
Anbieter 1	0,2932 €	11,93 €
Anbieter 2	0,3081 €	9,91 €

Ansatz:

Der **Grenzverbrauch** (W_G) ist die elektrische Arbeit W, bei dem beide Tarife die gleichen Kosten verursachen. Ist der Verbrauch größer, so ist der Tarif mit der höheren Grundgebühr preiswerter.

Kosten: Grundpreis + Verbrauch · Arbeitspreis

Kosten 1: 11,93 € + Verbrauch · 0,2932 €/kWh

Kosten 2: 9,91 € + Verbrauch · 0,3081 €/kWh

Für den Grenzverbrauch gilt:

$$\text{Kosten 1} = \text{Kosten 2}$$

$$11{,}93\ € + \text{Verbrauch} \cdot 0{,}2932\ €/\text{kWh} = 9{,}91\ € + \text{Verbrauch} \cdot 0{,}3081\ €/\text{kWh}$$

$$\text{Grenzverbrauch} = \frac{\text{Differenz der Grundpreise}}{\text{Differenz der Arbeitspreise}}$$

$$\text{Grenzverbrauch} = \frac{(11{,}93 - 9{,}91)\ €}{(0{,}3081 - 0{,}2932)\ €/\text{kWh}}$$

$$\underline{\underline{\text{Grenzverbrauch} = 135{,}6\ \text{kWh}}}$$

Bei einer Energieabnahme von mehr als 135,6 kWh im Monat lohnt sich der Tarif mit der höheren Grundgebühr.

2.2.3 Verteilung

Im Wohnhaus oder in einer Wohnung werden die Stromkreise von einer Stelle aus verteilt. Dort befindet sich der **Stromkreisverteiler** [*sub-circuit distribution board*] (Abb. 2). Mit Hilfe entsprechender Leitungen wird die elektrische Energie zu den einzelnen Objekten transportiert. Liegen die zu versorgenden Bereiche weit auseinander oder sind sie funktionell voneinander getrennt, werden mehrere Stromkreisverteiler eingesetzt.

In den Verteilern sind auch die Schutzeinrichtungen untergebracht. Sie schützen die Anlage vor zu hoher Belastung und den Menschen gegen elektrischen Schlag. Die dazu erforderlichen Objekte werden in den Kapiteln 2.3.6 und 2.3.7 behandelt.

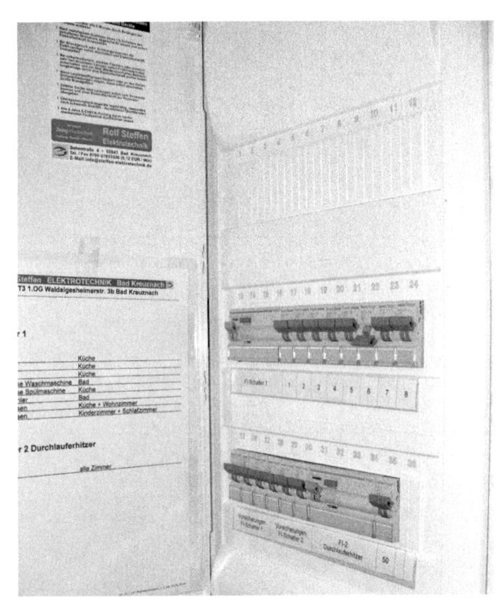

2: Stromkreisverteiler

Wichtigste Festlegung bei der Planung eines Stromkreisverteilers ist die Anzahl der zu installierenden Stromkreise. Eine ausreichende Anzahl erleichtert den Umgang mit der elektrischen Energie. So ist es z. B. vorteilhaft, wenn sich beim Ausfall eines Stromkreises die Versorgung der Lichtanschlüssen und Steckdosen über einen anderen Stromkreis durchführen lässt.

Die **Anzahl der Stromkreise** hängt ab von

- der Zahl der zu installierenden Objekte und deren Leistungen,
- der Größe der Wohneinheit und
- dem gewünschten Ausstattungswert.

Die Hauptberatungsstelle für Elektrizitätsanwendung (HEA) hat drei Ausstattungswerte definiert. Sie werden mit Sternen gekennzeichnet. In Abb. 3 sind die Anzahl der vorgeschlagenen Licht- und Steckdosenstromkreise in Abhängigkeit von der Wohnfläche aufgeführt.

Ausstattungswert	*	**	***
Wohnfläche in m²	**Anzahl der Stromkreise**		
bis 50	3	4	5
51 - 75	4	5	6
76 - 125	6	7	8
126 und mehr	7	8	9

3: Beleuchtungs- und Steckdosenstromkreise

Unabhängig von den Steckdosen- und Lichtstromkreisen sind nach TAB für Objekte mit Anschlussleistungen ab 2 kW (z. B. Wäschetrockner) eigene Stromkreise wegen separater Abschaltmöglichkeit notwendig. Für Geräte mit einer Anschlussleistung von mehr als 4,6 kW ist ein Drehstromanschluss erforderlich. Dadurch verringert sich die Bemessungsstromstärke.

Installieren von Stromkreisverteilern

Bei Einfamilienhäusern wird der Stromkreisverteiler häufig neben dem **Zählerschrank** [*meter cabinet*] installiert. Das spart Platz und Kosten. Bei Mehrfamilienhäusern muss jeder Wohnung ein Zähler und ein Stromkreisverteiler zugeordnet sein.

Damit die Überstrom-Schutzorgane für die Bewohner gut erreichbar sind, wird der Stromkreisverteiler meist auf dem Flur installiert.

Aufbau und Ausrüstung

Die Größe des Stromkreisverteilers richtet sich nach Anzahl der

- Stromkreise und
- Art der verwendeten Geräte.

Um Erweiterungen zu ermöglichen sind Reserveplätze vorzusehen.

Verteiler sind in Reihen untergliedert. Jede Reihe hat üblicherweise Platz für zwölf Teilungseinheiten (TE) von je 17,5 mm. Die zu montierenden Objekte haben jeweils die Breite einer Teilungseinheit oder Vielfache davon.

- Stromkreisverteiler verteilen die elektrische Energie auf die einzelnen Stromkreise.
- Stromkreisverteiler enthalten auch Objekte zum Schutz gegen elektrischen Schlag und Überstromstärken.
- Die Anzahl der Stromkreise ist abhängig von der Größe und dem Ausstattungswert der Wohnung.
- Objekte mit einer Anschlussleistung von mehr als 2 kW besitzen einen eigenen Stromkreis.

In Abb. 1 ist der **Übersichtsschaltplan** der Verteilung eines Wohnhauses dargestellt. Diese Planart wird einpolig gezeichnet, d. h. jede Linie stellt eine Leitung mit mehreren Adern dar.

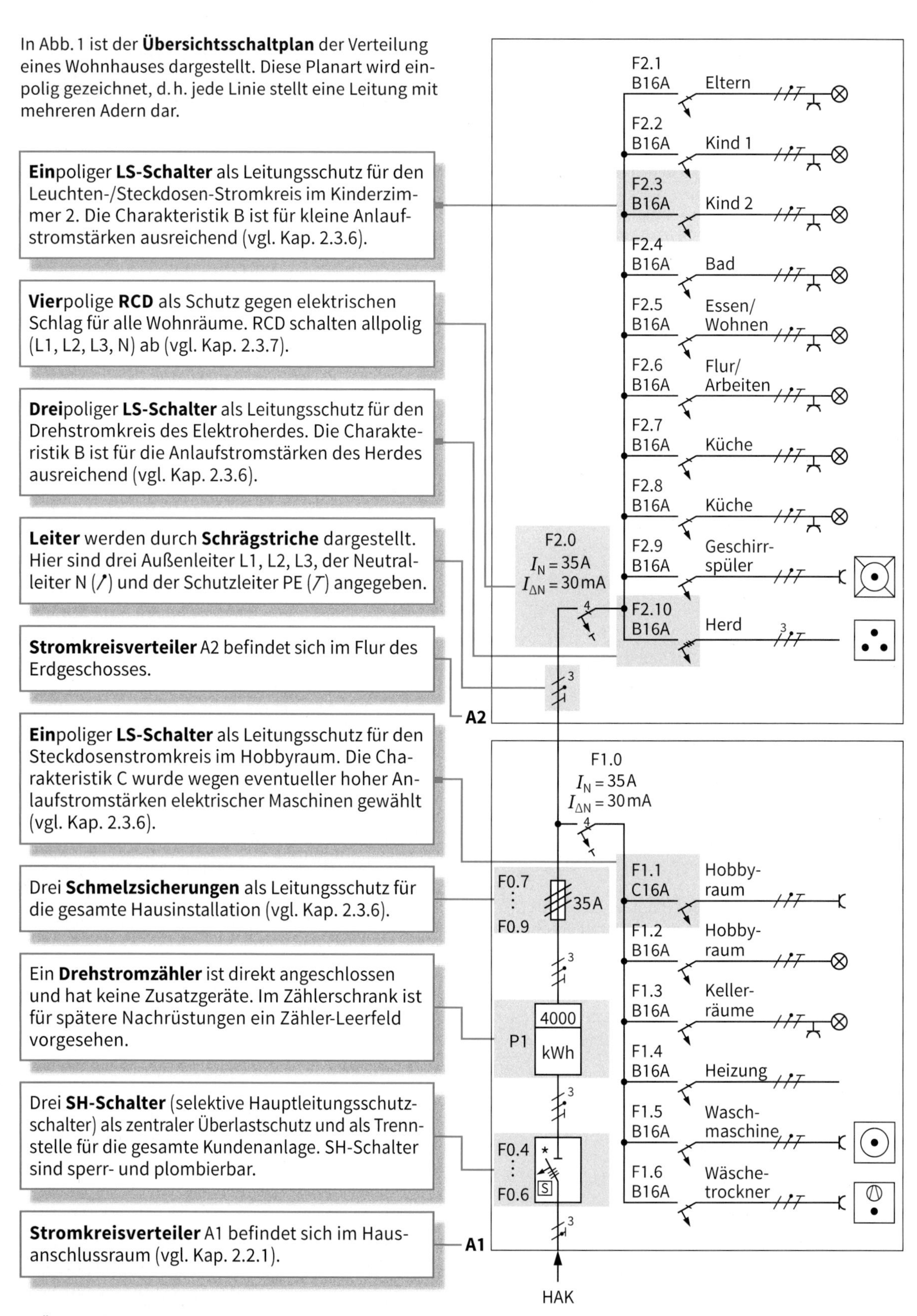

1: Übersichtsschaltplan der Hausverteilung

Aus dem **Übersichtsschaltplan** [*single line diagram*] (Abb. 1) lässt sich der Weg des Stromes nicht deutlich erkennen. Beispielhaft zeigt die Abb. 2 den vollständigen Stromweg für eine Leuchte im Elternschlafzimmer. Es sind alle Leiter dargestellt (**allpolige Darstellung**) [*all-pole representation*]. Somit wird das Verfolgen des Stromweges von der Umspannstation als Spannungsquelle bis zur Leuchte möglich.

- Die **Umspannstation** ① bildet mit dem Transformator die Spannungsquelle des Versorgungsstromkreises.
- Das **Niederspannungsnetz** ② versorgt die Haushalte mit elektrischer Energie.
- Die **NH-Sicherung** ③ im HAK sorgt für die Zuführung und Übergabe der elektrischen Energie.
- Der **Zähler** ④ misst die elektrische Energie. Die Schaltung ist nur für einen Außenleiter dargestellt.
- Die **Vorsicherungen** ⑤ schützen den Zähler vor Überlast und Kurzschluss.
- Die **RCD** (**R**esident **C**urrent protecive **D**evice) ⑥ ist ein **Schutz gegen elektrischen Schlag** (vgl. Kap. 2.3.7)
- Die **Verteilung** ⑦ sorgt für die Energieverteilung auf einzelne Räume und/oder Objekte.
- Der **Leitungsschutz-Schalter** ⑧ ist eine Schutzmaßnahme gegen Überlast und Kurzschluss.
- Die **Leuchte** ⑨ bildet den Abschluss der Energieversorgung.

Aufgaben 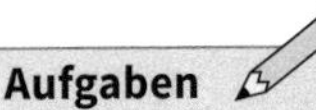

1. Stellen Sie fest, welche Eigenschaften den Ausstattungswerten zugeordnet werden und listen Sie diese auf.
2. Beantworten Sie folgende Fragen zum Übersichtsschaltplan der Verteilung (Abb. 1) und begründen Sie Ihre Antworten.
   a) Welche Leiter werden von F2.0 geschaltet?
   b) Welche Leiter werden von F2.10 geschaltet?
   c) Werden F0.4 ... F0.6 gemeinsam oder einzeln geschaltet?
3. Beschreiben Sie den Stromweg der Schaltung in Abb. 2 für die eingeschaltete Leuchte. Verwenden Sie dazu folgende Form: L1 → F0.1 → ... → N → PEN
4. Skizzieren Sie den Stromlaufplan für eine Steckdose im Keller, wobei F1.3 an L3 angeschlossen ist.

- Übersichtsschaltpläne werden einpolig dargestellt.
- Stromlaufpläne werden allpolig dargestellt.

Elektrische Installationen

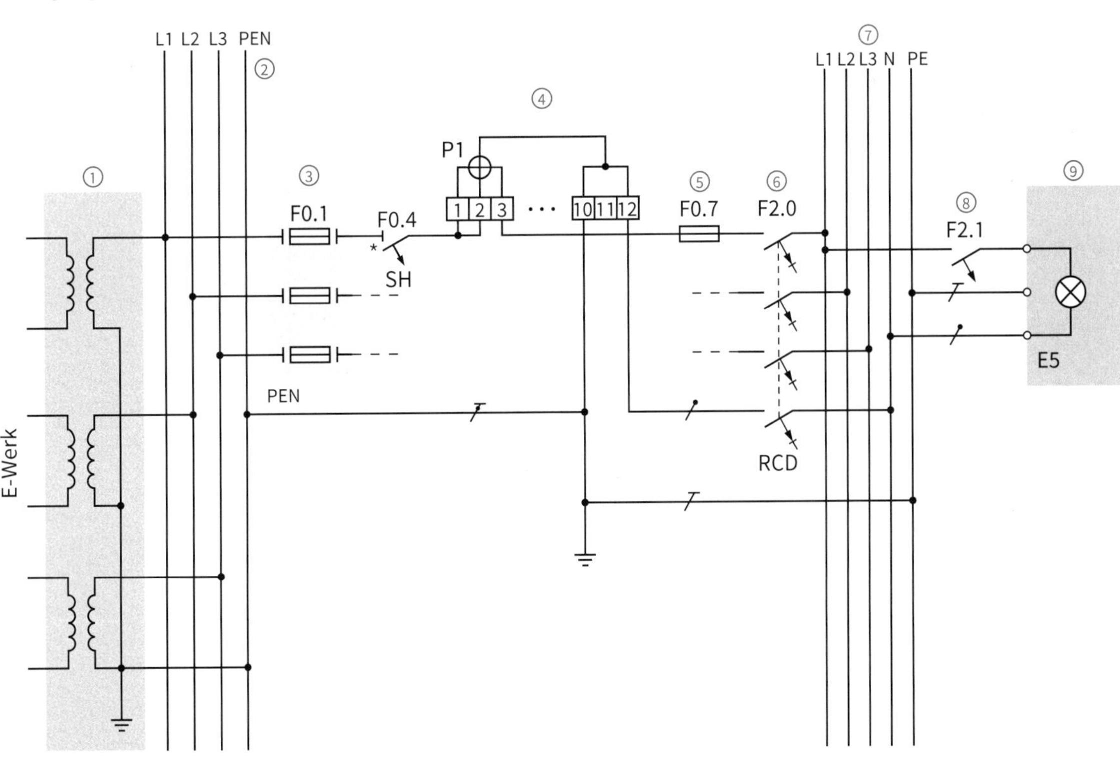

2: Stromlaufplan

2.3 Planung

Der Inhaber der Elektrofirma, Herr Steffen, hat jetzt aufgrund der Wünsche des Kunden und der Analyse der vorhandenen Hausanlage alle notwendigen Informationen zusammengetragen. Somit kann er mit der eigentlichen Planungsphase beginnen.

Zuerst ergänzt er den **Installationsplan** aus Kap. 2.1 um folgende elektrischen Objekte (Abb. 1a):

- Verteilerkasten A3
- Abzweigdosen X7, X8, X9
- Wechselschalter Q1 und Q2 sowie Ausschalter Q3, Q4

Alle Objekte erhalten Kennbuchstaben und laufende Nummern, um eine eindeutige Zuordnungen zu ermöglichen.

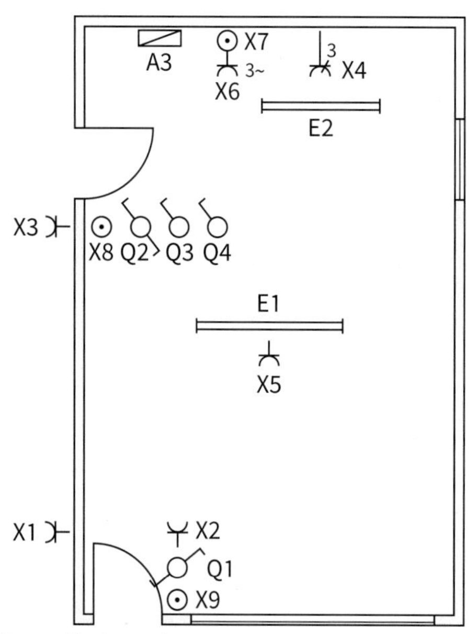

a) Installationsplan

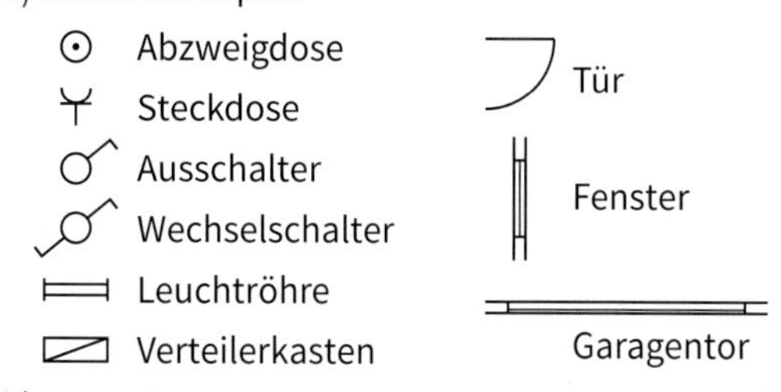

b) Legende

1: Garage mit Arbeitsplatz

Aufgabe

1. Geben Sie die unterschiedlichen Bedeutungen der Ziffer 3 (Abb. 1a) bei den Steckdosen X4 und X6 an.

2.3.1 Stromkreise

Jetzt liegen alle notwendigen elektrischen Objekte und deren Abhängigkeiten von einander fest.

Der Planer geht dann in folgenden Schritten vor:

1. Er legt zuerst die notwendigen Stromkreise fest, indem er die zusammengehörenden Betriebsmittel bündelt.
2. Dann ermittelt er die erforderlichen Leitungen.
3. Er bestimmt die Schutzorgane gegen Überlastungen der Leitungen.
4. Er legt abschließend die Schutzeinrichtungen gegen elektrischen Schlag fest (vgl. Kap. 2.3.7).

Es sind folgende drei Stromkreise vorgesehen.

Stromkreis 1:

Drehstrom-Steckdose X6 für Maschinen

Stromkreis 2:

Steckdose X 5 für den Garagentor-Antrieb

Stromkreis 3:

Licht und die übrigen Steckdosen

Hierfür wird der **Übersichtsschaltplan** erstellt (Abb. 2). Er zeigt die Gliederung im Verteiler A3, ohne dass Einzelheiten der Verbindung angegeben werden. Der Verteiler ist mit einem Erdkabel (vgl. Kap. 2.1.1) an die Verteilung A1 (Abb. 2 ①) angeschlossen.

Die eingetragenen Schutzorgane werden in dem Kapitel 2.3.6 behandelt. Dort wird auch auf die Auslösestromstärken und die Charakteristiken eingegangen.

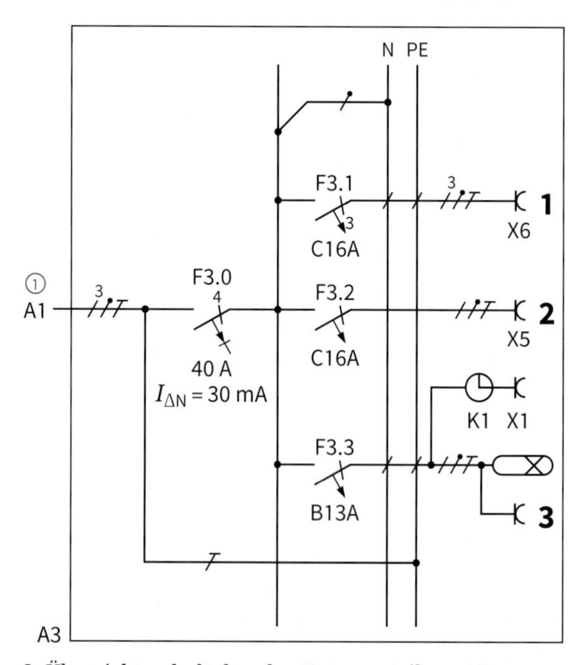

2: Übersichtsschaltplan der Unterverteilung A3

2.3.2 Installationsschaltungen

Herr Carsten wünscht in der Garage die Installation mehrerer Leuchten. Am Arbeitsplatz soll über der Werkbank die Leuchtröhre E2 installiert werden, die von dem Schalter Q3 neben der Eingangstür geschaltet wird. Die entsprechende Schaltung wird **Ausschaltung** [*on-off circuit*] (Abb. 3) genannt.

Als Raumbeleuchtung sind zwei parallel geschaltete Leuchten vorgesehen, die von zwei unterschiedlichen Stellen aus geschaltet werden sollen. Die dafür notwendige Installationsschaltung heißt **Wechselschaltung** [*two-way circuit*] (Abb. 4), weil die Schalter im Wechsel benutzt werden können.

Bevor die Schaltungen besprochen werden, wird hier noch einmal auf die Besonderheiten **elektrischer Pläne** (vgl. Anhang) eingegangen. In der Elektrotechnik werden stets Symbole (**Schaltzeichen**) verwendet und keine Abbildungen der Gegenstände. Diese Symbole stehen für Funktionen und geben keine Auskunft über die technische Ausführung.

Die Schaltzeichen werden mit **Kennbuchstaben** [*code letters*] versehen. Diese geben an, welche Aufgabe das betreffende Betriebsmittel in der Schaltung hat. Da oft mehrere gleiche Symbole und Kennbuchstaben vorkommen, werden sie nummeriert.

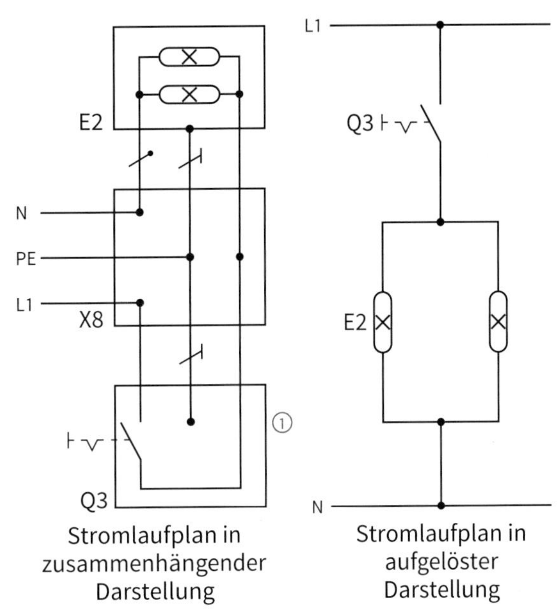

3: Ausschaltung

Zur Erklärung wird der **Stromlaufplan in aufgelöster Darstellung** [*circuit diagram in detached representation*] benutzt. Der **Außenleiter L1** ist mit Klemme 1 von Q1 (Schreibweise: **Q1:1**) verbunden. Die Spannung wird von Q1:2 über den **Korrespondierenden** ③ an Q2:2 weitergegeben.

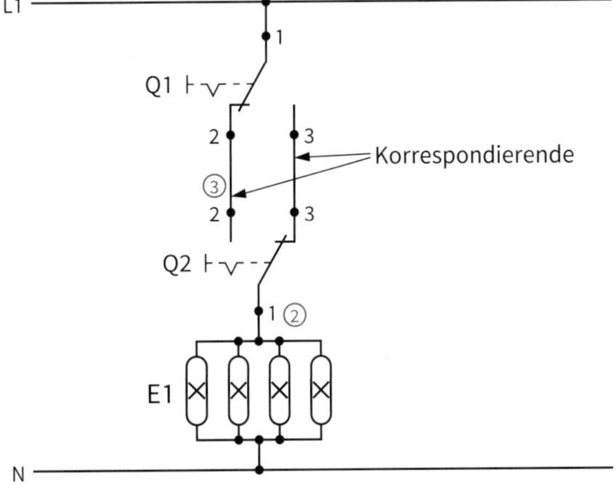

4: Wechselschaltung

Ausschaltung

Zur Erläuterung wird die Schaltung der Arbeitsplatzleuchte E2 benutzt (Abb. 3). E2 wird vom **Installationsschalter** [*installation switch*] Q3 geschaltet. Dazu wird der Außenleiter L1 durch die Abzweigdose X8 an den Schalter geführt und von dort geht ein **Schaltleiter** (umgangssprachlich: Schaltdraht) an E2. Damit der Stromkreis geschlossen ist, wird der Neutralleiter N durch die Abzweigdose X8 an E2 geführt. Der Schalter muss immer den Außenleiter schalten, damit im ausgeschalteten Zustand keine Spannung am Gerät liegt. So kann z. B. eine Lampe gefahrlos ausgewechselt werden, wenn der Schalter ausgeschaltet ist.

Der Schutzleiter **PE** [*Protective Earth*] ist durch die Abzweigdose X8 geführt und am Gehäuse der Leuchte E2 angeschlossen. Er ist auch in die Schalterdose von Q3 geführt ①. Das ist nach DIN VDE 0100-410 vorgeschrieben. PE ist ein Teil der Schutzmaßnahmen zur Vermeidung eines elektrischen Schlages. Einzelheiten werden in Kap. 2.3.7 erklärt.

Wechselschaltung

Die Leuchte an der Decke der Garage wird von zwei Wechselschaltern (Q1 und Q2, Abb. 4) geschaltet. Sie schalten den Spannung führenden Leiter abwechselnd. Mit beiden Schaltern kann die Leuchte ein- und auch ausgeschaltet werden.

E1 ist an den **Neutralleiter N** angeschlossen. Der zweite Anschluss der Leuchte ist über den Schaltleiter ② an Q2:1 angeschlossen. E1 ist damit über Q2:3 und den Korrespondierenden mit Q1:3 verbunden.

Um E1 einzuschalten ist es also gleichgültig, ob Q1 oder Q2 betätigt wird. Bei Betätigung von Q2 wird über Q2:2 der Spannung führende Korrespondierende mit der Leuchte verbunden. Bei Q1 wird die Spannung (Q1:3) über den anderen Korrespondierenden an die Leuchte gelegt. Das Ausschalten kann über Q1 oder Q2 erfolgen.

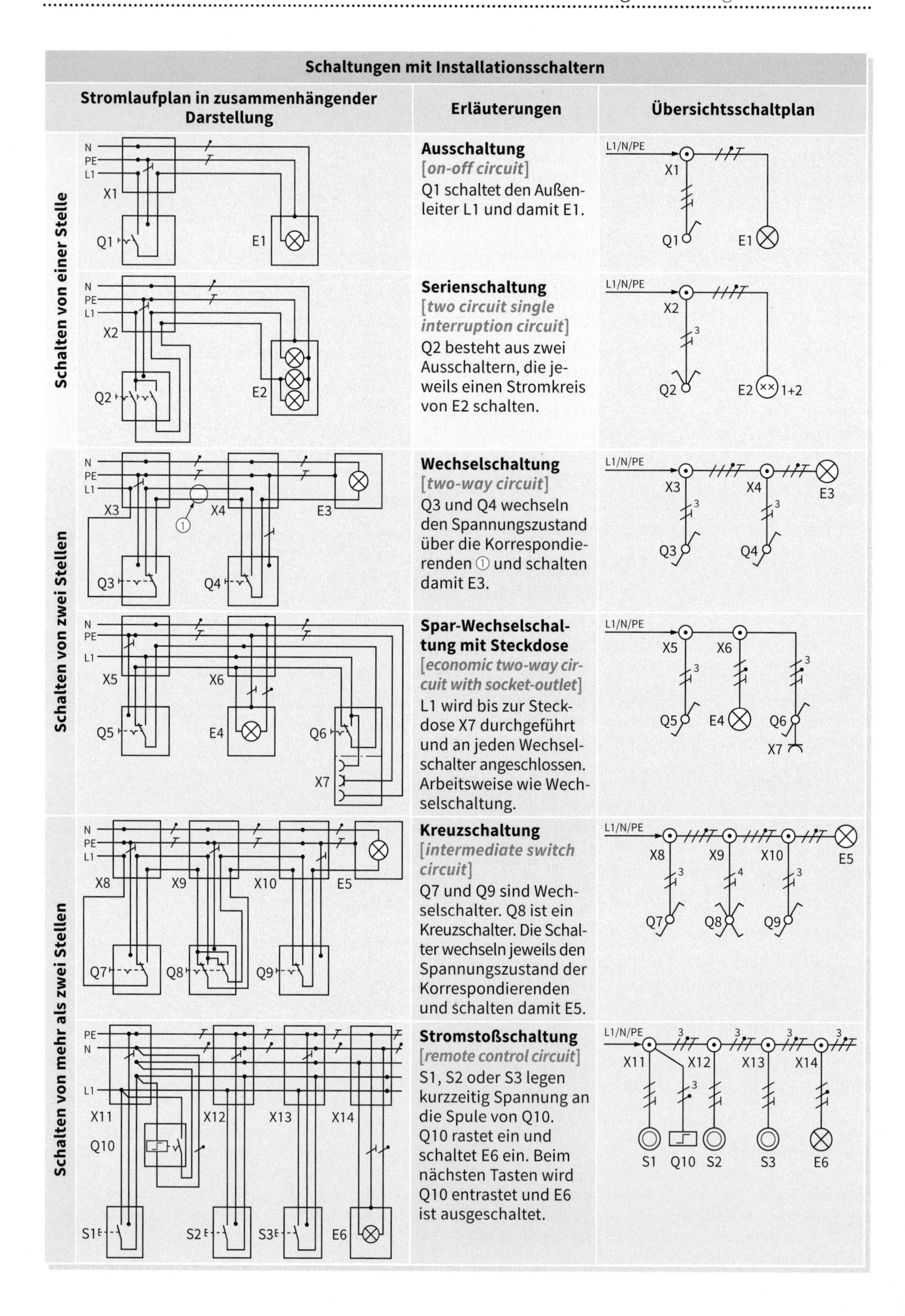

Schaltungen mit Installationsschaltern			
	Stromlaufplan in zusammenhängender Darstellung	Erläuterungen	Übersichtsschaltplan
Schalten von einer Stelle		**Ausschaltung** *[on-off circuit]* Q1 schaltet den Außenleiter L1 und damit E1.	
		Serienschaltung *[two circuit single interruption circuit]* Q2 besteht aus zwei Ausschaltern, die jeweils einen Stromkreis von E2 schalten.	
Schalten von zwei Stellen		**Wechselschaltung** *[two-way circuit]* Q3 und Q4 wechseln den Spannungszustand über die Korrespondierenden ① und schalten damit E3.	
		Spar-Wechselschaltung mit Steckdose *[economic two-way circuit with socket-outlet]* L1 wird bis zur Steckdose X7 durchgeführt und an jeden Wechselschalter angeschlossen. Arbeitsweise wie Wechselschaltung.	
Schalten von mehr als zwei Stellen		**Kreuzschaltung** *[intermediate switch circuit]* Q7 und Q9 sind Wechselschalter. Q8 ist ein Kreuzschalter. Die Schalter wechseln jeweils den Spannungszustand der Korrespondierenden und schalten damit E5.	
		Stromstoßschaltung *[remote control circuit]* S1, S2 oder S3 legen kurzzeitig Spannung an die Spule von Q10. Q10 rastet ein und schaltet E6 ein. Beim nächsten Tasten wird Q10 entrastet und E6 ist ausgeschaltet.	

2.3.3 Leiterzahl und Leitungslänge

Um die richtigen Leitungen ermitteln zu können, werden die in Abb. 1 aufgeführten Angaben benötigt.

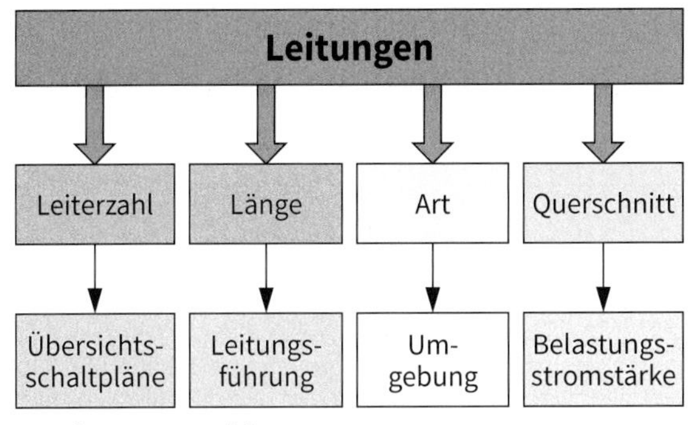

1: Leitungsauswahl

Die Anzahl der Leiter ergibt sich aus dem Übersichtsschaltplan. Da für das vorgestellte Bauvorhaben drei Stromkreise vorgesehen sind, wären auch drei Pläne nötig.

Stromkreis 1 besteht aus der Zuleitung zur Drehstromsteckdose X6. Hierfür ist kein Übersichtsschaltplan notwendig. Die Leitung wird vom Verteiler A3 bis zur Steckdose X6 gelegt. Sie muss fünf Adern enthalten, nämlich die drei Außenleiter (L1, L2, L3), den Neutralleiter N und den Schutzleiter PE.

Auch für den **Stromkreis 2** ist kein Übersichtsschaltplan erforderlich, da es sich hier nur um die Zuleitung zu der Steckdose X5 handelt. Diese ist dreiadrig auszuführen (L1, N, PE).

Der **Stromkreis 3** ist umfangreicher, deshalb ist dafür ein Übersichtsschaltplan (Abb. 3) sinnvoll. Um diesen zu erstellen, ist es zweckmäßig zuerst einen mehrpoligen Stromlaufplan (Abb. 2) zu zeichnen. Solch ein Plan zeigt die Objekt-Symbole zusammenhängend und in der richtigen Lage zueinander. Er wird als Stromlaufplan in **zusammenhängender Darstellung** [*circuit diagram in assembled representation*] bezeichnet.

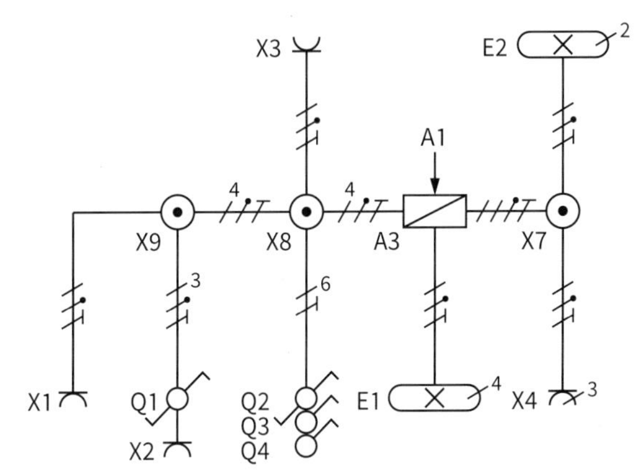

3: Übersichtsschaltplan zu Stromkreis 3

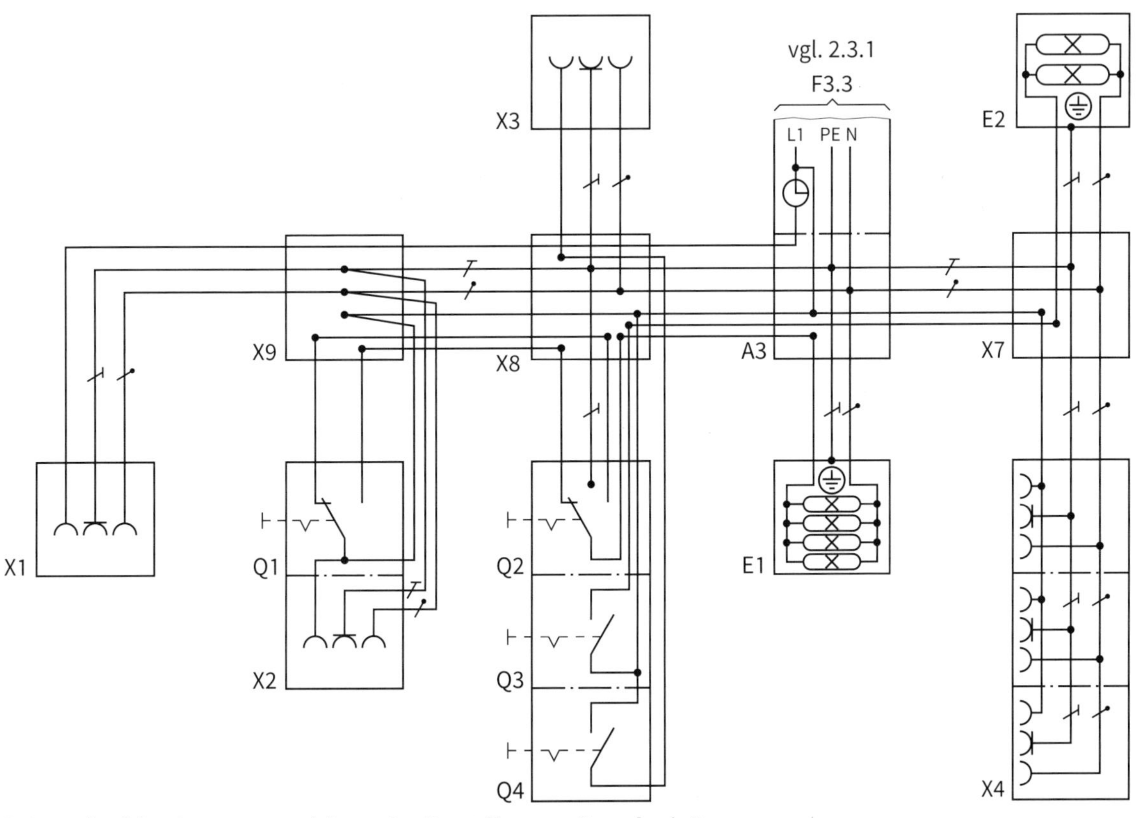

2: Stromlaufplan in zusammenhängender Darstellung zu Stromkreis 3

Aus dem Übersichtsschaltplan (Abb. 3, vorhergehende Seite) ergeben sich die notwendigen Leiterzahlen der Leitungen zwischen den einzelnen Objekten. Sie sind in der Abb. 1 aufgelistet. Bei vier Leitungen wurde eine höhere Leiterzahl gewählt, weil die gewählte Leitung gängiger und damit kostengünstiger ist als eine mit der tatsächlich notwendigen Leiterzahl.

Objekte	**Leiterzahl**	
	notwendig	**gewählt**
X9 – X1	3	3
X9 – Q1/X2	5	5
X9 – X8	6	7
X8 – X3	3	3
X8 – Q2/Q3/Q4	7	7
X8 – A3	6	7
A3 – E1	3	3
A3 – X7	4	5
X7 – X4	3	3
X7 – E2	3	3

1: Leiterzahlen für Stromkreis 3

Wie die **Länge** einer Leitung zu bestimmen ist, wird an dem Beispiel der Leitungslänge von der Abzweigdose X9 bis zur außen liegenden Steckdose X1 verdeutlicht.

In Abb. 2 ist der Weg der Leitung eingezeichnet. Er besteht aus vier Abschnitten.

- **Abzweigdose bis zur Ecke** ①
  Der Schalter Q1 befindet sich in der Installationszone neben der Eingangstür. Die Abzweigdose X9 liegt genau darüber. Das Maß setzt sich also zusammen aus 15 cm (Mitte Installationszone) und 100 cm (lt. Aufmaß, Seite 61), also **115 cm**.
- **Ecke bis zum senkrechten Teil** ②
  lt. Aufmaß: **100 cm**
- **Senkrechtes Teil bis zur Durchführung** ③
  Raumhöhe 250 cm abzüglich obere (30 cm) und untere (30 cm) Installationszone: **190 cm**
- **Mauerdurchführung bis zur Steckdose** ④
  Mauerdicke: **30 cm**

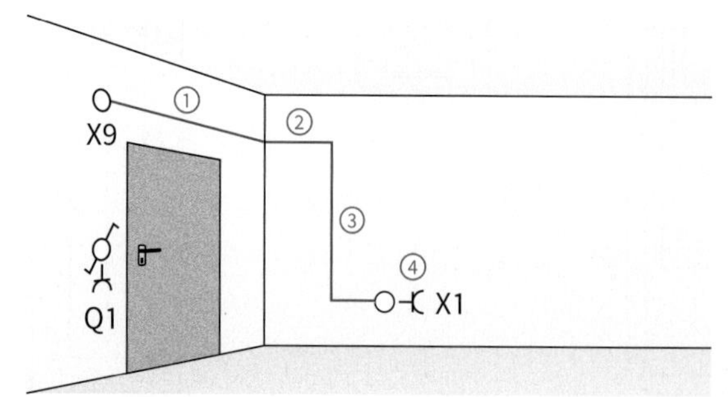

2: Leitungsführung zu X1

Insgesamt ergibt sich eine Länge von 435 cm. Hinzu kommen noch etwa 10 % Verschnitt, sodass eine Gesamtlänge von **4,80 m** notwendig ist.

Die Leitungslängen zwischen den anderen Objekten werden entsprechend bestimmt (Abb. 3).

Objekte	**3 Leiter**	**5 Leiter**	**7 Leiter**
X9 – X1	4,80 m		
X9 – Q1/X2		1,30 m	
X9 – X8			5,70 m
X8 – X3	2,50 m		
X8 – Q2/Q3/Q4			1,30 m
X8 – A3			4,10 m
A3 – E1	5,50 m		
A3 – X7		1,90 m	
X7 – X4	4,00 m		
X7 – E2	2,60 m		
Summe	**19,40 m**	**3,20 m**	**11,10 m**

3: Leitungslängen für Stromkreis 3

Aufgaben 

1. a) Zeichnen Sie die Spar-Wechselschaltung als „normale" Wechselschaltung.
   b) Vergleichen Sie die Schaltung nach Aufgabe a) mit der Spar-Wechselschaltung und geben Sie an, an welcher Stelle ein Leiter eingespart wird.
2. Die Taster der Stromstoßschaltung sind mit dem Kennbuchstaben S bezeichnet und die der Schalter mit Q.
   a) Stellen Sie fest, welche Objekte jeweils geschaltet werden.
   b) Begründen Sie die unterschiedliche Kennzeichnung der Schaltgeräte.
3. Zeichnen Sie die Wechselschaltung nach der Vorlage auf Seite 78.
   a) Ergänzen Sie eine Steckdose unter dem Schalter Q3.
   b) Ergänzen Sie eine zweite Leuchte, die parallel zu E3 geschaltet wird. Sie soll von der Abzweigdose X3 versorgt werden.

- Leuchten können unter Verwendung von Wechselschaltern von zwei Stellen aus geschaltet werden.
- Leuchten können mit Hilfe von Kreuz- oder Tasterschaltungen von drei und mehr Stellen aus geschaltet werden.
- Serienschalter bestehen aus zwei Ausschaltern, die sich in einem Gehäuse befinden.
- Die Leiterzahl einer Leitung kann aus dem Stromlaufplan entnommen werden.

2.3.4 Leitungsarten

Um die richtige **Leitungsart** [*type of cable*] auszusuchen, sind Kenntnisse über Aufbau der Leitungen, die Materialien der Isolierung sowie die Bezeichnungen der Leitungen notwendig. Leiter sind einzeln mit Isolation umhüllt. Sie heißen dann **Ader** [*core*]. Eine oder mehrere Adern in einer Umhüllung (Mantel) werden als Leitung bezeichnet. Leitungen mit besonderem Schutz werden **Kabel** [*cable*] genannt, z. B. Erdkabel.

Kennzeichnung der Adern

Zur Herstellung der richtigen Verbindungen müssen die Adern gekennzeichnet sein (Abb. 4). Dies ist besonders wichtig für die Adern, die einer Schutzfunktion zugeordnet sind. Die Farbkennzeichnung **grün-gelb** darf nach DIN VDE 0100-510 nur für den **Schutzleiter** (PE) oder Neutralleiter mit Schutzfunktion (PEN) verwendet werden. Sie müssen auf der gesamten Länge gekennzeichnet sein.

Der **Neutralleiter** muss **blau** gekennzeichnet sein. Blaue Leiter dürfen aber auch für andere Funktionen (z. B. als Schaltdraht) verwendet werden, wenn Irrtümer ausgeschlossen sind. Alle anderen Farben sind zwar bestimmten Leiterarten zugeordnet, dürfen aber auch für andere Funktionen benutzt werden.

Leiter		Bezeichnung	Farbe
Wechselstrom	Außenleiter	L1; L2; L3	
	Neutralleiter	N	
Gleichstrom	positiv	L+	1)
	negativ	L–	1)
	Mittelleiter	M	
Schutzleiter		PE	
PEN-Leiter		PEN	
Erde		E	1)

1) Farbe ist nicht festgelegt.

4: Aderfarben

Die Adern der Leitungen (Abb. 5) müssen nach DIN VDE 0293-308 gekennzeichnet werden. Da noch ältere Anlagen vorhanden existieren, sind hier auch die früheren Kennzeichnungen aufgeführt.

Aderzahl	DIN VDE 0293 bis 31. 12. 2002		DIN VDE 0293-308 ab 01. 01. 2003	
	mit gn-ge	ohne gn-ge	mit gn-ge	ohne gn-ge
2				
3				
4				
5				

5: Aderkennzeichnung in Leitungen

Kennzeichnung von Leitungen

Innerhalb der EU sind die Leitungsbezeichnungen genormt und mit harmonisierten Kurzzeichen versehen. Abb. 6 zeigt als Beispiel die Aufschrift einer Leitungsverpackung.

H07RR-F5G 1,5
100 m VDE

6: Aufschrift auf einer Leitungsverpackung

Die Buchstaben und Ziffern der Leitungskennzeichnung geben Bauart, Isolierung und Leiterart der betreffenden Leitung an (Abb. 7). In einzelnen Ländern gibt es auch nationale Bezeichnungen. In Deutschland sind es z. B. NYM (Mantelleitung), NYIF (Stegleitung).

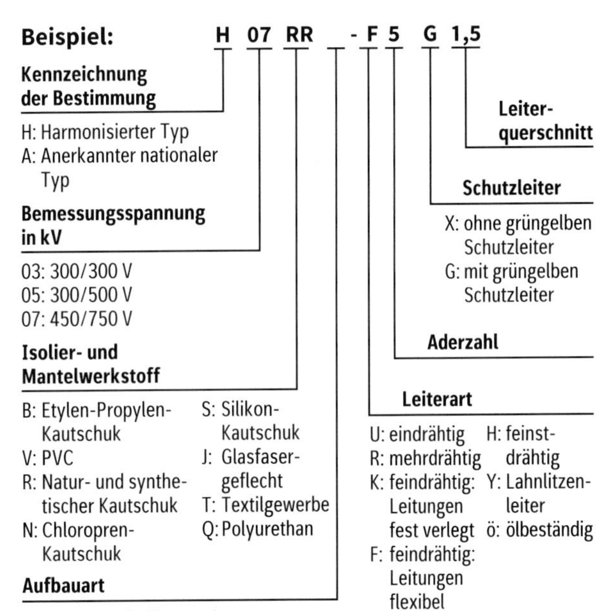

7: Kurzzeichen von harmonisierten Leitungen

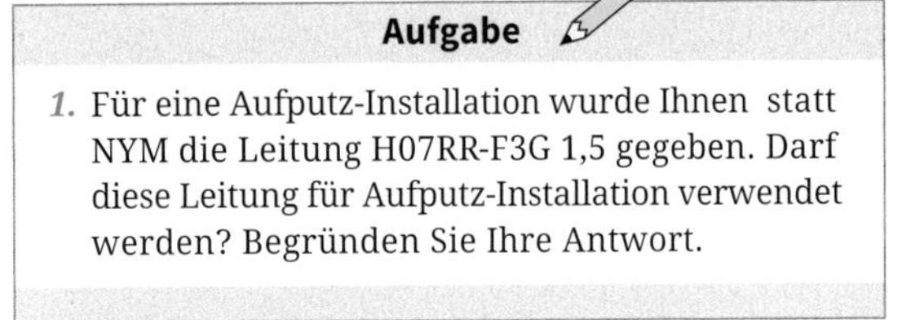
Aufgabe

1. Für eine Aufputz-Installation wurde Ihnen statt NYM die Leitung H07RR-F3G 1,5 gegeben. Darf diese Leitung für Aufputz-Installation verwendet werden? Begründen Sie Ihre Antwort.

- Leiter mit Isolierung werden Adern genannt.
- Adern mit einem Isoliermantel sind Leitungen.
- Leitungen mit besonderem Schutz heißen Kabel.
- Besondere Adern müssen folgendermaßen gekennzeichnet sein: Schutzleiter grün-gelb und Neutralleiter blau.

Leiterarten

Bei den **Leiterarten** [*type of conductors*] werden flexible und massive Leiter unterschieden. **Flexible Leiter** [*flexible conductors*] bestehen aus miteinander verflochtenen blanken Kupferdrähten. Sie eignen sich besonders für den Anschluss von beweglichen Objekten, z. B. Stehlampe, Waschmaschine und Bohrmaschine.

In Stromkreisverteilern werden zur Verdrahtung der Objekte Adern des Typs H07V-K verwendet. Auch Verlängerungsleitungen und Leitungen auf Kabeltrommeln sind mit flexiblen Leitern ausgestattet. Für die Querschnitte sind **Mindestwerte** [*minimum values*] (Abb. 1) genormt.

Mindestleiterquerschnitt von Kupferleitern	
Anwendung	**q in mm²**
fest, geschützte Verlegung	1,5
Leitungen in Schaltanlagen und Verteilern	
– bis 2,5 A	0,5
– über 2,5 A bis 16 A	0,75
– über 16 A	1,0
Bewegliche Anschlussleitungen	
– leichte Handgeräte bis I_N = 1 A und l = 2 m	0,1
– Geräte bis I_N = 2,5 A und l = 2 m	0,5
– Geräte bis I_N = 10 A	0,75
– Geräte über I_N = 10 A	1,0

1: Mindestquerschnitte von Leitern

Für die feste Verlegung von Leitungen sind **massive Leiter** [*solid conductors*] vorgeschrieben. Die Leitungen werden dadurch stabiler. Die Leiter sind heute fast ausschließlich aus Kupfer.

Bis zu einem Querschnitt von 16 mm² besteht der Leiter aus einem Draht, darüber hinaus sind es mehrere Drähte, die miteinander verdrillt sind. Sie sind entweder kreisförmig oder sektorförmig angeordnet (Abb. 2).

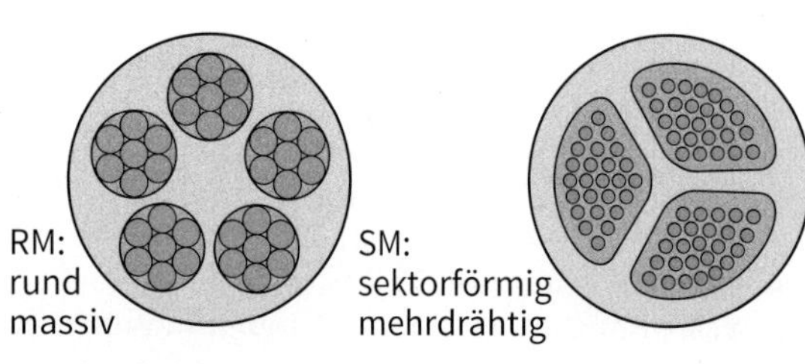

2: Leiterformen

Isoliermaterial [*insulating material*]

Es wird unterschieden zwischen der Isolierung der Leiter (Aderisolierung) und der Leitung (Mantelwerkstoff). Isoliermaterialien unterliegen vielfältigen Einflüssen und müssen deshalb einer Reihe von Anforderungen gewachsen sein. Es treten

- thermische,
- mechanische,
- chemische und
- hygroskopische (Feuchtigkeit) Einflüsse auf.

Die wesentlichste Einflussgröße ist die Temperatur. Sie hängt ab von der

- Stromstärke im Leiter,
- Umgebungstemperatur und
- Leitungsverlegung (vgl. Kap. 2.3.5.3).

Die Isolierwerkstoffe behalten ihre mechanischen Eigenschaften nur bis zu einer bestimmten Temperatur. Damit diese Grenztemperatur nicht erreicht wird, sind für die Leiter nach DIN VDE 0298-4 **höchstzulässige Betriebstemperaturen** [*maximum permissible operating temperatures*] vorgeschrieben (Abb. 3).

Leitung	Kurzzeichen	Betriebstemperatur
PVC-Aderleitung	H07V-U	70 °C
Stegleitung	NYIF	70 °C
PVC-Installationsleitung	NYM	70 °C
Bleimantelleitung	NYBUY	70 °C
Wärmebeständige PVC-Aderleitung	H07V2-U	90 °C
Wärmebeständige Gummi-Verdrahtungsleitung	H07G-4	110 °C

3: Höchstzulässige Betriebstemperaturen

Besonderen mechanischen Beanspruchungen sind Leitungen ausgesetzt, die z. B. Aufzüge mit festen Anschlüssen verbinden. In Tankstellen und Kfz-Werkstätten werden Leitungen durch Benzin und Öl (chemisch) beansprucht. Die Feuchtigkeit beeinträchtigt insbesondere Leitungen und Kabel (Erdkabel bei unserem Bauvorhaben), die Witterung ausgesetzt oder in der Erde verlegt sind. Heute werden in erster Linie Kunststoffe zur Isolierung (und zum besonderen Schutz) verwendet. In einigen Fällen besteht das Isoliermaterial auch aus Textilien oder Kautschuk.

- Für die feste Verlegung müssen massive Leiter verwendet werden.
- Für Leitungen sind höchstzulässige Betriebstemperaturen vorgeschrieben.

Bei dem vorgestellten Bauvorhaben "Installation einer Garage" wird auch ein Erdkabel verlegt. Die ausführende Firma muss sich deshalb über Kabelarten informieren und dann ein entsprechendes Kabel aussuchen. Außerdem sind Informationen über die Vorschriften für die Auslegung notwendig.

Kennzeichnung von Kabeln

Die genormten Kabel werden mit **N** gekennzeichnet. Die darauf folgenden Kurzzeichen bestehen aus den Bestandteilen:

- Leitermaterial (Kupferleiter werden nicht gekennzeichnet. Bei Aluminium wird **A** angegeben.)
- Leiterisolierungsmaterial
- Wird das Kabel mit einem Schirm und/oder mit einer Bewehrung versehen, so werden entsprechende Buchstaben hinzugesetzt.
- Mantelmaterial
- Aderzahl
- Querschnitt der Leiter
- Form der Leiter
- Bemessungsspannung U_0/U

Beispiel:

N A 2X S 2Y 1 x 150 RM 12/20kV

- Leitermaterial (A)
- Leiterisolierung (2X)
- Kupfer-Schirm (S)
- Mantelmaterial (2Y)
- Aderzahl (1)
- Leiterquerschnitt (150)
- Leiterform (Abb. 2) (RM)
- Bemessungsspannung (12/20kV)

Leiterisolierung		Mantelisolierung		Kupferschirm		Bewehrung	
Buchstabe	Erklärung	Buchstabe	Erklärung	Buchstabe	Erklärung	Buchstabe	Erklärung
Y	PVC	Y	PVC	S	unter Mantel	G	Stahl
2X	VPE	2Y	PE	SE	auf Ader	B	doppelt

4: Buchstaben für Kabelkennzeichnung

Kurzzeichen	Erläuterungen	Einsatzbereiche
NYY	Cu-Leiter, PVC-Isolierung von Leiter und Mantel	Erde, direkt und in Kanal, Luft, Wasser, Beton
NAYY	Al-Leiter, PVC-Isolierung von Leiter und Mantel	
NA2XY	Al-Leiter, VPE-Leiter-Isolierung, Mantel aus PVC	

5: Niederspannungskabel

Als Erdkabel für das Bauvorhaben wird das gängige NYY 5x6 mm² gewählt.

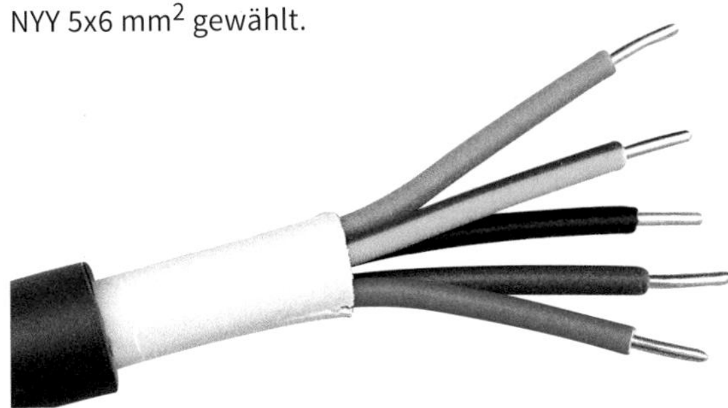

6: NYY 0,6/1 kV

Auslegen von Erdkabeln *[laying of underground cable]*

Damit das Kabel nicht beschädigt wird, sind nach DIN VDE 0271 und DIN VDE 0100-540 bestimmte Vorschriften beim Auslegen zu beachten.

1. Den Graben mindestens 60 cm tief ausheben (Abb. 7 ①). Unter Straßen müssen es mindestens 80 cm sein.
2. Die Grabensohle muss fest, glatt und ohne Steine sein.
3. Darauf wird 10 cm Sand ② geschüttet.
4. Das Kabel wird eingelegt ③. Es soll nicht gezogen werden, sondern von einer Rolle abgerollt oder von Hand ausgelegt werden. Die Temperatur darf nicht unter –5 °C sein.
5. Beim Verlegen ist ein innerer Biegeradius von 12 x Kabeldurchmesser einzuhalten.
6. Anschließend wird noch einmal 10 cm Sand aufgeschüttet.
7. Zum Schutz werden darauf Kunststoffplatten oder Ziegelsteine längs verlegt ④.
8. Dann wird der Graben leicht mit etwas Aushub verfüllt.
9. Zur Kennzeichnung wird ein gelbes Kunststoffband (Warnband) mit der Aufschrift „Erdkabel" eingelegt ⑤. Hierfür kann auch ersatzweise ein rot-weißes Absperrband benutzt werden.
10. Anschließend wird der Graben vollständig verfüllt und befestigt.

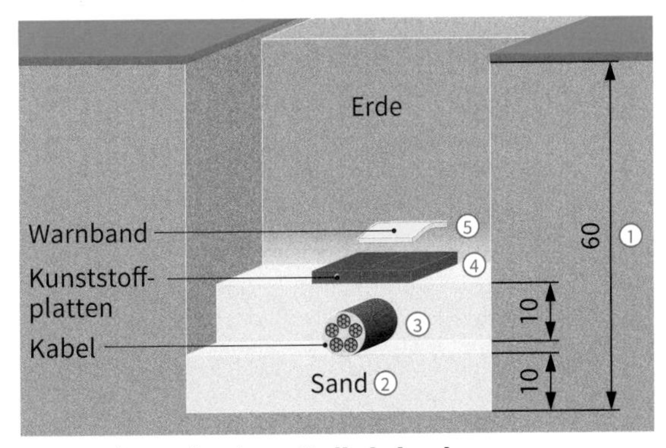

7: Anordnung in einem Erdkabelgraben

2.3.5 Leiterquerschnitt

Damit sich die Isolierwerkstoffe nicht unzulässig erwärmen und damit unter Umständen Kurzschlüsse hervorrufen, dürfen Leiter nur bestimmte Betriebstemperaturen haben. Daraus ergibt sich, dass der durchfließende Strom in seiner Größe begrenzt werden muss. Es gibt weitere Faktoren, die die **Temperatur der Leitung** beeinflussen. Sie werden im Kap. 2.3.5.3 näher erläutert.

2.3.5.1 Leiterwiderstand

Die erzeugte Wärme ist aber nicht nur abhängig von der Stromstärke, sondern auch vom **Leiterwiderstand R_L**, wie folgende Ableitung zeigt.

$W = U \cdot I \cdot t$ (vgl. Kap. 1.1.11) $\quad U = I \cdot R_L$

$$W = I \cdot R_L \cdot I \cdot t \qquad W = R_L \cdot I^2 \cdot t$$

Um den Einfluss des Leiterwiderstands einschätzen zu können, muss man seine Abhängigkeiten kennen. Hierzu bietet sich eine experimentelle Untersuchung an. Es wird zuerst eine Annahme (Hypothese) aufgestellt, die dann überprüft wird.

Annahme

Der Leiterwiderstand hängt von seinen Abmessungen und vom Material ab.

Durchführung

Für unterschiedliche Leiter wird der Widerstand mit Hilfe von Stromstärke- und Spannungsmessungen ermittelt (Abb. 1). Es ergeben sich die Werte in der Tabelle.

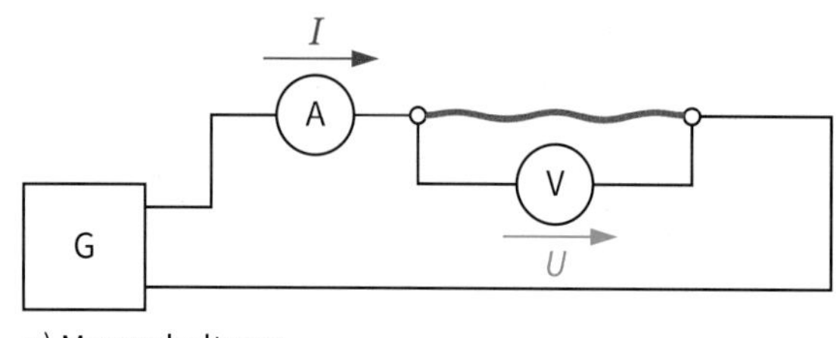

a) Messschaltung

Nr.	l in mm	q in mm²	Material	U in V	I in A	R_L in Ω
1	50	1,5	Kupfer	9,1	15,2	0,60
2	100	1,5	Kupfer	17,4	14,6	1,20
3	100	2,5	Kupfer	10,8	15,1	0,72
4	50	2,5	Aluminium	8,5	15,3	0,56
5	100	2,5	Aluminium	17,7	14,6	1,12

b) Messwerte

1: Versuch zur Widerstandsbestimmung

Auswertung

Um eindeutige Aussagen machen zu können, wird immer nur die Veränderung einer Größe und deren Auswirkung betrachtet. Die übrigen Größen sind dann konstant.

- **Leiterlänge l**

  Der Widerstand steigt mit zunehmender **Leiterlänge** [*conductor length*]. Wenn die Länge verdoppelt wird (Nr. 1 und 2), kommt es zu einer Verdopplung von R_L. Daraus kann geschlossen werden, dass der Leiterwiderstand proportional zur Leiterlänge ist.

  $$R_L \sim l$$

  Deuten lässt sich dies mit Hilfe der Elektronen im Leiter: Je länger der Leiter, desto öfter werden die Elektronen auf ihrem Weg durch den Leiter behindert.

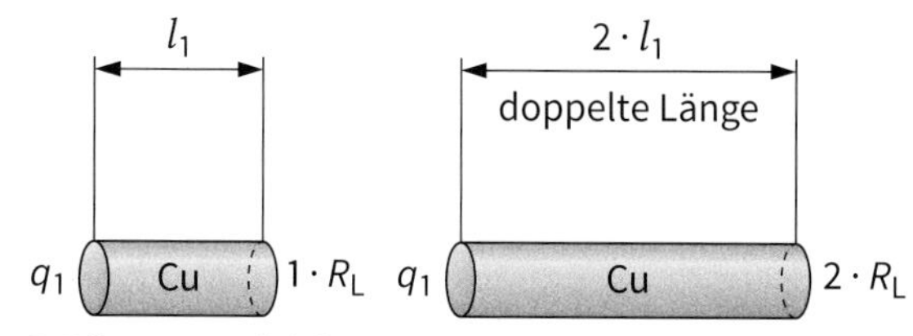

2: Längenvergleich

- **Leiterquerschnitt q**

  Die Messwerte mit den Nummern 2 und 3 zeigen, dass mit zunehmendem Querschnitt der Leiterwiderstand geringer wird. Es ergibt sich eine umgekehrte Proportionalität zwischen Leiterwiderstand und Querschnitt.

  $$R_L \sim \frac{1}{q}$$

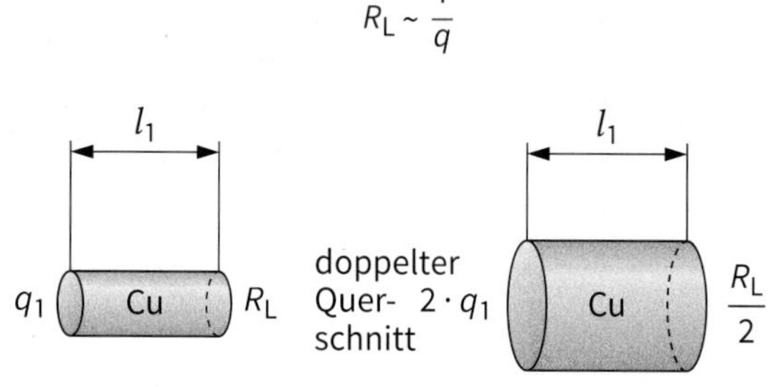

3: Querschnittsvergleich

  Auch dieses Verhalten lässt sich mit Hilfe der Elektronen erklären: Je kleiner der Querschnitt, desto größer ist die Behinderung der durchfließenden Elektronen.

- **Material ϱ bzw. $\varkappa$**

  Wenn der Kupferleiter mit dem Aluminiumleiter gleicher Länge und gleichem Querschnitt verglichen wird (Nr. 3 und 5), werden unterschiedliche Widerstände festgestellt. Der Kupferleiter hat einen geringeren Widerstand. Die Materialeigenschaft wird durch den **spezifischen elektrischen Widerstand ϱ** (Rho) ausgedrückt.

Der **spezifische elektrische Widerstand** ϱ ist der Widerstand eines Leiters von 1 m Länge und 1 mm² Querschnitt. Je größer der spezifische Widerstand desto größer ist der Leiterwiderstand. In Abb. 4 sind wichtige Werte aufgeführt.

$$R_L \sim \varrho$$

Sehr oft wird auch der Kehrwert des spezifischen Widerstandes benutzt. Er wird als **elektrische Leitfähigkeit** $\varkappa$ (Kappa) [*electric conductivity*] bezeichnet. Fasst man alle Abhängigkeiten zusammen, ergeben sich die folgenden Gleichungen.

$$\boxed{R_L = \frac{\varrho \cdot l}{q}} \qquad \boxed{R_L = \frac{l}{\varkappa \cdot q}}$$

Einheiten für ϱ und $\varkappa$

Für den praktischen Umgang mit Leitungen ist es sinnvoll, wenn die Leiterlängen in Metern und die Querschnitte in mm² angegeben werden. Für den spezifischen elektrischen Widerstand ϱ ergibt sich die folgende Einheit:

$$R_L = \frac{\varrho \cdot l}{q}$$

Umstellung: $\varrho = \frac{R_L \cdot q}{l}$ $\qquad [\varrho] = \frac{\Omega \cdot mm^2}{m}$

Entsprechend gilt für die Einheit der elektrischen Leitfähigkeit $\varkappa$:

$$R_L = \frac{l}{\varkappa \cdot q}$$

Umstellung: $\varkappa = \frac{l}{R_L \cdot q}$ $\qquad [\varkappa] = \frac{m}{\Omega \cdot mm^2}$

Umrechnung von Einheiten

In den Einheiten für den spezifischen elektrischen Widerstand und die elektrische Leitfähigkeit kommen im Zähler und Nenner Einheiten wie m und mm² vor. Diese können wie folgt gekürzt werden:

Grundformel: $1\ mm^2 = (1 \cdot 10^{-3}\ m)^2$

eingesetzt: $1\ \frac{\Omega \cdot mm^2}{m} = 1\ \frac{\Omega \cdot (1 \cdot 10^{-3}\ m)^2}{m}$

gekürzt: $1\ \frac{\Omega \cdot mm^2}{m} = 1 \cdot 10^{-6} \cdot \Omega \cdot m$

Ergebnis: $1\ \frac{\Omega \cdot mm^2}{m} = 1\ \mu\Omega \cdot m$

Verwendet man diese neue Beziehung für die elektrische Leitfähigkeit, so erhält man:

Grundformeln: $\varkappa = \frac{1}{\varrho}$ $\qquad [\varkappa] = \frac{1}{[\varrho]}$ $\qquad \frac{1}{\Omega} = 1\ S$

eingesetzt und gekürzt: $[\varkappa] = \frac{1}{1 \cdot 10^{-6} \cdot \Omega \cdot m}$ $\qquad [\varkappa] = \frac{1\ MS}{m}$

Spezifische elektrische Widerstände und elektrische Leitfähigkeiten von Werkstoffen bei 20 °C

Werkstoffe	ϱ in $\mu\Omega \cdot m$ bzw. $\frac{\Omega \cdot mm^2}{m}$	$\varkappa$ in $\frac{MS}{m}$ bzw. $\frac{m}{\Omega \cdot mm^2}$
Silber	0,016	62,5
Kupfer	0,018	56
Aluminium	0,028	36
Messing	0,07	14,3
Eisen	0,1	10
Blei	0,0208	4,8
Kohle	66,667	0,015

4: Spezifische elektrische Widerstände

Aufgaben 

1. Berechnen Sie den Leiterwiderstand eines Kupferdrahtes einer Freileitung von 53 m Länge. Der Leiterquerschnitt beträgt 25 mm².
2. Zur Herstellung von Widerständen soll Eisendraht mit einem Durchmesser von 0,2 mm verwendet werden. Die Widerstände sollen 120 Ω und 330 Ω haben.
   a) Berechnen Sie den Drahtquerschnitt.
   b) Berechnen Sie die jeweils notwendigen Drahtlängen.
3. a) Berechnen Sie den Durchmesser eines Kupferdrahtes von 20 m Länge, wenn er einen Widerstand von 238 mΩ hat.
   b) Wie lang müsste ein Aluminiumdraht sein, wenn er den gleichen Querschnitt und den gleichen Widerstand wie der Draht der Aufgabe a) haben soll?

- Der Leiterwiderstand hängt ab von der Leiterlänge, dem Leiterquerschnitt und vom Leitermaterial.
- Der spezifische elektrische Widerstand ϱ ist der Widerstand eines Drahtes von 1 m Länge und einem Querschnitt von 1 mm².
- Der Leiterwiderstand R_L ist umso größer
  – je größer die Leiterlänge l
  – je kleiner der Querschnitt q und
  – je größer der spezifische elektrische Widerstand ϱ bzw.
  – je kleiner die elektrische Leitfähigkeit $\varkappa$ ist.

2.3.5.2 Spannungsfall

Die Erfahrung zeigt, dass bei Belastung am Ende einer Verlängerungsleitung eine niedrigere Spannung vorhanden ist als am Anfang. Auf der Leitung geht also Spannung „verloren“. Der Unterschied zwischen der Spannung am Anfang und der Spannung am Ende wird **Spannungsfall U_v** [*voltage drop*] bezeichnet. Als Formelzeichen hierfür wird auch ΔU verwendet.

Bei dem vorgestellten Bauvorhaben des Ehepaars Carsten wird ein Erdkabel mit einer Länge $l = 41$ m verlegt. Der Leiterquerschnitt ist 6 mm². Es ist zu prüfen, ob ein unzulässiger Spannungsfall auftritt. Als Stromstärke wird die höchstzulässige Stromstärke von 43 A zugrunde gelegt. Es wird zuerst der Leiterwiderstand berechnet.

$$R_L = \frac{l}{\varkappa \cdot q}$$

$$R_L = \frac{41\ \text{m}}{56\ \text{MS/m} \cdot 6\ \text{mm}^2} \qquad R_L = 0{,}122\ \Omega$$

Bei der Berechnung wurde als Länge die Leitungslänge verwendet. Damit wurde nur eine Ader berücksichtigt. Der Spannungsfall errechnet sich aber aus Hin- und Rückleiter. Es muss deshalb mit $2 \cdot l$ gerechnet werden. Bei Drehstrom wird wegen der Verkettung (vgl. Kap. 2.2.1) mit $\sqrt{3}$ multipliziert. Der Spannungsfall errechnet sich wie folgt.

$$U_v = R_L \cdot \sqrt{3} \cdot l$$

$$U_v = 0{,}122\ \Omega \cdot \sqrt{3} \cdot 43\ \text{A}$$

$$\underline{\underline{U_v = 9{,}09\ \text{V}}}$$

Elektrische Objekte funktionieren nur einwandfrei, wenn nahezu die Bemessungsspannung anliegt (vgl. Kap. 1.1.3). Für Leitungen sind deshalb Höchstwerte für den Spannungsfall vorgeschrieben (DIN 18015-1 bzw. TAB der VNB). Für Hauptleitungen mit Anlagen bis 100 kVA Leistung ist $u_{v\%zul} = 0{,}5\ \%$ (der Bemessungsspannung U_N) festgelegt. Bei höheren Anlagenleistungen sind größere Spannungsfälle zulässig. Zwischen Zähler und Verbraucher darf der Spannungsfall 3 % betragen. Vom HAK bis zum letzten Betriebsmittel dürfen es maximal 4 % sein.

Für das Erdkabel wird der **zulässige Spannungsfall U_v** [*maximum permissable voltage drop*] berechnet.

$$U_v = \frac{U_{v\%zul}}{U_N \cdot 100\ \%}$$

$$U_v = \frac{3\ \% \cdot 400\ \text{V}}{100\ \%} \qquad \underline{\underline{U_v = 12\ \text{V}}}$$

Der errechnete Wert von 9,09 V liegt unter dem zulässigen Wert von 12 V. Das Erdkabel darf also mit einem Leiterquerschnitt von 6 mm² verlegt werden.

Spannungsfall auf Leitungen

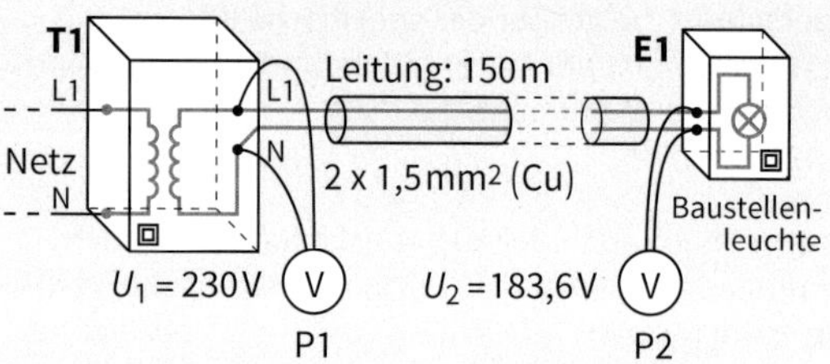

Am Beispiel einer Baustellen-Beleuchtung sollen die Zusammenhänge für den Spannungsfall erläutert werden. Es wird dazu ein Ersatzschaltbild der obigen Anlage gezeichnet, wobei die Widerstände der Hin- und Rückleitung zum **Leitungswiderstand R_L** zusammengefasst werden.

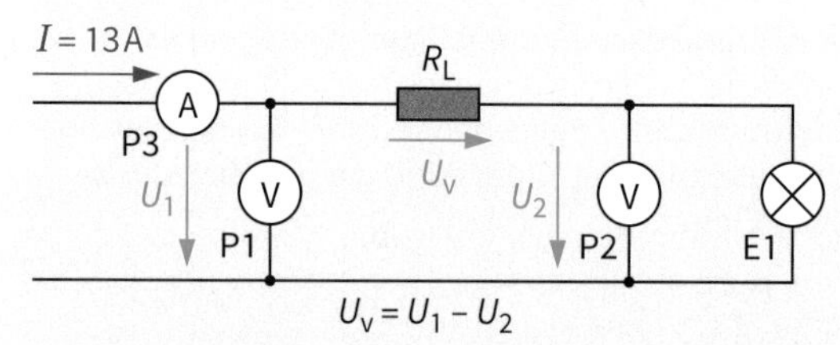

Aus der Reihenschaltung von Widerständen ist aus Kap. 1.2.4 bekannt, dass der durchfließende Strom an jedem Widerstand eine Spannung verursacht. Das bedeutet, dass an dem Leitungswiderstand R_L die Spannung U_L liegt.

$$U_v = I \cdot R_L \qquad U_v = \frac{I \cdot 2 \cdot l}{\varkappa \cdot q}$$

Die Spannung am Ende der Leitung U_2 ist also um U_v kleiner als U_1.

$$\mathbf{U_2 = U_1 - U_v}$$

Aufgabe 

1. Die Hauptleitung eines Hochhauses ist 27 m lang. Sie ist mit 63 A abgesichert.
   a) Ermitteln Sie den notwendigen Querschnitt aus Tabelle A aus DIN VDE 0298-4.
   b) Ist der Querschnitt ausreichend unter Berücksichtigung des zulässigen Spannungsfalls?

- Der zulässige Spannungsfall der Leitungen vom HAK bis zum Betriebsmittel darf maximal 4 % der Bemessungsspannung betragen.
- Der zulässige Spannungsfall vom Zähler bis zum Betriebsmittel darf maximal 3 % betragen.
- Der zulässige Spannungsfall der Hauptleitung darf bei Anlagen bis 10 kVA nur 0,5 % betragen.

2.3.5.3 Temperaturabhängigkeit

Zu Beginn dieses Kapitels wurde bereits darauf hingewiesen, dass die zu verlegenden Leiterquerschnitte wesentlich von der zu erwartenden Leitertemperatur abhängen. Diese wiederum wird nicht nur von der Stromstärke bestimmt, sondern auch von anderen Faktoren. In Abb. 1 sind die drei Einflussgrößen für die Leitungstemperatur damit auch für den Isolationswerkstoff dargestellt.

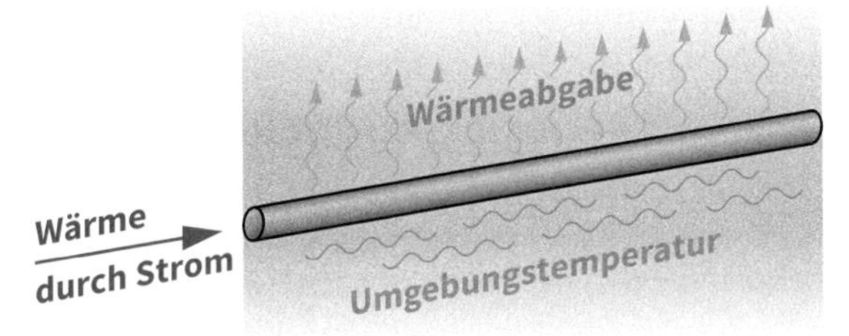

1: Einflussgrößen der Leitungstemperatur

- Die **Temperatur der Umgebung** beeinflusst die Temperatur der Leitung.
- Hinzu kommt dann die **Wärme**, die durch den Stromfluss im Leiter erzeugt wird.
- Da die erzeugte Wärme abgegeben werden muss, ist es wichtig, wie gut bzw. wie schlecht die **Wärmeisolation** um die Leitung ist.

Die Temperatur der Leitungsisolation hängt demzufolge ab von

- der Stromstärke im Leiter $\Rightarrow I_b$
- dem Widerstand des Leiters $\Rightarrow q, l, \varkappa$
- der Umgebungstemperatur $\Rightarrow \vartheta$
- der Wärmeabgabemöglichkeit $\Rightarrow$ Verlegeart

Um die Leitungstemperatur in den vorgeschriebenen Grenzen zu halten, wird versucht, die Einflussfaktoren entsprechend zu beeinflussen.

Welche Einflussfaktoren lassen sich ändern?

Die Leistungen der installierten Objekte ergeben die **Betriebsstromstärke I_b** [*operating current intensity*]. Sie hat den größten Einfluss auf die erzeugte Wärme. Je höher die erzeugte Wärme ist, desto größer ist auch die Temperatur. Aus der folgenden Ableitung ist zu ersehen, dass die Arbeit W (hier: Wärme) quadratisch von der Stromstärke I abhängt.

$$W = P \cdot t \qquad P = I^2 \cdot R \qquad W = I^2 \cdot R \cdot t$$

$$\boldsymbol{W \sim I^2}$$

An der Betriebsstromstärke I_b kann nichts geändert werden, weil die Stromstärke durch die angeschlossenen Objekte bestimmt wird.

Durch die Nutzung der Räume, durch die die Leitung verlegt werden soll, ist auch die **Umgebungstemperatur** vorgegeben. Sie kann nicht geändert werden.

Von den örtlichen Gegebenheiten hängt die Leitungsverlegung (**Verlegeart**) ab. Sie beeinflusst wesentlich die Wärmeabgabe. Nur in Ausnahmefällen kann aber eine günstigere Verlegeart gewählt werden, wenn z. B. NYM nicht in Elektro-Installationsrohr sondern direkt auf die Wand verlegt wird.

Bei den meisten Installationen – besonders in Wohngebäuden – werden Leitungen mit 1,5 mm² Querschnitt verwendet. Wenn hingegen Gewerbebauten zu installieren sind oder ein Elektroherd mit größerer Bemessungsleistung anzuschließen ist, muss der Querschnitt unter Beachtung mehrerer Bedingungen bestimmt werden.

Die Wärmewirkung kann nur verringert werden, wenn der **Leiterquerschnitt** [*conductor cross-section*] vergrößert wird. Um den richtigen Querschnitt zu ermitteln, geht man an Hand des Flussdiagramms auf der nächsten Seite vor. Dort wird gezeigt, von welchen Bedingungen der Leiterquerschnitt abhängt und wie er demnach verändert werden kann. Außerdem sind die notwendigen Quellen und Tabellen zur Ermittlung des Leiterquerschnittes q_N angegeben.

Aufgaben 

1. a) Von welchen Faktoren hängt die Temperatur einer Leitung ab?
   b) Nennen Sie Möglichkeiten diese zu verringern.
2. Zwei Leitungen NYM 3x1,5 werden mit Schellen verlegt. Sie sind unterschiedlich lang.
   a) Haben die Leitungen unterschiedliche Temperaturen?
   b) Begründen Sie Ihre Antwort.
3. Eine Leitung mit einem Widerstand von 2 Ω wird 15 Minuten von Strom durchflossen. Stellen Sie in einem Diagramm die Abhängigkeit der (Wärme-)Arbeit von der Stromstärke dar, und zwar für den Bereich von 0 A bis 5 A.

- Die Leitungstemperatur hängt quadratisch von der Stromstärke ab.
- Die Leitungstemperatur hängt auch von der Umgebungstemperatur und der Verlegeart der Leitung ab.

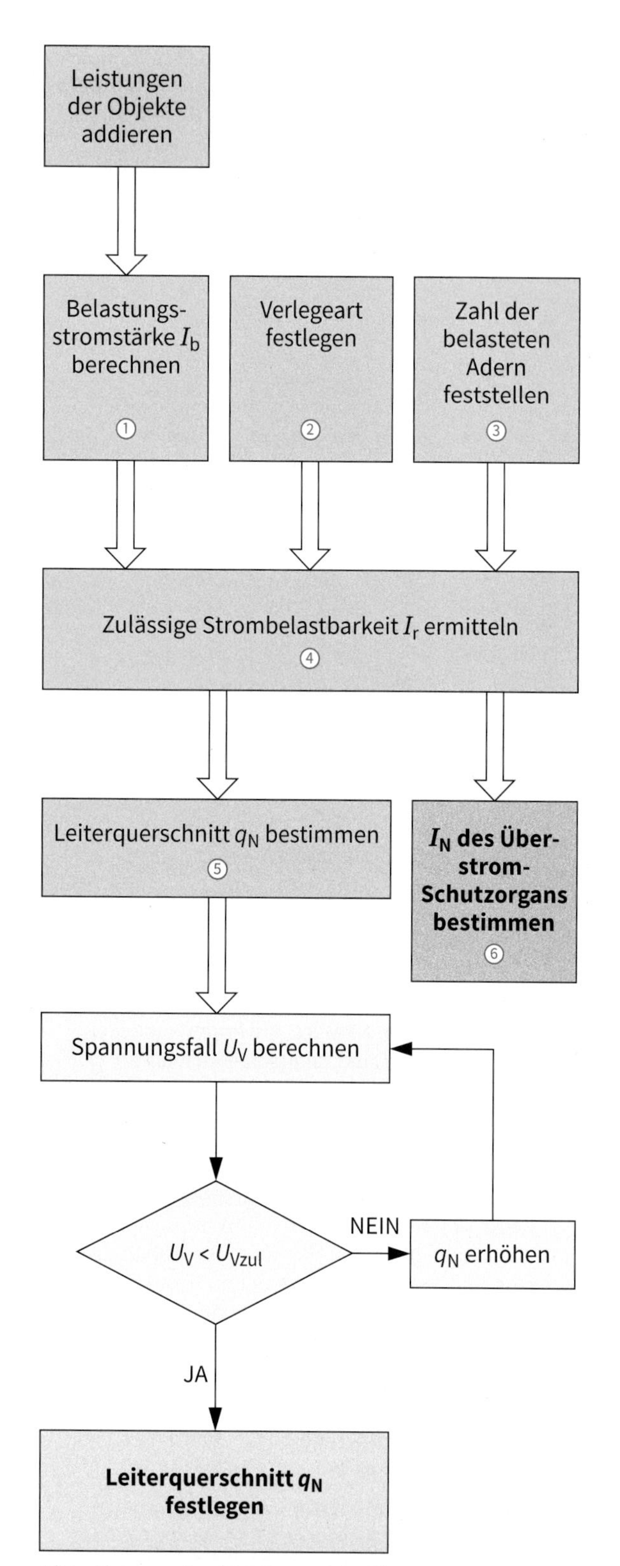

1: Bestimmen des Leiterquerschnittes

Mit Hilfe des Flussdiagramms (Abb. 1) kann der notwendige Leiterquerschnitt der zu verlegenden Leitung bestimmt werden.

Die einzelnen Schritte werden im Folgenden erläutert. Als notwendige Unterlage ist die Tabelle „**Belastbarkeit von Kabeln und Leitungen**“ aus DIN VDE 0298-4 (Abb. 2, nächste Seite) erforderlich. Liegen andere Bedingungen vor, z. B. höhere Umgebungstemperatur, mehrere belastete Adern oder Oberwellen, müssen zusätzliche Faktoren aus der oben genannten DIN-Vorschrift berücksichtigt werden. Die zulässige Strombelastbarkeit wird dadurch verringert, sodass höhere Querschnitte notwendig werden.

- Aus den Leistungen der Objekte des betreffenden Stromkreises wird die maximal mögliche **Belastungsstromstärke I_b** ① (Abb. 1) berechnet.
- Die gewünschte **Verlegeart** [*wiring method*] ② der Leitung wird nach dem Wunsch des Bauherrn durch den Elektrofachmann festgelegt. Bei unserem Bauvorhaben ist es „unter Putz“, d. h. Verlegeart C (Abb. 2, nächste Seite).
- Wenn in einer Leitung drei Leiter (Drehstromkreis) Strom führen, ist die Erwärmung höher als bei zwei **belasteten Adern** (Wechselstromkreis) ③. Damit die festgelegte Betriebstemperatur der Leitung (z. B. 70 °C bei PVC) auch dann nicht erreicht wird, muss die Stromstärke bei Drehstrom (drei belastete Adern) geringer sein.
- Jetzt wird die zulässige **Strombelastbarkeit I_r** ④ gesucht, die größer als die Belastungsstromstärke I_b sein muss.
- Davon ausgehend wird die **Bemessungsstromstärke I_N** [*rated current itensity*] des Überstrom-Schutzorgans ⑥ ermittelt. Diese muss größer oder gleich I_b sein.

$$I_N \geq I_b$$

- Jetzt kann der notwendige **Querschnitt q_N** ermittelt werden ⑤ (Abb. 2, nächste Seite). Üblicherweise wird dabei mit einer Umgebungstemperatur von 25 °C gerechnet.
- Bei Installationen mit großen Leitungslängen (z. B. Gewerbebauten) muss überprüft werden, ob der Spannungsfall U_V zulässig ist. Er muss kleiner sein als der zulässige Spannungsfall U_{Vzul} (vgl. Kap. 2.3.5.2).

- Zur Ermittlung des Leiterquerschnittes werden berücksichtigt:
  - zulässige Betriebstemperatur des Isoliermaterials der Leitung,
  - Umgebungstemperatur,
  - Betriebsstromstärke,
  - Verlegeart und
  - Spannungsfall.

Das Arbeiten mit der Tabelle in Abb. 2 wird mit folgendem Beispiel aus dem Bauvorhaben erläutert.

Garage mit Arbeitsplatz

- Stromkreis 1: Drehstrom-Steckdose, I_b = 14,5 A
- Normale Umgebung
- NYM
- Verlegung unter Putz

Festlegung der Bedingungen:

Umgebungstemperatur: 25 °C ① (Abb. 2)

Zulässige Betriebstemperatur: 70 °C ②

Verlegeart C ③ aus Abb. 1

Drehstromkreis ⇒ 3 belastete Adern ④

Belastungsstromstärke I_b = 14,5 A

Stromstärke I_b liegt unter I_r = 18,5 A ⑤

Auswertung:

Ausgehend von I_r = 18,5 A wird in der ersten Spalte der Normquerschnitt q_N = 1,5 mm² abgelesen.

Aus der Spalte I_N kann die Bemessungsstromstärke I_N = 16 A ⑥ des zugehörigen Überstrom-Schutzorgans entnommen werden.

Aufgaben 

1. Wie groß muss der Leiterquerschnitt eines Wechselstromkreises mit I = 19 A bei Verlegung von NYM unter Putz sein?
2. Ein Teilstück der Leitung von Aufgabe 1 soll durch eine wärmegedämmte Wand geführt werden. Muss dann ein anderer Querschnitt gewählt werden? Bestimmen Sie die Bemessungsstromstärke der Sicherung.
   Begründen Sie Ihre Antwort.
3. Ermitteln Sie für den Stromkreis 2 (Kap. 2.3.3) des Bauvorhabens „Garage mit Arbeitsplatz" den Querschnitt der Leiter und die Bemessungsstromstärke des Schutzorgans. Der Wechselstrom-Motor des Garagentorantriebes (Steckdose X5) hat 3 kW.
4. a) Addieren Sie alle möglichen Belastungen des Stromkreises 3 des Bauvorhabens „Garage mit Arbeitsplatz".
   b) Ist hierfür eine Leitungsverlegung mit NYM 3x1,5 richtig?

Belastbarkeit von Kabeln und Leitungen mit Isolierwerkstoff PVC für feste Verlegung in Gebäuden (zulässige Betriebstemperatur 70°C ②) und Zuordnung von Überstrom-Schutzorganen für Dauerbetrieb bei der Umgebungstemperatur von 25°C ① (Auszug)

	A1	A2	B1	B2	C	G
Leitungsbeisp.	H07V-U/-R/-K, H07V3-U/-R/-K	NYM, NYY, N05VV-U/-R	H07V-U/-R/-K, NYM H07V3-U/-R/-K	NYM, NYY, N05VV-U/-R	NYM, NYY, N05VV-U/-R	NYY blanke Leiter
Referenz Verlegeart	in wärmegedämmten Wänden im Elektro-Installationsrohr Aderleitungen	Mehradrige Kabel und Mantelleitung	im Elektro-Installationsrohr auf Wand Aderleitungen	Mehradrige Kabel und Mantelleitung	Verlegung auf und in Wand Kabel und Mantelleitung Abstand zur Wand: ≤ 0,3 · d	Einadrige Kabel und Mantelleitung Abstand zur Wand: ≥ 1 · d
Verlegung					③	≥d

Zulässige Strombelastbarkeit I_r der Leitung und Bemessungsstromstärke I_N der zugehörigen Überstrom-Schutzorgane in A

q_n in mm² (Cu)	A1 Aderzahl 2 I_r	A1 2 I_N	A1 3 I_r	A1 3 I_N	A2 Aderzahl 2 I_r	A2 2 I_N	A2 3 I_r	A2 3 I_N	B1 Aderzahl 2 I_r	B1 2 I_N	B1 3 I_r	B1 3 I_N	B2 Aderzahl 2 I_r	B2 2 I_N	B2 3 I_r	B2 3 I_N	C Aderzahl 2 I_r	C 2 I_N	C 3 ④ I_r	C 3 ④ I_N	G Aderzahl 3 I_r	G 3 I_N	G 3 I_r	G 3 I_N
1,5	16,5	16	14,5	13	16,5	16	14,0	13	18,5	16	16,5	16	17,5	16	16	16	21	20	⑤ 18,5	16 ⑥	-	-	-	-
2,5	21	20	19,0	16	19,5	16	18,5	16	25	25	22	20	24	20	21	20	29	25	25	25	-	-	-	-
4	28	25	25	25	27	25	24	20	34	32	30	25	32	32	29	25	38	32	34	32	-	-	-	-
6	36	35	33	32	34	32	31	25	43	40	38	35	40	40	36	35	49	40	43	40	-	-	-	-
10	49	40	45	40	46	40	41	40	60	50	53	50	55	50	49	40	67	63	60	50	-	-	-	-
16	65	63	59	50	60	50	55	50	81	80	72	63	73	63	66	63	90	80	81	80	-	-	-	-
25	85	80	77	63	80	80	72	63	107	100	94	80	95	80	85	80	119	100	102	100	155	125	138	125
35	105	100	94	80	98	80	88	80	133	125	117	100	118	100	105	100	146	125	126	125	192	160	172	160
50	126	125	114	100	117	100	105	100	160	160	142	125	141	125	125	125	178	160	153	125	232	200	209	200
70	160	160	144	125	147	125	133	125	204	200	181	160	178	160	158	125	226	200	195	160	298	250	269	250

2: Belastbarkeit von Kabeln und Leitungen für feste Verlegung bei 25 °C (DIN VDE 0298-4)

2.3.6 Leitungsschutz

Im Kapitel 2.2.3 wurden bereits **Überstrom-Schutzorgane** [*overcurrent protective devices*] erwähnt, ohne jedoch auf Einzelheiten einzugehen.

Diese Schutzeinrichtungen haben die Aufgabe, Leitungen gegen Überlastung zu schützen. Das kann durch zu hohe Verbraucherleistungen oder durch einen **Kurzschluss** [*short circuit*] hervorgerufen werden. Überstrom-Schutzorgane müssen also die zu schützende Leitung beim Auftreten von zu hohen Stromstärken innerhalb vorgeschriebenen Zeiten abschalten.

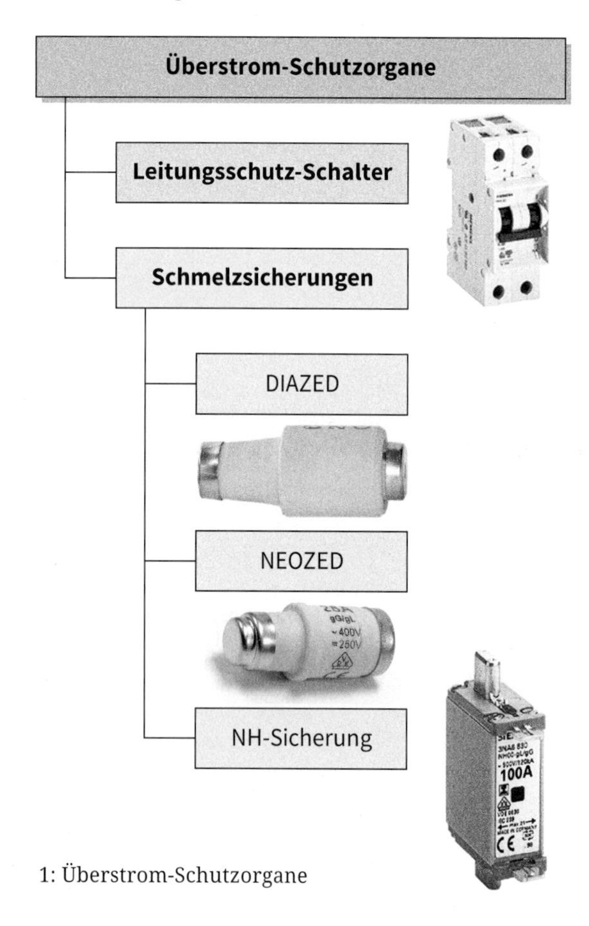

1: Überstrom-Schutzorgane

Schmelzsicherungen [*fuses*]

Diese Sicherungen sind mit ihrem Schmelzdraht bzw. -streifen in den Stromkreis eingebunden. Fließt ein zu hoher Strom schmilzt der Draht in der Sicherung und unterbricht dadurch den Stromkreis.

Die **Diazed-Sicherungen** (**dia**metral abgestufter **z**weiteiliger **Ed**ison-Schraubstöpsel) bestehen aus einem Porzellan-Hohlkörper, in dem sich der Schmelzdraht befindet. Schmilzt er, wird auch der Haltedraht (Abb. 2, ①) unterbrochen. Dadurch drückt eine Feder das farbige Meldeplättchen ② (**Kennmelder** [*indicator*]) heraus. Das ist das Zeichen, dass die Sicherung ausgelöst hat.

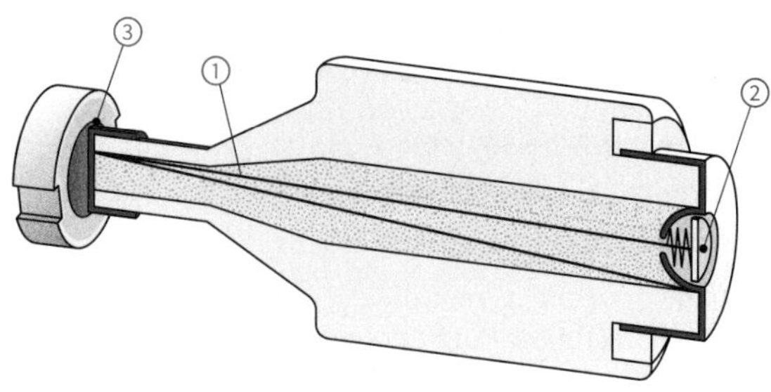

2: DIAZED-Sicherung

Die **Neozed-Sicherung** (neos = neu, griech.) ist im Prinzip genauso aufgebaut wie die Diazed-Sicherung. Nur ist ihre Bauform kleiner und damit platzsparender.

Beide Sicherungsarten bestehen aus folgenden Teilen:

- **Sicherungssockel** (Abb. 3 ④) mit **Passring** (Abb. 2 ③)
- **Sicherungseinsatz** [*fuse link*] (Abb. 3 ⑤) und
- **Schraubkappe** mit Sichtfenster (Abb. 3 ⑥).

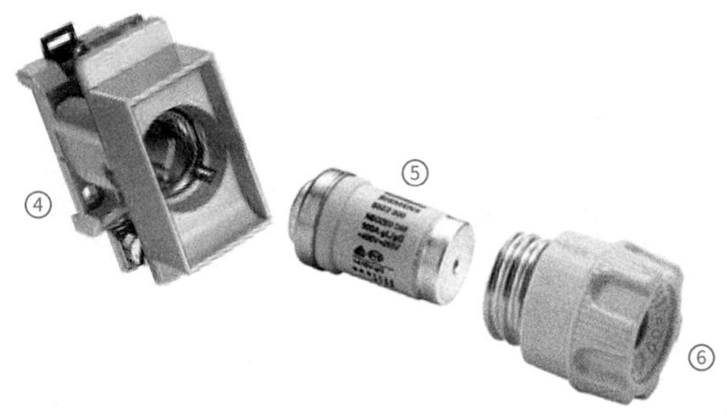

3: Teile einer Schmelzsicherung

Die Fußkontakte der Sicherungseinsätze haben je nach Bemessungsstromstärke unterschiedlich große Durchmesser. Je größer die Bemessungsstromstärke ist um so größer ist der Durchmesser. Dadurch passen in die Passringe nur die richtigen oder kleinere Schmelzeinsätze. Der betreffende Stromkreis kann also nicht höher abgesichert werden. Die Kennmelder-Farben sind den Bemessungsstromstärken der Schmelzsicherung zugeordnet. In Abb. 4 sind wesentliche Farben aufgelistet.

I_N in A	Farbe		I_N in A	Farbe	
2	rosa		20	blau	
4	braun		25	gelb	
6	grün		35	schwarz	
10	rot		50	weiß	
16	grau		63	kupfer	

4: Kennmelder-Farben

Schmelzsicherungen werden für verschiedene Anwendungsgebiete hergestellt. Bei **NEOZED-Sicherungen** werden **Betriebsklassen** [*utilization categories*] unterschieden. Diese werden unterteilt in Funktionsklassen und Einsatzbereiche. Die betreffenden Kennzeichen bestehen daher aus zwei Buchstaben.

Beispiel: g G

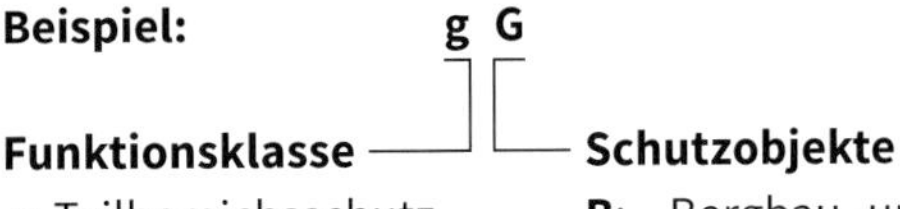

Funktionsklasse
- **a**: Teilbereichsschutz
- **g**: Ganzbereichsschutz

Schutzobjekte
- **B**: Bergbau- und Anlagenschutz
- **G**: Kabel und Leitungen
- **M**: Motoren
- **PV**: PV-Anlagen
- **R**: Halbleiter
- **Tr**: Transformatoren

5: Betriebsklassen-Kennbuchstaben

Die Sicherungseinsätze der Funktionsklasse g sind für den Schutz gegen Überlast und Kurzschluss geeignet. Solche der Funktionsklasse a schützen nur gegen Kurzschluss.

NEOZED-Sicherungen der Betriebsklasse gG findet man im allgemeinen im Wohnbereich.

Bei welcher Stromstärke löst eine Sicherung aus?

Bei Erreichen ihrer Bemessungsstromstärke schalten die Überstrom-Schutzorgane noch nicht ab. Sie müssen diese Stromstärke andauernd aushalten. Dieses Verhalten kann auch aus der Auslösekennlinie (Abb. 6) geschlossen werden. So gehen im oberen Zeitbereich ($t_V \sim 10^4$ s) die Kurven nahezu in die Senkrechte über. Das bedeutet z. B. für eine 16 A-Sicherung, dass die Bemessungsstromstärke ① nicht erreicht wird.

Wann und bei welcher Stromstärke die Sicherungen auslösen, ist in dem Diagramm in Abb. 6 dargestellt. Dort ist die **Auslösezeit t_V** [*tripping time*] in Abhängigkeit von der **Auslösestromstärke I_p** [*tripping current intensity*] aufgetragen. Für jede Bemessungsstromstärke ist ein Toleranzband angegeben, innerhalb dessen die Schmelzsicherung auslösen muss.

Im Folgenden wird der Umgang mit diesen Kennlinien als Beispiel für die Schmelzsicherung mit einer Bemessungsstromstärke von 16 A erläutert.

An der senkrechten Achse ist t_V in s aufgetragen. Die waagerechte Achse zeigt I_p. Die Sicherung soll spätestens nach 5 s (vgl. Kap. 2.3.7) auslösen. Von dieser Zeit ausgehend (Abb. 6 ②) wird eine Linie zum Auslöseband der 16 A-Sicherung gezogen. Sie trifft auf die Begrenzungen. Von hier aus gehen zwei Linien zur waagerechten Achse. Es ergeben sich zwei Stromstärken. Sie haben für die 16 A-Sicherung folgende Bedeutungen:

- Bei 40 A ③ löst die Schmelzsicherung frühestens aus.
- Bei 70 A ④ muss sie spätestens auslösen.

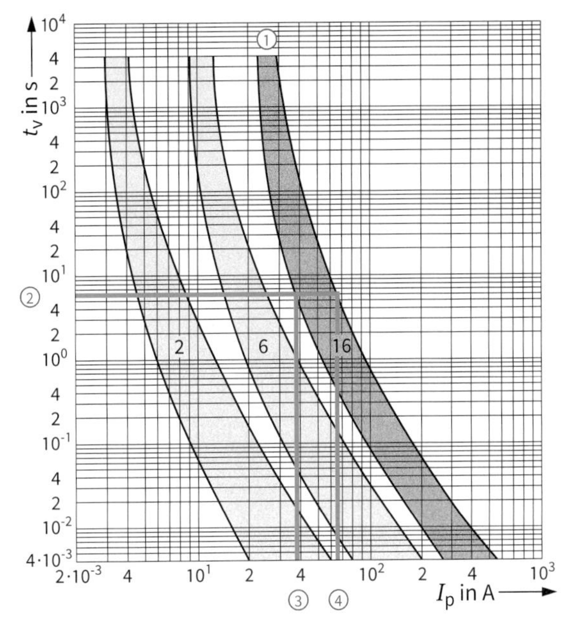

6: Auslösekennlinien

Aufgaben

1. Begründen Sie, warum in einen ordnungsgemäß installierten Sicherungssockel kein Sicherungseinsatz mit höherer Bemessungsstromstärke eingesetzt werden kann?
2. a) Woran erkennt man normalerweise, dass eine Schmelzsicherung ausgelöst hat?
   b) Erläutern Sie eine mögliche Ausnahme zu a).
3. Innerhalb welchen Zeitbereichs muss eine 16 A-Schmelzsicherung bei einer Fehlerstromstärke von 200 A auslösen?
4. Eine Leitung NYM 3x1,5 ist mit einer Schmelzsicherung mit der Bemessungsstromstärke 6 A abgesichert. Durch einen Fehler ist eine Stromstärke von 20 A vorhanden.
   Stellen Sie fest, nach welcher Zeit die Schmelzsicherung sicher abschaltet. Begründen Sie Ihre Antwort.

- Schmelzsicherungen bestehen aus dem Sockel mit Passring, dem Schmelzeinsatz und der Schraubkappe mit Sichtfenster.
- Die Passringe verhindern, dass Schmelzeinsätze mit größeren Bemessungsstromstärken eingesetzt werden können.
- Das Toleranzband der Zeit-Strom-Diagramme gibt an, innerhalb welcher Stromstärke-Grenzen die Schmelzsicherung auslösen muss.

Eine andere Art der Schmelzsicherungen sind die **Niederspannungs-Hochleistungs-Sicherungen** (NH-Sicherungen). Sie werden in den Hausanschlusskästen eingesetzt.

Im Sicherungseinsatz befindet sich wegen der großen Stromstärken kein Draht, sondern ein Schmelzband. Der Einsatz wird mit den Messerkontakten in das Sicherungsunterteil (Abb. 1) eingesteckt. Sie gibt es in sechs Baugrößen bis zu einer Bemessungsstromstärke von 1,25 kA.

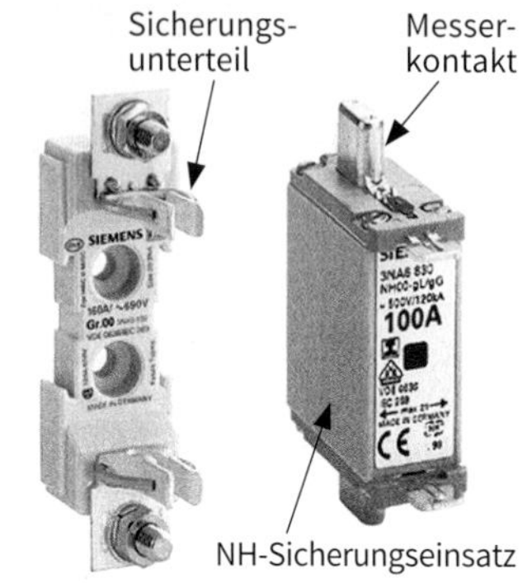

1: Sicherungseinsatz und -unterteil

Leitungsschutz-Schalter

LS-Schalter schützen wie Schmelzsicherungen gegen Überlast und Kurzschluss. Sie können von Hand aus- und wieder eingeschaltet werden. Sie müssen nicht wie Schmelzsicherungen nach jedem Auslösen ausgetauscht werden.

Die Auslöseeinrichtung besteht aus zwei Komponenten, die unterschiedliche Funktionen haben. Bei Überlast spricht der thermische Auslöser (Abb. 2 ①) an und bei Kurzschluss der elektromagnetische Auslöser ②. Die jeweiligen Öffnerkontakte liegen in Reihe mit der zu schützenden Leitung.

2: Aufbau eines Leitungsschutz-Schalters

Die Objekte der angeschlossenen Stromkreise (z. B. Lampen, Motoren) haben unterschiedliche Einschaltstromstärken, daher gibt es bei den LS-Schaltern auch verschiedene **Auslösecharakteristiken** [*tripping characteristics*].

Das Verhalten bei Überlast (thermische Auslösung, Abb. 3 ③) ist bei allen LS-Schaltern gleich. Sie unterscheiden sich im Kurzschlussbereich ④. Während Schalter mit der Auslösecharakteristik B bereits bei der 3- (bis 5-) fachen Betriebsstromstärke ⑤ abschaltet, hält der mit der Charakteristik C die 5- (bis 10-) fache Stromstärke aus. LS-Schalter mit dieser Charakteristik werden für den Schutz von Leitungen mit kleinen Motoren eingesetzt.

z.B. Steuerstromkreise
z.B. Beleuchtungsstromkreise
z.B. Motorstromkreise
Auslösezeit t — Minuten: 120, 40, 20, 10, 4, 2 — Sekunden: 40, 20, 10, 4, 2, 1, 0,4, 0,2, 0,1, 0,04, 0,02, 0,01
Z B C K ③ ④ ⑤
1 1,5 2 3 4 5 6 8 10 15 20 30
mal Bemessungsstromstärke I_N in A

3: Auslösekennlinien

Aufgaben

1. Welche Vorteile haben Leitungsschutz-Schalter gegenüber Schmelzsicherungen?
2. Welche Unterschiede bestehen zwischen dem Verhalten von LS-Schaltern mit B-Charakteristik und mit C-Charakteristik?
3. Sie sollen eine Leitung (16 A) für ein Schleifgerät mit 8-facher Anlaufstromstärke mit einem LS-Schalter schützen. Welche Charakteristik wählen Sie? Begründung Sie Ihre Entscheidung.

- Leitungsschutz-Schalter (LS-Schalter) schützen gegen Überlast durch den thermischen Auslöser (Bimetall) und gegen Kurzschluss durch den elektromagnetischen Auslöser (Spule).
- LS-Schaltern mit der Auslösecharakteristik B werden für Beleuchtung und Auslösecharakteristik C für Geräte mit hohem Einschaltstrom eingesetzt.

2.3.7 Schutzmaßnahmen gegen elektrischen Schlag

Von einer elektrischen Anlage darf keine Gefahr für Mensch und Tier ausgehen. Hierzu sind in DIN VDE 0100-410 Grundregeln aufgestellt.

Am Beispiel der geplanten Garageninstallation werden die wichtigsten Schutzmaßnahmen (Abb. 4) gegen einen **elektrischen Schlag** [*electric shock*] beschrieben.

Weitere **Schutzmaßnahmen** [*protective measures for safety*] werden im Lernfeld 5 erläutert.

Um einen wirksamen Schutz gegen elektrischen Schlag zu gewährleisten, muss eine Kombination von zwei unabhängigen Schutzvorkehrungen angewendet werden. Bei der Garageninstallation ist dies der **Basis- und** der **Fehlerschutz** [*basic and fault protection*].

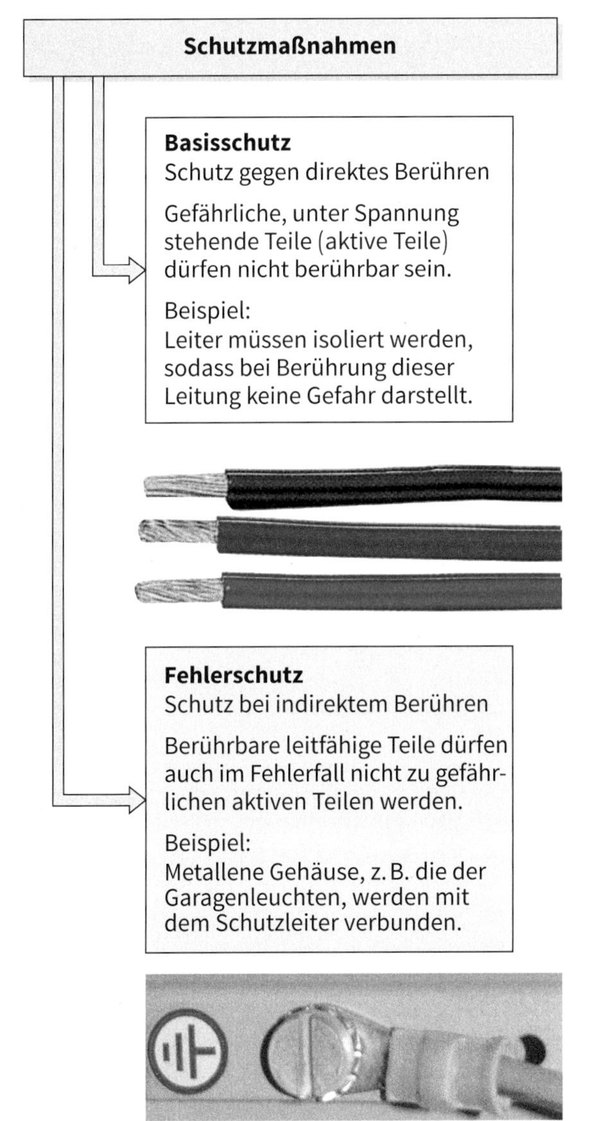

4: Basis- und Fehlerschutz

2.3.7.1 Gefahren des elektrischen Stromes

Der menschliche Körper wird vom Gehirn mit elektrischen Signalen gesteuert. Soll beispielsweise die Hand bewegt werden, sendet das Gehirn elektrische Signale an die Muskulatur der Hand. Fließt bei einem Stromunfall ein hoher Fremdstrom durch die Hand, kommt es zwangsläufig zu Funktionsablaufstörungen wie Muskelverkrampfungen. Die Hand kann den Spannung führenden Gegenstand nicht mehr loslassen.

Das menschliche Herz erhält ca. 70 Stromimpulse je Minute (entspricht 1,16 Hz). Wird es von einem 50 Hz Wechselstrom durchflossen, versucht das Herz diesen aufgeprägten schnellen Wechselstromimpulsen zu folgen. Das Herz ist dazu nicht in der Lage. Es kommt zum Herzkammerflimmern und somit zum Kreislaufstillstand. Innerhalb kürzester Zeit tritt der Tod ein. Nur ein erneuter, von außen erzeugter Impuls z. B. eines Defibrillators, kann das Herz wieder im normalen Rhythmus arbeiten lassen.

Die Abb. 5 zeigt nach VDE V 0140-479-1 die physiologische Wirkung eines 50 Hz-Wechselstromes **in Abhängigkeit von der Zeit** bei einem Durchströmungsweg von der linken Hand über das Herz zu den Füßen.

Wechselstrom (50/60 Hz)

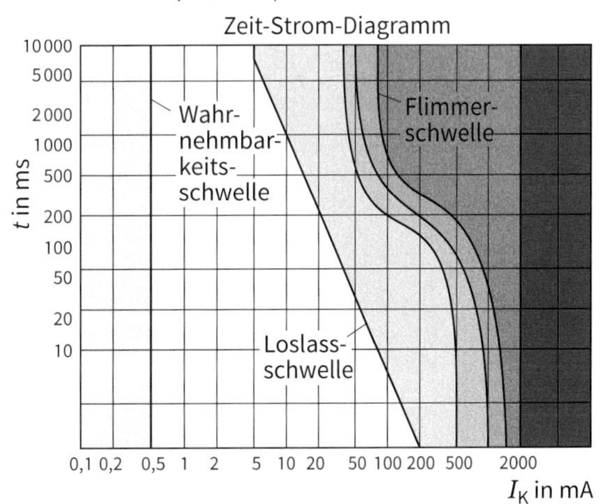

5: Auswirkungen des Stromes auf den Menschen

Gefährdungsbereiche für erwachsene Personen und Stromweg „Hand zu Hand“ und „linke Hand zum Fuß“

- Keine Auswirkungen
- Keine schädigenden Auswirkungen
- Keine Beschädigung der Organe, Muskelverkrampfungen, der Spannung führende Leiter kann unter Umständen nicht mehr losgelassen werden.
- Mögliches Herzkammerflimmern
- Wahrscheinliches Herzkammerflimmern
- Herzkammerflimmern
- Herzstillstand und Atemstillstand, schwere Verbrennungen

Elektrische Installationen

Weitere Gefahren bei Stromunfällen:

- Längere Stromeinwirkungen führen zu inneren Verbrennungen und zur Zersetzung der Zellflüssigkeit (→ Vergiftung des Körpers).
- Kurzschlüsse können einen 3.000 °C bis 20.000 °C heißen Lichtbogen erzeugen. Diese Lichtbögen verursachen äußere Verbrennungen und können die Augen schädigen.

Höchstzulässige Berührungsspannungen U_B

Um die höchstzulässige Berührungsspannung zu ermitteln, werden folgende Annahmen gemacht:

- Ein Strom fließt ca. 1 s durch den menschlichen Körper.
- Die Stromstärke beträgt 50 mA. Dieser Stromfluss ist sehr gefährlich, aber noch nicht tödlich.
- Der Körperinnenwiderstand hat 1000 Ω. Ist die Haut trocken und unverletzt, beträgt der Körperwiderstand mehrere kΩ.

Die Höhe der angelegten Spannung errechnet sich wie folgt:

$U = I_K \cdot R_{Ki}$ $\quad U = 50\text{ mA} \cdot 1000\ \Omega$ $\quad U = 50\text{ V}$

U: Wechselspannung

I_K: Strom durch den menschlichen Körper

R_{Ki}: Körperinnenwiderstand

Hiervon ausgehend hat VDE höchstzulässige Berührungsspannung U_B für Menschen und Nutztiere festgelegt:

- **Wechselspannung** (AC): **50 V**
- **Gleichspannung** (DC): **120 V**

Die Gleichspannungswerte sind höher, weil es nicht zum lebensbedrohlichen Herzkammerflimmern wie bei der Wechselspannung kommen kann.

Ein Basisschutz ist für Bemessungsspannungen bis 25 V AC bzw. 60 V DC nicht erforderlich. Daher dürfen Spannung führende Teile z. B. bei Spielzeugeisenbahnen oder Schienensystemen für Niedervolt-Halogenleuchten frei zugänglich sein.

Aufgaben

1. Warum spielen die Schutzmaßnahmen in der Elektroinstallation eine wichtige Rolle?
2. Erklären Sie die Aufgaben des
   a) Basisschutzes und des
   b) Fehlerschutzes.
3. Welche Auswirkung hat ein Strom durch den menschlichen Körper mit: $I_K = 30$ mA, $t = 0{,}4$ s
4. Nennen Sie die höchstzulässigen Berührungsspannungen (AC und DC) für Menschen und Tiere.

Weitere Fachbegriffe

Strommarken [*electric marks*]: Sie sind die Stellen in der Haut, an denen der Strom ein- bzw. austrat.

Sekundäre Stromunfälle [*secondary electrical accidents*]: Ein Stromschlag löst eine Schreckreaktion aus und verursacht z. B. einen Sturz von der Leiter.

Fehlerspannung [*fault voltage*] U_F: Eine schadhafte Isolierung setzt den Körper eines Betriebsmittels unter Spannung (Abb. 1). Die Spannung zwischen dem Fehler und dem nächsten Erdungspunkt wird als Fehlerspannung ① bezeichnet.

Berührungsspannungen [*touch voltages*] U_B: Hierbei handelt es sich um die Spannung ②, die im Fehlerfall zwischen gleichzeitig berührbaren Teilen auftreten kann. Die höchstzulässige Berührungsspannung darf nicht überschritten werden.

Gehäuse: Es ist als ein Teil definiert, das in allen Richtungen Schutz gegen direktes Berühren bietet und die Ausrüstung/Anlage gegen bestimmte äußere Einflüsse schützt. Ein Gehäuse kann ein Kasten, Schrank oder auch ein Einbauraum sein.

Körper: Der Körper eines elektrischen Betriebsmittels ist ein berührbares leitfähiges Teil, das unter normalen Betriebsbedingungen nicht unter Spannung steht.

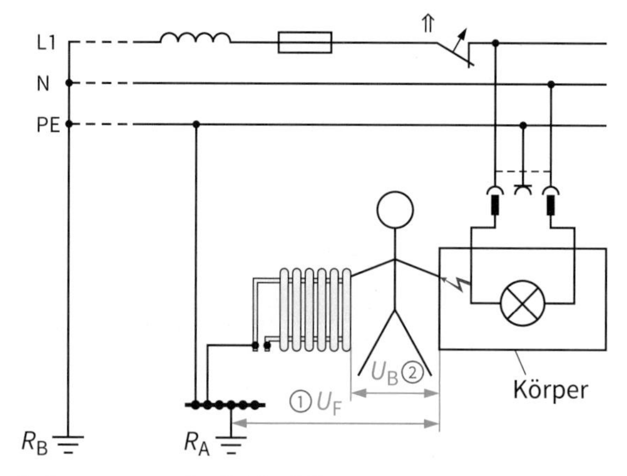

1: Spannungen im Fehlerfall

- Die Schutzmaßnahmen werden in der DIN VDE 0100-410 beschrieben.
- Der Basisschutz stellt einen Schutz gegen direktes Berühren von aktiven Teilen dar.
- Der Fehlerschutz soll im Fehlerfall vor einem elektrischen Schlag schützen.
- Bereits Stromstärken < 0,5 mA verursachen Muskelverkrampfungen; Stromstärken von 50 mA gelten als lebensbedrohlich.
- Die höchstzulässigen Berührungsspannungen betragen für Menschen und Nutztiere 50 V AC und 120 V DC.

Fehlerarten [*fault types*] und Definitionen

In der Praxis sind unterschiedliche elektrische Fehler möglich. Abbildung 2 zeigt Fehler in einer elektrischen Anlage.

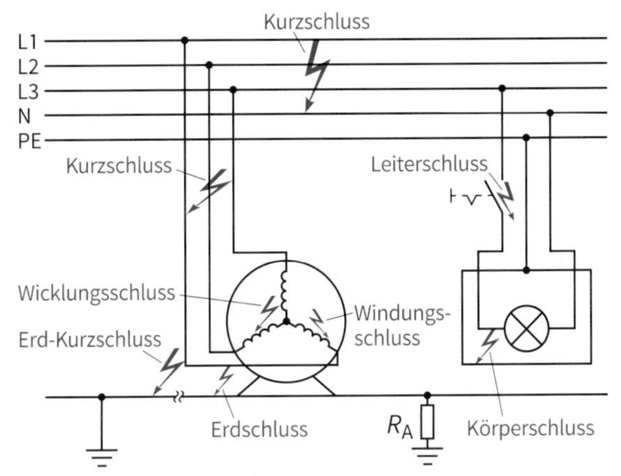

2: Fehlerarten (Beispiele)

- **Aktive Leiter** [*live conductors*] **bzw. Teile**: Aktive Leiter stehen im ungestörten Betrieb unter Spannung. Dazu zählen die Außenleiter und der Neutralleiter. Der PEN-Leiter gehört laut DIN VDE nicht dazu.
- **Potenzial**: Eine Spannung, die auf einen bestimmten Punkt (meistens 0 V bzw. „Masse“) bezogen ist, heißt Potenzial. Eine Spannung kann deshalb auch als Potenzialdifferenz bezeichnet werden.
- **Kurzschluss**: Ein Kurzschluss stellt eine Verbindung zwischen elektrisch leitfähigen Teilen dar, wodurch eine zuvor bestehende Potenzialdifferenz aufgehoben wird.
- **Erdschluss** [*earth fault*]: Ein Erdschluss ist eine leitende Verbindung zwischen einem aktiven Leiter mit Erde (R_A sehr groß → I sehr klein).
- **Erd-Kurzschluss**: Ist ein Erdschluss mit einer niederohmigen Erdverbindung ($R_A \downarrow \rightarrow I \uparrow$).
- **Körperschluss** [*short circuit to exposed conductive part*]: Ein Körperschluss ist eine leitende Verbindung von einem Körper eines elektrischen Betriebsmittels mit einem aktiven Teil.
- **Leiterschluss**: Ein Leiterschluss ist eine leitende Verbindung zweier Leiter, die gegeneinander unter Spannung stehen. In diesem fehlerhaften Stromkreis liegt ein Nutzwiderstand. In Abb. 2 leuchtet die Leuchte dann dauerhaft.
- **Wicklungsschluss** [*interwinding fault*]: Mindestens zwei unterschiedliche (Motoren-) Wicklungsstränge sind elektrisch leitend miteinander verbunden.
- **Windungsschluss**: Ein Windungsschluss ist eine leitende Verbindung innerhalb eines Stranges.

Besitzt im Fehlerfall die leitende Verbindung einen Übergangswiderstand, entsteht ein unvollkommener Schluss. Die besondere Gefahr dabei ist, dass er nicht schnell genug erkannt wird. Der Stromfluss kann zu einer unzulässig hohen Erwärmung und schließlich zu einem Brand führen.

2.3.7.2 Fehlerschutz

Um die Wirkungsweise des Fehlerschutzes zu verstehen, muss bei dem vorgestellten Bauvorhaben das Netzsystem erläutert werden. Es handelt sich nach DIN VDE 0100-200 um ein **TN-C-S-System** (Abb. 3 und 4).

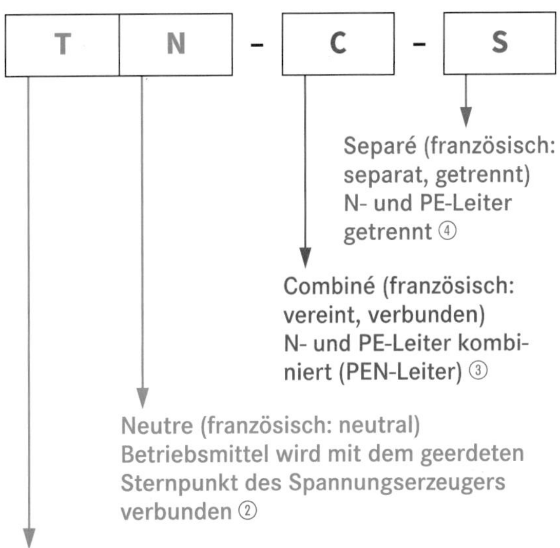

3: Erläuterungen der Kurzbezeichnungen

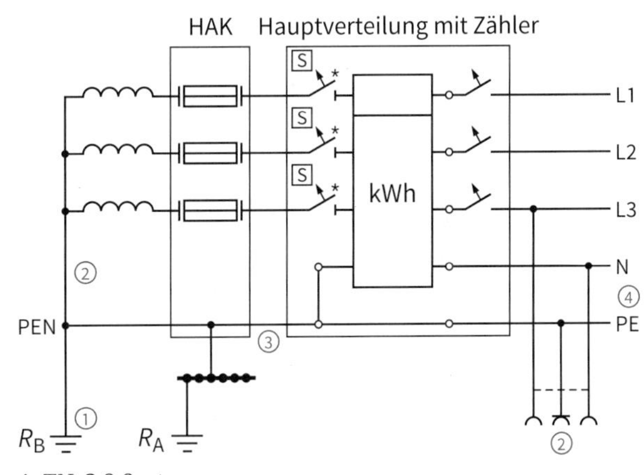

4: TN-C-S-System

Metallene Körper von elektrischen Betriebsmitteln werden mit dem Schutzleiter verbunden. Tritt ein Körperschluss auf, muss die zugehörige Überstrom-Schutzeinrichtung innerhalb einer bestimmten Zeit automatisch auslösen. Damit soll verhindert werden, dass der Körper nicht permanent unter Spannung steht und dadurch ein Lebewesen zu Schaden kommen kann.

Körperschlüsse in Betriebsmitteln werden beispielsweise durch

- einen fehlerhaften Basisschutz oder
- Berührung eines Spannung führenden Leiters mit dem elektrisch leitfähigen Körper verursacht.

Wie in jedem Stromkreis, kann auch hier nur im Fehlerfall ein Strom fließen, wenn der Stromkreis geschlossen ist. Abb. 1 zeigt den Weg des Stromes in der sogenannten Fehlerschleife.

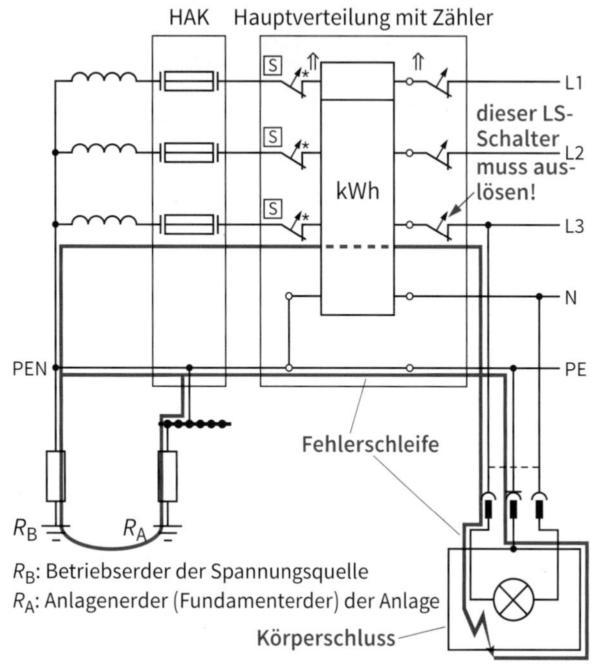

1: Fehlerschleife

Um eine schnelle Auslösung der Überstrom-Schutzeinrichtung zu erzielen, muss der Leiterwiderstand der Fehlerschleife möglichst gering sein.

$R_{\text{Leiter}} \downarrow \rightarrow I_{\text{Kurzschluss}} \uparrow \rightarrow t_{\text{Abschaltung}} \downarrow$

Dies wird u. a. dadurch erreicht, dass der PEN-Leiter mehrmals geerdet wird (Abb. 1). Der Widerstand des **Betriebserders** [*functional earth*] R_B und der Widerstand des **Anlagenerders** [*installation earth*] R_A sind parallel geschaltet. Da in einer Parallelschaltung von Widerständen der Gesamtwiderstand kleiner ist als der kleinste Einzelwiderstand, bedeutet dies, dass diese Erdungsmaßnahme für einen geringen Erdungswiderstand sorgt. Auf die Schaltzeichen für R_B und R_A wird im Weiteren verzichtet.

Der Fehlerstrom fließt über den PEN-Leiter und über das Erdreich zum Spannungserzeuger zurück, wobei grundsätzlich der PEN-Leiter niederohmiger ist. Bei einer fehlerhaften Unterbrechung des PEN-Leiters bleibt die Spannungsversorgung gewährleistet, da der Stromkreis über das Erdreich geschlossen bleibt.

Neben dem Aspekt der schnellen Abschaltung spielt ein weiterer Aspekt eine wichtige Rolle:
Im Fehlerfall – noch bevor die Überstrom-Schutzeinrichtung auslöst - darf die von DIN VDE vorgeschriebene maximale Berührungsspannung in Höhe von 50 V AC am geerdeten Körper des fehlerhaften 230 V-Betriebsmittels nicht überschritten werden (Abb. 2).

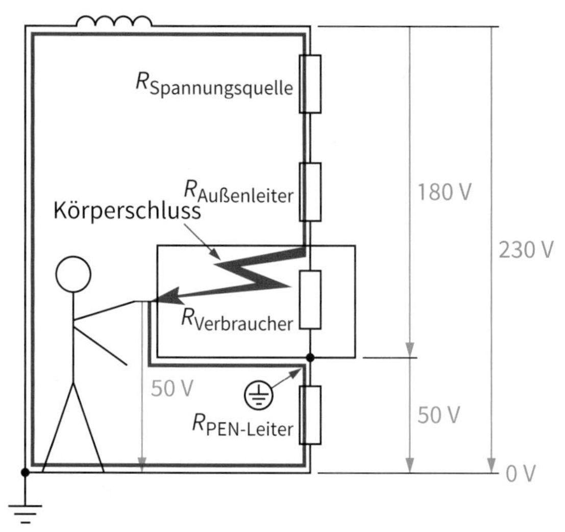

2: Spannungsaufteilung beim Körperschluss (Beispiel)

Ein geringer Widerstand des geerdeten PEN-Leiters sorgt somit auch für einen nur geringeren Spannungsfall auf diesem Leiter. Der Körper des Betriebsmittels nimmt in etwa dieses Potenzial an.

Weitere Übergangswiderstände, z. B. durch Anschlussklemmen in der Hauptverteilung, werden bei dieser Betrachtung vernachlässigt.

Idealfall:

$R_{\text{PEN-Leiter}} \approx 0\,\Omega \rightarrow \Delta U_{\text{PEN-Leiter}} \approx 0\,\text{V} \rightarrow U_{\text{Körper}} \approx 0\,\text{V}$

In Tabelle 3 sind die maximal zulässigen Abschaltzeiten gemäß DIN VDE 0100-410 aufgeführt.

Maximale Abschaltzeiten im TN-System		
Stromkreis	**U_0, Bemessungs-wechselspannung (Außenleiter gegen Erde)**	**Abschalt-zeiten**
Endstrom-kreise bis 32 A	$50\,\text{V} < U_0 \leq 120\,\text{V}$ $120\,\text{V} < U_0 \leq 230\,\text{V}$ $230\,\text{V} < U_0 \leq 400\,\text{V}$ $U_0 > 400\,\text{V}$	$t_a \leq 0{,}8\,\text{s}$ $t_a \leq 0{,}4\,\text{s}$ $t_a \leq 0{,}2\,\text{s}$ $t_a \leq 0{,}1\,\text{s}$
Verteilungs-stromkreise	für alle Spannungen	$t_a \leq 5{,}0\,\text{s}$

3: Abschaltzeiten im TN-System

- Die Fehlerschleife stellt einen geschlossenen Stromkreis dar.
- Parallele Erder sorgen für einen geringen Erdungswiderstand und damit für eine schnelle Auslösung der Überstrom-Schutzeinrichtung.
- In einem TN-System (230 V) beträgt die maximale Abschaltzeit in Endstromkreisen 0,4 s.

2.3.7.3 Fehlerstrom-Schutzeinrichtung RCD

Bei dem vorgestellten Bauvorhaben werden zusätzlich zu den Überstrom-Schutzeinrichtungen auch **Fehlerstrom-Schutzeinrichtungen**, kurz: **RCD** [*Residual Current protective Devices*], eingebaut. Die deutsche Abkürzung **FI-Schutzschalter** ist ebenso im Sprachgebrauch üblich (Abb. 4).

Dieser zusätzliche Fehlerschutz ist nach DIN VDE 0100-410 vorgeschrieben z. B. für

- Steckdosen mit einem Bemessungsstrom ≤ 20 A und
- Außenbereichssteckdosen mit einem Bemessungsstrom ≤ 32 A.

Eine frühere Regelung, wonach bei der Haus- bzw. Wohnungsinstallation eine RCD nur für Steckdosen im Badezimmer und im Außenbereich vorgeschrieben wurde, ist nicht mehr gültig.

4: RCD ohne Gehäuse

Der besondere Vorteil der RCDs gegenüber den Überstrom-Schutzeinrichtungen besteht darin, dass diese, z. B. auch bei einem unvollkommenen Körperschluss, bereits kleine Fehlerströme (im mA-Bereich) erfassen können, sodass mögliche Berührungsspannungen sehr klein bleiben. Der fehlerbehaftete Stromkreis muss laut RCD-Gerätenorm innerhalb von 200 ms abgeschaltet werden.

Es sind RCDs mit unterschiedlichen **Bemessungsdifferenzstromstärken** [*rated differential current intensities*] ($I_{\Delta N}$) erhältlich.

- $I_{\Delta N} \leq 30$ mA: Personenschutz und Brandschutz
  Der Einsatz von RCDs mit einer Bemessungsdifferenzstromstärke in Höhe von 30 mA ist beispielsweise im Wohnungsbau, auf Baustellen, in Schwimmbädern und in Laboreinrichtungen üblich.
- $I_{\Delta N} \leq 300$ mA: Brandschutz
- Mit integriertem LS-Schalter für den Leitungsschutz.

Abschaltung durch die RCD

Außer den genannten Schutzeinrichtungen werden für bestimmte Anlagen RCDs (Abb. 4) vorgeschrieben (vgl. DIN VDE 0100-410). Diese überwachen den Fehlerstrom, der über den Schutzleiter fließt. Das **Wirkprinzip** der RCD besteht darin, dass ein Summenstromwandler die hin- und rückfließenden Ströme vom Verbraucher überwacht. Vereinfacht können wir uns den Ablauf der Abschaltung durch die RCD so vorstellen, wie er mit Hilfe von Magnetfeldern in Abb. 5 dargestellt ist.

Abb. 5a:

Zufließender Strom im Leiter L1 ist gleich dem zurückfließenden Strom im Neutralleiter. Die durch den Strom hervorgerufenen Magnetflüsse Φ_{L1} und Φ_N sind entgegen gerichtet und gleich groß. Sie heben sich auf.
Also gilt
Gesamtfluss $\Phi_G = 0$ Vs ⇒ **Keine Induktion in der Spule** ①

Abb. 5b:

Wegen eines Isolationsfehlers im Gerät fließt ein Fehlerstrom zum PE-Leiter. Der zurückfließende Strom im Neutralleiter ist deshalb nicht gleich dem zufließenden Strom im Leiter L1. Die Magnetflüsse Φ_{L1} und Φ_N sind zwar entgegen gerichtet aber nicht gleich groß.
Also gilt
Gesamtfluss $\Phi \neq 0$ Vs ⇒ **Induktion in der Spule** ②

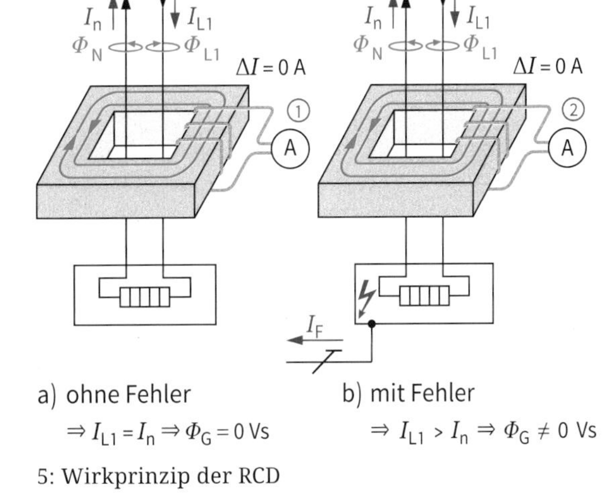

a) ohne Fehler
$\Rightarrow I_{L1} = I_n \Rightarrow \Phi_G = 0$ Vs

b) mit Fehler
$\Rightarrow I_{L1} > I_n \Rightarrow \Phi_G \neq 0$ Vs

5: Wirkprinzip der RCD

RCDs schalten nur Fehlerströme ab. Einen Kurzschluss zwischen dem Außenleiter und dem Neutralleiter können sie nicht erkennen. Es fließt zwar ein hoher Strom, jedoch ist die Summe der Ströme Null. Auf eine Überstrom-Schutzeinrichtung kann also nicht verzichtet werden.

Die häufig eingesetzten RCDs mit einer Bemessungsdifferenzstromstärke von 30 mA müssen spätestens bei diesem Wert auslösen. Damit wird zwar die lebensbedrohliche Stromstärke von 50 mA deutlich unterschritten, aber es kann bereits zu Muskelverkrampfungen kommen (vgl. Kap. 2.3.7.1).

Soll eine RCD die komplette Anlage absichern?

Eine RCD-Installation z. B. in der Hauptleitung ist nicht sinnvoll, weil dadurch im Fehlerfall sämtliche Stromkreise abgeschaltet werden. Daher bietet sich eine Aufteilung in mehrere RCD-Stromkreise an. Diese Maßnahme erhöht die Versorgungssicherheit der elektrischen Anlage.

Fehlersuche [*fault locating*]

Spricht eine RCD an, muss das fehlerhafte Anlagenteil erst einmal gefunden werden. Wichtig hierbei ist eine systematische Fehlersuche, die folgendermaßen ablaufen kann:

- Kunden nach besonderen Ereignissen fragen und dann Rückschlüsse ziehen. Fehler trat z. B. nach dem „gründlichen" Aufwischen in der Nähe einer auf dem Boden liegenden Steckdosenleiste auf.
- Elektrische Geräte entfernen, wie z. B. Toaster, Waschmaschine, Fernseher.
- Im Stromkreisverteiler die einzelnen Stromkreis-Zuleitungen, die über der auslösenden RCD abgesichert sind, entfernen.
- Führen die oben genannten Maßnahmen nicht zum gewünschten Erfolg, ist ein Defekt der RCD nicht auszuschließen.

Reihenschaltung von RCDs

In ausgedehnten Anlagen wie beispielsweise in einem elektrotechnischen Labor soll eine RCD in der Hauptstromverteilung die Anlage vor Bränden schützen. Eine weitere RCD wird zusätzlich als Personenschutz für einen Steckdosenstromkreis verwendet. Beide Betriebsmittel sind folglich in Reihe geschaltet (Abb. 1). Kommt es im Steckdosenstromkreis zum Fehlerfall, dann lösen in der Regel beide RCDs aus. Um dies zu verhindern, muss die im Hauptstromkreis vorgeschaltete RCD verzögert auslösen (t_a < 1 s). Der Fachbegriff hierfür ist **Selektivität**. Diese spezielle RCD ist an diesem Symbol zu erkennen: S

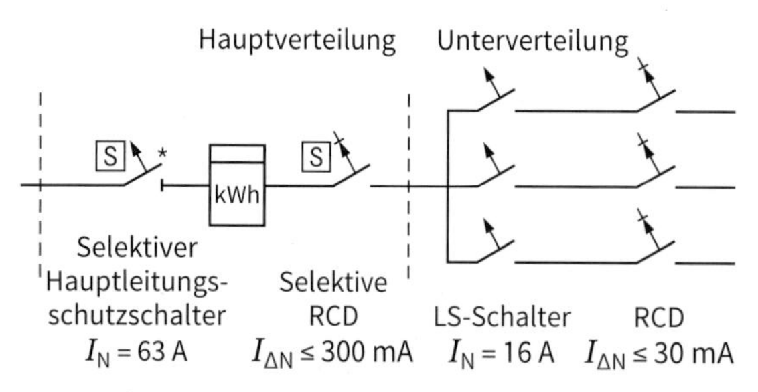

1: Anordnung der RCDs (Beispiel)

RCD-Typen [*RCD, types*]

Die Typenbezeichnungen der RCD dürfen nicht mit den Auslösecharakteristiken der LS-Schalter verwechselt werden (Abb. 2).

Typ A

Diese RCD erfassen rein sinusförmige Wechselströme und pulsierende Gleichfehlerströme. Eine Betriebsspannung ist nicht erforderlich (Abb. 2).

Typ B

Der so genannte allstromsensitive Fehlerstrom-Schutzschalter erfasst zusätzlich glatte Gleichströme, wie sie z. B. beim Einsatz von Frequenzumrichtern auftreten können.

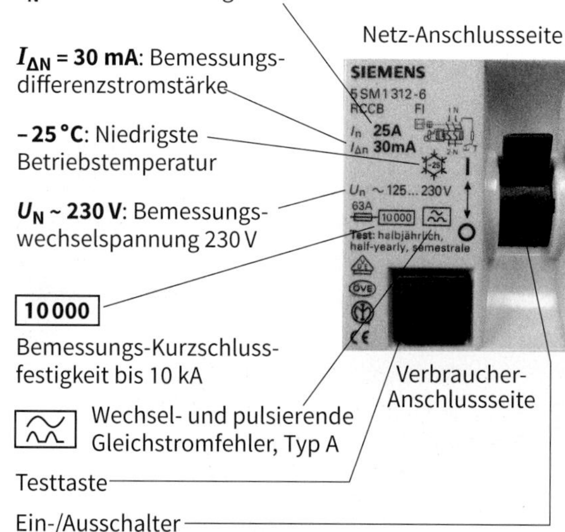

2: Bezeichnungen eines RCD-Schutzschalters

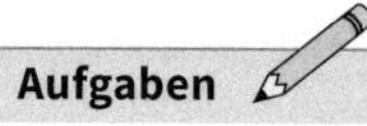

Aufgaben

1. Erklären Sie den Vorteil einer RCD z. B. bei einem Körperschluss gegenüber einer Überstrom-Schutzeinrichtung.
2. Erläutern Sie den Aufbau und die Funktionsweise der RCD.
3. Eine RCD löst aus. Beschreiben Sie die Schritte einer systematischen Fehlersuche.

- RCDs mit einer Bemessungsdifferenzstromstärke $I_{\Delta N}$ ≤ 30 mA dienen dem Personen- und Brandschutz.
- RCDs sind in der Wohnungsinstallation für Steckdosenstromkreise Vorschrift.
- Eine RCD darf nur in Kombination mit einer Überstrom-Schutzeinrichtung betrieben werden.

2.4 Angebot

Für das vorgestellte Bauvorhaben "Installation einer Garage" sind die Wünsche des Ehepaars Carsten in die Planung der Anlage (vgl. Kap. 2.3) übernommen worden. Die Elektrofirma Steffen hat die entsprechenden Aufmaße erstellt und alle benötigten elektrischen Objekte ermittelt. Da die Kunden den Preis für die Installation wissen möchten, wird ein Angebot erstellt.

Wie im Handwerk üblich, sind die Materialien und der dazugehörende Arbeitsaufwand zu einer Position (Abb. 3 ①) zusammengefasst. Im vorliegenden Angebot sind Objektgruppen ② gebildet worden, um dem Kunden die Übersicht zu erleichtern. Weitere Hinweise zur Kalkulation und Erstellen eines Angebotes sind im Anhang (vgl. Seite 264) zu finden.

im Hause
Ising Haustechnik
Heizung · Sanitär · Lüftung · Fliesen

Rolf Steffen
Elektrotechnik

Ehepaar Carsten
Hauptstraße 12
55595 Roxheim

ANG.-Nr.: **018/09/09-A**
Datum: 07.08.2020
Kundennummer: 00013

Angebot

Sehr geehrtes Ehepaar Carsten,
aufgrund Ihrer Wünsche biete ich Ihnen hiermit folgende Lieferungen und Leistungen an:

Position	Menge/Einheit	Beschreibung	Einzelpreis	Gesamtpreis
1		**Leitungen**		
1.1	19,40 lfm	Mantelleitung NYM 3x1,5 mm² UP mit Befestigungsmaterial inkl. Erstellen des ① Mauerschlitzes, liefern und verlegen.	4,33 €	84,00 €

Position	Menge/Einheit	Beschreibung	Einzelpreis	Gesamtpreis
4		**Schaltgeräte**		
4.1	6 St	Schukosteckdose in vorhandener Schalterdose, liefern und montieren. Hersteller: JUNG Typ: CD 520 WW Programm: CD 500 Farbe: alpinweiss	7,79 €	46,74 €

Zusammenstellung

1 Leitungen		463,47 €
2 Dosen		65,11 €
3 Unterverteiler ②		383,50 €
4 Schaltgeräte		193,17 €
5 Leuchten		186,25 €
Nettosumme		**1.291,50 €**
Mehrwertsteuer 19 %		**245,39 €**
Bruttosumme	**Angebotspreis**	**1.536,89 €**

Wir hoffen, dass Ihnen unser Angebot in technischer und in preislicher Hinsicht zusagt.
Wir würden uns daher freuen, den Auftrag zur Durchführung der Elektroinstallation Ihrer Garage zu erhalten.
Für weitere Fragen stehen wir Ihnen selbstverständlich jederzeit zur Verfügung.

Mit freundlichen Grüßen

Rolf Steffen

3: Auszüge aus dem Angebot der Firma Rolf Steffen

2.5 Elektroinstallation einer Garage

Das Ehepaar Carsten hat dem Betrieb Elektrotechnik Steffen den Auftrag zur Elektroinstallation der Garage erteilt. Um sicherzustellen, dass die Installation wirtschaftlich optimal und termingerecht durchgeführt werden kann, wird eine ausführliche Arbeitsplanung erstellt.

2.5.1 Arbeitsplanung

Die folgenden Punkte sind bei einer Arbeitsplanung zu berücksichtigen:

- Arbeitsschritte zur Realisierung des Kundenauftrages in der notwendigen Reihenfolge festlegen (Zielplanung)
- Anzahl/Qualifikation des Personals einplanen
- Zeitplan erstellen
- Material (Stückliste) und Werkzeug auswählen und gegebenenfalls beschaffen
- Hilfs- und Prüfmittel auswählen und beschaffen
- Dokumentationen (Pläne, Steuerungsprogramme, Betriebsanleitungen usw.) erstellen
- Arbeitsschutz und Unfallverhütungsvorschriften berücksichtigen (vgl. Kap. 2.5.2)
- Qualitätsanforderungen beachten

Die Arbeitsplanung erfolgt zum Einen auf der Grundlage des erstellten Angebots und zum Anderen spielt die praktische Erfahrung bei der Realisierung von Elektroinstallationen eine wichtige Rolle. Die Arbeitsplanung wird im Arbeitsplan (Abb. 1) schriftlich festgehalten. Zur Arbeitserleichterung verwendet der Elektrobetrieb für die Arbeitsplanungen seiner Bauvorhaben vorbereitete Formulare. Diese werden von Herrn Steffen handschriftlich ergänzt.

Aufgaben 

1. Warum ist eine Arbeitsplanung notwendig?
2. Welche Aspekte beinhaltet die Arbeitsplanung?
3. Erläutern Sie, warum praktische Erfahrungen bei der Arbeitsplanung eine Rolle spielen?

- Zur Arbeitsplanung zählen Ziel-, Personal-, Zeit-, Material- und Werkzeugplanung sowie wichtige Aspekte des Arbeitsschutzes.
- Die **Zielplanung** [*target planning*] enthält die Arbeitsschritte in der notwendigen Reihenfolge.

Arbeitsplan — Datum: 18.08.2020

Auftragsnummer:	217-2020
Bauvorhaben:	Elektroinstallation einer Garage für Ehepaar Carsten
Auftrag vom:	07.08.2020
Ziel:	Arbeitsschritte beim Kunden: Lage der Objekte und Leitungen anzeichnen → Stemmarbeiten → Schalterdosen fixieren → Leitungen verlegen → Objekte einbauen → Leitungen anschließen → Prüfen und Inbetriebnahme der Anlage → Kundenübergabe
Personal:	1 Facharbeiter, 1 Auszubildender
Zeit:	Durchführung in der 39. KW (26.08. – 28.08.2020) in Absprache mit Ehepaar Carsten 1 Facharbeiter = 24 Std. (3 Arbeitstage), 1 Auszubildender = 16 Std. (2 Arbeitstage) Arbeitszeit insgesamt: 40 Std. (inkl. An- und Abfahrten)
Werkzeug: (inkl. Hilfs- und Prüfmittel)	2 vollständige Werkzeugkisten und Leitern im Fahrzeug, 2 Schlagbohrmaschinen im Koffer komplett, gegebenfalls NH-Sicherungsgriff, Messgerät für die Erstprüfung
Dokumentationen:	Installationsplan (vgl. Kap. 2.3), Prüfbericht zur Erstprüfung (vgl. Kap. 2.5.3)
Arbeitsschutz: (vgl. Kap. 2.5.2)	Persönliche Schutzausrüstung, Gummimatten mit Befestigungsklemmen, Erste Hilfe-Koffer im Fahrzeug

1: Arbeitsplan

2.5.2 Arbeitsschutz [*occupational safety*]

2.5.2.1 Vorschriften

Im Berufsleben ist der Arbeitsschutz besonders wichtig. Deshalb hat der Elektrobetrieb Steffen ihn bereits in der Phase der Arbeitsplanung berücksichtigt. Der Arbeitsschutz soll es ermöglichen, dass Beschäftigte sicher, gesund und unter humanen Bedingungen arbeiten können.

Die Maßnahmen zum Arbeitsschutz werden in drei Bereiche unterteilt (Abb.2):

Bereich	Beispiele
Sichere Arbeitsbedingungen	Tragepflicht von Helmen und Sicherheitsschuhen auf Baustellen, Gerätesicherheit
Gesundheitsschutz	Umgang mit Gefahrstoffen, Maßnahmen gegen Lärm oder psychische Belastungen
Personenbezogener Schutz	Arbeitszeitregelungen, Jugendarbeitsschutz

2: Bereiche des Arbeitsschutzes

Um einen effektiven Arbeitsschutz zu gewährleisten, sind zahlreiche Gesetze und Verordnungen erlassen worden, z. B. das **Arbeitsschutzgesetz** [***occupational health and safety act***]. Auf diesen Grundlagen sollen Sicherheit und Gesundheitsschutz der Beschäftigten bei der Arbeit gesichert und verbessert werden.

Für den Elektrobetrieb Steffen spielt auch die **Baustellenverordnung** [***construction site regulation***] eine wichtige Rolle. Die Beschäftigten auf Baustellen sind im Vergleich zu anderen Wirtschaftszweigen einem hohen Unfall- und Gesundheitsrisiko ausgesetzt. Die Verordnung enthält organisatorische Mindestanforderungen bezüglich der Sicherheit und dem Gesundheitsschutz (z. B. das Anbringen von Gebotszeichen, Abb. 3). Die Unternehmer sind verpflichtet, die Arbeitsschutzvorschriften einzuhalten, um die Gefährdung ihrer Mitarbeiter weitestgehend ausschließen zu können.

Augenschutz tragen

Schutzhelm tragen

Gehörschutz tragen

Schutzschuhe tragen

3: Gebotszeichen auf Baustellen und in der Produktion

Für die Garageninstallation werden u. a. Werkzeuge, Bohrmaschinen und Leitern benötigt. Diese Geräte müssen dem **Geräte- und Produktsicherheitsgesetz** [***equipment and product safety act***] entsprechen.

Jedes Produkt muss eindeutig seinem Hersteller zuzuordnen sein und der Benutzer muss über die sichere Anwendung hinreichend durch eine Gebrauchsanweisung aufgeklärt werden.
EU-Produkte müssen den Sicherheitsanforderungen nach EU-Richtlinien entsprechen und erhalten die **CE**-Kennzeichnung (Abb. 4). Die **GS**-Kennzeichnung (Abb. 5) steht für **Geprüfte Sicherheit** [***certified safety***] und ist eine spezielle nationale Regelung, die es den Herstellern ermöglicht, freiwillig ihre Produkte bei anerkannten Prüfstellen (z. B. beim VDE) auf Sicherheit prüfen zu lassen.

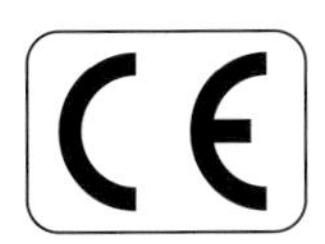

4: CE-Kennzeichen 5: GS-Kennzeichen

Die allgemeinen Vorgaben des Arbeitsschutzes werden von den **Berufsgenossenschaften** (BG) mit konkreten **Unfallverhütungsvorschriften** (UVV) für die einzelnen Berufsgruppen umgesetzt. Die Berufsgenossenschaften sind die Träger der gesetzlichen Unfallversicherungen.
Für den Bereich Elektrotechnik ist seit dem Jahr 2010 die BG „Energie Textil Elektro Medienerzeugnisse" zuständig (www.bgetem.de).
In Abb. 6 sind wichtige Vorschriften aufgeführt. Die vorrangigen Pflichten des Unternehmers sind in der DGUV Vorschrift 1 formuliert. Er soll Maßnahmen zur Verhütung von Arbeitsunfällen, Berufskrankheiten, arbeitsbedingten Gesundheitsgefahren sowie für eine wirksame Erste Hilfe treffen. Die Arbeitnehmer müssen sich aktiv an den Arbeitsschutzmaßnahmen beteiligen und z.B. eine **P**ersönliche **S**chutz**a**usrüstung (**PSA**) [***personal protective equipment***] tragen.

BG-Vorschrift	Inhalt
DGUV Vorschrift 1	**Grundsätze der Prävention** - Pflichten des Unternehmers - Pflichten des Versicherten - Erste Hilfe ...
DGUV Vorschrift 3	**Elektrische Anlagen und Betriebsmittel** - Prüfungen - Arbeiten an aktiven Teilen

6: DGUV Vorschriften (Auswahl)

- Maßnahmen zum Arbeitsschutz und zur Unfallverhütung sollen Beschäftigte vor Arbeitsunfällen und Berufskrankheiten schützen.
- Für den elektrotechnischen Bereich ist die Berufsgenossenschaft „Energie Textil Elektro Medienerzeugnisse" zuständig.
- Arbeitnehmer müssen sich aktiv an Arbeitsschutzmaßnahmen beteiligen.

2.5.2.2 Persönliche Schutzausrüstung (PSA)

Die Beschäftigten sollen vorrangig durch technische oder organisatorische Maßnahmen vor Gefährdungen geschützt werden. Dazu zählen z. B. das Arbeiten im spannungsfreien Zustand oder eine gut gesicherte und beleuchtete Baustelle. Kann eine Gefährdung grundsätzlich nicht ausgeschlossen werden, muss der Arbeitgeber entsprechend der Gefährdungsart eine **Persönliche Schutzausrüstung** zur Verfügung stellen.

Die Mitarbeiter des Elektrobetriebes Steffen benötigen neben der Arbeitsbekleidung auch eine Persönliche Schutzausrüstung, da sie auf der Baustelle mit einer Mauerschlitzfräse mit Staubabsaugung arbeiten und unter Spannung stehende NH-Sicherungseinsätze entfernen müssen.

- **Sicherheitsschuhe** mit Stahlkappen (Fußschutz) schützen Füße vor herabfallenden Gegenständen und vor Durchtreten von z. B. Nägeln usw.
- **Gehörschutzstöpsel** (Schallschutz) sind notwendig bei Arbeiten mit lauten Mauerschlitzfräsen usw.
- **Partikelfiltermaske** (Atemschutz, Abb. 1) ist bei Arbeiten mit Mauerschlitzfräsen vorgeschrieben, selbst wenn eine Staubabsaugung vorhanden ist.

1: Partikelfiltermaske

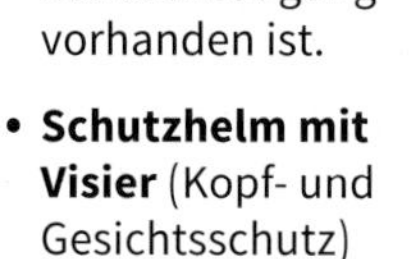

- **Schutzhelm mit Visier** (Kopf- und Gesichtsschutz)
  Der Helm schützt den Kopf und ist auf Baustellen Vorschrift! Das Visier schützt das Gesicht (inkl. Augen) vor einem eventuell auftretenden Lichtbogen, der beim Einsetzen bzw. Herausnehmen von NH-Sicherungen nicht ausgeschlossen werden kann.
- **NH-Sicherungsaufsteckgriff mit Armstulpe** (Werkzeug mit Hand- und Unterarmschutz, vgl. Kap. 2.2.1) werden zum Einsetzen und Herausnehmen von NH-Sicherungen benötigt. Die Armstulpe schützt vor Verbrennungen beim Auftreten eines Lichtbogens. Die Gefahr einer Lichtbogenbildung wird allerdings als gering eingestuft, daher kann auf eine schwer entflammbare Schutzbekleidung verzichtet werden.
- **Gummimatten** (Schutz gegen elektrischen Schlag) dienen als Standortisolierung für den Beschäftigten bei Arbeiten unter Spannung.

■ Beim Einsetzen bzw. Herausnehmen eines NH-Sicherungseinsatzes werden ein Helm mit Visier, ein NH-Sicherungsaufsteckgriff mit Armstulpe und eine Gummimatte zur Standortisolierung benötigt.

2.5.2.3 Benutzung von Leitern

In vielen Bereichen der Elektrotechnik wird mit **Leitern** [*ladders*] gearbeitet. Es dürfen nur einwandfreie Leitern benutzt werden. Die Instandsetzung erfolgt ausschließlich durch einen Fachmann! Leitern müssen mit einer Betriebsanleitung versehen sein, damit der Benutzer schnell und eindeutig die wichtigsten Verhaltensregeln sieht. Die Abb. 2 zeigt eine Auswahl von wichtigen Verhaltensregeln.

Für **Stehleitern** gilt:

a) ganz ausklappen

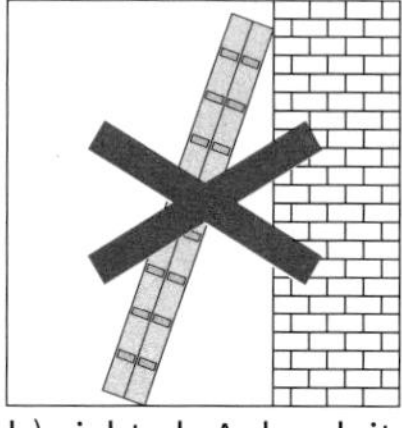
b) nicht als Anlegeleiter nutzen

c) nicht die obersten Sprossen nutzen

d) auf feste Justierung achten

Für **Anlegeleitern** gilt:

e) Anlegewinkel beachten

f) auf rutschfesten Untergrund achten

g) beide Holme müssen fest anliegen

h) 1 m Überstand beachten

2: Verhaltensregeln beim Umgang mit Leitern

■ Es dürfen nur einwandfreie Leitern benutzt werden.

■ Es sind unbedingt die Bedienungsanleitungen für Steh- und Anlegeleitern zu beachten.

2.5.2.4 Fünf Sicherheitsregeln

Um typische Handlungsfehler zu erkennen und diese zukünftig auszuschließen, wurden Stromunfälle über Jahrzehnte statistisch erfasst und ausgewertet. Das Ergebnis dieser Auswertung sind die **Fünf Sicherheitsregeln** [*five safety rules*].

Die Mitarbeiter des Elektrobetriebes Steffen sind erfahrene Fachleute und führen ihre Elektroinstallationsarbeiten im spannungsfreien Zustand aus.

Nur beim Herausziehen der NH-Sicherungseinsätze wird unter Spannung gearbeitet. Dazu sind besondere Arbeitsschutzmaßnahmen erforderlich (vgl. Kap. 2.5.2.2).

Diese Fünf Sicherheitsregeln müssen in der festgelegten Reihenfolge eingehalten werden!

Regel 1: Freischalten [*safety isolation*]

- Stecker ziehen
- Leitungsschutz-Schalter ausschalten bzw. Schmelzsicherung(en) entfernen

Grundsätzlich darf nur an elektrischen Anlagen und Betriebsmitteln im spannungsfreien Zustand gearbeitet werden!
Nur in Ausnahmefällen darf davon abgewichen werden.

Regel 2: Gegen Wiedereinschalten sichern

- Auf LS-Schalter Klebeetikett über Einschalthebel anbringen
- Haupt- bzw. Leistungsschalter mit Schloss sichern
- Bei Schmelzsicherungen die Schraubkappen und Sicherungseinsätze mitnehmen
- Verbotsschild „Nicht schalten“ gut sichtbar anbringen

Regel 3: Spannungsfreiheit [*absence of voltage*] **feststellen**

- Mit zweipoligem Spannungsprüfer direkt am Arbeitsort (!) messen
- Einpolige Spannungsprüfer sind nicht zulässig, weil sie irrtümliche Spannungsfreiheit angeben können.
- Vielfach-Messinstrumente sind verboten. Es besteht die Gefahr, dass versehentlich der niederohmige Strommessbereich eingestellt ist. Die Folge wäre ein Kurzschluss.

Regel 4: Erden und Kurzschließen

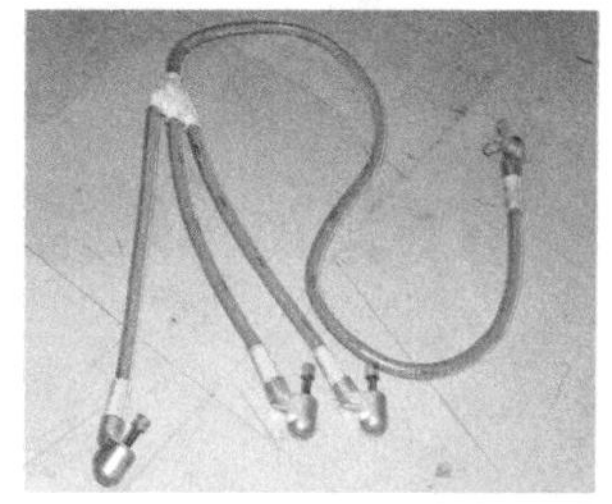

- Die Leiter müssen zuerst geerdet und dann kurzgeschlossen werden. Diese Maßnahme ist Schutz gegen Folgen bei irrtümlichem Wiedereinschalten. Die Erdung erfolgt zuerst, damit gegebenenfalls Ströme sicher zur Erde (ab) fließen können.
- In Niederspannungsanlagen (bis 1000 V) darf vom Erden und Kurzschließen abgesehen werden, wenn sichergestellt ist, dass z. B. die Anlage nicht durch eine Notstromversorgung eingespeist werden kann.

Regel 5: Benachbarte unter Spannung stehende Teile abdecken oder abschranken

- Zur Abdeckung werden zertifizierte Kunststoffmatten mit Klammern benutzt. Diese haben einen hohen Isolationswiderstand und weisen eine ausreichende mechanische Festigkeit auf.
- Ist ein ausreichend großer Abstand zu benachbarten Anlageteilen vorhanden, reichen Abschrankungen aus. Hohe Leitern oder andere Gegenstände dürfen nicht in diesen gesperrten Bereich gelangen.

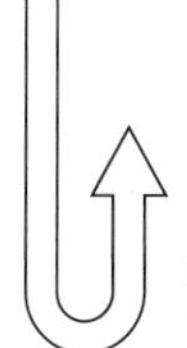

Sind die Arbeiten abgeschlossen, werden die Maßnahmen dieser fünf Regeln in umgekehrter Reihenfolge durch die verantwortliche Elektrofachkraft wieder aufgehoben.

2.5.2.5 Erste Hilfe *[first aid]*

Auszubildende und auch erfahrene Facharbeiter können bei ihren Installationsarbeiten einen Arbeitsunfall erleiden oder auch durch spontane Gesundheitsstörungen beeinträchtigt werden, obwohl sie verantwortungsbewusst leben und arbeiten.

Häufig können durch schnelle Erste Hilfe die Gesamtsituation verbessert und die Folgen bei den Betroffenen vermindert werden. Die Reihenfolge der Erste Hilfe-Maßnahmen ist in Abb. 1 dargestellt.

Ziele der Ersten Hilfe sind

- menschliches Leben retten,
- bedrohende Gefahren abwenden und
- Gesundheitsstörungen mildern.

Wenn Sie die den Notruf **112** gewählt haben, sind Sie mit der Leitstelle der örtlich zuständigen Berufsfeuerwehr verbunden. Beantworten Sie dann am Telefon die folgenden **W**-Fragen kurz und präzise:

Wo geschah es?

Was geschah?

Wie viele Verletzte?

Welche Art von Verletzung bzw. Erkrankung?

Auf Rückfragen warten und nicht selbst das Gespräch beenden!

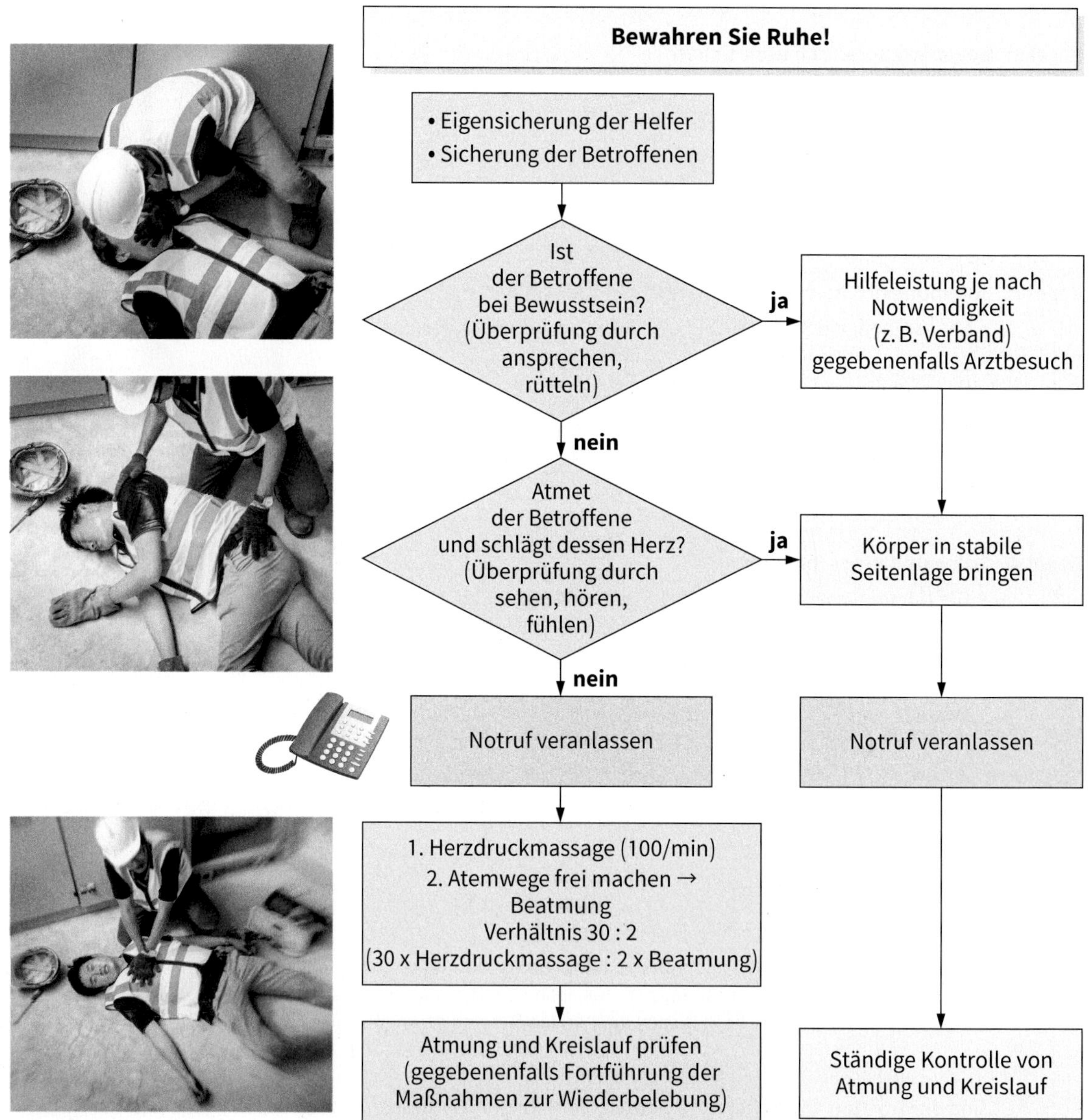

1: Erste Hilfe-Maßnahmen

Die Vorgehensweise für Erste Hilfe-Maßnahmen bei Stromunfällen ist von der Spannung abhängig. Generell gilt: Ist die Spannung nicht bekannt, muss von einem Hochspannungsnetz ausgegangen werden.

Unfälle im Niederspannungsnetz (230 V bis 1000 V)

- Eigenschutz der Retter hat absoluten Vorrang
- Den Verletzten vom Stromkreis trennen, durch:
  - Ausschalten
  - Ziehen des Steckers
  - Herausnahme der Sicherung
- Ist eine Unterbrechung des Stromkreises nicht möglich, muss der Verletzte mit nicht leitenden Gegenständen von der Spannungsquelle getrennt und aus dem Gefahrenbereich gerettet werden.

Unfälle im Hochspannungsnetz (> 1000 V)

- Wegen der Eigengefährdung dürfen keine Rettungsversuche unternommen werden.
- Es muss ein Sicherheitsabstand von mindestens fünf Metern eingehalten werden.
- Es ist grundsätzlich sofort der Notruf zu veranlassen und Fachpersonal herbei zu rufen. Dieses muss den betreffenden Anlagenteil freischalten und eine Freigabe bestätigen. Erst dann kann Hilfe geleistet werden.

Das Warnzeichen (Abb. 2) ist in Hochspannungsanlagen vorgeschrieben. Häufig erfolgt auch eine Angabe über die Spannungshöhe (Abb. 3).

2: Warnung vor elektrischer Spannung

3: Warnzeichen mit Zusatzinformationen

Aufgaben 

1. Nennen Sie drei Gründe für Erste Hilfe-Maßnahmen.
2. An welche besonderen Sicherheitsmaßnahmen muss ein Retter denken, wenn ein Unfall in der 400 V-Spannungsebene erfolgt?

- Erste Hilfe soll Menschenleben retten, Gefahren abwenden und Gesundheitsstörungen mildern.
- Bei Stromunfällen im Hochspannungsnetz muss sofort der Notruf veranlasst werden, damit durch autorisiertes Fachpersonal das Anlagenteil entsprechend freigeschaltet werden kann.

2.5.2.6 Arbeitsplatzgrenzwert

Der Elektrobetrieb Steffen benutzt bei Unterputzverlegungen eine Mauerschlitzfräse mit Staubabsaugung. Es treten dennoch hohe Konzentrationen von quarzhaltigem Staub und Zementstaub in der Atemluft auf, sodass der Einsatz von Atemschutzmasken erforderlich ist.

In welcher Höhe die maximal zulässigen Konzentrationen eines Stoffes als Gas, Dampf oder Schwebstoff in der Atemluft liegen dürfen, wird in der Gefahrstoffverordnung angegeben. Die Werte der **m**aximalen **A**rbeitsplatz-**K**onzentrationen (**MAK**-Werte) [*maximum workplace concentrations*] sind so bemessen, dass sie keine gesundheitlichen Beeinträchtigungen erwarten lassen (Abb. 4). Sie beziehen sich auf

- einen 8-Stunden Arbeitstag,
- eine 40-Stunden Arbeitswoche und
- gesunde Personen im erwerbsfähigen Alter.

Je niedriger der Grenzwert eines Stoffes, desto schädlicher ist dieser. Rechtlich bindend sind die Technischen Regeln für Gefahrstoffe (TRGS 900, **Arbeitsplatzgrenzwerte** [*occupational exposure limit values*]).

Maximale Arbeitsplatz-Konzentration (Beispiele)				
Schadstoff	Quecksilber	Quarzstaub	Zementstaub	Trichlorethan
MAK-Wert (mg/m^3)	0,02	0,15	5	55

4: Maximale Arbeitsplatz-Konzentrationen

Beim Mauerschlitzfräsen kommen Einweghalbmasken nach Richtlinie DIN EN 149 zum Einsatz. Diese umschließen Mund, Nase und Kinn und sind nur zum einmaligen Gebrauch geeignet. Die Angabe **FFP 2** [*filtering face-piece*] informiert darüber, dass eine 10-fache Überschreitung der MAK-Werte beim Tragen der Maske zulässig ist.

Maximale Immissions-Konzentration

Für dauernde Luftverunreinigungen im Freien außerhalb der Emissionsquellen (Emission = Ausstoß von Gasen, Ruß oder Staubteilchen) wird die **m**aximale **I**mmissions-**K**onzentration (**MIK**, Immission = Einwirkung von Gasen, Ruß oder Staubteilchen) definiert. Diese Werte gelten als gesundheitlich unbedenklich und betragen meistens 1/20 des MAK-Wertes.

Die Gefahrstoffverordnung aus dem Jahr 2018 definiert **gesundheitsbasierte** Arbeitsplatzgrenzwerte (AGW) und biologische Grenzwerte (BGW). Die alte **krankheitsbasierte** Bezeichnung maximale Arbeitsplatz-Konzentration kann bis zur vollständigen Umsetzung der Verordnungen weiterhin verwendet werden.

Neben den MAK-Werten gibt es auch TRK-Werte (Technische Richtkonzentrationen), diese Maximalwerte gelten in Bezug auf krebserregende Stoffe.

2.5.3 Prüfung elektrischer Anlagen

Der Errichter darf dem Kunden nur eine einwandfreie Anlage übergeben. Diese muss die Anforderungen nach DIN VDE 0100 erfüllen.

Deshalb wird nun die elektrische Anlage der Garage geprüft, bevor sie dem Ehepaar Carsten übergeben wird.

Die **Prüfung elektrischer Anlagen** [*inspection and test of electrical installations*] erfolgt nach DIN VDE 0100-600 (Errichten von Niederspannungsanlagen – Teil 6: Prüfungen) und besteht aus Besichtigen, Erproben und Messen sowie dem Erstellen des Prüfberichts (Abb. 1).

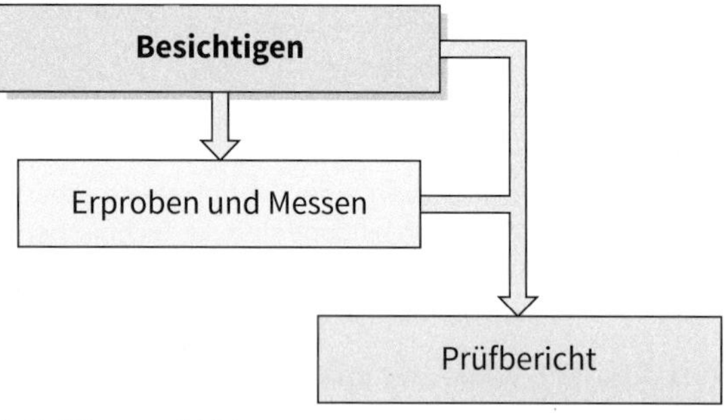

1: Prüfungsschritte

2.5.3.1 Besichtigen

Die **Besichtigung** [*visual inspection*] findet bereits während der Installation statt und erfolgt vor dem Erproben und Messen und der anschließenden Inbetriebnahme. Der geübte Fachmann kann oftmals Fehler bereits durch das „Hinschauen" erkennen (Abb. 2).

Die Firma Steffen benutzt für den Prüfungsteil Besichtigung einen selbst entwickelten Vordruck, der universell einsetzbar ist und auf der Baustelle ergänzt wird. Der ausgefüllte Vordruck (Abb. 3) muss später dem Prüfbericht beigelegt werden.

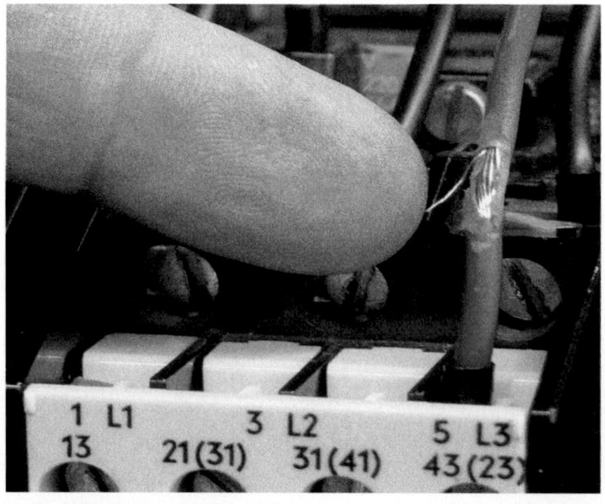

2: Besichtigung einer Anlage

Erstprüfung nach DIN VDE 0100-600 Checkliste für den Prüfungsteil: Besichtigung			**Garage von Ehepaar Carsten**
Pos.	**Zu kontrollieren sind:**		**OK**
1	**Schaltungsunterlagen komplett**		✔
2	**Betriebsmittel**	richtige Auswahl	✔
3		keine Schäden	✔
4		Betriebsmittelkennzeichnung	✔
5	**Leitungs-anschlüsse**	Isolierung	✔
6		Absetzen	✔
7		Anschluss	✔
8		Zugentlastung	✔
9	**Leitungswahl & Verlegung**	Leitungstyp	✔
10		Querschnitt	✔
11		Farben	✔
12		ordnungsgemäße Verlegung	✔
13	**PE-Leiter & N-Leiter**	Auswahl	✔
14		Anschluss	✔
15		Verlegung	✔
16		Kennzeichnung	✔
17	**Basisschutz**	Abdeckungen	✔
18		Fingersicherheit	✔
19	**Überstrom-schutz**	Auswahl	✔
20		Einstellungen	–
Zum Zeitpunkt der Prüfung keine erkennbaren Mängel			✔
Datum/Unterschrift: 28.08.2020 R.Steffen			

3: Checkliste für den Prüfungsteil Besichtigung

Hinweise zur Checkliste:

Pos. 2, 4, 9, 10, 13, 16, 19 sowie 20:
Der Prüfer vergleicht die genannten Positionen mit den vorhandenen Planungsunterlagen (Stücklisten, Stromlaufplänen). Eine Dimensionierung z. B. der Überstrom-Schutzorgane und Leiterquerschnitte erfolgte bereits in der Planungsphase, sodass der Prüfer hier keine Berechnungen vornehmen muss.

Pos. 11:
Die **Leiterfarben** [*conductor colours*] für Kabel und Leitungen werden in DIN VDE 0293-308 festgelegt und in Kapitel 2.3.4 erläutert.

Pos. 18:
Die Fingersicherheit ist ein Schutz gegen Berühren berührungsgefährlicher Teile mit einem Finger. Diesen Nachweis muss der Hersteller von elektrischen Betriebsmitteln erbringen. Die Fingersicherheit reicht in Bereichen aus, wo ein vollständiger Schutz gegen direktes Berühren nicht gefordert wird (z. B. Schütze in einem Schaltschrank, dazu ist mindestens die Schutzart IP2X erforderlich). Der Prüfer von Anlagen kontrolliert, ob die Fingersicherheit gegeben ist, indem er Abdeckungen usw. auf festen Halt prüft.

2.5.3.2 Erproben und Messen

Die Prüfungsteile **Erproben** und **Messen** sind in der Praxis als zusammenhängende Tätigkeiten anzusehen, da sie nicht getrennt voneinander realisiert werden können. Zur besseren Übersicht erfolgt hier eine getrennte Betrachtung.

Die ersten drei Nennungen beziehen sich auf das Bauvorhaben „Garage von Ehepaar Carsten". Je nach Anlage (z. B. Gefahrenmeldeanlage) wären weitere Erprobungsschritte notwendig.

Erproben

- RCD-Schutzeinrichtung
  Die Erprobung erfolgt durch Betätigung der Test-Taste.
- Funktion der elektrischen Anlage
  Sämtliche elektrische Betriebsmittel der Anlage sind auf richtige Funktionen zu überprüfen. Bei größeren/komplexen Anlagen (z. B. für Fertigungsprozesse) erfolgt eine Funktionsprüfung gemäß der Funktionsbeschreibung.
- Phasenfolge von Drehstromsteckdosen
  Das nach DIN VDE 0100 geforderte Rechtsdrehfeld für Drehstromsteckdosen ist mit einem Drehfeldrichtungsanzeiger zu überprüfen. Nicht festgelegt ist der Drehsinn bei Hausanschlusskästen oder Stromkreisverteilern. Hierbei können betriebsinterne Regelungen getroffen werden.

Je nach Anlage sind weitere Erprobungen notwendig.

- Drehrichtung von Motoren
  Die Erprobung erfolgt mit einem Drehfeldrichtungsanzeiger am Motorklemmbrett sowie gegebenenfalls einer Sichtkontrolle der Motorwelle bzw. des Antriebs.
- NOT-AUS- und Sicherheitsgrenztaster-Funktion
  Die Erprobung erfolgt durch Betätigung der NOT-AUS-Taster/Schalter.
- Signalgeber von Gefahrenmeldeanlage
  Die Erprobung erfolgt durch Überprüfung der Sensoren, z.B. Glasbruchsensor, Rauchmelder.
- Notstromversorgung
  Die Erprobung erfolgt indem ein Spannungsausfall simuliert wird. Je nach Anlage müssen z. B. Notbeleuchtungen und Brandschutzklappen funktionsfähig bleiben.

Aufgaben 

1. Warum muss eine elektrische Anlage geprüft werden, bevor sie dem Kunden übergeben wird?
2. Nennen Sie je fünf Maßnahmen zu den Prüfungsteilen Besichtigen und Erproben.

Messen [*measuring*]

Zum **Messen** in elektrischen Anlagen bieten die Gerätehersteller komfortable Multifunktions-Messgeräte an (Abb. 4). Die notwendigen Messungen erfolgen mit einem einzigen Gerät. Die Messwerte können gespeichert und vom PC ausgelesen werden. Der Prüfbericht mit den gemessenen Werten wird von einer entsprechenden Software erstellt.

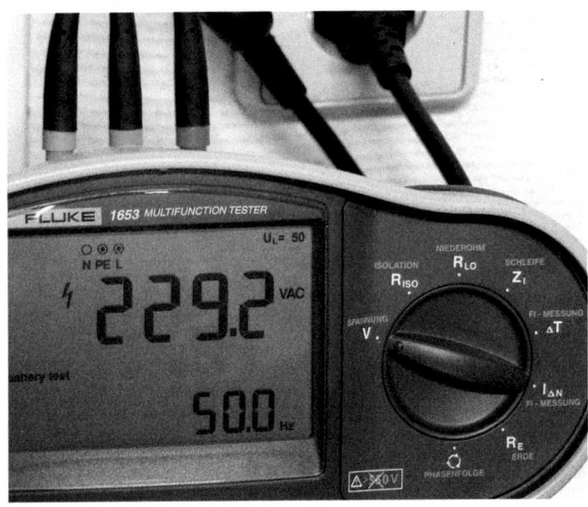

4: Spannungsmessung

Das vorgestellte Bauvorhaben wird an ein TN-C-S-System angeschlossen. Die Messungen werden entsprechend Abb. 5 durchgeführt. Vorzugsweise wird mit den ersten beiden Messungen begonnen, weil diese im spannungsfreien Zustand durchgeführt werden.

Messungen bei der Garageninstallation

- Durchgängigkeit der Leiter
- Isolationswiderstandsmessung
- Schleifenimpedanzmessung
- RCD-Messungen
- Spannungspolarität
- Spannungshöhe

5: Messungen nach DIN VDE 0100-600

- Der Errichter darf dem Kunden nur eine einwandfreie elektrische Anlage übergeben.
- Die Prüfungsschritte bestehen aus Besichtigen, Erproben und Messen der elektrischen Anlage sowie dem Erstellen eines Prüfberichts.
- Die Messungen „Durchgängigkeit der Leiter" und „Isolationswiderstand der elektrischen Anlage" werden im spannungsfreien Zustand durchgeführt.

Messgerät zur Erst- und Folgeprüfung von elektrischen Anlagen

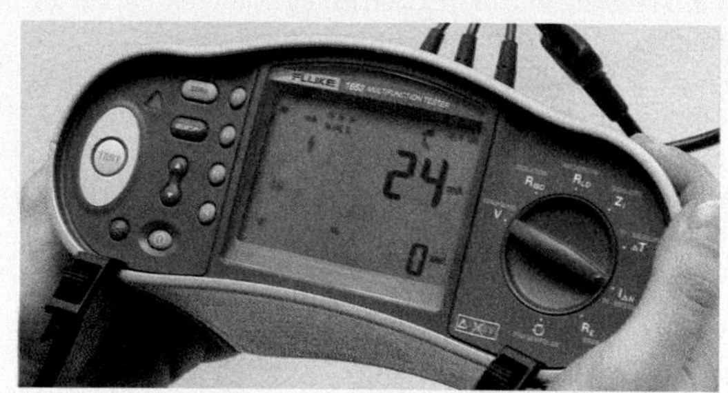

Für E-Check*-Messungen geeignet

Deutschland: DIN VDE 0100/0413-1
Österreich: ÖVE/ÖNORM E 8001
Schweiz: NIN/SN SEV 1000 und NIV

*E-Check ist ein geschütztes Zeichen der ArGe Medien im ZVEH

Spezifikationen

(nähere Informationen finden Sie auf der Fluke Website)

Wechselspannungsmessung

Messbereich	Auflösung	Ungenauigkeit 50 Hz – 60 Hz	Eingangsimpedanz	Überlastschutz
500 V	0,1 V	± (0,8 % + 3 digits)	3,3 MΩ	660 Vrms

Durchgangstest

Messbereich (Bereichsautomatik)	Auflösung	Prüfstrom	Leerlaufspannung	Ungenauigkeit
20 Ω	0,01 Ω	> 200 mA	> 4 V	± (1,5 % + 3 digits)
200 Ω	0,1 Ω			
2000 Ω	1 Ω			

Isolationswiderstandsmessung

Modell	Prüfspannung	Messbereiche	Auflösung	Prüfstrom	Ungenauigkeit
1653B	50 V	10 kΩ bis 50 MΩ	0,01 MΩ	1 mA @ 50 kΩ	± (3 % + 3 digits)
	100 V	20 MΩ 100 MΩ	0,01 MΩ 0,1 MΩ	1 mA @ 100 kΩ	± (3 % + 3 digits)
	250 V	20 MΩ	0,01 MΩ	1 mA @ 250 kΩ	± (1,5 % + 3 digits)
	500 V	20 MΩ	0,01 MΩ	1 mA @ 500 kΩ	± (1,5 % + 3 digits) +10 %
	1000 V	–	0,1 MΩ	1 mA @ 1 MΩ	± (1,5 % + 3 digits) +10 %

Schleifenimpedanzmessung

Bereich	Auflösung	Ungenauigkeit
20 Ω	0,01 Ω	Modus ohne Auslösung: ± (3 % + 6 digits) Modus mit hohem Prüfstrom: ± (2 % + 4 digits)
200 Ω	0,1 Ω	
2000 Ω	1 Ω	

Test des unbeeinflussten Kurzschlussstroms (PFC, PSC)

Messbereich	1000 A/10 kA (50 kA)
Auflösung und Einheiten	1 A für I_K < 1000 A, 100 A für I_K > 100 A
Ungenauigkeit	Bestimmt durch die Ungenauigkeit der Schleifenwiderstands- und Netzspannungsmessungen

Berechnung
Erdschlussstrom (I_K, PEFC) oder Kurzschlussstrom (I_K, PSC), bestimmt durch Division der gemessenen Netzspannung durch die gemessene Schleifenimpedanz (L-PE) bzw. die Netzimpedanz (L-N)

FI-Schalter-Prüfung

RCD-Typ		1653B
AC[1]	G[2]	•
AC	S[3]	•
A[4]	G	•
A	S	•

[1]AC – Reagiert auf Wechselstrom [2]G – Allgemein, keine Verzögerung [3]S – Zeitverzögerung [4]A – Reagiert auf Impulssignal

Auslösezeittest (ΔT)

Stromeinstellungen	Multiplikator	Stromgenauigkeit	Auslösezeit-Fehlergrenze
10, 30, 100, 300, 500, 1000 mA, VAR	x 1/2	+0 % – 10 %	± (1 % v. Mw. + 1 digit)
10, 30, 100 mA	x 5	+10 % – 10 %	± (1 % v. Mw. + 1 digit)

Auslösestrom (Rampentest)

Strombereich	Stufengröße	Wartezeit		Ungenauigkeit des Auslösestroms
		Typ G	Typ S	
50 % bis 110 % vom Nennstrom des RCD	10 % von $I_{\Delta N}$	300 ms/Stufe	500 ms/Stufe	± 5 %

Erdwiderstandstest (RE)

Messbereich	Auflösung	Ungenauigkeit
200 Ω	0,1 Ω	± (2 % + 5 digits)
2000 Ω	1 Ω	± (3,5 % + 10 digits)

2.5.3.3 Durchgängigkeit der Leiter

Die **Durchgängigkeitsmessung der Leiter** [*continuity measuring of conductors*] ist eine Widerstandsmessung (umgangssprachlich: Niederohmmessung oder Durchgangstest). Damit soll eine gute elektrisch leitende Verbindungen bei Schutzleitern, einschließlich der Schutzpotenzialausgleichsleiter über die Haupterdungsschiene (gegebenenfalls auch des zusätzlichen Schutzpotenzialausgleichs) nachgewiesen werden.

Ein kleiner Widerstand ist notwendig, damit im Fehlerfall (z. B. Außenleiter an geerdeter Metallkonstruktion) ein hoher Strom fließen kann und somit die Überstrom-Schutzeinrichtung in der vorgeschriebenen Zeit sicher auslöst (vgl. Schleifenimpedanzmessung, Kap. 2.5.3.5).

Gemessen wird bei der Garageninstallation zwischen der Haupterdungsschiene (Abb. 1) und

- metallenen Gebäudekonstruktionen (z. B. Rahmen des Garagentores),
- metallenen Rohren (für Wasser, Heizung) sowie
- dem Schutzleiteranschluss in der Hauptverteilung. Von diesem Anschluss aus werden auch noch die Schutzleiter der abgehenden
  - Steckdosen und
  - Leuchten überprüft.

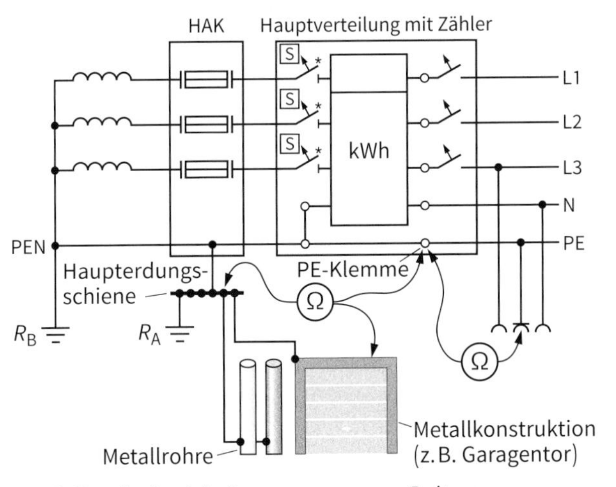

1: Durchgängigkeitsmessungen von Leitern

Die **Messspannung** [*measuring circuit voltage*] des Messgerätes muss zwischen 4 V und 24 V liegen, die Messstromstärke zwischen 200 mA und 10 A betragen. Aufgrund des vorgegebenen Mindest-Messstromes (> 200 mA) ist diese Widerstandsmessung mit einem „normalen" Vielfach-Messinstrument nicht zulässig.

Vor der Messung ist es notwendig, den Widerstand der Messleitungen zu ermitteln, damit dieser vom Messwert abgezogen werden kann und nicht den Messwert verfälscht.

Dazu werden die Messspitzen aneinander gehalten und der Messvorgang wird gestartet (Abb. 2).

Moderne Messgeräte ziehen dann nach dieser Nullabgleichsmessung den Widerstand der Messleitungen automatisch vom Messwert ab (hier: 1,61 Ω), sodass der gemessene Leiterwiderstand der Anlage gleich korrekt angezeigt wird. Die Messleitungen sind bei dieser Messung bis zu 20 m lang.

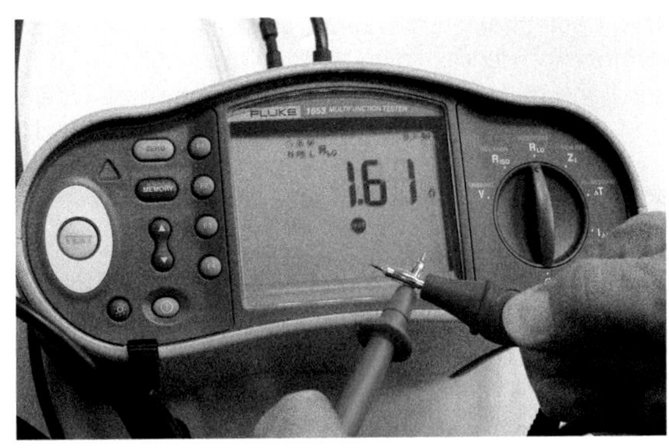

2: Nullabgleichsmessung

Die DIN VDE Norm gibt keine konkreten Grenzwerte vor; die Werte der Tabelle in Abb. 3 dienen zur Orientierung. Übergangswiderstände an den Anschlussstellen sorgen für einen höheren Wert.

Erfahrungswerte:
R < 1,0 Ω beim **Schutzleitersystem** [protective earth conductor system]
R < 0,1 Ω beim **Schutzpotenzialausgleichsleiter** [*protective earth conductor*]

q in mm²	R' in mΩ/m	q in mm²	R' in mΩ/m
1,5	12,5755	**6**	3,1491
2,5	7,5661	**10**	1,8811
4	4,7392	**16**	1,1858

3: Widerstandswerte pro Meter (R') für Kupferleitungen bei 30 °C

Aufgaben 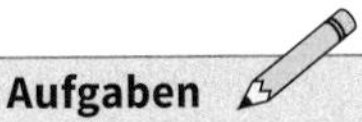

1. Erläutern Sie die Folgen, wenn der Schutzleiterwiderstand einen hohen Wert, z. B. 100 Ω, aufweist.
2. Warum darf die Widerstandsmessung nicht mit einem Vielfach-Messgerät durchgeführt werden?
3. Wozu dient die Nullabgleichsmessung?

- Bei der Messung „Durchgängigkeit der Leiter" muss die Messstromstärke > 200 mA betragen.
- Vor der Messung muss der Widerstand der Messleitungen bestimmt werden, damit dieser vom Messergebnis abgezogen werden kann.

2.5.3.4 Isolationswiderstandsmessung

Bei der **Isolationswiderstandsmessung** [*insulation resistance measurement*] in einer elektrischen Anlage wird geprüft, ob die aktiven Leiter und der mit der Erde verbundene Schutzleiter einen ausreichend hohen Widerstand zueinander aufweisen. Bei dieser Messung sollen Isolationsfehler erkannt werden, die zu **Kriechströmen** [*residual currents*] mit Lichtbogenbildungen und dann zu Bränden führen können, ohne dass eine Überstrom-Schutzeinrichtung anspricht. Solche Fehler treten häufig auf, wenn Leitungen beispielsweise unachtsam um scharfkantige Gegenstände (Ständerwerk beim Trockenbau, Kabelwannen usw.) gezogen werden.

Gemäß DIN VDE 0100-600 reicht eine **vereinfachte Messung** aus. Dazu wird zwischen den aktiven Leitern eine Brücke eingelegt und gegen den geerdeten Schutzleiter gemessen. Eine Außenleiter-Einzelüberprüfung (z. B. L1 gegen PE) ist nur bei Unterschreitung des Mindestisolationswertes notwendig, um so die Fehlerquelle einzugrenzen und zu beseitigen.

Zur Durchführung dieser Messung müssen folgende Punkte berücksichtigt werden (Abb. 1):

- Anlage vom Netz trennen (Vorsicherungen entfernen bzw. ausschalten) ①
- Aktive Leiter werden z. B. an einer Reihenklemme gebrückt ②
- LS-Schalter einschalten ③
- Verbindung zwischen PE und N auftrennen ④
- Schalter schließen, um sämtliche Leitungen in die Messung einbeziehen zu können ⑤
- Elektrische Verbrauchsmittel ⑥ können angeschlossen bleiben, da die aktiven Leiter gebrückt sind
- Messung erfolgt hier hinter dem Elektrizitätszähler ⑦

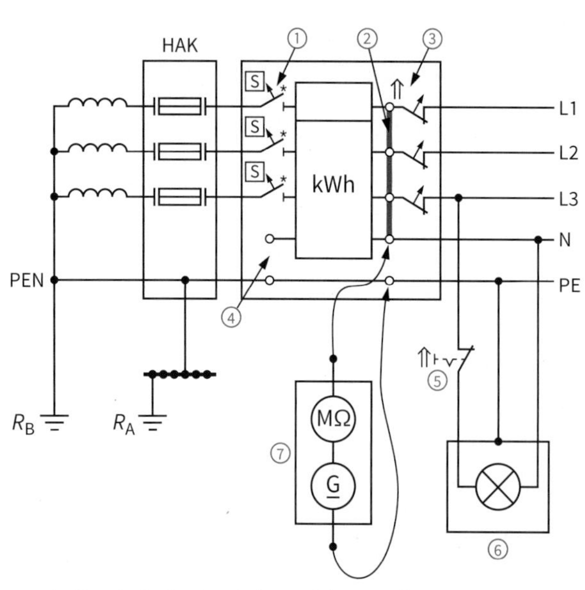

1: Vereinfachte Isolationswiderstandsmessung

Mögliche Isolationsfehler zwischen den aktiven Leitern können hierbei messtechnisch nicht erfasst werden. Dies ist auch nicht zwingend notwendig, da ein Isolationsfehler (also eine elektrisch leitende Verbindung) zwischen z. B. einem Außenleiter und dem Neutralleiter zu einem Kurzschluss und somit zur Auslösung der Überstrom-Schutzeinrichtung führt.

Vor der Messung wird das Messgerät (inkl. Messleitungen) auf einwandfreie Funktion überprüft, indem die beiden Messspitzen aneinander gehalten werden. Der angezeigte Messwert muss **0,00 MΩ** betragen. Der vorgegebene MΩ-Messbereich ist korrekt, da bei einwandfreien Isolationswiderstandsmessungen sehr hohe Widerstandswerte erwartet werden (Abb. 2).

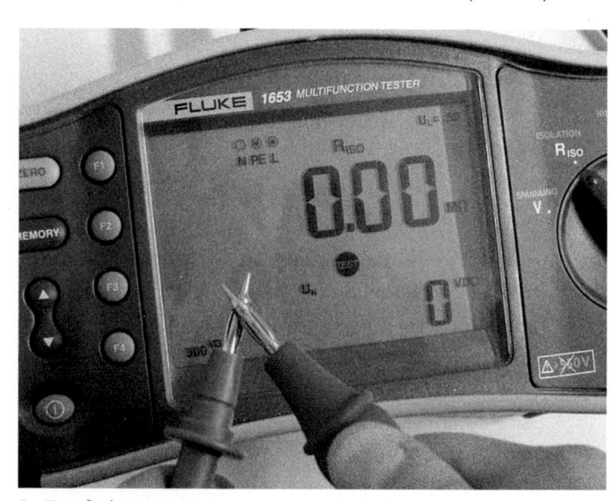

2: Funktionstest

Vollständige Isolationswiderstandsmessung

Bei dieser Messung werden die einzelnen aktiven Leiter in die Messung einbezogen, um mögliche Isolationsfehler untereinander zu erkennen. Daher dürfen die aktiven Leiter nicht gebrückt sein und elektrische Verbrauchsmittel müssen entfernt werden. Ansonsten wird der Innenwiderstand, z. B. einer Glühlampe zwischen L3 und N, gemessen. Zusätzlich besteht die Gefahr, dass die hohe Prüfspannung (s. nächste Seite) zu Zerstörungen führt.

- **10 Messungen**:
  - 3 Außenleiter jeweils untereinander
  - 3 Außenleiter jeweils gegen Neutralleiter
  - 3 Außenleiter jeweils gegen Schutzleiter
  - Neutralleiter gegen Schutzleiter

In der Praxis sind auch noch weitere Messvarianten zulässig und üblich.

- **7 Messungen**:
  - 3 Außenleiter jeweils gegen Neutralleiter
  - 3 Außenleiter jeweils gegen Schutzleiter
  - Neutralleiter gegen Schutzleiter
- **4 Messungen**:
  - 3 Außenleiter jeweils gegen Schutzleiter
  - Neutralleiter gegen Schutzleiter

Für die Garageninstallation mit einer Bemessungswechselspannung bis 400 V wird für die Isolationswiderstandsmessung eine **Messgleichspannung** von 500 V (mit I_{Mess} = 1 mA) benötigt.

Die hohe Spannung ist wichtig, damit es bei einer schadhaften Isolierung mit Übergangswiderständen auch tatsächlich zu einem Stromfluss, d. h. zu einem Überschlag mit Lichtbogenbildung, kommt.

Eine Gleichspannung ist vorgeschrieben, um Messfehler möglichst auszuschließen, da längere Leitungen kapazitives Verhalten zeigen (s. rechts).

Der Isolationswiderstand muss bei dieser Anlage nach DIN VDE 0100-600 ≥ 1,0 MΩ sein. Dieser vorgegebene Mindestwiderstand sollte deutlich höher ausfallen, da Messtoleranzen und die Abnahme des Isolationswiderstandes durch Alterungsprozesse berücksichtigt werden müssen. Für neu installierte Anlagen ist es üblich, dass der Messbereichsendwert des Messgerätes, z. B. > 500 MΩ, angezeigt wird.

Die Mitarbeiter des Elektrobetriebes Steffen führen direkt nach der Installation der elektrischen Anlage, d. h. noch bevor die elektrischen Verbrauchsmittel angeschlossen sind, eine vollständige Messung durch. Diese 10 Messungen sind innerhalb von 5 Minuten erledigt.

Aufgaben 

1. Wozu dient allgemein die Isolationswiderstandsmessung?
2. Warum reicht eine vereinfachte Isolationswiderstandsmessung aus?
3. Nennen Sie fünf Punkte, die Sie bei der vereinfachten Isolationswiderstandsmessung berücksichtigen müssen.
4. Nennen Sie für die Bemessungsspannung 230 V die notwendige Prüfspannung und den Mindestisolationswiderstandswert.

- Die Isolationswiderstandsmessung soll helfen Brände zu verhindern.
- Es gibt verschiedene Messmethoden zur Messung des Isolationswiderstandes.
- Bei einer Bemessungswechselspannung bis 500 V beträgt
  - die Prüfspannung 500 V DC und
  - der Isolationswiderstand mindestens ≥ 1,0 MΩ.
- Bei Neuanlagen soll der Isolationswiderstandswert deutlich über 1,0 MΩ liegen, üblich ist der Messbereichsendwert des Gerätes.

Kapazitives Verhalten von langen Leitungen

Wird ein Kondensator an Gleichspannung angeschlossen, laden sich die Kondensatorplatten auf. Ist dieser Aufladevorgang abgeschlossen, wirkt der Kondensator wie ein unendlich hoher Widerstand. Die Wirkungsweise des Kondensators an Gleichspannung wird in Kap. 1.4.3.4 näher erläutert.

Liegt eine **Wechselspannung** am Kondensator an, wirkt dieser in Abhängigkeit von der Frequenz wie ein niederohmiger Widerstand, bei hohen Frequenzen sogar wie eine Kurzschlussbrücke.

Lange Leitungen wirken wie Kondensatoren, sie haben ein kapazitives Verhalten (Fachbegriff: Leitungskapazität).

Zur Verdeutlichung dient folgende Abbildung.

unter Spannung stehende Leitung (U = 500 V DC)

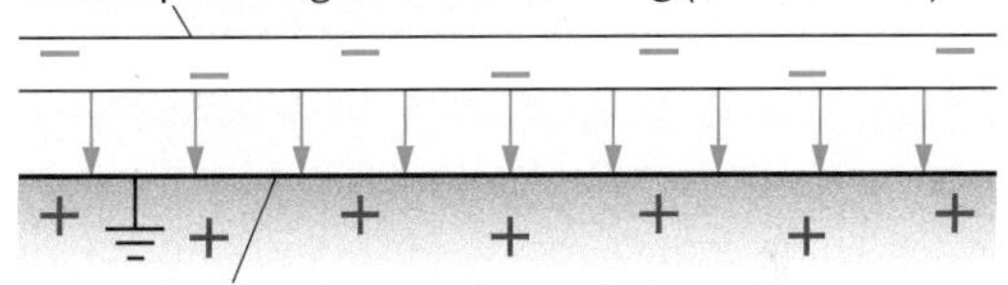

z. B. Erdreich oder geerdete Kabelwanne

Daher findet die Isolationswiderstandsmessung mit einer hohen Gleichspannung statt. Bei einer Wechselspannung würde auch im fehlerfreien Zustand ein Strom fließen, den dann das Messgerät als Isolationsfehler wertet.

Zwischen den Kondensatorplatten bzw. zwischen dem Leiter und dem Erdreich ist ein elektrisches Feld vorhanden (s. Pfeile). Hochspannungskabel erhalten deshalb auf der Innenseite des Mantels einen Metallschirm, der störende Einflüsse des starken elektrischen Feldes nach außen verhindern soll.

Impedanzen [*impedances*]

Im normalen Betrieb einer elektrischen Anlage liegt eine Wechselspannung an. Daher kommt der oben genannte Sachverhalt bei Kabeln und Leitungen zum Tragen.

Das Ersatzschaltbild dieser Betriebsmittel besteht folglich nicht nur aus ohmschen Widerständen, sondern zusätzlich aus Kapazitäten.

Kapazitäten, Induktivitäten und Ohmsche Widerstände werden im Wechselstromkreis als **Wechselstromwiderstände** bzw. Impedanzen bezeichnet. Die Abbildung zeigt ein vereinfachtes Ersatzschaltbild einer langen Leitung.

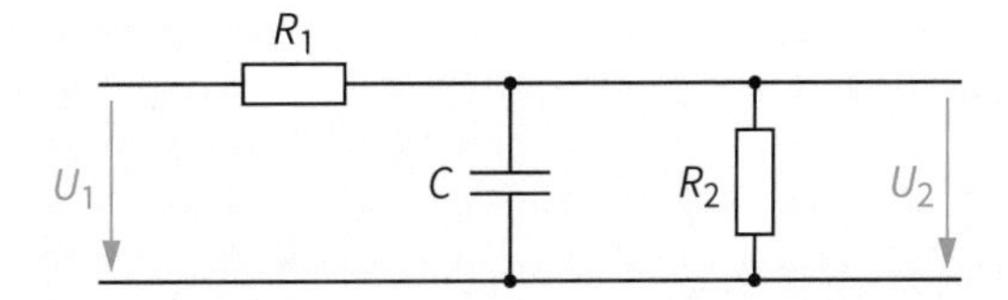

Elektrische Installationen

2.5.3.5 Schleifenimpedanzmessung [*loop impedance measurement*]

Der Fachbegriff **Impedanz** bedeutet **Wechselstromwiderstand** (s. Kasten auf der vorherigen Seite). Bei dieser Messung wird die Impedanz Z_S der Fehlerschleife ermittelt (Abb. 1). Ist die Impedanz bekannt, wird die zu erwartende Kurzschlussstromstärke berechnet. Danach kann mit Hilfe der Strom-Zeit-Kennlinien der Überstrom-Schutzeinrichtungen die Auslösezeit bestimmt werden.

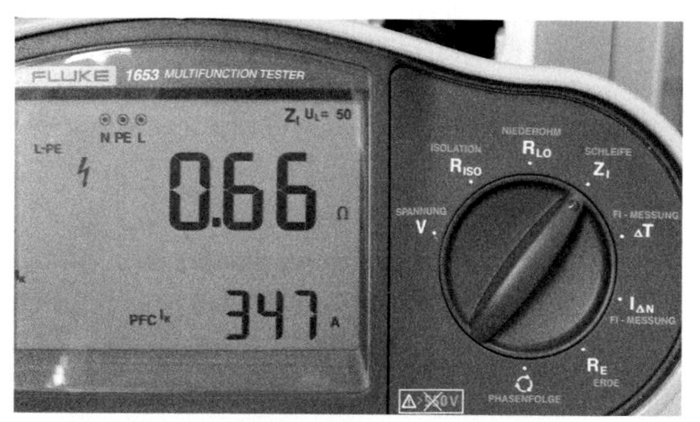

1: Schleifenimpedanzmessung eines Steckdosenstromkreises

Der Steckdosenadapter des Messgerätes wird in eine Steckdose gesteckt, die von der Unterverteilung möglichst weit entfernt sein soll. Dadurch führt der lange Leitungsweg zu einem hohen Schleifenimpedanzwert. Denn je höher die Schleifenimpedanz ist, desto geringer ist die Kurzschlussstromstärke und umso länger benötigt die Überstrom-Schutzeinrichtung zum Auslösen (Abb. 2).

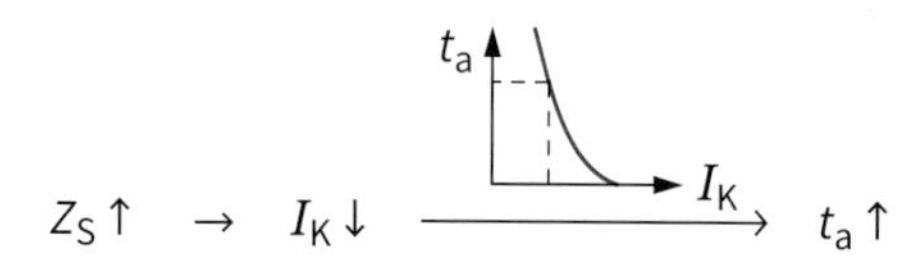

2: Von der Schleifenimpedanz zur Ansprechzeit

Überschreitet diese ermittelte Abschaltzeit nicht die DIN VDE Vorgabe, ist davon auszugehen, dass kürzere Leitungswege ebenfalls in der zulässigen Zeit abschalten.

Das Messgerät führt bei dieser Messung intern mehrere Schritte nacheinander aus. Abb. 3 verdeutlicht diese Vorgänge.

- Messung der Leerlaufspannung U_0 an der Steckdose. Der sehr hohe Innenwiderstand des Spannungsmessgerätes sorgt dafür, dass in der Fehlerschleife nur ein vernachlässigbar geringer Strom fließt. Darum fällt auf den Leitungen keine Spannung ab. An der Steckdose wird U_0 gemessen.
- Mit Hilfe eines Lastwiderstandes wird die Lastspannung U_M und die dazugehörige Laststromstärke I_M gemessen (Index M: Messwerte). Die Zuschaltung des Widerstandes sowie des Strommessgerätes erfolgt automatisch.
- Der Wert der Schleifenimpedanz Z_S sowie die Kurzschlussstromstärke I_K werden aus den gemessenen Werten errechnet. Das Messgeräte-Display zeigt dann die Werte von Z_S und I_K an.
- Mit Hilfe der Strom-Zeit-Kennlinie lässt sich die Abschaltzeit beispielsweise einer 16 A-Schmelzsicherung (gG) bestimmen (Abb. 4). Vgl. Berechnungsbeispiel auf der nächsten Seite.

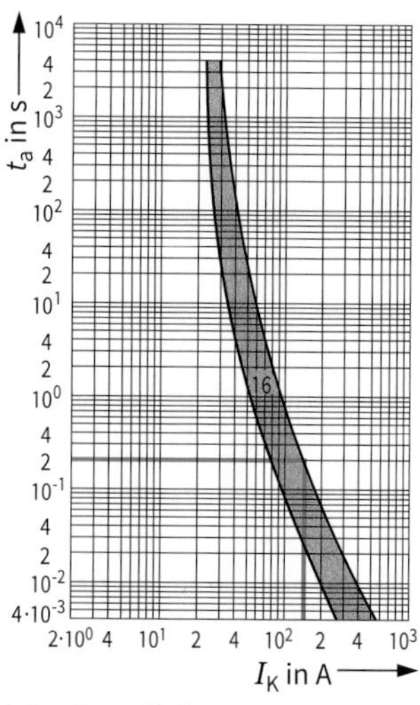

4: *I-t*-Kennlinie

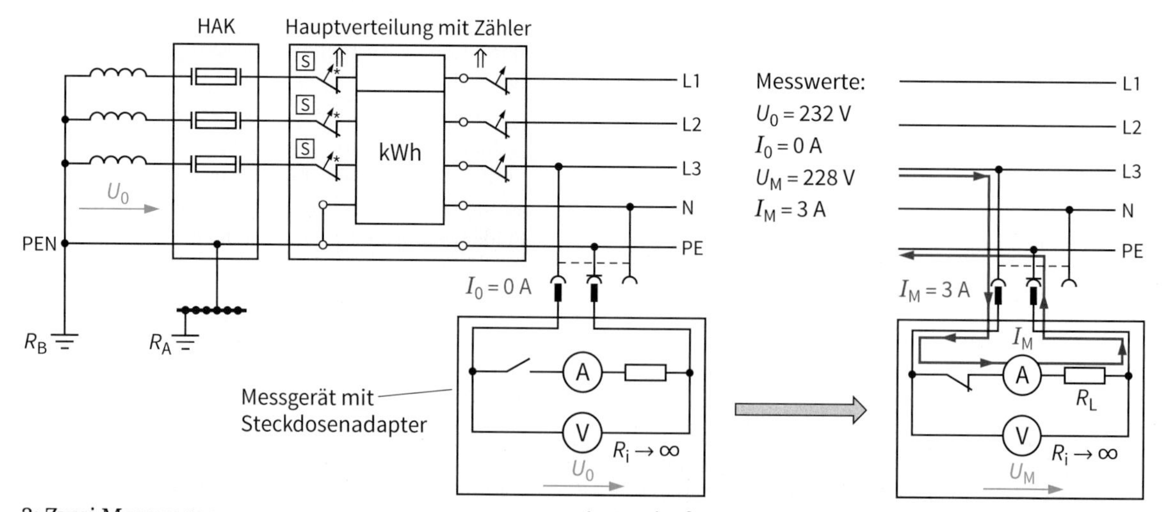

3: Zwei Messungen ... zuerst im Leerlauf ... dann bei Belastung

Schleifenimpedanz-Beispielberechnung

Folgende Berechnungen führt ein Messgerät intern durch:

$$Z_S = \frac{\Delta U}{\Delta I} = \frac{U_0 - U_M}{I_0 - I_M}$$

$$Z_S = \frac{232\,V - 228\,V}{0\,A - 3\,A}$$

$$Z_S = 1{,}33\,\Omega$$

Z_S: Schleifenimpedanz der Fehlerschleife
ΔU: Spannungsdifferenz
U_0: Leerlaufspannung
U_M: Spannung bei Belastung
ΔI: Stromdifferenz
I_0: Strom bei Leerlauf → 0 A
I_M: Strom bei Belastung

Es wird ein (positiver) Widerstand von 1,33 Ω angezeigt.

$$I_K = \frac{U_0}{Z_S}$$

I_K: Kurzschlussstromstärke

$$I_K = \frac{232\,V}{1{,}33\,\Omega}$$

$$I_K = 174{,}44\,A$$

Zusätzlich wird auch die errechnete Kurzschlussstromstärke in Höhe von 174,44 A angezeigt.

Schmelzsicherung:

Mit diesem Wert des Kurzschlussstromes ergibt sich aus der Strom-Zeit-Kennlinie (siehe vorherige Seite) für eine 16 A-Schmelzsicherung (gG) eine Abschaltzeit von ca. $t_a = 0{,}2$ s. Damit wird die von DIN VDE angegebene maximale Abschaltzeit von 0,4 s unterschritten.

LS-Schalter:

Bei einem 16 A-LS-Schalter (Typ B) muss eine Abschaltstromstärke I_a von 80 A vorhanden sein, damit die elektromagnetische Schnellauslösung anspricht (vgl. Kap. 2.3.6).

$$I_a = 5 \cdot I_N$$

$$I_a = 5 \cdot 16\,A$$

$$I_a = 80\,A$$

I_a: Abschaltstrom
I_N: Bemessungsstromstärke des Überstrom-Schutzorgans
5: Faktor für LS-Schalter, Typ B

Die Abschaltung erfolgt innerhalb von 0,01 s. Auch bei diesem Beispiel würde die zugelassene Abschaltzeit deutlich unterschritten werden.

Damit tatsächlich in der vorgeschriebenen Zeit der fehlerhafte Stromkreis unterbrochen wird, muss die Kurzschlussstromstärke I_K größer bzw. gleich der notwendigen Abschaltstromstärke I_a der Schutzeinrichtung sein:

$$I_K \geq I_a \rightarrow I_a \leq \frac{U_0}{Z_S}$$

$$\boxed{Z_S \leq \frac{U_0}{I_a}}$$

Z_S: Schleifenimpedanz der Fehlerschleife
U_0: Leerlaufspannung
I_a: Abschaltstromstärke
I_K: Kurzschlussstromstärke

Bei einem realen Kurzschluss findet eine Erwärmung der Leitungen statt, wodurch sich die **Schleifenimpedanz** [*loop impedance*] erhöht. Deshalb muss beim **gemessenen** Wert der Schleifenimpedanz $Z_{S(m)}$ gemäß DIN VDE 0100-600 folgende Bedingung erfüllt sein:

$$Z_{S(m)} = \frac{2}{3} \cdot \frac{U_0}{I_a}$$

Das bedeutet, der gemessene Wert muss um 1/3 kleiner sein als der maximal zulässige (errechnete) Schleifenimpedanzwert.

Die Mitarbeiter des Elektrobetriebes Steffen besitzen eine Vorlage (aus DIN VDE 0100-600, Tabellen für die Beurteilung von Schutzmaßnahmen), mit deren Hilfe sie bereits auf der Baustelle die angezeigten Messwerte der Schleifenimpedanz und des Kurzschlussstromes richtig beurteilen, wobei die oben genannten Bedingungen gelten (Abb. 5).

Beispiel mit einer 16 A-Schmelzsicherung (gG) ①:

- Vorgegeben: max. Abschaltzeit 0,4 s ②
- Strom-Zeit-Kennlinie → $I_a \approx 107$ A ③
- Z_S berechnen: $Z_S = \frac{U_0}{I_a} = \frac{230\,V}{107\,A} = 2{,}15\,\Omega$ ④
- Der gemessene Wert $Z_{S(m)}$ darf max. $\frac{2}{3} \cdot Z_S$ betragen → 1,43 Ω

Somit würde innerhalb der vorgeschriebenen 0,4 s der fehlerhafte Stromkreis abgeschaltet werden.

$U_0 = 230$ V	Schmelzsicherungen (gG) ①		LS-Schalter (Schnellabschaltung $t \leq 0{,}01$ s)	
I_N A	I_a ② (0,4 s) A	Z_S (0,4 s) Ω	$I_a = 5 \cdot I_N$ (Typ B) B	Z_S Ω
10	82	2,80	50	4,60
16	107 ③	2,15 ④	80	2,88
20	145	1,59	100	2,30
25	180	1,28	125	1,84

5: Beurteilung der Schleifenimpedanz

Eine direkte Impedanzmessung mit einem Widerstandsmessgerät bzw. Multimeter kann nicht erfolgen, weil die Anlage unter Spannung steht (wird die Anlage spannungsfrei geschaltet, ist die Fehlerschleife unterbrochen).

Eine Schleifenimpedanzmessung kann in Stromkreisen **mit RCD** entfallen (s. nächste Seite).

Von der Schaltung zum Ersatzschaltbild

Die bisher verwendete Schaltung besteht aus einem Stromkreis mit vielen einzelnen Objekten, die zusammengefasst werden können. Es entsteht dann ein einfacher Stromkreis mit Spannungsquelle, Innenwiderstand der Quelle (Netzimpedanz) und dem Verbraucher (Lampe).

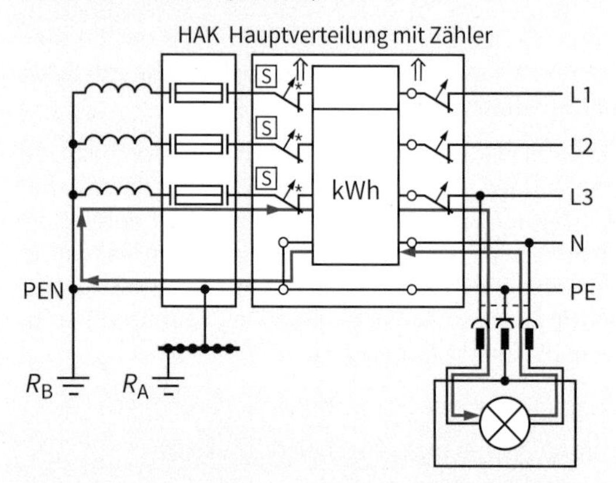

Im Innenwiderstand (Netzimpedanz) der Quelle sind zusammengefasst: Widerstände der Transformatorwicklung, Sicherungen, Leitungsschutz-Schalter, Zähler, RCD und Leitungen. Er lässt sich berechnen, indem man die Spannungsänderung durch die Stromänderung dividiert (vgl. Kap. 1.3.1).

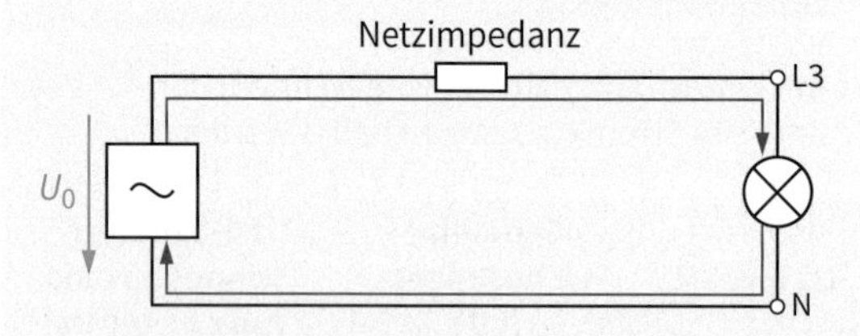

Aufgabe

1. Berechnen Sie die Schleifenimpedanz.
   a) Folgende Messwerte liegen vor:
      $U_0 = 234$ V
      $U_M = 218$ V
      $I_M = 4$ A
   b) Der Stromkreis ist mit einer 10 A-Schmelzsicherung (gG) abgesichert. Bestimmen Sie, ob die Sicherung innerhalb der vorgeschriebenen 0,4 s auslöst.

- DIN VDE 0100-600 gibt für die Schleifenimpedanzmessung einen Korrekturfaktor vor, weil ein realer Kurzschlussstrom Wärme verursacht, die die Impedanz erhöht.
- Durch eine Netzinnenimpedanzmessung lässt sich der Spannungsfall auf Leitungen ermitteln.

2.5.3.6 RCD-Messungen

In Stromkreisen mit einer Fehlerstrom-Schutzeinrichtung werden folgende Werte ermittelt:

- **Fehlerstromstärke I_Δ**
  Eine Auslösung muss spätestens beim Erreichen der Bemessungsdifferenzstromstärke $I_{\Delta N}$ erfolgen.
- **Berührungsspannung U_B**
  50 V AC dürfen nicht überschritten werden.
- **Erdungswiderstand R_A**
  Dieser Wert wird im Messgerät errechnet.
- **Abschaltzeit t_a**
  In RCD-Stromkreisen werden Abschaltzeiten von < 40 ms erreicht.

Sämtliche Steckdosen, die mit einer RCD abgesichert sind, müssen überprüft werden (Abb. 1). Dazu werden am Messgerät die Nenndaten der zu überprüfenden RCDs eingegeben, wie z. B. die Bemessungsdifferenzstromstärke und der RCD-Typ.

1: RCD-Messung eines Steckdosenstromkreises

Messvorgang

Nachdem der Messvorgang gestartet wurde, führt das Gerät automatisch folgende Messungen und Berechnungen durch:

- **Messung der Leerlaufspannung U_0**
  Dieser Messvorgang ist mit der Schleifenimpedanzmessung identisch. Es wird die Leerlaufspannung U_0 gemessen und gespeichert (Abb. 2).
- **Messung der Fehlerstromstärke I_Δ sowie der Spannung bei Belastung U_M**
  Der interne Schalter des Messgerätes schließt sich automatisch und der Widerstand des Potenziometers wird (ebenfalls automatisch) verringert, sodass sich der dadurch künstlich erzeugte Fehlerstrom kontinuierlich erhöht. Bei einer RCD mit einer Fehlerstromstärke von 30 mA muss diese zwischen 15 mA und 30 mA auslösen. Wird diese Bedingung erfüllt, ist die Wirksamkeit dieser Schutzmaßnahme laut DIN VDE nachgewiesen. Das heißt: weitere RCD-Messwerte werden nicht zwingend verlangt.

Zum Zeitpunkt der Auslösung werden die Messwerte von I_Δ und U_M gespeichert.

Messwerte-Beispiel:
Der Auslöse-Fehlerstrom beträgt $I_\Delta = I_{\Delta N} = 30$ mA und stellt somit die gerade noch zulässige Fehlerstromstärke dar. Dieser Auslöse-Fehlerstrom fließt durch den Messwiderstand R. Der daraus resultierende Spannungsfall U_M beträgt 182 V.

- **Berechnung der Berührungsspannung U_B und des Erdungswiderstandes** [*earthing resistance*] **R_A**

Die unter Belastung ($I_{\Delta N} = 30$ mA) gemessene Spannung U_M ist um 50 V geringer als die Leerlaufspannung U_0. Diese Differenz entsteht durch den Spannungsfall des Erdungswiderstandes R_A. R_A ist die Summe der Widerstände des Erders und des Schutzleiters der Körper.

$U_B = U_0 - U_M$ — U_B: Berührungsspannung
$U_B = 232\ \text{V} - 182\ \text{V}$ — U_0: Bemessungsspannung
$U_B = 50\ \text{V}$ — U_M: Spannung bei Belastung

In dem Beispiel nimmt der Schutzkontakt der Steckdose im Fehlerfall die maximal zulässige Berührungsspannung U_B von 50 V gegen Erde an. Berührt im Fehlerfall ein Mensch ein an der Steckdose angeschlossenes Metallgehäuse sowie z. B. ein geerdetes Heizungsrohr, ist er einer Potenzialdifferenz in Höhe von 50 V ausgesetzt.

Zusätzlich kann der Erdungswiderstand R_A errechnet werden.

$$R_A = \frac{U_B}{I_\Delta}$$

$$R_A = \frac{50\ \text{V}}{30\ \text{mA}}$$

$$\mathbf{R_A = 1666{,}67\ \Omega}$$

R_A: Erdungswiderstand
U_B: Berührungsspannung
I_Δ: Auslöse-Fehlerstromstärke (entspricht hier $I_{\Delta N}$)

Dieses Ergebnis gibt den höchstzulässigen Erdungswiderstand bei der maximalen Berührungsspannung von 50 V an. In der Praxis werden diese Werte deutlich unterschritten, somit stellt die Schutzmaßnahme mit RCD einen wirksamen Fehlerschutz dar, selbst wenn die Schleifenimpedanzmessung einen unzulässig hohen Wert für Z_S ergeben sollte (vgl. Kap. 2.5.3.5). Die Tabelle in Abb. 3 gibt maximal zulässige Werte von Erdungswiderständen bezogen auf eine Berührungsspannung von 50 V an.

$I_{\Delta N}$ in mA	10	30	100	300	500
R_A in Ω	5000	**1666**	500	166	100

3: Maximal zulässige Erdungswiderstände

Das Messgerät zeigt die errechneten Werte der Berührungsspannung (oftmals $U_B = 0$ V) und den Erdungswiderstand auf dem Display an.

- **Messung der Abschaltzeit t_a**

Des Weiteren wird die Auslösezeit der RCDs bestimmt. Für die Erstprüfung von Anlagen im TN-System ist die DIN VDE 0100-600 maßgebend. Dort wird für Endstromkreise mit einer Nennstromstärke ≤ 32 A eine maximale Abschaltzeit (für $U_0 = 230$ V) von 0,4 s gefordert.

Entsprechend der Baunorm DIN VDE 0664 müssen RCDs als separate Betriebsmittel kürzere Abschaltzeiten aufweisen.

In der Praxis sind Auslösezeiten von 20 bis 40 ms zu erwarten.

Mit modernen Messgeräten können RCD-Messungen durchgeführt werden, ohne dass die Schutzeinrichtungen auslösen.

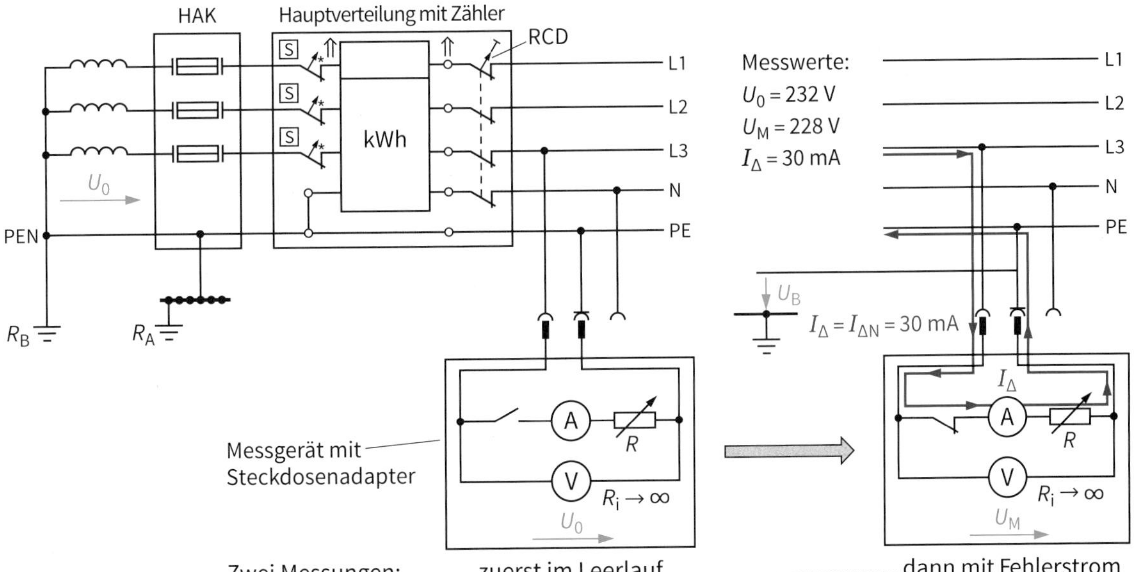

2: RCD-Messung

2.5.3.7 Weitere Überprüfungen

Die Mitarbeiter des Elektrobetriebes Steffen führen noch weitere Überprüfungen durch.

- **Spannungspolarität**: Einpolige Schalter müssen stets den Außenleiter unterbrechen. Nur mehrpolige Schalter können zusätzlich auch den Neutralleiter schalten. Der Schutzleiter bzw. der PEN-Leiter dürfen niemals geschaltet werden.
- **Spannungen**: Es wird die Netzspannung gemessen (400/230 V). Je nach Anlage kommen beispielsweise Messungen der Steuerspannung oder der Notstromversorgung hinzu.

Sollte beim Erproben und Messen ein Fehler festgestellt und beseitigt worden sein, müssen diese Prüfung und gegebenenfalls vorhergehende Prüfungen wiederholt werden.

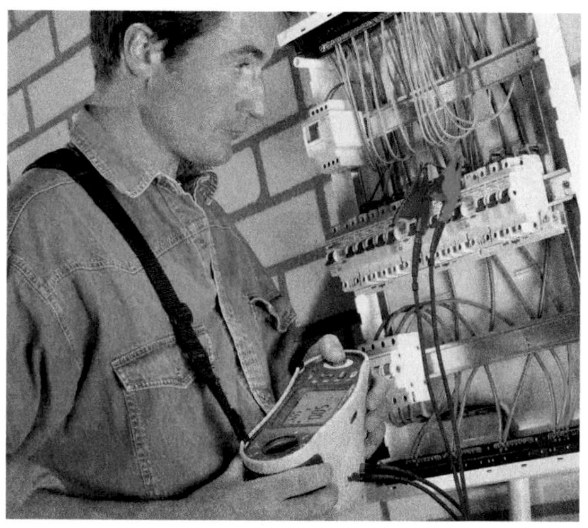

1: Facharbeiter bei der Erstprüfung

Erweiterte und geänderte elektrische Anlagen

Die Garageninstallation für das Ehepaar Carsten ist eine Neuanlage. Die Zuleitung wird in die vorhandene Altanlage eingebunden.

In der Elektroinstallation werden oftmals vorhandene Installationen erweitert.

Bezüglich der Erstprüfung ergeben sich folgende Regeln:

- Elektrische Anlagen, die neu errichtet, erweitert oder geändert werden, unterliegen einer elektrischen Sicherheits- und Funktionsprüfung.
- Es muss nur der neu hinzu gekommene Anlagenteil geprüft werden.
- Es darf keine Sicherheitsbeeinträchtigung der bestehenden Anlage geben.
- Der Prüfbericht der bereits vorhandenen funktionsfähigen „Altanlage" muss vorliegen, sonst ist eine komplette Überprüfung notwendig.

Prüfberechtigte Personen [*certified tester*]

Die Erstprüfung von elektrischen Anlagen wird ausschließlich von Elektrofachkräften vorgenommen (Abb. 1). Sie haben die notwendigen Fachkenntnisse, um die Messwerte richtig zu interpretieren. Es muss beispielsweise berücksichtigt werden, ob normale Alterungsprozesse der Leitungsisolierungen den Isolationswiderstand verschlechtern oder ob ein Fehler vorliegt. Ebenso müssen bei der Beurteilung von Messwerten mögliche Betriebsmessabweichungen mit einbezogen werden. Die Norm lässt Abweichungen bis zu ± 30 % zu.

Die Vorgaben von DIN VDE verlangen nur ein Mindestniveau an Sicherheit. Eine zuverlässige und sichere Anlage hat bessere Kennwerte, als es die Normen fordern.

Wiederholungsprüfungen

Damit der ordnungsgemäße Zustand von elektrischen Anlagen und Betriebsmitteln erhalten bleibt, werden für den gewerblichen Bereich und öffentliche Gebäude Wiederholungsprüfungen nach festen **Prüffristen** [*inspection and test periods*] vorgeschrieben. Diese Prüffristen sind in der DGUV Vorschrift 3 festgelegt (Abb. 2).

Anlagen	Prüffrist	Prüfung
Elektrische Anlagen und ortsfeste Beitriebsmittel	4 Jahre	Ordnungsgemäßer Zustand (VDE 0105-100)
Betriebsstätten, Räume und Anlagen besonderer Art	1 Jahr	
Schutzmaßnahmen mit RCD in vorübergehend stationären Anlagen (z. B. Baustellen)	1 Monat	Wirksamkeit (s. RCD-Messung)
Fehlerstrom- und Differenzstrom-Schutzschalter • in stationären Anlagen • in vorübergehend stationären Anlagen	6 Monate arbeitstäglich	Funktionstest durch Betätigung der Prüftaste durch den Benutzer

2: Prüffristen für Wiederholungsprüfungen

Aufgaben 

1. Welche Größen können mit einer RCD-Messung erfasst werden?
2. In welchem Fehlerstrombereich müssen RCDs ($I_{\Delta N}$ = 30 mA) auslösen?
3. Erläutern Sie die Vorgehensweise bei der Überprüfung der Spannungspolarität.
4. Warum dürfen nur Elektrofachkräfte an elektrischen Anlagen Erstprüfungen vornehmen?

Prüfungen von elektrischen Geräten [*inspection and test of electrical equipment*]

Eine elektrische Sicherheitsüberprüfung nach DIN VDE 0701-0702 für elektrische Geräte ist in folgenden Fällen notwendig.

- Nach einer **Instandsetzung**: Wartung, Reparatur
- Nach einer **Änderung**: Zulässiger Eingriff in das Gerät gemäß Herstellerangaben
- Bei einer **Wiederholungsprüfung**: In bestimmten Zeitabständen

Die folgenden Prüfungsschritte müssen in der vorgegebenen Reihenfolge eingehalten werden.

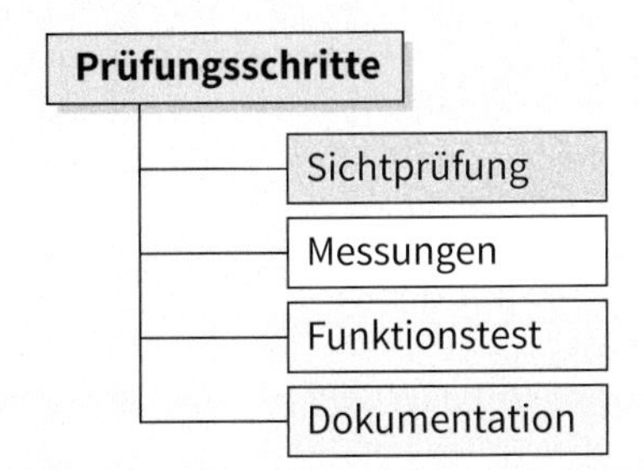

- **Sichtprüfung**
  Sind Mängel erkennbar, wie z. B. ein defektes Gehäuse oder ein Isolationsschaden an der Zuleitung, dann wird dieses Gerät erst einmal instandgesetzt.
- **Messungen**
  Die Tabelle (unten) enthält die notwendigen Messungen mit den dazugehörigen Grenzwerten.

Von elektrischen Geräten darf keine Gefahr ausgehen. Entsprechend ihrer Konstruktion werden sie in **Schutzklassen** [*classes of protection*] unterteilt.

Schutzklasse I: Schutzmaßnahme mit Schutzleiter
Schutzklasse II: Doppelte/verstärkte Isolierung
Schutzklasse III: Kleinspannung (bis zu 50 V AC)

- **Funktionstest**
  Ein Funktionstest ist nur nach einer Reparatur notwendig. Es empfiehlt sich jedoch auch bei einer Routineprüfung das Gerät kurz zu testen. Sowohl bei den entsprechenden Messungen als auch beim Funktionstest sollte die Gerätezuleitung bewegt werden, um gegebenenfalls einen Drahtbruch zu erkennen.
- **Dokumentation**
  Die Ergebnisse der Sichtprüfung, der Messungen, gegebenenfalls der Berechnungen und des Funktionstests sowie deren Bewertung müssen dokumentiert werden. Hierfür gibt es vorgefertigte Prüfberichte. Über die Landesinnungsverbände des Elektrohandwerks können Prüfplaketten mit dem „E-CHECK"-Logo bezogen werden. Diese Plakette wird an das überprüfte Gerät geklebt. Sie lassen erkennen, dass das Gerät überprüft wurde und erinnern an den nächsten Prüfungstermin.

Die Abbildung zeigt einen Gerätetester.

Messungen	Schutzklasse	Grenzwerte
Schutzleiterwiderstand	I	≤ 0,3 Ω bis 5 m + 0,1 Ω je weitere 7,5 m bis maximal 1 Ω
Isolationswiderstand	I I II III	≥ 0,3 MΩ mit Heizelementen ≥ 1,0 MΩ ohne Heizelemente ≥ 2,0 MΩ ≥ 0,25 MΩ
Schutzleiterstromstärke	I	≤ 3,5 mA sowie ≤ 1 mA/kW bei Geräten mit Heizelementen ≥ 3,5 kW
Berührungsstromstärke	I II	≤ 0,5 mA (nur bei Geräten, deren berührbare leitfähige Teile nicht mit dem Schutzleiter verbunden sind) ≤ 0,5 mA (nur bei Geräten, bei denen berührbare leitfähige Teile vorhanden sind)
Ersatzableitstromstärke		Alternatives Messverfahren zur Messung des Schutzleiter- und Berührungsstromes

2.5.3.8 Prüfbericht [*inspection report*]

Die Ergebnisse der Prüfungen werden in einem Prüfbericht dokumentiert.

- Der Kunde erhält einen Nachweis über den ordnungsgemäßen Zustand der Anlage.
- Der Elektrobetrieb kann im Schadensfall den Nachweis erbringen, dass sich die Anlage zum Übergabezeitpunkt in einem sicherheitstechnisch einwandfreien Zustand befand.

Folgende Punkte müssen aus einem Prüfbericht ersichtlich werden:

- Name und Anschrift des Auftraggebers und des Auftragnehmers ①.
- Genaue Beschreibung des geprüften Anlagenumfangs mit Angaben der Stromkreise sowie der dazugehörenden Schutzeinrichtungen ②.
- Nennung der Person(en), die für die Sicherheit, Errichtung und Prüfung der Anlage zuständig waren ③.
- Auflistung (Checkliste) des Prüfungteils **Besichtigung** (vgl. Kap.2.5.3.1) ④.
- Ergebnisse der Prüfungsteile **Erproben** und **Messen** ⑤.
- Informationen, die durch das Besichtigen, Erproben und Messen gewonnen wurden, sind zu bewerten (einzelne Messwerte ohne besondere Abweichungen müssen nicht bewertet werden) ⑥.
- Neuanlagen müssen dem Kunden immer einwandfrei übergeben werden ⑦.
- Verwendetes Mess- und Prüfgerät ⑧.

Der Prüfbericht ist dem Auftraggeber auszuhändigen, der diesen dann aufbewahrt.

Für kleine Bauvorhaben verwendet der Elektrobetrieb Steffen einen selbst erstellten Prüfbericht (Abb. 1). Für größere Projekte (s. Lernfeld 5) werden entsprechende Vordrucke gekauft.

Diese Vordrucke können beispielsweise über den **Z**entral**v**erband der Deutschen **E**lektro- und Informationstechnischen **H**andwerke (**ZVEH**) bestellt werden.

Messgerätehersteller bieten oftmals zusätzlich eine Bearbeitungssoftware an. Diese ermöglicht eine komfortable Bearbeitung der im Messgerät gespeicherten Daten, einen Ausdruck sowie eine Archivierung.

Aufgaben 

1. Weshalb haben Auftraggeber und Auftragnehmer gemeinsam an einem fachlich korrekt erstellten Prüfbericht Interesse?
2. Nennen Sie fünf Aspekte, die in einem Prüfbericht angegeben sein müssen.
3. Wer bewahrt den erstellten Prüfbericht auf?

Rolf Steffen
ELEKTROTECHNIK
Bahnstraße 4

55543 Bad Kreuznach

Prüfbericht für Kleinanlagen
Nr. *217/2020*

Auftraggeber
Name: *Knut Carsten* ①

Anschrift: *Hauptstraße 12*
55595 Roxheim

geprüftesObjekt: *Garageninstallation mit Zuleitung* ②

Prüfer: *Rolf Steffen* ③

Verwendetes Messgerät: Fluke 1653 ⑧

☒ Erstprüfung gemäß DIN VDE 0100-600
☐ Wiederholungsprüfung gemäß DIN VDE 0105-100

☒ TN-C-S-System ☐ anderes Netzsystem: ____

Anlagenumfang/Stromkreise (SK): *F 3.1 bis F 3.3* ②

Besichtigung ④
☒ Checkliste beigefügt ☒ alles in Ordnung

Erproben ⑤
☒ Schutzeinrichtungen in Ordnung
☒ Funktion der elektrischen Anlage in Ordnung
☒ Phasenfolge der Drehstromsteckdosen in Ordnung
☐ Sonstiges:

Messen ⑤
☒ Durchgängigkeit der Schutzleiter (R < 1,0 Ω)
☒ sowie der Schutzpotenzialausgleichsleiter (R < 0,1 Ω)

☒ Isolationswiderstand in Ordnung
Aktive Leiter gegen geerdeten PE: *> 500 MΩ*

Überstrom-Schutzeinrichtung
☒ LS-Schalter, 16 A, Typ B → für SK: *F 3.1 bis F 3.3* ②
☐ Schmelzsicherung (gG), 16 A → für SK: ____

☒ Schleifenimpedanz in Ordnung ⑥

SK: *F 3.1*	SK: *F 3.2*	SK: *F 3.3*
Z_S: *1,55 Ω* I_K: *148 A*	Z_S: *1,55 Ω* I_K: *148 A*	Z_S: *1,55 Ω* I_K: *148 A*

☒ RCD ($I_{\Delta N}$ = 30 mA) in Ordnung ⑥

SK: *F 3.1*	SK: *F 3.2*	SK: *F 3.3*
I_Δ: *18 mA* U_L: *0 V*	I_Δ: *23 mA* U_L: *1 V*	I_Δ: *19 mA* U_L: *1 V*

☒ Spannungshöhen in Ordnung → Werte: *400 V/230 V*

Prüfergebnis
☒ Erstprüfung (immer mängelfrei) ⑦

Wiederholungsprüfung
☐ mängelfrei ☐ Mängel beseitigen: ____

28.08.2020 R. Steffen — Prüfer
28.08.2020 R. Steffen — Verantwortlicher Unternehmer

1: Prüfbericht für die Garageninstallation

2.6 Übergabe an den Kunden

Nach Abschluss aller Arbeiten ist dem Kunden die Anlage zu übergeben. Dabei wird sie vorgestellt und deren Handhabung erläutert. Dies geschieht durch fachkompetente Beratung, die ohne „Fachjargon" auskommen sollte.

Bei dem vorgestellten Bauvorhaben "Installation einer Garage" werden

- die Beleuchtung und
- das Einstellen der **Schaltuhr K1** vorgeführt
- sowie auf den monatlichen Test der RCD F3.0 und auch F1.0 und F2.0 im Wohnhaus aufmerksam gemacht.

Die Sicherheit der Anlage wird an Hand des Prüfprotokolls (vgl. Kap. 2.5.3.8) erläutert. Hierzu werden alle Prüf- und Messprotokolle übergeben. Sie dienen der rechtlichen Absicherung des Unternehmens und der Dokumentation der Sicherheit der installierten Anlage. Der Auftraggeber bescheinigt deshalb die Übernahme der genannten Unterlagen. Außerdem werden folgende Schaltpläne übergeben:

- Installationsplan (vgl. Kap. 2.3)
- Verteilungsplan (Abb. 2)

Für den Betrieb ergibt sich dabei eine gute Möglichkeit für sich zu werben und eventuelle Anschlussaufträge zu initiieren. Aus diesem Grund sollte der Elektroniker ausreichend Zeit für die Übergabe einplanen. Natürlich bietet der Fachmann jederzeit auch eine Beratung an. Damit der Kunde gleich den richtigen Mitarbeiter erreicht, sollte eine Visitenkarte mit Telefon- und Handynummer übergeben werden. Sinnvoll ist es, eine entsprechende Karte im Verteiler zu hinterlegen.

Durch die Übergabe an den Kunden ist der technische Teil des Bauvorhabens abgeschlossen. Es folgt der kaufmännische Teil. Im Unternehmen wird u. U. eine Nachkalkulation durchgeführt, die die Fakten des Angebotes überprüft. Diese Überprüfung soll Fehler bei späteren Angeboten minimieren. Auf dieser Grundlage wird die Rechnung erstellt, die sich im günstigen Fall mit dem Angebot deckt. Sollte das nicht so sein, müssen die Änderungen begründet werden. Die Rechnung wird dem Kunden zugestellt, wobei ein Zahlungsziel von üblicherweise 14 Tagen genannt wird.

- Die Übergabe soll kundenorientiert erfolgen.
- Bei der Übergabe einer Anlage an den Auftraggeber werden alle Prüf- und Messprotokolle gegen Empfangsbescheinigung ausgehändigt.

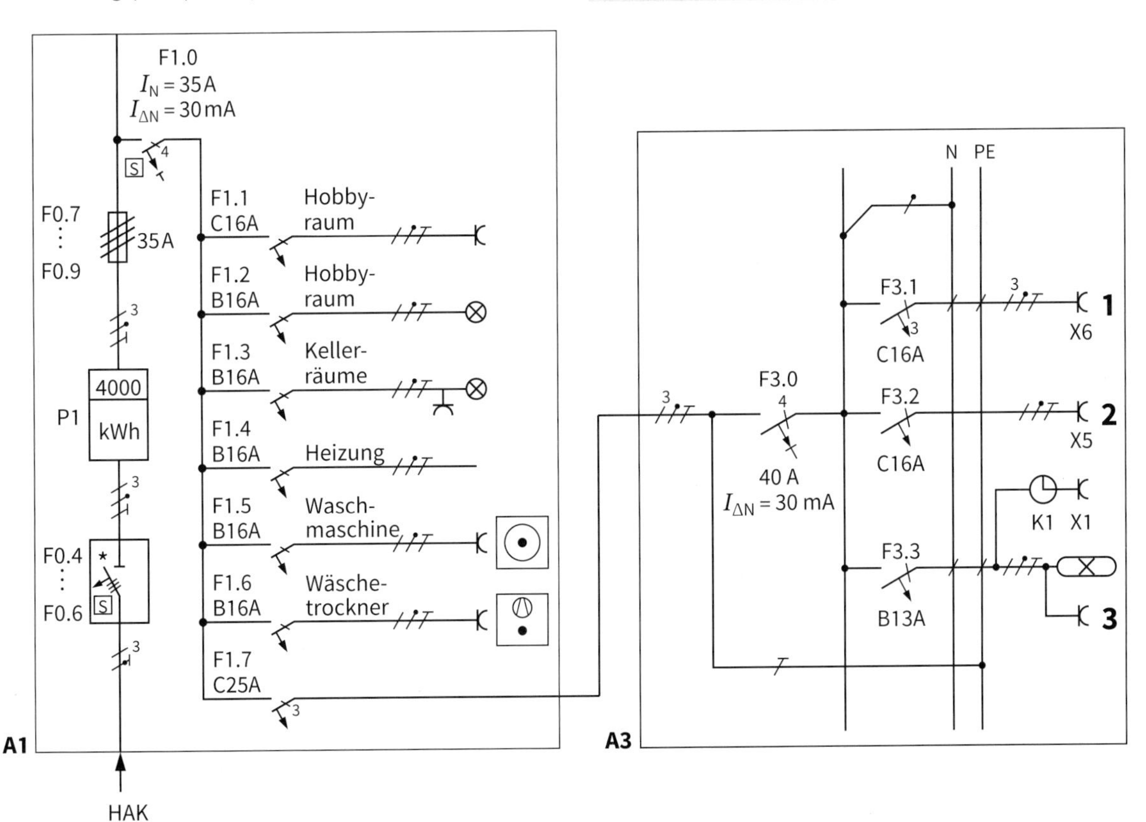

2: Verteilungsplan

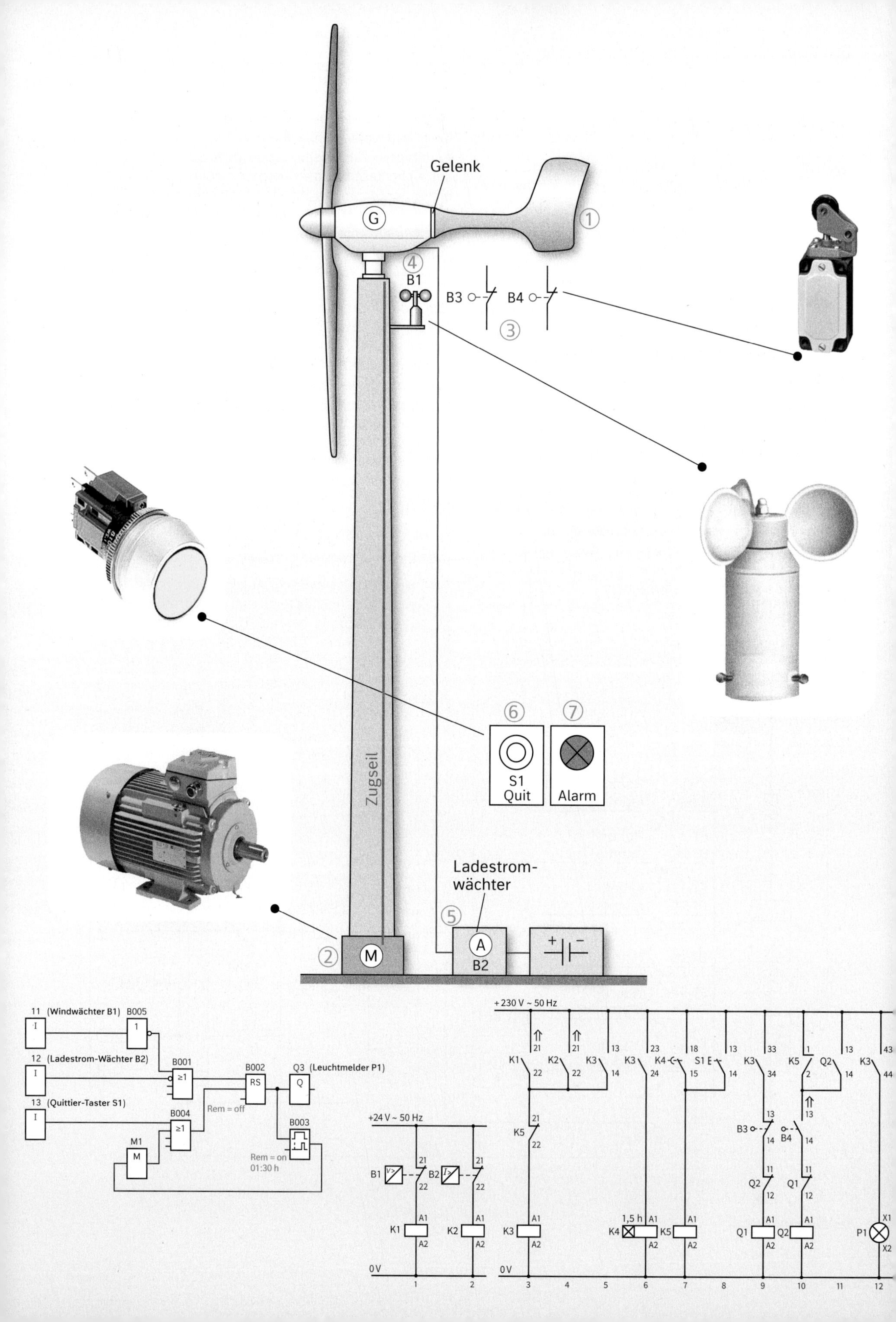

Gelenk
G
①
④
B1
B3
B4
③
Zugseil
⑥
⑦
S1
Quit
Alarm
Ladestrom-
wächter
⑤
A
B2
②
M
11 (Windwächter B1)
B005
12 (Ladestrom-Wächter B2)
B001
13 (Quittier-Taster S1)
B004
B002
RS
Q3 (Leuchtmelder P1)
Rem = off
B003
Rem = on
01:30 h
M1
+24 V ~ 50 Hz
0 V
+230 V ~ 50 Hz
K1
K2
K3
K4
K5
S1
Q1
Q2
P1
1,5 h

3 Steuerungen und Regelungen

3.1 Windenergieanlage

Eine Windenergieanlage wandelt Windenergie in elektrische Energie um. Dabei treibt der Wind über Rotoren einen Generator an, dessen elektrische Energie dann entweder in Akkumulatoren gespeichert (vgl. Kap. 1.1.13), oder in das öffentliche Versorgungsnetz eingespeist werden kann.

Herr Bölsing hat ein Haus gekauft, für das mit Hilfe einer Windenergieanlage von 1975 elektrische Energie selbst „hergestellt" wird. Da die bestehende Steuerung veraltet ist und gelegentlich ausfällt, soll diese nach und nach modernisiert werden. Er beauftragt daher die Firma Emtech eine Lösung zu entwickeln, die die Anlage bei Sturm sichert.

Herr Bölsing erklärt das Verhalten der Anlage, welches auch in dem Diagramm Abb. 1 verdeutlicht wird:

- Der Rotor wird so im Wind gehalten, dass er nur bei Sturm (> 20 $\frac{m}{s}$) für 1,5 Stunden (t_S) aus dem Wind gedreht wird.
- Eine Meldeleuchte signalisiert, dass der Sturmschutz aktiv ist.
- Nach Ablauf der Zeit t_s oder durch Betätigung einer Quittiertaste S1 kann der Rotor wieder in den Wind zurück gedreht werden.

Windgeschwindigkeit
Sturm
Flaute
t
Betriebszustand
Sturmbetrieb
Normalbetrieb
t
Leitfahnenstellung
t_s
im Wind
aus dem Wind
t

1: Verhalten der Windenergieanlage

Damit für die Windenergieanlage eine **Steuerung** [*control system*] entwickelt werden kann, muss zunächst die Funktion des Systems Windenergieanlage analysiert werden.

Im **Technologieschema** [*technological scheme*] auf der linken Seite ist zu erkennen, dass der Rotor mit Hilfe einer Windleitfahne ① im Wind gehalten wird. Mit einem Zugseilmotor ② kann die Windleitfahne über ein Seil so um 90° gedreht werden, dass der Rotor in den Wind oder parallel zum Wind gedreht ist.

Bei Rechtslauf des Motors wird die Windenergieanlage in den Wind gedreht, bei Linkslauf aus dem Wind. Die Position der Windleitfahne („aus dem Wind" = ADW (B3), „in dem Wind" = IDW (B4)) wird mit Endlagentastern ③ erfasst. Die Windstärke wird über einen Windwächter B1 ④ und zur Sicherheit auch über die Höhe des Ladestroms B2 ⑤ ermittelt, da ein starker Wind einen höheren Ladestrom zur Folge hat. In der Steuerungsanlage ist ein Quittier-Taster S1 ⑥ zum vorzeitigen Verlassen des Sturmschutzes und ein Leuchtmelder P1 ⑦ zur Anzeige des Sturmschutzes vorhanden.

3.1.1 Systemdarstellung

Die Windenergieanlage als ein in sich abgeschlossenes System lässt sich weiter analysieren, indem man den

- Energiefluss und den
- Informationsfluss

betrachtet.

Energiefluss

Die Windenergie wirkt auf die Rotorblätter (Abb. 2). Da diese mit einer Welle verbunden sind, wird die Windenergie in Rotationsenergie umgewandelt. Diese mechanische Energie wird mit Hilfe des Generators in elektrische Energie umgewandelt.

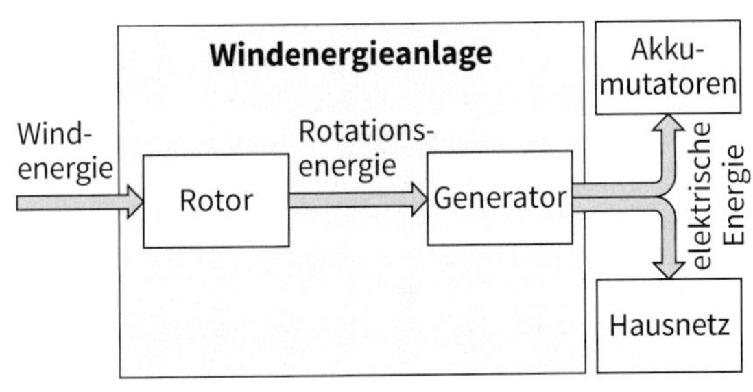

2: Systemdarstellung des Energieflusses

Informationsfluss

Die Abb. 3 stellt den Informationsfluss in der Windenergieanlage dar. Die Eingangsinformationen werden dabei verknüpft und das Ergebnis dem jeweiligen Objekt (Motor – Rechts-/Linkslauf und **Leuchtmelder** [*indicator light*]) mitgeteilt. Jede Informationsquelle (z. B. Windwächter B1 und Quittier-Taster S1) und jeder Aktor (z. B. Leuchtmelder, Ansteuerung des Motors) stellt ein eigenständiges Objekt innerhalb des Systems dar.

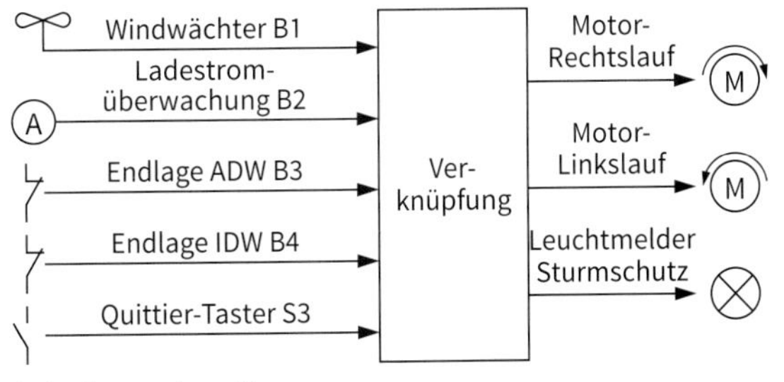

3: Informationsfluss

Zur vollständigen Analyse müssen die Betrachtungen des Energie- und Informationsflusses zusammengeführt werden.

- Der Windwächter soll überwachen, ob sich durch den Wind der Rotor zu schnell dreht. Dies kann zu einem Abreißen der Rotoren oder zu einer mechanischen Zerstörung des Generators führen.
- Die Ladestromüberwachung ermittelt den elektrischen Energiefluss vom Generator zum Akkumulator. Damit wird verhindert, dass durch Überlastung der Generator, die Akkumulatoren oder die elektrischen Installationen Schaden nehmen.

3.1.2 Steuerungselemente

Was wird gesteuert?

Die allgemeine Definition für eine Steuerung lautet: Steuern ist ein Vorgang in einem System, bei dem eine oder mehrere Eingangsgrößen Ausgangsgrößen beeinflussen. Diese Aussage soll nun anhand des Blockschaltbildes der Sturmschutz-Steuerung (Abb. 1) untersucht werden.

Durch Überschreiten einer maximalen Windgeschwindigkeit (Eingangsgröße) wird der Sturmschutz ausgelöst (Fachwort: „geführt"). Das dabei erzeugte Eingangssignal (Steuersignal) wird daher **Führungsgröße *w*** ① genannt.

Bei der Sturmschutz-Steuerung wird elektrische Energie über ein **Stellglied** ② [*actuator*] dem Zugseilmotor entsprechend der **Stellgröße *y*** ③ (Ausgangssignal der Verarbeitung) zugeführt. Die Stellgröße ist das Ausgangssignal der Verarbeitung. Die resultierende Stellung der Windleitfahne ist die **Steuergröße *x***.

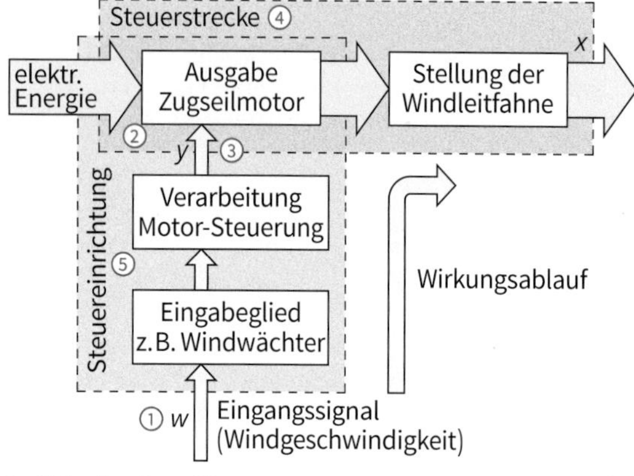

1: Prinzip einer Steuerung

Der Zugseilmotor wird also gesteuert und wird daher als **Steuerstrecke** ④ [*controlled system*] bezeichnet. Da nur die Zustände EIN und AUS für den Zugseilmotor möglich sind, können elektromechanische Schalter (Schütze, Relais) oder elektronische Schalter zur Ansteuerung verwendet werden. Alle Bestandteile von der Signaleingabe bis zur Ausgabe werden als Steuereinrichtung ⑤ bezeichnet.

EVA-Prinzip

Jede Steuerung arbeitet nach dem EVA-Prinzip. Die Abkürzung steht für:

- **E**ingabe [*input*]
- **V**erarbeitung [*process*]
- **A**usgabe [*output*]

Dem Informationsfluss (vorherige Seite, Abb. 3) lassen sich diese drei Ebenen zuordnen (Abb. 2):

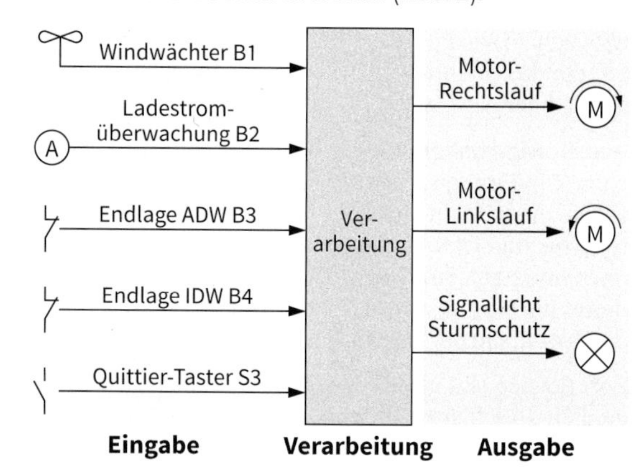

2: EVA-Prinzip

Eingabe

Die Informationen über den Prozesszustand und Eingaben der Bedienelemente werden durch Sensoren (hier: Windwächter, Ladestromüberwachung und Taster; vgl. Kap. 3.2) übermittelt. In der Eingabeebene werden sie gegebenenfalls für die Verarbeitungsebene so angepasst (Signalpegel, Signalform u.a., vgl. Kap. 3.2.1), dass sie verarbeitet werden können.

Verarbeitung

Die Informationen werden entsprechend vorgegebener Bedingungen verarbeitet. Zum Einsatz kommen dabei logische Verknüpfungen, Speicherschaltungen usw. (vgl. Kap. 3.3). Dabei wird hier z. B. der Vergleich zwischen der aktuell gemessenen Windgeschwindigkeit und der vorgegebenen Schwelle durchgeführt und die Stellgröße ausgegeben.

Ausgabe

Die Verarbeitungsergebnisse werden so aufbereitet, dass sie an die zu steuernde Anlage ausgegeben werden können.

- Anlagen und Prozesse lassen sich durch die Systembetrachtungen des Energie- und Informationsflusses analysieren.
- Eine getrennte Analyse des Energie- und Informations- bzw. Materialflusses vereinfacht die Betrachtung des Steuerungssystems.
- Die Führungsgröße *w* wird in einem Steuergerät verarbeitet.
- Die am Steuergerät vorhandene Stellgröße *y* beeinflusst das Stellglied (Ausgang des Steuergerätes).

Regeln/Steuern

Anhand einer Ladestromregelung soll der Unterschied zwischen Regeln und Steuern erklärt werden.

Bei einer Steuerung ist der Wirkungsablauf offen. Die Verarbeitung reagiert also lediglich auf die Signaleingabe mit den vorgegebenen Eigenschaften.

Damit die Akkumulatoren nicht ständig mit elektrischer Energie versorgt und somit überladen werden, muss der Ladezustand kontinuierlich überwacht und der Ladestrom entsprechend reguliert werden. Dazu muss der Ladezustand anhand der Spannung (IST-Zustand) der Akkumulatoren ständig mit einem SOLL-Zustand (Akkumulatoren sind vollständig geladen) verglichen werden. Je größer der Differenzbetrag zwischen SOLL- und IST-Zustand ist, desto größer ist der Ladestrom der Akkumulatoren. Ist der SOLL-Zustand erreicht (Akkumulatoren sind voll), darf kein Ladestrom mehr fließen.

Da der IST-Wert einen kontinuierlichen Einfluss auf den Ladestrom hat, spricht man von einer Rückwirkung der Ausgangsgröße auf die Eingangsgröße. Somit schließt sich der Kreis. Man nennt ihn **Regelkreis**.

In Regelungen werden Eingangsgrößen also rückwirkend beeinflusst.

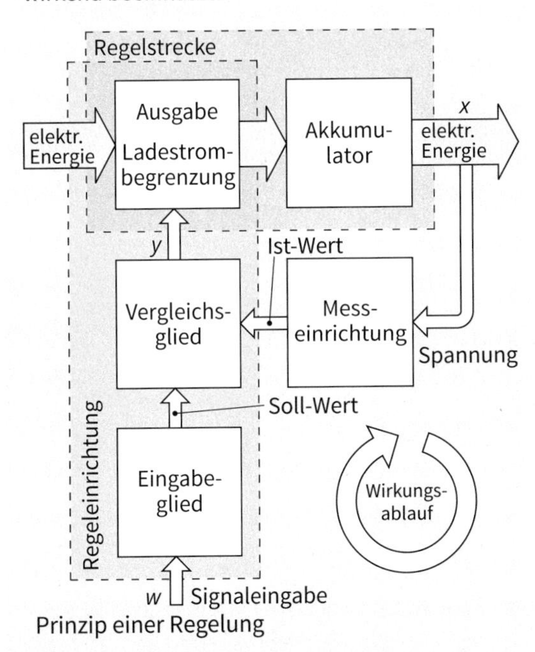

Prinzip einer Regelung

- Für die Wirkungsweise, Wartung, Instandhaltung der Anlage sowie der Fehlersuche ist die Klarheit und Ausführlichkeit einer Dokumentation besonders wichtig.

3.1.3 Dokumentation

Dokumentationen werden erstellt, um z. B. bei Instandhaltung, Wartung, Störungssuche usw. einen schnellen Einblick in die Zusammenhänge einer Anlage zu bekommen (Abb. 3).

Die **Funktionsbeschreibung** [*function description*] soll die Arbeitsweise des gesamten Systems und seiner Objekte im Zusammenspiel verständlich machen. Eine Gliederung der Beschreibung ist sinnvoll. Zum Beispiel kann bei der Windenergieanlage zwischen „Normalbetrieb" und „Sturmbetrieb" unterschieden werden.

Um eine Verbindung zu den technischen Unterlagen und den Bezeichnungen in der Anlage zu schaffen, sollen in der Funktionsbeschreibung auch die normgerechten Objektkennzeichnungen verwendet werden. Im Gegensatz zur Funktionsbeschreibung für die Fachkraft, ist eine Bedienungsanleitung für den Laien/Bediener gedacht. Diese ist lediglich eine Beschreibung der notwendigen (sichtbaren) Funktionen.

Ein **Technologieschema** dient der optischen Unterstützung der Funktionsbeschreibung (ein Bild sagt mehr als tausend Worte!).

Für diese Darstellungsform gibt es keine Normung – allgemein gilt jedoch, dass weniger Realitätstreue und mehr Vereinfachung besser ist. Damit das Technologieschema und die Funktionsbeschreibung eine Einheit bilden, sollten in dem Schema auch die Objektkennzeichen und genormten Symbole verwendet werden. Die Anordnung der Objekte soll in der Darstellung lagerichtig sein.

Pläne sind wesentliche Teile in Dokumentationen. Sie zeigen übersichtlich das Zusammenwirken der Objekte und sind mehr oder minder konkret.

Typische Darstellungen sind z. B. Stromlaufpläne in zusammenhängender und aufgelöster Darstellung, Block- und Logikpläne sowie Signal-Zeit-Diagramme.

Dokumente der Elektrotechnik

- Texte
  - Funktionsbeschreibungen
  - Bedienungsanleitungen
  - Wartungsanweisungen
- Bilder und Zeichnungen
  - Technische Zeichnungen
  - Technologieschemata
- Pläne
  - Stromlaufplan
  - Funktionsschaltplan
  - Verdrahtungsplan
  - ...
- Tabellen
  - Anschlusstabellen
  - ...

3: Bestandteile der Dokumentation

3.2 Eingabeobjekte

3.2.1 Signale

Nach dem EVA-Prinzip wird eine Steuerung in die drei Ebenen Eingabe, Verarbeitung und Ausgabe eingeteilt (vgl. Kap. 3.1.2). Diesem Prinzip folgend sollen zunächst die Informationsquellen (**Sensoren** [*sensors*] und **Bedienelemente** [*operating devices*]) sowie die Objekte betrachtet werden, die die Verarbeitungsergebnisse im System umsetzen (**Aktoren** [*actuators*]).

Bei der stark vereinfachten Systemdarstellung (Abb. 1) wird deutlich, dass die Signale der Eingabeebene in der Verarbeitungsebene ausgewertet werden, bzw. die Verarbeitungsergebnisse an die Aktoren (Ausgabe) übermittelt werden.

Die Ausgangsinformationen des vorangehenden Objektes stellen die Eingangsinformationen des folgenden Objektes dar ①. Diese Übergabepunkte werden **Schnittstellen** [*interfaces*] genannt. Schnittstellen sind normiert, da in der Steuerungstechnik oftmals Produkte unterschiedlicher Hersteller Verwendung finden und daher zueinander kompatibel sein müssen.

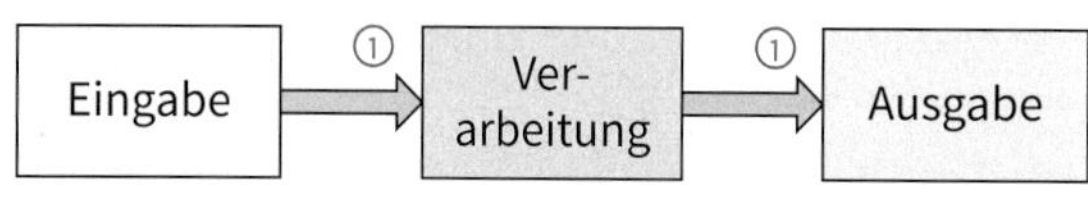

1: Zusammenwirken der Objekte

Binärsignale

Bei Binärsignalen sind nur zwei Zustände möglich (bi: lat. zwei). Diese können sehr einfach ausgewertet werden und lassen sich durch Pegel darstellen (Abb. 2).

Hoher Pegel	Niedriger Pegel
An	Aus
High	Low
H	L
1	0

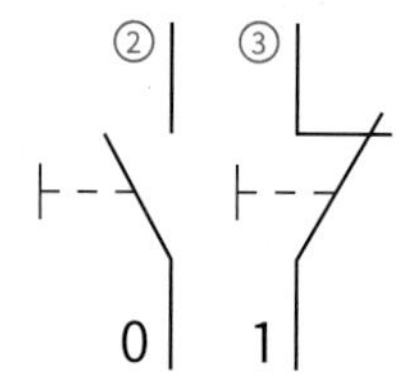

2: Pegel

Beispiel:

- Ein unbetätigter Schließer (Kontakt, der im unbetätigten Zustand geöffnet ist, ②) ist „0“, „Aus“ oder „Low“ (kurz „L“).
- Ein betätigter Schließer ③ ist „1“, „An“oder „High“ (kurz „H“).

Während der Pegel den Zustand bzw. das Signalniveau beschreibt, verbirgt sich hinter dieser sehr allgemeinen Angabe ein von der eingesetzten Steuerung abhängiger Spannungsbereich. Die in der Steuerungstechnik gängigsten Bereiche sind 0 V...12 V, 0 V... 24 V und 0 V... 230 V.

Dabei wird ein niedriger Spannungsbereich als „0“-Signal und ein hoher als „1“-Signal festgelegt. Dazwischen liegt der „verbotene Bereich“ ④, ⑤ als eindeutige Trennung zwischen den Pegeln (Abb. 3). In dieser Zone kann ein Signal keinem Pegel korrekt zugeordnet werden.

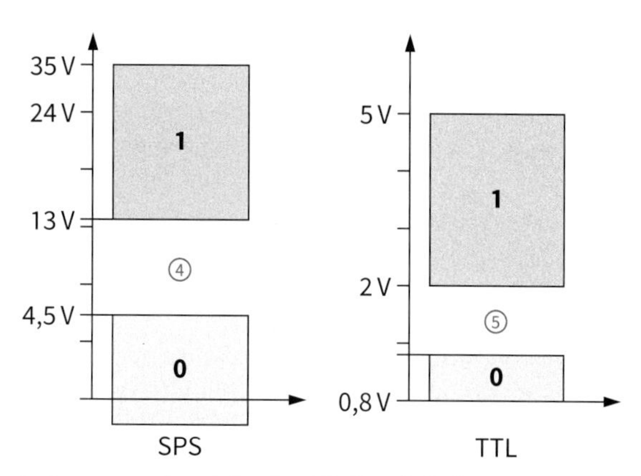

3: Spannungsbereiche der 0/1-Signale bei unterschiedlichen Pegeln

Analoge Signale

Der Windsensor der Windenergieanlage liefert ein analoges Signal. Dieses kann in einem begrenzten Bereich jeden beliebigen Wert annehmen. So entspricht eine Ausgangsspannung von z. B. 4,5 V einer bestimmten Windstärke.

Viele Sensoren verwenden folgende genormten Schnittstellenwerte für Analogsignale:

- 0 V bis 10 V
- 4 mA bis 20 mA
- 0 mA bis 20 mA

Aufgaben

1. Beschreiben Sie, welche Bedeutung die Abkürzungen des EVA-Prinzips haben.
2. Nennen Sie Situationen, in denen eine Dokumentation für eine Anlage hilfreich ist.
3. Warum sollten in einer Funktionsbeschreibung die genormten Objektkennzeichen verwendet werden.
4. Für wen werden die Funktionsbeschreibung bzw. die Bedienungsanleitung geschrieben?
5. Wie werden Binärsignale dargestellt?
6. Welche genormten Analogsignale werden in der Automatisierungstechnik verwendet?

- Damit die Objekte einer Steuerung zusammenarbeiten können, müssen ihre Schnittstellen angepasst sein.
- Binärsignale werden bestimmten Pegeln zugeordnet. Dabei ist das 1-Signal der höhere Pegel und das 0-Signal der niedrigere Pegel.
- Analogsignale werden im Bereich der Automatisierungstechnik meist in den Größen 0 V bis 10 V, 4 mA bis 20 mA oder 0 mA bis 20 mA dargestellt.

3.2.2 Bedienelemente

Bedienelemente können Taster oder Schalter sein. Da sie zur Befehlseingabe von Hand eingesetzt werden, stellen sie die Verbindung zwischen Mensch und Steuerung her. Im Folgenden werden die Bedienelemente und Sensoren der Windenergieanlage mit ihren Alternativen vorgestellt.

Drucktaster, Schalter und Touch-Panel werden zur Befehlseingabe von Hand verwendet, wenn z. B. zwischen Hand- und Automatikbetrieb gewählt wird. In der Sturmschutz-Steuerung kommen sie zum Einsatz, wenn ein Zeitglied vorzeitig zurückgesetzt (quittiert) werden soll, um den Rotor vorzeitig wieder in den Wind zu fahren.

Drucktaster und Schalter

Ist ein Taster (Abb. 4) sowohl mit Schließer- als auch Öffner-Kontakten ausgestattet, muss beachtet werden, dass bei einer Betätigung immer zunächst der Öffnerkontakt ① öffnet, bevor der Schließerkontakt ② schließt (Sicherheitsgründe, vgl. Kap. 3.3.1 →Tasterverriegelung). Dieser Zusammenhang ist in dem Signal-Betätigungsweg-Diagramm der Abb. 4 verdeutlicht.

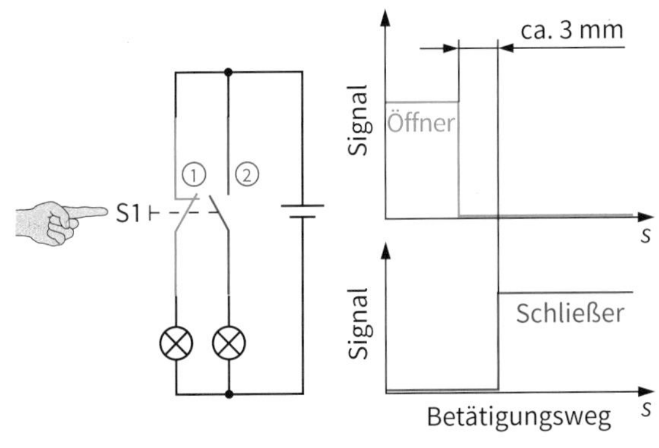

4: Verhalten der Taster-Kontakte bei Betätigung

Die Farbe des Tasters (Abb. 5) weist auf die Funktion hin. Entsprechend der Abb. 6 werden den unterschiedlichen Bedeutungen und Anwendungen bestimmte Farben zugeordnet. Die Farbe Gelb wird zur Beseitigung einer anormalen Bedingung oder unerwünschten Änderung verwendet. Bei der Windenergieanlage wird Gelb daher für die Quittierung der Sturmschutz-Zeit verwendet. Weitere festgelegte Farbkennzeichnungen gelten

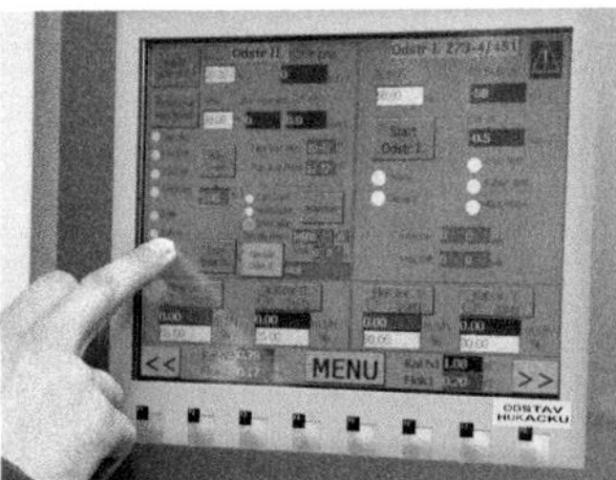

a) Drucktaster b) Touchpanel

5: Bedienelemente

Drucktaster		Farbe	Leuchtmelder	
Bedeutung	Anwendung		Bedeutung	Anwendung
Notfall	NOT-AUS		Notfall	Gefahrenbringender Zustand
Anormal	Beseitigung anormaler oder unerwünschter Zustände		Anormal	Kontrolle, ob die physikalische Größe den normalen Bereich überschritten hat
Normal	Vorbereiten, Bestätigen, Start/Ein erlaubt, Stopp verboten		Normal	Handlung erforderlich, physikalische Größe im normalen Bereich
Zwingend	Rückstellfunktion		Zwingend	Handlung erforderlich
			Neutral	Kontrollieren, ob Umschaltung erforderlich
	START/EIN STOPP/AUS			

6: Farbkennzeichen für Drucktaster, Leuchtmelder und Leuchtdrucktaster

in ähnlicher Form auch für Leuchtmelder und **Leuchtdrucktaster** *[illuminated pushbuttons]*, in denen ein Leuchtmelder integriert ist.

Touch-Panel

Alternativ zu den klassischen Bedienelementen Taster und Schalter werden zunehmend Touch-Panel eingesetzt (häufig als **H**uman-**M**achine-Interface, **HMI** bezeichnet). Dabei handelt es sich um berührungssensitive Bildschirme, auf denen Schaltflächen, Leuchtmelder, Ein-Ausgabe-Felder, frei skalierbare Festtexte, Grafiken und dynamische Balken zur Darstellung von Prozessgrößen angezeigt werden können. Durch Antippen der berührungssensitiven Bildschirmoberfläche können die Bedienfunktionen aktiviert werden. Die Informationen von und zum Panel werden direkt über eine Busleitung oder eine Parallelverdrahtung mit der Steuerung ausgetauscht. Die Anzeige kann mit einer Software beliebig konfiguriert werden.

- Taster, Schalter und Touch-Panel werden als Bedienelemente bezeichnet.
- Taster und andere mechanische Schaltelemente, die mit Öffner- und Schließerkontakten ausgestattet sind, betätigen immer den Öffner-Kontakt bevor der Schließer schließt.
- Taster, Schalter und Leuchtelemente werden entsprechend ihrer Aufgabe farblich gekennzeichnet.
- Anzeigeinstrumente wie Leuchtmelder oder Touch-Panel zeigen den aktuellen Zustand der Steuerung an.

3.2.3 Sensoren der Windenergieanlage

Sensoren [*sensors*] wandeln eine beliebige physikalische Größe in eine elektrisch verarbeitbare Größe um und werden daher auch Wandler genannt (Abb. 1). Der Begriff Sensor bedeutet etwa „Nachweis- und Kontrollgerät" oder „Fühler der Umwelt". Sensoren dienen der Erfassung des Betriebszustandes eines Systems.

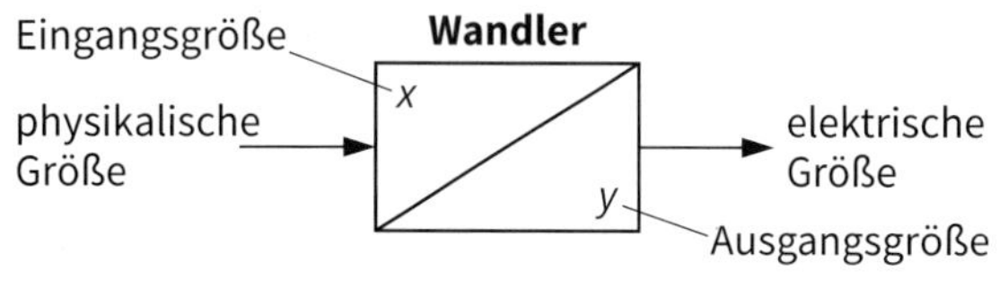

1: Allgemeines Symbol eines Wandlers

Bestimmung der Windgeschwindigkeit

In der Windenergieanlage wird z. B. die Windgeschwindigkeit mit Hilfe eines Sensors erfasst. Das Symbol verdeutlicht die Umwandlung des Signals durch eine schräge Linie, die die Formelzeichen des Eingangs- und Ausgangssignals trennt.

Um den Anforderungen der Schnittstellen gerecht zu werden, muss das Ausgangssignal angepasst werden. D. h. es muss z. B. verstärkt werden. In Abb. 2 ist dies beispielhaft an der Windgeschwindigkeitsmessung dargestellt.

Die Windgeschwindigkeit *v* wird in eine Spannung *U* umgewandelt, verstärkt und direkt analog angezeigt. Sie kann aber auch in ein Schaltsignal umgewandelt werden.

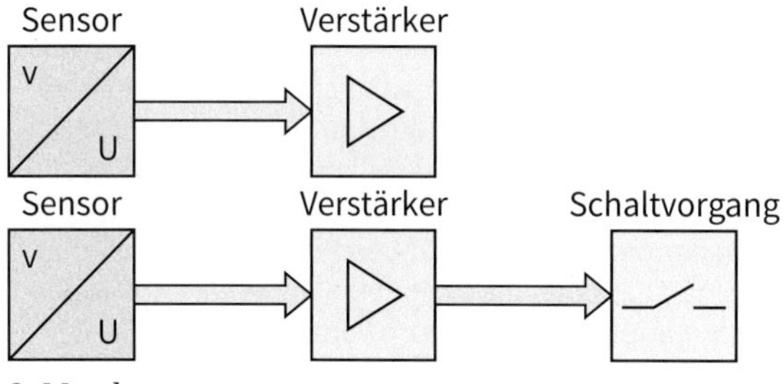

2: Messkette

Der analoge Windsensor (Abb. 3) erfasst die Windgeschwindigkeit über einen Gleichspannungsgenerator. Dessen kleine Spannung wird im gleichen Gehäuse verstärkt und so umgeformt, dass die in den Herstellerangaben (Abb. 4) dargestellten Ausgangswerte erreicht werden.

Die Versorgungsspannung ist für die Verstärker- und Umformerelektronik bestimmt und kann als Gleich- oder Wechselspannung (DC/AC) ausgelegt sein.

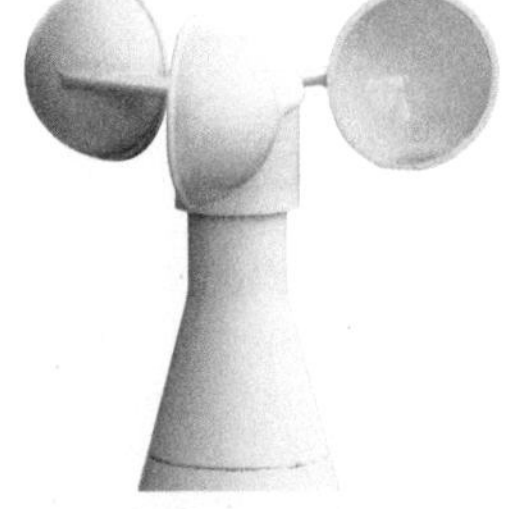

3: Windsensor

Messbereich	0...35 m/s
Anlaufgeschwindigkeit	1,0 m/s
Maximale Belastung	50 m/s
Ausgang	0...10 V; 4...20 mA; 0...20 mA
Versorgungsspannung	24 V DC oder 24 V AC

4: Auszug aus den Herstellerangaben des Windsensors

Positionsbestimmung

Bei der Windenergieanlage wird die Windleitfahne in (IDW) oder aus dem Wind (ADW) gefahren, sodass der Rotor bei Sturm keinen Schaden nimmt. Diese beiden Endlagen (rot = geschaltet, blau = nicht geschaltet) müssen in der Steuerung erfasst werden, damit die Zugseilwinde abgeschaltet wird (Abb. 5).

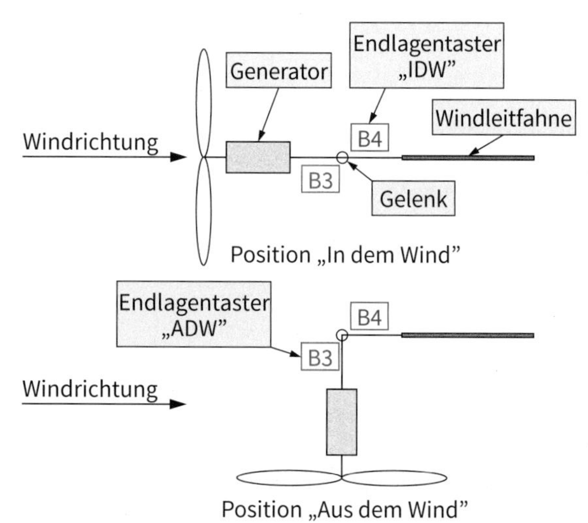

5: Positionserfassung mit Sensoren (Blickrichtung von oben)

Es soll nun untersucht werden, mit welchen Sensoren die Position der Windleitfahne erfasst werden kann.

Endlagentaster (Grenztaster)

Endlagentaster [*limit switches*] sind Taster, die nicht von einer Person, sondern durch ein Werkstück oder einen Anlagenbestandteil (z. B. Windfahne) betätigt werden. Die Rolle am Betätigungshebel in Abb. 6 soll z. B. das Verkanten verhindern. In dem Schaltzeichen (Abb. 6) wird dies durch einen kleinen Kreis ① verdeutlicht. Durch die verschleißende Mechanik ist ihre Lebensdauer begrenzt (~ $5 \cdot 10^6$ Schaltspiele).

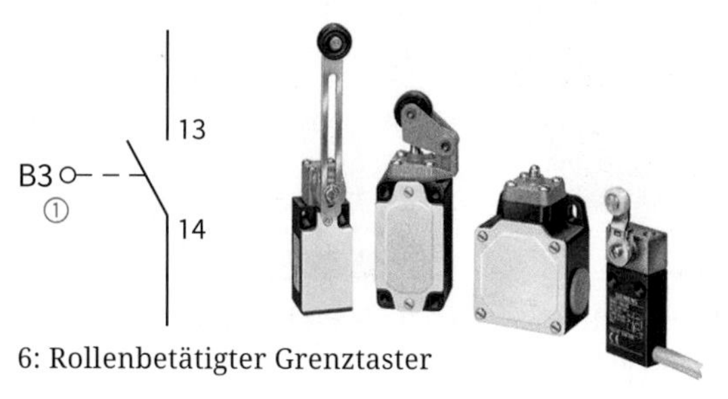

6: Rollenbetätigter Grenztaster

3.2.4 Näherungssensoren

Alternativ zu den in der Windenergieanlage eingesetzten mechanischen Grenztastern, können auch **Näherungssensoren** [*proximity sensors*] verwendet werden.

Während Endschalter durch mechanische Betätigung aktiviert werden, arbeiten Näherungssensoren berührungslos. Dadurch sind sie verschleißarm und auch in ungünstigen Umgebungen einsetzbar. Liefern die Sensoren am Ausgang lediglich binäre Signale, spricht man auch von Näherungsschaltern. Entsprechend ihrer Funktion können sie auch zur Materialerkennung bzw. -unterscheidung eingesetzt werden.

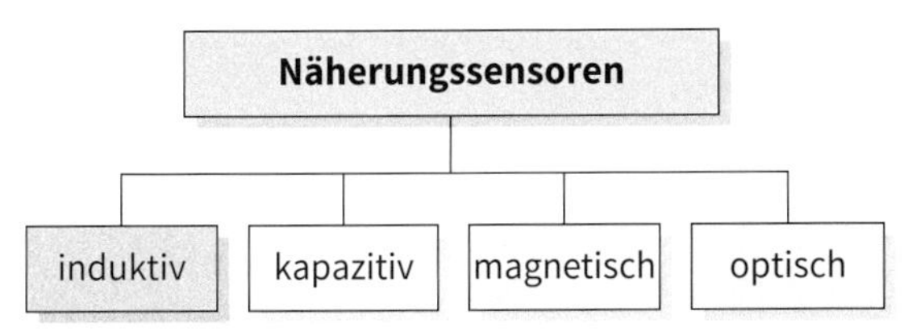

7: Näherungssensoren

Induktiver Näherungssensor

In einem **induktiven Näherungssensor** [*inductive proximity sensor*] wird ein elektromagnetisches Wechselfeld erzeugt. Wird nun ein elektrisch leitfähiger Stoff vor diesen Sensor gebracht, so wird ihm Energie entzogen. Diese Änderung wird in dem Sensor ausgewertet und in ein Signal verwandelt.

Ab welchem Abstand zum Sensor ein leitfähiges Werkstück erkannt wird (Schaltabstand), ist vom Sensortyp und dem zu erkennenden Material abhängig. Ein ferromagnetisches Material wird besser erkannt als andere leitfähige Werkstoffe wie Kupfer, Aluminium oder Messing.

8: Induktiver Näherungssensor

Kapazitiver Näherungssensor

Sein Funktionsprinzip ähnelt dem des induktiven Näherungssensors, wenngleich sie sich im inneren Aufbau grundlegend unterscheiden. Der **kapazitive Sensor** [*capacitive proximity sensor*] erfasst nicht leitende und leitende Gegenstände. Letztere jedoch etwas schlechter. Der Schaltabstand ist stark material- und abmessungsabhängig. So führt ein dickes Material zu einem größeren Schaltabstand als ein dünnes. In der Regel ist daher ein Einstellpotenziometer zur Kalibrierung vorhanden. Erkannt werden neben Metallen und Wasser (sehr gut) auch Karton, Glas, Kunststoff (mittelmäßig) und Öl (schwach). Bei Holz ist die Erkennbarkeit von der Holzfeuchtigkeit abhängig. Der Sensor reagiert empfindlich auf Luftfeuchtigkeit. Ein möglicher Einsatz liegt in der Füllstandserfassung durch die Verpackung hindurch, z. B. Karton oder Kunststoffbeutel. Sie werden zur Erfassung nicht metallener Stoffe verwendet. Induktive und kapazitive Näherungssensoren benötigen eine Versorgungsspannung.

Magnetischer Näherungssensor/Reedkontakt

In **magnetischen Näherungssensoren** [*magnetic proximity sensors*] befindet sich meist ein Reedkontakt. Dabei handelt es sich um zwei ferromagnetische Kontaktzungen in einem Glasröhrchen. Wenn sich ein Dauermagnet oder eine stromdurchflossene Spule in deren Nähe befindet, ziehen sich die Zungen wie zwei Dauermagnete gegenseitig an. Dadurch wird der Stromkreis geschlossen.

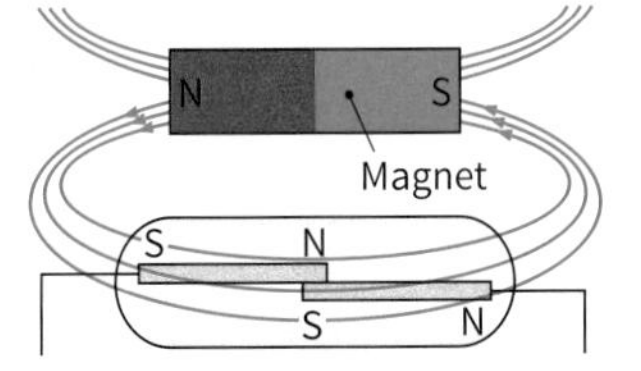

9: Reed-Kontakt

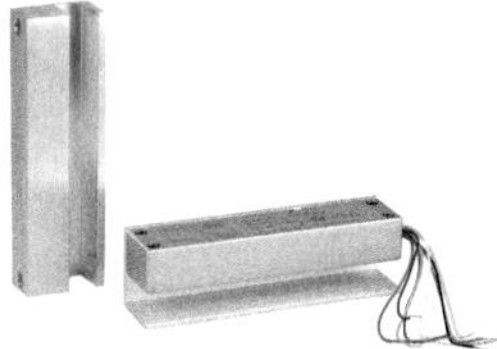

10: Magnetischer Näherungsschalter

Da auch bei Reedkontakten das Schaltsignal mechanisch erzeugt wird, ist auch ihre Lebensdauer nicht unbegrenzt (ca. 10^7 Schaltspiele). Mit nahezu unbegrenzter Lebensdauer (ca. 10^{10} Schaltspiele) arbeiten dagegen **magnetoresistive Näherungsschalter**. Nähert sich ihnen ein Magnet, ändert ein Halbleitermaterial in dem Sensor seinen Widerstand. Diese Widerstandsänderung wird in ein Schaltsignal umgewandelt. Der Sensor benötigt eine Spannungsversorgung.

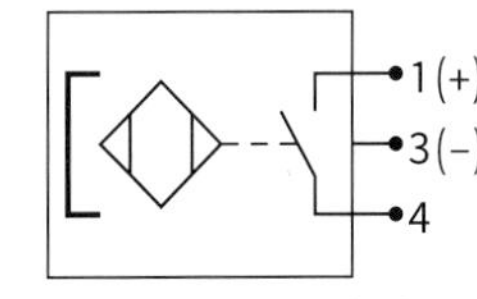

11: Magnetoresistiver Näherungsschalter

Aufgaben

1. Was bedeutet der Begriff „Wandler"?
2. Welche Werkstoffe können mit einem induktiven, kapazitiven und magnetischen Näherungssensor erfasst werden?

- Sensoren sind Wandler, die eine physikalische Größe in eine andere (Spannung, Widerstand usw.) umwandeln.
- Näherungssensoren arbeiten berührungslos.
- Näherungssensoren, die am Ausgang ein Binärsignal liefern, nennt man Näherungsschalter.
- Der Abstand, ab dem ein Material von einem Sensor erkannt wird, nennt man Schaltabstand.

3.3 Verarbeitung

Herr Bölsing hat in den alten Unterlagen seines Hauses Teile einer alten Dokumentation der Windenergieanlage gefunden und an die Firma Emtech übergeben, die die Anlage modernisiert.

Abb. 1 stellt den Stromlaufplan der Handsteuerung der Winde der Windenergieanlage dar, mit der die Windleitfahne in und aus den Wind gedreht werden kann. Diese Schaltung soll nun näher untersucht werden. Dazu werden zunächst die Objekte besprochen, deren einzelne Funktion erläutert und anschließend die Funktion der gesamten Schaltung erklärt.

3.3.1 Schützschaltungen

Aufbau des Schaltplans

Elektromagnetische Schaltgeräte werden als **Schütze** [*contactors*] bezeichnet. Pläne für Schützschaltungen werden meist in **aufgelöster Darstellung** gezeichnet (Abb. 1a und b). Dies bedeutet, dass die Schaltung mit allen Einzelheiten in Strompfade gegliedert dargestellt wird. Dabei wird auf die räumliche Lage und den mechanischen Zusammenhang der einzelnen Antriebsglieder keine Rücksicht genommen. Folgende Merkmale kennzeichnen die zeichnerische Darstellung in aufgelöster Form:

- **Hauptstromkreis** (Abb. 1a) und Steuerstromkreis (Abb. 1b) werden getrennt dargestellt. Dadurch wird erreicht, dass möglichst wenig Objekte von großen Stromstärken durchflossen werden. Dieser Bereich stellt den Hauptstromkreis dar.
- Alle Informationsverknüpfungen finden im **Steuerstromkreis** statt. Die Verbindung zwischen beiden Stromkreisen sind die Schütze Q1 und Q2. Dabei besteht keine elektrische, sondern nur eine mechanische Verbindung.
- Stromlaufpläne zeigen immer den stromlosen und mechanisch unbetätigten Zustand der Schaltung. Ist der Zustand nicht eindeutig darstellbar, ist eine ergänzende Erklärung erforderlich.
- Strompfade verlaufen geradlinig senkrecht vom oberen Netzpol zum unteren Netzpol. Querverbindungen oder Abzweige verlaufen waagerecht, möglichst ohne Kreuzungen.
- Strompfade werden mit Ziffern von links nach rechts nummeriert. Diese dienen der Orientierung bei Funktionsbeschreibungen.
- Alle Schaltzeichen werden möglichst senkrecht angeordnet.
- Alle Objekte (Betriebsmittel) werden gemäß der aktuellen Norm gekennzeichnet.
- Objektkennzeichen (Betriebsmittelkennzeichen) stehen normalerweise links neben dem Schaltzeichen ①. Klemmenbezeichnungen stehen rechts neben der Klemme ②.
- Die Einzelteile eines Gerätes (z. B. Spule, Öffner, Schließer) werden durch gleiche Objektkennzeichen gekennzeichnet ③ ④.
- Unter jeder Schützspule zeigt das vollständige Schaltzeichen (Fachbegriff: **Kontaktspiegel**) mit welchen Schaltgliedern das Schütz bestückt ist und welchen Strompfad die Schaltglieder schalten ⑤.

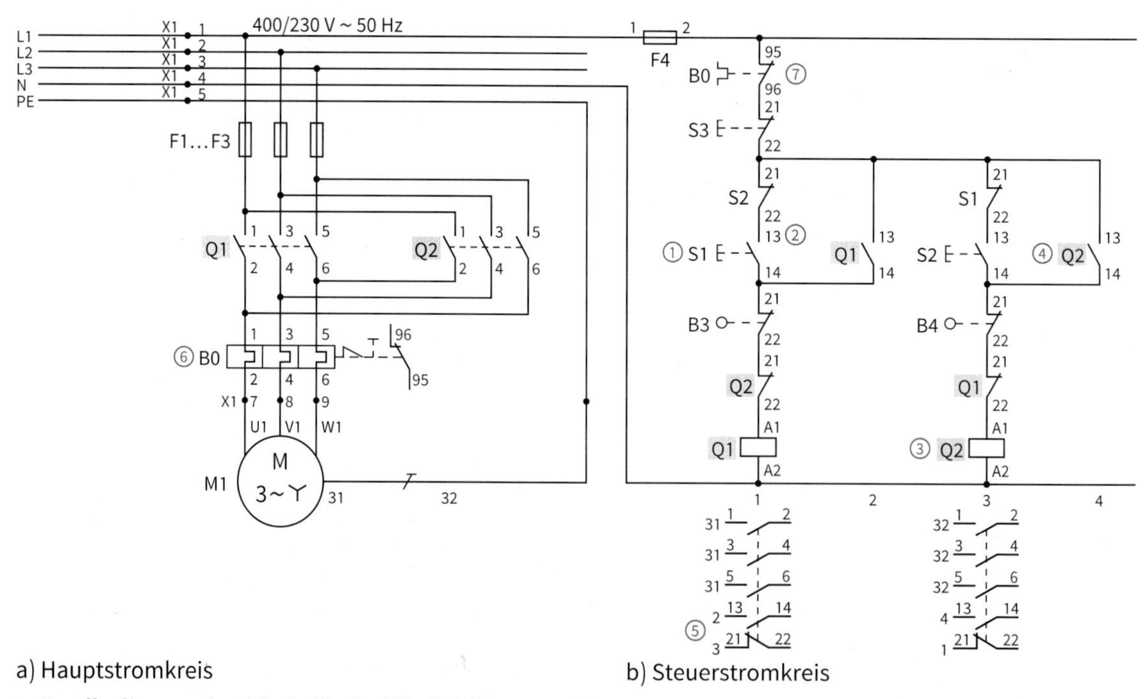

a) Hauptstromkreis

b) Steuerstromkreis

1: Handbedienung der Winde für die Windleitfahnenposition

Objekte der Schaltung

Entsprechend ihrer Aufgabe unterscheidet man zwischen **Leistungsschützen** [*main contactors*] und **Hilfsschützen** [*control relays*].

- Bei einem Leistungsschütz (Abb. 3) soll mit Hilfe eines kleinen Steuerstroms ein hoher Laststrom, z. B. für einen Elektromotor, geschaltet werden (Stellglied).
- Ein Hilfsschütz dient der Verknüpfung von Informationen. Mit Ihnen werden nur kleine Ströme geschaltet, z. B. andere Schütze oder Leuchtmelder.

Im Steuerstromkreis (Abb. 1b) wird mit Hilfe eines kleinen Steuerstromes eine Spule magnetisiert. Diese zieht den Anker (Abb. 2 ⑧) mit den beweglichen, in Etagen angeordneten, Schaltstücken ⑨ an. Diese Schaltstücke schließen Kontakte (Schließer) oder öffnen (Öffner) bestehende Verbindungen. Durch das Schließen der Schließerkontakte wird in Abb. 1a der Hauptstromkreis geschlossen. Somit fließt ein Strom durch den Motor.

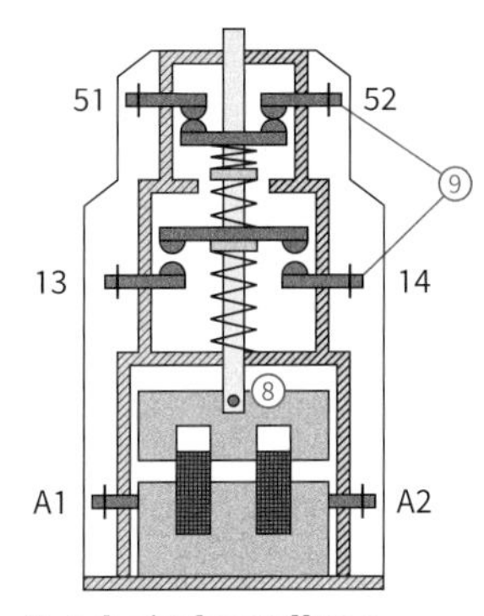

2: Schnittdarstellung

Mit der Trennung in Haupt- und Steuerstromkreis wird also erreicht, dass lediglich die Leistungsschütze große Ströme z. B. für Motoren (Abb. 1a) schalten müssen. Alle Verknüpfungen, die die Schaltinformationen verarbeiten, können mit kleinen Strömen arbeiten (Abb. 1b). Dafür werden meist Hilfsschütze verwendet. Ihre Schaltkontakte sind für kleine Stromstärken von 2 A bis 20 A ausgelegt. Im Schaltplan werden sie mit „K“ gekennzeichnet.

Leistungsschütze verfügen über Hauptschaltglieder, die für große Stromstärken ausgelegt sind, und auch Hilfsschaltglieder, um Informationen im Steuerstromkreis zu verarbeiten (Abb. 1b ④). In Schaltplänen wird das Leistungsschütz mit „Q“ gekennzeichnet, weil seine Hauptaufgabe im Schalten von Energieflüssen liegt.

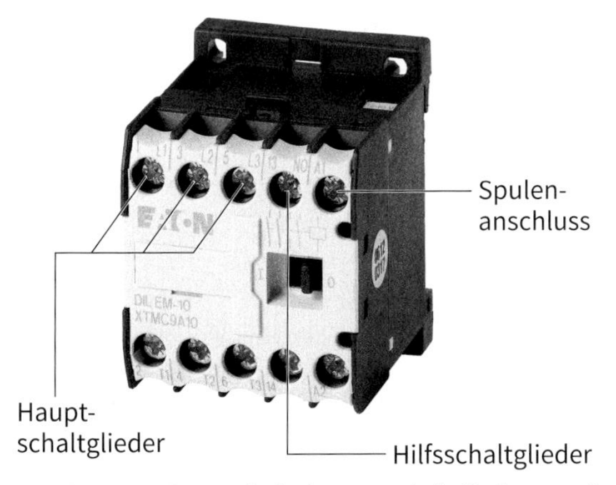

3: Leistungsschütz mit drei Hauptschaltgliedern und einem Hilfsschaltglied (Schließer)

Im dargestellten Plan (Abb. 1) sind die Schütze Q1 und Q2 als Leistungsschütze gezeichnet, weil sie den Windenmotor ansteuern.

Kennzeichnung der Kontakte

Die einzelnen Kontakte werden eindeutig gekennzeichnet, sodass die Funktion des Schaltkontaktes deutlich wird.

- **Hauptschaltglieder** [*main contacts*] werden einziffrig gekennzeichnet. Die ungeraden Zahlen (1, 3, 5) stellen die Netzanschlüsse dar und die geraden Ziffern (2, 4, 6) die Verbraucheranschlüsse.
- **Hilfsschaltglieder** [*auxiliary contacts*] haben eine zweiziffrige Kennzeichnung:
  1. Ziffer: Ordnungsziffer
  2. Ziffer: Funktionsziffer

Die **Ordnungsziffer** gibt die Klemmenreihenfolge auf dem Schütz von links nach rechts an.

Die **Funktionsziffer** unterscheidet:

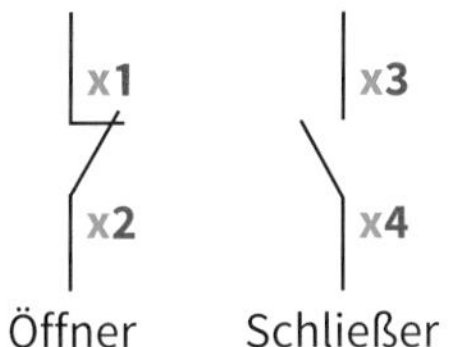

4: Kennzeichnung von Hilfsschaltgliedern

1/2: Öffner
3/4: Schließer
5/6: Öffner mit besonderer Funktion
7/8: Schließer mit besonderer Funktion

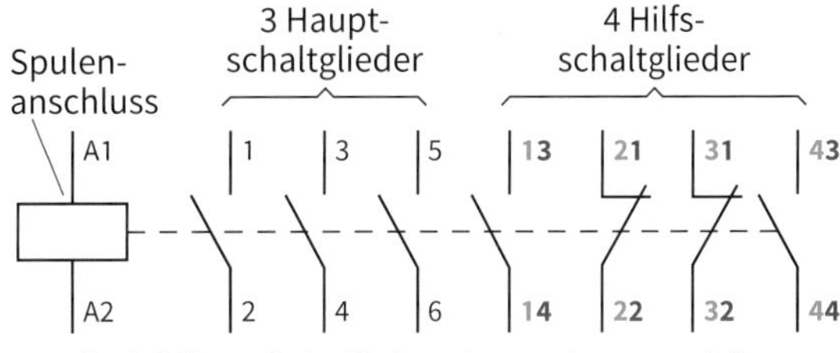

5: Beispiel für Schaltglieder eines Leistungsschützes

Abb. 5 stellt ein Beispiel für ein Leistungsschütz mit vier Hilfsschaltglieder dar (2 Schließer, 2 Öffner). Die Zahl und Anordnung der Hilfsschaltglieder ist typenabhängig.

Motorschutzrelais [*motor protection relay*] sind Bimetallschalter, die die Motorwicklungen vor unzulässig hoher Stromstärke und somit indirekt vor thermischer Zerstörung schützen. Das Motorschutzrelais ist daher im Hauptstromkreis montiert (Abb. 1 ⑥).

Die Schaltkontakte des Motorschutzrelais befinden sich nur im Steuerstromkreis (Abb. 1, Öffner B0:95/96, Strompfad 1 ⑦). Bei Erwärmen der Bimetallstreifen werden über einen Auslösemechanismus die Hilfskontakte 95/96 und 97/98 (Abb. 1) betätigt.

Die Erwärmung kann durch Überlast des Motors oder durch Ausfall eines Außenleiters erfolgen. Durch das Auslösen ist das Relais verriegelt und kann nur mit der Entsperrungstaste wieder in Grundstellung gebracht werden. Da sie den Motor nicht direkt schützen, sondern indirekt abschalten, werden sie mit B gekennzeichnet.

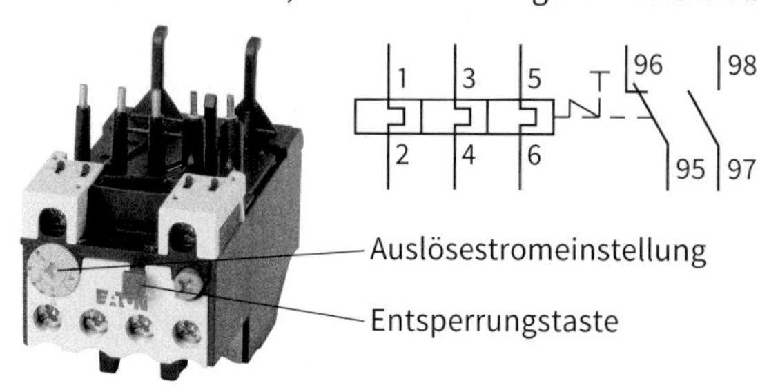

1: Motorschutzrelais zur Montage am Hauptschütz

Funktionsanalyse

Die **Drehrichtungsumkehr** [*reversing*] beim Motor erfolgt durch das Vertauschen zweier Außenleiter. Es muss daher verhindert werden, dass der Windenmotor zugleich für beide Drehrichtungen geschaltet wird (Q1 und Q2 zugleich geschaltet), weil dies einen Kurzschluss zwischen den Außenleitern L1 und L3 im Strompfad 31 (Abb. 1a, S. 128) zur Folge hätte. Die Schaltung, die Herr Bölsing gefunden hat, verfügt über zwei **Verriegelungen** [*interlocks*], welche die Schaltung doppelt vor Fehlbedienung absichern soll.

In der vorliegenden Schaltung erfolgt die Verriegelung durch eine

- **Tasterverriegelung** [*pushbutton interlock*] und eine
- **Schützverriegelung** [*contactor interlock*].

Diese werden nun getrennt betrachtet.

Tasterverriegelung

Zur Bedienung werden Drucktaster (S1 und S2, ① Abb. 2) mit je einem Schließer (13/14) und einem Öffner (21/22) verwendet.

Funktionsanalyse

Q1 einschalten (Rotor in den Wind fahren):

- S1:13/14 schließt Strompfad 1 und schaltet damit die Selbsthaltung Q1:13/14 (Strompfad 2) ein. Dadurch bleibt auch dann das Schütz Q1 geschaltet, wenn der Taster S1:13/14 nicht mehr betätigt wird.
- Die Hauptkontakte von Q1 (Strompfad 31, Abb. 1, S. 128) schalten den Motor M1 ein.

Q2 einschalten (Rotor aus dem Wind fahren):

- S2:21/22 öffnet Strompfad 1 und hebt damit die Selbsthaltung von Q1 auf. Damit öffnet Q1 auch die Hauptkontakte und der Motor M1 stoppt (Strompfad 31).
- S2:13/14 schließt Strompfad 3 und schaltet damit die Selbsthaltung Q2:13/14 (Strompfad 4) ein.
- Q2 (Strompfad 32) schaltet somit den Motor M1 mit entgegengesetzter Drehrichtung ein.

Q1/Q2 ausschalten:

Die Endlagensensoren B3 bzw. B4 schalten das zugehörige Schütz Q1 bzw. Q2 ab. Ebenso erfolgt die Abschaltung bei Aktivierung des Motorschutzrelais B0: 95/96. Somit stoppt der Windenmotor.

Die Verriegelung wird also erreicht, weil der Öffnerkontakt eines Tasters öffnet, bevor der Schließerkontakt schließt. Dadurch wird der jeweilig andere Strompfad unterbrochen, bevor der andere geschlossen wird ②.

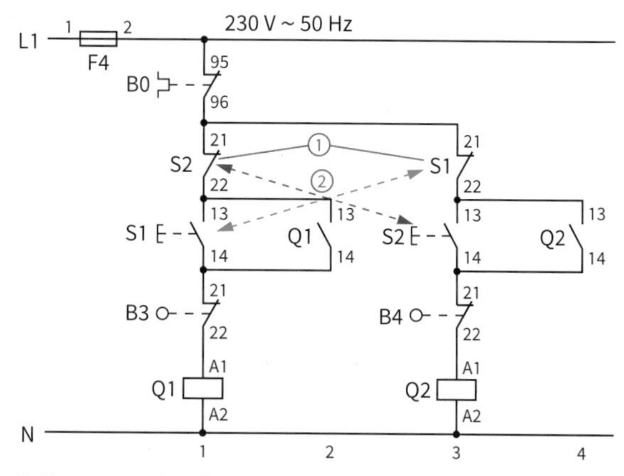

2: Tasterverriegelung

Schützverriegelung

Bei der Schützverriegelung wird der Schutz vor zeitgleichem Einschalten über Öffner-Hilfskontakte der Leistungsschütze erreicht (Abb. 3).

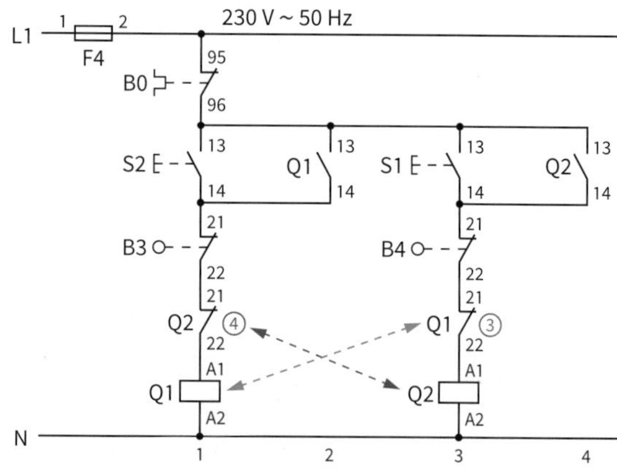

3: Schützverriegelung

Funktionsbeschreibung

Q1 einschalten (Rotor in den Wind fahren):

- S2:13/14 schließt Strompfad 1 und öffnet damit zuerst die Verriegelung Q1:21/22 im Strompfad 3 ③, sodass Q2 nicht schalten kann, so lange Q1 geschaltet ist.
- Anschließend wird die Selbsthaltung Q1:13/14 im Strompfad 2 geschlossen.

Q2 einschalten (Rotor aus dem Wind fahren):

- S3:21/22 öffnet den Strompfad 1. Q1 schaltet ab und bereitet durch Schließen der Verriegelung Q1:21/22 (Strompfad 3) das Einschalten von Q2 vor.
- S1:13/14 schließt Strompfad 3. Damit wird zuerst die Verriegelung Q2:21/22 (Strompfad 1) ④ geöffnet und anschließend die Selbsthaltung Q2:13/14 (Strompfad 4) geschlossen.

Das Abschalten erfolgt genau wie bei der Tasterverriegelung.

Aus den von Herrn Bölsing zur Verfügung gestellten Unterlagen geht hervor, dass sie lediglich eine Schaltung zur Handbedienung der Windenergieanlage darstellen. Sie kann die geforderten Funktionen zum automatisierten Sturmschutz nicht leisten.

Aufgaben 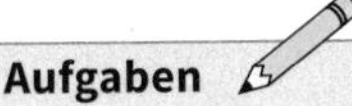

1. Wie werden Schützschaltungen unterteilt?
2. Wozu werden die Ziffern unter den Strompfaden in den Schaltplänen in aufgelöster Darstellung verwendet?
3. Beschreiben Sie, welche Alternative zu den Strompfadnummern noch gebräuchlich ist.
4. Überprüfen Sie bei der folgenden Darstellung die Richtigkeit der Klemmenbezeichnungen und korrigieren Sie diese gegebenenfalls.

   Q1: A1/A2, 13/14, 21/22, 31/32, 43/44, 51/52, 61/62, 73/74, 83/84

5. Begründen Sie, warum bei einer Drehrichtungsumkehrschaltung verhindert werden muss, dass beide Leistungsschütze zugleich schalten.
6. Wieso kann bei einer Tasterverriegelung bei gleichzeitiger Betätigung beider Eintaster (S1 und S2, Abb. 2, S. 130) ein Schalten beider Leistungsschütze verhindert werden?

- Verriegelungen sind Schaltungsverknüpfungen, die unerwünschte Schaltzustände verhindern.
- Eine Schaltungsverriegelung mit Hilfe von Tastern heißt Tasterverriegelung.
- Bei Tasterverriegelungen schalten die Öffnerkontakte eines Tasters den konkurrierenden Strompfad ab.
- Eine Schaltungsverriegelung mit Hilfe von Schützen heißt Schützverriegelung.
- Aus Sicherheitsgründen werden Taster- und Schützverriegelungen meist kombiniert.
- Mit Selbsthaltung bezeichnet man eine Schaltung bei der ein Schütz nach einmaliger Betätigung eines Eintasters geschaltet bleibt, bis der Strompfad unterbrochen wird.

3.3.2 Sturmschutz mit Schützschaltung

Nach der Analyse der Eingangsgrößen der Windenergieanlage wird nun die Steuerung analysiert. In dem Auftrag von Herrn Bölsing werden folgende Funktionen beschrieben (vgl. Technologieschema und Funktionsbeschreibung am Kapitelanfang):

- Zum Schutz einer Windenergieanlage soll bei Sturm der Rotor aus dem Wind gefahren werden. Für diesen Fall soll der Windwächter B1 ein 0-Signal abgeben, wenn die Windgeschwindigkeit > 20 m/s ist.
- Der Sturmschutz soll ebenfalls ausgelöst werden, wenn der Ladestrom überschritten wird. Deshalb wird über einen Widerstand eine dem Ladestrom proportionale Spannung abgegriffen, die von einem Messverstärker so aufbereitet wird, dass bei einer Ladestromüberschreitung von I > 25 A ein 0-Signal (B2, Abb. 4) vorliegt. Unter 25 A ist ein 1-Signal vorhanden.
- Durch den Quittier-Taster S3 soll die Anlage auch vor Ablauf der Sturmschutzzeit (1,5 h nach Ende des Sturms) wieder in den Wind gedreht werden können.

Während der Schutzzeit meldet der Leuchtmelder P1, dass der Sturmschutz aktiv ist.

Im Folgenden soll nun dargestellt werden, wie die Eingangsinformationen (Sensoren, Grenztaster, usw.) mit Hilfe von Schützen oder einem Schaltrelais (hier: Siemens LOGO!) verarbeitet werden können. Auf die zuvor beschriebene Handbedienung soll verzichtet werden.

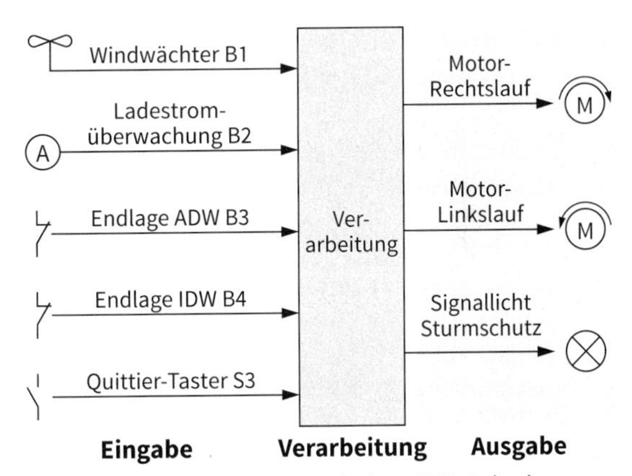

4: Sturmschutzschaltung nach dem EVA-Prinzip

In der Blockform entsprechend des EVA-Prinzips (Abb. 4) wird deutlich, dass die Sensoren B1 (Windwächter), der Ladestromwächter B2, die Endlagensensoren der Windleitfahne (in dem Wind B3 und aus dem Wind B4) sowie der Quittiertaster S1 die Eingangsgrößen darstellen. Die Leistungsschütze zur Ansteuerung des Windenmotors mit der jeweiligen Drehrichtung (Q1 und Q2) sowie der Leuchtmelder P1 stellen die Ausgangsgrößen dar.

Abb. 1 auf der nächsten Seite zeigt den zugehörigen Schaltplan der Steuerung mit Schützen. Der Hauptstromkreis entspricht dem in Kapitel 3.3.1 mit der dargestellten Drehrichtungsumkehr.

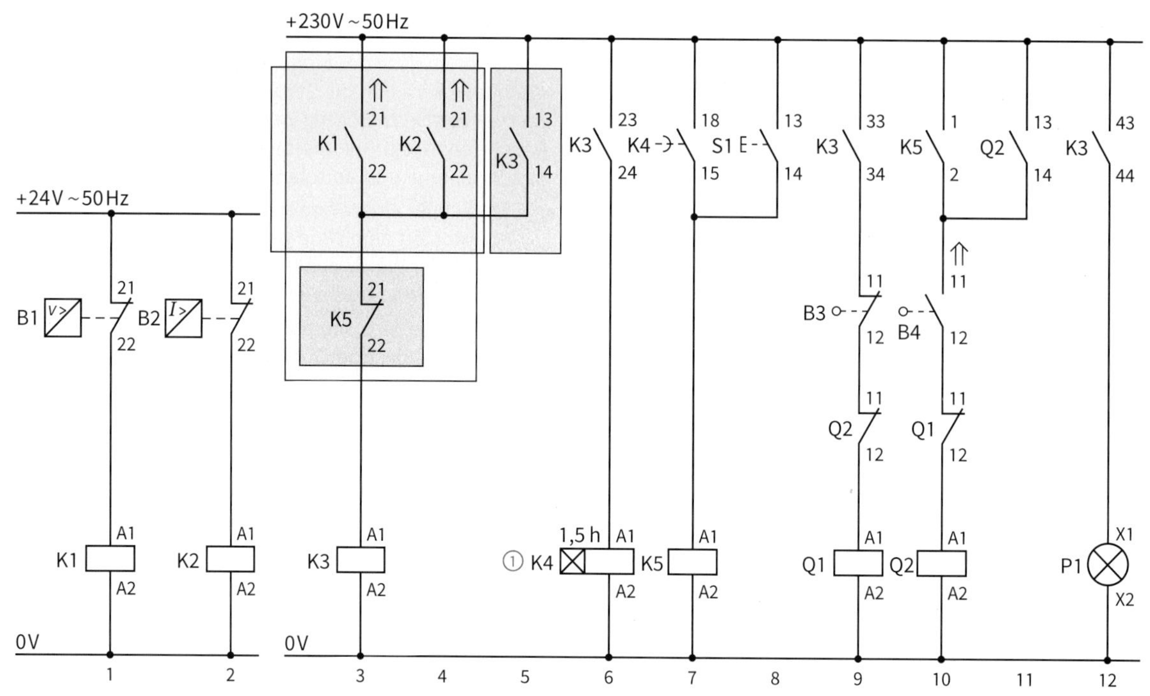

1: Sturmschutz-Schaltung mit Schützen

Verbindungsprogrammierte Steuerung

Die Verknüpfung der Informationen geschieht in einer Schützschaltung durch die Verdrahtung (Verbindungen) der Schalter, Taster, Sensoren, Schütze und Relais. Man spricht daher auch von einer verbindungsprogrammierten Steuerung (**VPS**) [*wired program controller*].

Bevor nun die Funktion analysiert wird, werden zunächst die unbekannten Symbole und Objekte beschrieben.

Einschaltverzögertes Zeitrelais

Bei der Windenergieanlage soll der Sturmschutz für 1,5 h erhalten bleiben. Dafür wird in der Schaltung ein **einschaltverzögertes Zeitrelais** K4 (Abb. 1 ①) [*closing delay relay*] verwendet. Dieses schaltet seine Schaltkontakte erst, wenn nach der Erregung der Spule die eingestellte Zeit abgelaufen ist (Verweilzeit *t*, Abb. 2). Der Kontakt 15/18 bleibt so lange geschlossen, wie die Spule A1/A2 erregt ist.

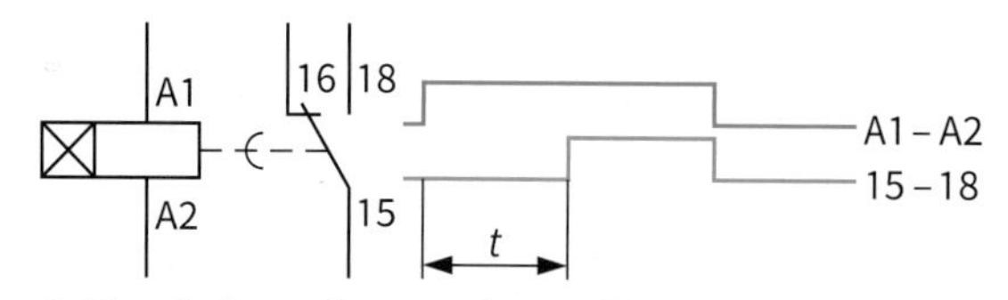

2: Einschaltverzögerung (Herstellerunterlagen)

Zeitverzögerte Hilfsschaltglieder werden durch die Funktionsziffern
x5/x6 für Öffner und
x7/x8 für Schließer gekennzeichnet.

Bei Verwendung von Wechsler-Kontakten entfällt der Kontakt x7. Die „Verzögerungsrichtung" ist durch einen Halbkreis (Abb. 2), („Fallschirm") gekennzeichnet.

Was bedeuten die Doppelpfeile neben den Kontaktsymbolen von K1:21/22 und K2:21/22?

In den Strompfaden 3 und 4 liegt eine besondere Form der Darstellung der Öffner-Kontakte von K1 und K2 vor, die nun beschrieben wird.

Aus Gründen der Betriebssicherheit (Drahtbruch, vgl. Kap. 3.4.4) besitzen die Sensoren B1 und B2 nur bei Sturm bzw. zu hohem Ladestrom einen 0-Zustand – im Normalzustand haben sie den 1-Zustand.

Da die Sensoren mit 24 V und die Steuerung mit 230 V-Schützen arbeiten, muss eine Signalanpassung mit Hilfsschützen durchgeführt werden (Abb. 3).

Durch die Verwendung eines Öffners wird das Signal umgekehrt. Aus dem 0-Zustand wird ein 1-Zustand und umgekehrt. Wenn B1 = 1 (kein Strom) wird das Schütz K1 also geschaltet, sodass der Kontakt K1:21/22 öffnet. Der Leuchtmelder P1 leuchtet nicht. Man spricht daher von einer **Negation**.

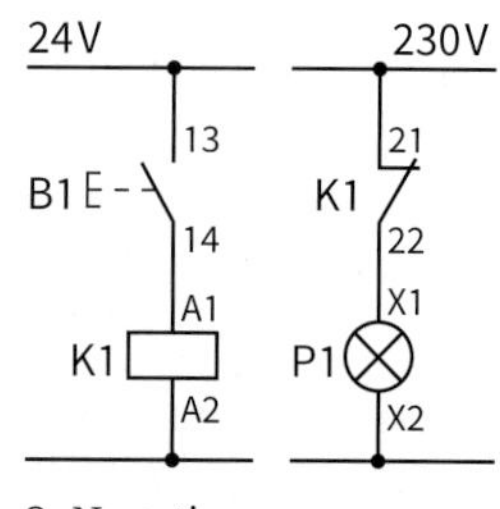

3: Negation

Schaltglieder werden immer in stromloser Ruhestellung dargestellt (Schließer offen, Öffner geschlossen). In der vorliegenden Darstellung (Abb. 3 vorherige Seite) ist aber der geschaltete Zustand der Schütze K1 und K2 der Normalzustand. Im Schaltplan ist daher ein Doppelpfeil neben den Kontakten der Schütze gezeichnet. Ein Schließer-Symbol mit Doppelpfeil verweist dabei auf einen betätigten Öffner. Wenngleich diese Darstellung nicht mehr normgerecht ist, ist sie in der Praxis noch immer häufig zu finden.

Dies ist auch an den Funktionsziffern zu erkennen, denn x1/x2 stehen definitionsgemäß für einen Öffnerkontakt.

Verarbeitung der Signale

Die Signale der Windenergieanlage werden logisch miteinander verknüpft. Am Beispiel der ersten Strompfade sollen nun die Verknüpfungen verdeutlicht werden (Abb. 1).

Der Kontakt K1:21/22 **oder** der Kontakt K2:21/22 schalten die Schutzfunktion für den Rotor ein. Die Kontakte liegen parallel. Dies hat zur Folge, dass das Hilfsschütz K3 schaltet, wenn K1 **oder** K2 durch B1 oder B2 betätigt wird. Man spricht daher von einer **ODER-Verknüpfung** (vgl. Kap. 3.3.4).

Nun wird der Öffnerkontakt K5 (grün hinterlegt) mit in die Analyse einbezogen:
Ein Schalten des Schützes K3 erfolgt nur, wenn K1 **oder** K2 betätigt **und** K5 **nicht** betätigt ist. Werden zwei oder mehr Kontakte mit Schließerfunktion in Reihe geschaltet, bezeichnet man diese Schaltung als **UND-Verknüpfung** (vgl. Kap. 3.3.4).

Da K5 ein Öffnerkontakt ist, schaltet Q1 nur, wenn K5 **nicht** betätigt ist. Das Signal ist **negiert**. Durch die Verwendung des Öffners muss K5 unbetätigt sein, damit der Kontakt leitend ist (1-Signal führt).

Selbsthaltung

Parallel zu der ODER-Verknüpfung von K1 und K2 liegt der Schließerkontakt des Hilfschützes K3:13/14. Hat das Schütz durch Abschalten von K1 oder K2 einmal geschaltet, bleibt es auch dann noch geschaltet, wenn die Schütze K1 und K2 kein 1- Signal mehr liefern. In diesem Fall fließt der Strom über den Schließer K3:13/14 und den Öffner K5:21/22 zum Schütz. Die Abschaltung erfolgt durch Betätigung von K5.
Eine derartige Schaltung wird als **Selbsthaltung** [*latching*] (oder Speicherung) bezeichnet.

Analyse der gesamten Schaltung

Ruhezustand

Die Rotoren befinden sich im Wind. Der Endlagensensor B4 ist geschaltet.

Normalbetrieb

- Die Sensoren B1 oder B2 (Strompfad 1 und 2) sind nicht betätigt, sodass die Schütze K1 und K2 geschaltet sind.
- Die Öffnerkontakte K1:21/22 bzw. K2:21/22 (Strompfad 3 und 4) sind geschaltet (hier geöffnet dargestellt). K3 ist daher stromlos.

Da der Endlagensensor B4 in Strompfad 10 betätigt ist, wird das Leistungsschütz Q2, welches die Windleitfahne durch den Windenmotor in den Wind drehen würde, nicht geschaltet.

Sturmbetrieb

- Signalgeber B1 und/oder B2 werden betätigt, Schütz K1 oder K2 wird stromlos (Strompfad 1 und 2).
- Öffnerkontakte K1:21/22 bzw. K2:21/22 (Strompfad 3 und 4) schließen wieder und schalten Schütz K3.
- K3:13/14 (Strompfad 5) schließt die Selbsthaltung.
- K3:23/24 (Strompfad 6) schließt und das Zeitrelais K4 wird aktiviert.
- K3:33/34 (Strompfad 9) schließt und schaltet Q1, wenn Q2 nicht geschaltet ist (Sicherheitsverriegelung gegen gleichzeitiges Schalten). Dadurch wird der Windenmotor geschaltet (Strompfad 31, siehe Kap 3.3.1) und der Rotor aus dem Wind gefahren. K3:43/44 (Strompfad 12) schaltet den Leuchtmelder P1.
- Nach Ablauf der Verzögerungszeit von K4 schließt K4:15/18 (Strompfad 7) und aktiviert somit K5.
- K5:21/22 öffnet und unterbricht somit die Selbsthaltung von K3.
  K5:11/12 (Strompfad 10) schließt, schaltet Q2, wenn Q1:11/12 nicht geschaltet ist (Sicherheitsverriegelung) und geht in Selbsthaltung. Q2 schaltet den Windenmotor (Strompfad 32, Abb. 1, S. 128) in entgegengesetzter Drehrichtung und dreht den Rotor wieder in den Wind. Q2 schaltet bei Erreichen der Endlage (B4) ab.

Quittieren

- Das Schütz K5 kann jederzeit durch Betätigung des Quittier-Tasters S1 (Strompfad 8) eingeschaltet werden. Dadurch wird die Steuerung wieder in den Grundzustand zurückgesetzt.

- Eine Parallelschaltung von Schließerkontakten wird ODER-Verknüpfung genannt.
- Eine Reihenschaltung von Schließerkontakten wird UND-Verknüpfung genannt.
- Öffner negieren ein Signal.
- Selbsthaltungen dienen der Speicherung von Signalen.
- Schaltglieder werden in Ruhestellung (stromloser Zustand) dargestellt.
- Werden Informationen durch die Verdrahtung von Schaltern, Tastern, Sensoren und Schützen usw. verarbeitet, spricht man von einer verbindungsprogrammierten Steuerung (VPS).
- Ein Kontaktsymbol mit einem Doppelpfeil bedeutet, dass der Kontakt in betätigter Form dargestellt ist (nicht normgerecht).

Impulsschaltung (Tippbetrieb)

Beim Bohren von Stahl muss gegebenenfalls mit Kühlflüssigkeit gekühlt werden. Um unterschiedliche Kühlmittelmengen zuführen zu können, wird eine Pumpe mit zwei unterschiedlichen Pumpleistungen verwendet.

Da die Anlagen bedienerfreundlich sein sollen, wird oft auf viele Bedienelemente verzichtet. Am Beispiel einer Kühlmittelpumpe für eine Standbohrmaschine soll eine Schaltung analysiert werden, die mit einem einzelnen Taster auskommt, um zwischen unterschiedlichen Betriebszuständen zu wechseln. Derartige Schaltungen, mit denen man mit einem Taster ein-, um- und ausschaltet, bezeichnet man als Impulsschaltungen.

Funktionsbeschreibung

Die Standbohrmaschine wird mit dem Hauptschalter S1 betriebsbereit geschaltet. Bei Betätigung des Tasters S2, pumpt die Pumpe G1 (hier nicht eingezeichnet) durch Ansteuerung des Schützes Q1 eine geringe Menge Kühlmittel. Wird S2 erneut betätigt, wird Q1 abgeschaltet und Q2 geschaltet. Dadurch wird eine größere Menge Kühlmittel gepumpt. Eine weitere Betätigung von S2 schaltet die Pumpe wieder ab.

Schaltungsanalyse

Geringe Pumpleistung

- S2 wird erstmals betätigt.
- K1 (Strompfad 1) schaltet und geht in Selbsthaltung (K1:13/14, Strompfad 2). K1:23/24 (Strompfad 7) schaltet Q1 und damit die Pumpe M1.
- K1 öffnet K1:31/32 in Strompfad 3.
- Q1 geht in Selbsthaltung über Q1:23/24 (Strompfad 8)
- Q1:31/32 öffnet in Strompfad 1 und schließt Q1:13/14 in Strompfad 3.

Wird S2 nicht mehr betätigt, bleibt Q1 aufgrund der Selbsthaltung geschaltet. K1 schaltet ab, die Kontakte in Strompfad 3 und 7 gehen in Grundstellung zurück.

Hohe Pumpleistung

- S2 wird zum zweiten Mal betätigt.
- Da der Öffner Q1:31/32 geöffnet ist, kann K1 nicht schalten.
- Da Q1:13/14 in Strompfad 3 geschlossen ist, schaltet nun K2 und geht über K2:13/14 in Selbsthaltung so lange S2 betätigt ist.
- K2 öffnet K2:51/52 und schaltet dadurch Q1 in Strompfad 7 ab, bevor durch das Schließen von K2:23/24 (Strompfad 10) das Schütz Q2 schaltet.
- K2:31/32 öffnet Strompfad 5.
- Q2 geht in Selbsthaltung.
- Q2 öffnet den Kontakt Q2:31/32 und verhindert dadurch ein erneutes Schalten von K1.
- Q2:13/14 bereitet das Schalten von K3 vor.

Wird S2 nicht mehr betätigt, schaltet K2 ab und die Kontakte gehen in Ruhestellung zurück.

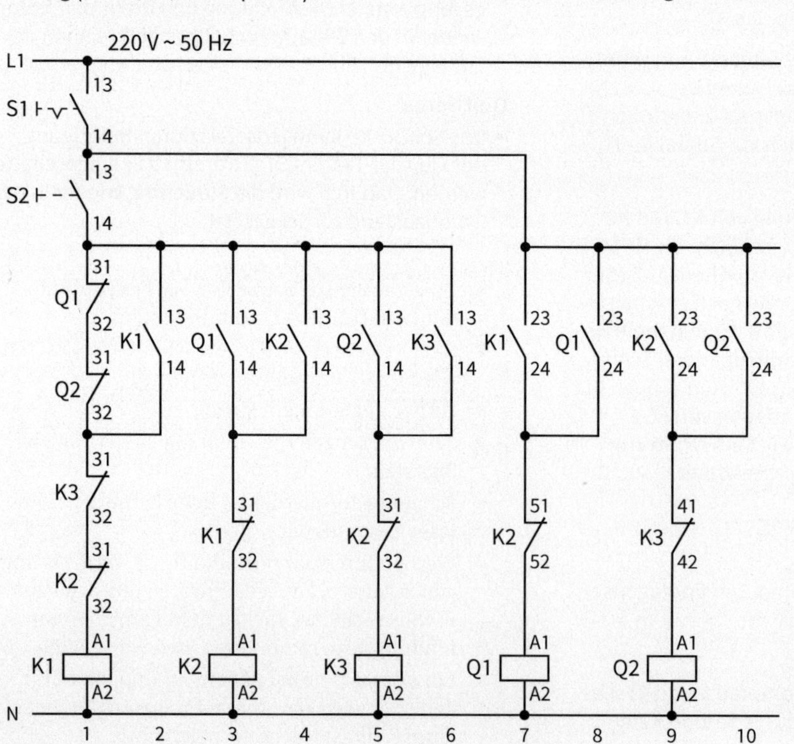

Abschalten der Pumpe

- S2 wird zum dritten Mal betätigt.
- K3 schaltet im Strompfad 5 und geht in Selbsthaltung, solange S2 betätigt ist. Da Q2 noch geschaltet ist, können K1 (Strompfad 1) und K2 (Strompfad 3) nicht schalten.
- K3:41/42 unterbricht Strompfad 9 und löst dadurch die Selbsthaltung von Q2.
- K3:31/32 (Strompfad 1) öffnet und verhindert dadurch das Schalten von K1.

Wird S2 nicht mehr betätigt, geht die Schaltung in die Grundstellung zurück.

Mit S1 kann die Steuerung jederzeit vollständig abgeschaltet werden.

3.3.3 Sturmschutz mit Steuerrelais

Steuerrelais (Kleinststeuerungen oder Logikmodule) werden zunehmend für einfache Steuerungsaufgaben in Hausinstallationen und kleineren Maschinensteuerungen eingesetzt. Anhand der Realisierung der Sturmschutz-Steuerung wird nun der Aufbau einer Steuerung mit Steuerrelais dargestellt. Dabei wird zur Vereinfachung zunächst nur auf die Ansteuerung des Leuchtmelders eingegangen.

Analyse des Anschlussplans

Das Steuerrelais LOGO! verfügt über acht Eingänge (I) und vier Ausgänge (Q, Abb. 1). Entsprechend des EVA-Prinzips werden die Signalgeber (Eingabe) an den Eingängen des Steuerrelais angeschlossen.

- Wird nun z.B. der Quittiertaster S1 betätigt, liegt am zugehörigen Eingang I5 ein 1-Signal.
- Der Leuchtmelder P1 ist an dem Ausgang Q3 angeschlossen. Wird dieser angesteuert, so wird der Stromkreis für P1 geschlossen.

Das Steuerrelais benötigt eine Versorgungsspannung. Da die Ausgänge bei diesem Gerät mit Relais-Kontakten versehen sind, muss jeweils ein Kontakt eines Ausgangs mit einer Versorgungsspannung verbunden sein. Durch die Ausführung mit Relaisschaltkontakten kann so eine galvanische Trennung der Ausgangsobjekte vorgenommen werden und jedes Objekt mit einer eigenen von der Modulversorgungsspannung unabhängigen Spannung versehen werden.

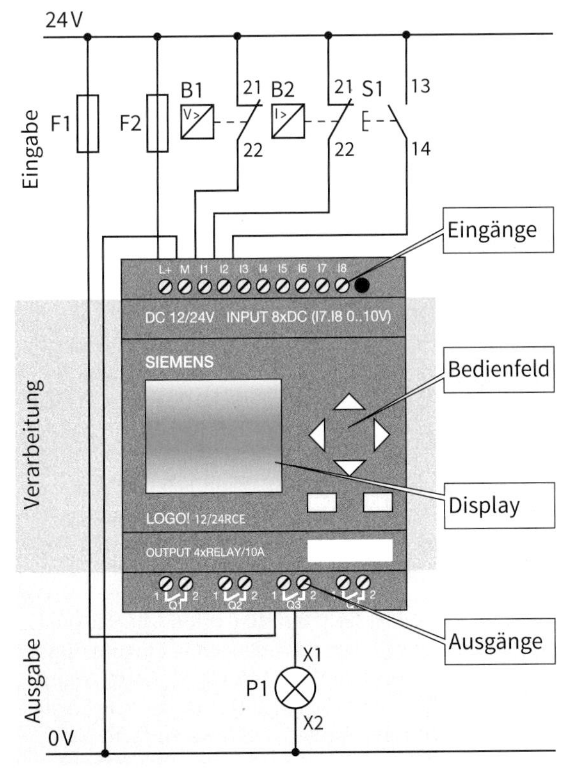

1: Anschlussplan

An Relaisausgängen können Gleich- und Wechselspannungen angeschlossen werden und mit maximal 2 A (induktive Last, z. B. Motoren), bzw. 10 A (ohmsche Last, z. B. Leuchten) belastet werden.

Alternativ werden Steuerrelais auch mit Transistorausgängen versehen. Bei diesen wird der Stromfluss mit elektronischen Schaltern (Transistoren) gesteuert. Diese können nur kleine Gleichströme bis 0,5 A schalten. Sie zeichnen sich jedoch durch eine hohe Kurzschlussfestigkeit und geringeren Verdrahtungsaufwand aus.

Die Montage des Steuerrelais ist in einem Stromkreisverteiler auf Hutschienen vorgesehen und passt sich durch seine Bauform in die Verteilerabdeckung ein. Bei der Installation ist zu beachten, dass alle Zuleitungen der Signalgeber und Aktoren in diesem Punkt zusammengeführt werden müssen.

Wie werden Informationen verarbeitet?

Die Verarbeitung der Informationen erfolgt in dem Steuerrelais mit einem veränderbaren Programm. Mit seiner Hilfe lassen sich

- **logische Verknüpfungen**,
- **Zeitsteuerungen**,
- **Zählfunktionen**

und vieles mehr realisieren.

Steuerrelais arbeiten intern mit den Anschlussbezeichnungen der Ein- und Ausgänge. Diese werden als absolute oder Hardware-Adressen bezeichnet.

Adressen

Die Eingänge werden mit dem Buchstaben I (Input ≙ Eingang), Ausgänge mit Q (Quit ≙ Ausgang). Beide Anschlussreihen sind von links nach rechts durchnummeriert.

Zur Übersicht wird eine **Zuordnungsliste** [*assignment list*] angelegt (Abb. 2). In ihr wird festgelegt, welches Objekt welcher Adresse zugeordnet ist. Sie ist durch ihre Tabellenform übersichtlicher als der Anschlussplan, dem die gleichen Informationen (Objekt, Anschlussklemme/Adresse, Kommentar und Schaltfunktion) entnommen werden können.

Damit die Programmierung möglichst übersichtlich ist, lassen sich in der Programmiersoftware die Informationen der Zuordnungsliste ebenfalls eingeben und anzeigen.

Zuordnungsliste			
Objekt	**Adresse**	**Kommentar**	**Funktion**
B1	I1	Windwächter	Öffner
B2	I2	Ladestromwächter	Öffner
S3	I3	Quittiertaster	Schließer
P1	Q3	Leuchtmelder	

2: Zuordnungsliste

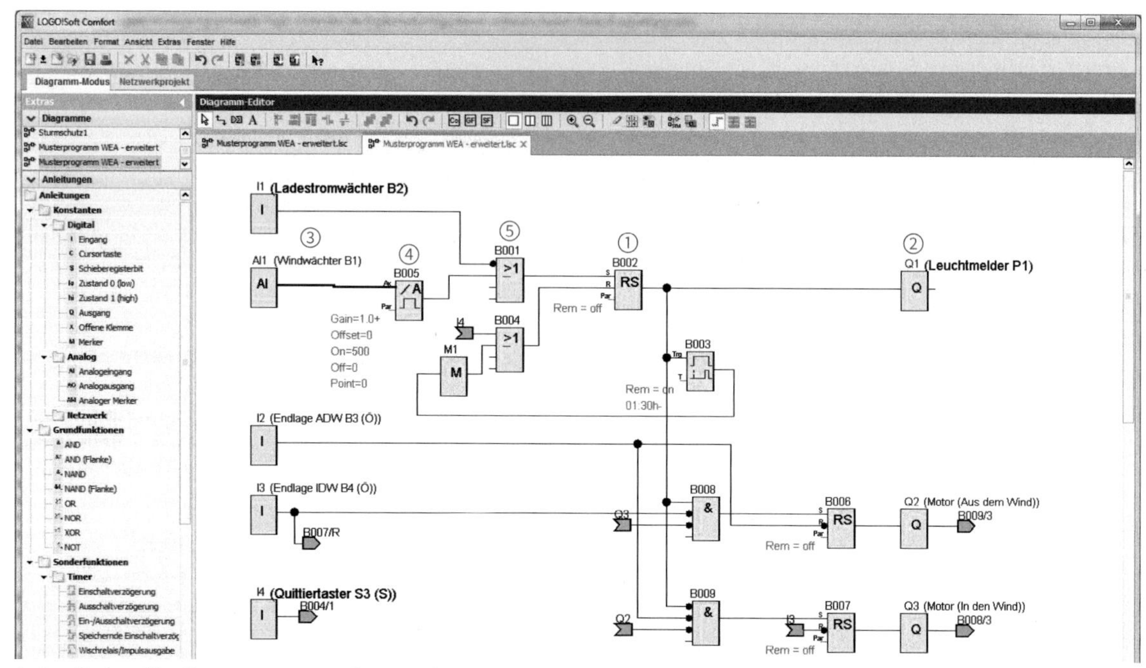

1: Logikplan für die Ansteuerung des Leuchtmelders

Programmierung

Die Programmierung eines Logikmoduls kann auf zwei Wegen geschehen:

- Über das eingebaute Sechstasten-Bedienfeld und das Display oder
- mit Hilfe einer Software am PC (Abb. 1).

Die Handprogrammierung am Gerät ist sehr aufwändig und unübersichtlich. Die Programmentwicklung am PC bietet dagegen folgende Vorteile:

- Die Entwicklung kann ortsunabhängig, z. B. im Betrieb erfolgen und muss nicht langwierig am Gerät direkt durchgeführt werden.
- Das Programm kann mit Hilfe der Software simuliert werden.
- Mit dem Programm wird automatisch auch ein Teil der Dokumentation erstellt und kann einfach ausgedruckt werden.
- Das Programm kann über ein Verbindungskabel an beliebig viele Schaltrelais, z. B. bei der Serienprogrammierung, übertragen werden.

Aus diesen Gründen wird hier die Programmierung des Logikplans mit der Software LOGO!SoftComfort dargestellt und stellenweise Hinweise auf Unterschiede zur Handprogrammierung gegeben.

Analyse des Logikplans

Die Software vergibt Blocknummern (B001 – B005 ①) in der Reihenfolge der Programmierung der Verknüpfungen. Mit ihrer Hilfe ist eine Orientierung und Beschreibung einfach.

Bei der Analyse der Schaltung wird entsprechend des EVA-Prinzips vorgegangen und zunächst die bereits bekannten Blöcke des Logikplans (Abb. 1) untersucht.

I1, I2 und I3:

Sie stellen die **Eingänge** der LOGO! dar. Da in der Software die Anschlussnamen entsprechend der Zuordnungstabelle eingegeben wurden, werden diese nun in dem Plan in Klammern angezeigt. Diese Vereinfachung wird auch als **symbolische Adresse** bezeichnet.

Q3:

Mit Q3 ist der **Ausgang** der LOGO! bezeichnet, an dem der Leuchtmelder P1 ② angeschlossen ist (vgl. Anschlussplan, Abb. 1, vorherige Seite). Der Ausgang besitzt dabei solange 1-Zustand, wie die zuführende Verbindung im 1-Zustand ist.

Verarbeitung

Da sowohl ein Signal am Windwächter B1 ③ als auch am Ladestromwächter B2 den Sturmschutz auslösen soll, werden die Eingangssignale von I1 und I2 im **Block B001** miteinander **ODER-verknüpft** (vgl. S. 147). Beide Sensoren besitzen Öffner- Funktion (Ruhezustand = 1). Ein ODER-Glied besitzt am Ausgang 1-Zustand, wenn mindestens einer der Eingänge 1-Zustand besitzt. Da die Sensoren im Schaltfall 0-Zustand besitzen, müssen ihre Signale umgekehrt (negiert) werden.

Der **Block B005** ④ stellt ein **NOT-Glied** (NICHT-Glied, Negation) dar, welches das anliegende Eingangssignal umkehrt: Wenn der Eingang 1-Zustand besitzt, dann liegt am Ausgang ein 0-Signal und umgekehrt. In Logikplänen werden Negationen häufig vereinfacht als Kreis dargestellt, wie dies am zweiten Eingang des ODER-Gliedes B001 ⑤ geschehen ist.

Wie wird das Sensor-Signal gespeichert?

Wenn einer der Sensoren „Sturm" erkennt, soll der Ausgang Q3 1-Zustand besitzen, bis der Quittier-Taster S3 betätigt wurde oder die Sturmschutz-Zeit (1,5 Stunden) abgelaufen ist. Ein solches Speicherverhalten besitzt das **RS-Glied Block B002** ①. In der Digitaltechnik wird es häufig als bistabiles Kippglied oder Flipflop bezeichnet, in der LOGO!-Software als **Selbsthalterelais** [*latching relay*]. Die Eingänge werden mit **R** und **S** gekennzeichnet.

Die Eingänge haben folgende Bedeutung:

- Ein 1-Signal am Setz-Eingang **S setzt** [*set*] den Ausgang dauerhaft in den 1-Zustand. Das RS-Glied ist dadurch **gesetzt**.
- Ein 1-Signal am Rücksetzeingang **R** setzt den Ausgang dauerhaft in den 0-Zustand. Das RS-Glied ist dadurch **zurückgesetzt** [*reset*].
- Liegt an beiden Eingängen zugleich ein 0-Signal, bleibt der jeweils vorhandene Zustand (gesetzt/zurückgesetzt) erhalten (gespeichert).
- Liegt an beiden Eingängen ein 1-Signal, besitzt das Rücksetzsignal Vorrangigkeit und das Kippglied wird zurückgesetzt.

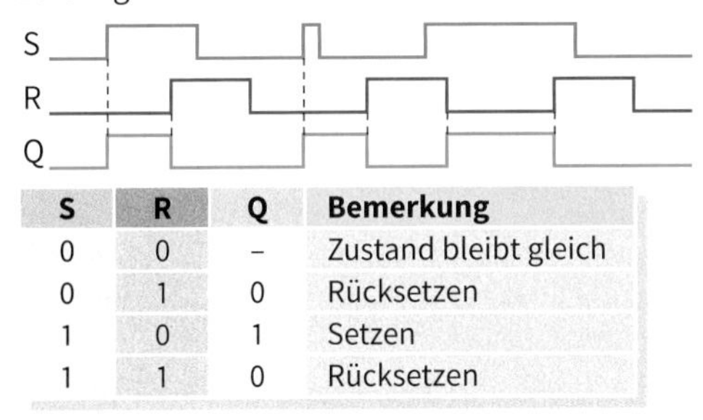

S	R	Q	Bemerkung
0	0	–	Zustand bleibt gleich
0	1	0	Rücksetzen
1	0	1	Setzen
1	1	0	Rücksetzen

2: RS-Kippglied (Selbsthalterelais)

Bei dem vorliegenden Logikplan (Abb. 1) wird das Selbsthalterelais durch die Sensoren B1 oder B2 gesetzt. Das Rücksetzen erfolgt durch ein 1-Signal vom Quittiertaster S3 (I3) oder dem Block M1 ⑥.

Wie wird das Selbsthalterelais zeitabhängig zurückgesetzt?

Der **Block B003** stellt eine **Einschaltverzögerung** [*closing delay*] dar. Wenn diese am Trg-Eingang (Trigger = Auslöser) einen Zustandswechsel von 0- Signal zu 1-Signal (positive Flanke) erhält, startet die Zeit, nach deren Ablauf der Ausgang Q ein 1-Signal führt. Der Ausgang wird gegenüber dem Eingang verzögert geschaltet.

Fällt das Signal am Eingang vor Ablauf der eingestellten Zeit auf 0-Signal zurück, geht der Ausgang nicht in den 1-Zustand und die Zeit wird wieder zurückgesetzt (Abb. 3). Dies tritt ein, wenn das Selbsthalteglied durch den Quittier-Taster zurückgesetzt wurde.

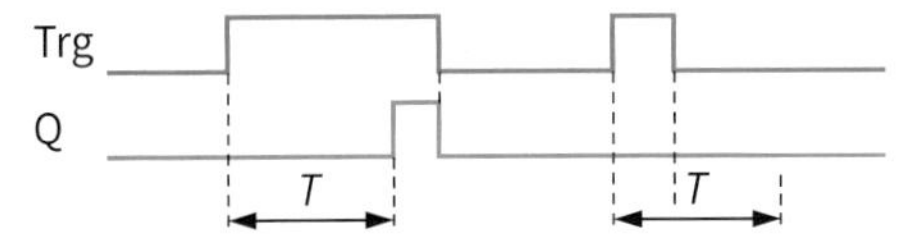

3: Einschaltverzögerung: Signal

Wozu wird der Merker M1 benötigt?

In dem Logikplan Abb. 1 soll das Ausgangssignal des Selbsthalterelais B002 über die Einschaltverzögerung B003 und das ODER-Glied B004 wieder einem Eingang des Selbsthalterelais zugeführt werden. Derartige „Informationskreise", bei denen der Ausgang eines Blocks wieder mit seinem Eingang verbunden ist, werden **Rekursionen** [*recursion*] genannt.

In der LOGO! dürfen Rekursionen nur programmiert werden, wenn sie über einen Ausgang oder einen **Merker** [*flag*] ⑥ geführt werden. Merker führen am Ausgang immer das gleiche Signal, das auch am Eingang anliegt und stellen virtuelle Ausgänge dar. Sie verhalten sich also wie Ausgänge ohne Anschlussklemme. Das Ausgangssignal wird aber um einen Verarbeitungszyklus verzögert ausgegeben.

Gesamtanalyse des Logikplans

Die negierten Eingangssignale von I1 (Windwächter B1) und I2 (Ladestrom-Wachter B2) werden im Block B001 ODER-verknüpft. Führt Block B001 1-Signal, wird das Selbsthalterelais B002 gesetzt. Dadurch besitzt der Ausgang Q1 (Leuchtmelder P1) 1-Signal und die Einschaltverzögerung B003 startet die eingestellte Verzögerungszeit.

Nach Ablauf der Verzögerung (1:30 h) nimmt der Ausgang von B003 den 1-Zustand an. Dieses Signal wird über den Merker M1 dem ODER-Glied B004 zugeführt, das mit dem Rücksetzeingang des Selbsthalterelais B001 verknüpft ist (Rekursion).

Das Selbsthalterelais wird zurückgesetzt, wenn der Eingang I3 (Quittiertaster S3) oder die Einschaltverzögerung B003 über den Merker M1 1-Signal führen. Dadurch wird der Leuchtmelder am Ausgang Q1 abgeschaltet.

Aufgaben

1. Beschreiben Sie den Zweck von Zuordnungslisten.
2. Nennen Sie Vorteile für die Programmentwicklung für eine Kleinsteuerung am PC.
3. In welcher Reihenfolge werden die Blocknummern in der Software vergeben?

- Bei Logikmodulen werden die Sensoren und Bedienelemente einzeln an den Eingängen, die Aktoren und Signalgeber einzeln an den Ausgängen angeschlossen.
- Die Eingänge werden fortlaufend mit I1, I2, I3 ..., Ausgänge mit Q1, Q2, Q3 ... adressiert.
- Zuordnungstabellen dienen der übersichtlichen Darstellung der Zugehörigkeit eines Objektes zu einem bestimmten Ein- oder Ausgang.
- Rekursionen können nur über einen Merker oder einen Ausgang programmiert werden.

3.3.4 Logische Verknüpfungen

Anhand der verbindungsprogrammierten Steuerung für die Windenergieanlage ist gezeigt worden, dass die Informationen der Sensoren und Bedienelemente durch die Verdrahtung miteinander logisch verknüpft werden. Am Beispiel der ODER-Verknüpfung sollen nun einige unterschiedliche in der Technik gebräuchliche Darstellungsarten vorgestellt werden.

ODER-Verknüpfung

Stromlaufplan

Wie auf Seite 133 bereits gezeigt, wird die ODER-Verknüpfung durch die Verdrahtung der Informationsquellen mit einem Schütz hergestellt. Die Funktion kann durch die Betätigung der einzelnen Taster analysiert werden:

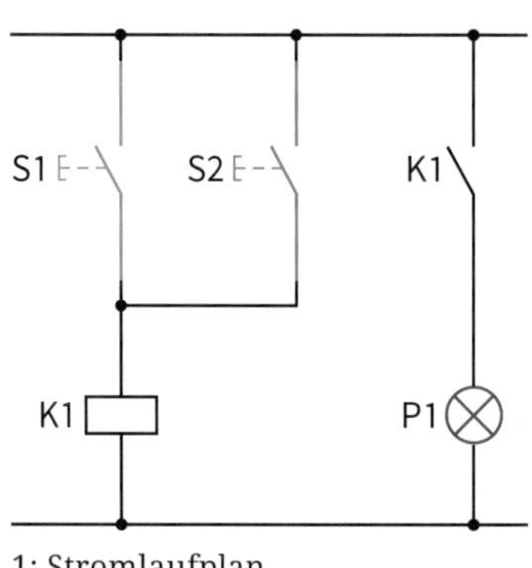

1: Stromlaufplan

Wird der Taster S1 ODER der Taster S2 betätigt, schaltet das Schütz K1. Dadurch schließt sich der Schließerkontakt von K1 und die Meldeleuchte P1 leuchtet.

Logiksymbol

Das Schaltzeichen stellt die ODER-Verknüpfung dar. Das Zeichen „≥1" (sprich: größer gleich eins) kann dabei wie folgt gedeutet werden: Am Ausgang P1 entsteht ein 1-Signal, wenn ein oder mehrere Eingänge (S1 oder S2) ein 1-Signal führen.

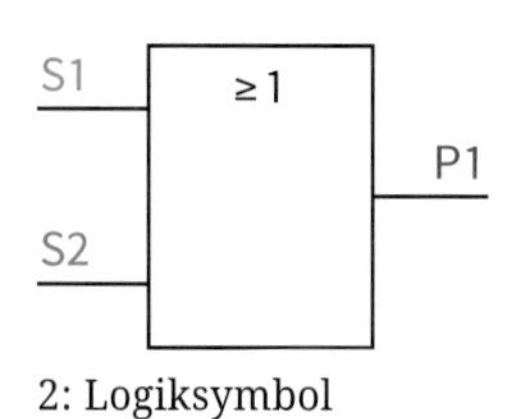

2: Logiksymbol

Pneumatischer Schaltplan

In pneumatischen Schaltungen werden ODER-Verknüpfungen mit Hilfe von Wechselventilen (1V1) aufgebaut. Wird das 3/2-Wegeventil 1S1 oder das 3/2-Wegeventil 1S2 betätigt, wird die Druckluft durch das Wechselventil 1V1 an den einfachwirkenden Zylinder 1A weitergeleitet. Der jeweils drucklose Eingang wird dabei gesperrt. Der Kreis symbolisiert eine Kugel im Inneren des Ventils.

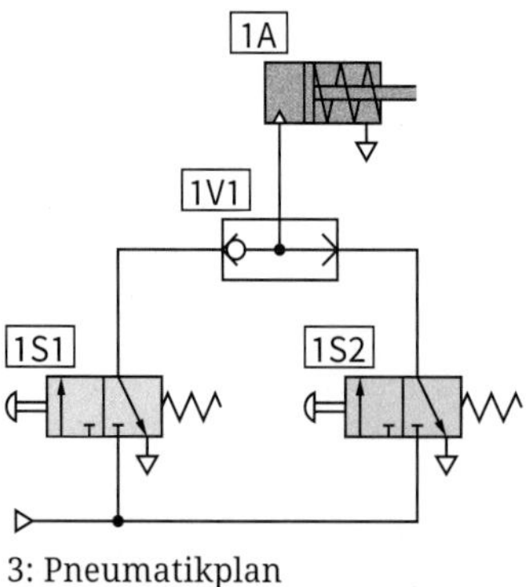

3: Pneumatikplan

Signal-Zeitdiagramm

In einem Signal-Zeitdiagramm werden die Informationsquellen in ihrem zeitlichen Verlauf dargestellt. Da die Informationen (hier Taster S1 und S2) und das Verknüpfungsergebnis (hier Leuchtmelder P1) übereinander angeordnet sind, wird die gegenseitige Abhängigkeit deutlich. Vereinfacht wird dies durch die Einteilung in Zeitabschnitte.

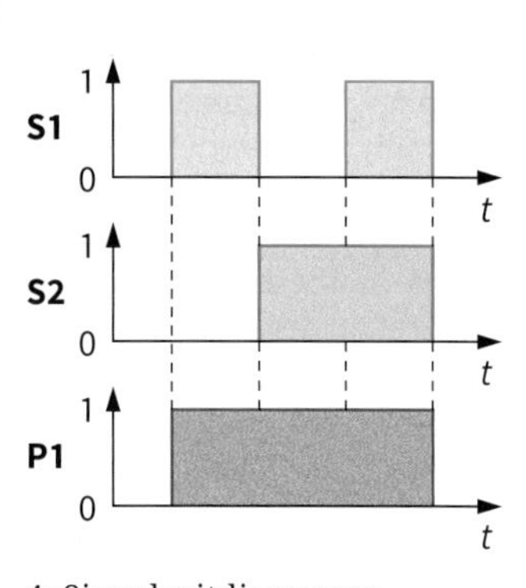

4: Signalzeitdiagramm

Wertetabelle

Die Wertetabelle (Wahrheitstabelle) verdeutlicht die Zusammenhänge in Pegelform:

1 = betätigt

0 = unbetätigt

S1	S2	P1
0	0	0
1	0	1
0	1	1
1	1	1

5: Wertetabelle

Daraus ergibt sich folgende Lesart der Tabelle:

1. Zeile: S1 und S2 unbetätigt ⇒ P1 leuchtet nicht (S1 = 0, S2 = 0, P1 = 0)
2. Zeile: S1 betätigt, S2 unbetätigt ⇒ P1 leuchtet (S1 = 1, S2 = 0, P1 = 1)
3. Zeile: S1 unbetätigt, S2 betätigt ⇒ P1 leuchtet (S1 = 0, S2 = 1, P1 = 1)
4. Zeile: S1 und S2 betätigt ⇒ P1 leuchtet (S1 = 1, S2 = 1, P1 = 1)

In einer Wertetabelle werden alle möglichen Kombinationen der Eingangssignale dargestellt. Dabei ergeben sich für zwei Eingänge $2^2 = 4$ Kombinationen, für 3 Eingänge $2^3 = 8$ Kombinationen, für 4 Eingänge $2^4 = 16$ Kombinationen, usw.

Wird eine derartige Tabelle erstellt, werden als Eingangsgrößen häufig Kleinbuchstaben verwendet. Dabei stehen die ersten Buchstaben des Alphabets meist für die Eingänge, die letzten für die Ausgänge einer Verknüpfung.

Gleichung

Eine logische Verknüpfung kann neben den bereits dargestellten Formen auch als Gleichung dargestellt werden. Dabei werden die beiden Eingangsgrößen mit dem logischen ODER-Zeichen „v" miteinander verknüpft. In der Literatur wird stellenweise anstelle des „v" ein „+" (nicht mit der herkömmlichen Addition verwechseln!) verwendet. Gelesen wird die Gleichung: P1 ist gleich S1 oder S2.

$$P1 = S1 \vee S2$$

UND-Glied (AND)

Eine UND-Verknüpfung hat nur dann am Ausgang 1-Zustand, wenn alle Eingänge 1-Zustand besitzen.

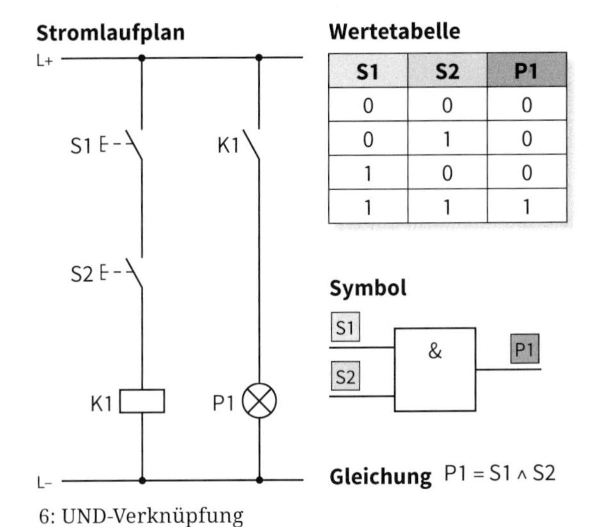

S1	S2	P1
0	0	0
0	1	0
1	0	0
1	1	1

6: UND-Verknüpfung

Hinweis: Das logische Verknüpfungssymbol lässt sich einfach merken: Das &-Symbol ist das „kaufmännische UND".

Die Verknüpfungsgleichung wird folgendermaßen gelesen: P1 ist gleich S1 und S2.

NICHT-Glied (NOT)

Wenn am Eingang eines NICHT-Gliedes 1-Zustand anliegt, befindet sich der Ausgang im 0-Zustand und umgekehrt. Der Eingangszustand wird negiert.

Der Signalzustand wird durch die Nicht-Verknüpfung umgekehrt, man spricht daher auch von einer **Negation**. Im Logikplan wird die Nichtverknüpfung durch einen Kreis am Ausgang gekennzeichnet (Abb. 7). In der logischen Verknüpfungsgleichung wird das Umkehrverhalten durch einen Strich über der Eingangsgröße gekennzeichnet.

Die Verknüpfungsgleichung liest man: „P1 ist gleich nicht S1" oder „P1 ist gleich S1 negiert" (eine Normung gibt es nicht).

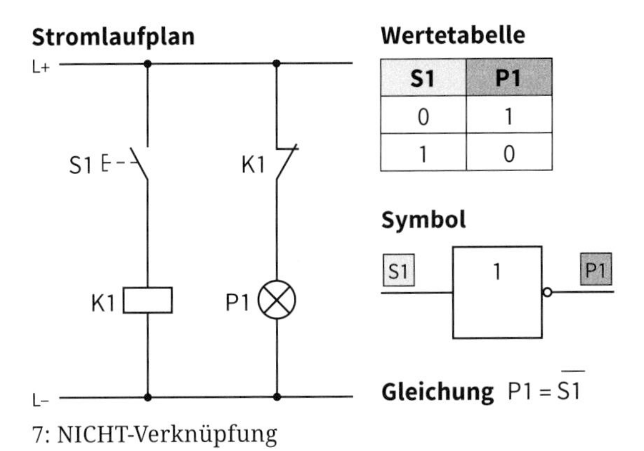

S1	P1
0	1
1	0

7: NICHT-Verknüpfung

UND-NICHT-Glied (NAND)

Der Ausgang eines NAND-Gliedes besitzt nur dann 0-Zustand, wenn alle Eingange 1-Zustand besitzen.

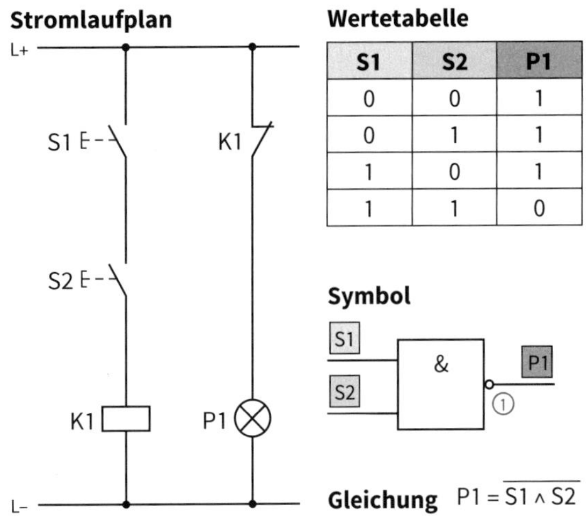

S1	S2	P1
0	0	1
0	1	1
1	0	1
1	1	0

8: NAND-Verknüpfung

Diese Verknüpfung lässt sich durch die Verbindung von zwei bekannten Verknüpfungen umsetzen. Beim Vergleich der Wertetabelle des UND-Gliedes mit der Tabelle dieser Schaltung wird deutlich, dass die Ausgangsinformationen dieser Tabelle gegenüber der UND-Verknüpfung negiert sind. Daraus lässt sich ableiten, dass das NAND-Glied aus einem AND-Glied mit einem NOT-Glied am Ausgang besteht (Abb. 10).

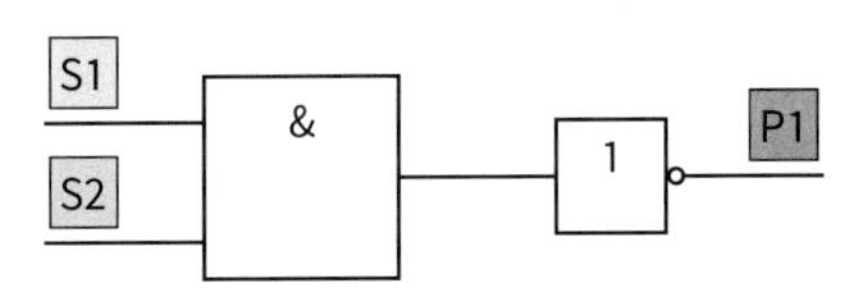

9: NAND- aus UND- und NICHT-Verknüpfung

Da eine derartige Verknüpfung sehr häufig verwendet wird, hat man sich auf ein vereinfachtes Symbol geeinigt: Die Ausgangsnegation wird lediglich durch einen Kreis verdeutlicht (Abb. 8 ①).

Die Verknüpfungsgleichung wird gelesen: „P1 ist gleich S1 und S2, vollständig negiert".

ODER-NICHT-Glied (NOR)

In gleicher Weise, wie das NAND-Glied aus einem UND- sowie einem NICHT-Glied zusammengesetzt wird, ist auch das NOR-Glied eine Verknüpfung von einem ODER-Glied sowie einem NICHT-Glied (Abb. 1, nächste Seite).

Das vereinfachte Symbol lässt sich ebenso wie bei dem NAND-Glied auf die Grundverknüpfung ODER sowie einen Negationskreis am Ausgang vereinfachen. Genau wie bei der NAND-Verknüpfung verhält sich auch die Gleichung (Abb. 1, nächste Seite). Sie wird gelesen: „P1 ist gleich S1 oder S2, vollständig negiert".

Ein NOR-Glied besitzt am Ausgang 1-Zustand, wenn alle Eingänge 0-Zustand besitzen.

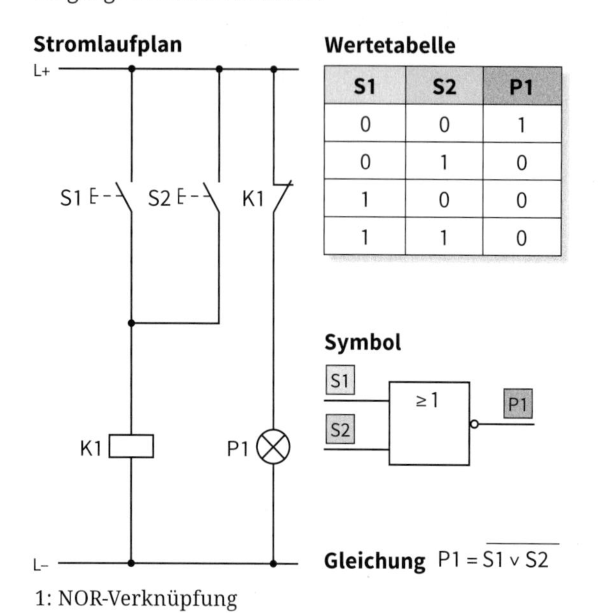

S1	S2	P1
0	0	1
0	1	0
1	0	0
1	1	0

1: NOR-Verknüpfung

Aufgabe 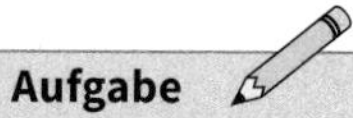

1. Erstellen Sie die Signal-Zeitdiagramme für die UND-, NICHT-, NAND- und NOR-Verknüpfung.

- Der Ausgang eines UND-Gliedes ist immer dann im 1-Zustand, wenn alle Eingänge im 1-Zustand sind.
- Am Ausgang eines NICHT-Gliedes herrscht immer der entgegengesetzte Zustand des Eingangs.
- Negationen werden in Gleichungen durch einen Strich über der Größe gekennzeichnet.
- Am Ausgang eines NAND-Gliedes liegt nur dann ein 0-Signal, wenn alle Eingänge im 1-Zustand sind.
- Am Ausgang eines NOR-Gliedes liegt nur dann ein 1-Signal, wenn an allen Eingängen ein 0-Signal liegt.
- Wird das Ausgangssignal einer Verknüpfung negiert, wird dies durch einen Kreis am Ausgang der Verknüpfung gekennzeichnet.

Symbole logischer Verknüpfungen

In Schaltplänen und Büchern sind manchmal andere Symbole für logische Verknüpfungen anzutreffen, als die in diesem Buch vorgestellten. In der nachfolgenden Tabelle sind die Symbole der wichtigsten logischen Schaltelemente zusammengestellt.

	DIN	ASA (Typ B)	ASA (Typ A)	ISO
UND (AND)			A	&
ODER (OR)			OR	≥1
NICHT (NOT)				1
Negation am Eingang		x		
Negation am Ausgang		y		
NICHT-UND (NAND)			A	&
NICHT-ODER (NOR)			OR	≥1
Antivalenz (XOR)			x	=1
Äquivalenz (XNOR oder NOXOR)			x	a b = x

Schaltnetze

Durch Kombination der Grundverknüpfungen lassen sich eine Vielzahl von Steuerungsaufgaben lösen. Diese Schaltungen werden als Schaltnetze bezeichnet.

Beispiel: Wechselschaltung

Aus der Installationstechnik ist die Wechselschaltung als Möglichkeit bekannt, von zwei unterschiedlichen Punkten aus z. B. eine Lampe zu schalten. Bei dieser Schaltung werden Wechsler verwendet (vgl. Kap 2). Im Folgenden wird nun eine Schaltung entwickelt, mit der die Funktion mit logischen Verknüpfungen realisiert werden kann. Dabei kommen Schließer als Bedienelemente zum Einsatz.

Zunächst ist es sinnvoll, die schaltungstechnische Aufgabe mit Worten zu beschreiben:

- Sind S1 und S2 nicht betätigt, ist auch das Licht nicht geschaltet.
- Wird der Schalter S1 oder S2 betätigt, leuchtet E1.
- Sind beide Schalter betätigt, leuchtet E1 nicht.

Aus der Funktionsbeschreibung wird die Wertetabelle erstellt (Abb. 1).

S1	S2	E1
0	0	0
0	1	1
1	0	1
1	1	0

$E1_1 = \overline{S1} \wedge S2$
$E1_2 = S1 \wedge \overline{S2}$

2: Wertetabelle der Wechselschaltung

Von der Wertetabelle zur Gleichung

In den beiden mittleren Zeilen ist der Ausgangswert jeweils 1. Diese werden nun genauer betrachtet:
In der oberen markierten Zeile gilt, dass E1 1-Signal hat, wenn S1 1-Signal und S2 0-Signal haben. In der Zeile darunter ist E1 = 1, wenn S1 = 0 und S2 = 1 sind.

Die einzelnen Eingangssignale einer Zeile werden also mit UND verknüpft. Eingangssignale, die dabei 0-Signal führen, werden in der Gleichung negiert. Da die Lampe leuchtet, wenn entweder die eine Eingangssignalkombination oder die andere eintritt, werden die Teilgleichungen mit ODER zu einer Gesamtgleichung verknüpft.

$E1 = E1_1 \vee E1_2$
$E1 = (\overline{S1} \wedge S2) \vee (S1 \wedge \overline{S2})$

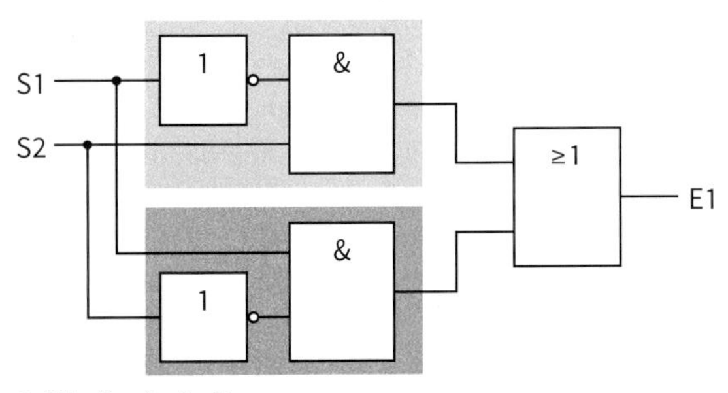

3: Wechselschaltung

Aus der Gleichung lässt sich das Schaltnetz erstellen (Abb. 3). Dazu werden die Teilverknüpfungen der einzelnen Zeilen (UND-Glieder) mit einem ODER-Glied zur Gesamtverknüpfung verbunden. Die hier mit einem NICHT-Glied gezeichnete Negation des Eingangs wird häufig auf den Negationskreis reduziert (Abb. 4).

Wird nun noch einmal die Funktion der Schaltung betrachtet, so wird deutlich, dass der Ausgang 1-Zustand führt, wenn beide Eingänge der Schaltung ein ungleiches Signal führen. Man spricht bei dieser Verknüpfung von einem **Exklusiv-Oder-Glied** (**XOR**) [*exclusive OR element*], das auch als **Antivalenz-Glied** (Antivalenz = Ungleichwertigkeit) [*non-equivalence element*] bezeichnet wird (Abb. 5).

Wird dem Antivalenzglied eine Negation nachgeschaltet, besitzt der Ausgang nur dann 1-Zustand, wenn beide Eingänge gleichwertig sind. Man spricht daher von einem **Äquivalenz-Glied** (Aquivalenz = Gleichwertigkeit) [*equivalence element*] oder **XNOR**. Abb. 6 zeigt das vereinfachte Symbol.

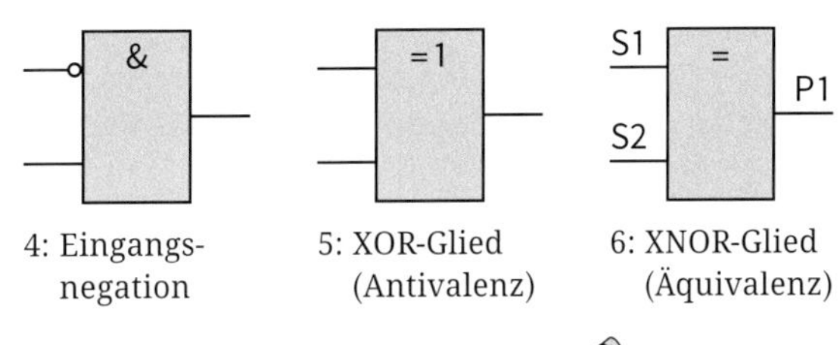

4: Eingangs-negation

5: XOR-Glied (Antivalenz)

6: XNOR-Glied (Äquivalenz)

Aufgabe

1. Erstellen Sie für folgende Gleichungen die Wertetabellen und entwickeln Sie Funktionspläne.
   a) $P1 = \overline{S1} \vee S2$
   b) $P2 = \overline{S1} \vee S2 \vee \overline{S3}$

- Zur Erstellung einer logischen Gleichung eines Schaltnetzes sind die folgenden Schritte notwendig:
  1. In jeder Zeile einer Wertetabelle, die als Ausgangsergebnis den Wert 1 führt, werden die Variablen durch UND verknüpft.
  2. Variablen, die in einer Zeile den Zustand 0 besitzen, werden in der Gleichung negiert, Variablen mit dem Zustand 1 werden nicht negiert.
  3. Die Teilgleichungen werden mit ODER verknüpft.
- Invertierungen (Negationen) werden am Ausgang oder am Eingang einer Verknüpfung mit einem Kreis gekennzeichnet.
- Ein Exklusiv-Oder-Glied mit zwei Eingängen führt am Ausgang ein 1-Signal, wenn die Eingänge unterschiedliche Zustände aufweisen.

Logik-Schaltungen mit nur einem Bausteintyp

In der Digitaltechnik werden logische Verknüpfungen vorwiegend in integrierter Form (IC) als elektronische Schaltungen hergestellt und verwendet. Unten ist z. B. ein IC vom Typ 7401 zu sehen, das vier UND-Glieder beinhaltet. Der Baustein wird mit 5 V betrieben und stellt somit auch am Ausgang etwa 5 V bei 1-Signal bereit.

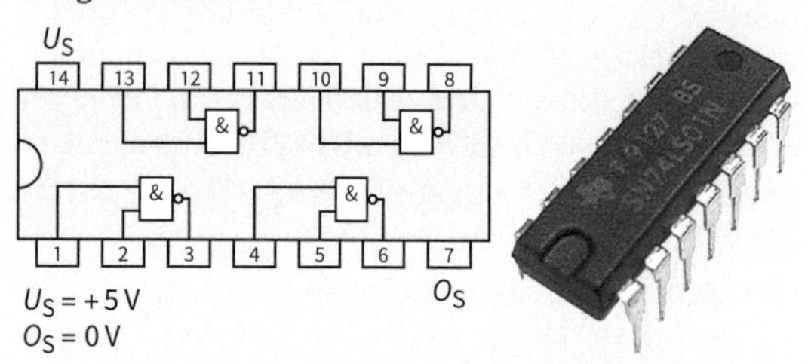

Integrierte Schaltungen wurden und werden vorwiegend für die Serienproduktion verwendet. Das Ziel ist dabei, die Anzahl der verwendeten ICs gering zu halten und möglichst wenig unterschiedliche ICs zu verwenden, um die Kosten je Schaltung zu minimieren (hohe Stückzahl → geringer Stück-Preis).

Besonders häufig werden daher beliebige Verknüpfungen aus z. B. nur NAND-Gliedern erstellt. Um solche Schaltungen analysieren zu können, werden nun exemplarisch die Grundverknüpfungen aus NAND untersucht.

NICHT aus NAND

NAND-Glieder besitzen zwei oder mehr Eingänge. Wenn diese parallel geschaltet sind, entsteht ein Baustein mit nur einem wirksamen Eingang. Das Eingangssignal erscheint somit am Ausgang negiert.

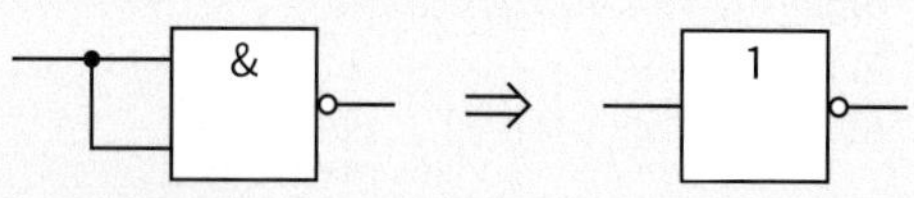

Freie Eingänge

Ein nicht benötigter Eingang eines UND-Gliedes wird mit der Versorgungsspannung verbunden und führt so dauerhaft 1-Signal. Ein freier Eingang eines ODER-Gliedes wird mit 0-Signal verbunden.

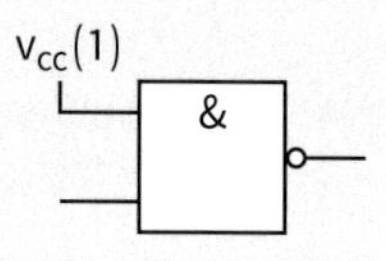

UND aus NAND

Wird das Ausgangssignal eines NAND-Gliedes negiert, hebt dieses die Ausgangsnegation des NAND-Gliedes wieder auf. Eine doppelte Negation bedeutet also eine Aufhebung der einzelnen Negationen.

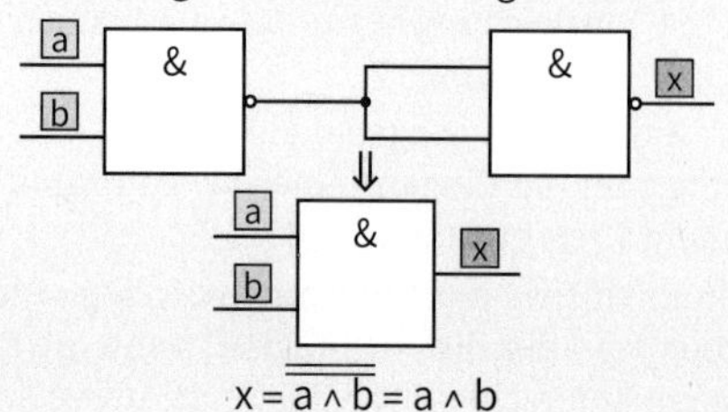

$x = \overline{\overline{a \wedge b}} = a \wedge b$

ODER aus NAND

Ein aus NAND aufgebautes ODER zu erkennen, ist etwas verwirrend. Daher werden zunächst die beiden Wertetabellen von ODER und NAND verglichen.

ODER

a	b	x
0	0	0
0	1	1
1	0	1
1	1	1

NAND

a	b	x
0	0	1
0	1	1
1	0	1
1	1	0

Die Ähnlichkeit ist gering. Das ODER-Glied lässt sich jedoch herstellen, wenn man die Eingangssignale des NAND-Gliedes negiert und diese als Eingang für ein NAND verwendet. Dies kann ebenfalls mit NAND-Gliedern geschehen.

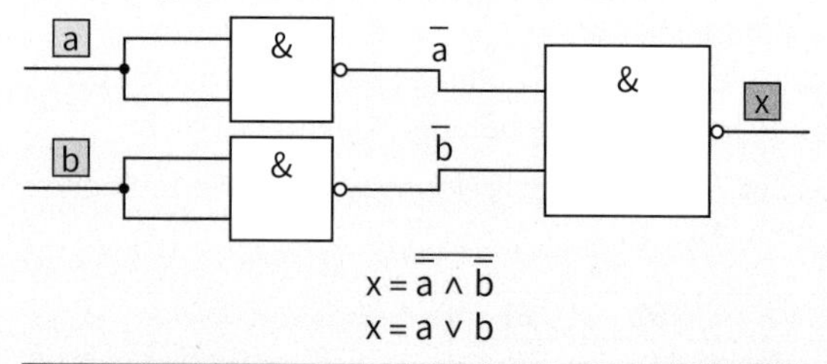

$x = \overline{\bar{a} \wedge \bar{b}}$

$x = a \vee b$

a	b	$\bar{a}$	$\bar{b}$	$\bar{a} \wedge \bar{b}$	$\overline{\bar{a} \wedge \bar{b}}$
0	0	1	1	1	0
0	1	1	0	0	1
1	0	0	1	0	1
1	1	0	0	0	1

Auch mit NOR-Gliedern lassen sich alle Grundschaltungen entwickeln. Hilfreich ist dabei, die Gesetzmäßigkeit zu erkennen, mit der das ODER aus NAND bzw. ein AND aus NOR aufgebaut wird.

De Morgansches Gesetz

$a \vee b = \overline{\bar{a} \wedge \bar{b}}$

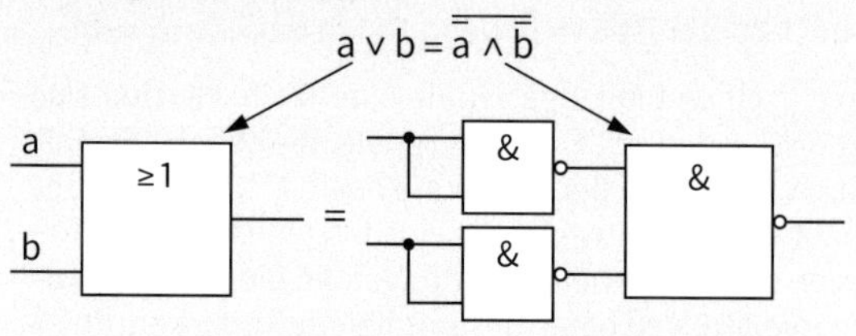

Das De Morgansche Gesetz dient der Umformung der Grundverknüpfungen wie z. B. bei ODER aus NAND. Es lässt sich wie folgt umsetzen:

1. Alle Ein- und Ausgänge negieren.
2. Das Verknüpfungszeichen wird „getauscht“:

Aus UND wird ODER, aus ODER wird UND.

Mit NAND- und NOR-Gliedern können dadurch alle drei logischen Grundschaltungen (UND, ODER, NICHT) aufgebaut werden.

Notwendig war diese Umformung, weil früher einzelne unterschiedliche ICs teurer waren als eine große Zahl des gleichen Typs. Daher wurden für Schaltungen fast ausschließlich z. B. NAND-ICs verwendet.

Steuerungen und Regelungen

3.3.5 Vom Auftrag zur Steuerung

Steuerrelais beherrschen mehr als nur die logischen Grundfunktionen. Durch ihre flexible Programmierbarkeit und ihren günstigen Preis verdrängen sie zunehmend die klassische Schützschaltung.

Da sich die Programmierumgebungen und der Produktumfang der verschiedenen Steuerrelais ähneln, soll der Umgang mit derartigen Geräten nur am Beispiel der LOGO! aufgezeigt werden.

Die Handhabung der Software soll am Beispiel der Sturmschutz-Steuerung aufgezeigt werden. Anders als bei der Vorstellung der Steuerung am Anfang des Kapitels wird hier der analoge Windmesser direkt an die LOGO! angeschlossen, um auch die Verarbeitung von **Analogwerten** [*analog values*] zu erarbeiten.

Die Aufgabenbeschreibung von Kap. 3.3.3 wird nun um folgende Funktion erweitert:

- Mit Auslösen des Sturmschutzes soll der Rotor aus dem Wind gefahren werden (Endlagensensor B3 „Aus dem Wind").
- Nach Ende des Sturmschutzes oder dem Betätigen des Quittiertasters soll der Rotor wieder in den Wind gedreht werden (Endlagensensor B4 = 0 „In dem Wind").

Wie kommt man von der Aufgabe zur Steuerung?

Im Folgenden sollen die Schritte vom oben beschriebenen Kundenwunsch zur fertig programmierten Steuerung und der Inbetriebnahme dargestellt werden (Abb. 1). Die Funktion der Online-Beobachtung wird diesen Abschnitt abschließen.

Aufgaben analysieren
⇩
Eigenschaften festlegen
⇩
Anschlusstabelle und Anschlussplan erstellen
⇩
Gerät(e) wählen
⇩
Programm entwickeln
⇩
Programm simulieren
⇩
Programm übertragen
⇩
LOGO! verdrahten
⇩
Inbetriebnahme

1: Schritte der Programmentwicklung

☐ Aufgabenanalyse

Entsprechend des EVA-Prinzips ist es sinnvoll, zunächst die Zuordnungstabelle (vgl. Kap. 3.4.3) zu erstellen, da so eine Übersicht der benötigten Ein- und Ausgänge entsteht.

Sollte die Steuerungsaufgabe von einem Kunden laienhaft beschrieben worden sein, ist zusätzlich eine detaillierte Funktionsbeschreibung und ein Technologieschema zu erstellen. Diese sind mit dem Kunden abzustimmen, um Verständnisfehler auszuschließen.

☐ Programmvorbereitung

Da das Programm später als Ausdruck Bestandteil der Dokumentation ist, sollen zunächst die **Programmeigenschaften** („Eigenschaften" → „weitere Informationen") ausgefüllt werden. Diese Projektinformationen werden beim Ausdruck automatisch in das Schriftfeld des Funktionsplans eingetragen.

Die Eintragungen sollen dabei so umfassend sein, dass eine eindeutige Identifikation des Programms möglich ist.

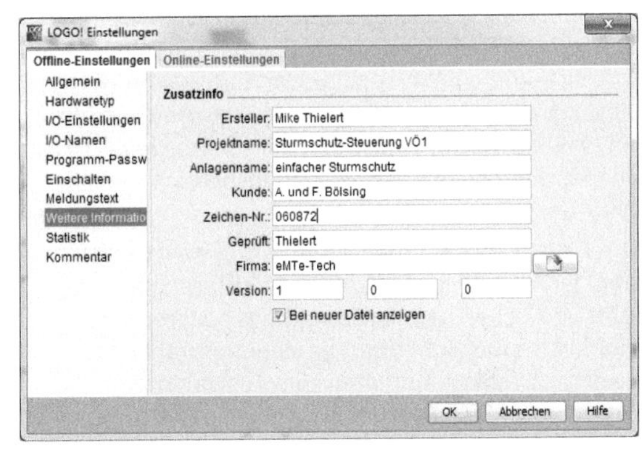

2: Programmeigenschaften

Für die Programm-Dokumentation ist es unerlässlich dass die **Zuordnungs**- oder **Anschlusstabelle** mit dem Anschlussplan übereinstimmen, da daraus die Zuordnung der Objekte zu den Ein- und Ausgängen der LOGO! hervorgehen.

Diese Tabelle kann in der LOGO!-Software erstellt werden („Bearbeiten" → „Anschlussnamen"), da die Ein- und Ausgänge im Programm automatisch mit diesen Einträgen beschriftet werden (Abb. 3 und Abb. 1 auf der nächsten Seite). Dies erleichtert die Bedienung und Orientierung erheblich. Ein Hinweis auf das Schaltverhalten (Schließer S/Öffner Ö) ist bei der Programmierung und Simulation hilfreich.

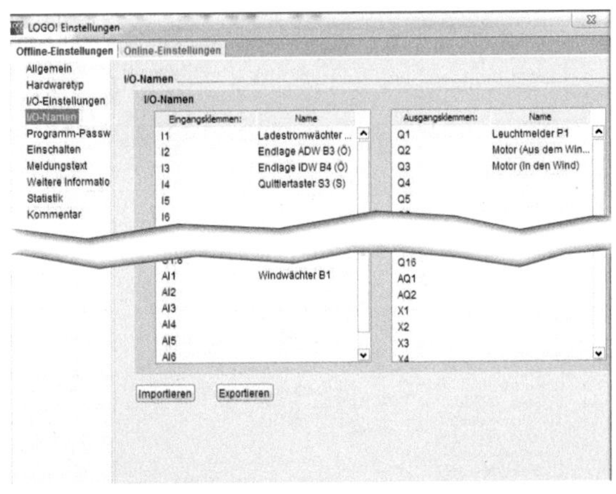

3: Anschlusstabelle

Geräteauswahl

Steuerrelais (z. B. 0BA6) beherrschen eine Vielzahl von Verknüpfungen, Zeitgliedern und Zählfunktionen. Auch Analogwerte können einfach verarbeitet werden und Textinformationen auf dem eigenen oder einem externen Display dargestellt werden. Im Folgenden wird sich hier auf die Entwicklungsstufe 0BA6 unter Verwendung der Software LOGO!Soft-Comfort 6.0.x bezogen.

Für die Programmierung unbedeutend ist die Form der Energieversorgung der Geräte. Sie werden für 12 V, 24 V und 110 V bis 230 V hergestellt. Entscheidend ist aber, welche Bedienelemente oder Sensoren zum Einsatz kommen. Werden, wie im Auftrag von Herrn Bölsings Windenergieanlage, 24 V-Sensoren verwendet, sollte auch ein entsprechendes Steuerrelais verwendet werden. Im Hausinstallationsbereich sind eher 230 V-Geräte anzutreffen.

Durch die Wahl der Entwicklungsstufe wird der Umfang der Funktionen festgelegt (Standard: 0BA6). Ein späterer Wechsel ist in Richtung eines neueren Gerätes problemlos möglich. Über die Menüauswahl Extras → Geräteauswahl gelangt man zum Auswahlmenü. Die Entscheidung wird auf der Grundlage der Anzahl der benötigten Ein- und Ausgänge getroffen. Ab der 0BA3-Entwicklungsstufe werden digitale und analoge **Erweiterungsmodule** (DM8, DM16, AM2, AM2 RDT, AQ, usw.) unterstützt.

Softwarebedienung

Vor der eigentlichen Programmierarbeit wird nun zunächst die Bedienoberfläche (Abb. 1) erklärt. Außer der typischen Menüleiste ①, die bei allen Programmen recht ähnlich ist, weisen die Standard- ② und Werkzeug-Leisten ③ einige spezifische Symbole auf, von denen hier die wichtigsten erklärt werden:

Standardleiste	
	Übertragen des Programms vom PC in die LOGO! über die Schnittstelle
	Einlesen des Programms aus der LOGO! in den PC
1 2 3 4	Blattaufteilung zur Veränderung der Arbeitsblattgröße
	Konvertierung von Funktionsplan nach Kontaktplan und umgekehrt

Werkzeugleiste	
	Selektion: ein Block oder eine Verbindung kann ausgewählt und/oder verschoben werden
	Verbinder: stellt Verbindungen zwischen Ein- und Ausgängen von Blöcken her
Co	Auswahlfenster für Konstanten und Klemmen
GF	Auswahlfenster für Grundfunktionen
SF	Auswahlfenster für Sonderfunktionen
A	Textfenster für Kommentare
	Verbindungen auftrennen dient der Übersichtlichkeit: Verbindungsenden werden durch grüne Pfeile kenntlich gemacht ④
SIM	Simulationsmodus einschalten
	Onlinebeobachtung einschalten

2: Standard- und Werkzeugleiste

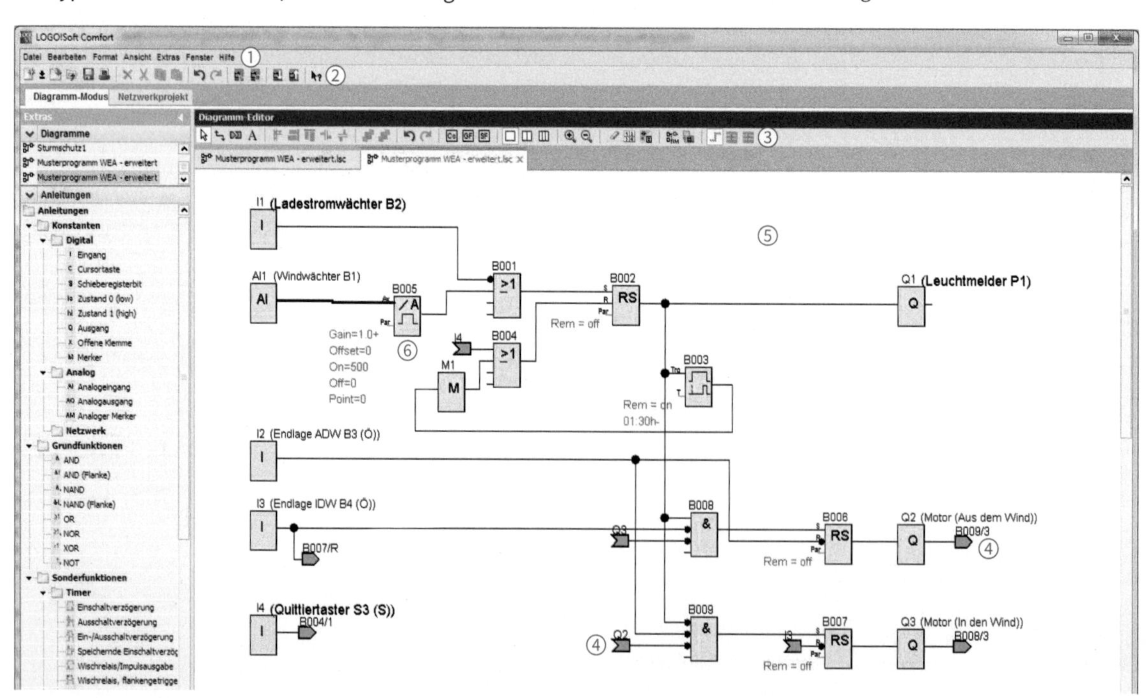

1: Sturmschutz-Steuerung mit LOGO!Soft-Comfort

Programmentwicklung

Um bei der Programmierung den Überblick zu behalten, werden zunächst die Eingänge am linken Rand und die Ausgänge am rechten Rand der Programmieroberfläche ⑤ (Abb. 1) platziert.

Anschließend werden nacheinander die notwendigen Verknüpfungen im Katalog ausgewählt und mit einem Klick auf der Programmieroberfläche positioniert. Nach dem Auswählen des Verbindungswerkzeugs können die Verbindungen zwischen den Blöcken hergestellt werden. Da das Programm später als Ausdruck Bestandteil der Dokumentation für den Kunden ist, sollte stets auf Übersichtlichkeit Wert gelegt werden.

- Verbindungen sollen
  - möglichst geradlinig verlaufen,
  - möglichst wenig Kreuzungen aufweisen und
  - nicht durch Blöcke verlaufen.
- Die Blöcke sollen so programmiert werden, dass sie übersichtlich und entsprechend ihrer Funktion zusammengehörig (in „Sinnzusammenhängen") angeordnet werden.
- Blöcke, die einen Sinnzusammenhang bilden, sollen kommentiert werden. Z. B. „Aus dem Wind fahren".

Hinweis: Mit dem Selektionswerkzeug können die Verbindungen nachträglich korrigiert werden.

Die in dem Beispiel geforderten Funktionen sind in dem Funktionsplan (Abb. 1) umgesetzt worden. Neu ist der Eingang AI1 (Abb. 2) und der Block B005 ⑥. An Klemme I7 der LOGO! wird der analoge Windsensor angeschlossen und das Signal mit dem **Analogeingang** AI1 im Programm abgefragt (s. Kasten, Kap. 3.6.2).

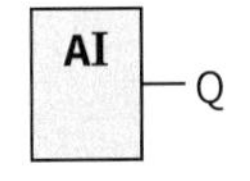

2: Analog-Eingang

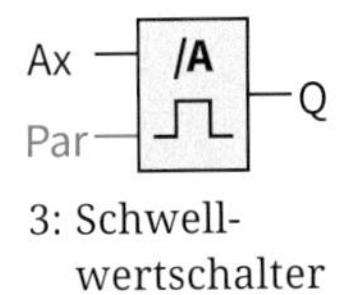

3: Schwellwertschalter

Der Block B005 stellt einen **analogen Schwellwertschalter** [*analog threshold trigger*] dar (Abb. 3), dessen Funktion in der rechten Spalte näher beschrieben wird. In der LOGO! muss das verwendete Signal festgelegt werden. Zur Auswahl stehen die genormten Analogsignale 0...10 V, 0...20 mA und 4...20 mA. Das Parametrieren (Einstellen von blockspezifischen Eigenschaften wie Zeiten, Ein- bzw. Ausschaltwerten, Schutz, Remanenz, usw.) erfolgt mit einem Doppelklick auf den betreffenden Block in den *Blockeigenschaften*.

Schutz und Remanenz

Die Parametereinstellungen der Sonderfunktionen können verändert werden, ohne das Programm in der LOGO! zu stoppen. „Neugierige und verspielte" Kunden könnten dadurch die Anlage durch veränderte Werte unter Umständen zerstören. Blöcke, die in den Blockeigenschaften die Auswahl veränderbare Parameter beinhalten, besitzen daher in den Blockeigenschaften die Auswahl ☑ Schutz aktiv . Ist sie aktiviert, können die gewählten Parameter nicht im laufenden Betrieb geändert werden. Damit diese Werte oder das gesamte Programm nicht vom Kunden verändert werden, kann ein Passwort verwendet werden (*Datei→Eigenschaften, Passwort*).

Der Eintrag **Remanenz** bewirkt, dass nach einem Ausfall der Versorgungsspannung der Block den gleichen Zustand annimmt, wie er ihn vor dem Ausfall hatte.

Schwellwertschalter (Schmitt-Trigger)

Ein Schwellwertschalter formt analoge Signale ab einem bestimmten Wert (Schwelle) in Rechteck- bzw. Binärsignale um. An zwei Fällen soll dieses erklärt werden.

- Die Windgeschwindigkeit nimmt stetig zu und übersteigt den maximal zulässigen Wert. Der analoge Windsensor liefert daher eine ansteigende Spannung. Sie ist die Eingangsspannung U_e des Schwellwertschalters. Wenn die in den Parametern festgelegte obere Schwelle U_1 überschritten wird ⑦, stellt er am Ausgang ein 1-Signal bereit. Dieser Wert bleibt solange bestehen und konstant, bis bei Abklingen des Windes die Sensorspannung die untere Schwellenspannung U_2 unterschreitet ⑧. Die Differenz dieser beiden Schwellwerte wird als Hysterese bezeichnet.
- Danach bleibt die Windgeschwindigkeit stets kleiner als die obere Schaltschwelle. In diesem Fall ist die Sensorspannung stets kleiner als die obere Schwellenspannung U_1, sodass am Ausgang des Schwellwertschalters immer ein 0-Signal liegt.

Ein Schwellwertschalter besitzt am Ausgang nur dann ein 1-Signal, wenn das Eingangssignal die obere Schaltschwelle überschreitet. Am Ausgang steht erst dann wieder ein 0-Signal zur Verfügung, wenn die untere Schaltschwelle unterschritten wird.

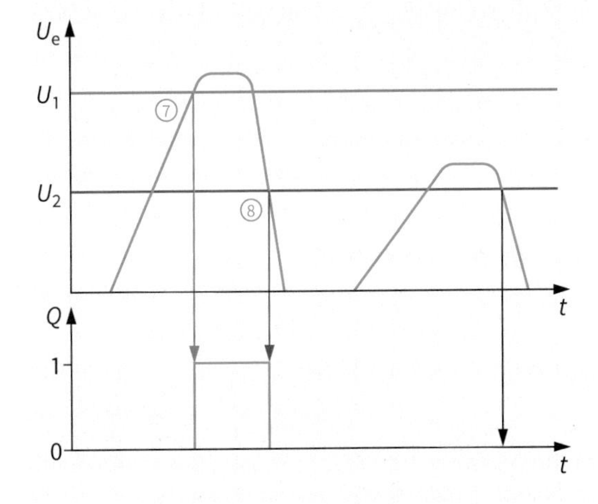

Simulation

Fehlbedienung, Schaltungsfehler und falsche Parameter führen in Anlagen häufig zu Schäden. Daher sollte vor der Inbetriebnahme ein Test des Programms durch eine Simulation am PC erfolgen. Dabei können alle Eingangssignale erzeugt werden und das daraus folgende Verhalten des Programms beobachtet werden.

Die fehlerfreie Simulation stellt somit den Abschluss der Programmentwicklung dar und soll äußerst sorgfältig erfolgen.

Da in der Simulation der reale Prozessablauf nachgebildet wird, ist es hilfreich, zuvor ein Signal-Zeit-Diagramm der geforderten Eingangssignale und der erwarteten Ausgangssignale zu erstellen.

Zur Simulation wird die Simulations-Symbolleiste geöffnet. Dadurch werden die vorhanden Eingänge als Taster ① (Abb. 1) und die Ausgänge als Lampen ② eingeblendet. Da in der Steuerung ein Analogeingang verwendet wird, ist dieser mit seinem einstellbaren Wert eingeblendet ③.

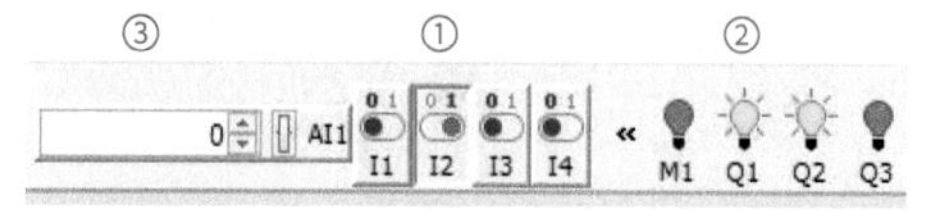

1: Simulationssymbolleiste

Zur Simulation können in den Blockeigenschaften der Eingänge, die „Simulationseigenschaften", eingestellt werden.

Zur Auswahl stehen:

- Schalter
- Taster (Schließer),
- Taster (Öffner) und
- Frequenz (für schnell taktende Eingangssignale).

Durch Anklicken der Schalter-/Taster-Symbole in der Symbolleiste oder des Eingangs im Funktionsplan können diese betätigt werden.

Sollte bei der Simulation eine Fehlfunktion auftreten, muss zunächst überprüft werden, ob ein Verständnisfehler in der Aufgabenanalyse vorherrscht. Kann dies ausgeschlossen werden, muss das Programm entsprechend der Fehlerdiagnose korrigiert werden.

Nach der Simulation folgt prinzipiell die Inbetriebnahme, wenn das Programm fehlerfrei abgelaufen ist. Dies ist auch der Zeitpunkt, an dem die Dokumentation vervollständigt werden sollte.

Programm übertragen

Ist das Programm fehlerfrei, kann es mit einem Datenkabel an die LOGO! übertragen werden.

Verdrahtung der LOGO!

Um die Anlage in Betrieb zu nehmen, muss diese zuvor entsprechend des Anschlussplanes verdrahtet werden. Dabei werden die Sensoren, Bedienelemente und Aktoren mit der LOGO! verbunden.

Inbetriebnahme

Bei der ersten Inbetriebnahme muss daher mit erhöhter Aufmerksamkeit die Anlage beobachtet und gegebenenfalls der Prozess abgebrochen werden.

Nach dem Abschluss der Verdrahtung kann bei der Inbetriebnahme eine Onlinebobachtung bei der Fehlersuche behilflich sein. Dazu muss der PC mit der LOGO! über das Datenkabel verbunden sein. Die LOGO! übermittelt dann alle Eingangs- und Ausgangswerte an den PC, der die Aktualwerte wie im Simulationsmodus anzeigt. Eine Fernbedienung, bzw. das Eingreifen in das Programm vom PC aus, ist außer dem Stoppen der LOGO!, nicht möglich.

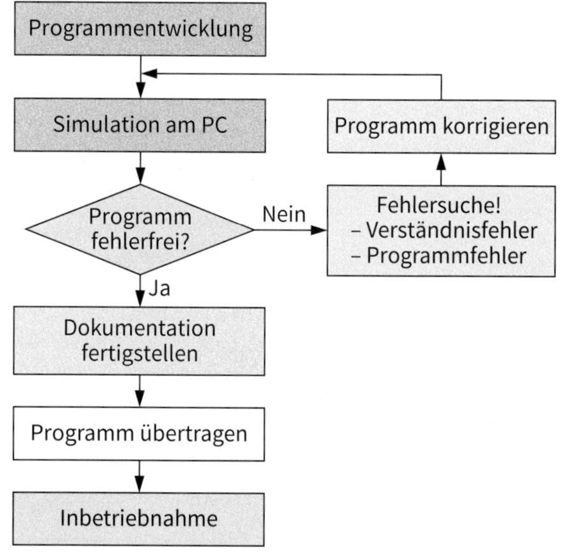

2: Abschluss der Entwicklung

Aufgaben 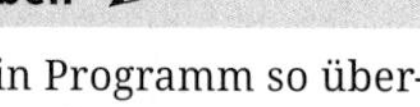

1. Erläutern Sie, warum ein Programm so übersichtlich wie möglich erstellt werden sollte.
2. Was bedeuten die Begriffe „Schutz" und „Remanenz"?
3. Beschreiben Sie, wie die Simulation vorzubereiten ist.
4. Wozu dient die Onlinebeobachtung?

- Bei der Entwicklung einer Steuerung mit einem Steuerrelais werden zunächst die Programmeigenschaften und die Anschlussnamen (Zuordnungs- oder Anschlusstabelle) festgelegt.
- Programme sollen übersichtlich entwickelt werden.
- Die Simulation bildet den realen Prozessablauf gefahrlos ab.
- Bei der Inbetriebnahme muss der Prozessablauf genau beobachtet und notfalls abgebrochen werden.

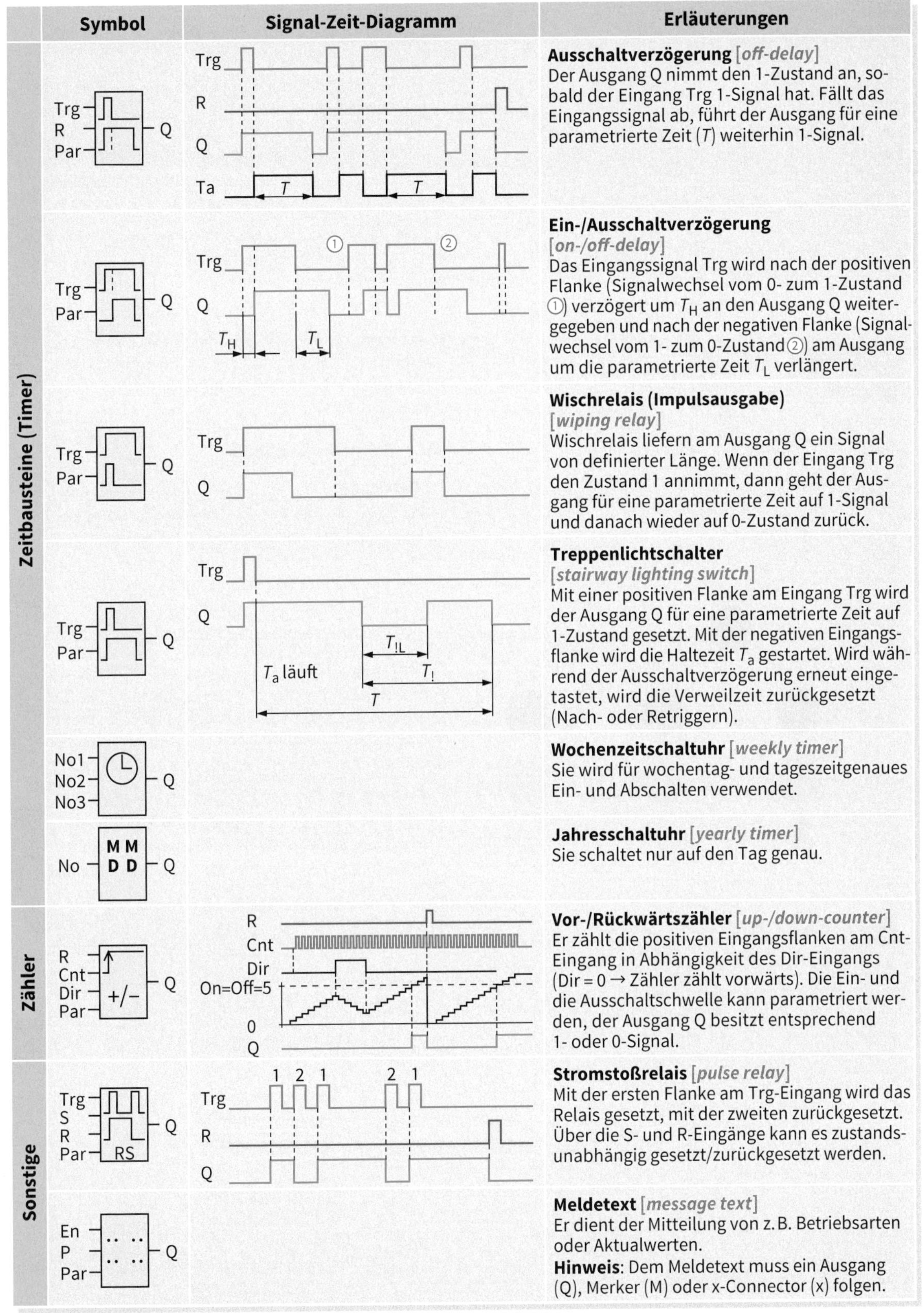

	Symbol	Signal-Zeit-Diagramm	Erläuterungen
Zeitbausteine (Timer)	Trg, R, Par – Q	Trg, R, Q, Ta, T	**Ausschaltverzögerung** [*off-delay*] Der Ausgang Q nimmt den 1-Zustand an, sobald der Eingang Trg 1-Signal hat. Fällt das Eingangssignal ab, führt der Ausgang für eine parametrierte Zeit (T) weiterhin 1-Signal.
	Trg, Par – Q	Trg, Q, ①, ②, T_H, T_L	**Ein-/Ausschaltverzögerung** [*on-/off-delay*] Das Eingangssignal Trg wird nach der positiven Flanke (Signalwechsel vom 0- zum 1-Zustand ①) verzögert um T_H an den Ausgang Q weitergegeben und nach der negativen Flanke (Signalwechsel vom 1- zum 0-Zustand ②) am Ausgang um die parametrierte Zeit T_L verlängert.
	Trg, Par – Q	Trg, Q	**Wischrelais (Impulsausgabe)** [*wiping relay*] Wischrelais liefern am Ausgang Q ein Signal von definierter Länge. Wenn der Eingang Trg den Zustand 1 annimmt, dann geht der Ausgang für eine parametrierte Zeit auf 1-Signal und danach wieder auf 0-Zustand zurück.
	Trg, Par – Q	Trg, Q, $T_{!L}$, T_a läuft, $T_!$, T	**Treppenlichtschalter** [*stairway lighting switch*] Mit einer positiven Flanke am Eingang Trg wird der Ausgang Q für eine parametrierte Zeit auf 1-Zustand gesetzt. Mit der negativen Eingangsflanke wird die Haltezeit T_a gestartet. Wird während der Ausschaltverzögerung erneut eingetastet, wird die Verweilzeit zurückgesetzt (Nach- oder Retriggern).
	No1, No2, No3 – Q		**Wochenzeitschaltuhr** [*weekly timer*] Sie wird für wochentag- und tageszeitgenaues Ein- und Abschalten verwendet.
	No – MM DD – Q		**Jahresschaltuhr** [*yearly timer*] Sie schaltet nur auf den Tag genau.
Zähler	R, Cnt, Dir, Par – +/− – Q	R, Cnt, Dir, On=Off=5, 0, Q	**Vor-/Rückwärtszähler** [*up-/down-counter*] Er zählt die positiven Eingangsflanken am Cnt-Eingang in Abhängigkeit des Dir-Eingangs (Dir = 0 → Zähler zählt vorwärts). Die Ein- und die Ausschaltschwelle kann parametriert werden, der Ausgang Q besitzt entsprechend 1- oder 0-Signal.
Sonstige	Trg, S, R, Par – RS – Q	1 2 1 2 1; Trg, R, Q	**Stromstoßrelais** [*pulse relay*] Mit der ersten Flanke am Trg-Eingang wird das Relais gesetzt, mit der zweiten zurückgesetzt. Über die S- und R-Eingänge kann es zustandsunabhängig gesetzt/zurückgesetzt werden.
	En, P, Par – Q		**Meldetext** [*message text*] Er dient der Mitteilung von z. B. Betriebsarten oder Aktualwerten. **Hinweis**: Dem Meldetext muss ein Ausgang (Q), Merker (M) oder x-Connector (x) folgen.

3: Sonderfunktionen der LOGO!

3.4 Folgeschaltung in einem Getreidelager

Auftrag

Ein Getreidelager (Abb. 1) soll modernisiert werden. Dabei soll die vorhandene Steuerung durch das Steuerrelais LOGO! ersetzt werden. Das Konzept mit dem Bedienpult (Abb. 2) soll bestehen bleiben, damit die Mitarbeiter nicht neu geschult werden müssen. Die neue Steuerung soll auf Basis der vorhandenen Stromlaufpläne (Abb. 3) geplant werden. Die kostengünstigste Variante ist zu suchen.

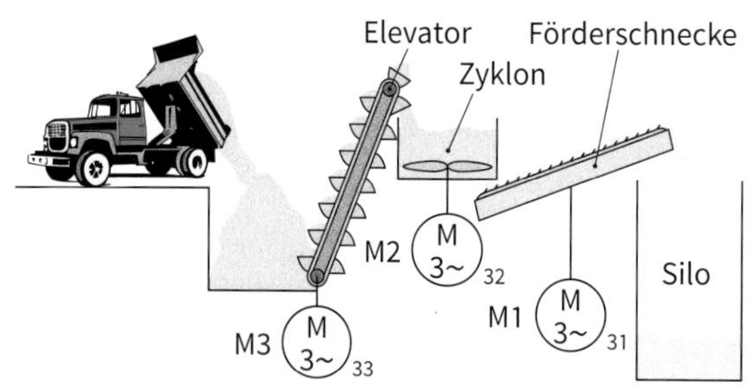

1: Technologieschema

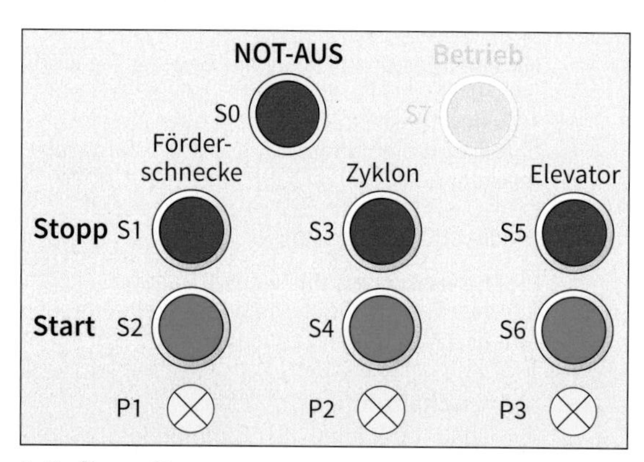

2: Bedienpult

Funktion

- In einem Getreidelager wird das Getreide in eine Grube geschüttet.
- Von dort wird es mit einem Elevator (Förderband mit Schaufeln) in einen Zyklon gefördert, der mit einem Gebläse die Spreu vom Korn trennt. Die leichtere Spreu wird weggeblasen.
- Das Korn fällt nach unten und wird mit einer Förderschnecke in ein Silo transportiert.

Damit weder der Zyklon noch die Förderschnecke überladen werden, muss das System wie folgt eingeschaltet werden:

Förderschnecke → Zyklon → Elevator

Das Ausschalten muss in umgekehrter Reihenfolge geschehen. Eine Schaltung, die eine derartige Reihenfolge umsetzt, nennt man **Folgeschaltung** [*sequence control*].

3.4.1 Schaltungsanalyse

Schaltung (Abb. 3)

- Der Motor M1 der Förderschnecke (Strompfad 31) wird vom Leistungsschütz Q1 geschaltet.
- Der Motor M2 des Zyklons (Strompfad 32) wird vom Leistungsschütz Q2 (Strompfad 3) geschaltet.
- Der Motor M3 des Elevators (Strompfad 33) wird vom Leistungsschütz Q3 (Strompfad 5) geschaltet.

Funktionsanalyse

Jedes Schütz überbrückt den zugehörigen Ein-Taster (S2, S4, S6) nach dem Schalten mit einer Selbsthaltung und schaltet die zugehörigen Leuchtmelder P1 bis P3. Dies wird in der weiteren Analyse vorausgesetzt.

1. Förderschnecke einschalten

S2:13/14 schließt Strompfad 1. Q1 schaltet M1. Q1:33/34 (Strompfad 3) bereitet die Einschaltung von Q2 vor ①. Q1:43/44 im Strompfad 7 schließt, P1 leuchtet.

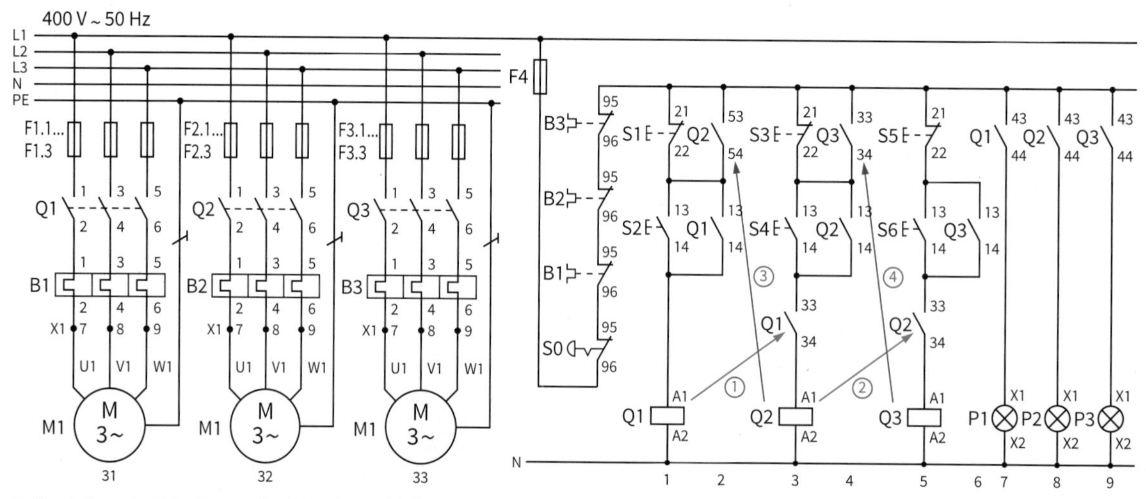

3: Bestehende Schaltung für das Getreidelager

2. Zyklon einschalten

S4:13/14 schließt Strompfad 3. Q2 schaltet M2 und P2. Q2:33/34 (Strompfad 5) bereitet die Einschaltung von Q3 vor ②.

3. Elevator einschalten

S6:13/14 schließt den Strompfad 5. Q3 schaltet M3 und P3.

Anlage abschalten

- Die Tasterkontakte S1:21/22 (Strompfad 1) und S3:21/22 sind durch die Schließer von Q2 bzw. Q3 überbrückt. Daher kann die Anlage nur durch S5 (Strompfad 5) abgeschaltet werden.
- S5:21/22 öffnet Strompfad 5. Q3 wird stromlos. Q3:33/34 (Strompfad 4) öffnet und bereitet das Ausschalten von Q2 vor ③. P3 schaltet ab (Strompfad 9).
- Durch die Ausschaltvorbereitung durch Q3 wird mit Betätigen von S3:21/22 Q2 stromlos und öffnet den Schließer Q2:53/54 (Strompfad 2) und bereitet damit das Abschalten von Q1 vor ④. P2 schaltet ab (Strompfad 8).
- Durch die Abschaltvorbereitung durch Q2 wird mit Betätigen von S1:21/22 Q1 stromlos. P1 schaltet ab (Strompfad 7).

Im Fehlerfall kann die gesamte Anlage durch Betätigen des NOT-AUS-Schalters S0 abgeschaltet werden. Bei Überhitzung eines Motors schaltet das entsprechende Motorschutzrelais (B1…B3) die Anlage ab.

3.4.2 Sicherheitsaspekte

Steuerungen müssen in jedem Fall die Sicherheit von Personen und Anlagen gewährleisten. Die entsprechenden Vorgaben für die Sicherheit von Maschinen sind in der DIN EN 60204-1 festgelegt.

Die wichtigsten sind:

- Eine **NOT-AUS- und NOT-HALT-Einrichtung** ist vorzusehen.
- Die Anlage muss sicher gestoppt werden können.
- Die Anlage muss drahtbruchsicher sein (vgl. Kap. 3.4.3).

NOT-AUS und NOT-HALT in Steuerungen

Wenn die Sicherheit einer Person oder einer Anlage gefährdet ist, muss eine Anlage in einen sicheren Zustand versetzt werden. Man unterscheidet dabei:

- **NOT-AUS** [*emergency switch-off*]:
  Abschaltung der elektrischen Energie mit dem Ziel die Gefahr eines elektrischen Schlags zu unterbinden.
- **NOT-HALT** [*emergency stop*]:
  Anhalten eines laufenden Prozesses bei z. B. unzulässiger Erwärmung oder gefährlichen Bewegungen, wie dem sich drehenden Rotor des Zyklons.

Hinweis: Oft wird unkorrekterweise noch immer in Herstellerunterlagen und Literatur der Begriff NOT-AUS für beide Bereiche verwendet.

Für NOT-Maßnahmen gelten dabei folgende Anforderungen:

- Die NOT-Maßnahme muss Vorrang gegenüber allen anderen Betätigungen und Funktionen haben.
- Der Gefahr bringende Zustand muss ohne Hilfsenergie so schnell wie möglich gestoppt werden.
- Das Zurücksetzen der NOT-Maßnahme darf nicht das Wiedereinschalten der Anlage zur Folge haben.
- Das Abschalten der Energie muss mit elektromechanischen Geräten oder mit Halbleitern erfolgen.
- Die NOT-Schaltung erfolgt grundsätzlich mit einem Öffner.

NOT-HALT in Schützsteuerungen

Bei der bestehenden Getreidelager-Steuerung sollen hier nur die Strompfade 1 und 2 betrachtet werden, da die Abschaltung auf die weiteren Strompfade übertragen werden kann.

In der Schützsteuerung ist der NOT-HALT-Bedingung entsprochen und eine vollständige Abschaltung gewählt worden. Dies wird nun untersucht.

Analyse des Steuerstromkreises

Stromkreis 1 besteht aus

- der Sicherung F4,
- dem NOT-AUS-Schalter S0,
- den Motorschutzrelais B1, B2 und B3,
- den Tastern S1 und S2 mit der Selbsthaltung und
- dem Leistungsschütz Q1.

Die Gefahr bringenden Bewegungen müssen im Notfall sofort abgeschaltet werden. Da der NOT-AUS-Schalter S0 in einer Reihenschaltung mit der Selbsthaltung Q1:13/14 liegt, wird im NOT-HALT-Fall die Steuerung vollständig stromlos gemacht.

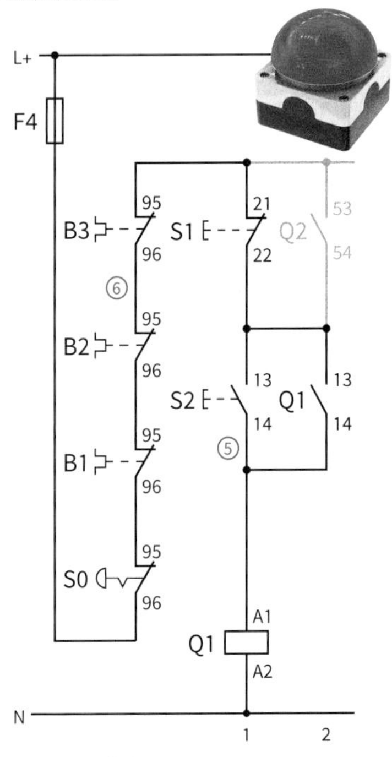

4: Getreidelager-Steuerung (Ausschnitt)

Dadurch werden alle Motoren und Leuchtmelder sofort abgeschaltet. Es handelt sich also sowohl um ein NOT-AUS- als auch NOT-HALT-System.

3.4.3 Auswahl des Steuergerätes

Da die Anlage künftig mit einem Steuerrelais (LOGO!) arbeiten soll, muss nun ermittelt werden, welcher Gerätetyp verwendet werden kann.

Anzahl der Ein- und Ausgänge

Entsprechend des EVA-Prinzips werden zunächst alle Eingangs- und Ausgangsgrößen ermittelt und analysiert.

Eingänge

Die bestehende Anlage verfügt über drei Eintaster und drei Austaster, sowie einen NOT-AUS-Schalter. Alle sieben Taster werden in der derzeitigen Ausführung an 230 V Wechselspannung betrieben.

Ausgänge

Die drei Motoren M1, M2 und M3 werden über die Leistungsschütze Q1 bis Q3 angesteuert. Darüber hinaus signalisieren die drei Leuchtmelder P1 bis P3 den Betriebszustand der Anlagenteile. Während die Signalleuchten in der bestehenden Schaltung über die Leistungsschütze geschaltet werden, sollen sie bei der Verwendung eines Steuerrelais separat angesteuert werden. Daher müssen für diese eigene Ausgänge verwendet werden.

Alle sechs Ausgangsobjekte wurden in der bestehenden Anlage an 230 V Wechselspannung betrieben.

Handhabung und Programmierung

Eine Bedieneinheit auf dem Steuerrelais (Display und Tasten) wird für diese Anlage nicht benötigt, da ein Einbau der Steuerung im Schaltschrank vorgesehen ist. Der Schaltschrank ist nur vom Fachpersonal zu öffnen. Es kann also ein Gerätetyp gewählt werden, der keine Bedienelemente und ein Display hat. Dies gilt für Geräte mit der Endung „o".

Kosten

Die Wahl der LOGO! entscheidet über Hardware- und Installationskosten. Bei der Wahl einer LOGO! 230RCo kann auf ein Netzteil zur Spannungsversorgung verzichtet werden. Der Gerätetyp ohne Display ist ca. 10 % günstiger.

Die Verdrahtung des Schaltschranks kann teilweise bestehen bleiben und die Ein- und Ausgabeobjekte können direkt an die Steuerung angeschlossen werden. Es fallen also nur geringe Umverdrahtungskosten an.

Fazit der Hardwareauswahl

Es wurde eine LOGO!230RCEo (Abb. 1) mit 8 Ein- und 4 Ausgängen gewählt. Zusätzlich wird das Erweiterungsmodul DM8 230R verwendet, um die Anzahl der Ein- und Ausgänge um je vier zu erweitern.

1: LOGO! 230 RCEo und DM8 230R

3.4.4 Anschlussplan des Steuerrelais

In Abb. 2 ist der Anschlussplan für die modernisierte Getreidelager-Steuerung dargestellt. Die gesamte Steuerung wird nun mit vier Steuerstromkreisen gespeist:

- **Stromkreis 1** speist über F4 das Steuerrelais und die Bedienelemente, sowie den Schließer Q0:33/34.
- **Stromkreis 2** speist über F5 die Signallampen P1...P3 an den LOGO!-Ausgängen Q5...Q7.
- **Stromkreis 3** speist über F6 und den Schließer Q0:23/24 die Leistungsschütze Q1...Q3 an den LOGO!-Ausgängen Q1...Q3.
- **Stromkreis 4** speist über F7, den NOT-AUS-Schalter S0, die Motorschutzrelais B1, B2 und B3 sowie den Eintaster S7 die Selbsthaltung mit dem Schütz Q0.

Da mit dem Eintaster S7 die Betriebsbereitschaft hergestellt und nach einer Notabschaltung quittiert wird, muss dieser auf dem Bedienfeld ergänzt werden.

Durch die Gliederung der Steuerung in mehrere Stromkreise wird erreicht, dass bei **Erdschluss** nur das jeweils vorgeschaltete Schutzorgan auslöst. Dadurch wird der **Erdschlusssicherheit** genüge getan. Sollte ein Erdschluss im sicherheitsrelevanten Stromkreis 4 auftreten, löst F7 aus und die Selbsthaltung von Q0 schaltet ab, sodass die Anlage abgeschaltet wird.

Mit dem Ein-Taster S7 wird die Anlage betriebsbereit geschaltet, sodass das Schütz Q0 schaltet und die Selbsthaltung schließt. Zugleich gibt der Schließer Q0:23/24 den Stromkreis 3 für die Leistungsschütze Q1, Q2 und Q3 frei (Anlage betriebsbereit).

- Die verwendeten Sensoren, Bedienelemente und Aktoren beeinflussen die Auswahl des Steuerrelais.

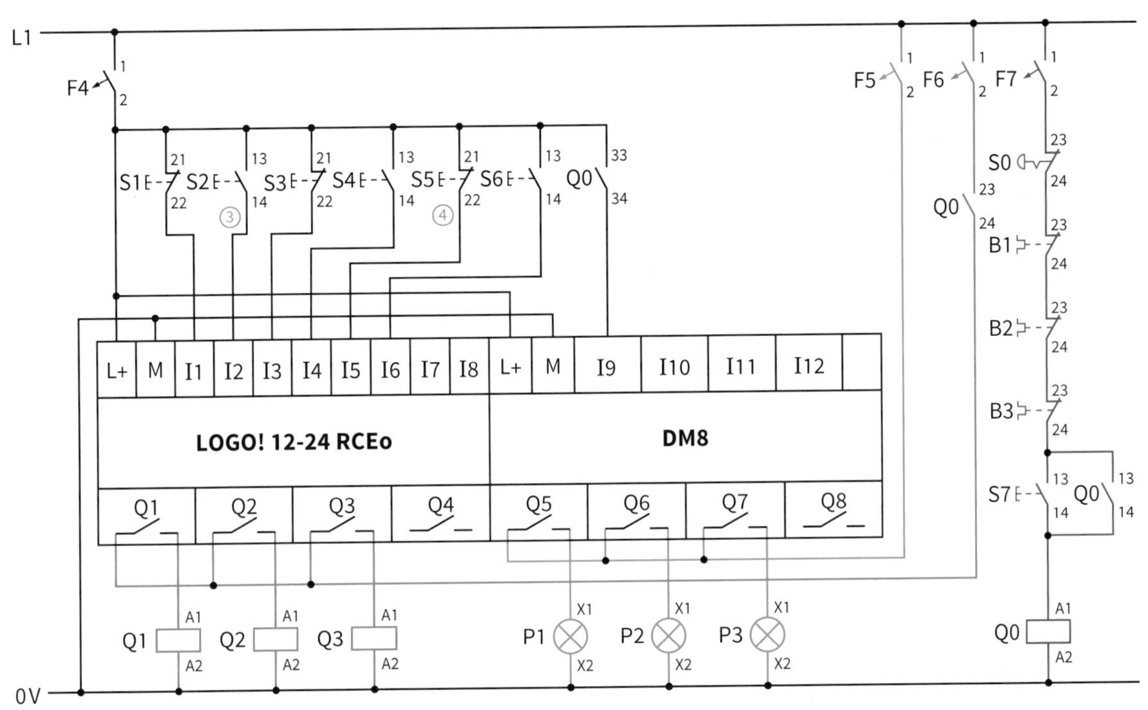

2: Getreidelager-Steuerung mit LOGO! 230RCEo mit Erweiterungsmodul DM8 230R

Bei Auslösen eines Motorschutzrelais (B1, B2, B3) oder des NOT-HALT-Schalters S0 schaltet die Selbsthaltung von Q0 ab und der Stromkreis 3 wird über Q0:23/24 unterbrochen, sodass die Leistungsschütze stromlos werden und die Motoren abschalten. Die Auslöseinformation der Sicherheitskette S0/B1/B2/B3 wird über den Kontakt Q0:13/14 in dem Steuerrelais so verarbeitet, dass bei der Wiederinbetriebnahme (S7) die Anlage nicht automatisch durch das Schalten von Q0 anläuft.

Drahtbruchsicherheit

Drahtbruchsicherheit bezeichnet Maßnahmen, die verhindern, dass eine Anlage bei Unterbrechung eines Leiters sich nicht von selbst einschalten kann und sicher abgeschaltet wird.

In beiden Steuerungen (Abb. 2 und Abb. 4, S. 149) wird bei Betätigung des Schließers S2 die Anlage gestartet. Ein Drahtbruch an ③ (Abb. 2) bzw. ⑤ (Abb. 4, S. 149) hätte zur Folge, dass ein Einschalten nicht möglich ist.

- Bei der Schützschaltung (Abb. 2) würde Q1 nicht schalten.
- Bei der Schaltrelaissteuerung (Abb. 2) würde ein Drahtbruch bewirken, dass kein 1-Signal am Eingang der LOGO! entstehen kann, welches als Startinformation ausgewertet werden könnte.

Ein Drahtbruch an ④ (Abb. 2) bzw. ⑥ (Abb. 4, S. 149) würde die Anlage sofort abschalten.

- Bei der LOGO! bewirkt ein Drahtbruch eine Unterbrechung der Sicherheitskette. Dadurch schaltet die Selbsthaltung von Q0 ab und der Öffnerkontakt Q0:33/34 am Eingang I9 der LOGO! öffnet sich. Im Programm führt dies zur sofortigen softwareseitigen Abschaltung der Anlage.

  Eine Unterbrechung am Stopptaster S5 (Öffner) ④ hätte ein 0-Signal am Eingang I5 zur Folge.

  Das Steuerrelais interpretiert dies als Betätigung des Tasters S5, da dieser im Betätigungsfall auch ein 0-Signal führt.
- Bei der Schützschaltung (Abb. 4, S. 149) würde der Strompfad unterbrochen werden und die gesamte Anlage (inkl. Selbsthaltungen) stromlos. Ein automatischer Wiederanlauf ist durch die abgeschalteten Selbsthaltungen nicht möglich.

Das **Einschalten** von Anlagen geschieht daher immer mit Schließern, das **Ausschalten** mit Öffnern.

- Wird in einer Anlage eine Ein- und/oder Ausschaltreihenfolge von Anlagenteilen benötigt, wird eine Folgeschaltung verwendet.
- Anlagen müssen sicher für Mensch und Anlage konstruiert werden.
- NOT-AUS schaltet elektrische Anlagenteile ab, NOT-Halt stoppt eine Anlage.
- NOT-AUS-Schalter werden immer als Öffner geschaltet.
- Drahtbruchsicherheit fordert, dass Einschaltbefehle durch Schließer und Ausschaltbefehle durch Öffner erfolgen.

3.4.5 Analyse und Planung der Software

Bei der Programmentwicklung wird das Gesamtsystem zunächst in Objekte zergliedert (Abb. 1), um es übersichtlicher zu machen. Danach werden dann die kleinstmöglichsten Einheiten programmiert und simuliert. Anschließend setzt man die Objekte zu einem Gesamtsystem zusammen und testet dieses mittels Simulation.

Das Getreidelager lässt sich in folgende Objekte aufgliedern:

- Objekt 1: Förderschnecke
- Objekt 2: Zyklon
- Objekt 3: Elevator
- Objekt 4: Einschaltverriegelung
- Objekt 5: Ausschaltverriegelung
- Objekt 6: Leuchtmelder

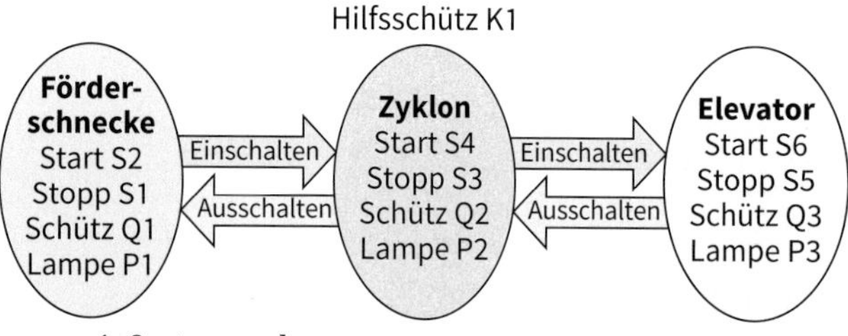

1: Systemanalyse

Zum Ablauf lassen sich folgende Aussagen treffen:

- Objekt 1 ist eine Selbsthalteschaltung mit vorgeschaltetem Schütz Q0 (Objekt 1.1).
- Objekte 1, 2, 3 sind funktionsgleich.
- Förderschnecke und Zyklon sind gegeneinander ein- und ausschaltverriegelt.
- Elevator und Zyklon sind gegeneinander ein- und ausschaltverriegelt.
- Schütz Q0 muss auf 0-Signal abgefragt werden.
- Die Stopp-Taster S1, S3, S5 müssen auf 0-Signal abgefragt werden.
- Die Start-Tasten S2, S4, S6 müssen auf 1-Signal abgefragt werden.
- Die Ausgänge der Signallampen Q5, Q6, Q7 sollen in Abhängigkeit vom jeweiligen Ausgang Q1, Q2, Q3 geschaltet werden.

Softwareentwicklung

Zuerst wird die Anschlussnamensliste erstellt. Eine sorgfältig geführte Anschlussnamensliste hilft Fehler zu vermeiden und erleichtert die Pflege und Wartung der Anlagensteuerung.

Die einzelnen Objekte werden nun programmiert und simuliert (Abb. 2 und 3). Danach folgt die schrittweise Zusammensetzung der einzelnen Objekte zu einem Gesamtsystem (vgl. Kap 3.4.6). Bevor die Software an der Maschine in Betrieb genommen wird, sollte das Gesamtsystem noch einmal getestet werden. Dazu wird in der Simulation das Programm entsprechend der möglichen Bedienung getestet. Auch Fehlbedienungen werden dabei simuliert.

Es ist sicherzustellen, dass die Software ausreichend dokumentiert ist. Das erleichtert den Service und die Wartung der Maschine.

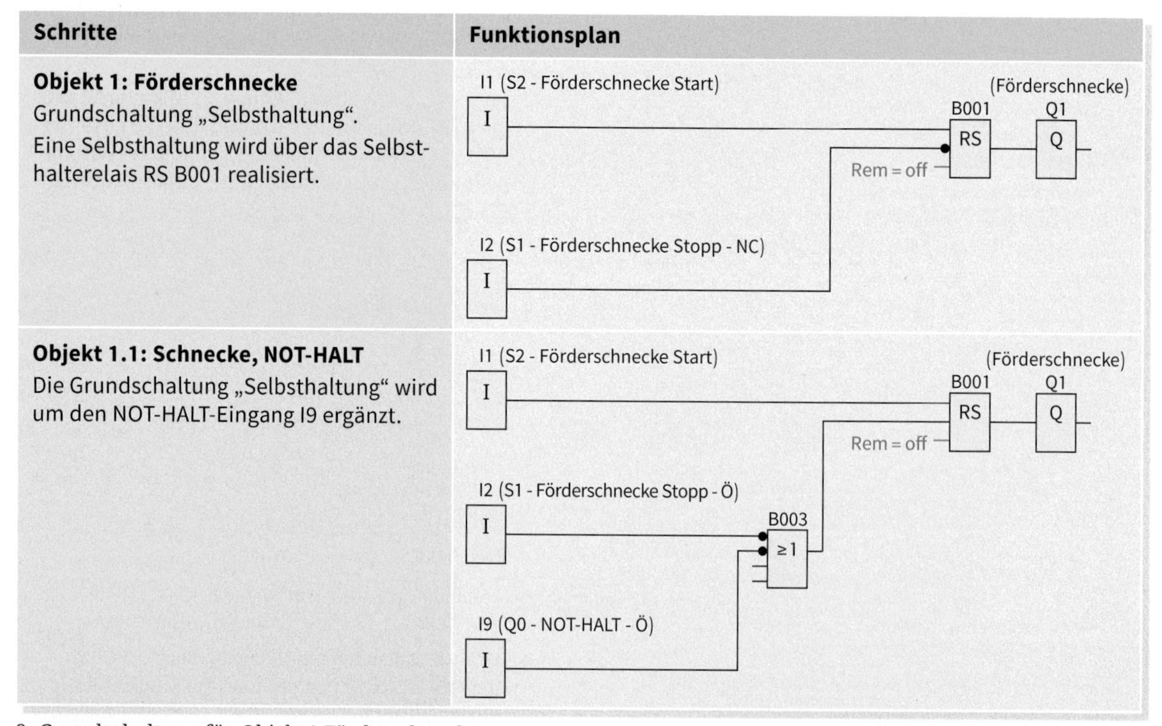

Schritte	Funktionsplan
Objekt 1: Förderschnecke Grundschaltung „Selbsthaltung“. Eine Selbsthaltung wird über das Selbsthalterelais RS B001 realisiert.	I1 (S2 - Förderschnecke Start) I2 (S1 - Förderschnecke Stopp - NC) B001 RS, Rem = off Q1 (Förderschnecke)
Objekt 1.1: Schnecke, NOT-HALT Die Grundschaltung „Selbsthaltung“ wird um den NOT-HALT-Eingang I9 ergänzt.	I1 (S2 - Förderschnecke Start) I2 (S1 - Förderschnecke Stopp - Ö) I9 (Q0 - NOT-HALT - Ö) B003 ≥1 B001 RS, Rem = off Q1 (Förderschnecke)

2: Grundschaltung für Objekt 1 Förderschnecke

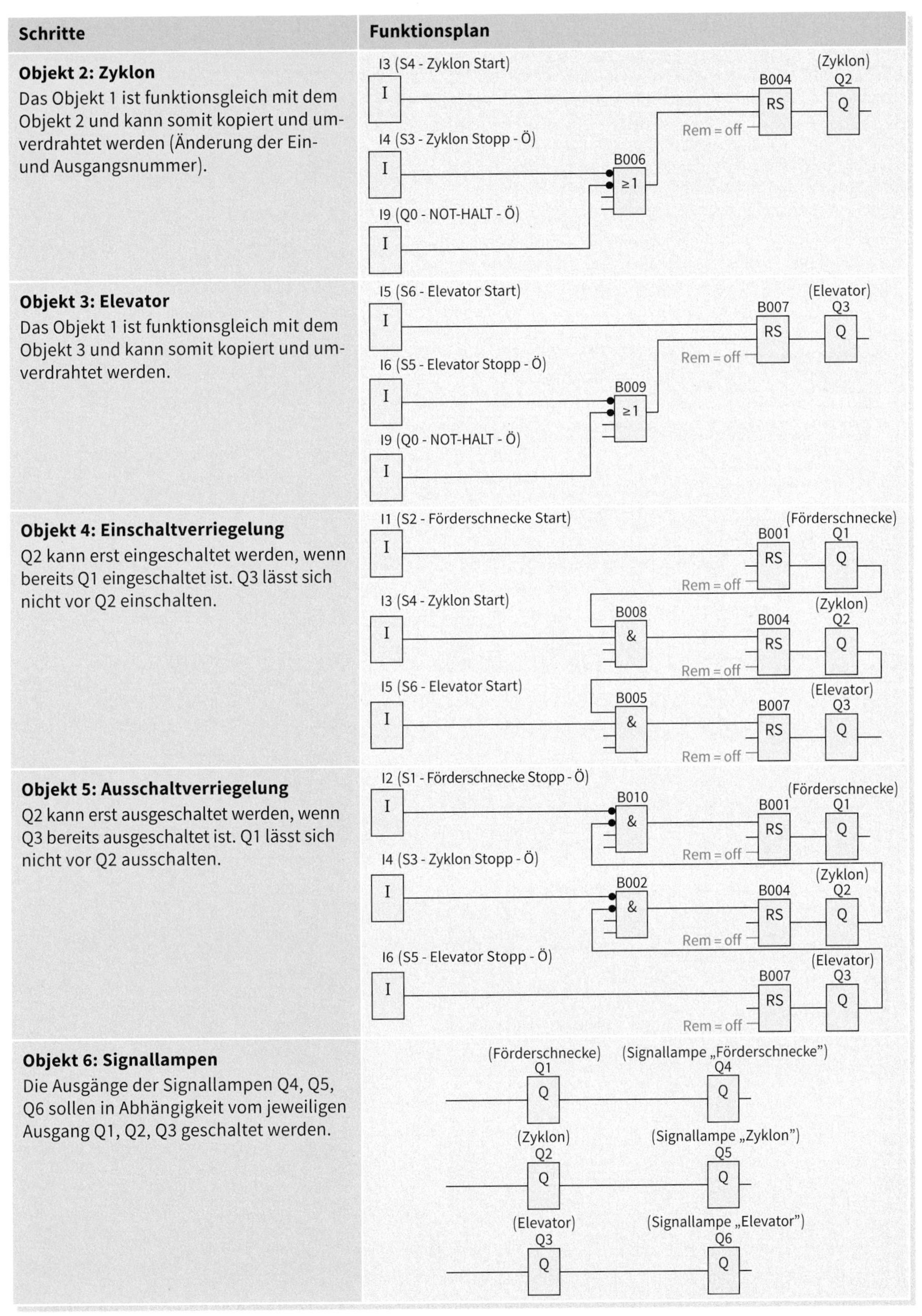

Schritte	Funktionsplan
Objekt 2: Zyklon Das Objekt 1 ist funktionsgleich mit dem Objekt 2 und kann somit kopiert und umverdrahtet werden (Änderung der Ein- und Ausgangsnummer).	
Objekt 3: Elevator Das Objekt 1 ist funktionsgleich mit dem Objekt 3 und kann somit kopiert und umverdrahtet werden.	
Objekt 4: Einschaltverriegelung Q2 kann erst eingeschaltet werden, wenn bereits Q1 eingeschaltet ist. Q3 lässt sich nicht vor Q2 einschalten.	
Objekt 5: Ausschaltverriegelung Q2 kann erst ausgeschaltet werden, wenn Q3 bereits ausgeschaltet ist. Q1 lässt sich nicht vor Q2 ausschalten.	
Objekt 6: Signallampen Die Ausgänge der Signallampen Q4, Q5, Q6 sollen in Abhängigkeit vom jeweiligen Ausgang Q1, Q2, Q3 geschaltet werden.	

3: Grundschaltungen für die Objekte 2 bis 6

3.4.6 Gesamtdarstellung der Getreidelager-Steuerung

Bei der Zusammenführung der einzelnen Objekte ist darauf zu achten, dass die Dokumentation das Programm verständlich macht. In Abb. 1 ist mit dem Beschriftungswerkzeug ① dafür Text eingefügt worden ②. Die einzelnen Objekte sind in Sinnzusammenhängen strukturiert, d. h., dass alle Objekte, die z. B. zur Förderschnecke gehören, im oberen Teil angeordnet sind ③.

Zu sehen ist der Simulationsmodus in der Grundstellung der Anlage: Die Stopp-Taster sind als Öffner konfiguriert und führen daher 1-Signal (rote Linien ④).

Aufgaben 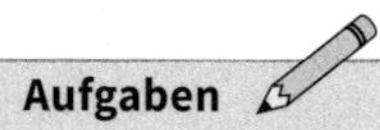

1. Verändern Sie den Funktionsplan (Abb. 1) so, dass die Anlage künftig bei Betätigung eines Stopp-Tasters zeitgleich abschaltet.
2. Erweitern Sie den Plan in Abb. 1 um zwei weitere Stufen für zwei nachfolgende Förderbänder zu anderen Silos.

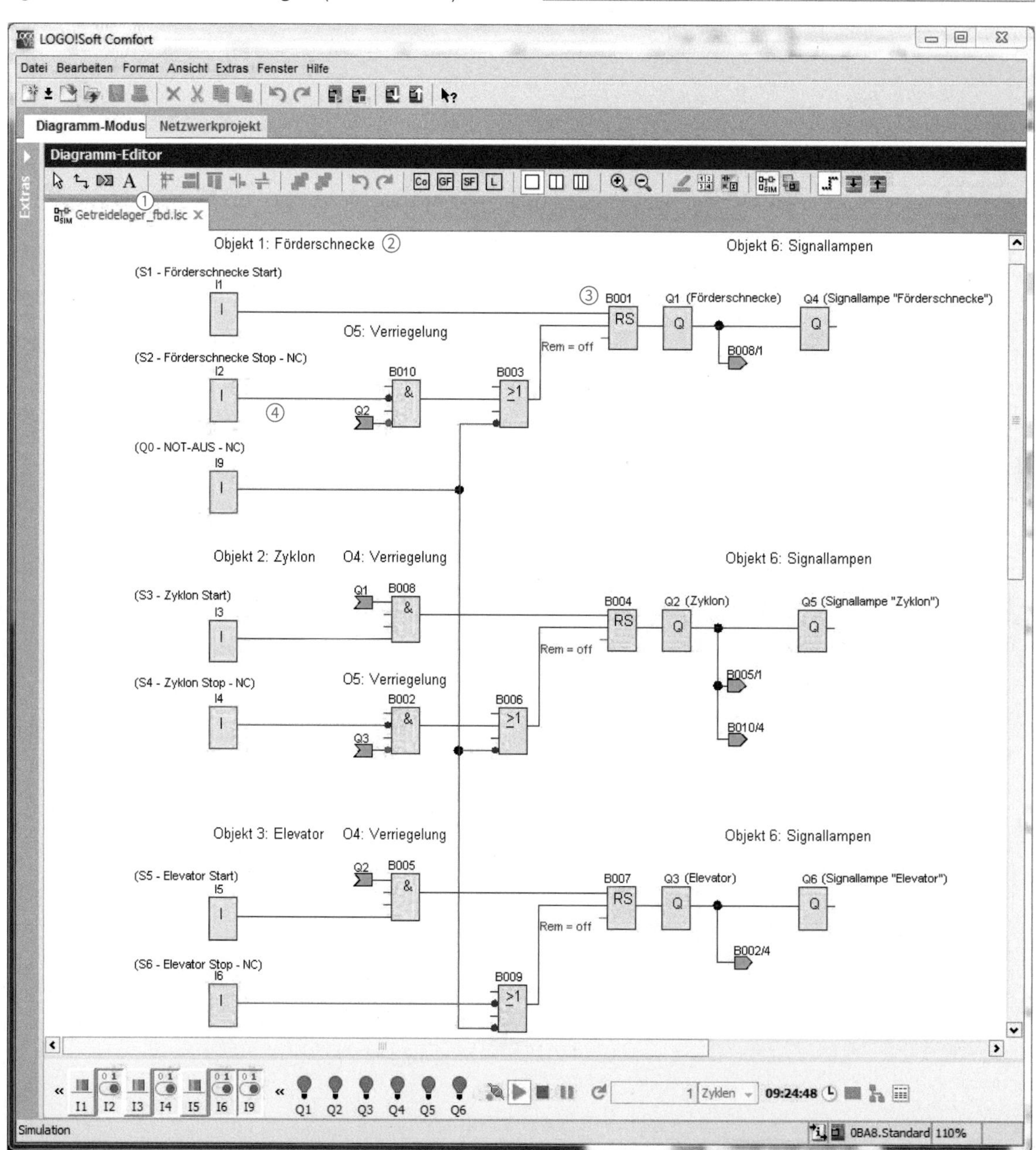

1: Getreidelager-Steuerung als Funktionsplan

3.5 Temperaturüberwachung in einem Biogasreaktor

Der Kläranlage in der Stadt Celle ist eine Biogasanlage angegliedert, in der aus den Klärschlämmen Energie gewonnen wird. Dabei werden die organischen Bestandteile in Reaktoren (auch Faultürme genannt, Abb. 2) mit Hilfe von Mikroorganismen in nutzbares Methangas zersetzt und dann in einem Blockheizkraftwerk in elektrische Energie umgewandelt.

Da die Mikroorganismen in dem Reaktor empfindlich sind, darf die Temperatur im Reaktor 37 °C nicht überschreiten. Bei höheren Temperaturen würden die Organismen abgetötet. Die Temperatur wird mit zwei Sensoren in Stabform (B4 und B5, Abb. 3) an zwei unterschiedlichen Stellen ermittelt. Eine Steuerung beeinflusst die Ventile des Einlasses, Auslasses, das Heiz- und Kühlsystem und den Mischermotor M1 zur Durchmengung des Schlamms.

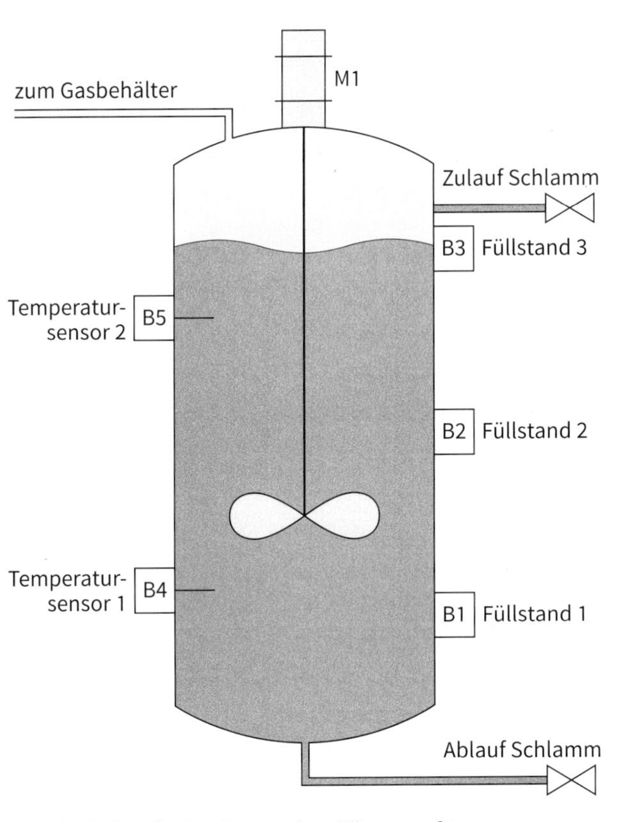

2: Technologieschema eines Biogasreaktors

Auftrag:
Der Temperatursensor B4 ist defekt und muss ausgetauscht werden. Der Typenaufkleber ist witterungsbedingt bei beiden Sensoren nicht mehr lesbar.

Es soll ein geeigneter Ersatztyp ausgewählt werden, der im Bereich von 20 °C bis 55 °C eine möglichst große Linearität aufweist.

3.5.1 Temperatursensor

Um einen geeigneten Sensor auszuwählen wird zunächst eine Sichtprüfung vorgenommen. Dabei wird ermittelt, ob der äußere Aufbau Aufschluss über den verwendeten Sensor gibt. Anschließend werden die gängigen Temperatursensoren dargestellt, bevor eine Auswahl erfolgt.

Sichtprüfung
Eine Sichtprüfung des Temperatursensors gibt keinen Aufschluss über die Art des Sensors, da die mechanisch empfindlichen **Temperatursensoren** [*temperature sensors*] unabhängig ihres Typs häufig in einem Schutzrohr verbaut sind. Der dargestellte Sensor besitzt eine Verschraubung ①, mit der er in das zu überwachende Medium eingelassen wird. Da auf das verwendete Messprinzip kein Rückschluss gezogen werden kann, werden die gängigen Messverfahren vorgestellt. Anschließend wird ein geeigneter Messfühler ausgewählt. Zur Auswahl kommen Messfühler, die die Temperatur in Widerstandswerte oder Spannungen umwandeln (Abb. 4).

3: Temperatursensor

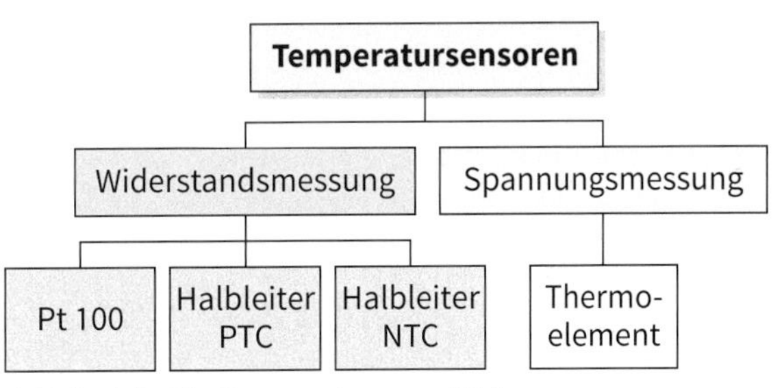

4: Beispiele für Temperaturmessfühler

Temperaturmessfühler mit Widerstandsänderung
Bei **Widerstandsmessfühlern** wird ausgenutzt, dass sich der Widerstand z. B. eines Metalls in Abhängigkeit von der Temperatur verändert.

Dabei gilt für den Widerstand R_T eines metallenen Leiters bei einer bestimmten Temperatur folgende Formel:

$$R_T = R_{20} \cdot (1 + \alpha \cdot \Delta T)$$

R_{20}: Widerstand des Leiters bei 20 °C.

α: Temperaturkoeffizient (Platin: $\alpha = 0{,}004\ 1/K$) Ist der Temperaturkoeffizient größer als Null, spricht man von einem positiven, ist er kleiner als Null, von einem negativen Temperaturkoeffizienten.

ΔT: Temperaturänderung in K (Bezugsgröße: 20 °C).

Für Widerstandsmessfühler wird vor allem **Platin** eingesetzt, da es über eine nahezu lineare Kennlinie verfügt. Auch bei häufiger Erwärmung und Abkühlung behält es seinen ursprünglichen Widerstandswert fast bei. Der **Bemessungswiderstand** ist bei 0 °C definiert. Für Widerstandsmessfühler ist er genormt und beträgt 100 Ω, 500 Ω oder 1000 Ω. Daraus lässt sich z. B. auch die Bezeichnung **Pt 100** (Platin-Messfühler mit 100 Ω Bemessungswiderstand) ableiten.

Die Kennlinie ist im Bereich von –100 °C bis 400 °C nahezu linear (Abb. 1).

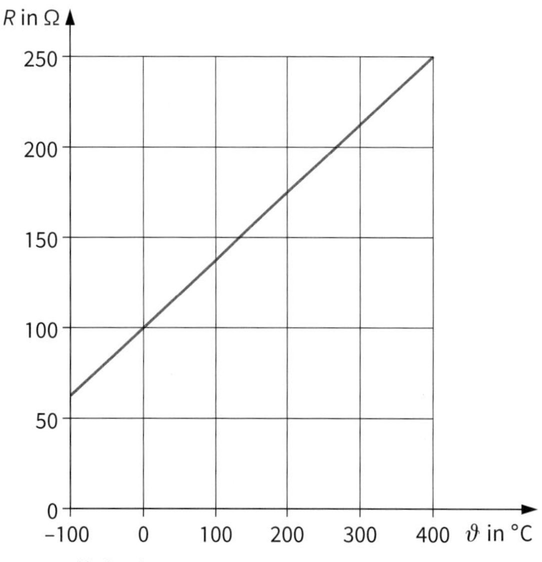

1: Kennlinie eines Pt 100

Das Widerstandsmaterial wird bei diesem Messfühler auf ein Trägermaterial gewickelt. Bei Miniaturausführungen wird das Platin auf eine Keramikfläche aufgedampft. Aufgrund der geringen Abmessungen reagieren diese Sensoren sehr schnell auf Temperaturänderungen. Dies ist z. B. bei Temperaturmessungen in chemischen Prozessen sehr wichtig. Der Messbereich von Pt 100-Sensoren wird meist mit –100 °C bis 400 °C angegeben.

Halbleitermaterialien sind stark temperaturabhängig. Die Widerstandsänderung bei Temperaturänderung ist daher deutlich größer als z. B. bei einem Pt 100. Dadurch sind Temperaturdifferenzen auch kleinschrittig erfassbar. Ihre Kennlinien verlaufen jedoch nur über einen kleinen Bereich linear. Dies ist jedoch Voraussetzung, um sie auswerten zu können. Daher ist ihr Einsatzbereich begrenzt. Durch ihre hohen Fertigungstoleranzen sind diese Fühler nicht ohne Neuabgleich der Schaltung austauschbar.

Man unterscheidet temperaturabhängige Materialien nach ihren Temperaturkoeffizienten in

- **PTC** (**p**ositiver **T**emperatur**k**oeffizient) und
- **NTC** (**n**egativer **T**emperatur**k**oeffizient).

Temperaturskalen

Wärme stellen wir uns modellhaft als das Hin- und Herschwingen von Molekülen vor. Es gibt einen Punkt, an dem diese Schwingungen zur Ruhe kommen. Dieser **absolute Nullpunkt** ist der Ausgangspunkt für die **Kelvin-Skala**. Diese Skala besitzt nur positive Werte.

Formelzeichen: T
Einheit: K (Kelvin)

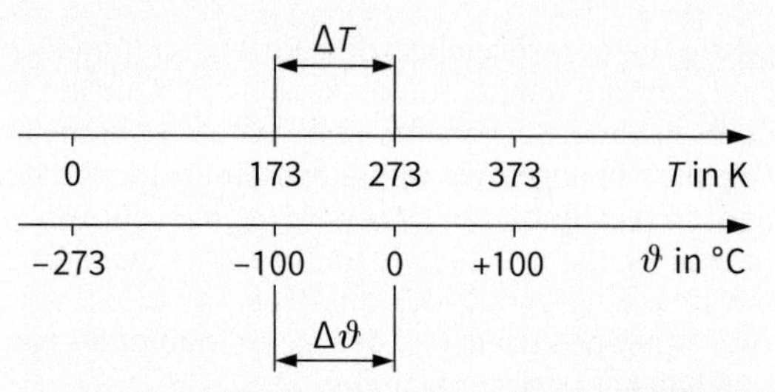

Für die **Celsius-Skala** ist der Schmelzpunkt von Eis als Nullpunkt festgelegt worden. Die Skala verfügt daher sowohl über positive, als auch negative Werte.

Formelzeichen: ϑ
Einheit: °C (Grad Celsius)

Die Teilungen der Skalen ist identisch, wie folgender Zusammenhang verdeutlicht:
Die Änderung der Temperatur um 100 K entspricht der Änderung um 100 °C. Deshalb können beide Einheiten gegeneinander gekürzt werden.

$$\Delta T = \Delta\vartheta$$

Temperaturänderungen werden im technischen Bereich meist in Kelvin angegeben.

Aufgabe

1. Ermitteln Sie mit Hilfe der Kennlinie (Abb. 1) den Widerstand eines Pt100-Sensors bei 0 °C, 100 °C und bei 200 °C.

- Widerstandsmessfühler sollten im gewünschten Messbereich einen linearen Kennlinienverlauf haben.
- Das Widerstandsverhalten von temperaturabhängigen Widerständen wird durch die Formel $R_T = R_{20} \cdot (1 + \alpha \cdot \Delta T)$ beschrieben.
- Der Temperaturkoeffizient α kann positiv oder negativ sein. Die Temperaturabhängigkeit von Widerstandsmaterialien wird daher in PTCs und NTCs unterschieden.
- Die Widerstands-Temperatur-Kennlinie von Platin ist nahezu linear.

PTC (Kaltleiter) [*PTC-thermistor*]

Kaltleiter besitzen in einem kleinen Temperaturbereich einen sehr hohen positiven **Temperaturkoeffizienten**.

Im aufgeheizten Zustand, z. B. $\vartheta_1 = 180\,°C$, kann für den Kaltleiter ein Wert von $R_{PTC} = 10\,k\Omega$ abgelesen werden ① (Abb. 2).

Im kalten Zustand, z. B. $\vartheta_2 = 20\,°C$, beträgt der Widerstand des Kaltleiters nur noch $R_{PTC} = 80\,\Omega$ ②.

Ein Messstrom wäre somit im heißen Zustand deutlich kleiner als im kalten, da bei konstanter Spannung gilt:

$$\vartheta\uparrow \Rightarrow R_{NTC}\downarrow \Rightarrow I\uparrow$$

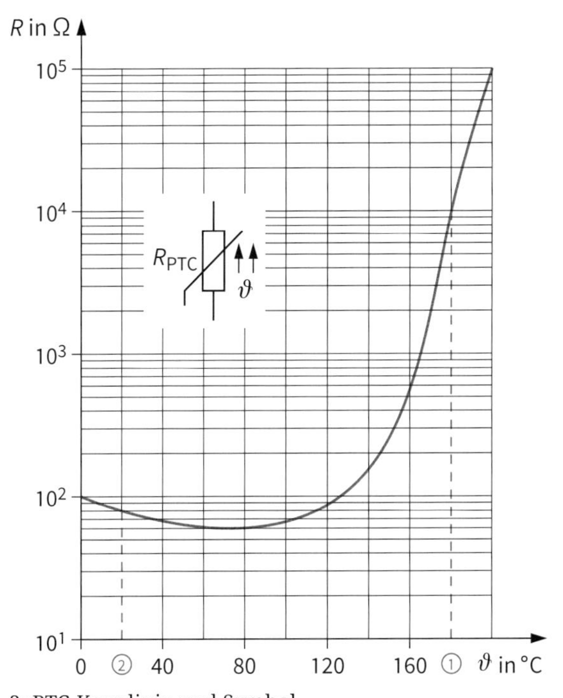

2: PTC-Kennlinie und Symbol

Das Symbol spiegelt diesen Zusammenhang wider. Die steigende Temperatur (linker Pfeil) hat einen Anstieg des Widerstandes zur Folge (rechter Pfeil).

NTC (Heißleiter) [*NTC-thermistor*]

Die Kennlinie (Abb. 3) zeigt, dass sich der Widerstand kontinuierlich mit zunehmender Temperatur verringert. Die Änderung erfolgt über mehrere Zehnerpotenzen. Im Gegensatz zum Kaltleiter ist der Kennlinienverlauf jedoch deutlich flacher und gleichmäßiger im Verlauf. Als Bemessungswert wird der Widerstand bei 25 °C angegeben. Da bei tiefen Temperaturen R_{NTC} groß ist, wäre ein Messstrom sehr klein. Bei hohen Temperaturen wird R_{NTC} sehr klein, wodurch I groß wird.

Allgemein gilt daher für Heißleiter bei konstanter Spannung:

$$\vartheta\uparrow \Rightarrow R_{NTC}\downarrow \Rightarrow I\uparrow$$

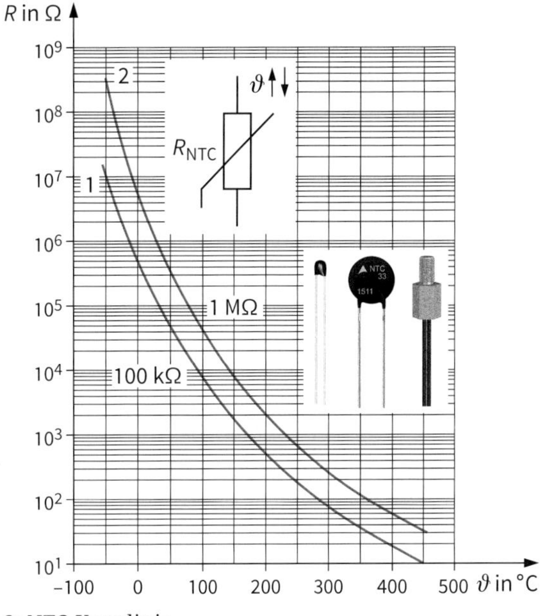

3: NTC-Kennlinie

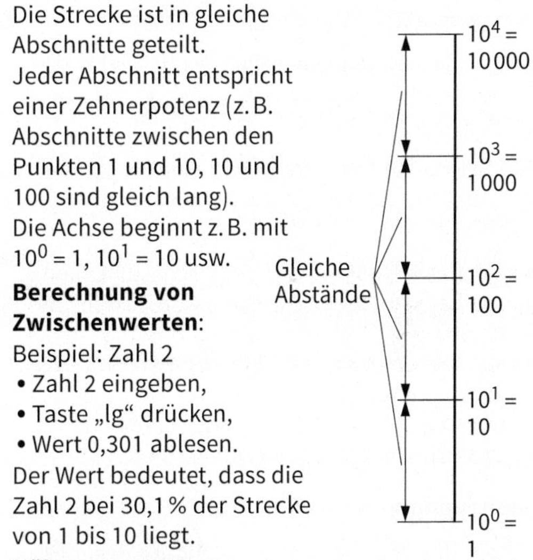

Logarithmische Teilung

Die Strecke ist in gleiche Abschnitte geteilt.
Jeder Abschnitt entspricht einer Zehnerpotenz (z. B. Abschnitte zwischen den Punkten 1 und 10, 10 und 100 sind gleich lang).
Die Achse beginnt z. B. mit $10^0 = 1$, $10^1 = 10$ usw.

Berechnung von Zwischenwerten:
Beispiel: Zahl 2
- Zahl 2 eingeben,
- Taste „lg“ drücken,
- Wert 0,301 ablesen.

Der Wert bedeutet, dass die Zahl 2 bei 30,1 % der Strecke von 1 bis 10 liegt.

Näherungswerte:

Zahl	1	2	3	4	5	6	7	8	9	10
Strecke in %	0	30	48	60	70	78	85	90	95	100

- Bei PTCs wird der Widerstand mit steigender Temperatur größer.
- Der Widerstand eines NTCs wird bei der Erwärmung kleiner.
- Die Widerstandsänderung kann mehrere Zehnerpotenzen betragen.
- Die Widerstands-Temperatur-Kennlinie von PTC und NTC ist nicht linear.

Thermoelemente

Thermoelemente bestehen aus zwei unterschiedlichen Metallen, die verlötet oder verschweißt sind (Abb. 1a). Wird die Verbindungsstelle erwärmt, lässt sich eine temperaturabhängige Spannung zwischen den Leitern messen.

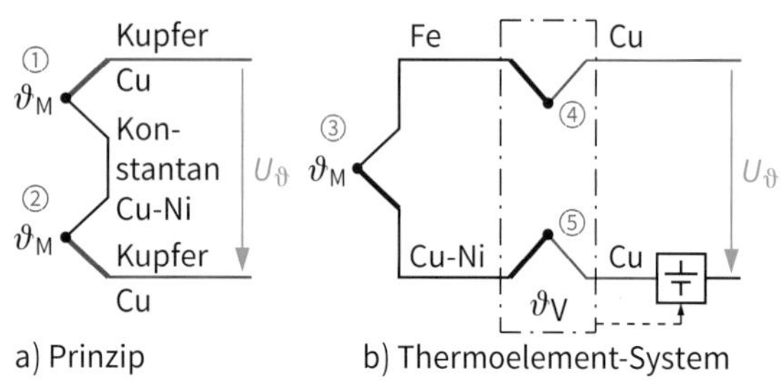

1: Temperaturmessung mit Thermoelement

Messprinzip

Es sind zwei Verbindungsstellen notwendig. Eine wird bei einer konstanten Temperatur als **Vergleichsstelle** ① belassen, die zweite dient als **Messstelle** ②. Die Thermospannung ist dabei von der Temperaturdifferenz der beiden Verbindungsstellen abhängig. Daher muss die Temperatur der Referenzstelle konstant gehalten werden.

Die Thermospannungen liegen je nach Thermoelement bei 7 µV/°C und 75 µV/°C.

Real ergeben sich eine Messstelle ③ und durch die Anschlussklemmen zwei Vergleichsstellen (④ ⑤ Abb. 1b). Typische Thermopaare sind z. B. Fe-Konstantan, NiCr-Ni, Fe-CuNi.

Da zwischen Messstelle und Vergleichsstelle häufig größere Entfernungen liegen, müssen Ausgleichsleitungen verwendet werden, die aus dem gleichen Material bestehen wie das Thermoelement. Bei Verwendung anderer Materialien entstehen an den Verbindungspunkten unter Umständen weitere Thermopaare, die das Messergebnis verfälschen.

Thermokoppler

Thermokoppler setzen die Signale von Fe-CuNi- und NiCr-Ni-Thermoelementen in die genormten Analogsignale um. Der Koppler stellt somit ein Bindeglied zwischen Thermoelement und Steuerung dar. Als kompensierte Vergleichsstelle dienen dabei die Klemmen. Die Temperaturbereiche lassen sich z. B. auf 0 °C ... 400 °C, 0 °C ... 800 °C, 0 °C ... 1000 °C und 0 °C ... 1200 °C einstellen.

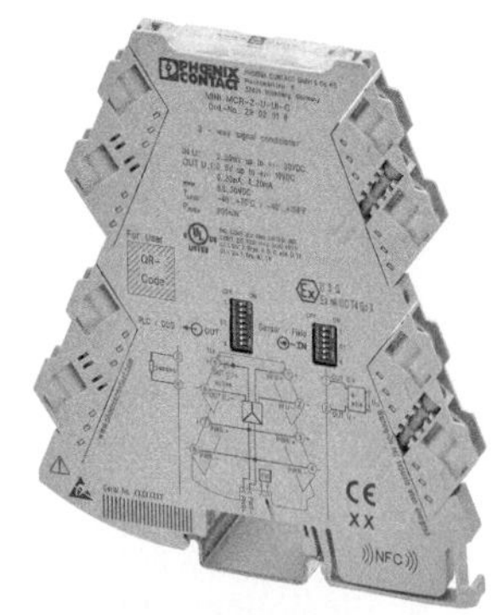

2: Thermokoppler

3.5.2 Abwägung der Verfahren

In dem Auftrag auf S. 155 ist dargestellt, dass die zu messende Temperatur bei 37 °C liegt. Da die Biomasse empfindlich ist, muss der Messwert möglichst exakt ermittelt werden.

Widerstandsmessfühler

Der Einsatz eines Pt 100-Messfühlers ist für die Erfüllung des Auftrags gut geeignet. Die Kennlinie ist über den gesamten Temperaturbereich äußerst linear.

Hinzu kommt, dass viele speicherprogrammierbare Steuerungen und Schaltrelais wie die LOGO! bereits über vorkonfigurierte Eingänge für Pt 100-Sensoren verfügen. Die Anbindung an eine Steuerung ist somit einfach möglich.

Halbleitermessfühler

PTCs und NTCs verfügen in dem geforderten Bereich nicht über die gewünschte Linearität. Wenngleich die starke Widerstandsänderung zu einer guten Auflösung des Temperaturbereiches führt, ist gerade die Nichtlinearität im unteren Kennlinienbereich störend.

Diese Sensortypen sind in diesem Fall nicht geeignet. Durch die Steilheit ihrer Kennlinien eignen sie sich zum direkten Schalten, z. B. eines Relais bei bestimmten Temperaturen.

Thermoelement

Thermoelemente sind für große Temperaturbereiche ideal einsetzbar. Da die Thermospannung im Idealfall bei wenigen Millivolt liegt, muss ein Signalverstärker nachgeschaltet werden, um ein verarbeitbares Signal zu erzeugen. Auch bei Verwendung eines Thermokopplers ist bei kleinster Auflösung (0 °C ... 400 °C) kein sinnvolles Ausgangssignal zu erwarten. Das Thermoelement ist somit für die Anwendung am Biogasreaktor nicht geeignet.

Eine Prüfung, ob der bisher verwendete Sensor ein Pt 100-Sensor oder ein PTC oder NTC ist, lässt sich über eine Widerstandsmessung bei einer bekannten Temperatur durchführen. Der ermittelte Widerstandswert wird dazu mit den bekannten Kennlinienwerten verglichen.

- Thermoelemente bestehen aus der Verbindung von zwei unterschiedlichen Metallen. An diesen Verbindungsstellen entsteht eine temperaturabhängige Thermospannung.
- Thermoelemente benötigen eine Messstelle und eine Vergleichsstelle. Die Vergleichsstelle sollte eine möglichst konstante Temperatur haben.

Vom Messfühler zum „intelligenten" Sensor

Die Sensorenentwicklung ist in den vergangenen Jahren schnell vorangeschritten.

Anfangs wurde jeder Messfühler, wie sie zunächst genannt wurden, mit Hilfe von Bauelementen, wie z. B. LDR (lichtabhängiger Widerstand), PTC (temperaturabhängiger Widerstand) und druckabhängigen Widerstanden usw. diskret aufgebaut. Eine Schaltung wertete die Veränderungen dieser „Sensorelemente" aus. Probleme dieser Zeit waren die veränderlichen Eigenschaften der Sensorelemente:

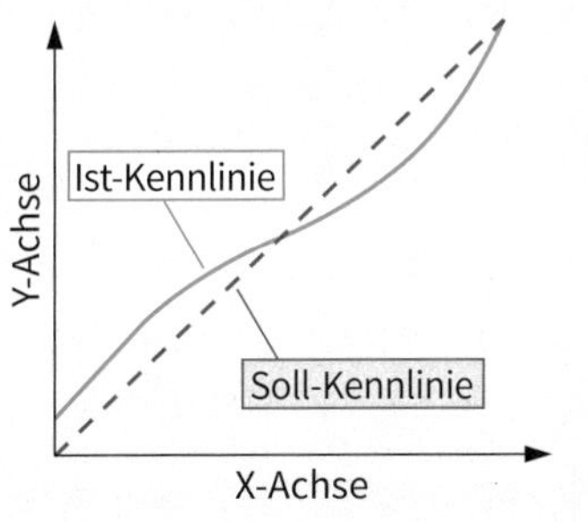

Nullpunktverschiebungen der Kennlinie, Kennlinienkrümmungen, Linearitätsfehler und vieles andere. Dies hatte zur Folge, dass bei dem Wechsel eines Sensorelements unter Umständen die gesamte Schaltung neu abgeglichen werden musste. Definierte Ausgangsgrößen dieser Auswertungsschaltungen gab es nicht.

Im Zuge der Miniaturisierung der Schaltungen wurden Messfühler und auswertende Schaltung zu einer Einheit zusammengefasst. Mit Hilfe von Mikrocontrollern wurden die Nichtlinearitäten ausgeglichen.

Durch Einigung auf genormte Schnittstellen zwischen Sensoren und Steuerungen, konnte dem „Wildwuchs der Ausgangsgrößen" entgegen gewirkt werden, was zu höheren Produktionsmengen führte. Erreicht wurden diese normierten Ausgangsgrößen durch Erweiterung der auswertenden Schaltungen mit Messverstärkern, die eine Anpassung ermöglichten.

Seit einigen Jahren hat sich in der Automatisierungstechnik ein neuer Trend durchgesetzt. Früher wurden die Informationen von und zur Steuerung zentral an den Klemmen des Steuergerätes übergeben. Dies führte häufig zu sehr langen Zuleitungen der Sensoren und Aktoren. Dieser Übergabepunkt wird nun zunehmend dezentralisiert. Über eine Busleitung werden Eingabe- und Ausgabeeinheiten mit der verarbeitenden Steuerung verbunden.

Über die Busleitung, dies kann eine verdrillte Leitung o. a. sein, kommunizieren die Teilnehmer nach einem fest vorgegebenen Protokoll (vgl. Kap. 4.7.3). Damit die versendeten Informationen beim „richtigen" Empfänger ankommen, besitzen alle Teilnehmer eine eigene Adresse.

Moderne Sensoren, die direkt mit einer derartigen Busleitung gekoppelt werden, müssen daher mit einem Mikrocontroller (μC) zur Digitalisierung der analogen Messwerte und einem Buskoppler versehen sein, der die Kommunikation ermöglicht. In gleicher Weise können auch Aktoren an den Bus angeschlossen werden.

Gegenwärtige Sensoren zeichnen sich darüber hinaus durch zunehmende „Intelligenz" aus: Sie übermitteln Steuerungseinheiten auf Anfrage ihre Einstellungswerte und lernen von der Steuerung „auf Befehl" neue Konfigurationen. So kann bei einem Chargenwechsel, z. B. bei Ultraschallsensoren mit unterschiedlichen Abständen, gearbeitet werden, oder sie lernen die Einstellungen von anderen Sensoren.

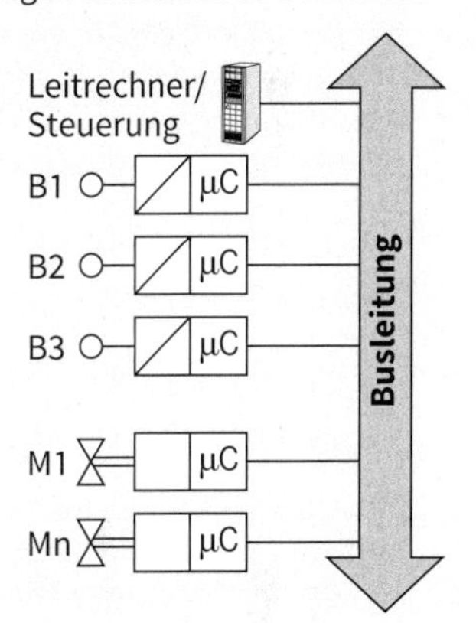

Intelligente Sensoren melden darüber hinaus Drahtbruch, Dejustage, Kurzschluss oder Sensorausfall und geben Hilfestellung bei der mechanischen Ausrichtung. Bei optischen Sensoren wird die schleichende Verschmutzung erkannt und gemeldet, bevor es zu einem Ausfall kommt.

Durch diese Entwicklung können in Anlagen Stillstandzeiten stark reduziert werden. So kann z. B. im laufenden Betrieb ein Sensor gewechselt werden, da dieser die Parameter des alten Sensors einfach übernimmt. Bei Sensoren der neuesten Generation verlagert sich nun die „Intelligenz" aus der verarbeitenden Steuerung in die Sensoren und Aktoren, sodass sie auch bei Ausfall des Leitrechners einen Prozess aufrecht erhalten, indem sie über den Bus **direkt** miteinander kommunizieren. – Die Steuerung ist mit den Sensoren und Aktoren zusammengewachsen.

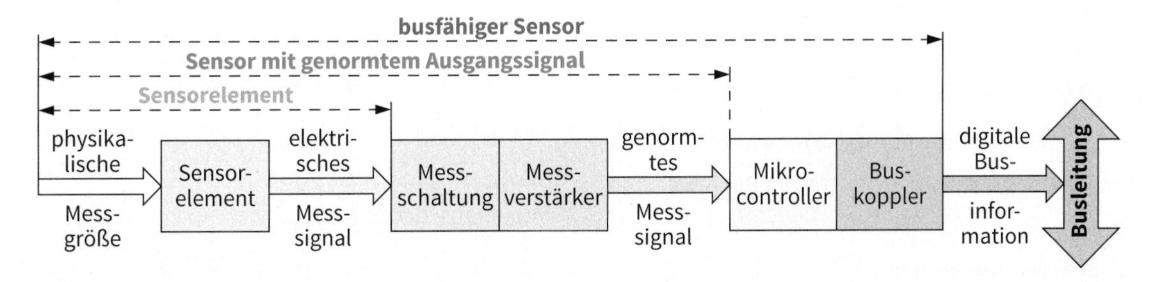

3.6 Analyse einer elektropneumatischen Anlage

3.6.1 Systembeschreibung

Um unnötige Produktionskosten zu vermeiden, sollen in einer Produktionsanlage nur maßhaltige Werkstücke weiterverarbeitet werden. Werkstücke, die oberhalb eines Sollmaßes liegen, sollen über eine Rutsche ausgesondert werden. Zeitgleich wird für die nachfolgenden Produktionsteile das Werkstückmaterial erfasst.

Da dieser Anlagenteil z. B. im Fehlerfall in kürzester Zeit wieder in Betrieb genommen werden muss, ist eine Funktionsanalyse notwendig.

Den Anlagenunterlagen sind folgende Pläne beigelegt:

- Funktionsbeschreibung
- Technologieschema
- elektrotechnischer Schaltplan
- pneumatischer Schaltplan

Funktionsbeschreibung des Herstellers

1. *Ein Werkstück ① wird auf einem Prüftisch positioniert.*
2. *Das Werkstückmaterial wird mit zwei Sensoren ermittelt.*
3. *Der Wegmesser B7 ist auf einem geführten Trägermodul befestigt, welches durch den **doppeltwirkenden Zylinder MM1** ② auf und ab verschoben werden kann. Fährt der Zylinder MM1 bis in die untere Endlage (B4 = 1), wird der Wegmesser B7 auf das Werkstück gedrückt. Dabei wird die Höhe des Werkstücks ermittelt. Eine Wartezeit zwischen Erreichen der Endlage des Zylinders MM1 und der Messung verhindert Fehlmessungen durch mechanische Schwingungen.*
4. *Nach einer kurzen Wartezeit fährt der Zylinder die Messeinheit wieder in die Grundposition (oben) zurück (B3 = 1).*
5. *Ist das Werkstück zu groß, wird es mit Hilfe des **einfachwirkenden Zylinders MM2** ③ in einen Ausschussbehälter ausgesondert.*
6. *Einwandfreie Werkstücke werden von dem Umsetzer der Folgestation entnommen (nicht im Technologieschema dargestellt).*

Ergänzende Hinweise

- *Der Wegmesser wandelt eine Strecke in eine Spannung von 0 bis 10 V um. Ab einer bestimmten Strecke soll ein 1-Signal abgegeben und dieses solange beibehalten werden, bis die Spannung einen bestimmten Wert wieder unterschreitet. Dies ist mit einem Schwellwertschalter umgesetzt, der ein binäres Ausgangssignal abgibt.*
- *Um die Werkstückoberfläche beim Aufsetzen des Wegmessers nicht zu verkratzen, ist der Vorhub des doppeltwirkenden Zylinders langsamer als der Rückhub (Hubgeschwindigkeit).*
- *Die Zylinder werden elektropneumatisch über einseitig betätigte Magnetventile angesteuert.*

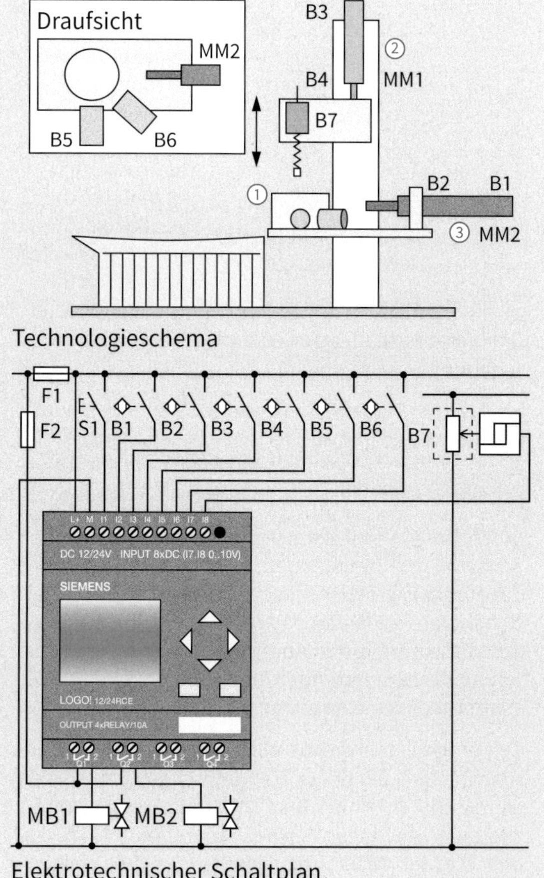

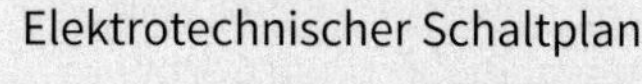

Elektrotechnischer Schaltplan

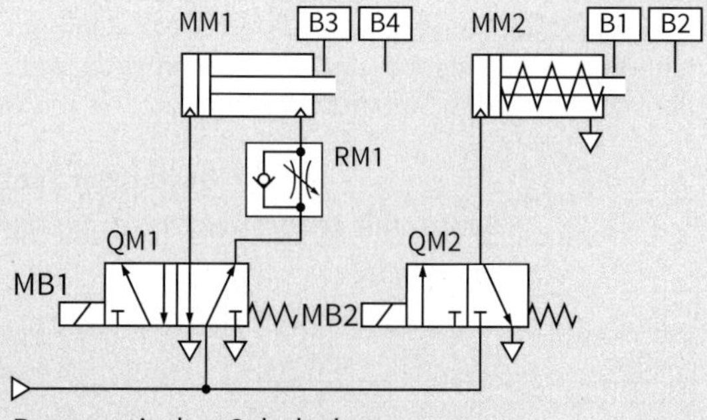

Pneumatischer Schaltplan

1: Herstellerunterlagen

3.6.2 Wegsensor und Materialerkennung

Um die Funktion und die Pläne der Anlage für eine Fehlerbehebung verstehen zu können, müssen die Komponenten/Eigenschaften im Folgenden analysiert werden:

- Wegmessung
- Schwellwertschalter
- Materialdifferenzierung
- Einfachwirkender Zylinder
- Doppeltwirkender Zylinder

Wie kann die Materialhöhe erfasst werden?

Mit Hilfe eines Weg-Sensors mit Potenziometer können kurze Wege und somit auch Materialstärken und ähnliches gemessen werden. Der in Abb. 2 gezeigte Sensor verfügt über einen beweglichen Stift, der die Mittelanzapfung des Potenziometers entsprechend des Weges verschiebt ①. Das Potenziometer (Abb. 3) wird mit einer konstanten Gleichspannung versorgt. Am Ausgang (Mittelanzapfung) ist dadurch die Spannung U_m abgreifbar. Sie ist ein Maß für den Weg, bzw. die Werkstückhöhe.

2: Weg-Sensor

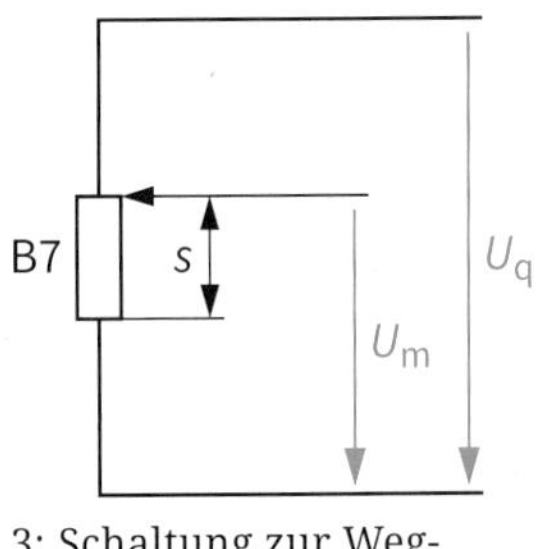

3: Schaltung zur Wegmessung

Für die Verarbeitung ist lediglich wichtig, ob das Werkstück eine bestimmte Höhe überschreitet. Das analoge Signal muss deshalb in zwei Bereiche aufgeteilt werden: maßhaltig oder zu groß. Diese Umformung erfolgt in einem Schwellwertschalter.

Wie kann das Material unterschieden werden?

Da die in Kapitel 3.2.4 beschriebenen Näherungssensoren unterschiedlich gut auf verschiedene Werkstoffe ansprechen, können somit auch die Materialien unterschieden werden.

Die Tabelle (Abb. 4) stellt dar, wie gut die unterschiedlichen Materialien von dem jeweiligen Sensortyp erkannt werden.

Eine weitere Unterscheidung ist bezüglich der Oberflächenbeschaffenheit oder Farbe durch optische Sensoren möglich.

Näherungs-sensoren	Ferromag. Werkstoff	Nichtmag. Werkstoff	Magnet	Karton	Wasser	Holz	Glas
induktiver	++	+	++	o	o	o	o
kapazitiv	++	++	++	+	++	+...–	–
magnetisch	o	o	++	o	o	o	o

++ sehr gut; + gut; – schlecht/schwach; o wird nicht erkannt

4: Erkennbarkeit von Werkstoffen mit Näherungssensoren

Besonderheiten der LOGO!12/24 RCE(o) und 24

Schnelle Eingänge

Die normalen Eingänge der LOGO! sind für Frequenzen bis 5 Hz geeignet. Höhere Taktfrequenzen können aber auftreten, wenn z. B. mit einem Windmessgerät, das Taktimpulse als Maß für die Geschwindigkeit liefert, die Windgeschwindigkeit gemessen werden soll. Die Eingänge I5 und I6 sind sogenannte schnelle Eingänge (ab 0BA6: I3 – I6) und können Frequenzen bis zu 2 kHz verarbeiten.

Hinweis: Um derartige Signale in der Simulation zu testen, kann in den Eingangseigenschaften unter Simulation der Punkt „Frequenz" gewählt werden.

Analogeingänge

Die Eingänge I7 und I8 (ab 0BA6 auch I1 und I2) können als Digitaleingänge oder Analogeingänge (I7 = AI1, I8 = AI2, ab 0BA6 I1 = AI3, I2 = AI4) verwendet werden. Dabei ist die Entscheidung, ob sie als Digital- oder Analogeingänge interpretiert werden, im Programm durch die Nummerierung gegeben. Wird im Programm die Klemme I7 auch mit I7 verarbeitet, ist das Eingangssignal digital. Wird im Programm AI1 verwendet, wird das Signal der Klemme I7 als Analogwert interpretiert. In diesem Fall muss der programminterne Eingang I7 frei bleiben. Wird ein Analogmodul angeschlossen, so beginnt die Nummerierung der Eingänge mit AI3 oder 5 fortlaufend.

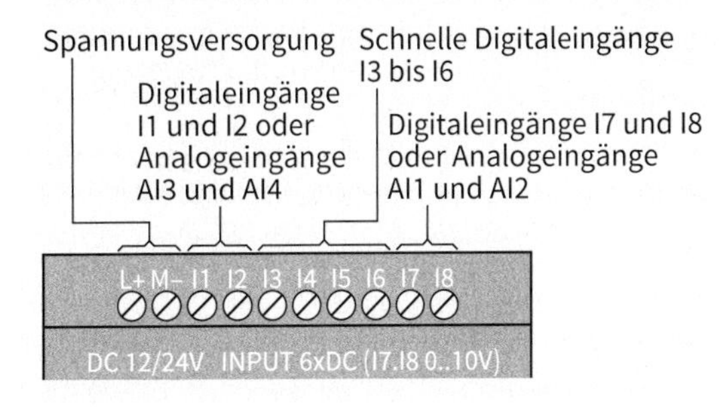

- Wegsensoren können zur Prüfung der Maßhaltigkeit von Werkstücken verwendet werden.
- Durch Kombination mehrerer Näherungssensoren können Werkstücke unterschieden werden.

3.6.3 Optische Näherungssensoren

In der Ausschusserkennung soll das Werkstückmaterial erkannt werden. Ein Merkmal kann dabei durch optische Näherungssensoren erfasst werden.

Optische Näherungssensoren bestehen aus einem **Licht-Sender** [*opto-transmitter*] und einem **Licht-Empfänger** [*opto-receiver*]. Der Sender erzeugt in der Regel ein rotes oder ein infrarotes (nicht sichtbares) Licht, das mit Hilfe einer Optik möglichst geradlinig in eine bestimmte Richtung strahlt. Infrarotes Licht wird eingesetzt, wenn eine große Lichtleistung benötigt wird, z. B. um eine Entfernung bis zu 500 m zur Gebäudesicherung zu überbrücken. Im Empfänger wird nur Licht der ausgesendeten Wellenlänge ausgewertet, sodass Fehler durch Fremdlichteinstrahlung nahezu ausgeschlossen sind (Abb. 1).

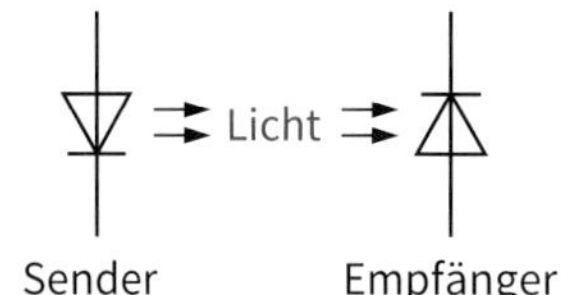

1: Funktionsschema

Optische Näherungssensoren sind von der Bauform her klein und robust. Je nach Verwendung werden der Sender und der Empfänger getrennt oder in einem gemeinsamen Gehäuse (häufigste Bauform) in zylindrischer oder rechteckiger Form hergestellt (Abb. 2).

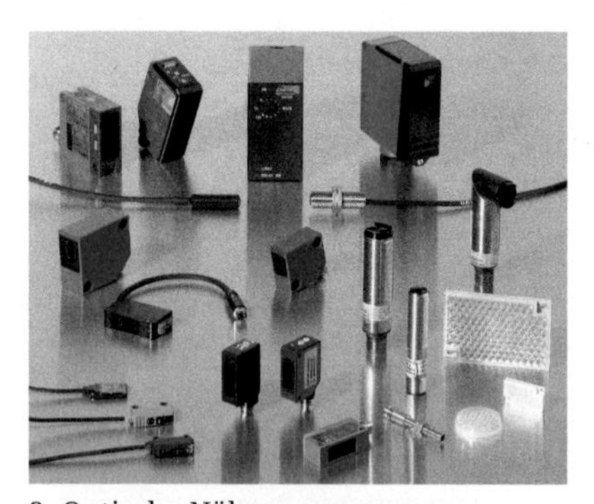
2: Optische Näherungssensoren

Materialerkennung mit optischen Sensoren

In der Ausschusserkennung kann neben den zuvor beschriebenen Näherungssensoren auch mit Hilfe von Reflexionslichttastern das Werkstoffmaterial unterschieden werden.

Bei einem Reflexionslichttaster wird ein **Sende-Empfänger** [*transceiver*] eingesetzt, das heißt, dass der Sender und der Empfänger in einem Gehäuse direkt nebeneinander angeordnet sind. Die Reflexion des gesendeten Lichtes zum Empfänger erfolgt durch das zu erfassende Werkstück. Liegt kein Werkstück im Erfassungsbereich des Sensors, muss der Hintergrund den Lichtstrahl absorbieren oder so (weg-)spiegeln, dass er nicht auf den Empfänger trifft. Die eingesetzten Sensoren besitzen ein ein- oder mehrgängiges Potenziometer, mit dem die Ansprech- oder Schaltschwelle, also die Entfernung, bei der ein bestimmtes Werkstück erfasst wird, eingestellt werden kann.

Zur Erkennung unterschiedlicher Materialien und Oberflächen werden in der Praxis Reflexionslichttaster oft z. B. mit einem kapazitiven Näherungsschalter kombiniert.

Der kapazitive Sensor ermittelt dabei, dass sich z. B. ein Karton im Erfassungsbereich befindet, mit dem Reflexionslichttaster kann dann jedoch unterschieden werden, ob es sich um einen hellen oder dunklen Karton handelt.

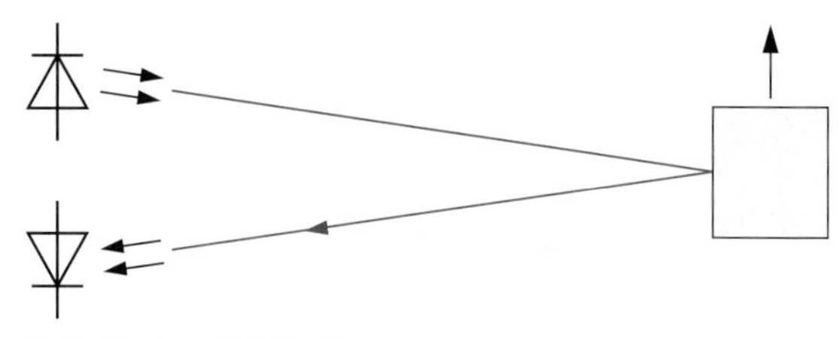
3: Reflexionslichttaster

Folgende Objekte können mit Reflexionslichttastern aufgrund ihres geringen Reflexionsgrades nur schlecht erfasst werden:
- schwarzer Gummi
- mattschwarzer Kunststoff
- Materialien mit rauer Oberfläche
- roter Karton (bei Verwendung von rotem Licht)
- u. v. a. m.

In Kombination mit einem weiteren Sensor können Rückschlüsse auf die Oberflächenbeschaffenheit gezogen werden.

Aufgaben

1. Wie können die genannten Material-Kombinationen mit Hilfe von Sensoren unterschieden werden?
   a) Schwarzer und roter Kunststoff
   b) Schwarzer Kunststoff, braunes Holz und Aluminium
   c) Karton mit und ohne gläsernem Inhalt
   d) PET-Flaschen mit und ohne dunkle Flüssigkeit
2. Blanke Aluminiumwerkstücke sollen vor einem weißen Hintergrund mit einer Reflexionslichtschranke erfasst werden. Welche Maßnahmen können Sie ergreifen, damit der Sensor Werkstück und Hintergrund unterscheiden kann?

- Bei optischen Sensoren wird ein roter oder infraroter Lichtstrahl vom Sender zum Empfänger gesendet.
- Reflexionslichttaster reagieren auf die Lichtreflexion der zu erfassenden Gegenstände.
- Optische Näherungssensoren können durch ihr materialabhängiges Ansprechverhalten zur Erkennung des Oberflächenmaterials oder der Oberflächenfarbe eingesetzt werden.

Anwendungen von optischen Sensoren

Neben der Verwendung als Reflexionslichttaster werden optische Sensoren als **Lichtschranken** [*light barriers*] eingesetzt. Man unterscheidet dabei

- Einweg-Lichtschranken,
- Reflex-Lichtschranken.

Im Folgenden werden diese kurz an Praxisbeispielen vorgestellt.

Bei **Einweglichtschranken** werden der Sender und der Empfänger getrennt und gegenüberliegend mit „Sichtkontakt“ montiert. Da das Licht direkt vom Sender zum Empfänger strahlt, können Reichweiten bis zu 500 m überbrückt werden und auch sehr kleine Objekte mit beliebiger Oberfläche erkannt werden. Einweg-Lichtschranken werden häufig zur Sicherung von Maschinen oder Maschinenteilen verwendet (Lichtvorhang). Zu beachten ist dabei, dass ein Senderausfall als eine Unterbrechung des Sichtkontaktes gewertet wird.

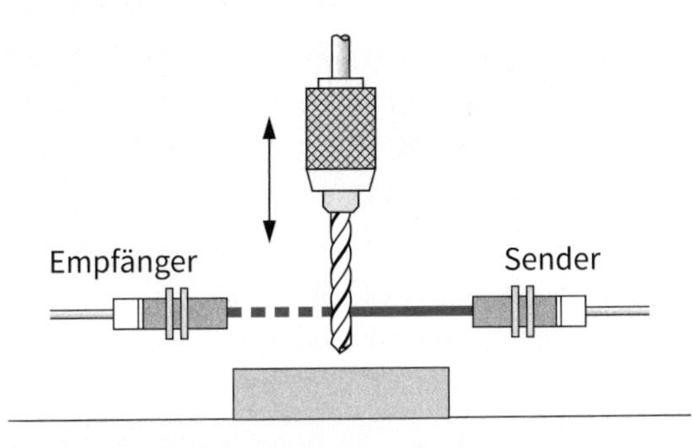

Bei Reflexionslichtschranken befinden sich der Sender und der Empfänger wie bei dem Reflexionslichttaster dicht beieinander im gleichen Gehäuse. In der Grafik erkennt man, dass die beiden Optiken übereinander angeordnet sind. Dadurch ist die Installation und die Justierung sehr einfach.

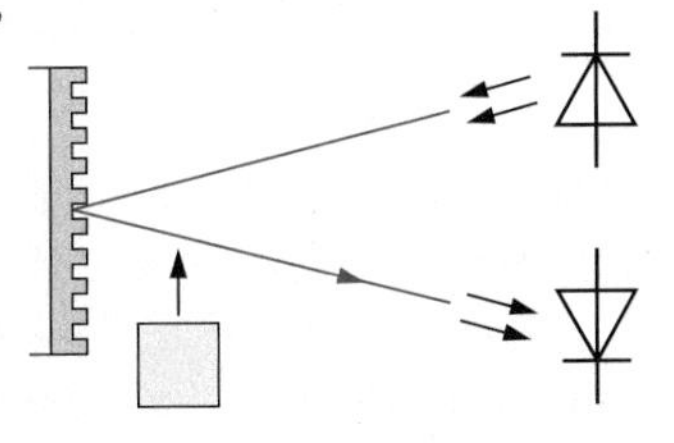

Der ausgesendete Lichtstrahl muss bei der Variante von einem geeigneten Material auf den Empfänger reflektiert werden. Dies geschieht in der Regel mit einem Reflektor, der das ausgesendete Licht ausreichend widerspiegelt. Reflexionsschranken werden häufig zur Werkstückerfassung eingesetzt, wenn kleine Entfernungen überbrückt werden müssen und die Umgebung nicht sehr staubig ist. Ihre Reichweite wird mit bis zu 50 m angegeben.

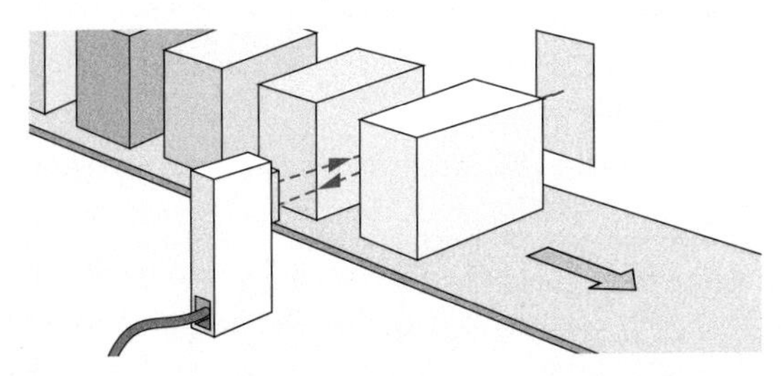

Optische Näherungsschalter mit Lichtwellenleiter

Optische Sensoren können mit Polymer- oder Glasfaser-Lichtwellenleitern versehen werden, die die gesendeten Lichtstrahlen nahezu verlustfrei an beliebige Punkte leiten.

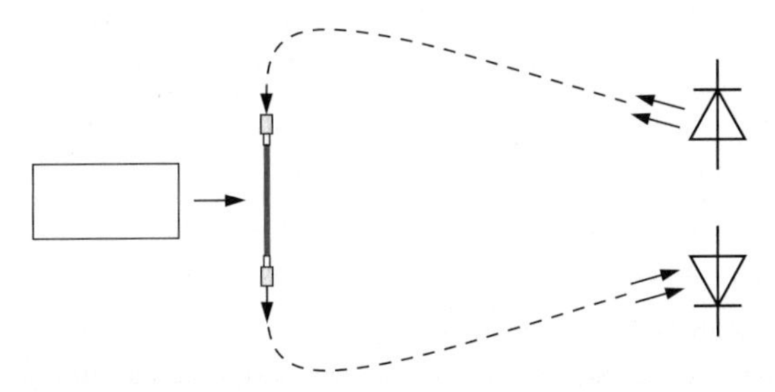

Dieses Verfahren kommt zum Einsatz, wenn z. B. an der Stelle, an der die Informationen erfasst werden sollen, nicht ausreichend Platz zur Verfügung steht. In diesem Fall kann der Lichtwellenleiter in Bohrungen o. ä. eingeführt werden. Der Sensor selbst kann auf diese Weise auch in einer günstigeren Umgebung (z. B. bei explosionsgefährdeten Bereichen) montiert werden. Da Polymer-Lichtwellenleiter wie flexible Leiter beweglich sind, ist auch eine Erfassung von Objekten auf beweglichen Teilen möglich.

Reflexionslichtschranken werden bei Bedarf mit Lichtwellenleitern ausgestattet. Dadurch kann dieser Sensor auch als Einweg-Schranke verwendet werden. Auf die Trennung von Sender und Empfänger wird so verzichtet. Durch diese Kombination in einem Gehäuse und der Verwendung von Licht, das mit einer bestimmten Frequenz gepulst ist, kann so der Fehlauswertung von Fremdlicht entgegengewirkt werden. Der Empfänger wertet dann nur Licht exakt der gesendeten Frequenz und Pulsung aus.

Durch die geringeren Ein- bzw. Austrittsöffnungen der Lichtwellenleiter ist der Öffnungswinkel des Lichtstrahls sehr gering. Somit lassen sich auch sehr kleine Objekte, wie Bohrer gut erfassen.

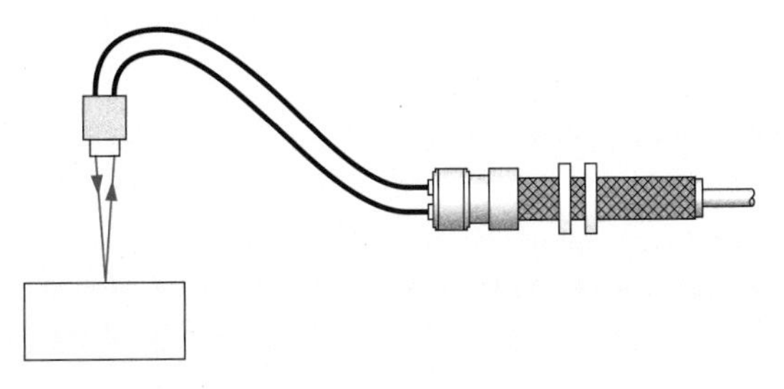

3.6.4 Elektropneumatische Objekte

In der Ausschusserkennung (S. 160) werden die Bewegungen der Werkstücke und des Wegsensors durch elektropneumatische Aktoren und Stellglieder ausgeführt.

Im Folgenden wird nun zunächst der Pneumatikplan beschrieben und anschließend werden die pneumatischen Objekte untersucht.

Pneumatikplan [*pneumatic circuit diagram*]

In automatisierten Prozessen wird häufig Druckluft (Luft = gr. Pneuma) eingesetzt, um Zylinder oder andere Antriebe zu betätigen. Mit **Druckluft** [*compressed air*] kann auf einfache Weise die Kraft variiert werden, sodass unkompliziert lineare Bewegungen ausgeführt werden können.

Man unterscheidet Zylinder entsprechend ihrer Funktion in doppelt- und einfachwirkende Zylinder.

Bei **einfachwirkenden Zylindern** [*single acting cylinders*] (Abb. 1a) wird der Kolben von der Druckluft nur in eine Richtung gedrückt. Dabei wird eine Feder zusammengedrückt. Die verdrängte Luft entweicht über die Entlüftungsbohrung. Wenn der Zylinder wieder in die Grundstellung gefahren werden soll, muss die Druckluftleitung entlüftet (drucklos) werden. Dabei drückt die Feder den Kolben in seine Grundposition zurück (Rückhub, Abb. 1a). Dieser Zylindertyp hat somit nur beim „Ausfahren" die Kraft der Druckluft, da der Rückhub durch die Feder erfolgt. Er wirkt nur in eine Richtung.

Bei **doppeltwirkenden Zylindern** [*double acting cylinders*] (Abb. 1b) wird auch der Rückhub mit der Kraft der Druckluft ausgeführt, wodurch ein zweiter Luft-Anschluss notwendig ist. Mit doppeltwirkenden Zylindern ist auch ein deutlich größerer Hub umsetzbar, weil keine Rückstellfeder verwendet wird. Bei beiden Zylindertypen muss die Luft je nach Bewegungsrichtung durch die gleiche Zuleitung zugeführt werden oder entweichen können. Man spricht je nach Richtung von Druckluft und Abluft. Die Umsteuerung der Strömungsrichtung geschieht mit Ventilen.

Magnetventile [*solenoid valves*]

Mit dem Begriff Magnetventil wird ein pneumatisches Ventil bezeichnet, das elektromagnetisch betätigt wird. Es ist also das Bindeglied zwischen der (elektrischen) Steuerung und den pneumatischen Aktoren. Man spricht daher bei einer solchen Steuerung von einer **elektropneumatischen Steuerung** [*electropneumatic control system*].

Je nachdem, ob ein doppelt- oder einfachwirkender Zylinder angesprochen werden soll, muss ein Ventil verwendet werden, dass ein oder zwei Druckausgänge besitzt.

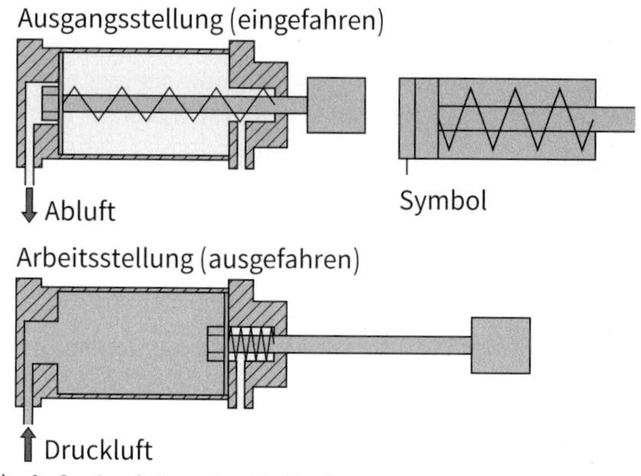

a) **einfachwirkender Zylinder**

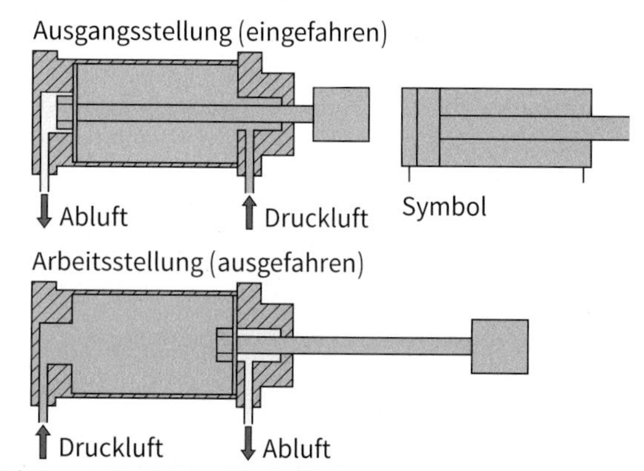

b) **doppeltwirkender Zylinder**

1: Funktionsweise von Druckluftzylindern

3/2 Wege-Ventil [*3/2 directional control valve*]

Als „Wege" werden Schaltstellungen bezeichnet. Die Bezeichnung 3/2 zeigt, dass das Ventil über drei Anschlüsse und 2 Schaltstellungen verfügt. Die Anschlüsse werden entsprechend ihrer Funktion durchnummeriert (Abb. 3):

1: Druckluft (früher: P)

2: Ausgang (früher: A) – Anschlussleitung zum Ventil

3: Entlüftung (früher: R)

Die Stellungen werden mit a (Schaltstellung) und b (Ruhestellung) gekennzeichnet.

Mit der **Hilfsbetätigung** kann das Ventil von Hand betätigt werden.

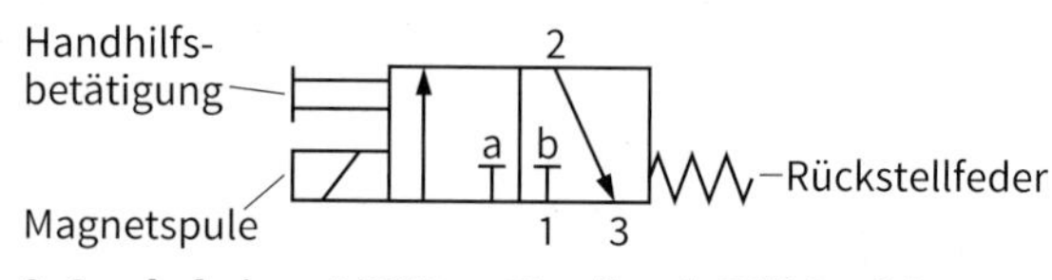

2: Symbol eines 3/2 Wege-Ventils mit Hilfsbetätigung

Funktion: In der Ruhestellung (b) ist die Magnetspule nicht erregt. Dadurch ist der Durchgang von 1 (Druckluft) nach 2 (Ausgang) gesperrt. Der Ausgang 2 ist über 3 entlüftet.

In der Schaltstellung (a) ist die Magnetspule erregt. Dadurch wird sich das linke Quadrat des Symbols unter die Anschlüsse verschoben gedacht. Die Druckluft kann dadurch vom Eingang 1 zum Ausgang 2 gelangen. Die Entlüftung 3 ist gesperrt. Mit dem 3/2 Wege-Ventil werden einfachwirkende Zylinder angesteuert.

5/2 Wege-Ventil

Das 5/2 Wege-Ventil dient meist zur Ansteuerung des doppeltwirkenden Zylinders (Abb. 1b), bei dem die Anschlussleitungen „umgepolt" werden müssen. Je nach Stellung des Ventils ist somit entweder auf der einen oder der anderen Zuleitung Druckluft. Die jeweils andere Leitung ist entlüftet.

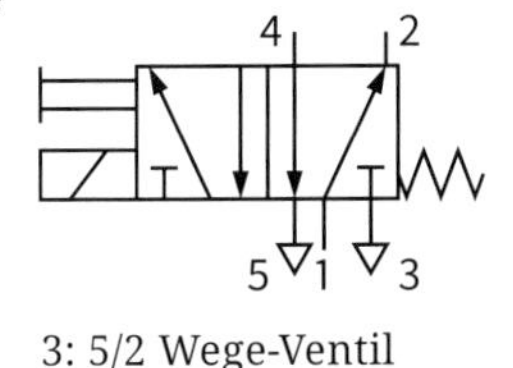

3: 5/2 Wege-Ventil

Darstellung in Stromlaufplänen

In Stromlaufplänen werden Ventile unabhängig von ihrer genauen Funktion durch ihren elektrischen Aufbau (Magnetspule) und durch das Symbol für das Ventil dargestellt (Abb. 4). Hier ist die Schnittstelle zwischen Elektrotechnik und Pneumatik.

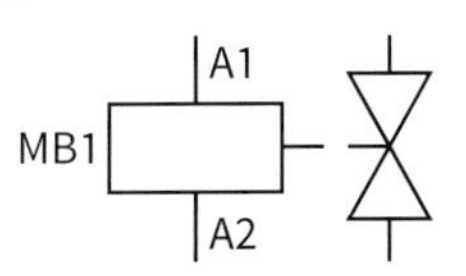

4: Ventilsymbol in Stromlaufplänen

Drosselrückschlagventil [*one-way control valve*]

Unterschiedliche Hubgeschwindigkeiten des Zylinders lassen sich mit Drosselrückschlagventilen realisieren. Dieses Ventil wird häufig direkt an dem Auslass eines Zylinders montiert und lässt die Druckluft (Zuluft) ungehindert durchströmen, während es den Durchfluss der Abluft drosselt (vermindert). Auf diese Weise wird verhindert, dass Lastschwankungen an der Kolbenstange zu einem unregelmäßigen Lauf führen. Mit einer Stellschraube kann der Drosselspalt variiert werden. Da in unserem Beispiel der Rückhub reduziert werden soll, muss das Ventil am Rückhubeinlass montiert werden.

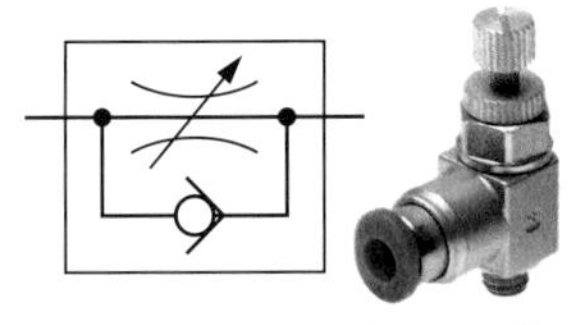
5: Drosselrückschlagventil

Kennzeichnung in pneumatischen Plänen

Jedes Objekt einer Pneumatikanlage besitzt eine Kennzeichnung (Abb. 7), die der Kennzeichnung entspricht, die bereits aus den anderen Kapiteln bekannt ist (DIN EN 81346-2: 2009-10). Sie besteht aus

- dem Kennzeichen für das Objekt,
- dem Kennzeichen der Unterklasse und
- der laufenden Bauteilnummer.

Die Unterteilung in Objektbezeichnung und Unterklasse erlaubt eine genauere Unterscheidung. Sie muss nicht zwingend verwendet werden. Die Unterklassenbezeichnungen können dem Tabellenbuch entnommen werden.

Kennbst.	Bauteil	Beispiele
GP	Pumpe, Verdichter	Kolbenkompressor
MM	Antriebsglied	Zylinder
QM	Ventile	Drosselrückschlagventil

6: Kennzeichnung pneumatischer Objekte (Beispiele)

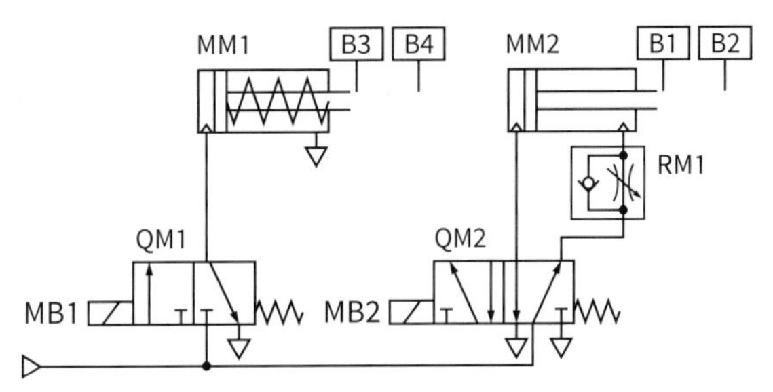

7: Pneumatischer Schaltplan

Funktionsbeschreibung des Pneumatikplans

Wird das Ventil QM1 durch die Magnetspule MB1 geschaltet, strömt Druckluft über das betätigte Ventil QM1 in den Zylinder MM1. Dieser fährt dadurch aus und betätigt mit Erreichen der Endlage den Sensor B2. Wird der Stromfluss durch M1 unterbrochen, geht das Ventil QM1 durch die Federkraft in die Grundstellung zurück und entlüftet die Zuleitung des Zylinders. Der Zylinder MM1 fährt daher durch die Kraft der Rückstellfeder wieder in seine Grundposition zurück. Die Abluft entweicht über das Ventil QM1. Hat der Zylinder QM1 seine Endlage erreicht, wird der Sensor B1 betätigt.

Wird die Magnetspule MB2 geschaltet, wird dem Zylinder MM2 über das betätigte QM2 Druckluft zugeführt. Dessen Abluft wird durch das Drosselrückschlagventil RM1 reduziert, sodass der Zylinder MM2 langsam ausfährt. Die Abluft des Zylinders wird über das Ventil QM2 entlüftet. Mit Erreichen der Endlage wird der Sensor B2 betätigt. Wird die Spule MB2 abgeschaltet, geht das Ventil QM2 in Grundstellung zurück und die Zuluft drückt den Kolben des Zylinders MM2 in die Grundposition zurück. Die Abluft entweicht über das Ventil QM2. Mit Erreichen der Endlage wird der Sensor B1 aktiviert. Der Prozess ist beendet.

- Bei elektropneumatisch gesteuerten Maschinen und Vorrichtungen ist die Steuerung elektrisch und der Antrieb pneumatisch realisiert.
- Magnetventile sind Bindeglieder zwischen elektrischer Steuerung und pneumatischer Aktorik.
- Einfachwirkende Zylinder üben nur beim Vorhub die maximale pneumatische Kraft aus, doppeltwirkende Zylinder beim Vor- und Rückhub.
- Mit Hilfe von Drosselrückschlagventilen kann der Luft-Durchfluss und somit die Bewegungsgeschwindigkeit eines Zylinders verändert werden.

3.7 Regelung eines Brennofens

Herr Hepke hat einen gebrauchten Brennofen für seine Keramikwerkstatt erstanden, der vor Kurzem von der Firma Elektrotechnik Steffen aufgestellt und installiert wurde. Der Ofen war nicht mit der originalen Bedieneinheit ausgestattet, sondern mit einer einfachen Ersatzbedieneinheit. Bei der Inbetriebnahme funktionierte der Ofen einwandfrei.

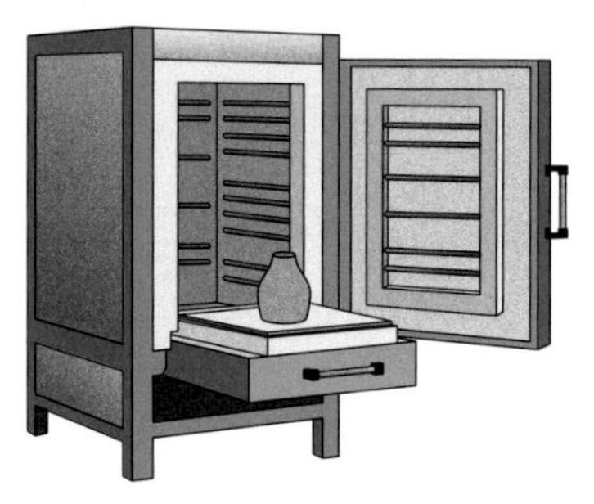

1: Brennofen

Voller Freude über den neuen Ofen verwendete Herrn Hepkes Tochter Lisa gleich eine besondere Glasur, die bei einer sehr konstanten Temperatur ($\Delta v = 15\,°C$) gebrannt werden musste. Bei dem ersten Probelauf zeigte sich, dass diese Glasur misslungen war, während die üblichen Glasurteile einwandfrei waren. Der Verkäufer hatte gesagt, dass alles hervorragend funktionieren würde. Bevor Herr Hepke sich nun an den Verkäufer wendet, um den Kauf zu wandeln, möchte er eine technische Einschätzung von der Firma Steffen haben.

Systemanalyse

Herr Steffen trifft sich mit Herrn Hepke und betrachtet zunächst den von ihm zu verantwortenden Teil der Installation.

Durch seine Mitarbeiter hatte er die Installation in der Hauptverteilung ändern lassen. Eine neue Zuleitung

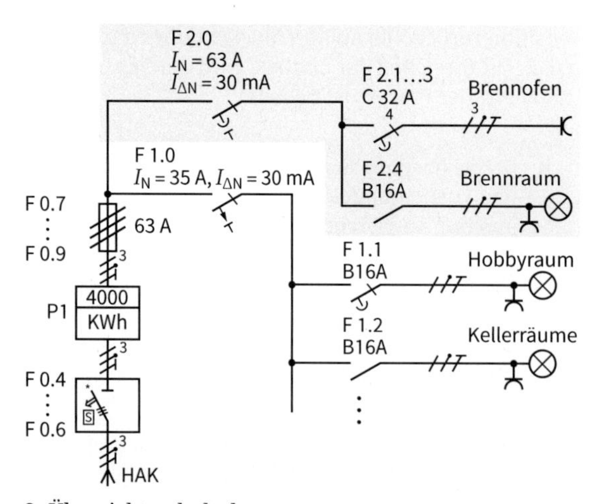

2: Übersichtsschaltplan

war in den Brennraum gelegt worden, weil der Brennofen über eine 32 A-CEE-Steckdose angeschlossen worden war. Wegen der Ausfallsicherheit waren der Brennraum und der Brennofen von den Stromkreisen der weiteren Kellerräume getrennt worden.

Der Meister überprüft nun optisch und messtechnisch, ob die Neuinstallation seinen Berechnungen und Planungen entspricht. So schließt er Installationsfehler aus.

Mit einer Systemdarstellung versucht er den Fehler weiter einzugrenzen (Abb. 3). Die Systemgrenzen wählt er dabei so, dass die Spannungsversorgung mitbetrachtet wird.

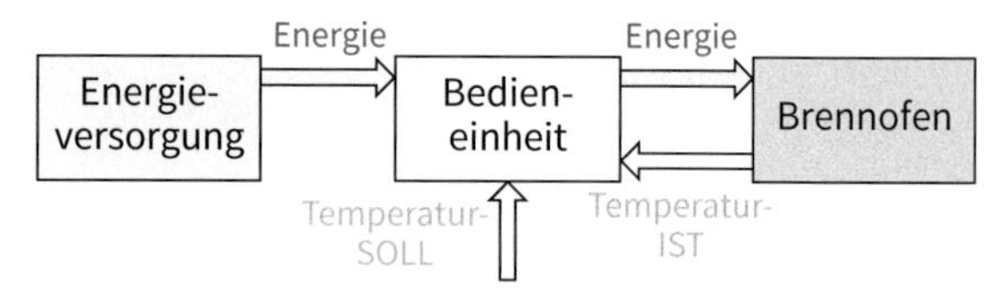

3: Systemdarstellung des Brennofens

Deutlich wird hier, dass elektrische Energie von der Energieversorgung zur Bedieneinheit gelangt und von dort zum Brennofen. Hier wird sie in Wärmeenergie gewandelt. Zu erkennen ist auch, dass im Brennofen die aktuelle Temperatur mit einem Sensor erfasst wird. Als Sensor wird hier wegen der hohen Temperatur im Ofen ein Thermoelement verwendet (vgl. Kapitel 3.5.1). Dieser IST-Wert wird in der Bedieneinheit ebenso verarbeitet, wie die von Hand einzugebende Soll-Temperatur (Abb. 4).

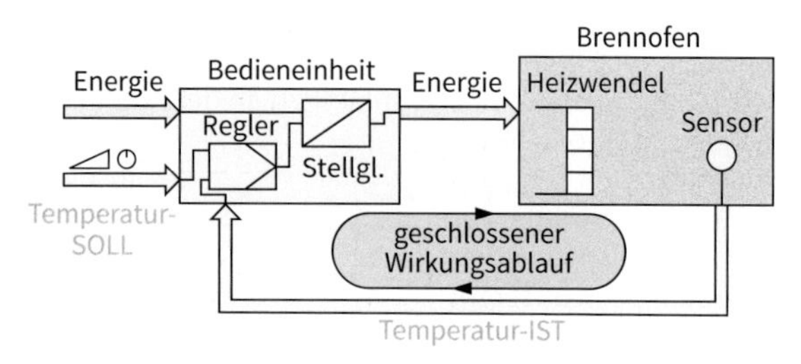

4: Systembetrachtung der Bedieneinheit und des Brennofens

Bei genauerer Betrachtung der Bedieneinheit wird deutlich, dass darin ein Stellglied den Energiefluss zwischen Energieversorgung und Brennofen beeinflusst. In diesem Fall ist dies ein Schütz. Das Schütz wiederum wird von einem Regler geschaltet, welcher die Solltemperatur mit der Ist-Temperatur vergleicht. Es ergibt sich dadurch ein geschlossener Wirkungskreis, bei dem die Heizwendel elektrische Energie in Wärmeenergie umwandelt. Deren aktueller Wert wird durch einen Sensor erfasst und an den Regler übermittelt. In Abhängigkeit des Reglerverhaltens und der Sollwertvorgabe wird wiederum die elektrische Energie dem Ofen zugeführt. Die Bedieneinheit ist also eine Regelung und keine Steuerung.

3.7.1 Regelkreis

Der Regelkreis für die Temperaturregelung wird nun genauer betrachtet. Er besteht aus einer Regelstrecke, der Messeinrichtung und der Regeleinrichtung (Abb. 5). Ziel der Reglung ist es dabei, die Regelgröße, hier also die Temperatur im Ofen, konstant zu halten.

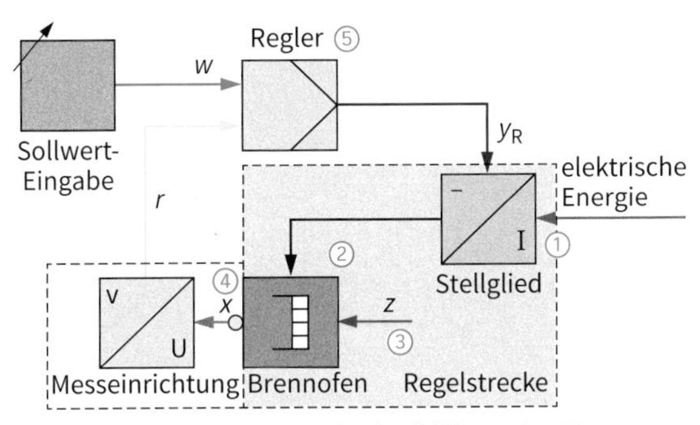

5: Temperaturregelung mit Sinnbildern der Verfahrenstechnik

Regelstrecke

Die Regelstrecke besteht aus dem **Stellglied** ① und dem Ofen selbst mit seinen Heizwendeln ②. Im Stellglied wird durch die Stellgröße des **Reglers y_R** der Energiefluss zu den Heizwendeln des Brennofens geregelt. In diesem Fall geschieht dies durch ein Lastschütz, weil der Regler nur ein Schaltsignal (ein/aus) liefert.

Auf die Regelstrecke kann die **Störgröße *z*** ③ wirken. Diese beeinflusst den idealen Betrieb des Ofens negativ. Im Brennofen geschieht dies, wenn z. B. ungewollt kalte Frischluft in den Ofen strömt.

Bei dem Brennofen handelt es sich um ein Gehäuse mit einem Rahmen, in dem Keramiksteine (Cordierit) als Isolationsmaterial eingelassen werden (Abb. 6a). Darin sind Wendeln aus Widerstandsdraht befestigt, die sich erhitzen, wenn sie von Strom durchflossen werden. Die Wendeln sind dabei so bemessen, dass sie dabei zwar glühen, aber nicht durchbrennen (Abb. 6b).

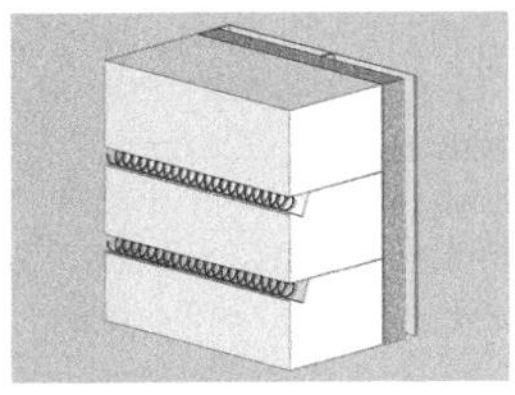

a) funktionaler Aufbau

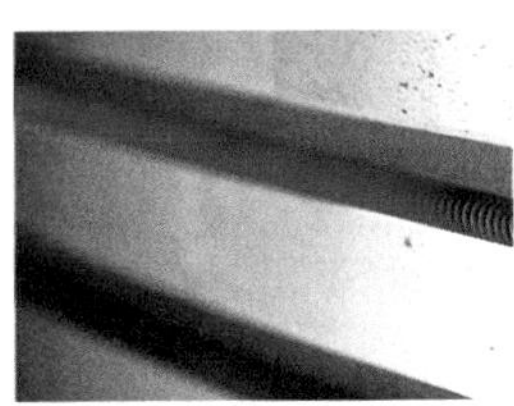

b) glühende Heizwendel

6: Heizwendel im Brennofen

Da das Keramikmaterial der Außenwände auch die Wärmeenergie aufnimmt und speichert, hat die Regelstrecke ein träges Reaktionsverhalten auf Temperaturänderungen. Wird also die Heizwendel geschaltet, um die Temperatur zu erhöhen, dauert es etwas, bis die Temperatur zu steigen beginnt (Abb. 7 ④) und steigt dann auch nur allmählich ⑤.

Die Zeit, bis zum Beginn des Anstiegs wird als **Totzeit T_t** beschrieben. Da selbst bei maximal zugeführter Energie, die Temperatur im Ofen einen Maximalwert hat, über die diese nicht steigen kann, spricht man hier auch von einer **Regelstrecke mit Ausgleich** ⑥. Der Fachbegriff für eine Regelstrecke mit einem solchen Verhalten lautet **PT_1-Strecke**.

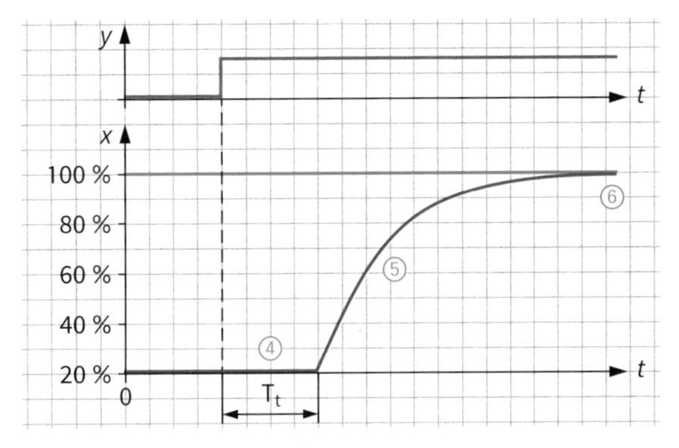

7: PT_1-Strecke mit Totzeit

Messeinrichtung

Die Messeinrichtung besteht aus einem Sensor und einem Messumformer.
Im Brennofen wird die Temperatur mit Hilfe eines Thermoelementes vom Typ S (Pt10Rh-Pt) mit einem Messbereich von – 50 bis 1768 °C bei einer Genauigkeit von etwa 1 °C bei 23 °C. Die gemessene Größe wird als **Regelgröße *x*** bezeichnet ④.

8: Thermoelement im Keramikschutzrohr

Da Thermoelemente eine Thermospannung erzeugen, die sehr klein ist, muss diese mit einem Thermokoppler auf ein im Regler verarbeitbares Signal aufbereitet werden (vgl. Kapitel 3.5.1). Das Signal, das den IST-Stand im Brennofen an den Regler übermittelt, wird als **Rückführungsgröße *r*** bezeichnet. Bei dem hier verwendeten Regler ist der Thermokoppler bereits integriert, sodass der Sensor direkt angeschlossen werden kann.

- Ziel einer Regelung ist es, die Regelgröße möglichst konstant zu halten und den negativen Einfluss der Störgröße zu beseitigen.
- Eine Regelung verfügt über einen geschlossenen Wirkungskreis mit Regeleinrichtung, Regelstrecke und Messeinrichtung.
- Eine PT_1-Regelstrecke verfügt über einen Spei. cher. sodass eine Änderung der Stellgröße *y* erst verzögert zu einer Änderung der Regelgröße *x* führt.

Regeleinrichtung

In der Regeleinrichtung wird zunächst der vorgegebene Sollwert als **Führungsgröße *w*** kontinuierlich mit der Rückführungsgröße *r* verglichen. Das Ergebnis dieses Vergleichs wird als **Regeldifferenz *e*** bezeichnet. Mathematisch beschrieben gilt im Vergleicher also $e = w - r$. In Symbolbildern wird für Vergleicher ein Kreis verwendet (Abb. 1).

Die Regeldifferenz *e* stellt also dar, wie stark der Ausgangswert der Regelstrecke (IST-Wert) von der Führungsgröße *w* (SOLL-Wert) abweicht. Die Eingänge des Vergleichers sind meist mit + und – gekennzeichnet, um zu verdeutlichen, welcher Wert von welchem subtrahiert wird.

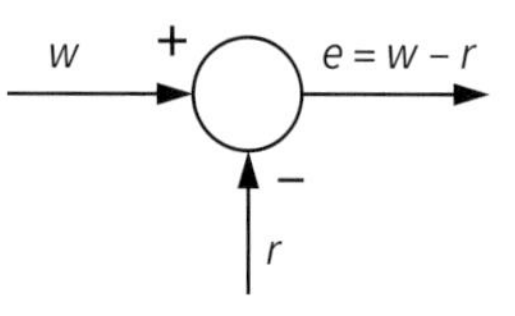

1: Vergleicher

Das Regelglied (Abb. 5, ⑤ vorherige Seite) besteht im Inneren somit aus einem Vergleicher und einem Verstärker, der das Ausgangssignal den Regelvorschriften entsprechend anpasst (Abb. 2).

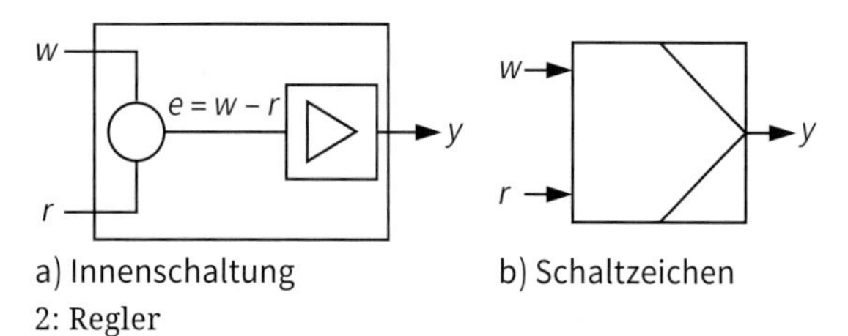

a) Innenschaltung b) Schaltzeichen

2: Regler

Im Brennofen ist ein Standardregler (Abb. 3) verbaut worden, der gleich mehrere Komponenten des Regelkreises in sich vereint. Neben dem Regler und dem Vergleicher verfügt er auch über den Messumformer (Thermokoppler) und die Sollwert-Eingabe.

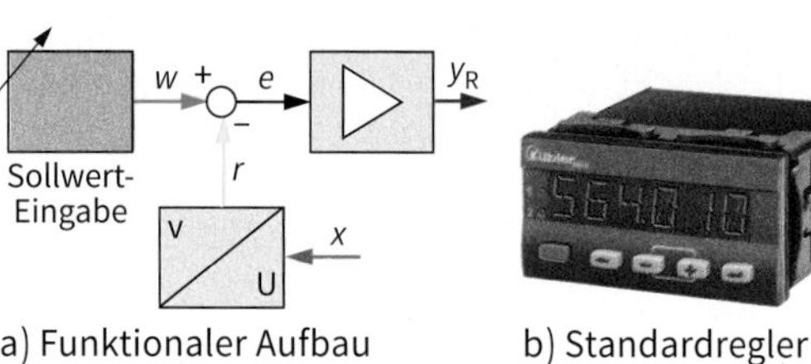

a) Funktionaler Aufbau b) Standardregler

3: Regler des Brennofens

Funktion des Reglers

Ein Blick in die Funktionsbeschreibung des verwendeten Reglers zeigt, dass es sich um einen Zweipunktregler handelt. Dies ist ein unstetiger Regler, der nur zwei feste vorgegebene Zustände einnehmen kann: ein oder aus. Dies macht ihn einfach in der Bedienung und robust.

- Vergleicher subtrahieren die Regelgröße *r* von der Führungsgröße *w*. Das Ergebnis wird als Regeldifferenz *e* bezeichnet.

Zweipunktregler

Der Zweipunktregler kennt nur zwei Stellgrößenzustände: „An" (100 %) und „Aus" (0 %). Er wird daher meist nur dann eingesetzt, wenn keine äußerst präzise Einhaltung eines Sollwertes nötig ist. Da der Brennofen durch sein Speicherverhalten ein träges Temperaturverhalten bei gleichzeitig hohen Betriebsstromstärken aufweist, ist der Zweipunktregler hier auch der am häufigsten eingesetzte Regler (Abb. 5).

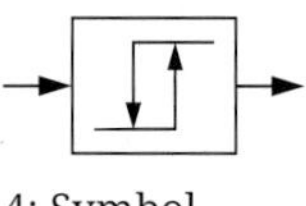
4: Symbol

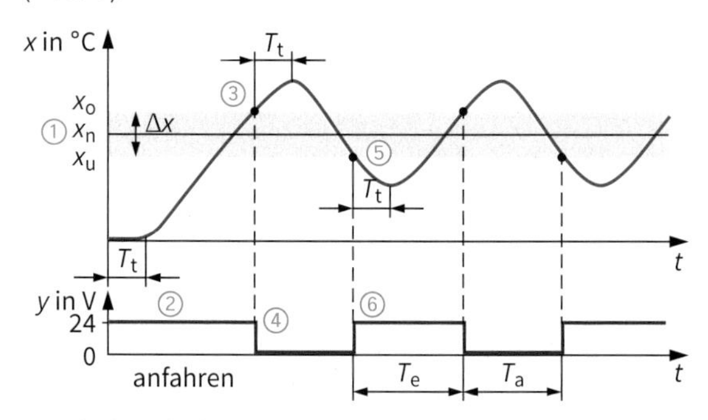

5: Schaltverhalten eines Zweipunktreglers

Funktion im Brennofen

Nach dem Einschalten des Brennofens wird am Regler der Sollwert (Führungsgröße *w*) eingegeben. Dieser Wert wird im Regler als **Sollgröße x_n** ① gespeichert. Anschließend wird der Regler aktiviert, sodass das System anfährt. Dabei wird die Stellgröße zunächst geschaltet und dadurch das Schütz als Stellglied, sodass die Heizwendeln von Strom durchflossen werden ②. Der Brennofen heizt sich allmählich auf. Da der Ofen als Temperaturregelstrecke ein Speicherverhalten aufweist, dauert es etwas, bis die Temperatur ansteigt. Die Totzeit T_t verdeutlicht dieses Verhalten ebenfalls. Im Regler ist als einstellbarer Parameter eine **Hysterese Δ*x*** vorgegeben. Das bedeutet, dass es eine **obere Schaltschwelle x_o** und eine untere **Schaltschwelle x_u** in dem Regler gibt. Überschreitet die Temperatur im Ofen nun die obere Schaltschwelle x_o ③, schaltet der Regler die Stellgröße *y* ab ④. Aufgrund des Speicherverhaltens der Regelstrecke steigt die Temperatur zunächst noch weiter – auch hier ist wieder die Totzeit T_t als Reaktionsverzögerung erkennbar. Erst danach fällt die Temperatur wieder und unterschreitet dabei nach einiger Zeit die untere Schaltschwelle x_u ⑤. Dadurch schaltet der Regler die Stellgröße wieder ein ⑥ und die Heizwendeln beginnen wieder zu heizen.

Es wird deutlich, dass die Temperatur immer um die Sollgröße x_n herum schwingt. Vorausgesetzt, dass keine Störgrößen *z* auf die Regelstrecke wirken, stellt sich eine Schaltfrequenz *f* ein, die sich aus der Zeit, die die Regelgröße *y* eingeschaltet (T_e) und ausgeschaltet (T_a) ist, berechnet.

Schaltfrequenz $f = \frac{1}{T_e + T_a}$

Beratung des Kunden

Da der Regler und das System als Ganzes funktional korrekt arbeitet, hat Herr Steffen bei einem weiteren Probebrand den Temperaturverlauf mit einem Datenlogger aufgenommen. Dabei zeigte sich, dass die Temperatur entsprechend der Erwartungen an einen Zweipunktregler um die Solltemperatur pendelt. Die Hysterese Δx beträgt 20 °C. Auch zeigte sich, dass die Temperatur von ihrem niedrigsten zum höchsten Wert um fast 30 °C differiert. Dadurch misslingt der spezielle Glasurbrand von Herrn Hepkes Tochter Lisa, weil dieser nur Temperaturunterschiede von maximal 15 °C akzeptiert.

Herr Steffen zeigt Herrn Hepke daher unterschiedliche Lösungsmöglichkeiten auf.

Als erstes kann bei dem verwendeten Zweipunktregler die Schalthysterese so verringert werden, dass die maximalen Schwankungen den Vorgaben entsprechen. Im vorliegenden Fall müsste die Hysterese maximal $\Delta x = 5$ °C betragen, weil die Temperatur noch um jeweils etwa 5 °C über- bzw. unterschwingt.

Durch die enge Hysterese wird also die Temperatur im Ofen deutlich konstanter als bisher. Nachteilig ist dabei, dass sich die Schaltfrequenz des Stellgliedes (Schützes) deutlich erhöht. Dadurch reduziert sich die Lebenszeit des Schützes und das Versorgungsnetz wird durch die häufigen Einschaltmoment stark belastet. Alternativ könnte auch ein Regler verwendet werden, der nicht über ein Schütz den Stromfluss steuert. Solche stetigen Regler sind in der Lage, in Abhängigkeit der Regelgröße eine beliebige Stromstärke durch die Heizwendeln fließen zu lassen. Dadurch stellt sich eine fast nicht schwingende Temperatur ein. Allerdings sind Stellglieder für Öfen dieser Größenordnung (P = 35 kW) sehr teuer und nicht unbedingt angemessen.

- Zweipunktregler schalten beim Überschreiten der oberen Schaltschwelle die Stellgröße y ein und beim Unterschreiten der unteren Schaltschwelle wieder ab.
- Die Stellgröße von Zweipunktreglern schwingt um die Sollwertvorgabe.

Dreipunktregler

Durch die Kombination von zwei Zweipunktreglern erhält man einen Regler, der drei Zustände der Stellgröße erreichen kann:

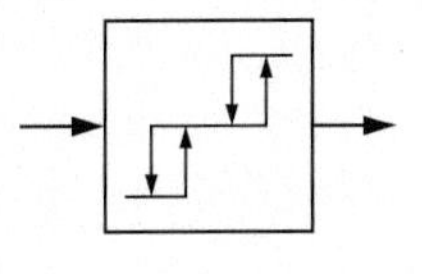

- positive Beeinflussung,
- keine Beeinflussung und
- negative Beeinflussung.

Aufgrund dieser drei Schaltzustände wird der Regler als Dreipunktregler bezeichnet.

Die Funktion des Dreipunktreglers soll anhand einer Messgerätetemperierung beschrieben werden. Darin befindet sich eine Peltier-Element. Dieses Bauteil kann je nach Stromflussrichtung entweder heizen oder kühlen. Dadurch kann auf geringstem Raum für eine möglichst konstante Temperatur gesorgt werden, ohne beispielsweise mit Kühlmitteln arbeiten zu müssen.

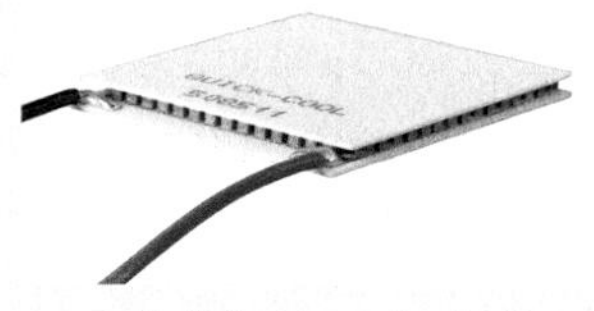

Funktion

Es wird eine Solltemperatur definiert und das System angefahren – die Stellgröße y nimmt ihren positiven Wert an und das Peltier-Element heizt. Überschreitet die IST-Temperatur nun den oberen Schwellwert x_1 ⑦, wird die Stellgröße auf Null gesetzt. Dadurch wird das System nicht mehr beheizt und nähert sich somit seiner Soll-Temperatur ⑧.

Unterschreitet die IST-Temperatur nun die untere Schaltschwelle x_2, wird die Stellgröße wieder auf

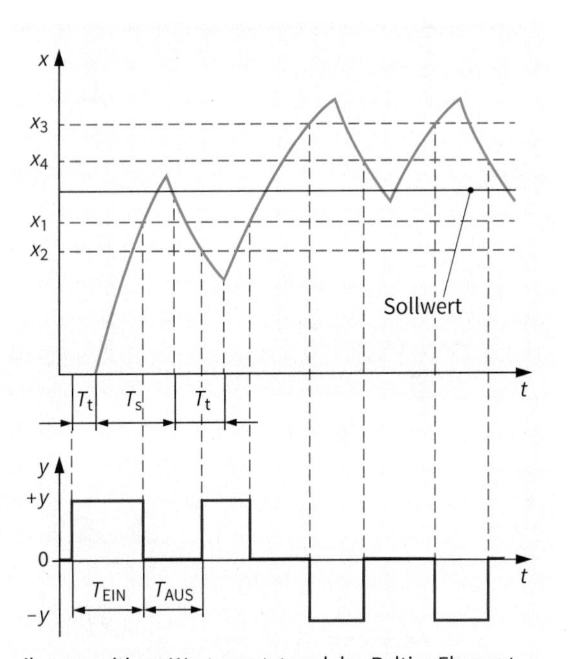

ihren positiven Wert gesetzt und das Peltier-Element heizt erneut, bis die obere Schaltschwelle x_1 überschritten wird.

Überschreitet hingegen die IST-Temperatur auch die obere Schaltschwelle x_3 ⑨, wird die Stellgröße y nun ihren negativen Wert ⑩ annehmen. Infolgedessen wird die Stromrichtung durch das Peltier-Element einen Kühleffekt bewirken, bis die untere Schaltschwelle x_4 unterschritten wird.

Liegt der IST-Wert im Bereich zwischen x_4 und x_1 nimmt die Stellgröße y den Wert Null an, sodass keine Beeinflussung stattfindet.

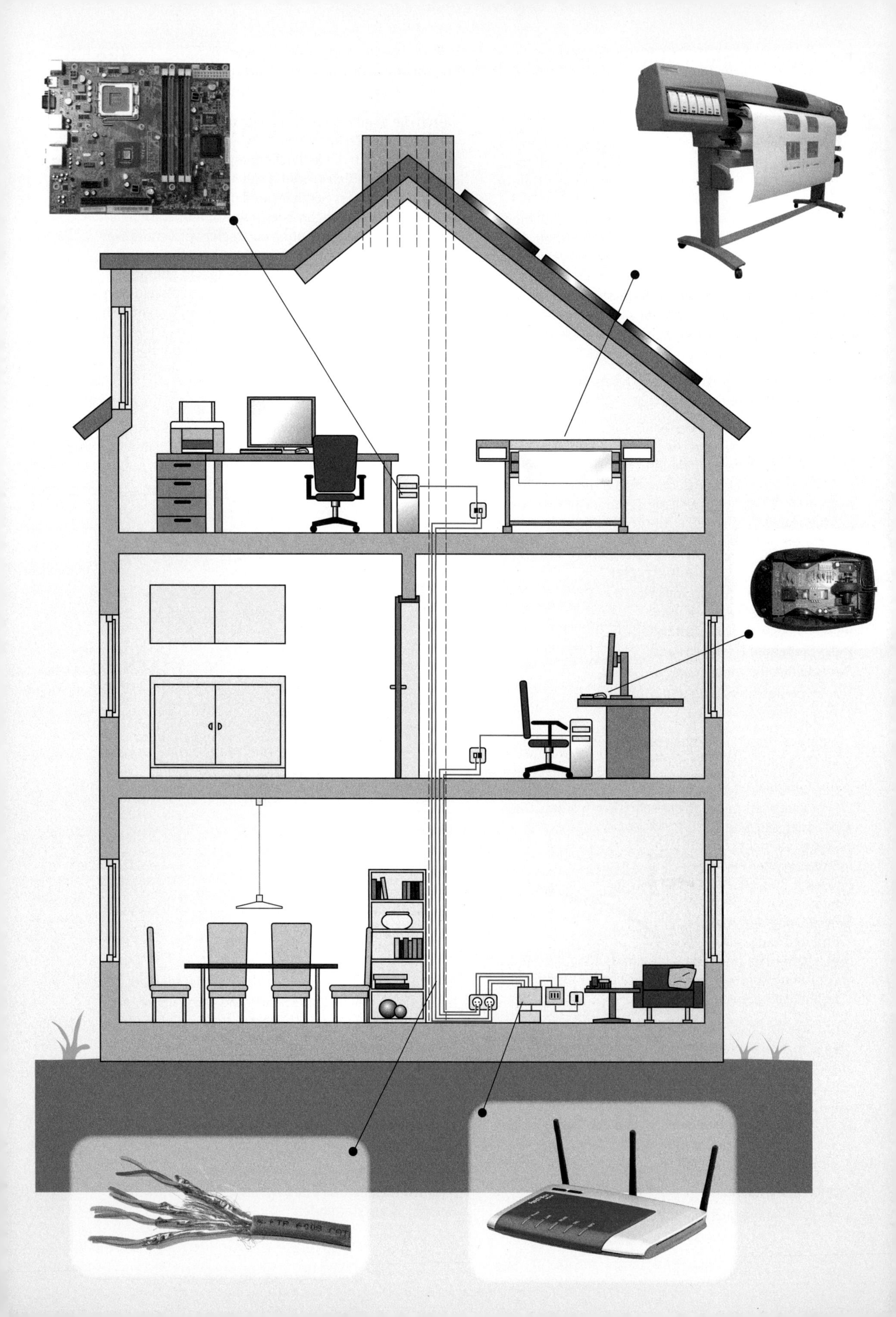

4 Informationstechnische Systeme

In diesem Kapitel werden die
- Analyse,
- Projektierung,
- Anwendung und
- Installation

von informationstechnischen Systemen exemplarisch behandelt.

Zur Vertiefung
- sind Informationsblöcke eingefügt worden,
- werden praktische Fragen erörtert und
- Realisierungshinweise gegeben.

Informationstechnische Systeme sind in vielen elektrotechnischen Anlagen enthalten. Es geht dort aber nicht nur um die Verarbeitung, Speicherung und Weiterleitung von Daten sondern auch um die Nutzung dieser Daten z. B. für die Steuerung und Regelung der elektrischen Energie.

Um die Komplexität dieser Thematik zu veranschaulichen, wird in einer projektähnlichen Vorgehensweise die „Modernisierung“ von einigen Museumsräumen behandelt. Dazu werden im ersten Teil dieser Ausführungen mögliche Veränderungen der bestehenden **Beleuchtung**, **Beschattung** und **Klimatisierung** erörtert.

Im zweiten Teil geht es um die **Modernisierung der EDV** und deren **Vernetzung**. Außerdem soll geprüft werden, wie Museumsbesucher individuell über Exponate informiert werden können.

4.1 Anfrage und Auftrag

Bevor ein Auftrag erteilt wird, gibt es in der Regel eine Kundenanfrage. Diese Anfrage entsteht aus dem Wunsch des Kunden, sich ggf. bei verschiedenen Anbietern über die Realisierungsmöglichkeiten und über den Preis zu informieren, denn er will mit Sicherheit einen Preis-Leistungs-Vergleich [*cost performance comparison*] anstellen.

Die Modernisierung einzelner Museumsräume soll natürlich
- dem neusten Stand der Technik entsprechen,
- komfortabler und selbstverständlich
- energiesparend sein.

Zu beachten ist dabei, dass keine sichtbaren Leitungen im Museum verlegt werden dürfen

Für die geplante EDV-Anlage sind die Vorstellungen der Museumsbetreiber recht konkret (s. Kap. 4.5). Es soll ein neuer
- Arbeitsplatz eingerichtet und
- dieser PC in das hausinterne Netz eingebunden und mit dem Internet verbunden werden.

Zusätzlich soll geprüft werden, wie eine Informationsübermittlung in Form von Texten, Bildern oder Videos über einzelne Exponate an die Handys von Museumsbesuchern möglich ist.

Selbstverständlich soll Datenschutz und Datensicherheit gewährleistet sein.

1: Beleuchtungsbeispiele in einem Museum

Für dieses sehr komplexe energietechnische und informationstechnische Vorhaben wird ein Unternehmen gesucht. Bevor aber mit der Realisierung begonnen werden kann, muss als erstes die vorhandene Elektroinstallation
- analysiert und dann
- Lösungsmöglichkeiten mit dem Kunden erörtert werden.

4.2 Analyse der Energieversorgung

Die Absicht, Museumsräume zu modernisieren, wird dem Elektrounternehmen **Elektro+IT** vorgetragen, das bereits einige energie- und informationstechnische Projekte realisiert hat. Bevor aber die Umbaumaßnahmen durchgeführt werden sollen, wollen die Museumsbetreiber über die möglichen Änderungen ausführlich informiert werden. Deshalb wird bei Elektro+IT eine Planungsgruppe eingerichtet, die zunächst vor Ort die Gegebenheiten analysiert.

Bei der ersten Ortsbesichtigung ergeben sich die in Abb. 1 dargestellten Arbeitsschwerpunkte.

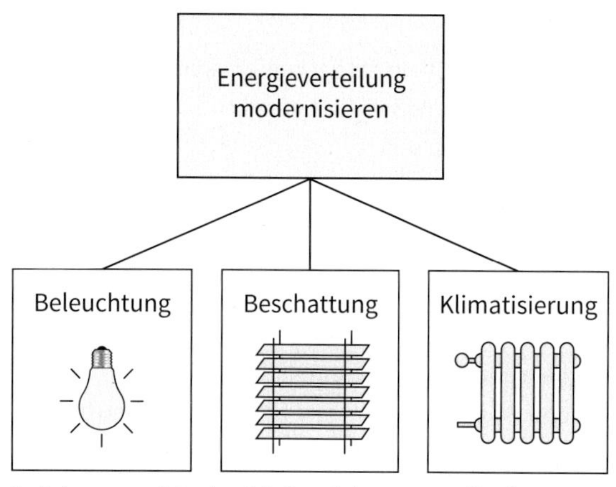

1: Schwerpunkte der Modernisierungsmaßnahmen

Das Team stellt zunächst fest, dass – bevor Besucher die Räume betreten können – alle Objekte, Leuchtkörper und Jalousien vom Personal des Museums einzeln geschaltet werden, entsprechend der „klassischen" Elektroinstallation. Dies grundsätzliche Prinzip verdeutlicht Abb. 2a.

Diese Art der Steuerung wird auch als **dezentrale Steuerung** [*decentralized control*] bezeichnet, denn die Steuerung der Objekte, in diesem Fall eine Lampe, erfolgt einzeln durch einen Schalter oder Dimmer.

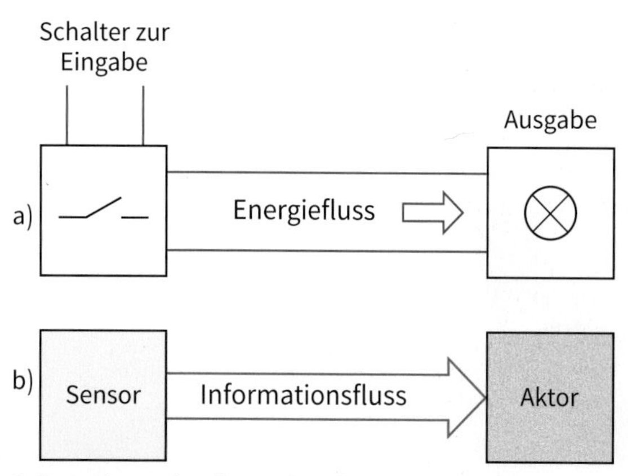

2: Energie- und Informationsfluss, dezentral

Informationstechnisch betrachtet, werden über die Eingabegeräte, z. B. einen Sensor [*sensor*], die Informationen an das Ausgabegerät, den Aktor [*actuator*] gegeben (Abb. 2b).

Bei den Modernisierungsmaßnahmen in den Museumsräumen könnte die „klassische" Elektroinstallation ersetzt werden, wenn man – wie in Abb. 3 – die Energieversorgung und den Informationsfluss für die Objekte voneinander trennt.

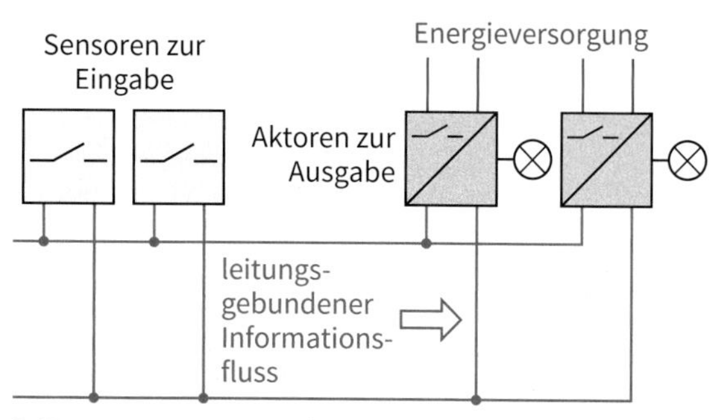

3: Trennung von Energieversorgung und Informationsfluss

Diese Änderung hätte beispielsweise für den Betrieb des Museums folgende Vorteile:

Der **Komfort** erhöht sich durch:

- Automatisierte Beleuchtungen.
- Einstellen von Lichtszenarien.
- Automatisierung der Verschattung – abhängig von Sonnenstand und Wetter.
- Analyse von Störungen und Meldungen.
- Anpassung der Raumluftqualität durch eine situationsgerechte Belüftung.
- Regelung der Raumtemperatur für einzelne Räume.
- Voreinstellung von Tageslichtprofilen.

Mit dieser geänderten Installation könnte auch die **Energie effizienter** eingesetzt werden. Beispiele:

- Kontrolliertes Abschalten von Geräten oder einzelner Stromkreise.
- Einstellen von Nutzerprofilen mit Nutzungszeiten und unterschiedlichen Raumtemperaturen.
- Analyse und Darstellung des Verbrauchs von Wärme, Strom und Wasser.

- Ein Sensor wandelt physikalische Größen in elektrische Signal um und sendet diese zu einem Aktor.
- Ein Aktor empfängt elektrische Signale und wandelt diese um. Beispielsweise schaltet er, verursacht Bewegungen, erzeugt Wärme oder Licht.

Bei der digitalen Informationsübertragung werden die analogen Eingangsdaten (z. B. Temperatur, Lichtstärke) digitalisieret. Das heißt, die Informationen werden durch kleinste Logik-Werte von 0 und 1 dargestellt. Jede Stelle dieser Information, die den Informationsgehalt 1 oder 0 besitzen kann, wird als **Bit** (**Bi**nary Digi**t**, Binärziffer) bezeichnet.

Fasst man 8 Bit zusammen, bezeichnet man diese Einheit als ein **Byte** [*byte*] (Abb. 4). 1 B (Byte) = 8 Bit

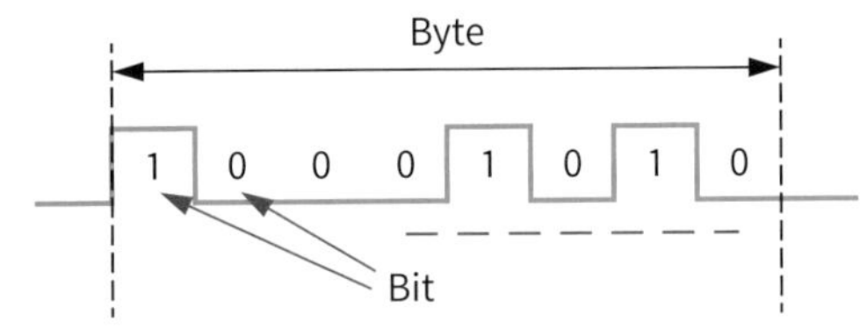

4: Bit und Byte

Das Byte (B) ist auch die Standardeinheit für die Angaben von Kapazitäten. Beispiele:

- Permanente Speichermedien (z. B. Festplatte, CD, DVD, USB-Stick, Speicherkarten, s. Kap. 4.5.3.7)
- Flüchtige Speicher (z. B. Arbeitsspeicher, s. Kap. 4.5.3.3)

Zur Kennzeichnung dieser Kapazitäten verwendet man **Präfixe** (Vorsilben) zur Basis 10 oder 2 (Abb. 5). Hersteller von permanenten Speichermedien verwenden in der Regel Dezimalpräfixe. Unterschiede entstehen, wenn z. B. im PC die Anzeige durch Binärpräfixe erfolgt.

Präfixe zur Basis 10 (Dezimalpräfixe)	
Symbol	Bedeutung
kB, Kilobyte	10^3 B = 1.000 B
MB, Megabyte	10^6 B = 1.000.000 B
GB, Gigabyte	10^9 B = 1.000.000.000 B
TB, Terabyte	10^{12} B = 1.000.000.000.000 B

Präfixe zur Basis 2 (Binärpräfixe)	
Symbol, Name	Bedeutung
KiB, Kibibyte	2^{10} B = 1.024 B
MiB, Mebibyte	2^{20} B = 1.048.576 B
GiB, Gibibyte	2^{30} B = 1.073.741.824 B
TiB, Tebibyte	2^{40} B = 1.099.511.627.776 B

5: Kapazitätsangaben für Speicher

Die Datenübertragung zwischen einem Sensor und Aktor erfolgt über einen **BUS** [*Binary Unit System*]. Es werden seriell oder parallel arbeitende Busse unterschieden.

Bei einem seriellen **Bus** (Abb. 6) werden die zu übertragenden Informationen nacheinander übertragen. In Abb. 3 ist beispielhaft ein serieller Bus dargestellt, der aus zwei Leitungen besteht.

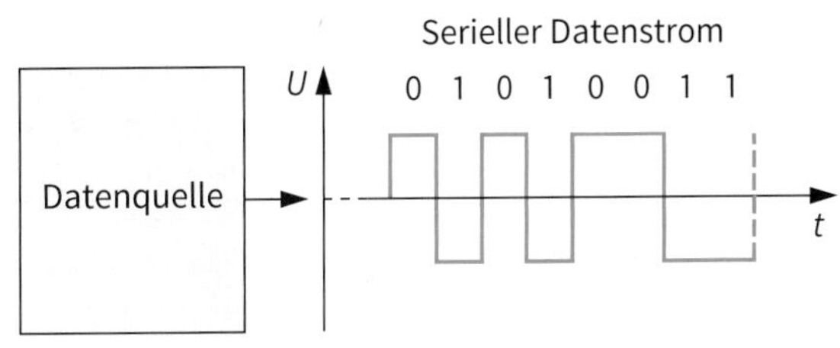

6: Serielle Datenübertragung

Bei einem parallelen **Bus** (Abb. 7) werden dagegen Informationen gleichzeitig übertragen. Es werden also mehrere parallele Signalwege (Leitungen) benötigt.

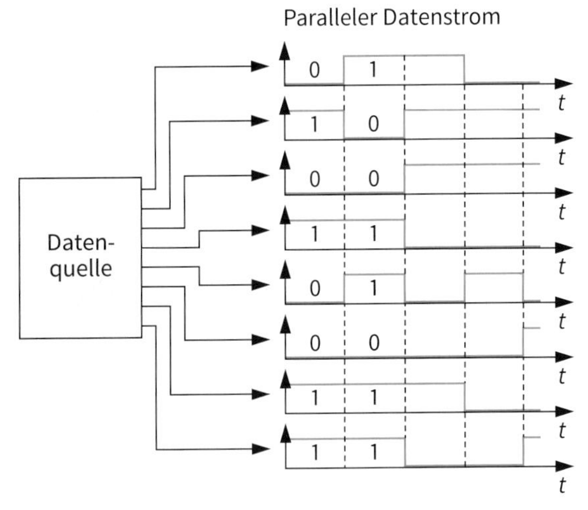

7: Parallele Datenübertragung

Daten benötigen eine bestimmte Zeitspanne, bis sie den Empfänger erreichen. Die Geschwindigkeit mit der dies geschieht, wird als **Datenübertragungsrate** (Datentransferrate, kurz: **Datenrate**) bezeichnet. Sie gibt an, wieviel Bits pro Sekunde (Einheit: bit/s) übertragen werden. Üblich sind auch Byte pro Sekunde (B/s). Die Datenübertragungsrate beim KNX-Bussystem (S. 174) beträgt z. B. 9.600 bit/s.

In der Datenübertragungstechnik ist es üblich, dass man Daten in bestimmte Blöcke zusammenfasst. Diese Blöcke werden dann als **Datentelegramme** [*data telegram*] bezeichnet.

- Ein Bus ist ein System zur Datenübertragung zwischen mehreren Teilnehmern über einen gemeinsamen Übertragungsweg.
- Eine Datenübertragung kann seriell oder parallel erfolgen.
- Mit Bit bezeichnet man eine binäre Stelle, die den Informationsgehalt 0 oder 1 besitzen kann. Ein Byte besteht aus 8 Bit.
- Die Datenübertragungsrate wird in bit/s oder B/s angegeben.

4.3 Leitungsgebundene Bussysteme

4.3.1 KNX-Bus

Im Rahmen des Angebots für die Modernisierung der Museumsräumen (s. Kap. 4.1) plant das Vorbereitungsteam zunächst die Beleuchtung über einen Bus zu installieren. Beispielhaft ist deshalb für zwei Lampen (Abb. 1 ①) ein Stromlaufplan in zusammenhängender Darstellung gezeichnet worden, in dem die Lampen durch Dimmsensoren ② geschaltet werden.

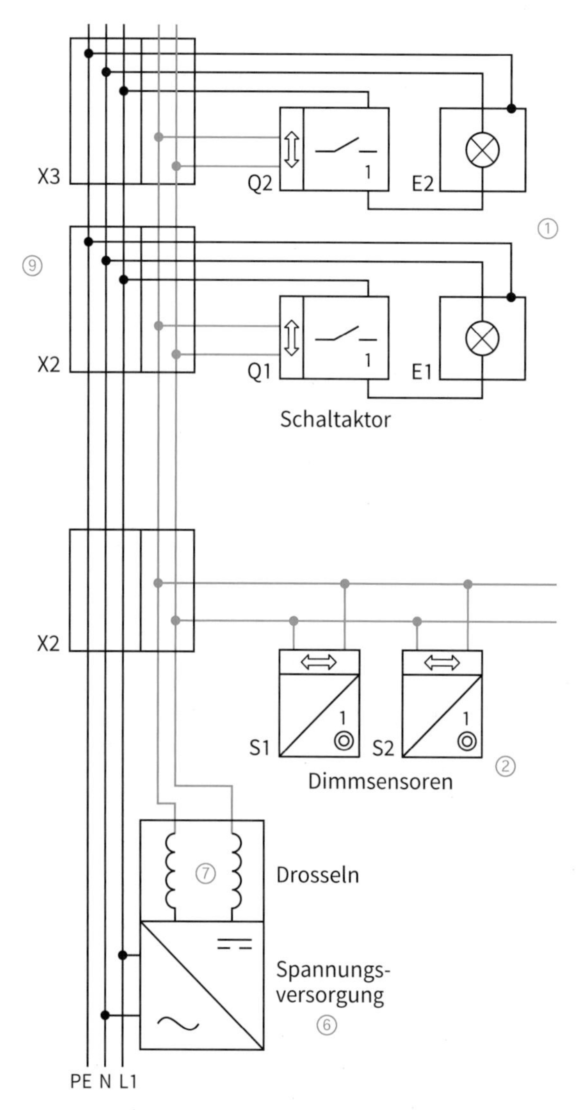

1: KNX-Businstallation (Ausschnitt)

Für die Businstallation ist ein KNX-Bus vorgesehen (**KNX**: **Ko**n**n**e**x** Association). Er ist speziell für die Elektroinstallation entwickelt worden. Dieser weltweite Standard entspricht dem EIB-Bussystem (**EIB**: **E**uropäischer **I**nstallations**b**us). Die einzelnen Komponenten sind untereinander kompatibel und werden von einer Vielzahl von Unternehmen angeboten.

Für die Stromlaufpläne der KNX-Installation werden genormte Schaltzeichen verwendet. Im Sensorsymbol (Abb. 2 ③) wird die Eingabe der Information durch ein entsprechendes Symbol gekennzeichnet (z. B. Schalter, Taster, Temperaturfühler, Windgeschwindigkeit). Die Ausgabe erfolgt in der Regel durch einen Aktor (Abb. 2, Schaltaktor ④). Wenn sich ein Schrägstrich im Symbol befindet, erfolgt eine Umwandlung der elektrischen Energie, z. B. in Wärme oder Bewegung.

Beide Komponenten, Eingabe- und Ausgabegeräte, besitzen im Eingang einen **Busankoppler** (Abb. 2 ⑤). Durch ihn erfolgt eine Anpassung der Signale an das Übertragungsmedium (hier eine Zweidrahtleitung) und an die Buskomponenten.

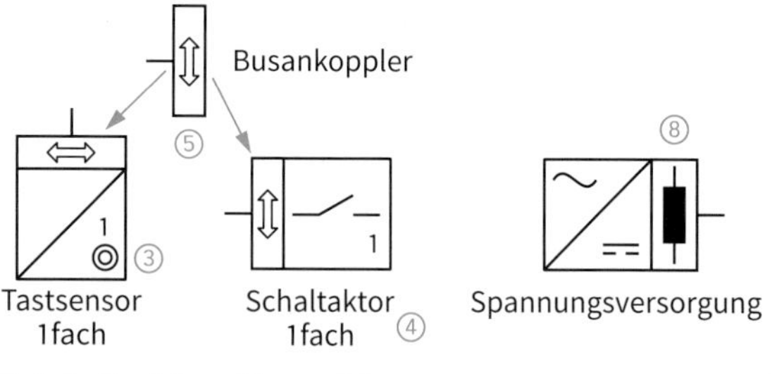

2: Schaltzeichen (Auswahl)

KNX TP

Die in Abbildung 1 beispielhaft dargestellte Installation wird auch als **KNX TP** (**TP**: **T**wisted **P**air) bezeichnet, weil der Bus aus zwei verdrillten Leitern besteht (Abb. 3a). Durch die Verdrillung wird im Vergleich zu parallel geführten Leitern ein besserer Schutz vor elektrischen Störfeldern erreicht.

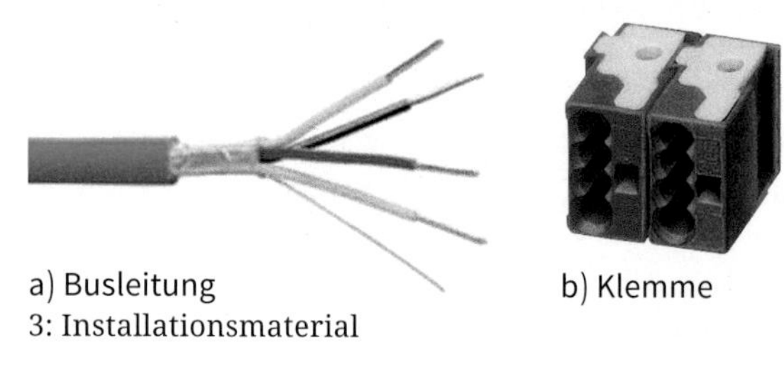

a) Busleitung b) Klemme
3: Installationsmaterial

Busbetriebsspannung

Die Busleitung überträgt neben den Daten auch die Bemessungsspannung von 24 V, die in einem separaten Netzteil erzeugt wird (Abb. 1 ⑥). Die Buskomponenten arbeiten bis 21 V fehlerfrei. Eingespeist wird in der Regel eine höhere Spannung von 29 V. In den Zuleitungen des Netzteiles befindet sich Drosseln (Abb. 1 ⑦), sodass keine störenden Impulse aus dem Netzteil zu den Busteilnehmern gelangen können. Im Schaltzeichen für das Netzteil werden die Drosseln besonders hervorgehoben (Abb. 2 ⑧).

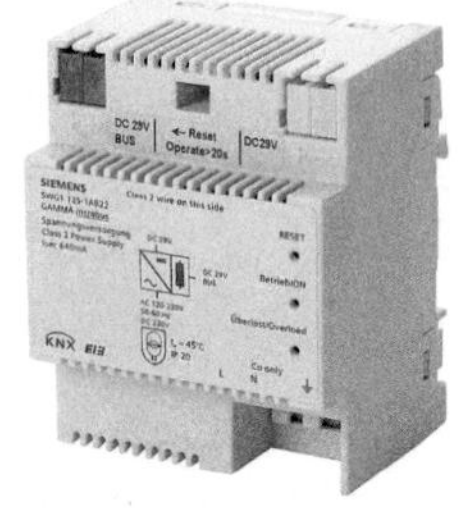

4: Spannungsversorgung

Busleitung und Anschluss der Komponenten

Durch die Busleitung sind alle Komponenten parallel geschaltet. Die Polarität der Gleichspannung wird durch L+ und L- gekennzeichnet (Abb. 1). Zusätzlich sind die Leitungen und Klemmen mit entsprechenden Farben versehen (Abb. 3).

Bus- und Energieleitungen dürfen in Verteilern nebeneinander installiert werden (Abb. 1, X1, X2 und X3 ⑨). Dabei muss aber ein Abstand von ≥ 4 mm eingehalten werden oder es muss eine gleichwertige Isolation durch Trennstege oder Isoliereschläuche gewährleistet sein.

Leitungen: Adernfarben: rot, schwarz, gelb, weiß
- YCYM 2 x 2 x 0,8
- J-Y(St)Y 2 x 2 x 0,8

Abb. 5 zeigt eine verdrahtete Klemmdose in der nur Busleitungen verbunden sind. Die Reserveadern werden nicht abgeschnitten. Die Schirmung sowie die freien Adern dürfen nicht zufällig mit einem anderen Potenzial (z. B. 230 V) in Verbindung kommen.

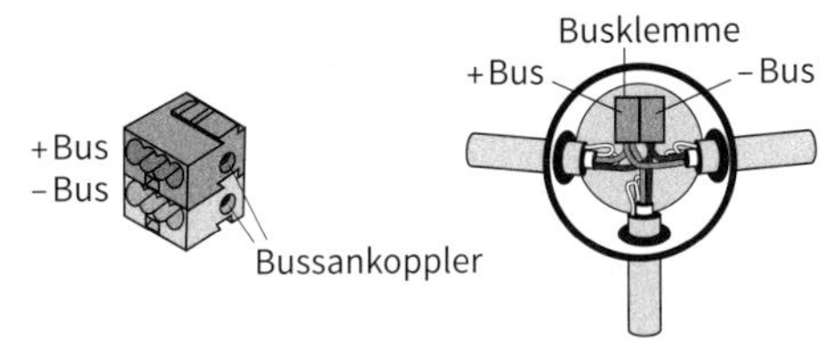

5: Klemme und Klemmdose

Aus Gründen der Übertragungssicherheit dürfen die Maximallängen der Busleitung nicht überschritten werden (Abb. 6).

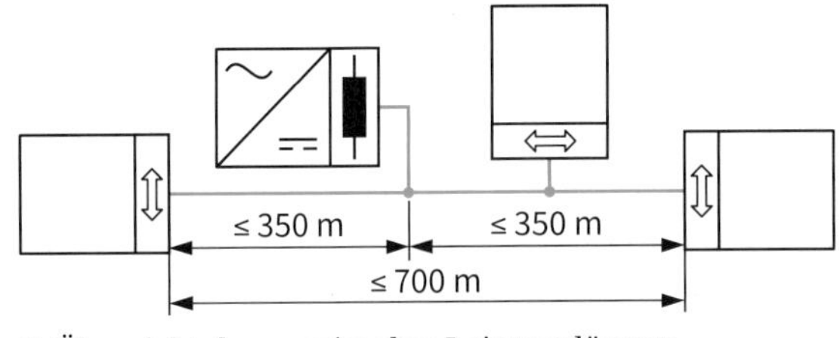

6: Übersicht der maximalen Leitungslängen

- KNX-Buskomponenten bestehen aus Sensoren und Aktoren, die über einen Busankoppler mit den Busleitungen verbunden sind.
- Die Buskomponenten werden durch die Busleitung parallel geschaltet (kein Ringnetz).
- In die Busleitung wird durch ein separates Netzteil eine Bemessungsgleichspannung von 24 V eingespeist.
- Bei Twisted-Pair-Leitungen sind die Adern paarweise miteinander verdrillt.
- Die Leitungsabschirmung und die Beidrähte im Leitungszug dürfen nicht miteinander verbunden und nicht geerdet werden.

4.3.2 Datenübertragung

Die Datenübertragungsrate beträgt 9600 bit/s, wobei die Informationen bytweise übermittelt werden. Der Informationsaustausch zwischen den Busteilnehmern erfolgt über Telegramme (Abb. 7). Vor und nach dem Telegramm sind Wartezeiten (t_1 und t_2) eingeplant.

Das nächste Telegramm wird erst aktiv, wenn durch die „Quittierung“ ① eine Meldung gegeben wird: Empfang fehlerfrei, Empfänger beschäftigt oder Empfang gestört

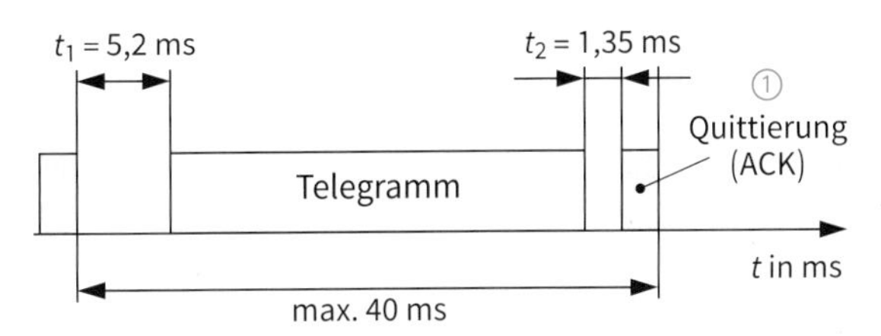

t_1: Wartezeit, Buszugriffsrecht, 50 Bit
t_2: Wartezeit, warten auf Quittierung, 13 Bit (Empfangsbestätigung **ACK**: **Ack**nowledge)

7: Telegramm bei KNX TP

Buszugriff

In der Regel gibt es mehrere Teilnehmer, die auf den Bus zugreifen können und wollen. Wenn zwei Komponenten gleichzeitig Daten übertragen würden, käme es zu einer Datenkollision und damit zu einer Verfälschung der Information. Dies muss verhindert werden.

Bei KNX TP ist gewährleistet, dass jeder sendende Teilnehmer Bit für Bit den Datenverkehr auf dem Bus „mithört“. Wenn zwei Telegramme gesendet werden, wird spätestens bei der Übertragung der Absenderadresse der Fall eintreten, dass ein Sender eine „0“ sendet und der andere Sender eine „1“ übertragen möchte (Abb. 8). Der Sender, der eine „1“ übertragen will, „erkennt“, dass schon eine „0“ übertragen wird, und „bemerkt“ eine mögliche Kollision. Er bricht seine Übertragung ab. Die Datenübertragung läuft ungestört weiter.

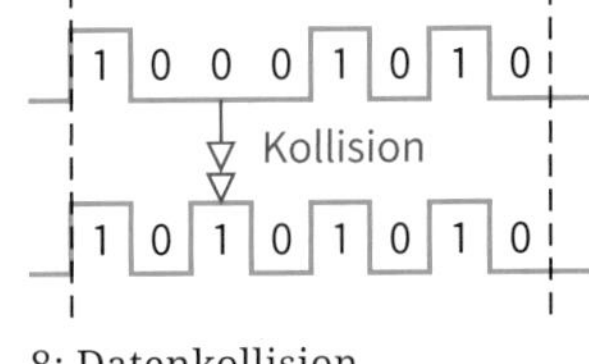

8: Datenkollision

Zu Beginn eines Telegramms können Prioritäten der Telegramme festgelegt werden. Es lässt sich festlegen, welche Telegramme im Kollisionsfall Vorrang haben. Bei gleicher Priorität entscheidet letztlich die Gruppenadresse über den Vorrang („0“ hat Vorrang vor „1“).

- Um Datenkollisionen zu verhindern, wird das **CSMA/CA**-Verfahren eingesetzt (**C**arrier **S**ense **M**ultiple **A**ccess/**C**ollision **A**voidance, sinngemäß: vielfacher Zugriff auf den Träger nach vorherigem Abhören des Trägers).

KNX-Datentelegramm

Das Telegramm besteht aus einer Folge von Bits die in Bytes zusammengefasst werden (Abb. 1).

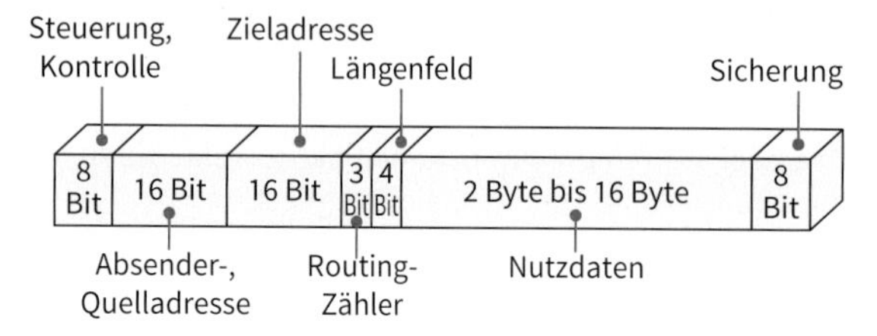

1: Telegrammaufbau

- **Steuerung, Kontrolle**

In diesem Byte werden Aufgaben festgelegt, wie z. B. die Priorität des Buszugriffs und die Telegrammwiederholung.

- **Absender-, Quelladresse**

Die Absenderadresse ist die physikalische Adresse, gewissermaßen der Name des Absenders. Durch sie kann jede Nachricht eindeutig zugeordnet werden. Wenn mehrere Linien in einem Busssystem vorhanden sind, unterscheidet man **Bereichsadressen**, **Linienadressen** und **Teilnehmeradressen**.

- **Zieladresse**

Die Zieladresse kann eine physikalische Adresse (nur ein Teilnehmer) oder eine Gruppenadresse bei mehreren Teilnehmern sein.

- **Routing-Zähler**

Er dient zur genaue Weiterleitung der Nutzdaten.

- **Längenfeld**

Diese Daten geben die Länge der Nutzdaten an.

- **Nutzdaten**

Diese Informationen beinhalten die auszuführenden Befehle. Weitere Befehle können sein: Lesen, Schreiben oder Antworten.

- **Sicherung**

Zur Erkennung von Übertragungsfehlern werden hier die übertragenen Daten durch Prüfzeichen ergänzt.

In Abb. 2 wird beispielhaft die Erzeugung von Prüfzeichen verdeutlicht. Die Bytes aus dem Datentelegramm (Bit D0 bis D7) werden in der letzten Spalte durch Bits so ergänzt, dass Parität (lat.: paritas, Gleichheit) entsteht. Dies Verfahren wird auch als **LRC** [*Longitudinal Redundancy Check*] bezeichnet.

Beispiele:

- 1. Zeile ①
  3 x „1“ bedeutet ungerade. Also muss das Paritätsbit eine „1“ sein ② (Längsparität).
- 1. Spalte ③
  4 x „1“ bedeutet gerade. Also muss das Paritätsbit eine „0“ sein. ④

Entsprechend wird in der letzten Zeile vorgegangen (Abb. 2 ③). Es entsteht ein Prüfbyte (Blockprüfzeichen, Querparität). Dies Verfahren wird auch als **VRC** [*Vertical Redundancy Check*] bezeichnet.

Der Empfänger erzeugt die Prüfzeichen an Hand des übertragenen Telegramms und vergleicht diese. Im Fehlerfall wird das Telegramm negativ bewertet und der Empfänger veranlasst, dass das Telegramm wiederholt wird. Eine Fehlerkorrektur wird nicht durchgeführt.

- Bei KNX TP wird die korrekte Übertragung mit Hilfe einer Paritätsprüfung überprüft.
- Das Paritätsbit einer Folge von Bits ist ein Ergänzungsbit. Durch die Ergänzung wird die Folge gerade oder ungerade.

	D0 ③	D1	D2	D3	D4	D5	D6	D7		Parity LRC
Kontrollfeld ①	1	0	0	0	1	0	1	0	→	1 ②
Quelladressen	0	0	0	0	0	0	0	1	→	1
Quelladressen	0	1	1	0	0	0	1	1	→	0
Zieladressen	0	0	0	0	0	0	0	1	→	1
Zieladressen	0	0	1	1	1	0	1	0	→	0
Längenfeld	1	0	1	0	1	1	0	0	→	0
Nutzdaten	1	0	0	1	0	0	1	0	→	1
Nutzdaten	1	0	0	0	0	0	0	1	→	0
	↓	↓	↓	↓	↓	↓	↓	↓		
Prüfbyte ③ **VRC**	0 ④	1	1	0	1	1	0	0	→	0

2: Beispiel für die Erzeugung von Prüfzeichen

→ führt zu

LRC: **L**ongitudinal **R**edundancy **C**heck

VRC: **V**ertikal **R**edundancy **C**heck

4.3.3 Busankoppler

Jede Komponente für KNX TP besitzt im Eingang einen Busankoppler. Die darin enthaltenen elektronischen Schaltungen sorgen dafür, dass die Signale von den Sensoren zur Weiterleitung auf dem Bus entsprechend angepasst werden. Bei den Aktoren erfolgt eine Umkehrung. Die Signale werden dort so aufbereitet, dass der Aktor die gewünschte Aufgabe erfüllen kann.

Zur Erklärung der Zusammenhänge ist in Abb. 3 der Teil der Schaltung des Busankopplers herausgezeichnet worden, der für die Übertragung der Signale wesentlich ist.

Neben den Signalen, die in den Bus eingspeist werden, wird der Bus über ein Netzteil (Abb. 3 ①) mit einer Gleichspannung von etwa 28 V versorgt. Sie gelangt auch in den Busankoppler und zwar über die Induktivitäten L1 und L2. Im Busankoppler befindet sich auch noch ein Ladekondensator C für die Gleichspannung.

Die Signalspannung (Wechselspannung), die die eigentliche Information repräsentiert, wird also über die Induktivität L3 (Abb. 3 ②) in die Spulen L_1 und L_2 auf den Bus übertragen (Transformatorprinzip).

Diese Art der Übertragung ist eine wichtige Eigenschaft dieses Bussystems. Die Signale werden symmetrisch auf den Bus eingekoppelt, d. h., es gibt keinen festen Bezugspunkt der Datenleitung gegen Erde. Es handelt sich also um eine symmetrische und erdfreie Übertragung.

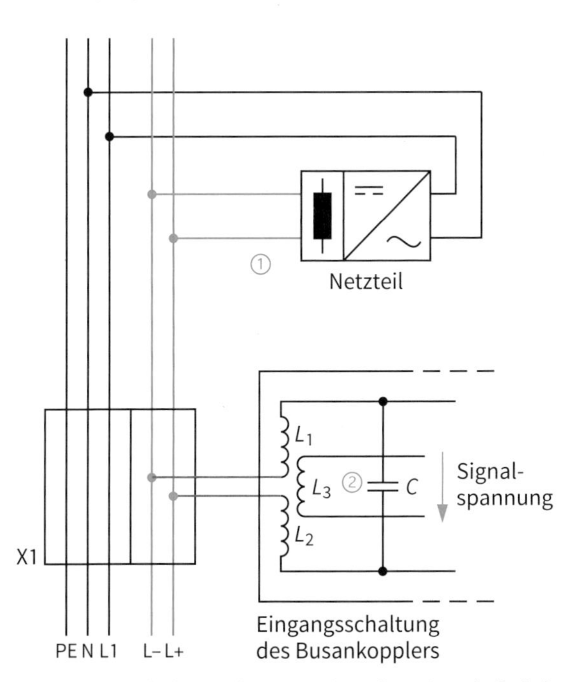

3: Eingangsschaltung des Busankopplers (vereinfacht)

Was passiert nun mit der Gleichspannung zwischen den Busleitungen, wenn Daten übertragen werden?

Zur Erklärung dient die Abb. 4, in der die einzelnen Fälle dargestellt sind.

Wenn keine Signale gesendet werden, befindet sich der Bus im Ruhezustand. Dies entspricht dem 1-Zustand (Abb. 4 ③). Wird jetzt eine logische 0 gesendet ④, nimmt die Bus-Spannung kurzzeitig ab. Sie steigt danach wieder an und erreicht nach 104 Mikrosekunden wieder den Endwert von 28 V (Abb. 4 ⑤).

Bei KNX TP ist also nicht die Spannung auf einer Datenleitung von Bedeutung, sondern die Änderung der Spannung (Spannungsdifferenz) zwischen den Datenleitungen.

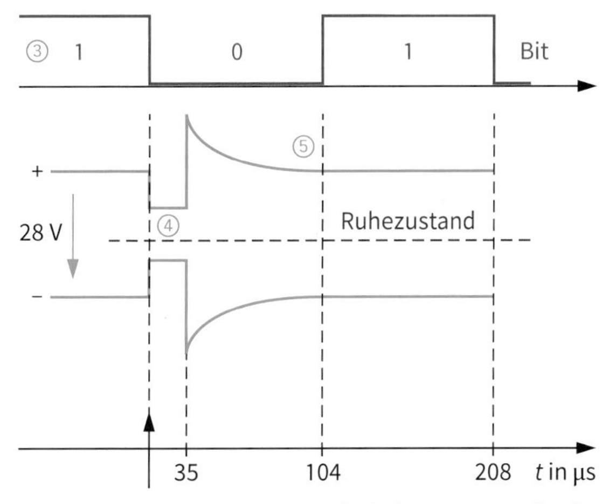

4: Bus-Spannungsänderungen bei einem 1-0-Wechsel

Welcher Spannungsverlauf sich z. B. bei einer Bitfolge von 0101100 auf dem Bus ergibt, zeigt Abb. 5.

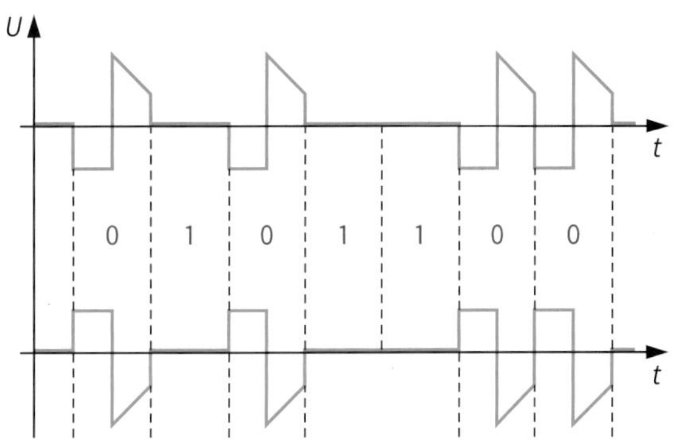

5: Beispiel für eine Datenübertragung auf dem Bus

- Bei KNX TP entspricht der „Ruhezustand“ auf der Datenleitung dem 1-Zustand.
- Ein 0-Zustand auf dem Bus wird durch eine Spannungsänderung hervorgerufen.

4.3.4 Topologie bei KNX TP

Die kleinste Einheit eines KNX-Netzes bezeichnet man als **Linie**. Die maximale Anzahl der Teilnehmer an einer Linie hängt von der Leistungsfähigkeit des Netzteils ab. Bei einem 640 mA Netzteil können bei einer durchschnittlichen Stromstärke von 10 mA pro Teilnehmer maximal 64 Teilnehmer installiert werden (Abb. 1).

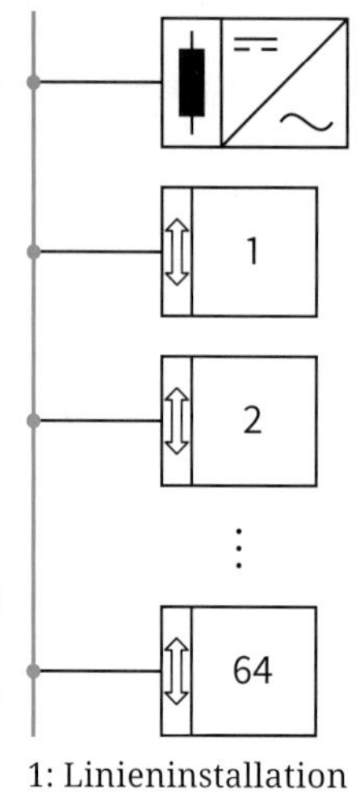

1: Linieninstallation

Die Busleitung lässt sich beliebig verlegen. Sie kann an jeder Stelle verzweigt werden. Für den Busaufbau ergeben sich somit unterschiedlichste und flexible Möglichkeiten (Abb. 3).

Wenn mehr als 64 Teilnehmern installiert werden sollen, können zwei oder mehr Linien (bis zu 15) zu einem **Bereich** zusammengeschaltet werden. Die Verbindung der einzelnen Linien mit der gemeinsamen Hauptlinie wird über **Linienkoppler** [*line coupling unit*] vorgenommen, die mit einem eigenen Netzteil versorgt werden müssen (Abb. 2).

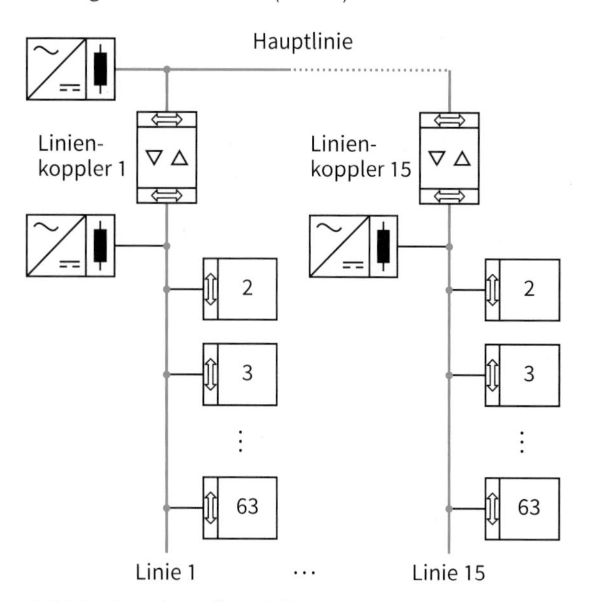

2: Linienkopplung (Bereich)

Für sehr große Installationen lassen sich mehrere Zonen mit **Bereichskopplern** verbinden. Sie entsprechen Linienkopplern und unterscheiden sich lediglich durch eine Filterliste, die die Gruppenadressen aller Teilnehmer eines Bereiches enthält.

Zur Datenübertragung zwischen den Bereichen und zur Versorgung der Bereichskoppler wird eine den Hauptlinien übergeordnete Businstanz (Bereichslinie) eingerichtet.

Innerhalb einer Linie dürfen beliebige Strukturen verwendet werden. Der Bus darf an jeder Stelle verzweigt werden und Teilnehmer können beliebig parallelgeschaltet werden (Abb. 3). Die einzige verbotene Struktur ist ein Kreis.

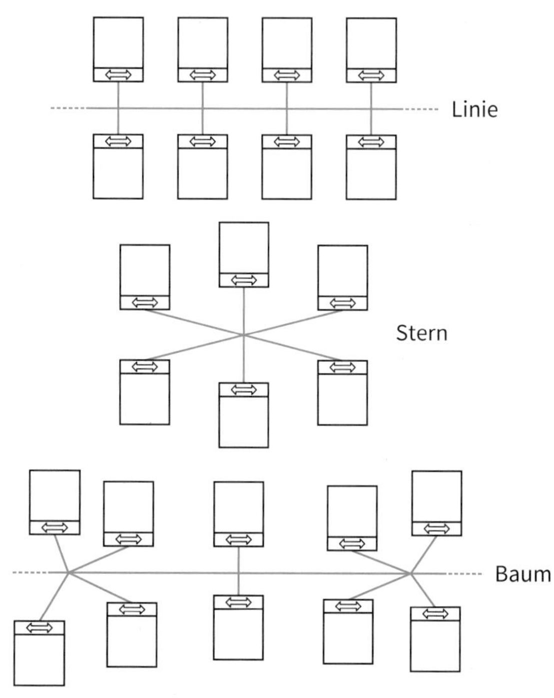

3: Mögliche Busstrukturen

Adressen bei KNX TP

Jede KNX Komponente einer Anlage erhält eine eindeutige, einmalige Nummer, die **physikalische Adresse** [*physical address*]. Diese Adresse besteht aus drei Zahlen, die durch Punkte getrennt sind:

- Erste Zahl: Nummer des Bereichs, in dem der betreffende Teilnehmer angeordnet ist.
- Zweite Zahl: Nummer der Linie
- Dritte Zahl: Laufende Nummer innerhalb der Linie.
  Beispiel: 2.1.12
  Teilnehmer 12 in der 1. Linie des 2. Bereichs

Die Zuordnung der Steuerfunktionen zwischen Sensor und Aktor wird über die **Gruppenadresse** [*group address*] getroffen. Sie kennzeichnet dabei eine Funktion und ist in drei Bereiche untergliedert:

- Erste Zahl: Hauptgruppe (z. B. 2 für Beleuchtung)
- Zweite Zahl: Mittelgruppe (z. B. 1 für Hausflur)
- Dritte Zahl: Untergruppe (z. B. 2 für Licht EIN/AUS)
  Beispiel: 2/1/2

- Mögliche Busstrukturen bei KNX TP sind Linie, Stern und Baum. Kreisförmige Strukturen sind nicht zulässig.

4.3.5 KNX PL

Bei KNX PL (**PL**: **P**ower **L**ine, Stromleitung) erfolgt die Informationsübertragung nicht über eine separate Busleitung, sondern über die vorhandene 230 V-Stromleitung. Für die Spannungsversorgung der Busteilnehmer ist deshalb kein separates Netzteil erforderlich.

Für die Übertragung der digitalisierten Informationen werden zwei Frequenzen verwendet:
- 105,6 kHz für die 0-Übertragung
- 115,2 kHz für die 1-Übertragung (Abb. 4)

Die Signale werden der Netzspannung (230 V, 50 Hz) aufmoduliert. Die Datenübertragungsrate beträgt 1200 bit/s.

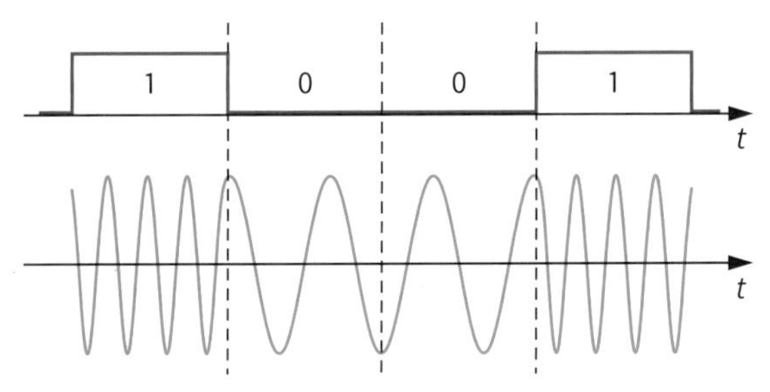

4: S-FSK-Signale bei KNX PL

Das Modulationsverfahren wird als **S-FSK** (**S**pread **F**requency **S**hift **K**eying, Frequenzumtastung im Bandspreizverfahren) bezeichnet.

Wie bei KNX TP erfolgt auch bei KNX PL der Informationsaustausch mit Telegrammen (Abb. 5). Diese bestehen aus einem KNX TP Telegramm ① mit entsprechenden Erweiterungen.

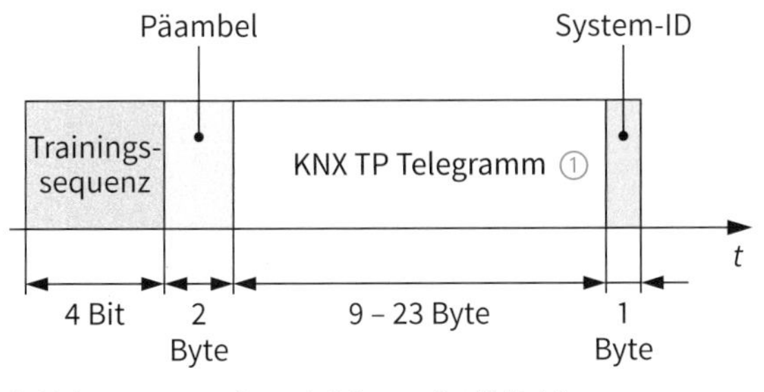

5: Telegrammaufbau (nicht maßstäblich)

Erweiterungen sind:

- **Trainingssequenz**

Es handelt sich um ein Vier-Bit-Feld für die Sender-Empfänger-Synchronisation (Pegeleinstellung).

- **Präambel**

Sie besteht aus zwei Feldern mit jeweils 8 Bit (2 Byte). Sie signalisieren den Beginn der Übertragung und verwalten den Buszugriff, der für die Kollisionsvermeidung erforderlich ist.

Standardmäßig arbeiten alle Geräte im Empfangsmodus. Sie können nur in den Sendemodus wechseln, wenn besondere Bedingungen erfüllt sind. Dazu wird zunächst überprüft, ob gerade kein anderes Gerät sendet. Wenn Präambel-Bits erkannt werden, wird die Übertragung unterbrochen. Sie wird erst nach Ablauf einer zufällig ausgewählten Zeit wieder aufgenommen.

- **System ID**

Mit der Systemadresse wird verhindert, dass sich benachbarte Systeme nicht gegenseitig beeinflussen.

Topologie

Die genutzten 230 V-Netz bestimmen die Topologie des Datennetzes. Damit die Signale einen bestimmten Netzbereich nicht verlassen und auch Störungen im Energienetz den Datentransport negativ beeinflussen, werden Bandsperren, Phasenkoppler (Abb. 6) und Repeater eingesetzt.

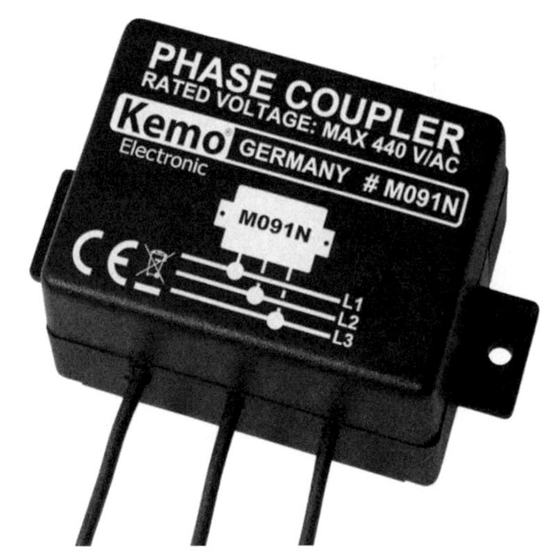

6: Phasenkoppler

Eine **Bandsperre** *[bandstop]* verhindert, dass Telegramme den beabsichtigten Ausbreitungsbereich verlassen. Es handelt sich dabei um einphasige Geräte, die pro verwendete Phase vorgesehen sind.

Bei einem dreiphasigen Netz muss darauf geachtet werden, dass alle Signale die Leiter L1, L2 und L3 erreichen. Wenn diese parallel geführt werden, geschieht dies in der Regel automatisch. Wenn dies nicht der Fall ist, müssen kapazitiv arbeitenden **Phasenkoppler** *[phase coupler]* eingesetzt werden.

Um die Übertragungssicherheit zu erhöhen, werden auch **Repeater** (Verstärker) eingesetzt. Sie sollten an einer zentralen Stelle des Systems installiert werden. Der Repeater wiederholt bei einem nicht ordnungsgemäß quittierten Telegramm das Telegramm erneut.

4.3.6 Installation und Konfiguration

Nach der Installation eines KNX-Bussystems geht es darum, die Anlage den Erfordernissen anzupassen bzw. auszugestalten. Dazu müssen Einstellungen vorgenommen werden. Die Anlage muss konfiguriert werden.

Dazu wird bei KNX-Systemen die **ETS**-Software [*Engineering Tool Software*] verwendet. Sie enthält Applikationsprogramme und Einstellmöglichkeiten, die in Bildschirmfenstern verdeutlicht werden (Abb. 1).

Installationen und Konfigurationen sind:
- Die zu steuernden Funktionen der Anlage festlegen.
- Geräte auswählen und in den Plan einzeichnen.
- Die Leitungsführung anhand eines Plans festlegen und die Zuordnung der Linien und Bereiche in eine Plan dokumentieren.
- Die Leitungen und Geräte installieren.
- Vorgeschriebenen Prüfungen und Messungen durchführen.
- Gerätedaten in das ETS-Programm einlesen (PC).
- Gebäudestruktur mit der ETS nachbilden (Gebäudeansicht, **Hauptfenster**).
- Geräte den Räumen zuordnen (Gebäudeansicht).
- Gruppenadressen nach einem selbst gewählten Schema vergeben (**Fenster Gruppenadressen**). Geräte werden den Gruppenadressen zugordnet (Abb. 1).

1: Ansicht von Gruppenadressen (Beispiel)

- Die Programmierung auf fehlende oder falsche Zuordnungen überprüfen.
- Die physikalischen Adressen über das Programm auf den Bus geben und am entsprechenden Gerät über die Programmiertaste der Busankoppler quittieren.
- Die zugeordneten Gruppenadressen (Funktionen) im Speicher der Busankoppler ablegen.
- Funktion der Anlage überprüfen.
- Dokumentation vervollständigen.

4.3.7 Ergebnis und Bewertung

Nachdem sich die Planungsgruppe von **Elektro+IT** ausgiebig mit leitungsgebundenen Bussystemen zur Modernisierung der Museumsräume befasst hat, wird jetzt ermittelt, wie die Leuchten mit den Schaltern in den Räumen installiert sind.

Alle Lampen werden über einen Schalter direkt geschaltet. Es handelt sich also im Prinzip um eine **dezentrale Steuerung** [*decentralized control*].

Auf S. 172 ist in Abb. 2 das Prinzip verdeutlicht worden. Mit einem ergänzenden Bussystem könnte mit entsprechenden Sensoren und einem Aktor die Beleuchtung komfortabler und effektiver werden.

Beispiele:
- Automatisches Einschalten, je nach Tageslicht.
- Einschalten der Beleuchtung, wenn Personen den Raum betreten (Bewegungsmelder).
- Zeitgesteuertes Einschalten.

Der Aktor müsste dazu zwischen der Stromversorgung und der Lampe installiert werden.

In den Museumsräumen kommt es aber auch vor, dass mit einem Schalter mehrere Lampen geschaltet werden. Diese Installationsart wird als **zentrale Steuerung** [*central control*] bezeichnet.

Auch diese Art der Installation könnte mit einem Bussystem komfortabler und effektiver umgebaut werden. Die Ausgänge eines zentral installierten Aktors (Abb. 2 ①) würden dann verschiedene Lampen mit unterschiedlichen Programmen bzw. Funktionen steuern.

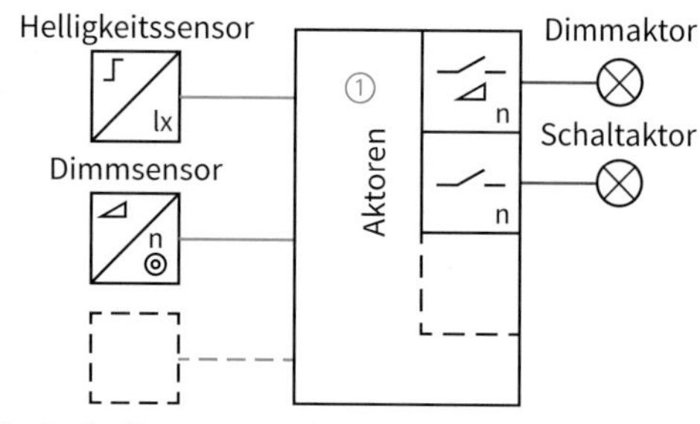

2: Zentrale Steuerung

Nachteilig bei einer zentralen Steuerung ist, dass bei einem Ausfall des Aktors, alle angeschlossenen Leuchten nicht mehr angesteuert werden.

Die Planungsgruppe von Elektro+IT ist auf Grund dieser Überlegungen davon überzeugt, dass man mit einem leitungsgebundenes Bussystem viele Wünsche der Museumsbetreiber erfüllen könnte. Das Hauptproblem bleibt aber bestehen: Es müssten zusätzliche Leitungen „unsichtbar“ verlegt werden. Deshalb befasst sich jetzt die Planungsgruppe mit Funkbussystemen.

- Bei einer zentralen Steuerung übernimmt ein Aktor alle Steuerungsaufgaben.

4.4 Funkbasierte Bussysteme

4.4.1 Prinzip

Das vereinfachte Prinzip ist in Abb. 3 dargestellt. Im Vergleich zu leitungsgebundenen Bussystemen erfolgt hier die Datenübertragung mit elektromagnetischen Wellen, die sich frei im Raum ausbreiten. Jeder Sensor besitzt eine Sendeantenne ① und der Aktor eine entsprechende Empfangsantenne ②.

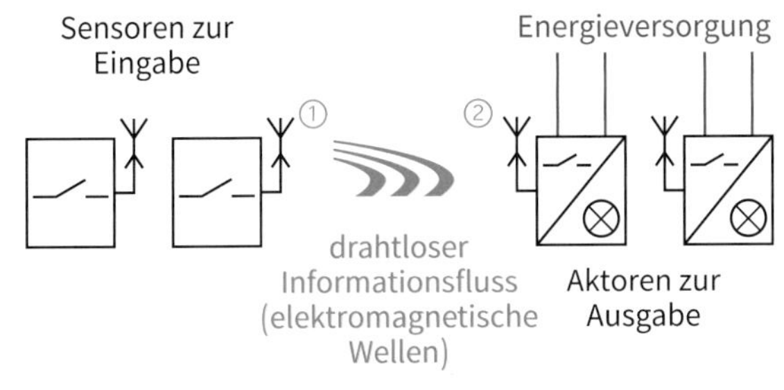

3: Funkbasierte Datenübertragung (Prinzip)

Die zur Verfügung stehenden Frequenzen liegen in den **ISM-Bändern** (**ISM**: **I**ndustrial, **S**cientific and **M**edical Band). ISM-Bänder dürfen lizenzfrei und meist genehmigungsfrei genutzt werden. Sie werden also auch für Hochfrequenz-Geräte in der Industrie, Wissenschaft, Medizin und bei bestimmten Hausgeräten (z. B. Mikrowellengerät) genutzt. Einige Bänder werden auch für Videoübertragungen, für WLAN und Bluetooth verwendet.

Durch die vielfältige Nutzung kann es zu Störungen bei der Übertragung kommen. Verwendete Frequenzen sind:

- 868 MHz
- 2,4 GHz

Um die Daten übertragen zu können, müssen die hochfrequenten Schwingungen entsprechend der Information verändert werden. Man nennt diesen Vorgang **Modulation**. Die angewendeten digitale Modulationsverfahren sind:

- Amplitudenumtastung (**ASK**: **A**mplitude **S**hift **K**eying, Abb. 4) und
- Frequenzumtastung (**FSK**: **F**requency **S**hift **K**eying, Abb. 5).

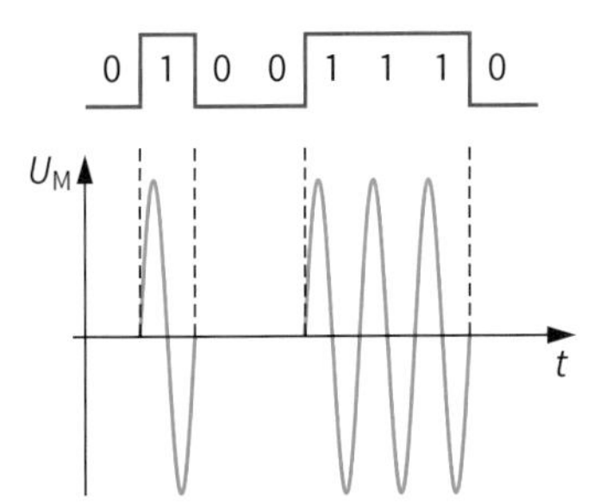

- Die Amplitude der hochfrequenten Schwingung wird geändert.
- Die Frequenz bleibt konstant.

4: Amplitudenumtastung

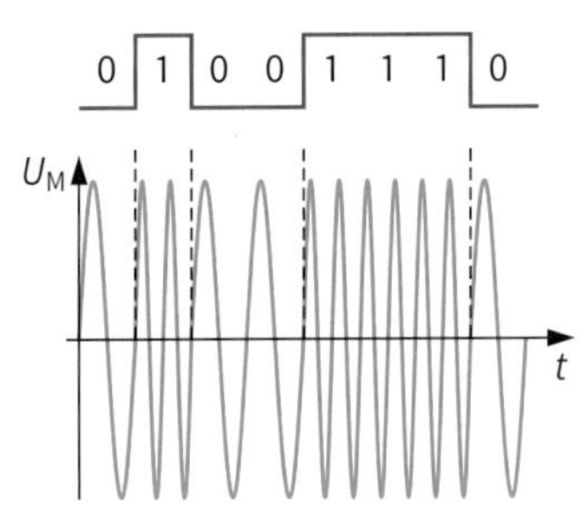

- Die Frequenz der hochfrequenten Schwingung wird geändert.
- Die Amplitude bleibt konstant.

5: Frequenzumtastung

Wie bei der leitungsgebundenen Datenübertragung werden bei Funksystemen die Daten auch in Telegrammform übertragen (Beispiel in Abb. 6)

Datenrahmen

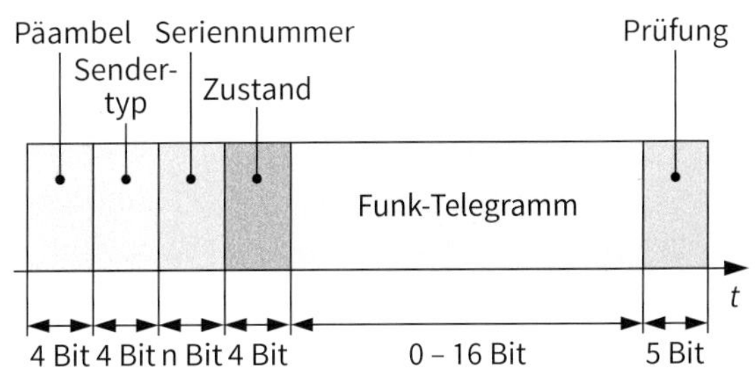

6: Funkbus Datenrahmen, nicht maßstäblich (Fa. Gira)

- **Präambel**

Synchronisation von Sender und Empfänger.

- **Sendertyp**

Hinweis zur Arbeitsweise des Senders.

- **Seriennummer**

Werksseitig vergebene Nummer zur Identifizierung.

- **Zustand**

Hinweise zum Gerätezustand, z. B. Batteriekapazität.

- **Funk-Telegramm**

Das Datenfeld enthält digitalisierte Befehle oder Werte. Das Feld kann auch leer sein.

- **Prüfung**

Mit Prüfbits kann erkannt werden, ob die Daten evtl. beschädigt oder verfälscht worden sind.

- Bei funkbasierten Bussystemen werden die Daten mit Hilfe von elektromagnetischen Wellen übertragen.
- Bei der Funkübertragung werden die Daten auf die elektromagnetischen Wellen aufgeprägt (moduliert).
- Modulationsarten sind Amplitudenumtastung (ASK) und Frequenzumtastung (FSK).
- Die Daten werden in Telegrammform übertragen.

4.4.2 Funktechnologien

Von zahlreichen Unternehmen werden Komponenten für die Funktechnologie angeboten. Die veröffentlichten technischen Unterlagen sind recht unterschiedlich, sodass ein Vergleich schwierig ist. In der folgenden Auflistung sind deshalb lediglich verfügbare Informationen aufgeführt.

EnOcean, enocean

EnOcean
Self-powered IoT

- Frequenz: 868,3 MHz
- Modulation ASK und FSK
- Batterielose Funksensoren
- Energiebedarf eines Funkmoduls ca. 50 µWs
- Eindeutige Sende-ID (32 Bit)
- Verschlüsselung durch Rolling Codes (Hopping-Code, ein sich ständig ändernder Code)
- Reichweite bis zu 30 m in Gebäuden, 300 m im Freien
- Kurze Telegrammlängen: 1 ms, dadurch geringe Kollisionen mit anderen Telegrammen weniger Fehler
- Datenübertragungsraten von 125 kbit/s
- Datenrahmen: Präambel, Start of Frame (SoF), decodierte Daten und End of Frame (EoF)
- Bitdauer 8 µs
- Uni- und bidirektionale Kommunikation; dadurch ist eine Befehlsquittierung möglich
- Normbasis: ISO/IEC 14543-3-10; Drahtlosprotokoll für kurze Datenpakete (WSP), optimiert für Energy Harvesting-Architektur und untere Protokollebenen

KNX RF (RF: Radio Frequency)

KNX®

- Frequenz: 868,3 MHz
- Modulation FSK
- KNX RF Ready: Mittenfrequenz wird verwendet
- KNX RF Multi: 5 Kanäle mit
  - drei schnellen (Datenrate 16 kbit/s für z. B. Lichtsteuerung, Schaltbefehle für Aktoren) und
  - zwei langsamen (Datenrate 8 kbit/s für z. B. Lüftungs- und Heizungssteuerung).
- Geräte werden mit einem Unikat-Code aufeinander-eingelernt
- Komponenten können alleine oder in Verbindung mit einem leitungsgebundenen Bussystem betrieben werden
- Sensoren und Aktoren sind über ein Bus-/Protokoll-System verbunden
- Reichweite bis zu 30 m im Gebäude, 120 m im Freien
- Normbasis: ISO/IEC 14543-3

ZigBee

- Frequenz 868,3 MHz und 2,4 GHz
- Geringes Datenaufkommen
- Geringe Stromstärke im aktiven Zustand: ca. 15 mA
- Im „Schlafmodus" weniger 1 µA, dadurch lange wartungsfrei (Batterie)
- Komponenten werden meist mit Batterien betrieben
- Reichweite bis zu 10 m im Gebäude, 100 m im Freien
- Komponenten arbeiten über Router oder mit Full Function Device (FFD)
- Ein Router arbeitet als Koordinator, der die zentrale Steuerung des Netzes übernimmt. Wenn dieser ausfällt ist das gesamte Netz nicht mehr funktionsfähig.
- Jedes Funkmodul besitzt eine 64-Bit-Adresse. Bei Eintritt in ein Netzwerk (Stern- und Baumtopologie) erhält das Modul eine 16-Bit-Kurzadresse.
- Identifizierung eines Netzwerks erfolgt über eine um 64-Bit erweiterte PAN-ID (**PAN**: **P**ersonal **A**rea **N**etwork)
- Normbasis: IEEE 802.15.4; Übertragungsprotokoll für Wireless Personal Area Networks (WPAN) mit erweiterten Funktionen

Z-Wave

- Frequenz 868,42 MHz bzw. 869 MHz und 2,4 GHz
- Reichweite bis 40 m, im Freien ca. 150 m
- Geringe Stromstärke bei Betrieb
- Datenraten 100 kbit/s, 40 kbit/s und 9,6 kbit/s auf verschiedenen Frequenzen
- Adressierung 4 Byte (Home ID), wird vom Primärcontroller gesteuert
- Bidirektionale Kommunikation (Befehlsquittierung)
- Bei Kommunikationsfehlern wird der Sendevorgang bis zu dreimal wiederholt.
- Funkleistung wenige mW
- Vermaschtes Netz (bis zu 232 Komponenten), jeder Sensor oder Aktor ist mit einem oder mehren verbunden
- Ein Router kann mehrere Endgeräte versorgen.
- Batteriebetriebene Sensoren und Aktoren sind meist inaktiv und „wachen" periodisch auf, um Kommandos entgegenzunehmen
- Alle netzbetriebenen Geräte sind ständig funkaktiv und können daher als Router dienen
- Normbasis: ITU G.9959; Short range narrow-band digital, Richtlinie zur Frequenznutzung des Nahbereichs-Schmalbandes digitaler Funkgeräte

HomeMatic

- Unternehmen eQ-3
- Frequenz 868,3 MHz
- Funkstandard **BidCoS** (**Bid**irectional **Co**mmunication **S**ystem)
- Bidirektionale Kommunikation mit Befehlsquittierung
- Sternförmige Netzstruktur
- Geringer Stromverbrauch (Batterien)
- Home-Matic-Zentrale CCU2 (zuständig für die Konfiguration, Verwaltung, Steuerung und Kontrolle)
- Zentrale besitzt Internetschnittstelle, erlaubt also Fernsteuerung von externen Anwendern und mit dem Stromnetz verbunden.
- Komponenten arbeiten meist mit Batterien

4.4.3 Datenaufbereitung und -übertragung

Funksender für die drahtlose Steuerung (Abb. 2) sind in der Regel kompakte Bausteine. Deutlich treten aber die Anschlussleitungen ① und die Antenne ② hervor. Je nach Hersteller, variiert das Aussehen. Die Prinzipien der Datenaufbereitung und -übertragung sind jedoch vergleichbar (Abb. 1).

Der Sender besteht im Wesentlichen aus drei Funktionseinheiten:

- **Eingabe** ③

Eingangsgrößen sind physikalische Größen wie z. B. Beleuchtungsstärke oder Temperatur. Diese werden in elektrische Größen umgewandelt. Entsprechendes geschieht mit den binären Signalen von Schaltern oder Tastern.

- **Verabeitung** ④

Die Aufbereitung der Signale übernehmen danach komplexe elektronische Schaltungen. Die Eingangsgrößen werden digitalisiert und codiert. Mikrocontroller sind im Einsatz. Danach steht am Ausgang der Verarbeitungseinheit ein kontinuierlicher Datenstrom (Datentelegram, s. Kap. 4.4.1) zur Verfügung, der aber noch nicht gesendet (abgestrahlt) werden kann.

- **Ausgabe** ⑤

In der Endstufe werden in einem Oszillator hochfrequente Schwingungen erzeugt, die dann durch den Datenstrom in der Amplitude (ASK) oder in der Frequenz (FSK) verändert (moduliert, s. Kap. 4.4.1) werden. Danach erfolgt die Abstrahlung der Wellen mit Hilfe einer Antenne.

Darüber hinaus ist es auch möglich, den Funksender über einen Busankoppler mit einem leitungsgebundenen Bus zu verbinden ⑥, über den man dann auch von dort aus Steuerungen vornehmen kann.

Der Funksender lässt sich natürlich durch eine entsprechende Konfiguration den Erfordernissen und Besonderheiten anpassen ⑦.

Der Funksender in Abb. 2 ist universell einsetzbar. Er wandelt die 230 V-Signale konventioneller Schalter und Taster in Funk-Befehle um. Aufgrund seiner geringen Abmessungen kann er in bestehende Schalterdosen eingesetzt werden.

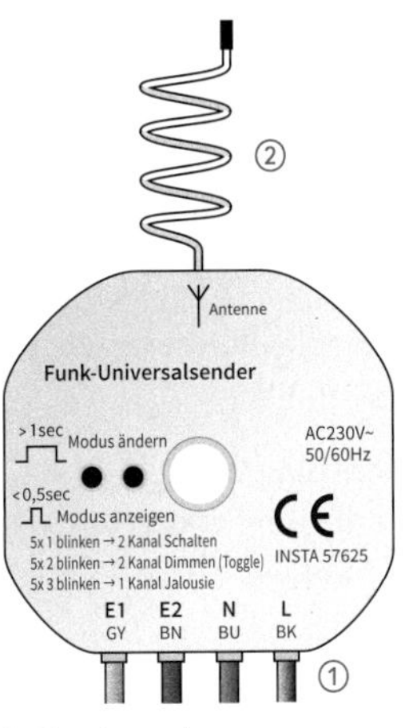

2: Funksender

Universell bedeutet bei diesem Sender, dass folgende Funktionen ausgeführt werden können:

1. Schalten (2 Kanäle):

Zwei Verbraucher können über den Funk-Bus ein- und ausgeschaltet werden. Dies erfolgt mit einem Serienschalter am Sender.

2. Dimmen (2 Kanäle/Toggle):

Über Installationstaster können zwei Kanäle im **Toggle-Betrieb** (der Schalter kann eine von zwei Stellungen einnehmen) gedimmt werden. Mit einem kurzen Drücken auf den Taster erzeugt man das Ein- und Ausschalten. Durch längeres Drücken erreicht man das Auf- und Abdimmen der Beleuchtung.

3. Jalousie (1 Kanal):

Mit dem Universal-Sender lassen sich auch Jalousien steuern. Die Befehle dazu sind das Auf- und Abfahren sowie Verstellen der Lamellen. Am Universal-Sender gibt es dazu Eingänge für einen manuellen Jalousieschalter. Man kann aber auch einen Jalousie-Uhr für eine Zeitsteuerung anschließen.

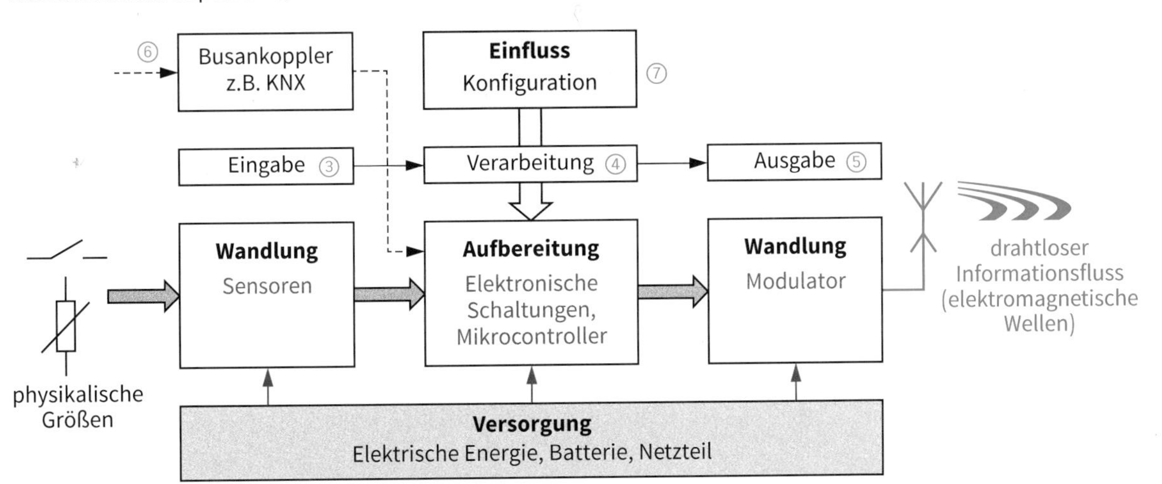

1: Grundsätzliche Funktion eines Funksenders

Auch bei Aktoren (Abb. 2, Funkempfänger) erfolgt die Datenaufbereitung in den Schritten Eingabe, Aufbereitung und Ausgabe (Abb. 1).

- **Eingabe**

Die elektromagnetischen Wellen werden von der Antenne (Abb. 1 ①) aufgenommen und danach die aufgeprägten Informationen in einem Demodulator zurückgewonnen.

- **Verabeitung**

Die Verarbeitung erfolgt anschließend in elektronischen Schaltungen mit Mikrocontrollern (Abb. 1 ②).

- **Ausgabe**

Je nach Aktor erzeugt dieser eine entsprechende Aktion (Abb. 1 ③). Beispielsweise wird eine Lampe geschaltet bzw. gedimmt oder wie in Abb. 2 der Strom für den Motor in einer Jalousie geschaltet.

Auch wie bei Funksendern (S. 179), kann der Aktor über einen Busankoppler mit einem leitungsgebundenen Bus verbunden werden (Abb. 1 ④).

Der Funkempfänger (Abb. 2) besitzt zwei Ausgänge für die Steuerung von Rollläden, Jalousien oder anderen 3-punkt Antrieben (Abb. 3 ⑤). Wenn im Lernmodus des Empfängers ein neuer Funksender zugeordnet wird, sendet der Empfänger direkt eine Statusrückmeldung an den Funksender.

2: Funkempfänger

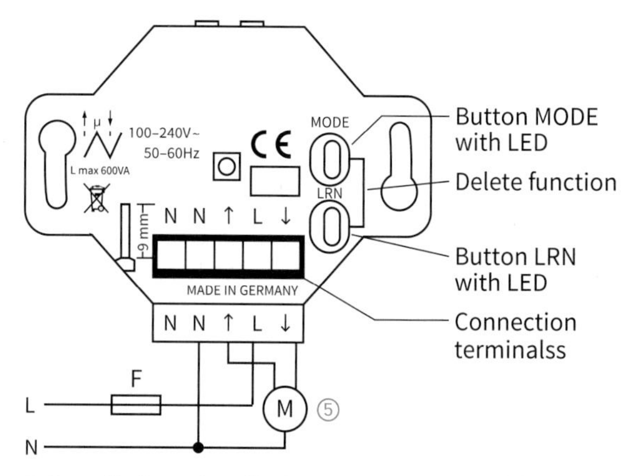

3: Installationsplan für den Funkempfänger (Abb. 2)

- In Funksendern und Funkempfängern erfolgt die Signalaufbereitung in drei Schritten: Eingabe, Verarbeitung und Ausgabe.

- Das Zusammenwirken von Sender und Empfänger erfolgt durch einen elektronischen „Anlernvorvorgang" (Lernmodus).

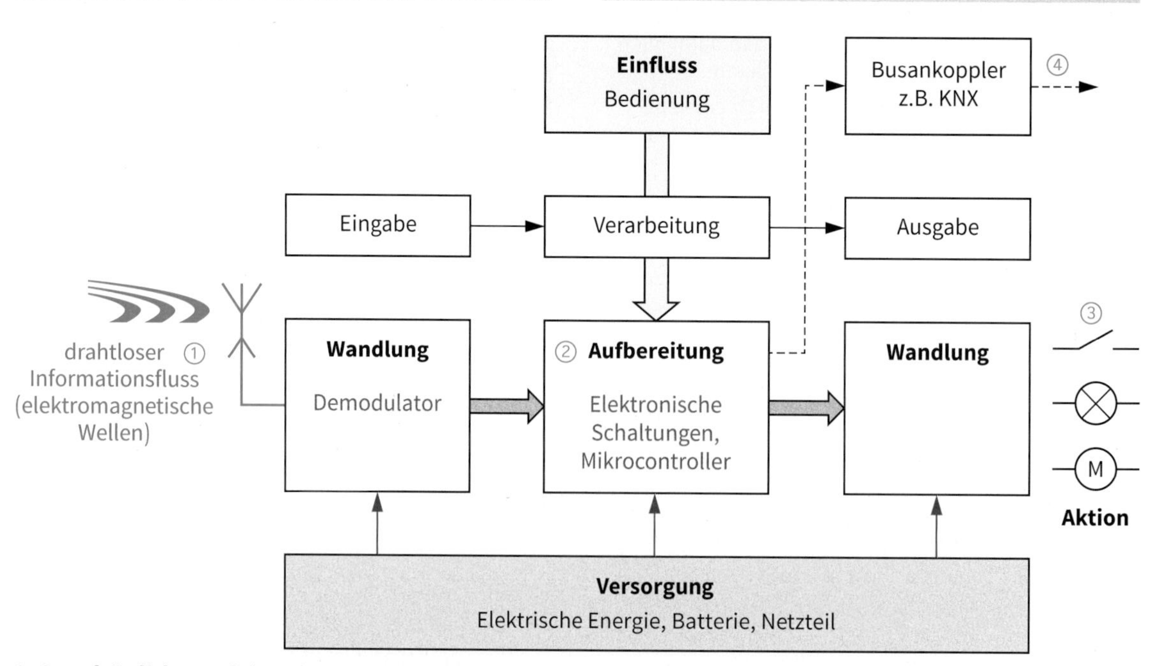

1: Grundsätzliche Funktion eines Funkempfängers

4.4.4 Energieautarke Funksensoren

Energieautarke Funksensoren sind so aufgebaut, dass sie mit einem Minimum an elektrischer Energie Signale senden und empfangen können (Hersteller: EnOcean GmbH, Oberhaching). Die notwendige elektrische Energie wird nach dem **Energy-Harvesting-Prinzip** (englisch: Energie-Ernte) gewonnen, bei dem Energie aus der Umgebung (Licht, Temperaturunterschied, Schalterbewegung) genutzt wird. Eine Versorgung der Sensoren mit elektrischer Energie über Leitungen oder einer Batterie entfällt also. Die Sensoren sind autark und ständig einsatzfähig.

Vorteile gegenüber herkömmlichen Sensoren sind:
- Flexible Anwendungsfälle
- Hohe ökologische Verträglichkeit
- Geringe Kosten für Installation, Wartung, Sanierung
- Keine externe Energiequelle

- **Bewegungs-Energiewandler**

In Abb. 4 ist ein Bewegungs-Energiewandler abgebildet, bei dem die Energie aus der Schalterbewegung beim Tastendruck gewonnen wird (piezoelektrischer Effekt). Der Sensor kann als Eingabegerät für ein Sendermodul verwendet werden.

- Energieabgabe $W = 120\ \mu J$
- Abmessungen: 29,3 x 19,5 x 7,0 mm

4: Bewegungs-Energiewandler

Das Umwandlungsprinzip verdeutlicht Abb. 5. Durch den Druck entsteht im Wandler eine Spannung ①. Diese Wechselspannung wird in eine Gleichspannung umgeformt, in einem Kondensator gespeichert ② und anschließend als vergrößerte Gleichspannung von 2 V abgebeben ③. Der Wirkungsgrad dieser Umwandlung beträgt etwa 82 %.

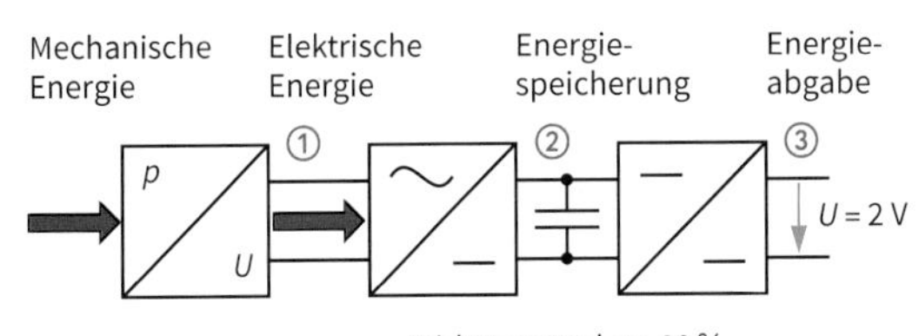

5: Umwandlungsprinzip beim Bewegungs-Energiewandler

- **Thermo-Energiewandler**

Beim Thermo-Energiewandler (Abb. 6) wird elektrische Energie über ein **Peltier-Element** (Jean Peltier, 1785 – 1845) aus der Umgebungswärme gewonnen. Dies Prinzip kann für Sensoren und Aktoren (s. Kap. 4.4.6) genutzt werden. Bei 2 Kelvin Temperaturunterschied werden ca. 20 mV erzeugt.

- Ausgangsspannung ca. 20 mV
- Abmessungen: 15 x 16 x 5 mm

6: Thermo-Energiewandler

- **Licht-Energiewandler**

Auch die Umweltbeleuchtung z. B. in Büroräumen kann zur Energiegewinnung genutzt werden. Die von kleinen Solarmodulen (Abb. 7) aufgenommene Lichtenergie wird in elektrische Energie umgewandelt, gespeichert und ist anschließend für den Betrieb von Funksendern verwendbar.

7: Solarmodul und „Verarbeitungselektronik"

Ein Beispiel für ein energieautarkes Solar-Raumgerät zeigt Abb. 8. Für die elektrische Energiegewinnung wird die Umweltbeleuchtung genutzt. Der Wandler ist eine Solarzelle. Folgende Funktionen lassen sich einstellen:
- Ventilationsstufen und Raumbetriebsart ①
- Sollwertreglung ②

8: Solar-Raumgerät

Beim Wandsender (Abb. 9) erfolgt die elektrische Energiegewinnung durch Tastenbetätigung (mechanisch).

Funktionsbeispiele sind:
- Ein/Aus/Dimmen ③
- Licht- und Beschattungssteuerung ④

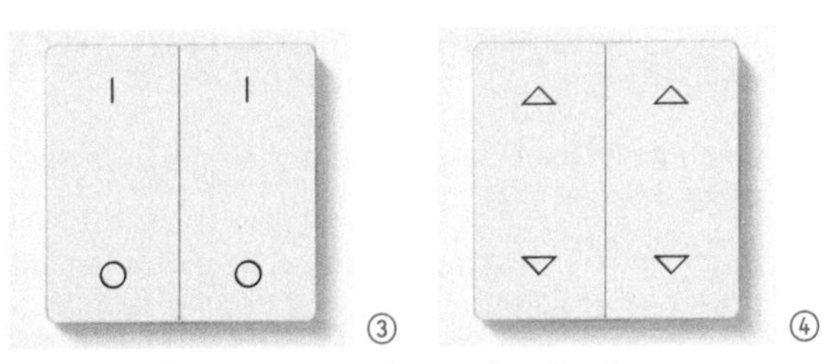

9: Bedienelemente energieautarker Sender

■ Energieautarke Sensoren gewinnen ihre Betriebsenergie aus der Umgebung.

4.4.5 Installation von Funkkomponenten

Obwohl Funksysteme innerhalb von Wohngebäuden in der Regel einfach zu installieren sind, müssen für eine störungsfreie Übertragung der Signale einige Punkte beachtet werden.

Elektromagnetische Wellen breiten sich im freien Raum nicht ungedämpft aus. Je größer der Abstand vom Sender ist, desto größer ist auch die Dämpfung. In Abb. 1 ist diese Abhängigkeit logarithmisch dargestellt.

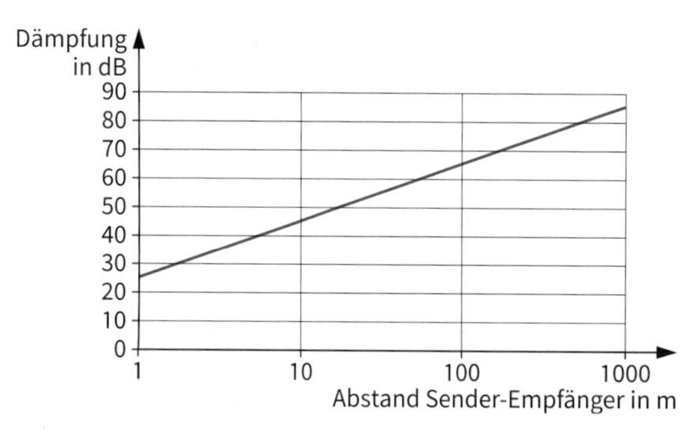

1: Dämpfung elektromagnetischer Wellen im freien Raum

Reichweite von Funksignalen

Die Reichweite der Funksignale (Signaldämpfung) hängt auch vom Dämpfungsmaterial in der Ausbreitungsrichtung ab (Abb. 2).

Material (trocken)	Materialdicke	Durchlässigkeit (Transmission)
Holz, Gips, Glas, Gipskartonplatten	< 30 cm	90 – 100 %
Backstein, Pressspanplatten	< 30 cm	65 – 95 %
Beton mit Armierungen aus Stahl	< 30 cm	10 – 70 %
Metall, Metallgitter, Aluminium	< 1 mm	0 – 10 %
Metall, Aluminiumkaschierung	< 1 mm	0 %

2: Einfluss von Materialien auf die Reichweite von Funksignalen

Zu beachten ist dabei, dass Feuchtigkeit die Durchlässigkeit der Wellen verschlechtern.

Personen und Gegenstände im Raum beeinflussen die Reichweite ebenfalls und können Störungen verursachen.

Darüber hinaus hat auch der Raum einen erheblichen Einfluss.
Beispiele: Enger/großer Raum, Deckenhöhe, Türen zu Nachbarräumen (offen/zu)

Weitere Einflüsse auf Funksignale:

- Metall- und Betonwände reflektieren Wellen.
- Durch reflektierte Wellen kann es zu Überlagerungen kommen.
- Große Metallflächen verursachen **Abschottungen**. Es entstehen „Funkschatten" hinter den Flächen.
- GSM-, DECT- und WLAN-Geräte können stören. Der Abstand zwischen Empfänger und einer Störquelle sollte deshalb mehr als 50 cm betragen.
- Je nach Winkel (Durchdringungswinkel) verändert sich auch die effektive Wandstärke (Abb. 2).

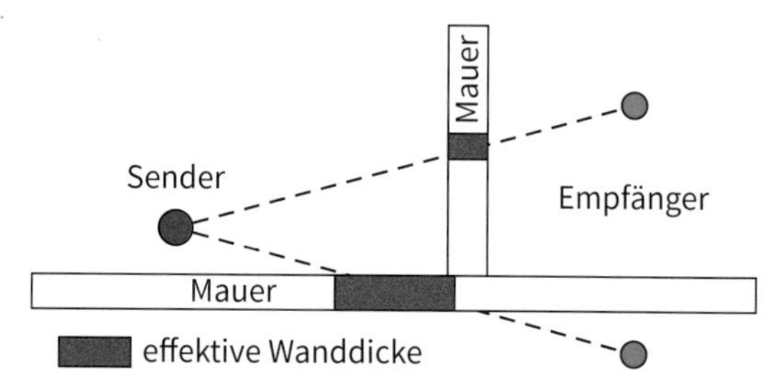

3: Veränderung der effektiven Wandstärke

Möglichkeiten zur Verbesserung der Sende- bzw. Empfangsbedingungen sind:

- Bei Abschottungen die Positionen von Sender bzw. Empfänger verändern
- oder Einsatz eines Repeaters (Funkverstärker Abb. 4).

4: Repeater

In den vielen Fällen können Übertragungsprobleme durch einen zentral platzierten Repeater behoben und so eine optimale Funkabdeckung in Gebäuden erzielt werden (Abb. 5).

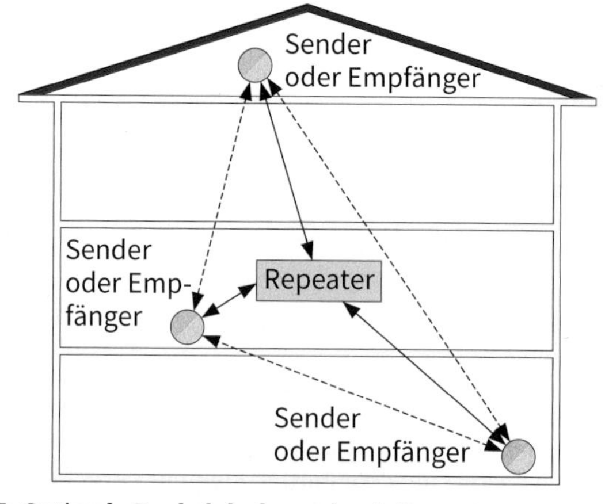

5: Optimale Funkabdeckung durch Repeater

Um die Sende- und Empfangsqualität zu verbessern, können auch Antennen eingesetzt werden.

Antennenmontage, Hinweise:

- Geeignete Antennen sind Flächenantennen (Patchantennen (Abb. 6) oder Magnetfußantennen (Stabantennen, Abb. 7).
- Antennen sollten nicht auf der gleichen Wandseite wie der Sender montiert werden. Sinnvoll sind gegenüberliegende Wände.
- Optimal sind Montageorte an einer zentralen Stelle des Raumes.
- Der Abstand zwischen Raumecke und Betondecke sollte mindestens 10 cm betragen (Abb. 7).

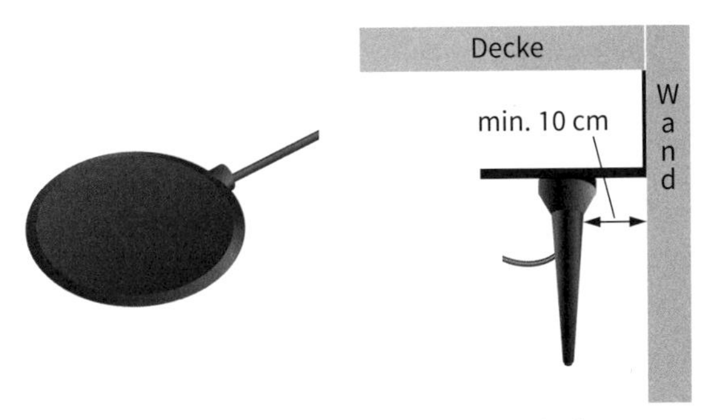

6: Flächenantenne 7: Montageort Stabantenne

Die in Abb. 7 montierte Antenne wird über eine Leitung an den Funksender angeschlossen. Sie darf auf keinen Fall geknickt werden.

Bei schwierigen Sende- und Empfangsbedingungen ist es sinnvoll, die in den Räumen vorhandene Feldstärke mit Hilfe eines mobilen Messgerätes zu ermitteln (Abb. 8).

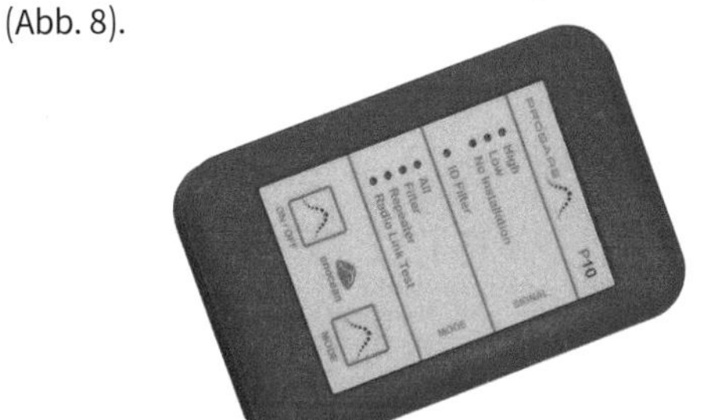

8: Feldstärke-Messgerät

Bei dem Einsatz eines Feldstärke-Messgerätes ist folgende Vorgehensweise sinnvoll:

Eine Person bedient den Funksensor und erzeugt durch Tastendruck Funktelegramme. Die zweite Person überprüft durch die Anzeige am Messgerät die empfangene Feldstärke und ermittelt so den optimalen Montageort.

10: Aktor zur Jalousiesteuerung

Funksender und -empfänger werden in vielen Fällen als Ersatz für leitungsgebundene Installationen eingesetzt. Weil häufig Unterputz-Komponenten zum Einsatz kommen (Abb. 10), sind in der Regel nur wenige Änderungen erforderlich. Sensoren oder Aktoren werden hinter vorhandene Lichtschalter, Taster, Steckdosen oder in einem Wand- bzw. Deckenauslass installiert.

Ein vereinfachter Installationsvorgang eines Herstellers ist in Abb. 9 dargestellt.

- **Planungshinweise** (Auswahl):
  - Vor der Montage Ortsbesichtigung durchführen.
  - Fragen stellen und beantworten: Was muss bzw. soll wo installiert werden.
  - Mögliche Störquellen finden.
  - Funk-Empfangsgüte mit Messgerät ermitteln.
  - Funktest durchführen: Fenster und Türen öffnen/schließen, elektrische Geräte (z. B. Drucker) einschalten.
  - Metallteile aufspüren (z. B. Pfeiler, Feuerschutztüren, aluminiumbeschichtete Tapeten).
  - Metallbedampfte Wärmeschutzverglasung
  - Metallbeschichtete Dämmwolle
  - Abstand Sender Empfänger: mindestens 1 m

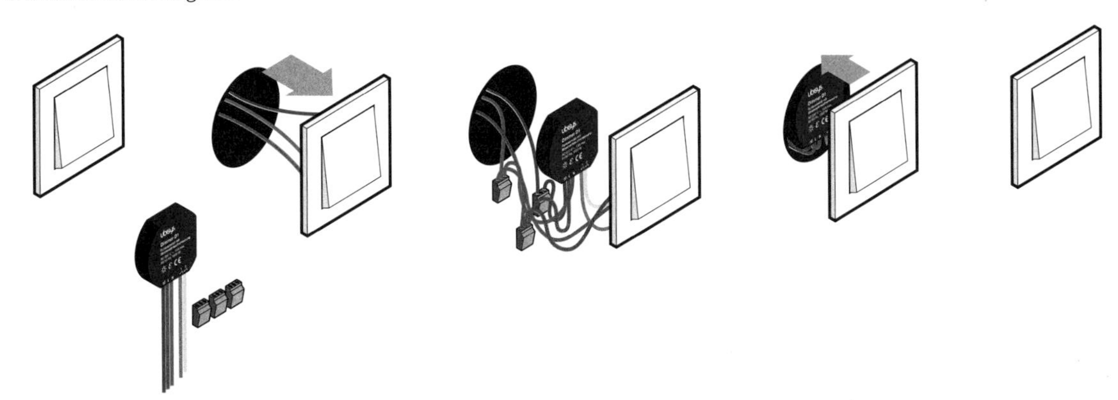

9: Installationsvorgang für einen Aktor zur Jalousiesteuerung (Herstellerinformation)

4.4.6 Heizungsregelung

Im Rahmen der Modermisierung der Museumsräume soll auch die Klimatisierung verbessert werden (s. Kap. 4.2). Das Team von Elektro+IT hat bereits die Steuerung der Beschattung analysiert und Veränderungsvorschläge erarbeitet (s. Kap. 4.4.3 und 4.4.5, Jalousiesteuerung). Im folgenden Schritt geht es nun noch um die Regelung der Raumtemperatur duch vorhandene Heizkörper.

Die Beeinflusssung der Warmwasserzufuhr in den Heizkörpern der Museumsräume erfolgt durch **Thermostatventile**. Sie sind eine Einheit aus Temperaturfühler, Regler, Stellglied und Sollwerteinsteller.

Das unter dem Ventilkopf (Abb. 2) befindet sich ein **Drosselventil** (Abb. 1). Der Stift ③ (Stößel) ist beweglich und kann einen Kegel in den Wasserzufluss schieben. Dadurch ändert sich der Querschnitt für die Warmwasserzufuhr und die Raumtemperatur ändert sich.

1: Drosselventil

Im Ventilkopf (Abb. 2) befindet sich ein Temperturfühler mit einem Dehnstoffelement, der sich bei Wärme ausdehnt und bei fallender Temperatur zusammenzieht. Dadurch wird mehr oder weniger Druck auf den Stift des Drosselventils ausgeübt und somit die voreingestellte Temperatur eingehalten.

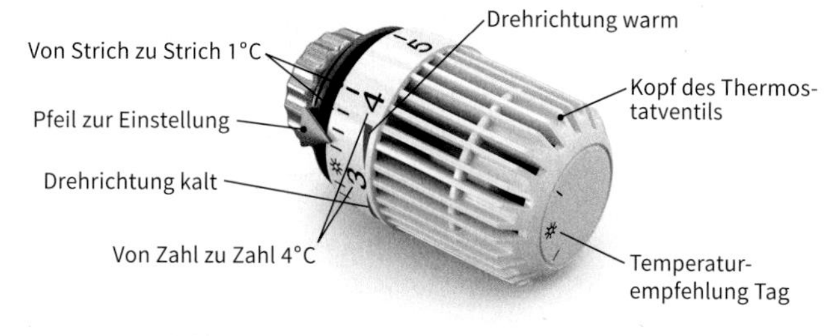

2: Heizkörperventilkopf

Eine erste Überlegung im Team von Elektro+IT war, die Heizkörperventile durch elektronische Temperaturregler (Abb. 3) zu ersetzen, deren Heizkörperventilköpfe durch Batterien mit Energie versorgt werden.

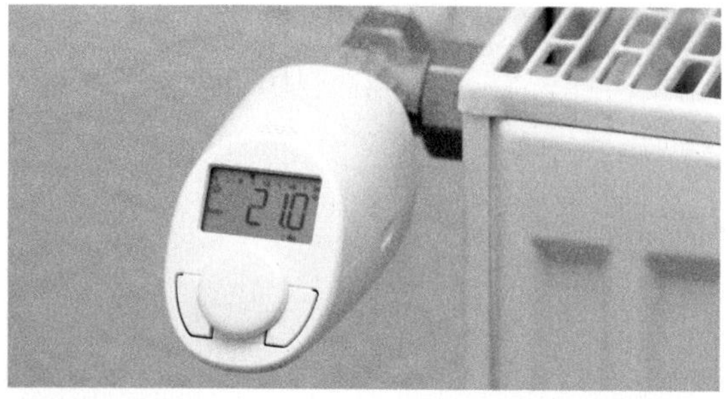
3: Funkthermostat

Diese Ventilart erlaubt eine deutlich komfortablere und präzisere Temperaturregulierung, sogar per Funk und WLAN von jedem beliebigen Ort (**Funkthermostat**).

Das Funkprotokoll arbeitet bidirektional. Alle Geräte werden in der Regel mit einer Standardeinstellung ausgeliefert. Darüber hinaus ist die Funktion des Gerätes über ein Programmiergerät und einer Software konfigurierbar.

Der Nachteil dieser Komponenten ist die Versorgung mit elektrischer Energie durch Batterien, z. B. 2 x 1,5 V LR/Mignon AA. Obwohl die Batterielebensdauer etwa zwei Jahre beträgt, müssten die Heizkörper entsprechend gewartet werden.

Das Planungsteam von Elektro+IT hat aber herausgefunden, dass es energieautarke Aktoren gibt. Der zur Verfügung stehende Thermogenerator abeitet nach dem Energy-Harvesting-Prinzip (s. Kap. 4.4.4) und kann während der Heizperiode pro Jahr – also nur etwa sieben Monate im Jahr – ca. 5000 mAh Energie erzeugen. Das entspricht der Kapazität von 2 AA Mignon-Batterien.

Ein energieautarker Heizkörperstellantrieb (Abb. 4) besteht aus folgenden Komponenten:

- Thermogenerator mit Energiemanagement-Modul und Kondensator ①
- Motor ②
- Stellantrieb ③ (Getriebe)
- Funkmodul ④ (Empfänger)
- Steuerung ⑤

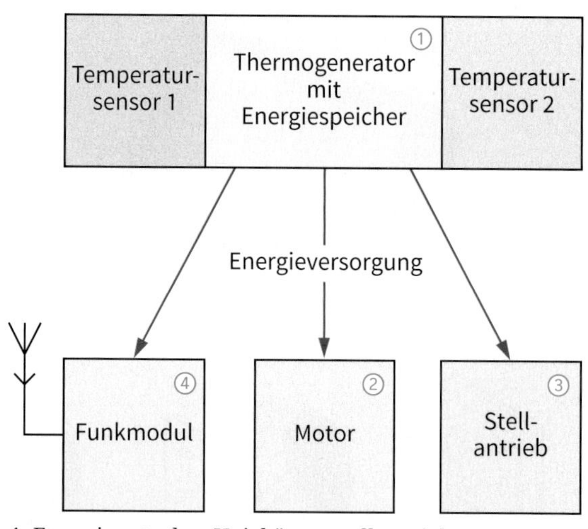

4: Energieautarker Heizkörperstellantrieb

- Bei einem energieautarken Heizkörperstellantrieb wird die elektrische Energie für den Motor aus dem Temperaturunterschied zwischen dem Warmwasser der Heizung und der umgebenden Luft gewonnen.

Informationstechnische Systeme

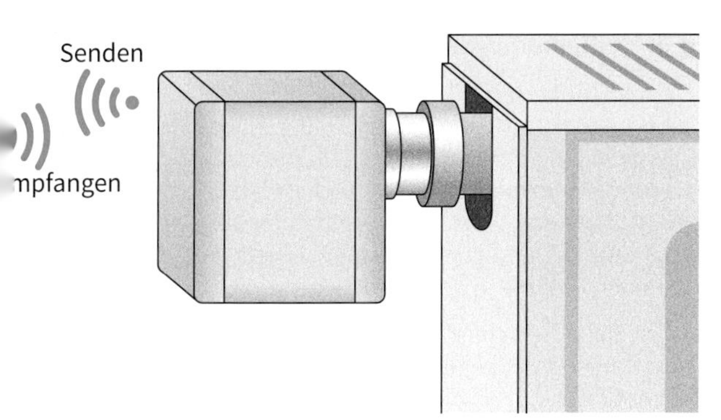

5: Montierter energieautarker Heizkörperstellantrieb

Die Komponenten sind so optimiert, dass nur etwa 10 % der gewonnenen Energie aus dem Thermogenerator während der Heizperiode pro Tag für die Stellbewegungen des Ventils und die Funkkommunikation benötigt werden. Der Energieüberschuss wird in einem Lithium-Akkumulator gespeichert.

Zur Regelung empfängt der Heizkörperstellantrieb ein entsprechendes Funkprotokoll (z. B. EEP, A5-20-01, EnOcean) von einem Raumregler/Controller. Die Kommunikation erfolgt bidirektional. Nach Erreichen der Sollwertvorgabe wird die erreichte Ventilposition an die Gegenstelle zurück gemeldet. Das Energiemanagement ist so ausgelegt, dass alle 10 Minuten ein Stellvorgang ausgeführt werden kann.

Für die Monate zwischen den Heizperioden, also in den Sommermonaten, versorgt sich der Stellantrieb über die gespeicherte Energie aus dem Lithium-Akkumulator. Zur Sicherheit des Heizkörperventils gegen Festsetzen durch Rost oder Kalk, wird im Sommer pro Tag eine „Servicefahrt" (einmal Auf und Zu) des Ventils durchgeführt. Zusätzlich wird zur Kontrolle dreimal am Tag die Verbindung mit dem Raumregler/Controller aufgerufen.

Thermoelektrischer Generator

Die Funktion des im energieautarken Heizkörperstellantrieb befindlichen thermoelektrischen Generators lässt sich mit Modellvorstellungen erklären (Abb. 6).

Wenn bei einem elektrischer Leiter, wie in Abb. 6a, die Temperatur über den gesamten Leiter konstant ist, sind die Elektronen zwar in Bewegung, aber immer noch gleichmäßig verteilt. Wenn jedoch ein Ende des Leiters eine höhere Temperatur aufgrund von Wärmezufuhr besitzt, haben die dort befindlichen Elektronen eine höhere Beweglichkeit. Es kommt folglich im Leiter zu einer ungleichen Verteilung der Ladungsträger (Ladungstrennung) und es entsteht eine elektrische Spannung (Abb. 1b).

Diese wird nach dem Entdecker Thomas Johan Seebeck (1770–1831) als Seebeck-Spannung und das Prinzip als **Seebeck-Effekt** bezeichnet. Die Spannung ist sehr klein und beträgt z. B. bei Eisen gegenüber Kupfer nur 1,0 mV/Kelvin.

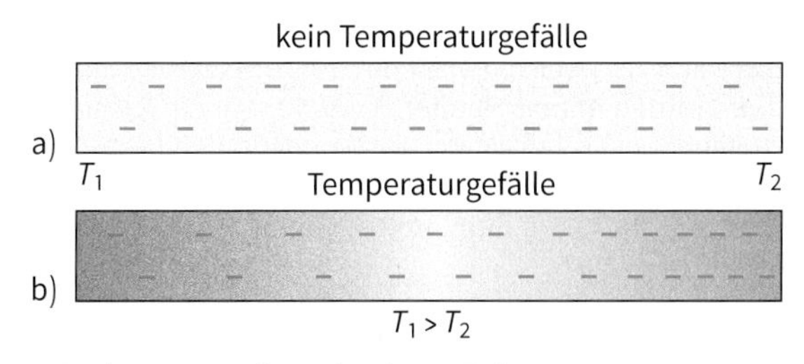

6: Ladungsverteilung in einem Leiter

Die Spannung, die durch den Seebeck-Effekt entsteht, hängt vom Material und dem Temperaturunterschied ab. Sie wird deshalb auch als Thermospannung bezeichnet und in entsprechenden Sensoren zur Temperaturmessung verwendet (s. Kap. 3.5.1, Thermoelement).

Für thermoelektrische Generatoren verwendete man nicht Metalle, sondern dotierte Halbleitermaterialien. Eine N-Dotierung bedeutet, dass in diesem Material die negativen Ladungsträger (Elektronen) beweglich sind. Dementsprechend sind bei einer P-Dotierung positive Ladungsträger (Löcher) beweglich (s. Kap. 1.4.3.2). Zusammen bilden sie ein elektrisch verbundenes **Thermopaar** (Abb. 7).

Aufgrund des Temperaturunterschiedes kommt es nun zu einer Ladungstrennung ① ②, sodass an den offenen Enden ③ ④ eine Spannung abgenommen werden kann.

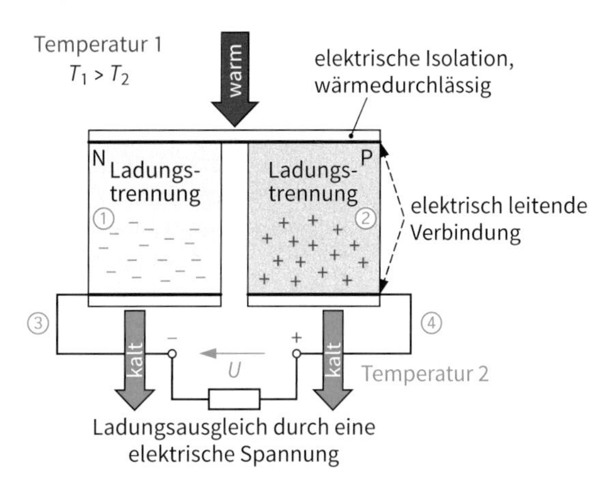

7: Thermopaar eines thermoelektrischen Generators

- Durch die autarke Energieversorgung des Heizkörperstellantriebs müssen keine Leitungen verlegt und auch keine Batterien gewechselt werden.
- Die leitungslose Installation ermöglicht einfache Nutzungsänderungen in Gebäuden.
- Um Korrosion zu verhindern, betätigen energieautarke Heizkörperstellantriebe während heizungsfreier Zeiten selbstständig den Stößel des Drosselventils.

Da die Spannung eines einzelnen Thermopaares sehr klein ist, werden in einem thermoelektrischen Generator mehrere Hundert Thermopaare in Reihe zusammengeschaltet, in Form von Modulen (Abb. 1). Insgesamt sind die Abmessungen sehr gering. Beispiel: Dicke 3, 6 mm, Breite 20 mm

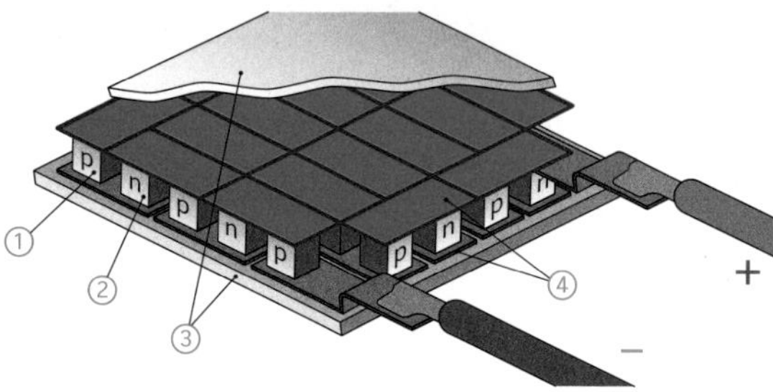

①: P-Halbleiter ②: N-Halbleiter
③: Elektrische Isolation ④: Leitende Verbindung

1: Aufbau eines thermoelektrischen Generators (Prinzip)

Daten:
Temperaturbereich:
- 60 °C + 125 °C
Gewicht: 23 g

2: Realer thermoelektrischer Generator

Anwendungen thermoelektrischer Generatoren
Kompakte Generatoren lassen sich als transportable Energiequellen verwenden Sie nutzen beispielsweise Wärme aus der Verbrennung eines Brennstoffs wie Flüssiggas, und die Abwärme, die durch Wärmestrahlung oder Luftkonvektion abgeführt wird. Der Wirkungsgrad (wenige Prozent) ist deutlich geringer als er bei der Kombination eines Verbrennungsmotors mit einem elektrischen Generator sein könnte. Jedoch bietet das Prinzip folgende Vorteile:
- Geräusch- und vibrationsloses Arbeitsweise.
- Kein Verschleiß, kaum Wartung, hohe Zuverlässigkeit.
- Energieerzeugung ohne Verbrennungsgase.

- Mit einem thermoelektrischen Generator lässt sich durch einen Temperaturunterschied (Wärmefluss) eine elektrische Spannung erzeugen.
- Der Seebeck-Effekt tritt auf, wenn man zwei unterschiedliche Metalle miteinander verbindet und die Verbindungsstellen unterschiedlich temperiert. Am wärmeren Ende des Leiters gibt es Elektronen mit hoher Energie und am kälteren Ende weniger Elektronen mit geringer Energie.
- Die Seebeck-Spannung hängt ab von der Temperaturänderung und dem Seebeck-Koeffizienten (Materialkonstante).

4.4.7 Anlernvorgang

Damit Sender und Empfänger die Informationen geordnet austauschen können, müssen sie eine „gemeinsame Sprache“ sprechen. Diese muss erlernt werden (**Anlernvorgang**). Je nach Hersteller, weichen die Abläufe des Anlernens voneinander ab. Deshalb muss der zuständige Installateur auf jeden Fall die genauen Abläufe in den Serviceunterlagen einhalten.

Trotz der Unterschiede gibt es Gemeinsamkeiten. Nachfolgend wird ein möglicher Anlernvorgang beschrieben.

1. Empfänger in den Lernmodus schalten: Programmiertaste (oder ähnliche Taste) etwas länger betätigen (z. B. 4 s, Abb. 3 ①). Als Bestätigung blinkt oft eine LED, z. B. eine Minute lang.

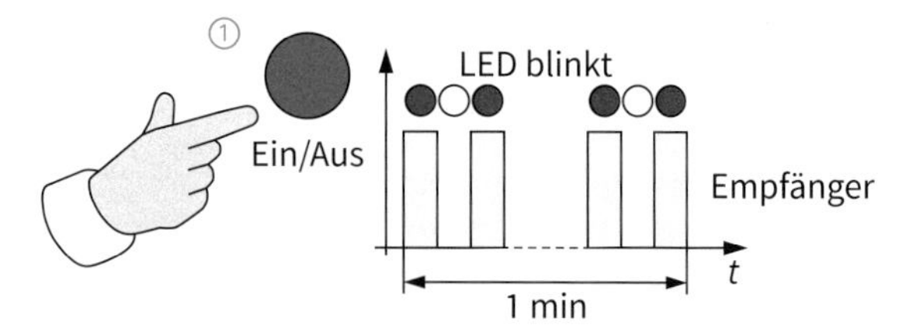

3: Lernmodus einschalten (Beispiel)

2. Am zugeordneten Sender wird in dieser Zeit jetzt das Lerntelegramm ausgelöst. Wenn der Lernvorgang abgeschlossen und dieser fehlerfrei ist, wird dies durch Dauerleuchten der LED angezeigt (Abb. 4 ②).

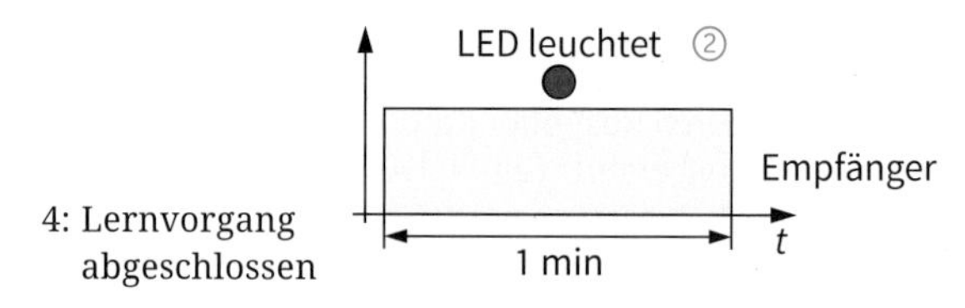

4: Lernvorgang abgeschlossen

3. Der Empfänger wird danach wieder in den Betriebs-Modus geschaltet. Die Programmiertaste wird noch einmal betätigt ③.
   Alternativ kann sich auch der Funkempfänger nach ca. 1 min selbst in den Betriebsmodus versetzen. Die LED des Empfängers erlischt. Der Empfänger reagiert ab jetzt nur auf die Signale des ausgewählten Senders (Abb. 5).

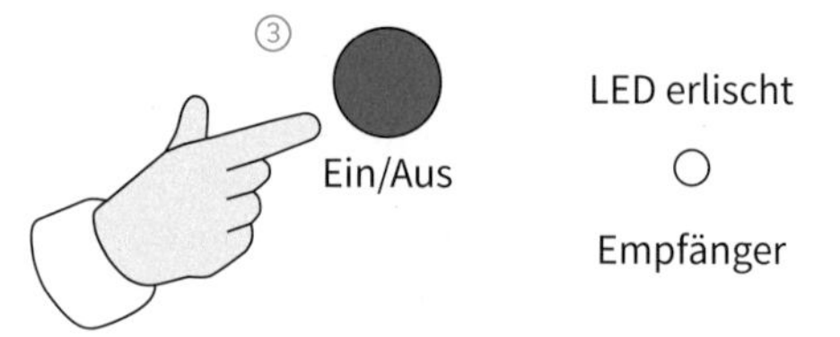

5: Betriebsmodus erreicht

- Funksender und Funkempfänger werden durch einen Anlernvorgang einander angepasst.

4.4.8 Verschlüsselung

Damit die Daten bei der Funkübertragung nur von den autorisierten Empfängern gelesen werden können, benutzt man Verschlüsselungsverfahren. Häufig wird die 128 AES-Verschlüsselung verwendet (**AES**: **A**dvanced **E**ncryption **S**tandard, fortschrittlicher Verschlüsselungsstandard).

Das Verfahren ist ein symmetrisches Verschlüsselungsverfahren, d. h. der Schlüssel zum Verschlüsseln und Entschlüsseln ist identisch. Die zu verschlüsselnden Daten werden vom Sender umgewandelt und beim Empfänger wieder in die ursprünglichen Daten zurückverwandelt (Beispiel in Abb. 6).

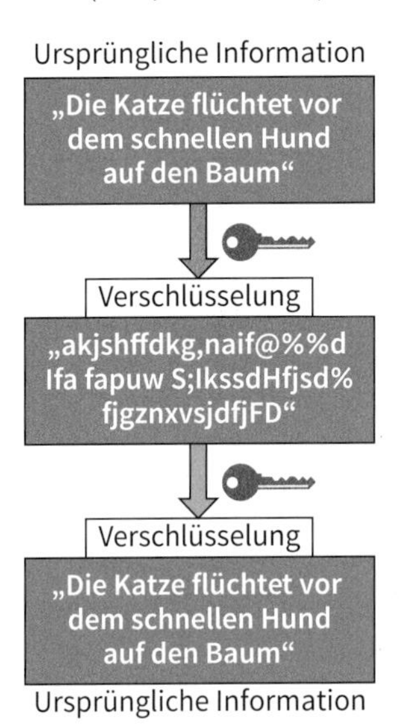

6: Verschlüsselungsbeispiel

Bei der 128 AES-Verschlüsselung wird ein Schlüssel mit 128 Bits verwendet. Dabei werden die Daten nicht als Ganzes, sondern in 128 Blöcken verschlüsselt und entschlüsselt. Es kommt dabei unter anderem zu einer Verwischung zwischen dem Klar- und dem Geheimtext (Konfusion).

Das Verfahren wechselt bei jedem Schritt zwischen Substitutionen (Ersetzen) und Permutationen (Vertauschen, Anordnung in einer bestimmten Reihenfolge).

Da bei der AES-Entschlüsselung notwendigerweise dieselben Schritte wie bei der Verschlüsselung durchlaufen werden – nur in umgekehrter Reihenfolge – ist dies eine gewisse Schwäche des Verfahrens.

- Bei der symmetrischen Verschlüsselung wird bei der Verschlüsselung und Entschlüsselung derselbe Schlüssel verwendet.
- Die Sicherheit bei der symmetrischen Verschlüsselung hängt im Wesentlichen von der Geheimhaltung des Schlüssels ab.

4.4.9 Modernisierungsvorschlag

Abschließend wird den Museumsbetreibern von der Planungsgruppe des Elektrounternehmens **Elektro+IT** folgendes Ergebnis unterbreitet:

Da in den Museumsräumen keine zusätzlichen Leitungen verlegt werden dürfen, sollten die Modernisierungsmaßnahmen mit **funkbasierten Komponenten** erfolgen und die Sensoren energieautark sein (s. Kap. 4.4.4). Wartungsarbeiten und Batteriewechsel werden dann entfallen. An den Heizkörpern ist es sinnvoll, energieautarke Funkaktoren einzusetzen (s. Kap. 4.4.6).

In den Räumen können **dezentrale** und **zentrale** Steuerungen (s. Kap. 4.3.7) realisiert werden. Die bisherige Installation bleibt weitgehend erhalten.

Der Komfort könnte weiter erhöht werden, wenn die Steuerung über ein Smartphone oder Tablet-PC erfolgt (Abb. 7 ①). Erforderlich ist dafür ein **Gateway** (Bedeutung: Aus- und Einfahrt, Torweg). Es handelt sich dabei um eine Komponente, die zwischen zwei unterschiedlichen Systemen eine Verbindung herstellen kann. In diesem Fall würden das Gateway die Daten aus dem Internet ② in Daten für das Funknetz (ISM-Netz, Abb. 7 ③) umwandeln. Mit den mobilen Geräten (Handy, Tablet-PC) lassen sich dann von beliebigen Orten Einstellungen und Steuerungen vornehmen.

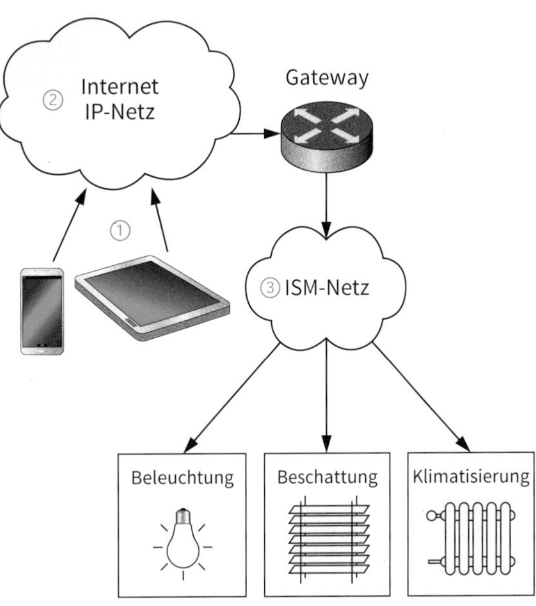

7: Vernetzung und Steuerung über das Internet

- Mit einem Gateway lässt sich eine Verbindungen zwischen unterschiedlichen Systemen herstellen. Die Daten werden entsprechend aufbereitet.

4.5 Analyse der EDV

4.5.1 Lastenheft

Die Betreiber des Museums wollen auch, dass die vorhandene EDV modernisiert wird. Die allgemeinen Vorstellungen sind bereits in Kap. 4.1 kurz dargelegt worden.

Ein Team der Firma Elektro+IT erstellt nun mit den Museumsbetreibern ein **Lastenheft** [*specification sheet*], in dem die zukünftige IT-Ausstattung wie folgt beschrieben ist:

Für **einen Arbeitsplatz** im Büro des Museums soll ein neuer PC angeschafft werden, mit dem alle gängigen Verwaltungsaufgaben gelöst werden können, z. B. Drucken, Scannen, E-Mail Kommunikation.

- Dieser PC soll zur Erstellung und Verwaltung der Inhalte der Museumsapp genutzt werden. Dafür muss der PC Texte, Bilder sowie Audio- und Videoinhalte erstellen und bearbeiten können.
- Um große Datenmengen flexibel handhaben zu können, sollen in dem PC unterschiedliche Festplatten eingefügt werden können.
- Von dem PC aus soll ein schneller Zugang zum Internet ohne Funk möglich sein.
- Eine Datensicherung soll auch über eine Cloud möglich gemacht werden.

Für diese Wünsche der Museumsbetreiber ist eine grobe Skizze der Installation (Abb. 1) entstanden.

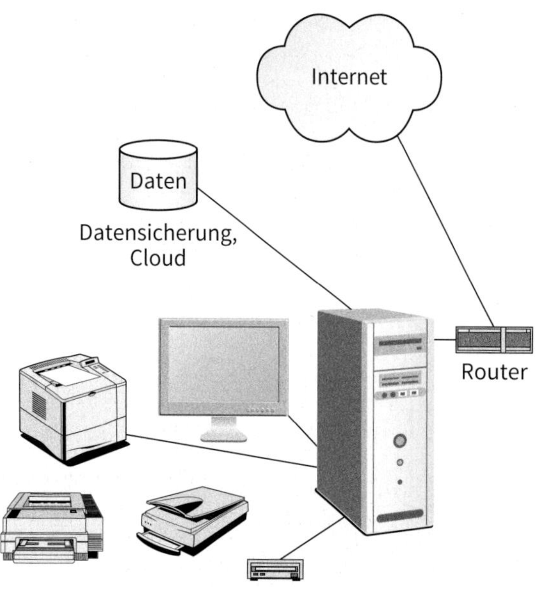

1: PC-Arbeitsplatz mit Peripheriegeräten

- Weiterhin sollen zwei ältere PC-Arbeitsplätze (Abb. 2 ①) mit dem Hauptarbeitsplatzrechner vernetzt werden. Zugriffsrechte müssen dementsprechend vergeben werden und Datensicherheit muss gewährleistet sein.
- Da zukünftig auch mobile Arbeitsplätze im Museum eingerichtet werden sollen, ist ein entsprechender WLAN-Zugang in allen Räumen erforderlich (② Abb. 2).

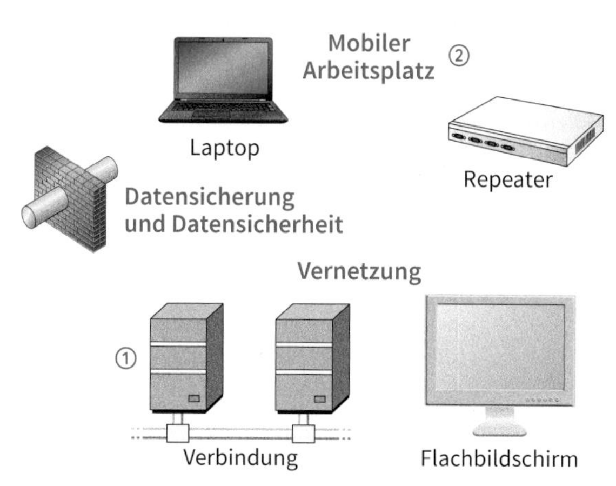

2: Ergänzungen zum PC-Arbeitsplatz

- An der Rezeption soll ein weiterer PC eingesetzt werden um Gruppenreservierungen zu verwalten und Tickets für die Besucher auszudrucken.

Die Firma Elektro+IT hat nun die Aufgabe, auf Basis der Anforderungen ein konkretes **Angebot**, (Pflichtenheft) zu erstellen. Dabei müssen die technisch nicht immer exakt spezifizierten Anforderungen aus Benutzersicht (z. B. „soll für Videobearbeitung geeignet sein") in konkrete technische Spezifikationen (z. B. „einen Prozessor mit mehreren Kernen verwenden") umgesetzt werden.

Das Ziel des Angebots ist,

- die Anforderungen des Kunden als Benutzer des IT-Systems voll zu erfüllen und
- dies möglichst kosteneffizient.

Dabei enthält der Begriff „kosteneffizient" einmalige und laufende Kosten wie z. B.

- Anschaffungskosten von Hard- und Software
- Lohnkosten bei der Installation,
- einmalige/jährliche Softwarelizenzkosten,
- Kosten des Ersatzes bei Hardware-Defekten,
- Wartungskosten durch Softwareaktualisierungen und Neukonfiguration,
- Schulungskosten von aktuellen und neuen Mitarbeitern und
- Zusatzkosten von eventuellen zukünftigen Erweiterungen.
- Kosten für Recycling und sichere Entsorgung von Datenträgern.

Damit alle anfallenden Kosten im Angebot berücksichtigt werden, ist es sinnvoll, Überlegungen anzustellen, wie die Durchführung ablaufen könnte. Wesentliche Schritte sind in Abb. 3 dargestellt.

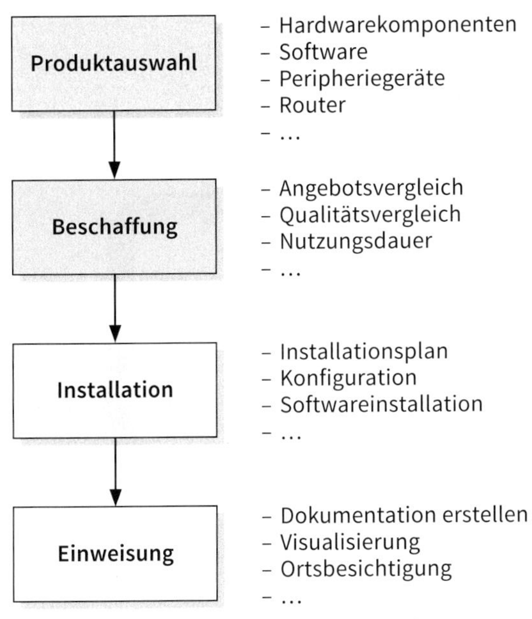

3: Struktur für die Erstellung eines Angebots

Die einzelnen Planungsphasen lassen sich weiter zerlegen, z. B. in **Arbeitsschritte**. Es handelt sich dabei um kleine in sich abgeschlossene Abschnitte.

Für diese „Übersetzungsleistung" zum Erstellen eines Angebots sind eingehende Fachkenntnisse der möglichen Hard- und Software sowie ihrem Zusammenwirken nötig.

Produktauswahl

Um ein Produkt sinnvoll auswählen zu können, muss man wissen

- wie und wo man sich Informationen beschaffen kann und
- welche Auswahlkriterien es gibt.

Für eine fachgerechte Produktauswahl sind Informationen notwendig. Dabei geht es in der Regel um

- technische Informationen,
- Informationen zu Beschaffungsquellen (Firmen) und
- Preisinformationen.

Ganz allgemein ist eine **Informationsbeschaffung** [*information procurement*] über verschiedene Informationsquellen möglich (s. z. B. Anhang, im Buch: "Quellen der Informationsbeschaffung").

Die Kriterien für die Produktauswahl ergeben sich zunächst aus den im Lastenheft formulierten Anforderungen und den prinzipiellen technischen Funktionsbedingungen des EDV-Systems.

In den nachfolgenden Schritt werden die Komponenten so ausgesucht, dass sie

- zusammenpassen, d. h. kompatibel sind,
- die Auswahlkriterien erfüllen und
- den Preis, den der Kunde bereit ist zu zahlen, nicht überschritten wird.

Für die Modernisierung der EDV im Museum befasst sich nun ein Team der Firma Elektro+IT zunächst mit der Produktauswahl. Dazu sind umfangreiche Recherchen zur PC-Hardware, der Software, der Vernetzung und Informationsübertragung im Museumsbereich erforderlich. Aus diesen Recherchen sollen dann Vorschläge den Museumsbetreibern unterbreitet werden.

Die endgültige Entscheidung über die Beschaffung, Installation und Einweisung wird im Buch nicht behandelt.

Allgemeine Fragen zum Lastenheft

- Was soll mit der EDV erreicht werden?
- Welche Aufgaben sollen von der EDV übernommen werden?
- Wer soll mit der EDV umgehen?
- Welche besonderen Beanspruchungen gibt es für die EDV?
- Wo wird die EDV gebraucht?
- Welche Geräte/Installationen sind bereits vorhanden?
- Wie viel Geld steht für die EDV-Anlage maximal zur Verfügung?

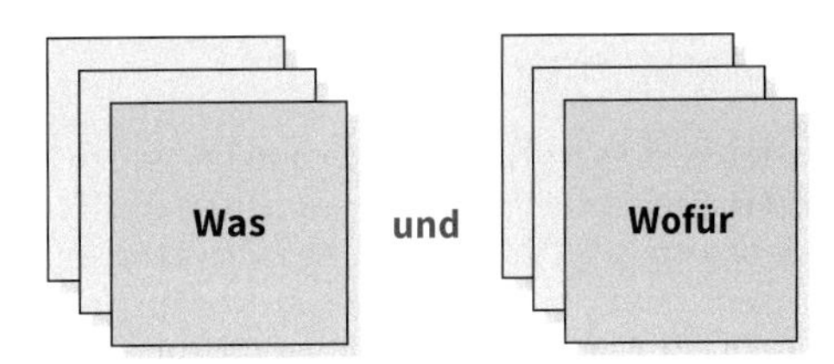

4: Lastenheft

- In einem Lastenheft werden alle Anforderungen beschrieben, die aus Kundensicht an das System gestellt werden. Es wird definiert, was für eine Aufgabe vorliegt und wofür diese zu lösen ist.
- Nach DIN EN 69901-5 ist in dem Lastenheft die Gesamtheit der Forderungen eines Auftraggebers an die Lieferungen und Leistungen eines Auftragnehmers in einem Auftrag festgelegt.
- Ein Auftrag lässt sich in der Regel in kleine, abgeschlossene und zu bearbeitende Teile (Arbeitsschritte) zerlegen.
- Bei der Produktauswahl sind technische Aspekte gemäß dem Lastenheft in Verbindung mit den jeweiligen Kosten wesentlich.

4.5.2 Software und Programme

In Abb. 1 ist vereinfacht der Ablauf einer elektronischen Datenverarbeitung (EDV) dargestellt worden. Über eine Tastatur wird der Buchstabe „F" auf dem Monitor abgebildet (Ausgabe). Die Eingabe „F" – eine Anweisung – muss dazu in der Hardware des Computers verarbeitet werden. Unter **Hardware** (harte Ware) versteht man alle physischen Bestandteile der EDV, also alles was man sehen und im Prinzip „anfassen" könnte.

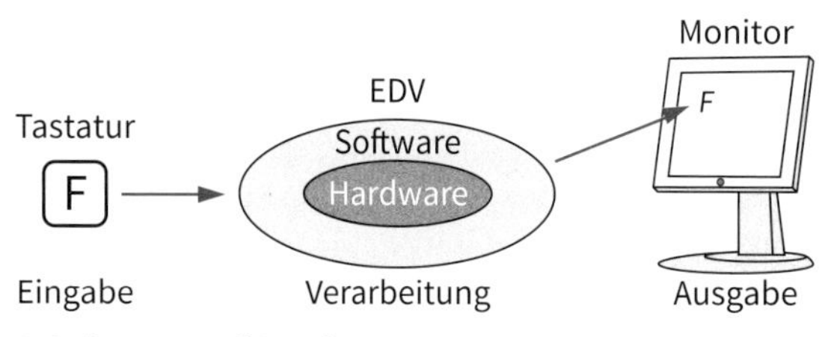

1: Software und Hardware

Die Hardware kann die Anweisung aber nur ausführen, wenn ihr „gesagt" wird, was in welcher Reihenfolge zu tun ist. Sie muss also in diesem einfachen Fall zunächst den Tastendruck – der bereits von der Tastatur in ein elektrisches Signal umgewandelt wurde – in einen Datenstrom (Bit-Folge) umwandeln. Danach folgen weitere Schritte, bis am Ende auf dem Monitor mit Hilfe der aufbereiteten Daten die entsprechenden Pixel auf dem Bildschirm aktiviert werden. Diese wichtige Aufgabe der Datensteuerung übernimmt die **Software** (weiche Ware). Im Gegensatz zur Hardware ist dies der immaterielle Teil der EDV, weil er physikalisch nicht vorhanden ist.

Software lässt sich grundsätzlich unterscheiden in **Systemsoftware** zur Steuerung der internen Abläufe (Betriebssystem) und **Anwendungssoftware**, mit der Benutzer eines Computers Aufgaben ausführen kann, z. B. Textverarbeitung oder Tabellenkalkulation.

Die Anweisungen, die einer EDV gegeben werden, bezeichnet man in der Regel als **Programme** (griechisch: programma, Vorschrift). In Abb. 2 ist vereinfacht die Entwicklung eines Programms dargestellt.

Ausgangspunkt ist eine Idee ① für Anweisungen, die ein Computer ausführen soll. Da Computer im Prinzip Rechensysteme sind, müssen Rechenvorschriften (**Algorithmen**) formulierte werden, die den Anweisungen entsprechen. Anschließend erfolgt die Umwandlung mit Hilfe einer **Programmiersprache**. Der Vorgang wird als **Implementierung** ② (Umsetzung) bezeichnet.

Das Ergebnis dieser Umsetzung wird als **Quellcode** ③ (Quelltext, Quellprogramm) bezeichnet, der in einer höheren Programmiersprache geschrieben wird (Abb. 3).

Es handelt sich hierbei um eine reine **Textdatei**, die von Menschen gelesen, aber nicht direkt von einem Computer verarbeitet werden können (Abb. 3).

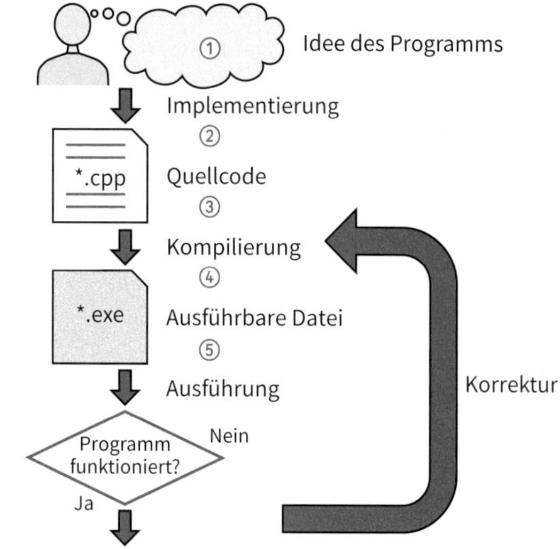

2: Programmentwicklung

Die in Abb. 2 verwendete höhere Programmiersprache ist C++, was durch die Dateiendungen .cpp kenntlich gemacht wird. Diese Dateien werden anschließend in ein ausführbares Programm umgesetzt. Benötigt wird dazu ein **Compiler** (Bearbeiter) ④.

```
// main.cpp
#include <iostream>

int main()
{
    std::cout << "Hallo Welt!"  << std::endl;

    return 0;
}
```

3: Beispiel aus einem Quelltext C++

Das ausführbare Programm – hier mit der Dateiendung **.exe** (**exe**cuable: ausführbar) ⑤ – ist für das Betriebssystem Windows geeignet.

- Hardware ist physisch, Software ist immateriell.
- Datenverarbeitungsprogramme mit den zugehörigen Daten werden als Software bezeichnet. Sie steuern die Arbeitsweise der Hardware.
- Ein Programm beinhaltet Arbeitsanweisungen für einen Computer. Die Anweisungen bestehen aus einer Folge von Befehlen zur Lösung einer Aufgabe.
- Ein Compiler wandelt den Quellcode einer höheren Programmiersprache in einen Objektcode (Programmcode) um.

Beispiele für Programmiersprachen

- **C**
  Eine maschinennahe Programmierung mit kompaktem Code für die System- und Anwenderprogrammierungen. Sie wird hauptsächlich für eingebettete Systeme eingesetzt.
- **C++**
  Objektorientierte Variante von C auf hohem Abstraktionsniveau für Anwendungen für fast alle Plattformen.
- **Java**
  Plattformunabhängige objektorientierte Programmiersprache. Die meisten Android-Apps sind in Java programmiert.
- **JavaScript**
  Mit dieser Skriptsprache lassen sich interaktive Elemente für Webseiten erstellen. Es gibt dazu viele Anwendungen im Internet. Zunehmend werden auch plattformunabhängige Anwendungsprogramme mit TypeScript, einer Variante von JavaScript geschrieben.
- **Perl**
  Eine Skriptsprache, die mehrere Programmierparadigmen unterstützt.
- **PHP**
  Eine Sprache in Verbindung mit Webseitenprogrammierung. Sie ist weit verbreitet. Die Syntax ist an C und Perl ausgerichtet.
- **Python**
  Eine universell einsetzbare Skriptsprache. Sie ist gut lesbar, hat einen knappen Programmierstil und eine übersichtliche Syntax. Sie wird vor allem im wissenschaftlichen Umfeld genutzt.
- **Visual Basic .NET**
  Programmiersprache für Windows-Anwendungen im .NET-Framework (Teil von Microsofts Software Plattform).

Für den Benutzer einer Software sind Kenntnisse über Eigenschaften und Leistungsfähigkeit der Software von Interesse. Diese werden als **Softwareanforderungen** [*SRS: Software Requirements Specification*] bezeichnet.

Softwareanforderungen sollten beschreiben,
- welche Daten eingelesen, entgegengenommen und verarbeitet werden können,
- wie die Daten verarbeitet werden,
- wie die grafischen Benutzungsschnittstelle aussehen,
- wie sich die Software bei Interaktionen mit dem Anwender verhält und
- auf welcher Hardware die Software lauffähig ist.

Softwarelizenzen

Eine Softwarelizenz enthält Regeln die festlegen, wie eine Software genutzt werden darf. Der Autor einer Software, sei es eine Einzelperson oder ein Unternehmen, veröffentlicht seine Software unter einer Lizenz seiner Wahl. Softwareunternehmen veröffentlichen ihre Software in der Regel unter einer **kommerziellen/proprietären Lizenz** (in Eigentum befindliche Lizenz), d. h., eine Nutzung ist nur nach Abschluss eines Lizenzvertrags und Bezahlen von Lizenzgebühren möglich. Der Softwarehersteller gewährt eine Lizenz häufig für eine oder mehrere Kopien, wobei das Eigentum an diesen Kopien beim Software-Herausgeber verbleibt.

In Abb. 4 ist ein Beispiel für einen Endbenutzer-Lizenzvertrag (auch Endbenutzer-Lizenzvereinbarung) abgebildet. Er wird verkürzt auch als **EULA** [*End User License Agreement*] bezeichnet. Texte mit einer EULA werden oft zu Beginn der Installation der Software angezeigt.

4: Endbenutzerlizenzvertrag (Beispiel)

Freie Softwarelizenzen beinhalten keine Zahlung von Gebühren, können aber den Nutzern andere Auflagen im Lizenztext machen. Beispielsweise können sie verbieten, dass eine unter einer freien Lizenz veröffentlichte Software von jemand anderes unter einer kommerziellen Lizenz verkauft wird. Ebenfalls üblich ist, dass jede Erweiterung einer freien Software wiederum nur unter der gleichen freien Lizenz veröffentlicht werden darf.

Freie Lizenzen, die fordern, dass der Benutzer bei Veröffentlichung eines Programms auch den **Quellcode** [*source code*] der Software veröffentlichen muss, nennt man **Open-Source-Lizenzen**.

- EULA ist eine spezielle Lizenzvereinbarung, die die Benutzung der Software regelt.
- Die meisten Softwarelizenzen sind „proprietäre" Lizenzen.

4.5.3 Aufbau und Arbeitsweise eines Computers

4.5.3.1 Lastenheft

In Abb. 1 ist vereinfacht die Arbeitsweise eines Computers dargestellt. Das Konzept wurde 1946 von dem ungarisch-amerikanischen Mathematiker John von Neumann (1903–1957) entwickelt und verfügte über folgende Einheiten:

- **Ein- und Ausgabeeinheit** ① für Daten [*I/O Unit: Input/Output Unit*]
- **Speicher** [*Memory*] ② für Daten und Befehle
- **Zentrale Verarbeitungseinheit** ③ [*CPU: Central Processing Unit*]

Die CPU (auch als **Prozessor** bezeichnet) besteht vereinfacht aus folgenden Einheiten:

- **Rechenwerk** ④ [*ALU: Arithmetical Logical Unit*]
  Es handelt sich um eine Verarbeitungseinheit, die zur Durchführung arithmetischer und logischer Operationen verwendet wird.
- **Steuerwerk, Leitwerk** ⑤ [*CU: Control Unit*]
  Damit erfolgen eine Steuerung von Prozessen und Abläufen im Innern und die Kommunikation mit den externen Komponenten wie dem Arbeitsspeicher oder angeschlossenen Geräten.

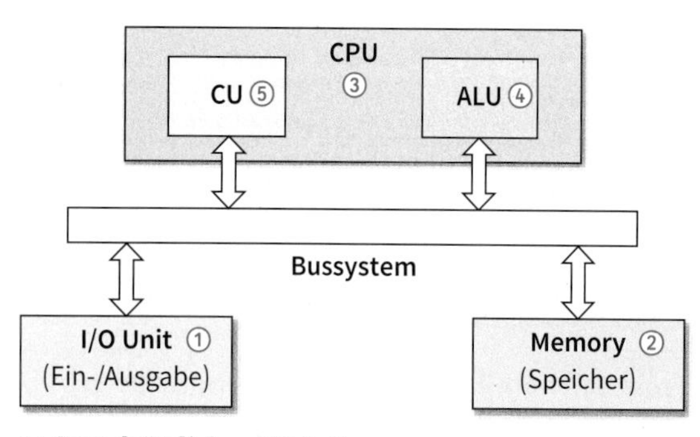

1: Grundsätzlicher PC-Aufbau

In diesem System werden nacheinander (sequenziell) die aus dem Speicher stammenden Befehle und Daten innerhalb einer bestimmten Zeit (Taktzyklus) verarbeitet. Der Datenaustausch zwischen den Komponenten erfolgt über **Bussysteme** [*BUS: Bidirectional Universal Switch*]. Es handelt sich um Leitungsverbindungen zwischen den einzelnen Komponenten. Die Bussysteme werden insgesamt auch als Systembus bezeichnet. Man unterscheidet drei Busarten: Datenbus, Adressbus und Steuerbus (Abb. 2):

Über den **Datenbus** (Abb. 3 ⑥) erfolgt eine bidirektionale (in beide Richtungen) parallele Datenübertragung (s. Kap. 4.2) zwischen der CPU, den Hardware-Komponenten, Speichern und Peripheriegeräten. Die Datenbusbreite hängt von der Datenwortbreite der CPU ab (8, 16, 32 oder 64 Bit).

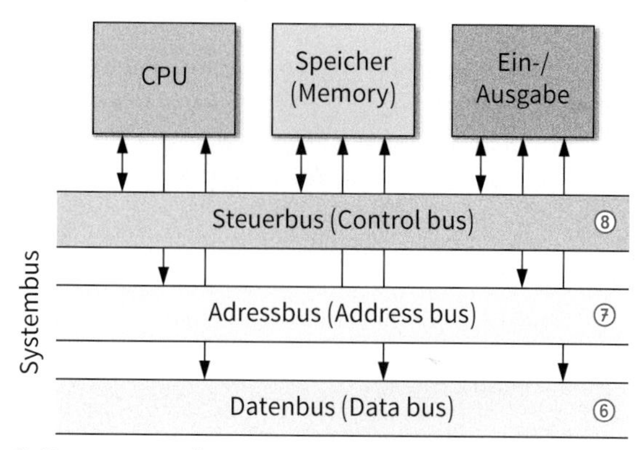

2: Bussysteme eines Prozessors

3: Vorder- und Rückseite eines Prozessors

Der **Adressbus** ⑦ überträgt Speicheradressen unidirektional (in eine Richtung), wobei die Adressbusbreite festlegt, wie viele verschiedene Speicherzellen adressiert werden können. Aus der Adressbusbreite (8, 16, 32 oder 64 Bit) ergibt sich, wieviel Arbeitsspeicher ein Prozessor ansprechen kann.

Beispiel:
Ein Prozessor mit 32 Adressbusleitungen – von denen jede eine 0 oder 1 führen kann – kann 2^{32} verschiedene Adressen erzeugen. Wenn jede Adresse auf eine Speicherzelle mit 1 Byte verweist, so kann dieser Prozessor maximal 2^{32} Bytes = 4.294.967.296 Bytes = $4 \cdot 1024^3$ Bytes = 4 GB adressieren.

Heutige PCs besitzen Arbeitsspeicher mit mehr als 4 GB und benötigen deshalb einen Prozessor mit 64 Adressbusleitungen und Betriebssysteme, die dies entsprechend unterstützen können.

Mit dem **Steuerbus** (**Kontrollbus**) ⑧ erfolgt die bidirektionale Steuerung des gesamten Bussystems mit z. B. folgenden Aufgaben: Lesen des Speicherinhalts, Schreiben von Daten in den Speicher, Eingaben von Befehlen an periphere Geräte, Ausgaben von Daten an periphere Geräte und Erzeugung von **Interruptsignalen** (Unterbrechungssignale). Letztere sind mitunter erforderlich, um eine Aktivität des Prozessors zu unterbrechen. Dies ist z. B. bei einem Tastendruck erforderlich und dann, wenn eine andere Funktion ausgeführt werden soll.

Da viele Komponenten auf den Systembus zugreifen wollen bzw. müssen, bestimmen ein **Arbiter** (Schiedsrichter, Richter), **Scheduler** (Planer) oder Coprozessor, in welcher Reihenfolge die Aufgaben erledigt werden.

Zum Steuerbus gehören auch Komponenten wie z. B. Leitungen, die für die Lesesteuerung und Schreibsteuerung oder auch für die Buszugriffssteuerung gebraucht werden.

Im Prozessor werden einzelne Vorgänge, z. B. für eine Berechnung, immer in genau definierten Zeitabschnitten durchgeführt. Als Maß verwendet man die Zeit für eine Schwingung eines internen Generators (Abb. 4). Sie ist gewissermaßen der **Takt** (die **Taktzeit**), mit dem die CPU arbeitet. Die dazugehörige Frequenz dieser Schwingung, die **Taktfrequenz**, ist ein typisches Merkmal einer CPU und wird auch zur Kennzeichnung bzw. Unterscheidung verwendet.

Beispiel: Wenn ein Prozessor mit einer Taktfrequenz von 4 GHz arbeitet, können pro Sekunde z. B. 4 Milliarden Operationen durchgeführt werden.

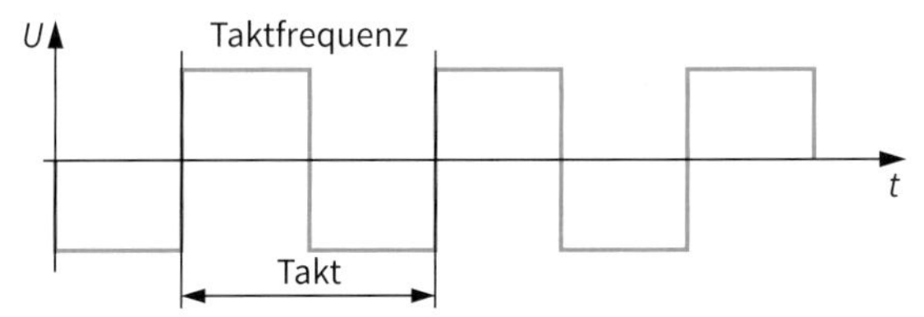

4: Takt und Taktfrequenz

Befehlssätze eines Prozessors

Ein Prozessor nimmt von Programmen Befehle entgegen und führt diese aus. Befehle sind z. B. das Laden einer Speicherzelle aus dem Arbeitsspeicher oder das Addieren von Zahlen. Beim Erstellen eines Programms kann man aber nur die Befehle nutzen, die in dem Befehlssatz eines Prozessors vorhanden sind. Je nach Prozessortyp können über 500 Befehle verarbeitet werden. Deshalb unterscheidet man Prozessoren auch anhand der Menge und Komplexität ihrer unterstützten Befehle.

- **CISC** [*Complex Instruction set Computing*]
CISC-Prozessoren verfügen über viele, und u. U. sehr komplexe Befehle. Diese können den Prozessor für mehr als einen Taktzyklus „beschäftigen“. In PCs sind die allermeisten Prozessoren CISC-Prozessoren.

- **RISC** [*Reduced Instruction set Computing*]
RISC-Prozessoren verfügen über wenige, einfache Befehle, die meist alle nur in einem Taktzyklus ausgeführt werden. In Smartphones und Tablets werden hauptsächlich RISC-Prozessoren eingesetzt.

- Die CPU (Prozessor) besteht aus einem Rechen- und Steuerwerk.
- Ein PC besteht aus der CPU, der Ein- und Ausgabeeinheit sowie einem Speicher.
- Die PC-Komponenten kommunizieren über Bussysteme miteinander.
- Die Abläufe in einem Prozessor sind getaktete Abläufe.

Mehrkernprozessoren

Heutige Prozessoren sind sehr komplex. Sie besitzen mehrere Kerne (Abb. 5) mit jeweils eigenen Rechen- und Steuereinheiten. Sie werden deshalb auch als **Multicore-Prozessor** oder **Multikernprozessor** bezeichnet. Durch diesen Aufbau können in jedem Kern separate Operationen durchgeführt werden. Die Programme müssen allerdings besonders aufgebaut sein, damit sie auf mehreren Kernen auch wirklich schneller ausgeführt werden können als auf einem Kern.

Damit ein Prozessor möglichst schnell Daten erhält und er diese in der richtigen Reihenfolge bearbeiten kann, werden temporäre Speicher eingesetzt (Bezeichnungen L1, L2 und L3, Abb. 5), die auf dem Chip integriert sind. Sie werden als **Zwischenspeicher** [*caches*] bezeichnet. Sie sind sehr schnelle Speicher (10 bis 100 Mal schneller als ein Arbeitsspeicher, RAM ④) und reagieren in wenigen Nanosekunden auf CPU-Anforderungen.

Der **L1-Cache** ① [*First-Level-Cache*] befindet sich direkt am Prozessorkern und besitzt mit 16 bis 64 kByte eine geringe Kapazität. Er dient der Zwischenspeicherung für Daten und Befehle.

Im **L2-Cache** ② [*Second-Level-Cache*] werden Daten des Arbeitsspeichers (RAM ④) zwischengespeichert. Auch er befindet sich außerhalb des Prozessorkerns.

Der **L3-Cache** ③ [*Third-Level-Cache*] sorgt für einen beschleunigten Datenaustausch zwischen den Kernen und unterstützt somit durch entsprechende Protokolle die Zusammenarbeit zwischen den Kernen.

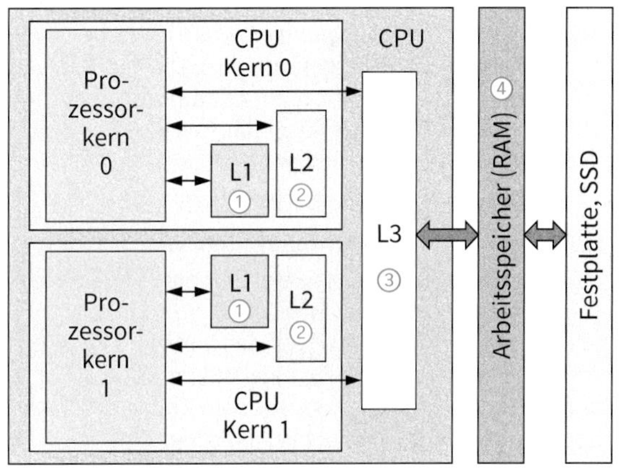

5: Prozessor mit zwei Kernen und Speicherhierarchie

- Der Prozessorkern ist der zentrale Teil eines Rechenwerks oder Mikroprozessors.
- Mehrkernprozessoren bestehen im Prinzip aus mehreren Prozessoren auf einem Chip.
- Ein Cache ist ein temporärer Zwischenspeicher, aus dem der Prozessor Daten leichter und schneller als aus dem Arbeitsspeicher abrufen kann.

Aufgabenbearbeitung im Prozessor

Programme, die auf einem Prozessor ausgeführt werden, sind mitunter komplex und zeitaufwendig. Viel Zeit würde vergehen, wenn alle Teile eines Programms strikt nacheinander abgearbeitet werden würden.

Programme (Abb. 1 ①) können daher vom Programmierer in einzelne **Aufgaben** [*Tasks*], aufgeteilt werden, die parallel zueinander ausgeführt werden können (Abb. 1 ②). Dabei müssen diese Aufgaben eigenständig sein, d. h. sie dürfen nicht gleichzeitig auf den gleichen Speicher zugreifen.

Für jede dieser Aufgaben wird dann im Prozessor ein eigener **Arbeitsgang** [*Thread*] (Faden, Strang) angelegt und einem Prozessorkern zugewiesen.

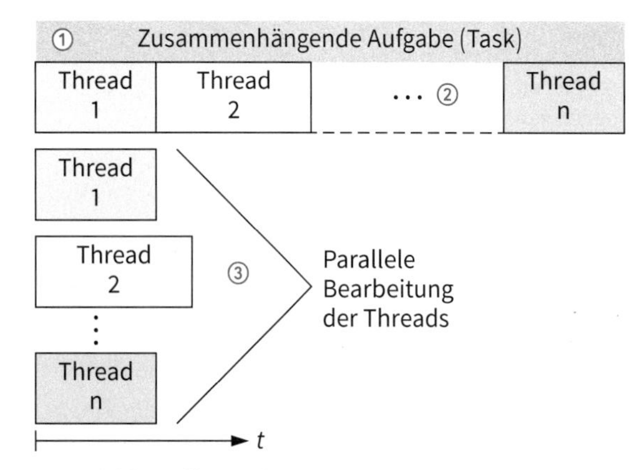

1: Multithreading-Prinzip

Jeder Prozessor enthält einen **Aufgabenplaner** [*Scheduler*], der entscheidet, wann welcher Thread auf welchem Prozessorkern ausgeführt wird. Dies erfolgt z. B. beim **preemptiven Multitasking** dadurch, dass jeder Thread eine gewisse Zeit ausgeführt wird, bis er den Prozessorkern an den nächsten Thread abgibt und dann warten muss, bis er wieder an der Reihe ist.

Multithreading als Eigenschaft eines Prozessors

Ein Prozessorkern kann zu jeder Zeit eigentlich nur einen Thread ausführen. Muss ein Prozessorkern allerdings in einem Thread auf das (langsame) Laden von Daten aus dem Arbeitsspeicher warten, so kann er währenddessen für einen anderen Thread Rechenoperationen durchführen, bis die Daten des ersten Threads geladen sind.

Als **Multithreading** bezeichnet man daher

- das Zerlegen eines Programms mit seinen unabhängigen Teilaufgaben in mehrere Threads und
- die Fähigkeit eines Prozessorkerns zwei Threads in geschickter Weise gleichzeitig auszuführen.

- Ein Thread ist ein Ausführungsstrang bei der Abarbeitung einer zusammenhängenden Aufgabe (Programm, Prozess).

Prozessorsockel

Da der Prozessor vielfältige Aufgaben zu erfüllen hat und Daten mit hoher Geschwindigkeit über den Systembus versendet und empfangen werden, entsteht viel Wärme. Diese muss durch einen Kühlkörper mit Ventilator abgeführt werden (Abb. 2).

2: Prozessor mit Kühlkörper und Ventilator auf der Hauptplatine

Um eine elektrische Verbindung mit der Hauptplatine (Mainboard) herzustellen besitzt jeder Prozessor zahlreiche Kontaktstifte. Man unterscheidet Kontakte,

- die in einem Raster (**PGA**: **P**in **G**rid **A**rray) oder
- versetzt angeordnet (**SPGA**: **S**taggered **P**in **G**rid **A**rray) sind.

Anstatt von Kontaktstiften verwendet man auch Kontaktflächen (**LGA**: **L**and **G**rid **A**rray). Auf der Unterseite des Prozessors befinden sich entsprechend schachbrettartige Felder von Kontaktflächen. Die dazugehörigen Sockel enthalten federnde Kontakte, wodurch eine geringere mechanische Beanspruchung der Kontakte entsteht. Teilweise werden die Kontakte aber auch verlötet.

In der Anfangszeit der Entwicklung von Prozessoren besaßen diese 64 Pins. Aktuelle Prozessoren mit der Sockelbezeichnung 499 besitzen dagegen insgesamt 499 Stifte. Damit ist jedoch eine Grenze der Handhabbarkeit erreicht, da enorme Kräfte beim Einstecken oder Herauszuziehen des Prozessors erforderlich sind.

Die Anzahl und Anordnung dieser Kontakte bestimmt den Sockel des Prozessors.

- Beim Mulithreading werden gleichzeitig mehrere Threads parallel bearbeitet.
- Unter Multitasking versteht man das Ausführen zweier oder mehrerer Aufgaben zur selben Zeit oder abwechselnd in kurzen Zeitabschnitten.
- In einem Multitasking-System wird zwischen den einzelnen Bearbeitungsschritten laufend umgeschaltet.
- Multithreading und Multitasking können auf einem Prozessorkern ausgeführt oder als echtparallele Ausführung durch mehrere Prozessorkerne (Multiprocessing) kombiniert werden.

4.5.3.2 Hauptplatine

Die **Hauptplatine** [*mainboard, motherboard*] stellt die elektrische Verbindung zwischen allen Komponenten eines Computers her. Gängige Standards für die Maße und Lage der Befestigungsbohrungen sind **ATX** [*Advanced Technology Extended*] und **ITX** [*Information Technology Extended*] für kompakte Hauptplatinen.

Bezeichnung	Maße (H x B) in mm
Standard ATX	305 x 244
Mini ATX	284 x 208
Micro ATX	244 x 244
Mini ITX	170 x 170

3: Auswahl gängiger Größen für Hauptplatinen

In Abb. 4 sind eine Hauptplatine mit Anschlüssen sowie wichtigen Komponenten dargestellt.

- **Netzteil** ① [*power supply unit*] für die Energieversorgung aller Komponenten.
- **Hauptplatine** ② [*mainboard, motherboard*] als Grundleiterplatte, an der alle anderen Komponenten angeschlossen sind.
- **Prozessor** ③ (**CPU**) als zentrale Verarbeitungseinheit zum Auszuführen der Programme.
- **Speicher** ④ (Arbeitsspeicher) [*main memory*], der die laufenden Programme und die gerade verarbeiteten Daten vorübergehend speichert.
- **Festplatte** ⑤ [*hard disc drive*] zum dauerhaften Speichern von Daten und Programmen.
- **Grafikkarte** ⑥ [*graphics processing unit, GPU*] zum Ausführen von 2D und 3D Grafikoperationen.
- **CD-, DVD-** oder **Blu Ray-Brenner** ⑦ als optische Speicher zum Abspielen und Speichern (Brennen).

Um das Gerät bedienen zu können, sind eine Auswahl folgender externer Peripheriegeräte vorhanden:

- **Tastatur** ⑧ [*keyboard*] zur Eingabe von Buchstaben, Zahlen, Symbolen und Tastenkombinationen als Befehle.
- **Maus** ⑨ [*mouse*] als Zeigegerät, um grafische Benutzeroberflächen zu bedienen.
- **Monitor** ⑩ [*monitor*] als Anzeigegerät zur Darstellung von Texten, Bildern oder Videos.
- **Berührungsempfindlicher Bildschirm** [*touchscreen*] mit berührungsempfindlicher Oberfläche.

Die Hauptplatine enthält zudem eine Batterie damit die **Echtzeituhr** (**RTC**: **R**eal **T**ime **C**lock) auch in Zeiten ohne Stromanschluss weiter läuft.

4: Hauptplatine mit Komponenten

4.5.3.3 Speicher

Neben den im Prozessor integrierten Zwischenspeichern (L1/2/3-Cache, s. Kap. 4.5.3.1) ist der **Arbeitsspeicher** der größte flüchtige Zwischenspeicher.
Da im Arbeitsspeicher jede Speicherzelle über ihre Adresse willkürlich gelesen und geschrieben werden kann, wird der Speicher als **RAM** [*Random Access Memory*] bezeichnet. Unterschieden werden
- dynamische (**DRAM**: **D**ynamic **RAM**) und
- statische RAMs (**SRAM**: **S**tatic **RAM**).

Bei DRAMs wird die Information in Form einer elektrischen Ladung in einem Kondensator (s. Kap. 1.4.2) abgelegt. Da diese Ladung allmählich „verloren" gehen würde, da Kondensatoren sich langsam selbst entladen, muss in bestimmten Abständen eine Auffrischung erfolgen (Refresh-Zyklus). Bei SRAMs werden die Informationen in Flip-Flops gespeichert und eine Auffrischung ist nicht notwendig. Da die Zugriffszeiten bei SRAMs deutlich kürzer sind, werden sie für prozessororientierte Zwischenspeicher verwendet.

Dynamische RAMs werden im PC vorwiegend als Arbeitsspeicher verwendet. Diese eingesetzte Variante wird als **SDRAM** [*Synchronous Dynamic Random Access Memory*] bezeichnet, weil sich der Schreib- und Lesezugriff des Speichers am Systemtakt des Prozessors orientiert. Mit dieser synchronen Arbeitsweise vereinfacht und beschleunigt man die Ansteuerung der Speicher.

Für Computer werden einzelne SDRAM Bausteine auf kleine Leiterplatten als **Speichermodule** zusammengefasst (Abb. 1). Die Kennzeichnung erfolgt durch die
- Speicherkapazität (z. B. 1 GB, 2 GB, 4 GB, 8 GB),
- Taktfrequenz (z. B. 1600 MHz, 3200 MHz) und
- maximale Datentransferrate (z. B. 12,8 GB/s).

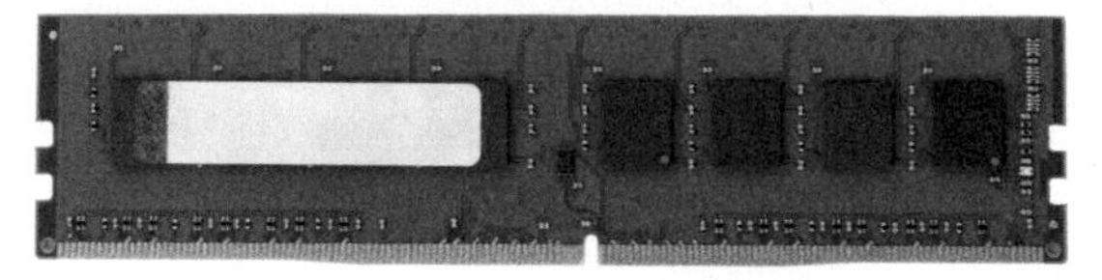

1: DDR4-Speichermodul mit Einkerbungen

Double Data Rate-DDR

Aktuelle Arbeitsspeicher arbeiten mit der **DDR**-Speichertechnik (**DDR**: **D**ouble-**D**ata-**R**ate). Mit dieser Bezeichnung verdeutlicht man, dass sowohl bei der auf- als auch bei der absteigenden Flanke des Taktsignals Datenbits übertragen werden.

Mit den nachfolgenden Speichergenerationen – DDR2 und DDR3 – werden pro Takt doppelt bzw. viermal so viele Datenbits übertragen wie bei DDR.

DDR4-Speichermodule übertragen, wie DDR3-Speichermodule, acht Datenbits pro Taktzyklus. Sie arbeiten jedoch mit der doppelten Frequenz und erzielen dadurch eine Verdopplung der Datenmenge (Abb. 3).

Die Speichermodule der DDR-Generationen sind elektrisch nicht miteinander kompatibel und unterscheiden sich physikalisch durch unterschiedliche Einkerbungen in ihrer Kontaktleiste (Abb. 2).

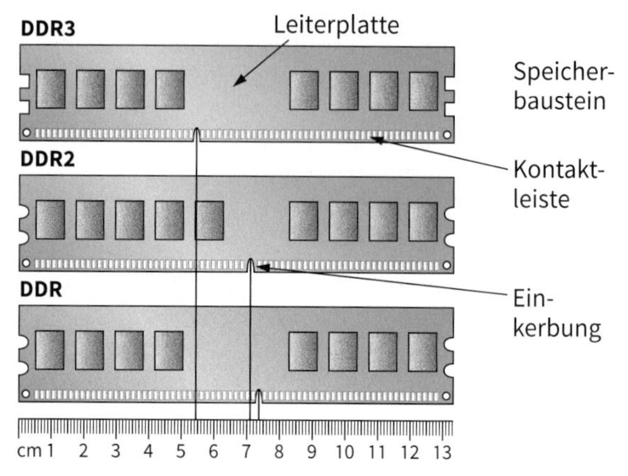

2: Modulabmessungen

Speicherbaustein	Modul	Speichertakt	Transferrate	Übertragungsgeschwindigkeit
		in MHz		in GB/s
DDR4-1690	PC4-12800	200	800	12,8
DDR4-2400	PC4-19200	300	1200	19,2
DDR4-3200	PC4-25600	400	1600	25,6

3: Spezifikationen von DDR4-Speichermodulen (Auswahl)

Fehlerkorrektur

Für professionelle Anwendungen (z. B. Videobearbeitung) werden Speichermodule mit Fehlerkorrektur (**ECC**: **E**rror-**C**orrecting **C**ode) verwendet. Diese Speichermodule können fehlerhafte Bits erkennen und korrigieren.

Dual Channel

Aktuelle Prozessoren besitzen meist mehrere Speicherkanäle und können dadurch unabhängig voneinander zwei Speichermodule gleichzeitig mit unterschiedlichen Daten ansprechen. Auf Hauptplatinen sind diese Steckplätze für Speichermodule der verschiedenen Kanäle farblich markiert.

- RAMs sind dynamische (DRAM) bzw. statische (SRAM) Speicher.
- Ein synchroner DRAM (SDRAM) ist ein getakteter Speicher. Der Takt wird vom Systembus vorgegeben.

Booten

Wenn ein Computer eingeschaltet wird, laufen bestimmte Startroutinen ab. Diesen Vorgang nennt man **Booten** (Hochfahren, Starten oder Urladen). Da die Daten für das Booten dauerhaft verfügbar sein müssen, sind sie in einem nichtflüchtigen Speicher (**ROM** [*Read Only Memory*]) auf der Hauptplatine abgelegt. Dieses Ein- und Ausgabesystem hat die Bezeichnung **BIOS** [*Basic Input Output System*]. Es ist im Prinzip ein abzuarbeitendes Programm und enthält auch die Einstellungen für die Hardwarekomponenten, mit denen die Hauptplatine zusammenarbeiten muss.

Bei diesem Nur-Lese-Speicher kann es sich um ein **EPROM** [*Eraseble Programmable ROM*] handeln. Die Daten werden durch ein spezielles Programmiergerät übertragen. Das Löschen und Umprogrammieren lässt sich durch UV-Licht über ein Fenster an der Oberseite des Chips realisieren. Weiterentwicklungen sind das elektrisch löschbare **EEPROM** [*Electrically EPROM*] und Flash-PROM (Flash-Speicherung, s. Kap.4.5.3.7).

Im BIOS befinden sich aber auch die Konfigurationsdaten, die bei der Herstellung des PCs anfallen. Sie müssen beim Einschalten des PCs zur Verfügung stehen und sind deshalb permanent in einem **CMOS-RAM** [*Complementary Metal Oxide Semiconductor RAM*] abgelegt (Abb. 4 ①). Dieser Speicher wird ständig durch eine Batterie ② oder einen Akku mit Spannung versorgt. Die Einstellungen können über das BIOS-Setup verändert werden.

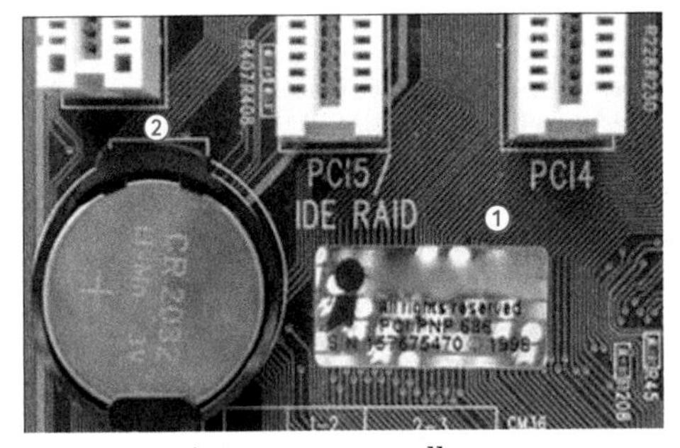

4: CMOS-RAM mit Spannungsquelle

Mittlerweise ist das BIOS durch **UEFI** [*Unified Extensible Firmware Interface*] abgelöst worden.

- Unter Booten versteht man den Startvorgang eines Computers. Der Systemstart setzt sich aus mehreren Arbeitsschritten zusammen.
- Für das BIOS werden die Speicherbausteine ROM und RAM verwendet.
- Die für das BIOS notwenigen Informationen sind in einem batteriegepufferten Speicher (CMOS-RAM) abgelegt.
- Ein EPROM bzw. EEPROM ist ein nichtflüchtiger, löschbarer und programmierbarer Nur-Lese-Speicher.

4.5.3.4 PC-Steckplätze, PCI Express

Für die Datenübertragung zwischen dem Prozessor und anderen Komponenten als des Arbeitsspeichers wird die Schnittstelle **PCI** [*Peripheral Component Interconnect*] in verschiedenen Varianten verwendet:

- PCI, Standardversion (Conventional)
- PCI-X, leistungsfähigere Erweiterung von PCI
- PCI Express (PCIe, PCI-E), mit höheren Datenraten; Varianten: PCI-Express x1, x4, x8 und x16

Die Datenübertragung bei PCIe verläuft seriell über eine, zwei, vier, acht oder 16 **Lanes** (Spuren). Jede Lane besteht aus zwei unidirektionalen (nur in eine Richtung) Leitungspaaren. Ein Leitungspaar ist für den Empfang und das zweite für das Senden zuständig. Die Übertragung erfolgt im Vollduplex-Betrieb (in beide Richtungen, Abb. 5).

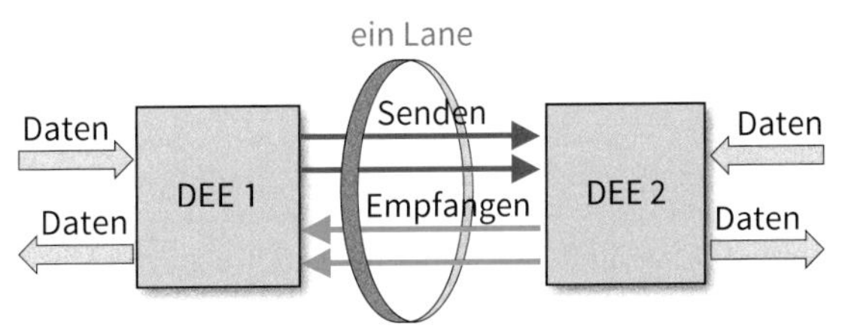

5: Datenübertragung bei einer PCIe Lane

PCIe Steckplätze unterscheiden sich in der Anzahl an Lanes, mit der sie mit der Hauptplatine verbunden sind (Abb. 6).

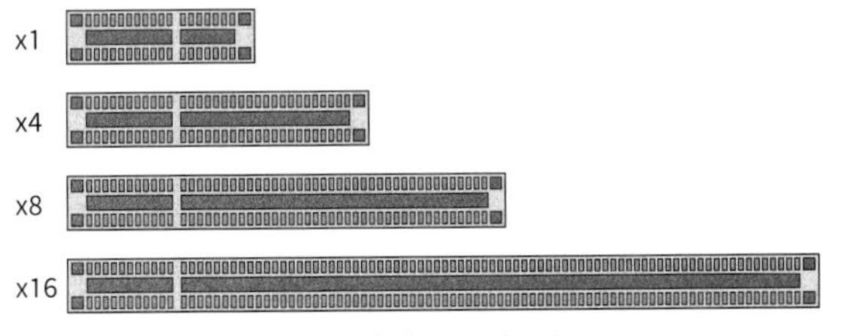

6: Datenübertragung bei einer PCIe Lane

Die Anzahl der PCIe Lanes eines Prozessors ist begrenzt und variiert zwischen verschiedenen Modellen. Hat ein Prozessor noch 16 freie Lanes, kann die Hauptplatine diese 16 Lanes alle mit einem PCIe x16 Steckplatz verbinden oder diese auf mehrere Steckplätze aufteilen, d. h. die physikalische Größe eines Steckplatzes bestimmt lediglich die maximale Anzahl an verwendbaren Lanes. In der Version 3.0 können pro PCIe Lane bis zu 985 MB/s übertragen werden.

Der Vorgänger von PCIe ist PCI und überträgt Daten über einen parallelen synchronen Bus mit maximal 533 MB/s bei einer Busbreite von 64 Bit und einem Takt von 66 MHz.

- Unter PCI versteht man eine standardisierte Verbindungsschnittstelle für Peripheriegeräte eines Computers. Es werden unterschieden: PCI, PCI-X und PCI Express.

4.5.3.5 Festplatten

Festplatten [*HDD: Hard Disc Drive*] speichern Informationen über magnetisierbare Speicherzellen. Eine Festplatte (Abb. 1) besteht aus mehreren sich drehenden Scheiben aus Aluminium oder Glas ①, auf denen sich eine magnetisierbare Beschichtung befindet.

1: Festplatte

Zum Lesen oder Schreiben der Daten greifen seitlich pro Scheibe zwei Schreib-Lese-Köpfe ② ein. Alle Schreib-Lese-Einheiten sitzen auf einem Kamm ③, sodass sie stets synchron über die Oberflächen bewegt werden. Die Bewegung des Kamms erfolgt über einen Linearmotor ④.

Die Oberfläche der Scheiben ist in **Sektoren** [*sectors*], **Spuren** [*tracks*] und **Zylinder** [*cylinders*] eingeteilt. (Abb. 2)

Innerhalb eines Sektors befinden sich 4096 kleine magnetisierbare Speicherzellen. Jeder dieser Speicherzellen verhält sich wie ein Magnet, bei dem entweder der Nord- oder Südpol zur Plattenoberfläche zeigt.

Pro Plattenseite befinden sich je ein Lese- und Schreibkopf (Abb. 1 ②), die sich auf einem Arm ③ gemeinsam radial auf den sich drehenden Scheiben bewegen können und dadurch jede Speicherzelle der Scheibe erreichen.

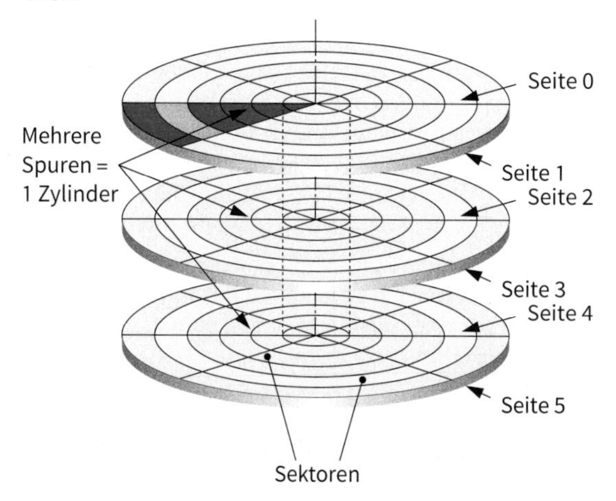

2: Festplattengeometrie

„Erkennt“ der Lesekopf beispielsweise einen magnetischen Nordpol, so liefert er eine „0“ für dieses Bit und für jeden erkannten Südpol eine „1“. Der Schreibkopf kann die Polarität des Magneten einer Speicherzelle umkehren um neue Daten auf der Festplatte abzulegen.

Speicherkapazität

Die Menge der Bits auf allen Scheibenseiten bestimmt die Speicherkapazität der Festplatte. Sie wird in Bytes (8 Bit) angegeben. Gegenwärtig sind Kapazitäten mit mehreren Terabyte (TB) geläufig. Ein TB entspricht dabei 1012 Byte oder 1.000 GB.

Schnittstellen

Als Schnittstellen kommen u. a. zum Einsatz:

- **SATA** [*Serial ATA*], **eSATA** [*External SATA*]
- **USB** [*Universal Serial Bus*], (s. Kap. 4.5.3.11)
- **SAS** [*Serial Attached SCSI*]
- **FC** interface [*Fibre Channel interface*]

Bauformen

Die Angabe erfolgt in Zoll (“) und entspricht in etwa dem Durchmesser der Scheiben. Gängige Größen sind 3,5", 2,5" und 1,8".

Ausfallraten

Verwendet werden zwei statistische Werte:

- **MTBF** (**M**ean **T**ime **B**etween **F**ailures: Mittlere Zeit zwischen zwei Ausfällen) bzw.
- **AFR** (**A**nnualised **F**ailure **R**ate: Jährliche Ausfallrate).

MTBF liegt bei aktuellen Festplatten in der Regel bei 1 Million Stunden.

Werden mehrere Festplatten in ein Gehäuse eingebaut, wie z. B. bei Netzwerkspeichern, können sich die Festplatten durch ihre Vibrationen gegenseitig stören. Hersteller geben daher an, mit wie vielen Festplatten eine Festplatte gemeinsam in einem Gehäuse betrieben werden darf.

Partitionierung

Der gesamte Speicherplatz einer Festplatte kann vom Betriebssystem in Partitionen unterteilt werden. Diese Partitionen erscheinen beispielsweise unter Windows mit jeweils einem eigenen Laufwerksbuchstaben als getrennte Speicherbereiche. Partitionen können dazu genutzt werden, das Betriebssystem und Benutzerdaten auf jeweils eigenen Partitionen abzulegen.

- Festplatten sind Datenspeicher, die aus rotierenden und ferromagnetisch beschichteten Scheiben bestehen. Die binären Daten werden in Spuren, Sektoren und Zylindern organisiert.
- Partitionieren ist das Aufteilen einer Festplatte in einzelne, voneinander unabhängige Speicherbereiche.

4.5.3.6 Solid State Disc (SSD)

Im Gegensatz zu Festplatten besitzen SSDs (Abb. 3) keine beweglichen Teile. SSDs speichern Daten in Halbleiter-Speicherbausteinen. In diesen befinden sich in NAND-Technik aufgebaute Speicherzellen. Eine Speicherzelle kann eine kleine elektrische Ladung aufnehmen. Erhält sie diese Ladung, dann speichert sie dies als eine „1", wenn sie leer ist, eine „0".

3: SATA SSD und M.2 SSD

Speicherorganisation

Mehrere Speicherzellen werden zu einer Seite (Page) zusammengefasst, mit Kapazitäten von 4 kB oder 8 kB. Pages lassen sich einzeln beschreiben, können aber nicht einzeln gelöscht werden.

Pages werden in **Blöcken** zusammengefasst, die gelöscht werden können. Beispiele:

- 128 Pages mit 4 kB ergeben einen Block von 512 kB.
- 256 Pages mit 8 kB ergeben einen Block von 2 MB.

Die Schritte zur **Datenspeicherung** [*Read-Modify-Write-Zyklus*] sind:

1. Daten des Blocks werden ausgelesen und noch benötigte Daten werden in einem Zwischenspeicher abgelegt.
2. Daten im Block werden gelöscht.
3. Neue bzw. gespeicherte Daten werden im gelöschten oder in einem anderen Block abgelegt.

Aufgrund fehlender mechanischer Teile sind SSDs deutlich weniger anfällig für Ausfälle als Festplatten. Lesevorgänge sind nahezu unbegrenzt möglich. Lediglich die Anzahl der Schreibzyklen einer Speicherzelle ist begrenzt.

Dieses Problem wird von SSDs durch einen Controllerchip gelöst, der mitzählt, wie oft ein Block bereits beschrieben wurde. Bei Erreichen der maximalen Anzahl wird dieser abgeschaltet und die Daten in einen noch unbenutzten Reserveblock geschrieben. SSDs besitzen dafür immer etwas mehr Speicher, als angegeben. Dieses Vorhalten von Reservespeicherblöcken wird als „over-provisioning" bezeichnet.

Das Partitionieren von SSDs ist möglich, kann aber den Controller beim geschickten Verschieben von Blöcken behindern und sollte daher vermieden werden.

Speicherchiparten

- **SLC** [*Single Level Cell*] speichern 1 Bit pro Speicherzelle.
- **MLC/TLC/QLC/PLC** [*Multi/Triple/Qua/Penta Level Cell*] speichern 2/3/4/5 Bit pro Speicherzelle.

Schnittstellen und Steckverbinder

- **SATA** [*Serial ATA*], **eSATA** [*External SATA*]
  - SATA über mSATA Steckverbinder
  - SATA über SATA Steckverbinder
  - SATA über M.2 Steckverbinder
- **NVMe** [*Non-Volatile Memory Express*] ist eine Variante von **PCIe** [*Peripheral Component Interconnect Express*] speziell für SSDs
  - NVMe über M.2 Steckverbinder
  - NVMe über PCIe Steckverbinder

Vor- und Nachteile im Vergleich zu Festplatten:

- Geringerer Energiebedarf
- Schnellere Zugriffszeiten und kürzere Schreib-/Lesezeiten
- Unempfindlich gegen Stöße und Vibrationen
- Geringeres Gewicht
- Erweiterter Temperaturbereich (−40 °C bis +85 °C)
- Kosten pro GB sind höher
- Speicherkapazität ist geringer

M.2

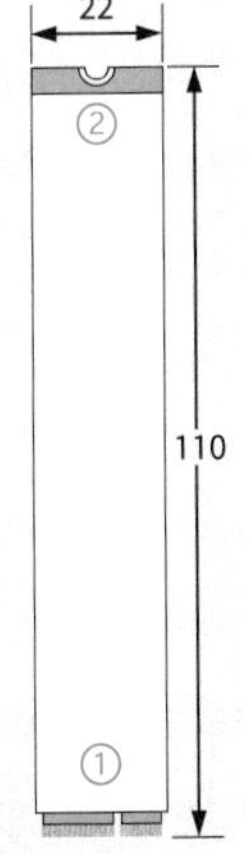

M.2 ist die Bezeichnung für einen 75-poligen Steckverbinder. Er wird auf der Hauptplatine zur Aufnahme kleiner **Leiterplatten** [*add-on cards*] und in kompakten Geräten (Ultrabooks, Tablets) verwendet. Die Leiterplatten können beidseitig mit unterschiedlichen Bauelementhöhen bestückt sein. Von den 75 Kontakten werden

- 8 für die Leiterplattencodierung und
- 67 für die Signalübertragung verwendet.

An den Kontakten können bei einer Stromstärke von 0,5 mA maximal 50 V liegen.

M.2-Karten sind rechteckig aufgebaut, mit einer Steckleiste ① auf einer Seite und einer halbkreisförmigen Aussparung ② zur Befestigung in der Mitte der gegenüberliegenden Seite.

- Breiten: 12, 16, 22 oder 30 mm
- Längen: 16, 26, 30, 38, 42, 60, 80 oder 110 mm

- SSDs sind nichtflüchtige Halbleiter-Speichermedien für Daten, die sich wie Festplatten verwenden lassen.
- Die Bits (Daten) werden als Ladungen in isolierten Zonen der Halbleiterbausteine gespeichert.

4.5.3.7 Speicherkarten

In Speicherkarten befinden sich eingebettete Speicherchips und ggf. ein zusätzlicher Controller (abhängig von der Kartenart). Als Speicher werden Flash-Speicher eingesetzt. Die Karten unterscheiden sich in den mechanischen Abmessungen der Speicherkapazität und der Schreib-/Lesegeschwindigkeit.

Flash-Speicherung

Die Speicherung erfolgt über das Floating-Gate (Abb. 1 ①, „schwebendes" Gate) eines Flash-Feldeffekttransistors. Das Gate ist von der Source-Drain-Strecke isoliert. Wenn das Floating Gate geladen ist, ist der Stromfluss zwischen Drain und Source abgeschnürt (0-Zustand). Beim Programmieren wandern Elektronen zum Gate (Tunneleffekt; Blitz = Flash) und es fließt Strom (1-Zustand).

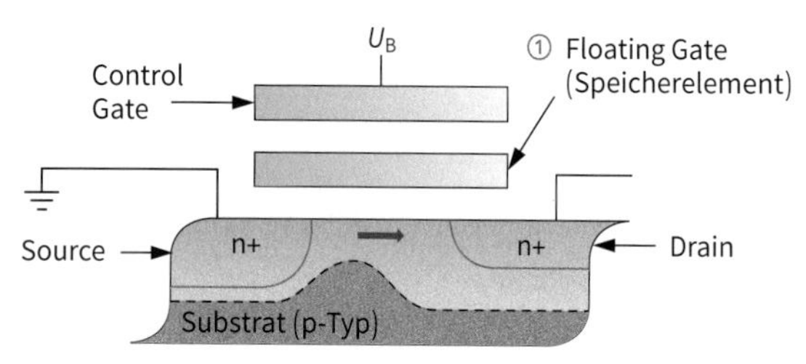

1: Prinzip der Flash-Speicherung

CF Karte [*CF: Compact Flash*]

Neben dem Flash-**Speicher** befindet sich auf dem Chip ein Controller, der den Speicher verwaltet und die Schnittstelle realisiert.

- **Typ I**: 42,8 mm x 36,4 mm x 3,3 mm (Typ I Karten funktionieren auch im Typ II Slot)
- **Typ II**: 42,8 mm x 36,4 mm x 5 mm

Anwendungen:
Digitale Fotoapparate (professionelle Spiegelreflexkameras), PCs, Netzwerkkomponenten, PDAs (Personal Digital Assistants). Der Anschluss (50-polig, geschützte Kontakte) ist kompatibel mit der PATA Schnittstelle.

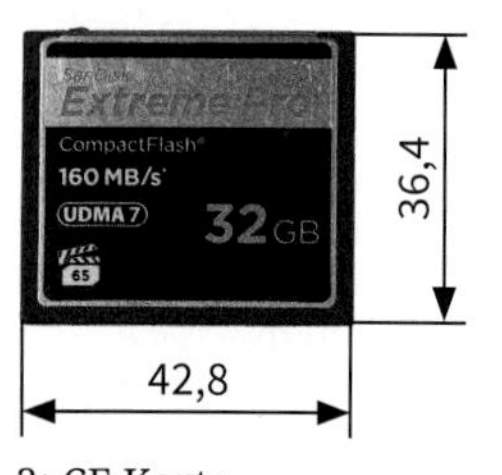

Speicherkapazität: 32 GB
Schreib-/Lesegeschwindigkeit: 160 MB/s
Schnittstelle: PATA
Maße in mm

2: CF Karte

SD Karte [*Secure Digital Memory Card*]

SD Karten sind universell und die am häufigsten eingesetzte Speicherkarten für z. B. Mobiltelefone, Digitalkameras, MP3-Player, mobile Navigationsgeräte. Sie arbeiten mit Flash-Speicherung und einem integrierten Controller. Als Schreibschutz befindet sich am linken Rand ein kleiner Schieber (Abb. 3). Er ist kein mechanischer Schalter. Die Einstellung wird von der Gerätesoftware ausgewertet.

3: SD Karte

Bezeichnungen für SD-Kartenformate:

- **SD** für Standardformate, SD 1.0, SD 1.1
- **SDHC** [*SD High Capacity*], SD 2.0
- **SDXC** [*SD eXtended Capacity*], SD 3.0
- Für kleinere Speicherkarten folgende Vorsilben: **mini**...; **micro**, Abb. 4 (Adapter für SD-Kartenformate)

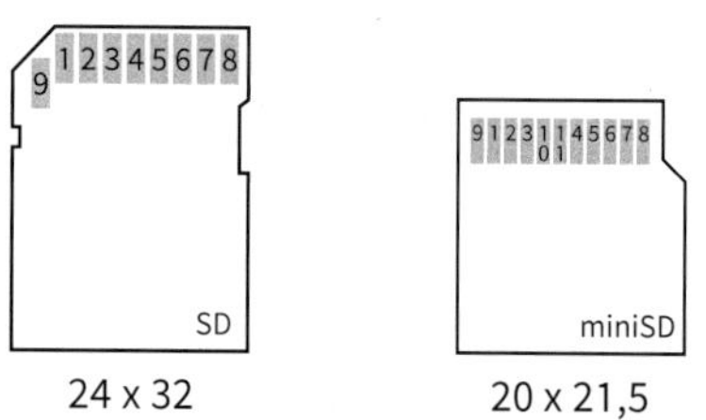

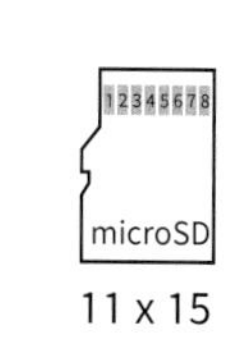

24 x 32 20 x 21,5 11 x 15

4: Abmessungen und Kontakt von CD Karten

Leistungsklassen, Datenübertragungsraten

Die Zahl im offenen Kreis (**Speed-Klasse**) kennzeichnet die folgenden Schreibgeschwindigkeiten (mindestens):

CLASS 2	16 Mbit/s (2 MB/s)
CLASS 4	32 Mbit/s (4 MB/s)
CLASS 6	48 Mbit/s (6 MB/s)
CLASS 10	80 Mbit/s (10 MB/s)

Daneben wird die **UHS-Klassifizierung** [*Ultra High Speed*] verwendet.

U1	Class 1 (U1)	80 Mbit/s (10 MB/s)
U3	Class 3 (U3)	240 Mbit/s (30 MB/s)

Für die Speicherung von Videos benutzt man die **Video Speed Class**.

V6	Class 6 (V6)	48 Mbit/s (6 MB/s)
V10	Class 10 (V10)	80 Mbit/s (10 MB/s)
V30	Class 30 (V30)	240 Mbit/s (30 MB/s)
V60	Class 60 (V60)	480 Mbit/s (60 MB/s)
V90	Class 90 (V90)	720 Mbit/s (90 MB/s)

- Speicherkarten sind kompakte und wiederbeschreibbare Speichermedien in Flash-Speichertechnik für digitale Daten.

4.5.3.8 Optische Datenträger

Die Daten auf den auswechselbaren Speicherscheiben werden durch Laserlicht beschrieben und ausgelesen. Die Speicher werden als CD, DVD oder Blu-ray Disc bezeichnet.

CD [*Compact Disc*]

Die spiralförmige Datenspur beginnt mit dem Einlaufbereich (lead-in), Abb. 5 ①, der die Basisdaten (Inhaltsverzeichnis, Gesamtlänge, Tracks usw.) aufnimmt. Die Datenspur ② endet im Außenbereich mit dem Spurauslauf (lead-out) ③.

Die Datenspur wird von einem Laser abgetastet. Die Reflexionen des Laserstrahls durch die Lands ④ werden am Übergang zu den Pits ⑤ gestört. Jeder Übergang zwischen Lands und Pits und umgekehrt entspricht einer logischen „1".

Arten:

- **CD-ROM** [*CD-Read-Only-Memory*], industriell gepresste „klassische" CD
- **CD-R** [*R: Recordable*], einmal beschreibbar
- **CD-RW** [*RW: Rewritable*], mehrfach löschbar und wieder beschreibbar

Speicherkapazität:

650 MB (74 Minuten Musik bei Audio-CD) bis 879 MB

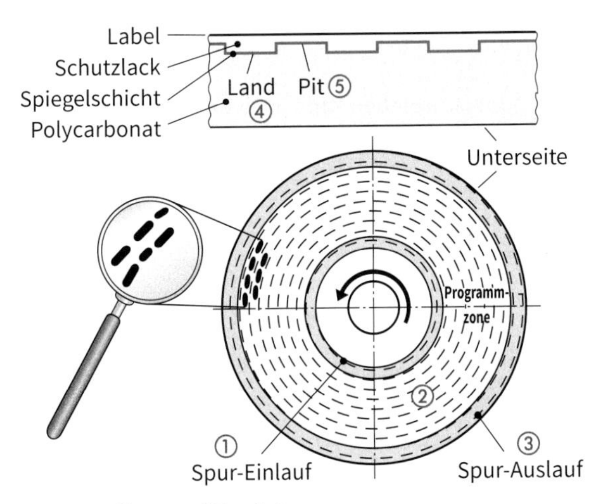

5: CD, Aufbau und Funktion

DVD

[*Digital Versatile Disc*] (digitale vielseitige Scheibe)

Die Datenspuren verlaufen wie bei der CD aber mit deutlich größerer Speicherkapazität. Der Scheibendurchmesser beträgt 12 cm bzw. 18 cm. Je nach Verwendungszweck werden DVD-Formate für spezielle Datenstrukturen hergestellt.

- **DVD-Video**

Wiedergabe von bewegten Bildern und Ton, Datenkompression mit MPEG-2.

- **DVD-Audio**

Wiedergabe von Standbildern und Ton hoher Qualität.
  - Unkomprimiert: PCM (lineare Pulscodemodulation)
  - Komprimiert: Z. B. MP2 (MPEG-1 Audio) mit 192 bis 256 kbit/s, DTS mit 448 kbit/s

- **DVD-ROM**

Zum Lesen von Daten (Computerdaten), Speicherung der Dateien in beliebigen Ordnern

- **Beschreibbare DVD**
  - DVD-RAM (einmal beschreibbar)
  - Minus-Standard: DVD-R, DVD-RW, DVD-R DL
  - Plus-Standard: DVD+R, DVD+RW, DVD+R DL

  DL: **D**ouble (Dual) **L**ayer, zwei Datenschichten pro Seite

  Wie bei CDs können DVDs in mehreren Sitzungen (Sessions) beschrieben werden.

- **DVD-5**

Einseitig und einschichtig (4,7 GB), eine Aufzeichnungsebene, etwa 2,2 Stunden Videoaufzeichnung möglich (Abb. 6)

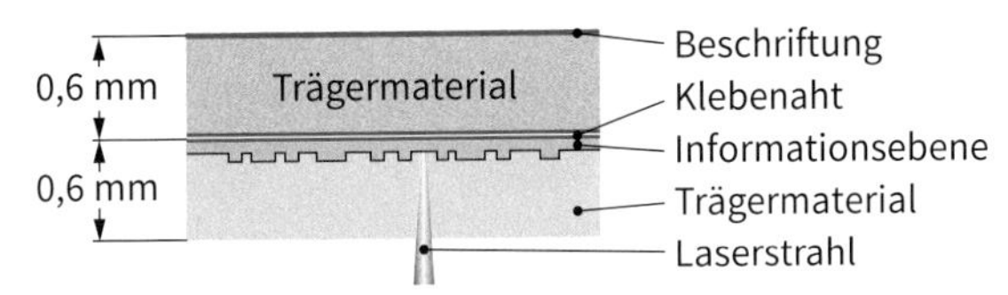

6: DVD-5

- **DVD-10**

Beidseitig und einschichtig (9,4 GB) aufgebaut. Im Prinzip sind es zwei zusammengeklebte einschichtige DVDs. Etwa 4 Stunden Videoaufzeichnung möglich.

- **DVD-9**

Einseitig und zweischichtig (8,5 GB) aufgebaut mit zwei Aufzeichnungsebenen. Etwa 4,4 Stunden Videoaufzeichnung möglich.

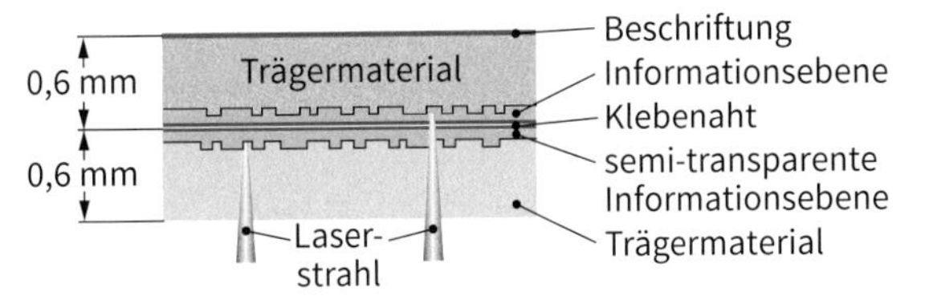

7: DVD-9

- **DVD-18**

Beidseitig und zweischichtig (17 GB) aufgebaut. Im Prinzip handelt es sich um zwei zusammengeklebte zweischichtige DVDs. Etwa 8 Stunden Videoaufzeichnung sind möglich.

■ CDs und DVDs sind optische Permanentspeicher. Die gespeicherten Bits werden durch die Lands und Pits repräsentiert.

BD

BD: **B**lu-Ray **D**isc

Die BD ist als Nachfolger gedacht gewesen für die DVD mit erhöhter Speicherkapazität zur Aufnahme von Videos im HDTV-Format.

Speicherkapazitäten:
- Eine Lage bis 27 GB
- Zwei Lagen bis 54 GB

Die BD ist nicht kompatibel zur CD und DVD. Der Scheibendurchmesser beträgt ebenfalls 12 cm. Im Vergleich zur DVD sind die Abstände der Informationen durch das violette Laserlicht auf dem Datenträger verkleinert worden (Abb. 1).

Auch die Schutzschicht ist im Vergleich zur DVD dünner (0,1 mm). Sie ist empfindlicher gegen Schmutz und Oberflächenbeanspruchungen.

Vergleich optischer Datenspeicher

CD	DVD	Blu-ray Disc
Abstände der Pits in µm		
1,6 µm	0,74 µm	0,32 µm
Speicherkapazität in GB, SL: Single Layer, DL: Double Layer		
0,68–0,8	SL: 4,7; DL: 8,5	SL: 25; DL: 50
Wellenlänge des Lasers, Laserspot-Durchmesser		
780 nm, Infrarot 2,1 µm	650 nm, Rot 1,3 µm	405 nm, Violett 0,6 µm
Datentransferrate in Mbit/s		
Mode1: 1,2288 Mode 2: 0,6112	11,08	36–54
Video-Codec		
MPEG-1 (VCD) MPEG-2 (SVCD)	MPEG-1 (VCD) MPEG-2 (SVCD)	MPEG-1 (VCD) MPEG-2 (SVCD) VC-1, H.264
Spurweite in µm		
1,6	0,74	0,32

1: Optische Speicher im Überblick

Wie bei CD und DVD gibt es entsprechende Varianten:
- Nur lesbar:
  BD-ROM: **B**lu-ray **D**isc **R**ead **O**nly **M**emory
- Einmal beschreibbar:
  BD-R: **B**lu-ray **D**isc **R**ecordable
- Wieder beschreibbar:
  BD-RW: **B**lu-ray **D**isc **Re**writable

- Bei der BD wird violettes Laserlicht verwendet. Dadurch werden Pits und Lands kleiner, sowie die Spuren enger und die Speicherkapazität größer.

4.5.3.9 Grafikverarbeitung

Die Verarbeitung der Daten von Grafiken kann bereits in Hauptprozessoren auf der Hauptplatine erfolgen. Möglich sind aber auch Grafikkarten, die sich als PC-Erweiterungskarten in Steckplätzen befinden.

Aufbau und Funktion einer Grafikkarte

Die Grafikkarte hat die grundsätzliche Funktion: Steuerung der Anzeige auf dem Bildschirm. Die Eingangsdaten gelangen dazu über eine Schnittstelle (Abb. 2 ① PCI, PCIe, ...) und einen Grafikspeicher mit großer Kapazität (z. B. 1024 MB bis 12.288 MB) in den Grafikprozessor ② [*GPU: Graphic Processing Unit*].

Der **Grafikspeicher** dient auch zur Ablage (Bildspeicher) der in der GPU verarbeiteten Daten. Es handelt sich dabei um digitale Bilder, die später auf dem Bildschirm angezeigt werden sollen.

Im **Grafikprozessor** ② erfolgt die Berechnung der Daten für die Bildschirmausgabe. Aufgrund der großen Rechenleistung in der GPU sind gegebenenfalls Kühlmaßnahmen erforderlich. Heute sind GPUs wegen ihrer Spezialisierung auf Grafikberechnungen den CPUs in ihrer Rechenleistung überlegen.

Die **Ausgabeeinheit** ③ liefert das jeweils gewünschte Signal über entsprechende Steckverbindungen (VGA, DVI, HDMI, Displayport, s. Kap. 4.6.8).

Wenn die Grafikkarte einen VGA-Ausgang besitzt, erfolgt im **RAMDAC** [*RAM-Digital-Analog-Converter*] eine Umwandlung in ein analoges Ausgangssignal. Diese Funktionseinheit kann auch im Grafikprozessor integriert sein.

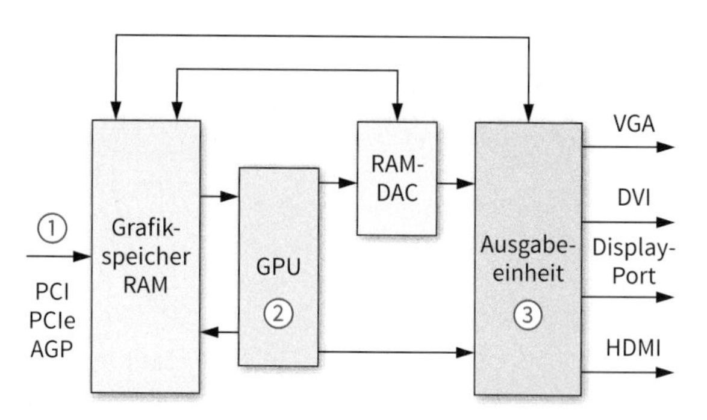

VGA: **V**ideo **G**raphics **A**rray
DVI: **D**igital **V**isual **I**nterface
HDMI: **H**igh **D**efinition **M**ultimedia **I**nterface

2: Arbeitsweise einer Grafikkarte

- Komponenten von Grafikkarten sind: Grafikspeicher, Grafikprozessor, Digital-Analog-Umsetzer, (RAMDAC), Ausgabeeinheit sowie Anschlüsse für externe Geräte (z. B. für den Monitor oder das Grafiktablett).

4.5.3.10 Tonverarbeitung

In der Regel erfolgt in Standard-Computern die Tonverarbeitung in einem Chip auf der Hauptplatine. Für die Ein- und Ausgabe von Tonsignalen sind entsprechende Buchsen am PC vorgesehen. Für eine höherwertige Tonverarbeitung können separate **Soundkarten** in Steckplätzen eingefügt werden (Abb. 3).

Farbe	Anschluss
Blau	Line-in für Aufnahmen (Stereo)
Rosa	Mic-in, Mikrofoneingang (Mono)
Orange	Center speaker, Subwoofer, Center- und Tiefbass-Lautsprecherausgang
Grün	Line-out, Kopfhörer- oder (Front-)-Lautsprecher-Ausgang (Stereo)
Schwarz	Rear speakers, Rücklautsprecherausgang (Stereo)
Silber	Side speakers, Seitenlautsprecherausgang (Stereo)

3: Soundkarte, Kennfarben und Anschlüsse (Klinkenstecker)

Eingabe, Ausgabe und Bearbeitung

Die analogen Signale (Sprache, Musik oder Geräusche aus verschiedenen Quellen) werden durch eine **Puls-Code-Modulation** (**PCM**) in digitale Signale umgewandelt. Mit einer entsprechenden Software können z. B. auch folgende Veränderungen vorgenommen werden:
- Ton-Teile löschen bzw. kopieren
- Klangdateien zusammenfügen/hinzufügen, mischen, speichern

Bei Soundkarten sind folgende Qualitätsmerkmale zu beachten:

- **Auflösung beim Digitalisieren**:
  8, 16, 24 Bit
- **Abtastrate** (Samplingrate):
  22; 44 (CD-Qualität); 96 oder 192 kHz
- Weitere Qualitätsmerkmale sind:
  Anzahl der Kanäle, Rauschverhalten, Frequenzgang, Abschirmung gegen Störsignale

Das Umformen der digitalen Signale in analoge Signale erfolgt in einem Digital-Analog-Umsetzer und die Wiedergabe durch einen Lautsprecher.

Signalerzeugung (Synthese)

Musik lässt sich mit Hilfe interner Tongeneratoren elektronisch erzeugen (Frequenzmodulation FM, **FM-Synthese**).

Es können aber auch gespeicherte Proben von Originalklängen einzelner Instrumente verwendet werden (**Wavetable-Synthese**). Die Erzeugung erfolgt mit Software-Synthesizern. Hierfür sind eine größere Rechenleistung und entsprechende Speicher erforderlich.

Für die **analoge Übertragung** (Stecker/Buchse) werden Klinken- oder Cinch-Steckverbinder (Abb. 4) verwendet.

Für die **digitale Übertragung** wird das **S/P-DIF**-Format (**S**ony/**P**hilips **D**igital **I**nter**f**ace) verwendet. Folgende Typen werden unterschieden:
- Typ I: Professional mode, für professionellen Einsatz
- Typ II: Consumer mode, für heimische Endverbraucher

Als Leitungen werden Kaxialkabel mit Cinch-Steckverbindern (Abb. 4) und bei Lichtwellenleitern optische Steckverbinder (TOSLINK-Anschluss: TOShiba-LINK) verwendet (Abb. 5). Die optische Datenübertragung hat den Vorteil, dass keine elektromagnetischen Störungen auftreten können. Die Leitungen sind aber teurer als Kupferleitungen und der Biegeradius ist geringer.

4: Cinch-Steckverbinder

5: Optische Steckverbinder

Viele Soundkarten unterstützen auch Soundausgabestandards wie **EAX** (**E**nvironmental **A**udio E**x**tension), **DTS-ES** (**D**igital **T**heater **S**ystems), oder **ASIO** (**A**udio **S**tream **I**nput/**O**utput.

- Über die Akustikeinheit (Soundkarte) eines Computers werden analoge bzw. digitale Audiosignale ein- bzw. ausgeben, aufgezeichnet, bearbeiten, gemischt und erzeugt (Synthesizer).

4.5.3.11 USB – Universal Serial Bus

Der Universal Serial Bus ist eine serielle Schnittstelle, die z. B. am PC eine Punkt-zu-Punkt Verbindungen zwischen PC und einem Peripheriegerät herstellt. Die Steuerung der Kommunikation übernimmt ein Host-Controller (Master), der für die Organisation der USB-Anschlüsse und die richtige Abfolge der anstehenden Befehle verantwortlich ist. Über einen Hub (Nabe, Knotenpunkt) können insgesamt 127 Geräte (Slave-Clients) in Form einer Baumstruktur an den Bus angeschlossen werden (in Abb. 1 vier Geräte).

1: USB-Hub

Die Übertragung erfolgt über ein symmetrisches Leitungspaar. Wenn auf der ersten Ader der H-Pegel anliegt, liegt auf der zweiten Ader der L-Pegel und umgekehrt. Dies Verfahren wird als symmetrische bzw. differenzielle Übertragung bezeichnet. Weil außerdem verdrillte Adern verwendet werden, können eingestrahlte Störungen weitgehend eliminiert werden.

Pro Anschluss am PC kann nur ein einzelnes Gerät betrieben werden. Diese werden automatisch erkannt und können im Betrieb entfernt bzw. eingesteckt werden (Hot Plugging).

Zusätzlich zu den Datenleitungen sind im Verbindungskabel Stromversorgungsleitungen enthalten, die eine Energieversorgung der angeschlossenen Geräte ermöglichen.

Aufgrund der einfachen Anwendung wird die USB-Schnittstelle zur Anschaltung von fast allen Peripheriegeräten (USB-Sticks, Festplatten, WLAN-Adapter, usw.) eingesetzt.

Spezifikationen Spannung 5 V	maximale	
	Stromstärke	Leistung
USB 1.0/1.1 (Low-Powered-Port)	0,1 A	0,5 W
USB 2.0 (High-Powered-Port)	0,5 A	2,5 W
USB 3.0/3.1	0,9 A	4,5 W
USB-BC 1.2 (Battery-Charging) [1]	1,5 A	7,5 W
USB-Typ-C	3,0 A	15,0 W

[1] Ladeanschluss

2: USB-Spezifikationen

USB 2.0

Das Verbindungskabel enthält 4 Leitungen, wobei zwei Leitungen für die Datenübertragung und zwei Leitungen für die Stromversorgung der externen Geräte vorgesehen sind. Die Datenübertragung erfolgt im Halbduplexverfahren. Die Steckverbinder sind in unterschiedlichen Ausführungen vorhanden und unterscheiden sich in der mechanischen Ausführung in Typ A, Typ B, Mini und Micro (Abb. 7).

3: USB 2.0

4: USB 3.0

USB 3.0

Diese USB-Version ist eine Erweiterung von USB 2.0 und realisiert eine höhere Datenübertragungsrate. Im Verbindungskabel sind zusätzlich zu den USB 2.0 Datenleitungen zwei weitere Datenleitungspaare vorhanden. Die Übertragung erfolgt im Vollduplexverfahren. Die Steckverbinder enthalten 9 Kontaktanschlüsse.

Die Gerätebuchsen Typ A und Typ B von USB 3.0 sind kompatibel zu den Steckern von USB 2.0. Somit können USB 2.0 Geräte auch an USB 3.0 Schnittstellen betrieben werden.

USB-Typ-C

Die Steckverbindung besteht aus zwei Kontaktreihen zu je 12 Kontakten. Diese sind horizontal und vertikal spiegelsymmetrisch angeordnet. Der Stecker kann somit in beiden Positionen eingeführt werden.

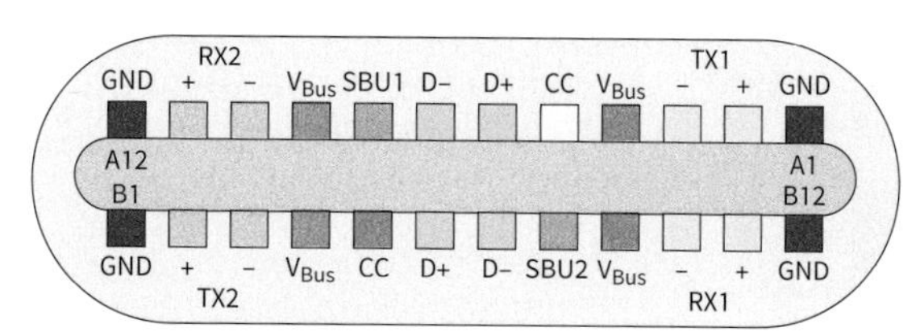

5: Kontakte USB-Typ-C

Das Kabel hat an beiden Enden einen identischen Stecker. Kabel können also nicht "falsch" eingesteckt werden. Die Datenübertragungsrate beträgt 10 Gbit/s. Die Signale sind fünf Gruppen zugeordnet:

- **SuperSpeed-Link** (TX1+, TX1-, RX1+, RX1- und TX2+, TX2-, RX2+, RX2-) zwei Paar abgeschirmte Twisted-Pair- oder Koaxialleitungen
- **USB** 2.0-Link (D+, D-) einfaches, geschirmtes Twisted-Pair Leitungspaar (Halbduplexübertragung)
- **Konfiguration** (CC1, CC2); CC erkennt das Anstecken eines Kabels und die Orientierung des Steckers.
- **Hilfssignale** (SUB1, SUB2) zur Übertragung analoger Audiosignale
- **Stromversorgung** (4 x VBUS, VCONN, 4 x GND)

Spezifikation	max. Nutzdatenrate
USB 1.0 Full Speed	1 MB/s
USB 2.0 Hi Speed	40 MB/s
USB 3.0 Super Speed	300 MB/s
USB 3.1 Super Speed +	900 MB/s

6: Datenübertragungsraten

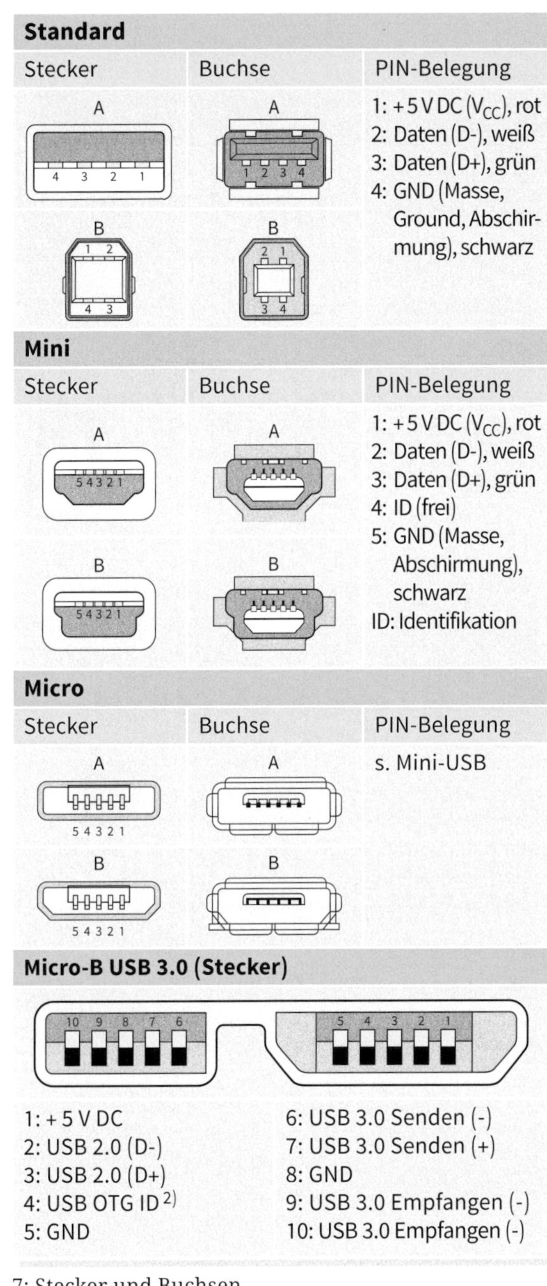

Standard		
Stecker	Buchse	PIN-Belegung
A	A	1: +5 V DC (V_{CC}), rot 2: Daten (D-), weiß 3: Daten (D+), grün 4: GND (Masse, Ground, Abschirmung), schwarz
B	B	

Mini		
Stecker	Buchse	PIN-Belegung
A	A	1: +5 V DC (V_{CC}), rot 2: Daten (D-), weiß 3: Daten (D+), grün 4: ID (frei) 5: GND (Masse, Abschirmung), schwarz ID: Identifikation
B	B	

Micro		
Stecker	Buchse	PIN-Belegung
A	A	s. Mini-USB
B	B	

Micro-B USB 3.0 (Stecker)

1: + 5 V DC	6: USB 3.0 Senden (-)
2: USB 2.0 (D-)	7: USB 3.0 Senden (+)
3: USB 2.0 (D+)	8: GND
4: USB OTG ID [2)]	9: USB 3.0 Empfangen (-)
5: GND	10: USB 3.0 Empfangen (-)

7: Stecker und Buchsen

USB-PD (Power Delivery)

Über eine USB-Typ-C Steckverbindung lassen sich Geräte mit einer Leistung bis 100 W betreiben. Es werden fünf Profile unterschieden mit den Spannungen 5 V, 12 V und 20 V.

USB On-The-Go (USB OTG, OTG)

USB-Geräte mit dieser Technik tauschen auch untereinander Daten aus – ohne Verbindung zum PC. Beispiel: Die Digitalkamera kann Bilder direkt an einen Drucker senden. Der Nutzer muss sie nicht auf einen Computer überspielen, um sie auszudrucken.

4.5.3.12 PC-Anschlüsse

Da aktuelle Schnittstellen universeller einsetzbarer sind, haben sich die rückseitigen PC-Anschlüsse im Laufe der Jahre verringert (Abb. 8).

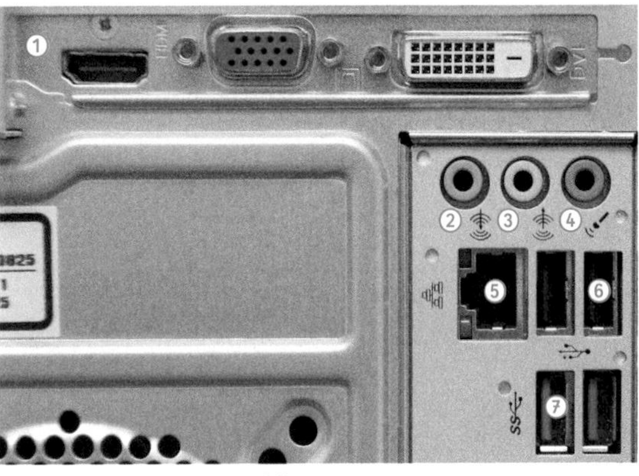

8: Rückseitige PC-Anschlüsse

① Anschlüsse für Monitore
② Blau: Line in, Eingang externe Audio-Quelle
③ Grün: Line out, Ausgang Kopfhörer, Lautsprecher
④ Rosa: Mic in, Eingang Mikrofon
⑤ LAN (Netzwerkanschluss, RJ45)
⑥ USB 2.0
⑦ USB 3.0

Weitere Buchsen bei älteren Computern:

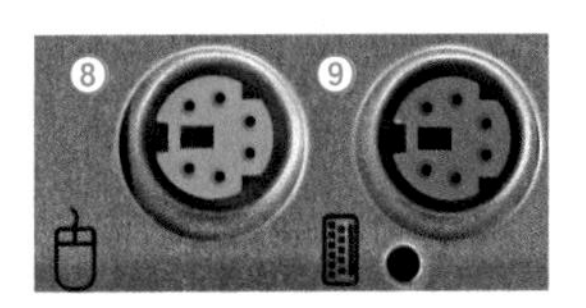

⑧ Maus, PS/2 Maus
⑨ Tastatur, PS/2 Tastatur

RS-232 (**R**ecommende **S**tandard), serielle Schnittstelle, bis ca. 2010 an PCs

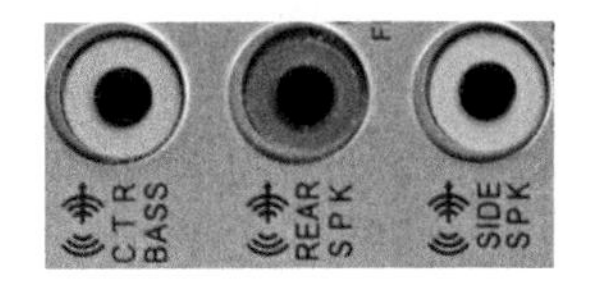

Je nach Soundkarte gibt es weitere Anschlüsse für Lautsprecher

- Die USB-Schnittstelle arbeitet seriell und sternförmig. Die Steuerung übernimmt ein Host-Controller (Host: Dienstleister) im PC.
- Über die USB 2.0 Anschlussleitung (4 Leiter) wird auch eine Spannung von 5 V übertragen, sodass Geräte bis 2,5 W betrieben werden können.
- Mit USB 3.1 lassen sich Datenübertragungsraten bis 900 MB/s erreichen.

4.5.4 Betriebssysteme

Das **Betriebssystem** [*OS: Operating System*] eines Computers vermittelt zwischen der Hardware und den auf dem Computer ausgeführten Anwenderprogrammen.

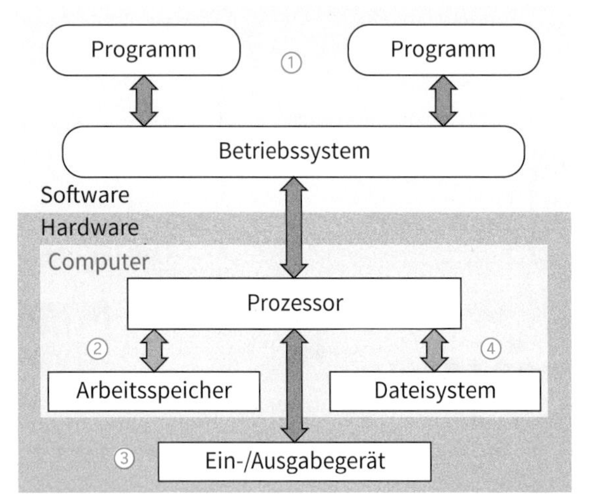

1: Zusammenspiel von Betriebssystem und Hardware

Das Betriebssystem übernimmt im Wesentlichen folgende Aufgaben beim Betrieb eines Computers:

- **Aufgabenverwaltung** [*task scheduling*]
Das Betriebssystem entscheidet, wann welches Programm (Abb. 1 ①) den Prozessor für seine Berechnungen benutzen darf und wann es warten muss.

- **Speicherverwaltung** [*memory management*]
Das Betriebssystem weist den laufenden Programmen einen Teil des Arbeitsspeichers ② zu, den sie für sich exklusiv benutzen dürfen.

- **Geräteverwaltung** [*device management*]
Das Betriebssystem benutzt **Gerätetreiber** [*device driver*] um mit angeschlossenen Ein- und Ausgabegeräten ③ Daten auszutauschen. Dies kann z. B. das Speichern einer Datei auf dem internen **Dateisystem** ④ oder das Anzeigen einer Grafik auf dem Monitor sein, wenn Programme dies anfordern.

Durch das **Dateisystem** [*FS: File System*] wird festgelegt, wie Dateien auf Datenträgern benannt, gespeichert, organisiert und verwaltet werden.

Eine weitere Eigenschaft von Betriebssystemen ist die Möglichkeit, dass verschiedene Benutzer gleichzeitig Programme auf dem Computer ausführen können.

Bei Personal Computern (PCs) sind **Windows** von Microsoft, **macOS** von Apple und **Linux** die drei meistverwendeten Betriebssysteme. Alle diese Betriebssysteme bieten neben einer **Kommandozeile** [*CLI: Command Line Interface*] (Abb. 2) auch eine **graphische Benutzeroberfläche** [*GUI: Graphical User Interface*].

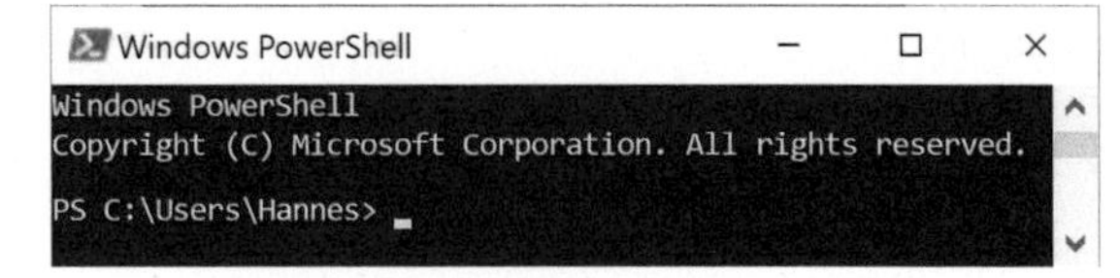

2: Kommandozeile unter Windows (PowerShell)

Windows ist das im Endanwenderbereich am weitesten verbreitete Betriebssystem für PCs. Es steht zurzeit in der Version 10 zur Verfügung und wird derzeit halbjährlich aktualisiert.

Linux ist nach dem Betriebssystem **UNIX** (**Uni**plex**ed** Information and Computing Service) entwickelt worden und das derzeit am weitesten verbreitete Betriebssystem für Server in Rechenzentren, es ist aber ebenso wie Windows und macOS für PCs verfügbar. Der Quellcode von Linux ist offen, d. h. er ist für jeden frei zugänglich und kann unter Einhaltung seiner Lizenzbedingungen (GPL v2) kostenlos genutzt werden. Linux wird durch eine Vielzahl an Softwareentwicklern auf der ganzen Welt freiwillig weiterentwickelt.

macOS ist das Betriebssystem des Herstellers Apple für seine Computer und basiert auf dem Betriebssystem UNIX. Es ist nach Windows das zweitmeist verbreitete Betriebssystem für Endanwender und wird oft in der Kreativ- und Multimediabranche eingesetzt.

Android ist ein auf Linux basierendes Betriebssystem für Mobilgeräte mit Touchscreens wie z. B. Smartphone, Tablets, welches hauptsächlich von Google entwickelt wird. Wie bei Linux ist der Quellcode ebenfalls frei verfügbar. Android ist das derzeit weltweit am häufigsten installierte Betriebssystem.

iOS ist das Betriebssystem für Smartphones der Firma Apple und gehört wie Linux und Android der UNIX Betriebssystemfamilie an.

- Ein Betriebssystem verkörpert die Nutzeroberfläche eines Computers und besteht aus mehreren Programmen.
- Das Betriebssystem ist die Schnittstelle zwischen der Anwendungssoftware und der Hardware. Es sorgt für einen reibungslosen Arbeitsablauf und die Einbindung von Komponenten und Peripheriegeräten.

4.6 Peripheriegeräte

4.6.1 Tastatur

Die **Tastatur** [*keyboard*] ist eine Anordnung von Tasten, die weitgehend von der Schreibmaschine übernommen wurden (Abb. 3). Das Tastaturfeld ist in Blöcke aufgeteilt.

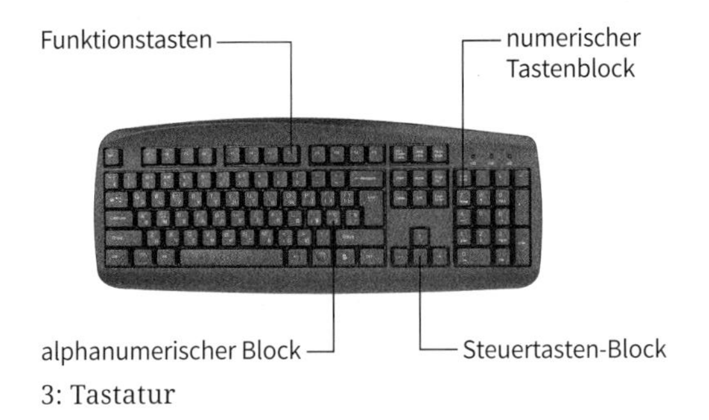

3: Tastatur

Die Anordnung der Tasten ist länderspezifisch:

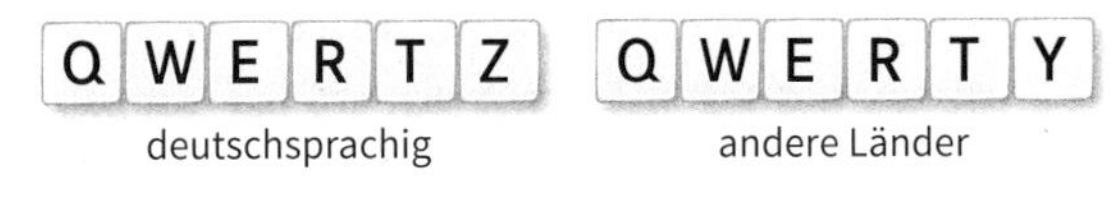

Der Anschluss der Tastatur erfolgt über Kabel (PS/2; USB) oder kabellos (Infrarot/Funk).

Die einzelnen Tasten einer **Rubberdome-Tastatur** (Gummi- oder Silikonhaube) sind über einer elektrischen Matrix aus Zeilen- und Spaltenleitungen angeordnet (Abb. 4 ①). Wird eine Taste ❷ gedrückt, so wird durch einen leitfähigen Kunststoff/Gummistempel ② eine elektrische Verbindung mit den darunter befindlichen Leiterbahnen hergestellt ❸. Diese Verbindung wird mit einem Controller ④ ausgewertet und in diesem Fall über eine USB-Schnittstelle ⑤ zum Rechner geschickt.

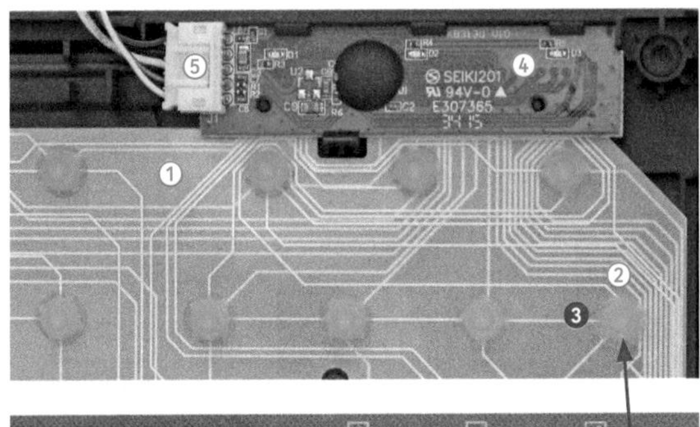

4: Tastaturmatrix mit dazugehörigem Tastenausschnitt

4.6.2 Zeigegeräte

Zeigegeräte sind Eingabegeräte, über die Menschen mit Computern interagieren. Beispiele: Computer-Maus, Grafiktablett, Touchpad, Touchscreen, Trackball, Lichtgriffel und Joystick sowie viele Spezialeingabegeräte für Menschen mit unterschiedlichen körperlichen Einschränkungen.

Sie lassen sich einteilen nach (Abb. 6)

- der örtlichen **Beziehung**.
  - Direkt ①: Zeigerort und Ausgabeort sind identisch
  - Indirekt ②: Zeigerort und Ausgabeort sind voneinander getrennt
- der **Abbildungsart**.
  - Absolut ③: Aufgenommener Punkt entspricht exakt dem im System wiedergegebenen Punkt
  - Relativ ④: Aufgenommener Punkt wird übersetzt und relativ zur Auflösung des Ausgabegerätes übersetzt
- der **Zeigerart**.
  - über Finger ⑤
  - über ein Medium
- den **Freiheitsgrad** des Zeigegerätes.
  - integriert in das System
  - 2-dimensionale x-y-Interaktion
  - 3-dimensionale x-y-z-Interaktion
- der **Sensorart**.
  - Isotonisch (Zeigen durch Bewegung: Die Distanz beschreibt die Anzeige des Cursors)
  - Isometrisch (Zeigen durch Druck: Grad der mechanischen Spannung beschreibt die Bewegung des Cursors)

	①	②		③	④	⑤
Zeigegerät	direkt	indirekt	Eingabegerät	absolut	relativ	Fingerbasiert
Maus		•	•		•	
Grafiktablett		•	•	•		
Touchpad		•	•		•	
Touchscreen	•			•		•
Trackball		•	•		•	
Lichtgriffel	•		•	•		
Joystick		•	•		•	

5: Merkmale von Zeigegeräten

- Tastaturen sind in der Regel elektronische Tastaturen. Sie fungieren als Bedien- und Steuerelemente und werden über Finger betätigt.
- Zeigegeräte sind Geräte bei der Mensch-Computer-Interaktion.

4.6.3 Maus

Die Maus (Computermaus) ist ein optisches Zeigegerät, mit dem ein Cursorsymbol (grafische Markierung, oft als Pfeil) auf dem Bildschirm bewegt wird. Die Maus zeigt keine absoluten Koordinaten an, da nur die Relativbewegung von einem Ausgangspunkt zum Zielpunkt dargestellt wird. Zur Bewegungserkennung (x- und y-Richtung) wird die optische Reflexion (Abb. 1) des auf die Unterlage ausgestrahlten Lichts (Leuchtdiode, Laserdiode) ausgewertet.

Die Maus ist mit Tasten ausgestattet, die bei Betätigung (Mausklick) eine für die entsprechende Software registrierbare Aktivität auslöst.

- linke Taste (Auswahl, Positionierung)
- rechte Taste (meist Kontextmenü)

Zusätzliche Bedienelemente – wie z. B. das Scroll-Rad in der Mitte – ermöglichen weitere Steuerungsfunktionen, wie z. B. Bildlauf.

Kabellose Mäuse übertragen die Informationen mit elektromagnetischen Wellen (Bluetooth oder mit anderen Frequenzen aus dem ISM-Band, 2,4 GHz). Der Empfänger wird häufig in eine USB-Buchse gesteckt.

Bei älteren PCs wurden als Anschlüsse PS/2-Schnittstelle (s. Kap. 4.2.6) verwendet.

Die optische **Auflösung** wird in **dpi** (**D**ots **P**er **I**nch: Punkte pro Zoll) angegeben. Mit dpi gibt man also die Anzahl der Punkte (z. B. 800) pro inch an, die von der Empfangseinheit der Maus erkannt werden. Je höher dieser Wert, desto geringer ist der erforderliche Bewegungsweg der Maus auf der Unterlage um mit dem Mauszeiger den Bildschirm zu überstreichen.

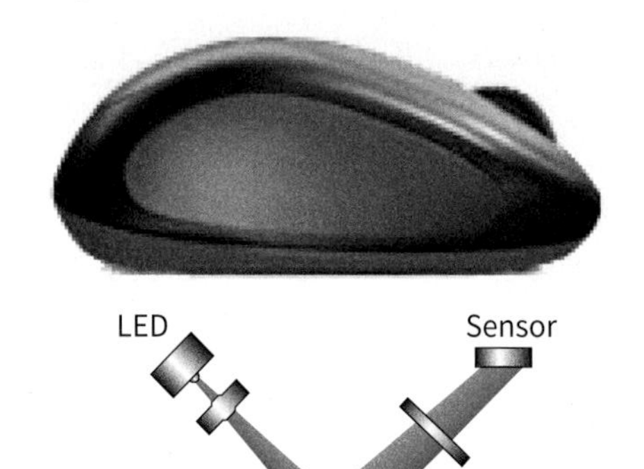

1: Optische Maus

- Mit der Maus werden zweidimensionale Bewegungen der Hand in zweidimensionale Positionen auf dem Bildschirm übertragen.
- Je mehr Punkte auf einer bestimmten Strecke von der Maus aufgelöst werden können, desto empfindlicher ist die Maus.

4.6.4 Grafiktablett

Im Gegensatz zur Maus zeigt das Grafiktablett (Digitalisiertablett) die absoluten Koordinaten an. Der auf der Oberfläche markierte Punkt ist also von der Lage her identisch mit den Koordinaten auf der Anzeige.

Das in Abb. 2 dargestellte Tablett enthält viele horizontale und vertikale Leiterbahnen ①, die sich als Spulen zusammenschalten lassen. Mit zeitlich nacheinander gesendeten Impulsen, die vom Bedienstift ② induktiv empfangen werden, ist die Position des Stiftes bekannt. Die Punktgröße beträgt z. B. 0,01 mm (2540 Linien pro Zoll). Durch Druck auf die Stiftspitze können weitere Funktionen ausgeführt werden.

Die Positionserkennung kann auch durch Veränderung der elektrischen Kapazität oder durch Druck auf die Oberfläche (Widerstandsänderung) erfolgen.

Bei hochwertigen Modellen können auch Informationen wie Stiftneigung, Stiftdrehung, Fingerdruck oder mehrere Werkzeuge erkannt werden.

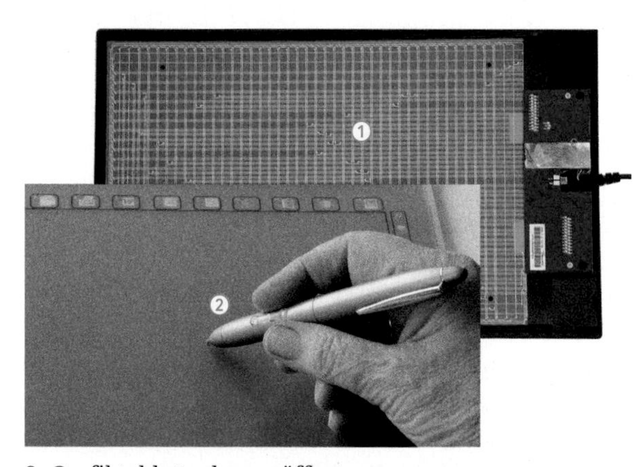

2: Grafiktablett, oben geöffnet

Die Vorteile gegenüber der Mausbedienung sind

- die exakte Steuerung,
- eine geringere ergonomische Belastung für das Handgelenk,
- das Durchpausen (Nachzeichnen) von Papiervorlagen und
- handschriftliche Eingaben.

Das Tablett wird in Verbindung mit einer Grafiksoftware bzw. **CAD**-Software (**C**omputer **A**ided **D**esign: Computergestützter Entwurf) eingesetzt z. B. im

- Medien- und Designbereich (3-D-Modellierung),
- Vermessungswesen (Kartografie) und
- Eingabeterminal für handschriftliche Bestätigung.

- Von dem Zeigegerät gehen Impulse aus, über die das Tablett die Information über die Koordinaten an der jeweiligen Position erhält.

4.6.5 Berührungsempfindliche Eingabegeräte

Ein **Touchpad** (Tastfeld) ist eine berührungsempfindliche Fläche, die als Maus- und Tastenersatz fungiert. Beim Notebook befindet sich das Feld in der Regel unterhalb der Tastatur. Mit der Fingerposition und Bewegung auf der Fläche lassen sich die unter der Oberfläche befindlichen Kapazitäten (rechtwinkliges Gitternetz) verändern.

Die dabei entstehenden Signale werden wie die Bewegung einer Computermaus von Controllern ausgewerten. Die meisten Touchpad-Treiber erkennen bereits ein leichtes Tippen des Fingers und simulieren dabei einen Maus-Klick. Einen Doppelklick erzeugt man durch zweimaliges Tippen. Hält man nach dem zweiten Tippen den Finger auf dem Touchpad, kann man Objekte (Symbole) markieren oder bewegen.

Ein **Touchscreen** (Tastbildschirm, Kontaktbildschirm) ist ein berührungsempfindlicher Bildschirm. Er ist ein Ein- und Ausgabegerät, bei dem durch Berühren von Teilen eines Bildes der Programmablauf direkt gesteuert werden kann. Anstatt eines Fingers kann auch ein Zeigestift verwendet werden.

3: Touchscreen

Für die Berührungsempfindlichkeit lassen folgende physikalische Effekte verwenden:
- Kapazitätsänderung (kapazitiv)
- Widerstandsänderung (resistiv)
- Induktive Kopplung
- Schallausbreitung (**SAW**: **S**urface **A**coustic **W**ave)
- Unterbrechung von Infrarotlichtstrahlen (optisch, ein Infrarotlicht-Gitter vor dem Monitor)

Resistive Touchscreens bestehen aus zwei elektrisch leitenden Schichten (Indiumzinnoxid, ITO-Schichten, Abb. 3a), die durch mikroskopisch kleine Abstandshalter getrennt sind. An diesen Schichten liegt eine Spannung. Wird jetzt die obere Schicht nach unten gedrückt, entsteht eine elektrische Verbindung und eine veränderte Spannungsverteilung, woraus der Berührungspunkt berechnet wird. Je nach Typ verfügen die Touchscreens über vier, fünf, oder acht Anschlussleitungen (Messleitungen).

Bei der **4-Wire-Technologie** sind pro Schicht je zwei Leitungen versetzt an jeweils gegenüberliegenden Kanten angeschlossen. Beim Berühren werden die Spannungsänderung an der oberen beziehungsweise unteren Schicht gemessen und so die Position des Berührungspunktes auf der x- und y-Achse ermittelt.

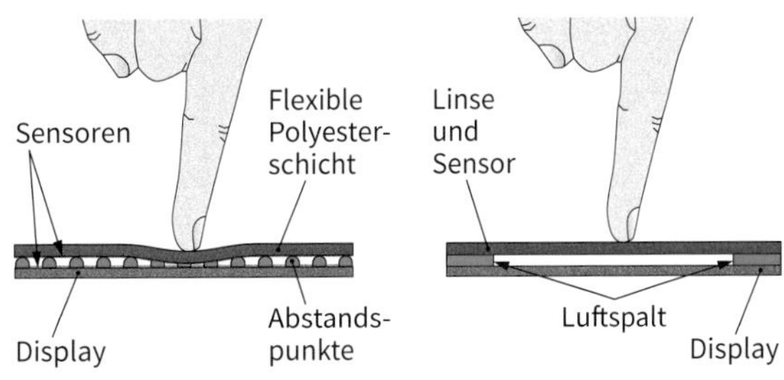

4: Touchscreen prinzipielle Arbeitsweise

Bei der **8-Wire-Technologie** ist an jeder Kante eine zusätzliche Leitung angeschlossen. Diese liefert neben der eigentlichen Spannung für die Messung des Berührungspunktes eine Referenzspannung, mit der die Messergebnisse der Berührungskoordinaten verglichen werden. Dadurch bleiben auch bei schwankenden Umwelteinflüssen die Ergebnisse der Berührungspunkt-Berechnungen konstant.

Bei **kapazitiven Touchscreens** wird durch Anlegen einer Spannung an gegenüberliegenden Elektroden ein elektrisches Feld erzeugt. Bei Berührung mit dem Finger entsteht ein Ladungstransport und Sensoren an den Ecken registrieren die Änderungen des elektrischen Feldes (Abb. 4b). Bei kapazitiven Touchscreens handelt es sich also um eine Variante, bei der kein Druck zur Bedienung erforderlich ist.

Bei **akustisch arbeitenden Touchscreens** werden in den Ecken der Bildschirme Ultraschallwellen erzeugt, die sich durch das Glas ausbreiten. Diese werden an den Rändern reflektiert. Auf diese Weise entsteht im Glas ein Muster aus Schallwellen. Berührt man mit einem Finger oder ein Stift jetzt die Oberfläche, verändert sich dieses Muster, sodass darüber die Position der Berührung ermittelt werden kann. Diese Technik ist sehr zuverlässig aber auch teurer als resistiv oder kapazitiv arbeitende Touchscreens. Sie werden vorwiegend bei Kassensystemen oder Informationsautomaten eingesetzt.

Bei **optisch arbeitenden Touchscreens** befinden sich im Rahmen des Bildschirms Infrarot-LEDs und entsprechende Sensoren. Es entsteht ein Lichtgitter. Ändert sich durch eine Berührung dies Gitter, lässt sich diese Änderung für die Positionsermittlung verwenden.

Wesentliche Anwendungsbereiche für Touchscreens sind Mobiltelefone, Tablet-PCs, e-book Lesegeräte, Fahrkartenautomaten und Bankterminals.

- Resistive Touchscreens reagieren auf Druck, bei dem zwei elektrisch leitfähige Schichten stellenweise verbunden werden. Die Schichten bilden so einen Spannungsteiler.
- Bei einem kapazitiven Touchscreen wird durch Berührung ein elektrisches Feld verändert und über Sensoren der Berührungspunkt ermittelt.

4.6.6 Scanner

Scanner *[scanner]* wandeln eine Text- oder Bildvorlage zeilenweise in eine Pixel-Grafik um. Die für jedes Pixel (Bildpunkt) vorliegenden digitalen Daten können gespeichert und bearbeitet werden.

Flachbettscanner *[flatbed scanner]* werden am häufigsten verwendet. Daneben gibt es Scanner für spezielle Aufgaben, z. B. Folien- und Diascanner. Für den professionellen Bereich werden die sehr zuverlässigen und qualitativ hochwertigen **Trommelscanner** *[drum scanner]* eingesetzt (Abb. 4). Die Vorlage wird innerhalb einer rotierenden Trommel von einer Lichtquelle abgetastet. Anstelle von Halbleitersensoren werden Fotomultiplier (Sekundärelektronenvervielfacher) eingesetzt.

In Abb. 1 ist vereinfacht die zeilenweise Abtastung bei einem Flachbettscanner dargestellt. Licht wird von der Aufsichtsvorlage reflektiert. Dieses gelangt dann über Spiegel ① und Linsen ② auf die lichtempfindlichen und zeilenmäßig angeordneten Sensoren ③ (CCD-Zellen, **CCD**: **C**harge **C**oupled **D**evice). Vor den Sensoren befinden sich Farbfilter für rotes, grünes und blaues Licht.

Die Helligkeitsinformationen werden in den Sensoren in unterschiedlich große elektrische Ladungen umgewandelt, als Spannungen verstärkt und mit Hilfe von Analog-Digital-Umsetzern in einen Datenstrom umgewandelt.

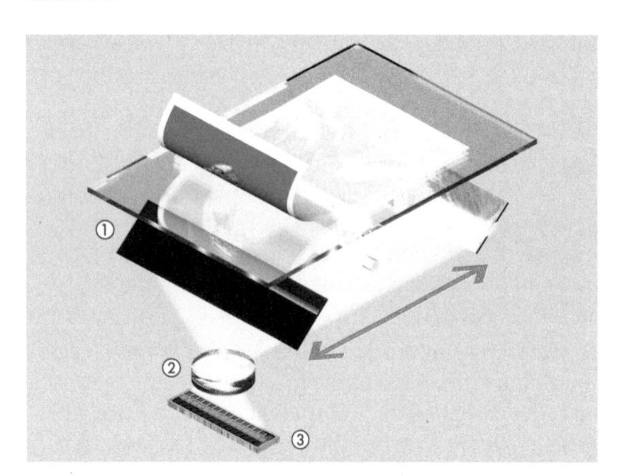

1: Abtastvorgang beim Flachbettscanner

Ein **Pixel** ist die kleinste Einheit der Bildinformation. Es besitzt vier grundlegende Eigenschaften: **Größe** (Ausdehnung), **Position**, **Farbe** und **Helligkeit** (Intensität). CCD-Elemente können lediglich die Beleuchtungsstärke in Ladungsunterschiede umwandeln. Deshalb ist eine Aufspaltung des Lichts in Rot-, Grün- und Blauanteile erforderlich. Zwei Verfahren sind üblich:

- Filter vor den Sensoren sorgen dafür, das nur Licht mit einer bestimmten Farbe auftrifft.
- Die Vorlage wird nicht mit weißem, sondern mit farbigem Licht beleuchtet.

Wenn eine farbige Vorlage nach dem ersten Verfahren gescannt werden soll, wären drei Durchläufe erforderlich. Verwendet man allerdings drei Reihen von Zeilensensoren und Farbfilter, reicht ein Durchlauf.

Die **optische Auflösung** der Vorlage in einzelne Pixel hängt von der Anzahl der CCD-Elemente ab. Als Einheiten werden ppi und dpi verwendet:

- **ppi**: **p**ixel **p**er **i**nch (Pixel pro Zoll)
- **dpi**: **d**ots **p**er **i**nch (Punkte pro Zoll)

Eine Abtastrate von 600 ppi bedeutet dann z. B., dass für eine horizontale Längenausdehnung von 1 Zoll (2,54 cm) 600 Pixel erfasst werden. Jedes Pixel besitzt somit eine Breite von 0,04 mm (2,54 cm/600).

Zur Kennzeichnung der optischen Auflösung wird anstelle von ppi oft die Einheit dpi synonym verwendet. Dies ist eigentlich nicht korrekt, da mit dpi die Ausgabeauflösung (z. B. beim Drucker) gekennzeichnet wird.

Zur Kennzeichnung von Scannern wird oft auch die **interpolierte Auflösung** angegeben. Dieser Wert ist erheblich höher als der Wert der optischen Auflösung. Mit Hilfe von Software werden zwischen den physikalisch erfassten Pixeln weitere Pixel berechnet. Dabei wird davon ausgegangen, dass die Übergänge zwischen den Pixeln linear verlaufen. Wenn jedoch, wie in Abb. 2 dargestellt, die Übergänge sprungartig sind, ist das Ergebnis ein unscharfer Übergang.

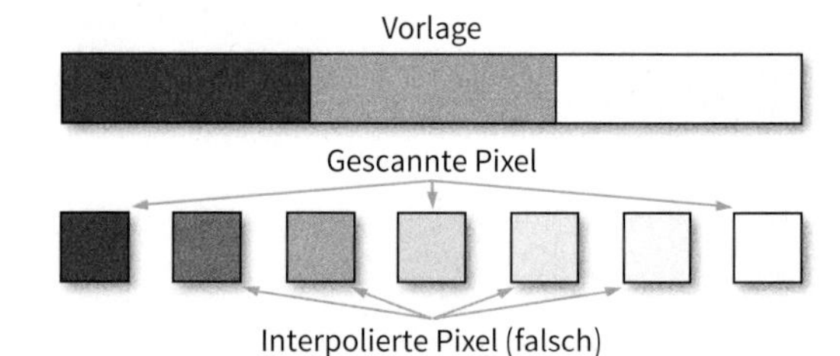

2: Fehler durch interpolierte Pixel

Jedes Pixel kann in unterschiedlichen Farbabstufungen vorkommen. Dies wird als **Farbtiefe** *[colour depth]* bezeichnet und die Zahl verdeutlicht, wie viele unterschiedliche Farbabstufungen möglich sind. Beispiele:

- **Schwarz-Weiß**
  Codierung mit 1 Bit $\Rightarrow 2^1 = 2$ Stufen
- **Graustufen**
  Codierung mit 8 Bit $\Rightarrow 2^8 = 256$ Stufen

Für die Primärfarben RGB (Rot, Grün, Blau) ergeben sich die in Abb. 3 aufgeführten möglichen Abstufungen sowie die theoretisch darstellbaren Farben. Beispiel:

- **Farbe**

Wenn ein Scanner über eine Farbtiefe von 24 Bit verfügt, wird jede Farbe mit 8 Bit codiert. Daraus ergeben sich pro Primärfarbe 256 mögliche Abstufungen und insgesamt etwa 17 Millionen darstellbare Farben (256 x 256 x 256).

Farbtiefe in Bit	Bit pro Primärfarbe	Abstufungen pro Primärfarbe	Anzahl der Farben
24	8	$2^8 = 256$	16 777 216
30	10	$2^{10} = 1024$	1 073 741 824
36	12	$2^{12} = 4096$	68 719 476 736

3: Farbtiefe und Anzahl der Farben

In Abb. 4 ist die grundsätzliche Arbeitsweise eines Trommelscanners dargestellt. Das von der Vorlage reflektierte oder durchgelassene Licht (je nach Vorlage) gelangt über Spiegel ④ an die **Photomultiplier** ⑤ (Sekundarelektronenvervielfacher). Durch Rot-, Grün- und Blaufilter erhalt man die Farbinformationen der einzelnen Pixel.

Die Trommel ⑥ rotiert, sodass die Vorlage zeilenweise abgetastet wird. Zusätzlich erfolgt nach jeder Zeile eine Bewegung der Trommel in Längsrichtung ⑦. Die Auflösung hängt von der Anzahl der Schritte bei der Trommelbewegung ab.

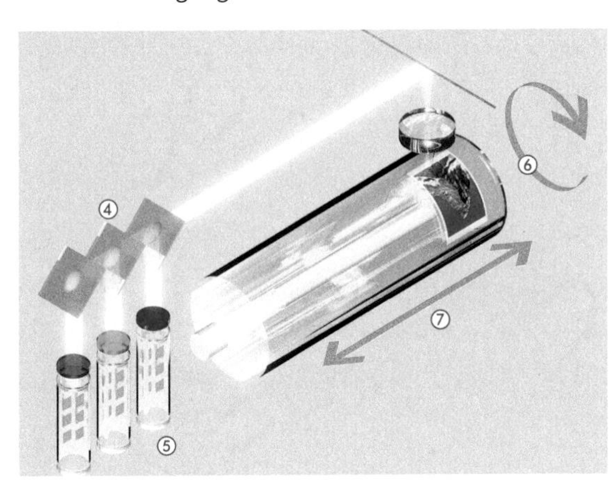

4: Abtastvorgang beim Trommelscanner

- Bei optischen Scannern erfolgt die Abtastung der Vorlage oder des Gegenstandes zeilenweise durch weiße oder farbige Lichtquellen.
- Die reflektierten Lichtsignale werden von Lichtsensoren empfangen, mittels Analog-/Digital-Umsetzern digitalisiert und dann mit entsprechenden Algorithmen in weiterverarbeitbare digitale Daten umgewandelt.

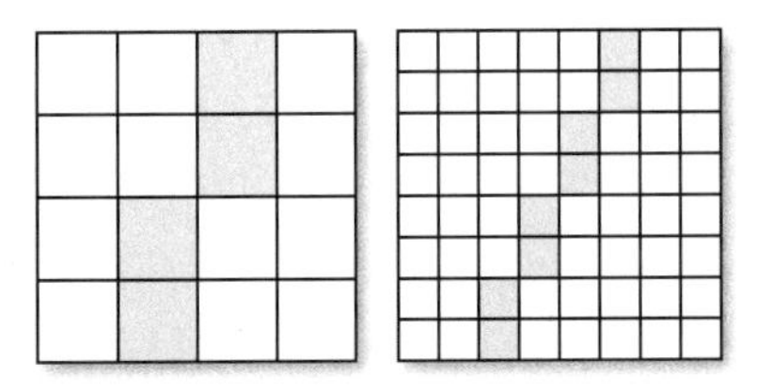

5: Beispiel für Auflösungen

4.6.7 Drucker

Drucker lassen sich nach der eingesetzten Drucktechnik unterscheiden in Tintenstrahldrucker, Laserdrucker, Thermotransferdrucker und Nadeldrucker.

Beim **Tintenstrahlfarbdrucker** [*ink jet colour printer*] werden mindestens die drei Grundfarben **Cyan** (**C**), **Magenta** (**M**) und **Gelb** (**Y**: Yellow) sowie in der Regel **Schwarz** (**K**) als weitere Farbe eingesetzt (CMY-K). Mit den drei Grundfarben lassen sich durch Mischen alle anderen Farben erzeugen (Mischfarben), auch Schwarz. Diese Technik nennt man **subtraktive Farbmischung** [*subtractive colour mixing*] (Abb. 6).

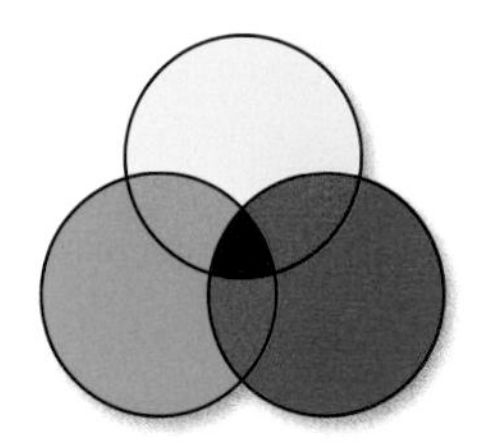

6: Subtraktive Farbmischung

7: Tintenpatronen

Einige Tintenstrahldrucker arbeiten mit weiteren Farben (Abb. 7). Mit den hellen Farbtönen (Light) oder auch Grau lassen sich die Übergänge in hellen Farbbereichen der Ausdrucke besser abstufen.

Zur Darstellung von Mischfarben gibt es zwei Verfahren:
- Die einzelnen Punkte werden so nahe nebeneinander platziert, dass das Auge diese Farbpunkte dann als eine Farbe wahrnimmt.
- Die Farbpunkte werden übereinander gedruckt und vermischen sich dadurch.

Neben dem Papier spielt die **Druckauflösung** [*print resolution*] für die Qualität des Ausdrucks eine wesentliche Rolle. Sie wird in Druckpunkten pro Zoll (**dpi** [*dots per inch*]) angegeben. Ein Zoll entspricht einer Länge von 2,54 cm.

Druckpunkte sind die kleinsten Einheiten, die ein Drucker ausgeben kann. Mehrere Druckpunkte werden zu einem **Rasterpunkt** [*dot*] zusammengefasst, der den Bildpunkt eines digitalen Bildes wiedergibt. Ein grüner Bildpunkt wird z. B. durch mehrere dicht nebeneinander oder übereinander gedruckte gelb- und cyanfarbige Druckpunkte erzeugt.

Die **Auflösung** [*resolution*] wird für die horizontale und vertikale Richtung angegeben. Der Wert für die vertikale Auflösung ist oft der kleinere Wert. Der Grund dafür ist die Vorschubgeschwindigkeit des Papiers in vertikaler Richtung. Sie kann weniger genau eingehalten werden als die horizontale Positionierung des Druckkopfes. Beispiele für eine Auflösung sind in Abb. 5 zu sehen.

Thermoverfahren

Beim Thermoverfahren ist jede der Druckdüsen mit einem elektrischen Heizelement versehen (Abb. 1). Dieses wird beim Betrieb etwa 300 °C heiß, sodass sich die Tinte im Röhrchen extrem schnell erwärmt und dadurch verdampft. Es entsteht ein Überdruck in einer Dampfblase, sodass die Tinte durch die Düse auf das Papier mit einer Geschwindigkeit von etwa 15 m/s auftrifft. Der Vorgang dauert etwa 80 ms. Das Tintenvolumen beträgt dabei etwa 5 Picoliter (10^{-12} l).

Die Frequenz (**Schussfrequenz** *[shot frequency]*), mit der die Tinte auf das Papier gespritzt wird, beträgt bis zu 18 kHz. Bei drei Druckfarben können pro Sekunde bis zu 7 Millionen Tintentropfen aufgetragen werden.

Durch die extrem häufigen Temperaturwechsel verschleißen die Druckköpfe im Laufe der Zeit. Bei einigen Druckern sind die Druckköpfe in der Tintenkartusche integriert, sodass sie automatisch ausgewechselt werden.

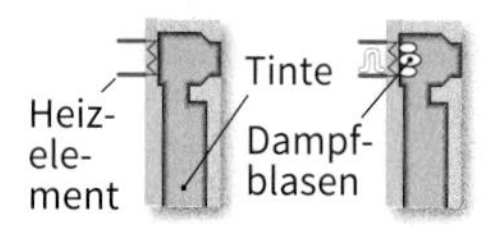

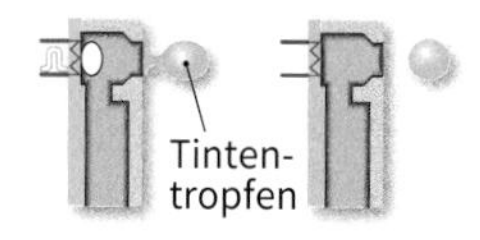

1: Thermoverfahren

Piezoelektrisches Verfahren

Bei diesem Verfahren wird die Tinte mechanisch aus den Düsen herausgepresst. Erreicht wird dieses durch ein **Piezo-Element** (piezoelektrischer Aktor), das an den Düsen angebracht ist. Das Element lässt sich durch eine elektrische Spannung verformen, sodass die notwendige Kraft entsteht. In Abb. 2 ist zunächst keine Spannung angelegt. Es tritt keine Tinte aus. Bei negativer Polarität verformt sich das Piezo-Element und die Tinte wird geringfügig in das Röhrchen hineingezogen (Sogwirkung). Es entsteht an der Tintenoberfläche ein Meniskus. Ändert man jetzt die Polarität (ca. 5 µs), dann wird aufgrund der Kraftwirkung die Tinte in Tropfenform herausgepresst. Damit sich keine kleinen und nachfolgenden „Satellitentröpfchen" entwickeln können, ändert man wieder die Spannungspolarität am Piezo-Element. Die Tinte wird wieder in das Röhrchen hineingezogen.

Bei der Piezo-Technik lassen sich die **Tropfengrößen** durch unterschiedlich große Spannungen steuern (z. B. zwischen 40 und 4 Picolitern). Die Druckköpfe sind nicht wie beim Thermoverfahren einem großen Verschleiß ausgesetzt. Sie bleiben deshalb für die Lebensdauer des Druckers im Gerät.

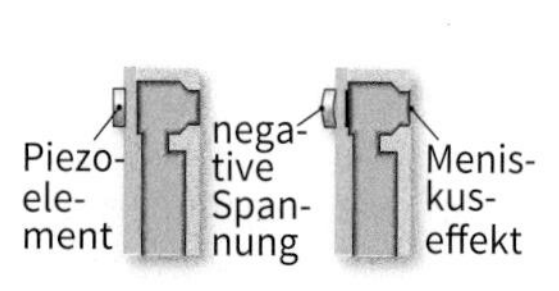

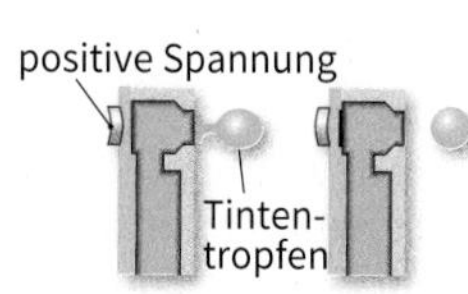

2: Piezoelektrisches Verfahren

Laserdrucker

Im Gegensatz zu Tintenstrahldruckern werden beim **Laserdrucker** *[laser printer]* die Seiten nicht zeilenweise ausgedruckt, sondern sie werden vor dem Druck komplett aufbereitet, gewissermaßen wie ein Bild (Elektrofotografie, Xerografie-Verfahren). Deshalb benötigen Laserdrucker größere Datenspeicher als Tintenstrahldrucker. In Abb. 3 ist das Druckprinzip dargestellt.

Unbedrucktes Papier wird schrittweise zugeführt. Das Licht gelangt aus dem Laser ① über einen rotierenden Spiegel ② auf die lichtempfindliche Trommel (**Belichtungstrommel**) ③. Diese ist elektrostatisch aufgeladen und dreht sich an der Tonerkartusche ④ vorbei.

Der Toner gelangt durch elektrostatische Anziehungskräfte auf das Papier ⑤ und wird anschließend durch Wärmebehandlung bei etwa 180 °C und unter Druck durch zwei Walzen auf das Papier geprägt. Im letzten Schritt werden die auf der Bildtrommel verbliebenen Tonerreste entfernt. Die Papiertrommel ⑥ läuft an der Belichtungstrommel vorbei. Für den Vierfarbendruck sind vier Durchläufe erforderlich. Am Ende wird das fertig bedruckte Papier ausgegeben ⑦.

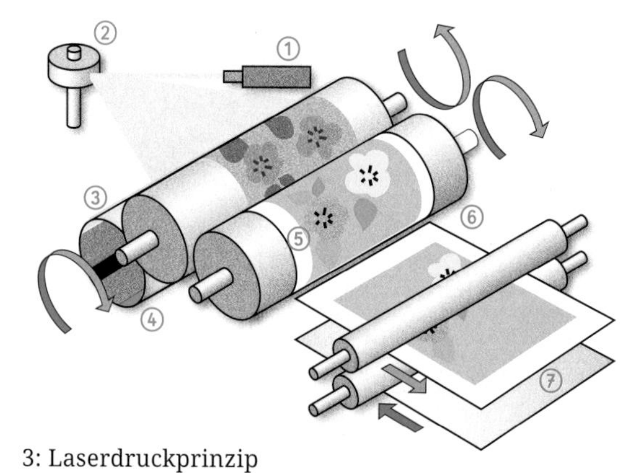

3: Laserdruckprinzip

- Mit der subtraktiven Farbmischung lassen sich aus den drei Grundfarben Cyan, Magenta und Gelb je nach Mischungsverhältnis alle anderen Farben erzeugen.
- Die Auflösung dpi gibt an, wie viele Druckpunkte in einer Druckzeile auf einer Länge von 2,54 cm positioniert werden können.
- Beim Thermoverfahren wird die Tinte erhitzt und durch die entstehende Dampfblase der Tropfen auf das Papier gespritzt.
- Beim piezoelektrischen Verfahren werden durch elektrische Spannungen Piezo-Elemente mechanisch verformt und mit der entstehenden Kraftwirkung wird die Tinte aus den Düsen gepresst.
- Laserdrucker sind Seitendrucker. Sie bauen die Seite erst vollständig auf, bevor diese dann ausgegeben wird.

4.6.8 Computerbildschirm

Ein Computerbildschirm dient dazu, Informationen visuell darzustellen. Die Begriffe Bildschirm, Monitor und Display werden häufig synonym verwendet. Bei digitalen Bildschirmen erfolgt die Darstellung durch Ansteuerung der einzelnen Bildelemente, die auf der Anzeigefläche in einer Matrix angeordnet sind. In Abb. 4 handelt es sich um nebeneinander liegende Streifen.

Computerbildschirme sind in der Regel Flachbildschirme mit geringer Tiefe und folgenden **Kenngrößen** (übliche Werte sind hier angegeben):

- **Bildschirmdiagonale** (s. Abb. 1, S. 214)
- **Auflösung**: Angabe in Zoll (") und Pixel x Pixel 19" 1280 x 1024 bis 1600 x 1200, 24" 1920 x 1200, ab 24" 3840 x 2160
- **Reaktionszeit**: 2 bis 25 ms bei Grau zu Grau
- **Kontrast**: 300:1 bis 8000:1
- **Helligkeit**: 200 bis 500 cd/m^2
- **Blickwinkel**:140° bis 178°
- **Punktdichte**: Sie gibt die Anzahl der physikalischen Pixel pro Zoll an. Sie steht in direktem Verhältnis zur Größe eines einzelnen Pixels.

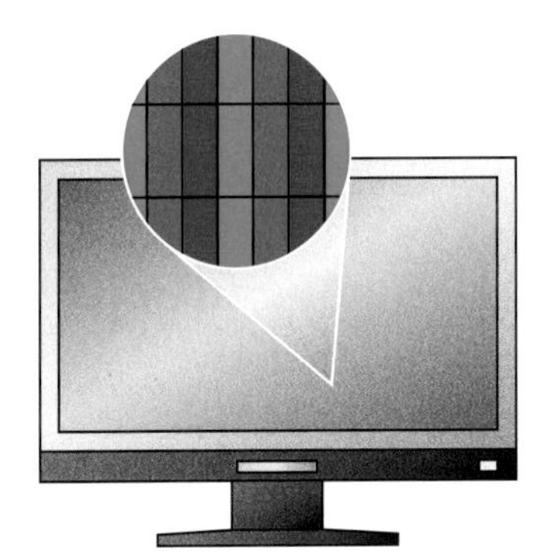

4: LCD-Bildschirm

LCD-Technologie

LCDs (**L**iquid **C**rystal **D**isplay: Flüssigkristallanzeige) sind aus Segmenten aufgebaut, die unabhängig von einander ihre Lichtdurchlässigkeit ändern können (Abb. 5). Mit einer elektrischen Spannung kann in jedem Segment ①, ②, ③ die Ausrichtung der Flüssigkristalle verändert werden. Auf diese Weise ändert sich die Durchlässigkeit des polarisierten Licht. In Abb. 5 sind nur die Segmente für rotes und grünes Licht durchlässig. Da das Licht durch entsprechende Farbfilter hindurchgehen muss, werden nur die roten und grünen Pixel leuchten.

Bei der LCD-Technologie besteht jeder Matrixpunkt in der Anzeige aus einer Flüssigkristallzelle, die über einen **TFT**-Transistor (**T**hin **F**ilm **T**ransistor: Dünnschicht Transistor) angesteuert wird. Zu einem Bildpunkt gehören jeweils mindestens drei Matrixelemente (Subpixel) in den Farben Rot, Grün und Blau.

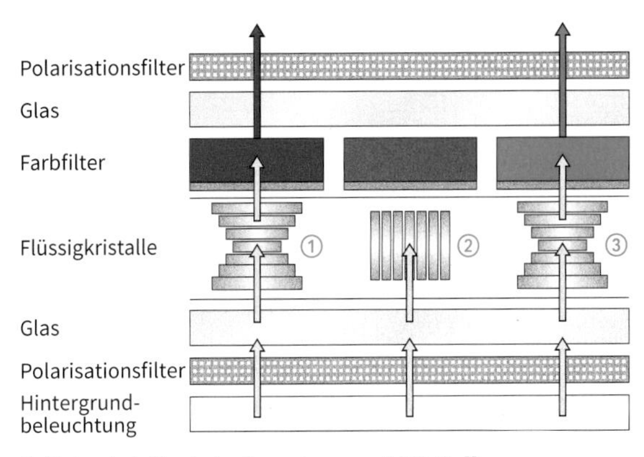

5: Prinzipielle Arbeitsweise von LCD-Zellen

Die Farbmischung basiert auf der Addition dieser drei Grundfarben. Die LCD-Zellen sind nicht selbstleuchtend und werden deshalb mittels LEDs von der Rückseite her beleuchtet.

OLED-Technologie

OLEDs (**O**rganic **L**ight **E**mitting **D**iodes: Organische lichtemittierende Dioden) bestehen aus organischen halbleitenden Materialien. Sie sind sehr kontraststark, extrem dünn, selbstleuchtend und emittieren farbiges Licht. Da für sie keine Hintergrundbeleuchtung erforderlich ist, haben sie einen geringen Energiebedarf.

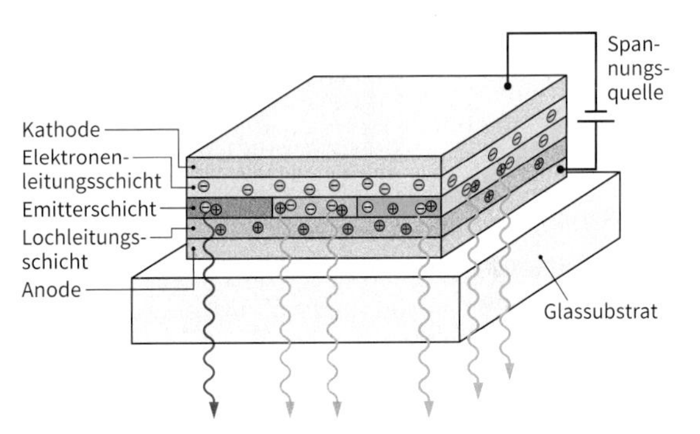

6: OLED-Prinzip

Aufgrund des Aufbaus von Flachbildschirmen besitzen diese nur eine einzige Bildschirmauflösung, bei der das Bild pixelgenau scharf ist. Sire wird als **native** (natürliche) **Bildschirmauflösung** bezeichnet. Alle anderen Auflösungen müssen durch Skalierung (Interpolation) umgerechnet werden und führen zu einer Bildunschärfe.

- Eine organische Leuchtdiode (OLED) ist ein leuchtendes Dünnschichtbauelement aus organischen halbleitenden Materialien. Es unterscheidet sich von anorganischen Leuchtdioden dadurch, dass die elektrische Stromdichte und Leuchtdichte geringer und keine einkristallinen Materialien erforderlich sind.

Bildschirmdiagonale

Die Größe von Flachbildschirmen wird durch die Bildschirmdiagonale *D* angegeben (Abb. 1). Die Angabe erfolgt in **inch** mit dem Einheitenzeichen " (Zoll). 1" entspricht 2,54 cm.

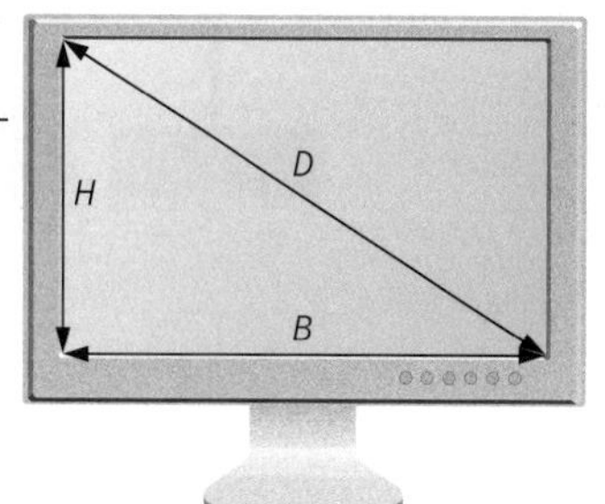

1: Maßangaben

Seitenverhältnis

Dieser Wert kennzeichnet das relative Seitenverhältnis von Breite zu Höhe (z. B. 16 :10)

Auflösung (Bildauflösung)

Sie ist ein Maß für die Bildgröße und wird angegeben durch die Gesamtzahl der Bildpunkte oder durch die Anzahl der Spalten (Breite) und Zeilen (Höhe). Das Maß für die Bildpunkte ist **dpi** (**d**ots **p**er **i**nch: Punkte pro Zoll) oder **ppi** (**p**ixel **p**er **i**nch: Punkte pro Zoll, z. B. 90,7 ppi). Der Abstand zwischen zwei benachbarten identischen Farben wird als **pixel pitch** (Punkte-Teilung, z. B. 0,280 mm bei 1280 x 1024 Bildpunkten) oder **dot pitch** angegeben. Ein einzelner Bildpunkt besteht aus den drei **Subpixeln** für R, G und B. Die **Gesamtanzahl** der Bildpunkte wird angegeben in Anzahl der Pixel horizontal und vertikal.

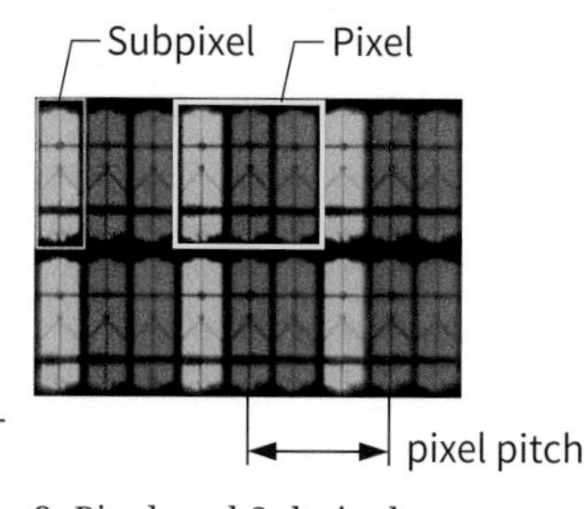

2: Pixel und Subpixel

Die Sub-Pixel sind längliche Rechtecke, während ein Pixel eine quadratische Form besitzt (Abb. 2).

Grafikstandards

Mit dem **Grafikstandard** kennzeichnet man die Eigenschaften eines Bildschirms oder einer Grafikkarte. Dadurch lassen sich Geräte verschiedener Hersteller miteinander problemlos verbinden. Zu den Parametern gehören Seitenverhältnis, Bildauflösung, Farbtiefe sowie ggf. erlaubte Farbwerte und Bildwiederholfrequenz (Bildfrequenz, angegeben in Hertz).

- Kenngrößen von Flachbildschirmen sind Bildschirmdiagonale, Seitenverhältnis, Reaktionszeit, Kontrast, Helligkeit, Blickwinkel sowie Punktdichte.
- Mit dem jeweiligen Grafikstandard kennzeichnet man wesentliche Eigenschaften von Bildschirmen und Grafikkarten.
- Monitorschnittstellen sind VGA, DVI, HDMI und DisplayPort.

Bezeichnungen und Formate

Bezeichnung	Anzahl der Pixel (*B* x *H*) [1]	Seitenverhältnis (*b* : *h*) [2]	Gesamtpixelanzahl [3]
VGA (**V**ideo **G**raphics **A**rray)	640 x 480	4 : 3	300 k
SVGA (**S**uper **VGA**)	800 x 600	4 : 3	469 k
XGA (E**x**tended **G**raphics **A**rray)	1024 x 900	4 : 3	768 k
WXGA (**W**idescreen **XGA**)	1440 x 900	16 : 10	1,24 M
WUXGA (**W**idescreen **U**ltra **XGA**)	1920 x 1200	16 : 10	2,20 M
WQXGA (**W**idescreen **Q**uad **XGA**)	2560 x 1600	16 : 10	3,91 M

[1] *B*: Breite, *H*: Höhe [2] Verhältnis *b*: Breite, *h*: Höhe
[3] 1 k = 1024, 1 M = 1024 k = 1048576

Schnittstellen (Abbildungen nicht maßstäblich)

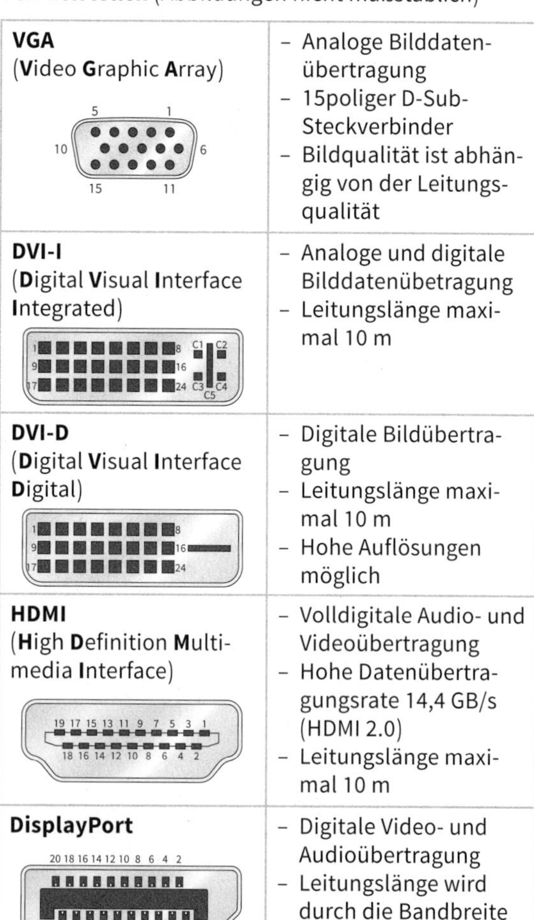

Schnittstelle	Eigenschaften
VGA (**V**ideo **G**raphic **A**rray)	- Analoge Bilddatenübertragung - 15poliger D-Sub-Steckverbinder - Bildqualität ist abhängig von der Leitungsqualität
DVI-I (**D**igital **V**isual **I**nterface **I**ntegrated)	- Analoge und digitale Bilddatenübetragung - Leitungslänge maximal 10 m
DVI-D (**D**igital **V**isual **I**nterface **D**igital)	- Digitale Bildübertragung - Leitungslänge maximal 10 m - Hohe Auflösungen möglich
HDMI (**H**igh **D**efinition **M**ultimedia **I**nterface)	- Volldigitale Audio- und Videoübertragung - Hohe Datenübertragungsrate 14,4 GB/s (HDMI 2.0) - Leitungslänge maximal 10 m
DisplayPort	- Digitale Video- und Audioübertragung - Leitungslänge wird durch die Bandbreite begrenzt

4.7 Geräteauswahl

Die Museumsbetreiber wollen sich für Ihre neue EDV Geräte weitgehend selbst beschaffen und benötigen deshalb von der Firma Elektro+IT technische Hinweise für ihre Kaufentscheidungen. Aus den umfangreichen Informationen sind hier ausschnittweise einige technische Details der Beratung aufgelistet.

Bürorechner

Da auf dem Bürorechner Inhalte für die Museumsapp vorbereitet werden sollen, muss dieser Computer für die Audio- und Videobearbeitung geeignet sein. Da Videobearbeitung ressourcenintensiv ist, ergeben sich daraus folgende Hardwareanforderungen:

- **CPU** mit 8 oder mehr Kernen, z. B. Intel Core i7 / i9 oder AMD Ryzen 7 / 9 der aktuellen Generation
- 32 GB **Arbeitsspeicher** für 4K (3840 x 2160 Pixel) Videomaterial
- **Grafikkarte** mit mindestens 4 GB Grafikspeicher und hoher Leistung von Nvidia oder AMD mit mindestens zwei HDMI/DisplayPort Anschlüssen
- 1 TB **SSD** für das System und als Zwischenspeicher für Dateien, an denen gearbeitet wird.
- 2x 4 TB **Festplatten** im Raid 0 für temporäres Audio-/Videorohmaterial
- 10 Gbit/s **Netzwerkanschluss** zum schnellen Austauschen von Dateien mit dem Netzwerkspeicher
- Eine dedizierten PCIe **Audiokarte** und ein **Tischmikrofon** zum Einsprechen von Texten
- Evtl. Externe, Hot-Swap-fähige SATA Anschlüsse für Festplatten aus Videokameras (**Hot Swapping**: („Heißes" Stecken: Wechselbarkeit von Systemkomponenten im laufenden Betrieb des Systems)
- **Flachbildschirm** mit 2K- oder 4K-Auflösung, höhenverstellbar, neigbar, entspiegelt, mit guter Farbwiedergabe (z. B. sRGB Farbraum)

Rezeptionsrechner

An den Rezeptionsrechner werden keine großen Anforderungen gestellt. Lediglich das Anzeigen von Reservierungen und das Ausdrucken von Tickets müssen möglich sein. Daher wird hierfür einen bereits fertig konfigurierten, günstigen und energiesparsamen Mini-PC entschieden (Beispiel in Abb. 3) vorgeschlagen:

- **CPU** mit 2 oder 4 Kernen, z. B. Intel Core i3 / i5 oder AMD Ryzen 3 / 5 der aktuellen Generation mit integriertem Grafikprozessor mit einem HDMI oder DisplayPort-Anschluss
- 4 GB oder 8 GB Arbeitsspeicher
- 256 GB SSD
- 1 Gbit/s Netzwerkanschluss

Drucker

Das Museum benötigt zwei Drucker, einen kleinen Schwarz/Weiß-Drucker für die Rezeption und ein **Multifunktionsgerät** (Laserdrucker) im Büro (Beispiel in Abb. 4), mit dem die Mitarbeiter auch Kopieren, Scannen, Faxen und E-Mails verschicken können.

Folgende Druckmöglichkeiten sollten vorhanden sein: Anzahl der Kopien; Verkleinern/Vergrößern; Heller/Dunkler; Optimieren; Papierart; Kopieren mehrerer Seiten; Sortierung; Fachauswahl; beidseitiger Druck; Bildanpassung

Das Multifunktionsgerät wird mit dem Netzwerk verbunden und kann damit von allen Computern im Büro benutzt werden. Der Drucker für die Tickets ist hingegen per USB mit dem Rezeptionsrechner verbunden.

Das Multifunktionsgerät sollte zudem eine gute **Druckauflösung** (z. B. 1200 x 1200 dpi oder höher) besitzen, damit gedruckte Erklärtexte scharf dargestellt werden. Für den Drucker an der Rezeption reicht dagegen eine Druckauflösung von z. B. 600 x 600 dpi.

3: Mini-PC

4: Multifunktionsgerät

4.8 Datentechnische Sicherheit

4.8.1 Datenschutz

Für die Museumsbetreiber war es selbstverständlich, dass die neue EDV nach aktuellen Datenschutzprinzipien eingerichtet wird. Im Gespräch zur Erstellung des Lastenheftes (s. Kap. 4.5.1) haben die Teammitglieder von Elektro+IT aber feststellen müssen, dass über „Datenschutz" unklare Vorstellungen bestehen. Beispielsweise wurden von den Museumsbetreibern Datenschutz und Datensicherheit synonym verwendet. Auch war kaum bekannt, welche technischen Möglichkeiten bestehen, Datensicherheit zu gewährleisten.

Aus diesem Grunde hat sich das Team von Elektro+IT vorgenommen, zunächst Möglichkeiten einer datentechnischen Sicherheit zu erarbeiten um dann die Museumsbetreiber fachkompetent beraten zu können.

Beim **Datenschutz** geht es vorrangig um den **Schutz von personenbezogenen Daten**, da für die betroffene Person ein Missbrauch zu erheblichen persönlichen und finanziellen Nachteilen führen kann. Es geht beim Datenschutz also nicht um den Inhalt oder die Bedeutung der Daten, sondern um die **informationelle Selbstbestimmung** des Einzelnen.

Eine Missachtung des Datenschutzes kann auch Folgen haben, die über die Person hinausgehen. Werden beispielsweise bei einem Unternehmen Kundendaten „gestohlen" (= unerlaubt kopiert), kann dies zu einem Vertrauensverlust bei Kunden und Geschäftspartnern sowie Strafen führen.

Beim Datenschutz gelten allgemeine Prinzipien, die in Abb. 1 verkürzt dargestellt sind:

Vertraulichkeit
Daten nur für Befugte!

Verfügbarkeit
Zeitgerecht für eine ordnungsgemäße Verarbeitung!

Transparenz
Verfahrensweise vollständig und aktuell dokumentiert (Nachvollziehbar)!

Authentizität
Jederzeit ist eine Zuordnung zum Ursprung möglich!

Revisionsfähigkeit
Wer hat wann welche Daten in welcher Weise verändert?

1: Prinzipien des Datenschutzes

Für den Umgang mit personenbezogenen Daten gibt es in der Europäischen Union ab dem 25. Mai 2018 die EU-**Datenschutz-Grundverordnung** (DSGVO, **GDPR**: **G**eneral **D**ata **P**rotection **R**egulation). Für die Bundesrepublik Deutschland gilt entsprechend das **Bundesdatenschutzgesetz** (BDSG). In Abb. 2 sind Rechte der betroffenen Personen verkürzt dargestellt.

2: Rechte der betroffenen Personen nach BDSG

Prinzipien des Datenschutzes (Abb. 3 ①) werden also durch Regeln des BDSG präzisiert ②, die dann zu entsprechenden Maßnahmen führen müssen. Es sind technische Maßnahmen, die der Datensicherheit ③ dienen.

3: Zuasmmenhang Datenschutz und Datensicherheit

Einen optimalen Datenschutz würde man erreichen, wenn man erst gar keine Daten erhebt (Privacy by Design). Deshalb gilt für Unternehmen grundsätzlich, dass sie nur die Daten von einer Person erheben dürfen, die sie für die Ausübung der Geschäftsbeziehung benötigen. Dies folgt aus der Annahme, dass gespeicherte Daten **stets** einem Risiko des unerlaubten Zugriffs ausgesetzt sind und daher von Beginn an möglichst wenige Daten erhoben werden sollen.

- Datenschutz dient der informationellen Selbstbestimmung (Privatsphäre) von Personen.
- Beim Datenschutz stehen personenbezogene Daten im Zentrum der Überlegungen. Daten sollen technisch geschützt (sicher verwahrt) werden und es bestehen Einschränkungen bei der Erhebung, Verarbeitung und Weitergabe von Daten.
- Beim Umgang mit Daten gelten die Prinzipien Vertraulichkeit, Verfügbarkeit, Authentizität, Integrität, Transparenz und Revisionsfähigkeit.

Datenschutz lässt sich verbessern, wenn die Personenbezogenheit von den Daten entfernt wird (**Anonymisierung**). Nur durch einen unverhältnismäßig hohen Aufwand wäre es dann möglich, die dahinter stehende Person zu identifizieren.

Wie sich der Datenschutz technisch-organisatorisch im Betrieb organisieren lässt, zeigen Beispiele in Abb. 4.

Kontrollmaßnahmen	Technische Realisierung
Zutritt Unbefugten wird der Zutritt zur Datenverarbeitungsanlage verwehrt.	Gebäude- bzw. Raumsicherung, Zutrittsvemerk, Schlüsselregelung, …
Zugang Es wird verhindert, dass Unbefugte Daten nutzen.	Identifikation durch Passwort, Protokollierung der Zugänge, …
Zugriff Es wird gewährleistet, dass nur auf die der Zugriffsberechtigung unterliegende Daten zugegriffen werden kann.	Festlegung und Prüfung der Zugriffsberechtigten, Protokollierung von Zugriffen, zeitliche Verschlüsselung, …
Weitergabe Es wird gewährleistet, dass bei der Weitergabe Daten nicht unbefugt gelesen, kopiert oder verändert werden können.	Festlegung der Transportwege, Quittierung, Verschlüsselung, …
Eingabe Es muss nachträglich feststellbar sein, ob und von wem Daten eingegeben, verändert oder entfernt worden sind.	Dokumentation: Bevollmächtigter, Zeit, Änderungen, …
Auftrag Es ist zu gewährleisten, dass die Daten nur entsprechend den Weisungen des Auftraggebers bearbeitet werden.	Auftragsberschreibung, Lasten- und Pflichtenheft, …
Verfügbarkeit Die Daten sind gegen zufällige Zerstörung oder Verlust zu schützen.	Gebäudeschutz, Diebstahlschutz, Datensicherung, …
Organisation Die zu unterschiedlichen Zwecken erhobenen Daten müssen getrennt verarbeitet werden können.	Aufgabenteilung, Funktionstrennung, Richtlinien für Verfahren und Dokumentation, …

4: Maßnahmen zum Datenschutz

- Rechte von Betroffenen umfassen Benachrichtigung, Auskunft, Sperrung, Berichtigung und Löschung personenbezogener Daten.
- Zum Schutz von Daten werden technische Maßnahmen eingesetzt (Datensicherheit).

4.8.2 Schadprogramme

Es gibt eine Vielzahl von Programmen, die Benutzern eines Computers Schaden zufügen können. Diese können sich selbst über das Netzwerk an angeschlossene Computer verbreiten oder über das Internet gesteuert werden.

Verbreitungswege

Schadprogramme [*malware*] verbreiten sich über Sicherheitslücken in genutzten Programmen oder über das getäuschte Verhalten der Benutzer eines Computers. Letzteres kann z. B. beim Öffnen des Anhangs einer unbekannten und infizierten E-Mail entstehen, das Besuchen einer Webseite mit infizierten Werbebannern oder beim Ausführen eines Programms, in dem versprochen wird, eine Kaufsoftware kostenlos freizuschalten.

Arten von Schadprogrammen

Schadprogramme, die sich zunächst als nützliche Programme ausgeben, werden als **Trojanische Pferde** (kurz: Trojaner) bezeichnet. Oft enthalten sie zusätzlich zur schädlichen Funktion eine Fernsteuerbarkeitsfunktion.

Schadprogramme, die sich selbst weiter verbreiten und verändern können, werden in Anlehnung an die Biologie als **Viren** bezeichnet. Klassische Vertreter sind sogenannte Makro-Viren, die sich z. B. in .doc oder .xls Dateien befinden können und die beim Aktivieren den Computer und andere Dateien infizieren. Letztere können dann bei Weitergabe der Dateien wiederum andere Rechner infizieren.

In Abb. 5 ist ein Beispiel zu sehen. Unter einem falschen Vorwand wird darin aufgefordert, Makros zu aktivieren.

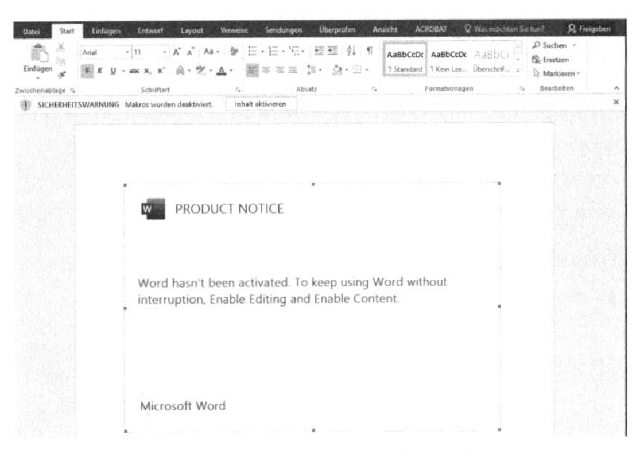

5: Beispiel für eine infizierte Word-Datei

- Schadprogramme sind Computerprogramme, die in einem PC unerwünschte Funktionen erzeugen. Diese können im PC Schäden verursachen.
- Trojaner sind als nützliche Computerprogramme getarnt, die ohne Wissen des Anwenders andere Funktionen ausführen.

Viren können auch nach ihrer Funktion unterschieden werden (Abb. 1).

Art	Funktion
Boot-Viren	Nisten sich auf der Festplatte ein, werden beim Start des Rechners aktiv und übernehmen die Kontrolle über den Rechner.
Datei-Viren	Infizieren Programmdateien und werden beim Start des entsprechenden Programmes aktiv (z. B. *.exe, *.com).
Makro-Viren	Nutzen die Makrosprache eines Anwendungsprogrammes, wie z. B. die Formatvorlage eines Textverarbeitungsprogrammes, werden dort mit abgespeichert und infizieren jedes neue Dokument.

1: Virenarten

Viren bestehen in der Regel aus einem

- Erkennungsteil, der feststellt, ob eine Datei bereits infiziert ist,
- Infektionsteil, der ein Programmteil zur Infektion auswählt und
- Funktionsteil, der die Art der Manipulation im System festlegt.

Eine frühzeitige Erkennung von Viren wird oft durch Triggerpunkte verhindert, weil die Aktivierung oft erst nach einer bestimmten Anzahl von Vorgängen oder einem Datum erfolgt.

Erpressungstrojaner [*ransomware*] (ransom = Lösegeld) oder auch Verschlüsselungstrojaner verschlüsseln erst unbemerkt alle Dateien auf einem Computer und erpressen den Benutzer anschließend zu einer Lösegeldzahlung um die Dateien wieder zu entschlüsseln.

Zur Prävention von Datenverlust sollten regelmäßig Backups angelegt werden. Neuere Ransomwares versuchen allerdings auch an einen befallenen Computer angeschlossene Datenträger zu verschlüsseln. Daher sollten externe Datenträger nicht länger als zum Erstellen eines Backups nötig an den Computer angeschlos-sen sein.

Spionagetrojaner [*spyware*] dienen der Erfassung von

- Informationen über einen Rechner (z. B. installierte Programme, Hardwarekonfiguration, heruntergeladene Dateien) oder
- Surfgewohnheiten.

Spyware „will" möglichst lange unerkannt bleiben um möglichst viele sensible Daten des befallenen Computers an den Verteiler der Spyware zu senden. Dies können z. B. auch geheime Konstruktionsdaten eines noch unveröffentlichten Produktes oder die persönlichen Daten von Mitarbeitern und Kunden sein. Auch hier ist eine Erpressung durch den Verteiler der Spyware möglich der z. B. damit droht, die Daten im Internet zu veröffentlichen.

Spyware wird auch über **Cookies** realisiert. Cookies (Plätzchen) sind Dateien, die Informationen über besuchte Webseiten enthalten. Sie werden vom Browser gespeichert und werden bei der erneuten Anmeldung auf einer Internetseite aktiv. Im ungünstigsten Fall werden damit private Daten an den Seitenanbieter übermittelt. Deshalb sollten Cookies nach jeder Internetsitzung gelöscht werden.

Würmer sind Schadprogramme, die im Gegensatz zu Viren eigenständig sind und nicht auf ein Wirtsprogramm oder eine Wirtsdatei angewiesen sind. Sie verbreiten sich meist über ungesicherte Netzwerke oder über E-Mails an alle E-Mail-Adressen aus dem E-Mail Programm eines Computers.

Coin Miner nutzen die Rechenleistung eines Computers um digitales Geld für Kryptowährungen zu generieren. Computer, die von einem Coin Miner befallen sind, haben in der Regel eine hohe CPU-Auslastung und verursachen dadurch dem Besitzer höhere Energiekosten.

Einfallstore für Schadsoftware

Viele Schadprogramme erfordern anfangs die Mitwirkung des Benutzers um sich weiter zu verbreiten oder um ihre schädliche Funktion ausüben zu können. Verbreiter von Schadprogrammen bedienen sich dabei gezielt der Täuschung von Menschen.

Social Engineering oder auch „soziale Manipulation" bezeichnet das in Erfahrung bringen von persönlichen Informationen über ein potentielles Malware-Opfer, um z. B eine gefälschte E-Mail für das Opfer als echt erscheinen zu lassen.

Unter **Phishing** [*password fishing*] versteht man das Abfangen von Einlogdaten von Personen, in dem man sie auf gefälschten Versionen einer Webseite dazu bringt, ihr Passwort für die echte Webseite einzugeben.

Sicherheitslücken sind versteckte Fehler in Programmen, die es bei Kenntnis einem Schadprogramm erlauben, z. B. Administratorrechte auf einem Computer zu erlangen. Öffentlich bekannte Sicherheitslücken werden im Internet gesammelt, damit sich jeder darüber informieren kann, welche genutzten Programme in welchen Versionen für welche Art von Viren oder Angriffen anfällig sind. Diese Sammlung wird von der US-Amerikanischen Organisation MITRE [1)] Corporation verwaltet und nennt sich **Common Vulnerabilities and Exposures** (CVE). Jede bekannte Sicherheitslücke bekommt dort eine eindeutige Bezeichnung, bestehend aus dem Jahr der Entdeckung und einer fortlaufenden Nummer, z. B. CVE-2014-0160.

Absichtliche, in ein Programm eingebaute Sicherheitslücken, werden als **Hintertür** [*backdoor*] bezeichnet. Sie werden z. B. auf Druck von staatlichen Stellen eingebaut.

[1)] **M**assachusetts **I**nstitute of **T**echnology **R**esearch **E**stablishment

Abwehr und Erkennung von Schadprogrammen

Antivirenprogramme verfügen über einen Virenscanner, der Dateien auf einem Computer nach bekannten Viren durchsucht, diese entdeckt und manchmal auch entfernen kann. Der Einsatz sollte allerdings abgewogen werden, da auch Antivirenprogramme mitunter Sicherheitslücken haben und somit zusätzliche Angriffsflächen für Schadprogramme bieten. Aktuelle Betriebssysteme verfügen bereits über eine grundsätzliche Erkennungs- und Schutzfunktion (z. B. Mikrosoft Defender Antivirus).

Durch **Überwachung des Netzwerkverkehrs** zwischen einem infiziertem Computer und dem Internet kann evtl. das Vorhandensein eines Schadprogramms erkannt werden, wenn dieses mit einem Fernsteuerungsserver kommuniziert.

Hat ein Schadprogramm nur das Betriebssystem oder installierte Programme befallen, so kann die Festplatte komplett gelöscht und das Betriebssystem neu installiert werden um das Schadprogramm zu entfernen. Manche fortgeschrittene Schadprogramme können sich allerdings auch außerhalb der Festplatte im BIOS/UEFI auf der Hauptplatine „einnisten". In diesem Fall muss das BIOS/UEFI neu in die Hauptplatine geschrieben werden.

Verhaltensregeln zum Datenschutz

- Zugriffsrechten zu Datenquellen vergeben und überwachen (**Need-to-know-Prinzip**: Kenntnis nur bei Bedarf).
- Den unberechtigten Zugang zu Datenquellen ausschließen.
- Datenmengen ggf. reduzieren.
- Datenträger bei Ausmusterung, Weitergabe oder Verkauf von Datenspeichern vollständig löschen bzw. mechanisch unleserlich machen.
- Für eingesetzte Programme und Betriebssysteme **Sicherheitsupdates** umgehend installieren.
- Unerwarteten E-Mails und Anhängen misstrauen und ggf. damit vorsichtig umgehen.
- Von unbekannten Personen keine fremden Datenträger benutzen.
- Datensicherungen regelmäßig durchführen und getrennt vom Computer aufbewahren.
- Wiederhergestellte Dateien überprüfen.
- Bekannt gewordene Datenschutzverletzungen umgehend den zuständigen Stellen zur Kenntnis geben.

2: Datensicherheit und Datenschutz

4.8.3 Firewall

Eine Firewall (Brandmauer) ist eine Schutzeinrichtung, die für die Anbindung eines Rechners oder eines privaten Netzwerks an ein öffentliches Netz eingesetzt wird (Abb. 3). Sie besteht aus Hardware- und Softwarekomponenten und kann u. a. den unberechtigten Zugriff aus dem Netz auf den angeschlossenen Rechner bzw. das Netzwerk verhindern.

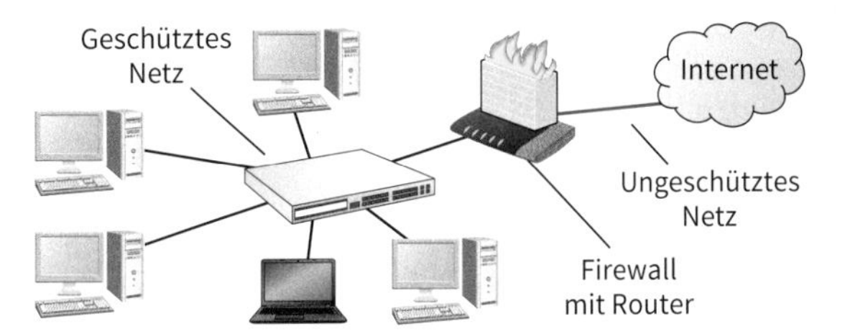

3: Firewall in Kombination mit einem Router

Grundsätzlich gibt es zwei Firewall-Arten. Die **Personal Firewall** ist eine Software, die auf dem Desktop installiert ist und den Internetzugriff und gegebenenfalls auch den internen Netzwerkverkehr überwacht.

Bei der **External Firewall** wird der Netzwerkverkehr zum Internet überwacht. In der Regel wird dafür ein eigener Rechner oder ein Router eingesetzt, auf dem die Firewall Software abläuft.

Für die Überwachung des Datenverkehrs werden Filter eingesetzt. Mit **Paketfiltern** erzielt man eine einfache Filterung von Datenpaketen. Anhand von einstellbaren Filterregeln werden die Kopfdaten (Header) der Datenpakete, wie Absender und Empfängeradresse, Portnummer und das angegebene Protokoll überprüft. Unzulässige Pakete werden verworfen oder an den Absender zurückgeschickt. Zulässige Pakete werden weitergeleitet. Diese Art der Filterung wird auch als **statische Filterung** bezeichnet.

Bei einer **zustandsgesteuerten Paketfilterung** erfolgt die Filterung der Pakete wie bei der statischen Filterung. Zusätzlich „merkt" sich die Firewall jeden Verbindungsaufbau und überwacht eingehende Pakete auf eine Abhängigkeit zu vorher ausgesendeten Paketen. Es dürfen nur die Pakete passieren, die als Folgepakete im Rahmen einer bestehenden Verbindung erkannt werden. Dieses Verfahren wird als **dynamische Filterung** bezeichnet.

Weitere Filterverfahren, die ein höheres Schutzniveau bieten, überwachen den Verbindungszustand, die Verbindungsdaten, die Anwendungsdaten und erfordern ggf. eine Anwender-Authentifikation.

- Firewalls als Programme auf einem PC oder als separate Geräte kontrollieren den ein- und ausgehenden Datenverkehr zwischen Computern. Sie können verdächtige Netzwerkpakete protokollieren und je nach Konfiguration den Datenverkehr unterbinden.

4.8.4 Datensicherheit

Datensicherheit ist eng mit dem Datenschutz und den damit verbundenen Zielen verbunden (s. Kap. 4.8.1). Bei der Datensicherheit geht es vorrangig darum, wie Schutzziele umgesetzt werden, also um die **technischen und organisatorischen Maßnahmen**, mit denen Daten vor Verfälschung, Verlust und Zerstörung geschützt werden. Übergreifendes Ziel ist dabei die **sichere Verfügbarkeit** von Daten.

Zur Gewährleistung der Datensicherheit gehören auch **Kontrollmaßnahmen**. Beispiele sind:

- **Zutrittskontrolle**: Daten dürfen nicht frei zugänglich sein.
- **Zugangskontrolle**: Unbefugte dürfen keine Datenverarbeitungsanlagen in Betrieb nehmen oder verwenden.
- **Zugriffskontrolle**: Nur berechtigte Personen dürfen Einblick in Daten erhalten und diese nutzen.
- **Weitergabekontrolle**: Es muss bekannt sein, wer Daten weitergeben darf.
- **Eingabekontrolle**: Es muss bekannt sein, wer Daten eingeben darf.

Ebenfalls muss bekannt sein, wer welche Daten besitzen, einsehen, ändern oder löschen darf. Dazu muss die Identität eines Benutzers gegenüber einem System nachgewiesen und **verifiziert** (Richtigkeit bestätigt) werden (**Authentifizierung**).

Die Verwendung von **Passwörtern** ist für den Benutzer eine einfache Schutzmaßnahme gegen den Zugriff durch Unbefugte. Dabei kennt nur der Nutzer das Passwort und kann damit seine Identität gegenüber dem System nachweisen.

Ein Passwort sollte **nicht trivial** sein (z. B. keine einfachen Zeichen- oder Ziffernfolgen) und zyklisch gewechselt werden. Die Länge des Passworts sollte mindestens 8 Zeichen (Groß-, Kleinbuchstaben, Sonderzeichen und Ziffern) umfassen. Für WLAN Passwörter empfiehlt das BSI (Bundesamt für Sicherheit in der Informationstechnik) mindestens 20 Zeichen.

Passwortsicherheit

Empfehlungen für die Wahl eines guten Passworts ergeben sich aus den Möglichkeiten eines Angreifers, es zu erraten oder auf anderen Wegen zu erfahren.

Brute Force (etwa: brutale Gewalt) ist eine Methode, bei der alle möglichen Kombinationen von Buchstaben, Zahlen und Sonderzeichen ausprobiert werden, bis das richtige Passwort ermittelt worden ist. Je länger ein Passwort ist, desto exponentiell mehr Kombinationen sind möglich und desto länger würde ein Brute-Force-Angriff dauern.

Beispiel: Für die Erstellung eines Passworts wird eine Symbolanzahl von 26 großen Buchstaben, 26 kleinen Buchstaben, 10 Ziffern und 10 Sonderzeichen verwendet (72 Symbole).

Das Passwort soll eine Länge von 8 Stellen besitzen und aus einer beliebigen Kombination aus dem Zeichenvorrat bestehen. Damit lässt sich eine Anzahl von 722.204.136.308.736 Kombinationen berechnen.

Wenn z. B. ein PC ca. 2 Milliarden Kombinationen pro Sekunde berechnen kann, benötigt er zur Berechnung des Passwortes 361.102 Sekunden (ca. 100 Stunden). Hierbei wurde angenommen, dass das gültige Passwort erst mit der letzten Berechnung ermittelt wird.

Bei einem **Wörterbuchangriff** werden nicht alle Kombinationen von Zeichen sondern Kombinationen von Wörtern einer Sprache ausprobiert. Damit lassen sich z. B. schnell Passwörter wie „MeinPasswordistlang" ermitteln.

Durch **Social Engineering**, eine Recherche über Informationen zur Person, dessen Passwort ermittelt werden soll, können z. B. die Antworten auf typische Sicherheitsfragen zum Zurücksetzen eines Passworts wie „Vorname der Mutter", oder „Name des ersten Haustiers" ermittelt werden. Auch wenn das Passwort gut gewählt ist, kann sich ein Angreifer möglicherweise auf Umwegen Zugang zu einem Benutzerkonto verschaffen.

Am häufigsten wird jedoch **Phishing** (s. Kap. 4.8.2) verwendet, um Passwörter zu „erschleichen". Dagegen hilft nur ein aufmerksamer Benutzer, der Phishing-Versuche als solche erkennt.

Für jeden Dienst sollte ein anderes Passwort verwendet werden. Da es aber schwer ist, sich viele sehr verschiedene Passwörter zu merken, können **Passwort-Manager** Programme verwendet werden, die alle Passwörter verschlüsselt abspeichern.

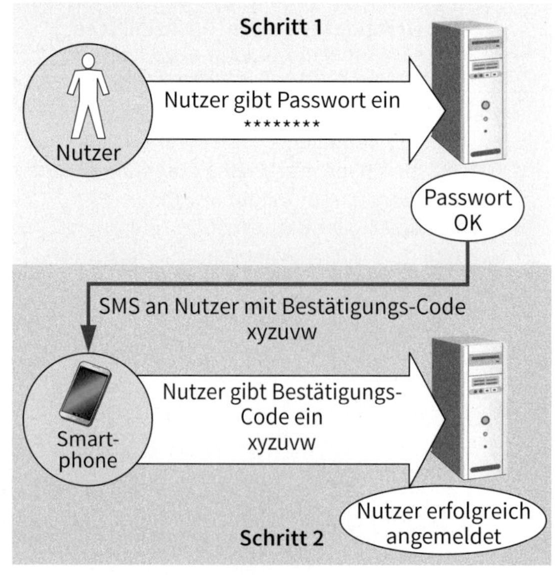

1: Zwei-Faktor-Authentifizierung

Informationstechnische Systeme

Bei der **Zwei-Faktor-Authentifizierung** (**2FA**: **2 F**actor **A**uthentification) wird neben dem Wissen eines Passwortes ein weiteres Merkmal abgefragt um einen Benutzer zu authentifizieren (Abb. 1). Dieser ist oft im Besitz eines Mobiltelefons mit einer bestimmten Telefonnummer, an die per SMS oder Internet eine kurze Zeichenkombination gesendet wird und die in den nächsten Minuten mit dem Passwort zum Anmelden benutzt werden kann.

Alternativ können auch **TOTP** Codes [*Time-based One-Time Passwords*] als zweiter Authentifizierungsfaktor verwendet werden. Diese können offline auf einem Gerät generiert werden und besitzen eine Gültigkeit von meist 30 Sekunden.

Ein neues Verfahren, das als zweiter Faktor zu einem Passwort oder aber auch alleine zur Authentifizierung verwendet werden kann, ist **FIDO2** [*Fast IDentity Online 2*]. Dafür benötigt man einen Sicherheitsschlüssel (Abb. 2), den man mit einem Computer oder Smartphone per Bluetooth, NFC oder USB verbindet.

2: Verschiedene FIDO2 Sicherheitsschlüssel

Bei der Authentifizierung mit einem Passwort, muss der Online Dienst, bei dem man sich anmeldet, die Passwörter aller Nutzer in verschlüsselter Form in einer Datenbank speichern. Kann ein böswilliger Akteur diese Datenbank illegaler Weise über das Internet kopieren und entschlüsseln, so hat er auf einmal alle Passwörter.

Der Vorteil in der Nutzung von FIDO2 liegt darin, dass bei diesem Verfahren der physische Sicherheitsschlüssel jedes einzelnen Nutzers gestohlen werden müsste, was einen unverhältnismäßigen Aufwand darstellt im Gegensatz zum Kopieren einer Datenbank.

Regeln zum Umgang mit Passwörtern

- Bei Passwörtern gilt: Je länger, desto besser.
- Mindestens Zeichen aus Klein-, Großbuchstaben, Ziffern und Sonderzeichen verwenden.
- Keine einfachen Folgen von (unveränderten) Wörtern auswählen.
- Pro Benutzerkonto/Dienst ein anderes Passwort verwenden.
- Eventuell mit einem Passwortgenerator ein sicheres Passwort generieren lassen.
- Merkhilfe: Passwort mit Hilfe von Akronymen bilden. Beispiel: Zeile aus einem Lied verwenden, erste Buchstaben benutzen, Buchstaben gegen Sonderzeichen oder Zahlen austauschen, usw.

Verschlüsselung

Mit **Verschlüsselungsverfahren** können Daten vor einem unberechtigten Zugriff geschützt werden. Eine Entschlüsselung ist nur mit dem korrekten **Schlüssel** (z. B. einem langem Passwort) möglich.

Ein Verschlüsselungsverfahren ist erst dann ein Verschlüsselungsverfahren, wenn – trotz bekanntem Verfahren – nur mit dem richtigen Schlüssel die Daten wieder entschlüsselt werden können (s. Kap. 4.4.8).

Es gibt eine Vielzahl von Verschlüsselungsverfahren. Bezüglich ihrer Anwendung lassen sich **Dateiverschlüsselung** zur verschlüsselten Speicherung von Daten und **Transportverschlüsselung** zum verschlüsselten Übertragen von Daten (z. B. **TLS** [*Transport Layer Security*] für http, s. Kap. 4.x.x Netzwerkprotokolle) unterscheiden.

BitLocker ist eine proprietäre Festplattenverschlüsselung (s. Kap. 4.5.2) von Microsoft für das Systemlaufwerk. Dazu wird automatisch eine eigene Partition auf der Festplatte eingerichtet. Die Verschlüsselung erfolgt mit **AES** [*Advanced Encryption Standard*] (fortschriftlicher Verschlüsselungsstandard) mit einer Schlüssellänge von 128 oder 256 Bit (s. Kap. 4.4.8).

Mit **VeraCrypt** (Open Source Software) kann man ganze Systeme, einzelne Partitionen oder sogenannte Container verschlüsseln. Container sind spezielle Dateien mit festen Größen. Nach dem Entschlüsseln werden sie wie virtuelle Laufwerke behandelt. Ein virtuelles Laufwerk ist eine funktionelle Nachbildung (Emulation) eines Laufwerks inklusive eines Datenträgers bzw. Wechselmediums.

GnuPG (**GNU**: Privacy Guard, Privatspärenschutz) ist ein freies Verschlüsselungssystem für Dateien und E-Mails. Es ist für die Betriebssysteme Windows, Linux und macOS einsetzbar und kann auch zum Erzeugen und Prüfen elektronischer Signaturen verwendet werden. Das Erzeugen einer Signatur über die versendeten Daten kann mit der Verschlüsselung von Daten (z. B. E-Mails) kombiniert werden.

- Zur Datensicherheit zählen technische Maßnahmen, die dem Schutz der Daten und der damit verbundenen Personen dienen.
- Authentifizierung bedeutet die Verifizierung der Identität eines Benutzers gegenüber einem System. Authentisierungsmethoden sind z. B. Benutzerkennungen und Passwörter.
- Bei der Zwei-Faktor-Authentisierung wird der Identitätsnachweis eines Nutzers mittels der Kombination zweier unterschiedlicher und unabhängiger Komponenten erstellt.

4.8.5 Datensicherung

Es gibt viele, mehr oder weniger gut vorhersehbare Ereignisse, die zu einem Datenverlust führen können. Eine **Datensicherung** [*data backup*] ist eine zusätzliche Kopie der Daten, mit der man sich vor diesen Ereignissen schützen kann.

Verschiedene Ereignisse erfordern unterschiedliche Backupstrategien: Ein Backup einer Datei in einem anderem Ordner auf derselben Festplatte kann den Datenverlust vor versehentlichem Löschen (menschlicher Fehler) durch einen Kollegen schützen, jedoch nicht vor einem Defekt der Festplatte.

Zu jeder Einrichtung eines IT-Systems gehören daher eine Analyse der zu berücksichtigenden Schadenereignisse sowie eine Strategie, um einen endgültigen Datenverlust zu verhindern.

„3-2-1"-Regel

In der Praxis hat sich die sogenannte „3-2-1"-Regel durchgesetzt, um einen Großteil von Schadensereignissen abzufangen:

- Drei Kopien der zu schützenden Daten,
- auf mindestens zwei verschiedenen Speichermedien
- und einer Kopie an einem anderen Ort.

Inkrementelles Backup

Hierbei werden periodisch Backups von den zu schützenden Daten angelegt. Das erste Backup enthält dabei eine vollständige Kopie der Daten, alle weiteren jedoch nur die Änderungen zum vorherigen Backup.

Dieses Verfahren benötigt weniger Speicherplatz, als wenn man alle Backups als vollständige Kopie ablegt. Dabei ist jedoch etwas mehr Rechenaufwand erforderlich, da beim Wiederherstellen von Dateien, mehrere Änderungen kombiniert werden müssen.

RAID Level	Bezeichnung	Festplatten		
		Anzahl min.	Kapazität gesamt	Ausfalltoleranz in Festplatten
0	Aufteilung [*striping*]	2	n TB	0
1	Spiegelung [*mirroring*]	2	1 TB	n–1
5	Aufteilung und Parität [*parity*]	3	(n–1) TB	1
6	Aufteilung und doppelte Parität [*double parity*]	4	(n–2) TB	2

1: Eigenschaften von RAID-Systemen (in Festplatten mit jeweils 1 TB)

RAID

In Netzwerkspeichern werden meist mehrere Festplatten im **RAID**-Verbund [*Redundant Array of Independent Disks*] betrieben (Abb. 1). Je nach RAID-Level werden dabei mehrere Kopien von Dateien erstellt und automatisch durch einen RAID-Controller auf verschiedene Festplatten verteilt, um trotz des Ausfalls einer oder mehrerer Festplatten, keine Daten endgültig zu verlieren (Abb. 2).

Eine Datei wird bei **RAID 0** in so viele Teile, wie Festplatten vorhanden sind, aufgeteilt (mindestens zwei gleichgroße Festplatten). Bei einem Defekt einer Festplatte, sind hierbei alle darauf gespeicherten Dateiteile verloren und die nun unvollständigen Dateien nicht mehr nutzbar.

Mit **RAID 1** speichert man auf allen Festplatten eine Kopie der Datei und kann damit den Ausfall fast aller Festplatten ohne Datenverlust verkraften. Allerdings hat man auch nur noch die Speicherkapazität einer einzigen Festplatte zur Verfügung.

Auch bei **RAID 5** und **6** werden die Dateien aufgeteilt, es werden aber in geschickter Weise zusätzlich die Unterschiede (Aq, Ap,...) zwischen den Festplatten auf eine der Paritäts-Festplatten geschrieben (Abb. 2).

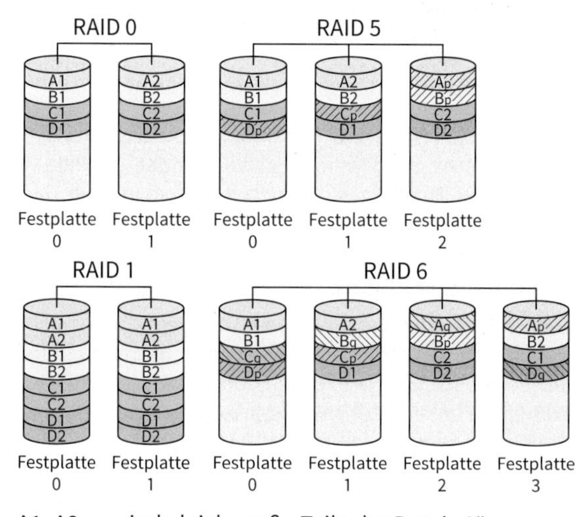

A1, A2, ... sind gleich große Teile der Datei „A".
Aq bzw. Ap sind Paritätsteile, die jeweils einen fehlenden Teil der Datei „A" wiederherstellen können.

2: Datenverteilung bei verschiedenen RAID-Leveln

Ist im RAID 5 eine Festplatte ausgefallen, so darf bei der Widerherstellung der fehlenden Daten keine weitere Festplatte mehr ausfallen. Da das Widerherstellen von Daten die anderen Festplatten sehr stark mit Lese- und Schreibvorgängen beansprucht, ist die Gefahr dennoch groß, dass dies genau in dieser Situation passiert. Dieses Risiko steigt mit zunehmender Größe der einzelnen Festplatten. Heutzutage ist RAID 6 daher RAID 5 vorzuziehen, weil RAID 6 auch gegen einen zweiten Ausfall noch Schutz bietet.

4.8.6 Datenintegrität

Im Rahmen der Informationssicherheit gibt es eine Reihe von Maßnahmen, die einen Angriff von außen auf informationsverarbeitende Systeme und Daten zum Zweck des Missbrauchs verhindern sollen. Als Missbrauch wird aber auch die **Verfälschung** von Daten oder die **Veränderung** der Urheberschaft einer Nachricht verstanden.

Um die **Integrität** (lat. integritas: vertrauenswürdig) der Daten zu gewährleisten, beziehen sich die zu treffenden Maßnahmen sowohl auf informationsverarbeitende Systeme in ihrer Gesamtheit als auch auf die von diesen Systemen verarbeiteten bzw. gespeicherten Daten.

Unter Integrität der Daten versteht man dann die Korrektheit (Unversehrtheit) von Daten und die korrekte Funktionsweise der informationstechnischen Systeme.

Datenintegrität umfasst folgende wesentliche Bedingungen:

- **Inhaltliche Korrektheit**
Die Sachverhalte werden unverändert abgebildet.
- **Datenkorrektheit**
Nach einem Datenaustausch besitzen die Daten den gleichen Zustand wie vorher.
- **Modifikationen werden erkannt**
Es können unvermeidliche Veränderungen an Daten auftreten. Diese sollten vom Anwender (System) erkannt werden.
- **Temporäre Korrektheit**
Die zeitlichen Abläufe beim Datenaustausch müssen eingehalten werden (z. B. Reihenfolge von Datenpaketen, festgelegte Verzögerungszeit).

Maßnahmen zur Einhaltung der Datenintegrität sind:

- Regelmäßiges Protokollieren der **Hashwerte** [1)] von Dateien, meist in einer fortlaufenden Log-Datei mit Zeitstempeln und den dazugehörigen Hashwerten.
- Erzeugung von **Zeitstempeln**. Dabei wird ein Ereignis zu vertraulichen Dateien einem eindeutigen Zeitpunkt zugeordnet)) und
- digitale Signaturen (elektronische Unterschriften).

[1)] Durch ein mathematisches Verfahren (**Hashfunktion**, Streuwertfunktion) lässt sich eine große Menge an Daten beliebiger Länge (Eingabemenge) auf eine kleinere Datenmenge mit konstanter Länge (z. B. 32 Zeichen) (Zielmenge) abbilden. Dieser Wert wird dann als Hash-wert bezeichnet. Derzeit gängige Hashfunktionen sind SHA-2 und MD5.

- Datenintegrität besteht dann, wenn Daten korrekt, und nicht modifiziert sind, unvermeidliche Veränderungen erkannt und zeitliche Bedingungen beim Datenaustausch eingehalten werden.
- Ein Hashwert ist ein besonderer alphanumerischer Wert, der durch eine Hashfunktion erzeugt wird.

4.8.7 Datensicherungsvorschlag für das Museum

Folgende Vorschläge werden von Elektro+IT den Museumsbetreibern unterbreitet:

Es befindet sich die erste Kopie auf den Computern der Mitarbeiter auf SSDs. Die zweite Kopie befindet sich auf den Festplatten des Netzwerkspeichers. Der Netzwerkspeicher (Abb. 3) besitzt mehrere Festplatten in einem RAID 6-Verbund.

3: NAS

Zusätzlich fertigt eine Museumsdirektorin jeden Freitagabend eine Kopie vom **NAS** (**N**etwork **A**ttached **S**torage, Speicher der am Netzwerk angeschlossen ist) auf eine (am besten verschlüsselte) externe Festplatte an und nimmt sie mit zu sich nach Hause. Diese dritte Kopie auf der externen Festplatte bewahrt das Museum vor einem totalen Datenverlust im Falle eines Brandes im Museum, der alle Datenträger im Netzwerkspeicher und den Computern zerstören würde.

Anstelle der externen Festplatte, die die Direktorin wöchentlich mit nach Hause nimmt, kann der Netzwerkspeicher auch so konfiguriert werden, dass er bestimmte Ordner regelmäßig auf einen Speicher im Internet bei einem Cloud-Anbieter kopiert. Damit liegen die Daten auch an einem anderen Ort. Allerdings sind dabei die Datenschutzbedingungen des Anbieters zu beachten und die Daten vor dem Hochladen zu verschlüsseln.

Nach dem Anlegen von Backups sollte immer sichergestellt werden, dass das Wiederherstellen von Dateien aus dem Backup funktioniert.

Dies ist gerade dann besonders wichtig, da mittlerweile Schadsoftware (s. Kap. 4.8.2 Ransomware) im Umlauf ist, die z. B. alle Dateien verschlüsselt, dies aber für den Anwender wochenlang unentdeckt tut (die Dateien also bei Zugriff in dieser Zeit unbemerkt entschlüsselt) um auch noch unverschlüsselte Backups in dieser Zeit durch verschlüsselte Versionen auszutauschen. Schaltet diese Schadsoftware irgendwann in den „Erpressungsmodus“ und lässt den Nutzer nicht mehr auf seine Daten zugreifen, und muss ein unter Umständen mehrere Monate altes (von der Schadsoftware noch nicht befallenes) Backup wiederhergestellt werden, ist dabei trotz z. B. regulärer wöchentlicher Backups, die Arbeit von mehreren Monaten verloren. Darüber hinaus erhalten nur bestimmte Mitarbeiter Zugangsberechtigungen zu bestimmten Daten.

4.9 Netzwerke (Netze)

Nachdem die Mitarbeiter von Elektro+IT die Museumsbetreiber ausführlich über Geräte, Hardware und Software informiert und dabei entsprechende Sicherheitsaspekte erörtert haben, sollen jetzt Überlegungen angestellt werden, wie wichtige Geräte von verschiedenen Stellen gemeinsam genutzt werden können. Die Geräte müssen dazu miteinander verbunden (vernetzt) werden. Dabei soll möglichst auf Leitungen verzichtet werden. Aus diesem Grunde werden im Team zunächst grundlegende Informationen gesammelt, um auf dieser Basis am Ende fachkompetent beraten zu können.

4.9.1 Einteilung und Bezeichnungen

Netzwerke bestehen aus einem Verbund von **leitungsgebundenen** oder **drahtlosen** Datenübertragungsstrecken. Zum Datenaustausch (Kommunikation) im Netz sind geeignete Komponenten (Computer, Vermittlungsstellen, Anschlussstellen, ...) vorhanden. Die Einteilung der Netze kann nach unterschiedlichen Kriterien erfolgen. In Abb. 1 ist eine Möglichkeit dargestellt.

1: Beispiele für Netzeinteilungen

Bezeichnungen

Netzwerke können auch nach dem regionalen Abdeckungsbereiche eingeteilt werden. Diese Einteilung ist recht grob, weil aufgrund der eingesetzten Netzwerktechniken die Grenzen zwischen den Bereichen fließend sind.

- **BAN** (**B**ody **A**rea **N**etwork)

Diese Netzwerktechnik umfasst die an einem menschlichen Körper (**body**) installierten Kommunikationsgeräte (medizinische Sensoren) zur Überwachung von z. B. Blutdruck, Puls und Temperatur (Beispiel: Funkverbindung einer Smartwatch zum Smartphone in der Hosentasche). Bei WBAN (Wireless BAN) sind die Geräte mittels Funktechnik vernetzt (2,4 GHz-Bereich mit Reichweitenbegrenzung auf ca. 1 m).

- **PAN** (**P**ersonal **A**rea **N**etwork)

Bei diesem „persönlichen Netzwerk" ist die Reichweite zwischen den Kommunikationspartnern auf wenige Meter begrenzt. Es wird genutzt, um Daten z. B. zwischen mobilen Endgeräten untereinander auszutauschen.

- **LAN** (**L**ocal **A**rea **N**etzwerk)

Bei einem lokalen Netzwerk liegt die Übertragungsentfernung bei maximal 500 m. Das Netz wird überwiegend zur Kopplung von Rechnern (z. B. PC-Arbeitsplätzen) eingesetzt.
Als Übertragungsmedien werden Kupferleitungen, Lichtwellenleiter und Funkverbindungen verwendet.

- **MAN** (**M**etropolitan **A**rea **N**etwork)

Hiermit werden Netzwerke bezeichnet, die eine Stadt (Metropole), einen Stadtbereich oder eine Gemeinde abdecken. Diese Netze werden in der Regel von Netzbetreibern eingerichtet sowie betrieben und verfügen aufgrund der Vielzahl der Teilnehmer über eine hohe Datenübertragungsrate.

- **WAN** (**Wi**de **A**rea **N**etwork)

Hierbei handelt es sich um Weitverkehrsnetze, die mehrere Städte, Regionen oder ein ganzes Land abdecken. Sie werden eingesetzt zur Kopplung von LANs und MANs innerhalb und zwischen Kontinenten

- **GAN** (**G**lobal **A**rea **N**etwork)

Als globales Netzwerk wird ein Netzwerk bezeichnet, das sich über die gesamte Welt erstreckt. Die Übertragung erfolgt dabei u. a. auch über Satellitenverbindungen. Es ist kein eigenes Netzwerk, sondern die Zusammenfassung von LAN, MAN und WAN. Als bekanntestes Netzwerk zählt hierzu das **Internet**.

4.9.2 Netzwerktopologien

Mit Topologie bezeichnet man den skizzierten Aufbau von Verbindungen in einem Netzwerk. Es wird unterschieden:

- **Physisch**

Tatsächliche (reale) Vorstellungen (leitungsgebunden, elektromagnetische Wellen, usw.), wie das Netzwerk aufgebaut ist (Aufbau und Verbindungen). Sie sind bei Setup-, Wartungs- und Bereitstellungsaufgaben hilfreich.

- **Logisch**

Übergeordnete Vorstellungen – auch virtuelle – wie das Netzwerk aufgebaut ist und wie die Daten im Netzwerk übertragen werden.

- Je nach Ausdehnung spricht man bei vernetzten Systemen von BAN, PAN, LAN, MAN, WAN oder GAN.

Linie

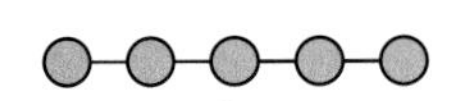

- Es gibt einen Anfangs- und einen Endteilnehmer
- All Teilnehmer sind in Reihe geschaltet und können auf die Informationen zugreifen.

- Leicht installier- und erweiterbar
- Kurze Leitungen
- Keine aktiven Netzwerk-Komponenten nötig
- Bus funktioniert nicht mehr, wenn ein Teilnehmer ausfällt
- Nicht alle Teilnehmer können gleichzeitig senden
- Datenübertragungen können leicht abgehört werden

Bus

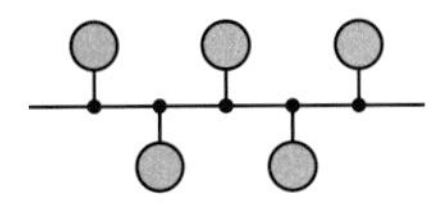

- Alle Teilnehmer sind über die gleiche Leitung (Bus) miteinander verbunden.
- Bei Kabelbruch Netzausfall
- Bus-Enden mit Abschlusswiderstand

- Leicht installier- und erweiterbar
- Relativ geringer Leitungsaufwand
- Keine aktiven Netzwerk-Komponenten nötig
- Bus funktioniert noch, wenn ein Teilnehmer ausfällt
- Aufwändige Zugriffsmethoden
- Problemlos können weitere Teilnehmer hinzugefügt werden
- Begrenzte Netzausdehnung

Baum

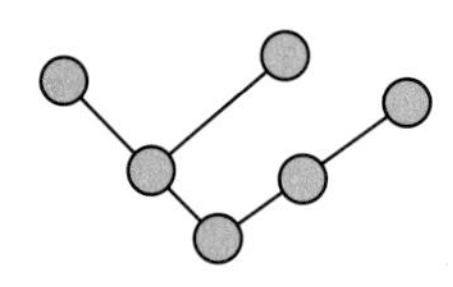

- Ein Teilnehmer ist der zentrale Knoten (Trunk: Stamm), von dem sich andere Teilnehmer „verzweigen".
- Es gibt keine Netzhierarchie

- Leicht installier- und erweiterbar
- Größerer Leitungsaufwand als bei Bus und Linie
- Keine aktiven Netzwerk-Komponenten erforderlich
- Funktioniert noch, wenn ein Teilnehmer ausfällt
- Funktioniert auch bei Erweiterung/Reduzierung der Teilnehmer (Einfache Wartung)
- Anwendung: Weitverkehrsnetz für viele Teilnehmer
- Logische Topologie des Internets

- Netzwerktopologien beschreiben den physikalischen Aufbau von Netzwerken.
- Bei Netzwerken sind Ring-, Stern- und Bustopologien wichtige Netzformen.

Stern

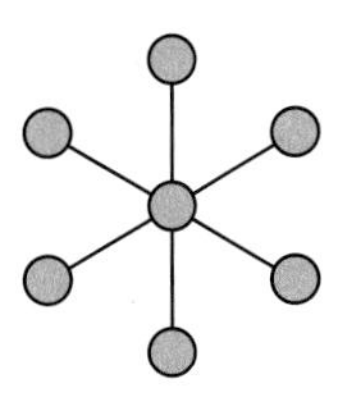

- Alle Teilnehmer sind über einen zentralen Teilnehmer (Switch, Hub) miteinander verbunden (Server), der auch als Repeater arbeiten kann

- Leicht installier- und erweiterbar
- Keine aktiven Netzwerk-Komponenten erforderlich
- Netz funktioniert weiterhin bei Teilnehmer-Ausfall
- Daten sind relativ abhörsicher
- Hub oder Switch übernehmen die Verteilung der Daten
- Großer Verkabelungsaufwand
- Netz arbeitet nicht mehr bei Ausfall oder Überlastung des zentralen Teilnehmers
- Sehr gut geeignet für Multicast-und Broadcastanwendungen

Masche (vollvermascht)

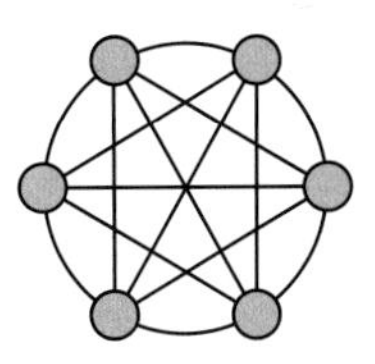

- Jeder Teilnehmer ist mit jedem Teilnehmer verbunden (Punkt-zu-Punkt)
- Netz Komplex, zuverlässig, stabil

- Nicht leicht installier- und erweiterbar
- Große Leitungszahl (teuer)
- Netz funktioniert weiterhin bei Teilnehmer-Ausfall und Erweiterung
- Wartung ist aufwändig
- Aufwendige Administration
- Dezentrale Steuerung
- Daten sind relativ abhörsicher
- Unendliche Netzausdehnung möglich, Beispiel: Physische Topologie des Internets

Ring

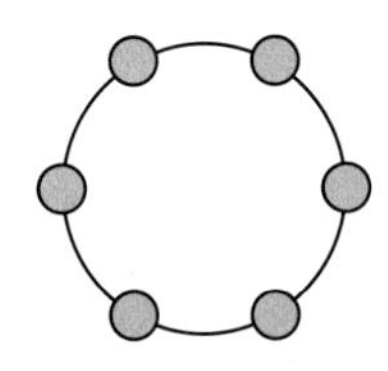

- Alle Teilnehmer sind in Ringform verbunden
- Die Daten „bewegen" sich bis zu ihrem Bestimmungsort durch die anderen Teilnehmer

- Leicht installier- und erweiterbar
- Relativ geringe Leitungsanzahl (kostengünstig)
- Es darf nur ein Teilnehmer senden (Steuerungsprotokoll)
- Keine aktiven Netzwerk-Komponenten erforderlich
- Netz funktioniert nicht bei Teilnehmerausfall und Erweiterung
- Daten können leicht abgehört werden
- Große Netzausdehnung möglich
- Aufwändige Fehlersuche

Auswahlkriterien für Netzwerktopologien können sein:

- Erforderliche Leitungslänge
- Leitungsart
- Kosten (Installation und Wartung)
- Skalierbarkeit (Erweiterbarkeit)

4.9.3 Netzwerkkomponenten

Netzwerkkomponenten sind Geräte, die für die Kommunikation und Interaktion erforderlich sind. Sie lassen sich in **aktive und passive Komponenten** einteilen. Aktive Komponenten verarbeiten bzw. verstärken Signale. Sie benötigen eine Spannungsversorgung. Für passive Komponenten ist keine elektrische Energieversorgung erforderlich.

In der Regel werden für die Bezeichnung der Komponenten allgemeine Namen verwendet, z. B. Anschlussdose oder Router. Für eine eindeutige Kennzeichnung ist allerdings die Kenntnis des Netzwerktyps (z. B. Ethernet LAN) erforderlich.

Passive Komponenten (Beispiele, Anwendungen)

- **Steckverbinder** ①
  RJ45 Stecker bzw. Buchse für Datenkabel
- **Netzwerkinstallationskabel, Patchkabel**
  Kupfer-, Lichtwellenleiter- oder Koaxialkabel
- **Anschlussdosen** ②
  Steckanschluss für Netzwerkverbindung
- **Schränke**
  Einbau von Servern, Verteilern oder Patchfeldern
- **Patchfelder (Rangierfelder)** ③
  Rangieren von Netzwerkanschlüssen
- **Antennen**
  Richtantenne für WLAN
- **Spleißkassette** ④
  LWL-Aufteilung bzw. -Verbindung
- **Passive optische Koppler und Splitter**
  Aufteilung von Lichtwellenleitern
- **Dämpfungsglieder**
  Abschwächung von Signalen

1: Passive Netzwerkkomponenten

Aktive Komponenten

- **Switch (Schalter, Weiche)**
  - Mit ihm werden mehrere PCs bzw. Netzsegmente zu einem lokalen Netz (LAN) über Ports verbunden (Sterntopologie).
  - Zwischen Sender und Empfänger wird eine direkte Verbindung geschaltet.
  - Die einzelnen Ports können unabhängig voneinander Daten empfangen und senden.
  - Den Teilnehmern steht die gesamte Bandbreite des Netzwerks für die Sendezeit zur Verfügung.
- **Hub (Nabe, Knotenpunkt)**
  - Mit ihm werden, wie beim Switch, mehrere PCs bzw. Netzsegmente zu einem lokalen Netz (LAN) über Ports verbunden (Sterntopologie).
  - Das eintreffende Signal wird an alle anderen Netzteilnehmer weitergeleitet, auch an solche, an die das Signal nicht adressiert ist.
  - Erweiterungen sind durch Uplink-Ports möglich.
- **Repeater (Verstärker)**
  - Er dient der Signalaufbereitung und verstärkt ein durch z. B. lange Distanzen gedämpftes Signal (z. B. WLAN-Repeater).
  - Datenpakete werden ohne Zwischenspeicherung weitergeleitet.
  - Netzsegmente gleicher oder verschiedener Medien (z. B. Twisted Pair, Koaxialkabel, LWL) werden miteinander gekoppelt.
  - Es findet keine Überprüfung der Datenpakete auf Fehler und keine Protokollerkennung statt.
- **Bridge (Brücke)**
  - Sie ist ein Verbindungsglied zwischen gleichartigen lokalen Netzwerken. Die Netze können auch über unterschiedliche Datenraten verfügen.
  - Sie wird verwendet, um große Netze in kleinere Segmente zu unterteilen (s. Baumtopologie).
- **Gateway (Einfahrt, Eingang, Übergang)**
  - Ein Gateway ist ein Verbindungsglied zwischen Netzwerken, die mit unterschiedlichen Protokollen arbeiten (Protokollumsetzer).
  - Eine auf unterschiedlichen Protokollen basierende Kommunikation wird ermöglicht.

Router

Switch

2: Aktive Netzwerkkomponenten (Beispiele)

4.9.4 Client-Server-Modell (Prinzip)

Mit dem Modell lässt sich beschreiben, wie Aufgaben und Dienstleistungen innerhalb eines Netzwerkes verteilt werden bzw. wie sie ablaufen. Der **Client** (Klient) ist ein Kunde, der Dienste von einem **Server** abrufen kann (Abb. 3). Der Server ist also ein Diener (Bediensteter), der die gewünschte Dienstleistung erbringt.

Der Begriff Server wird nicht eindeutig verwendet. Es kann damit der Computer (Hardware) gemeint sein, der die Aufgabe eines Servers übernimmt. Ein Server kann aber auch nur ein Programm (Software) sein, das auf dem Computer läuft und z. B. die Aufgabe eines Web-Servers oder eines Dateiservers im Netzwerk übernimmt.

Die Kommunikation zwischen Client und Server kann nur ablaufen, wenn die Adressen den Akteuren bekannt sind und ein verbindliches Protokoll verwendet wird. Das Protokoll für die Kommunikation im Internet wird als **IP-Protokoll** (**IP**: **I**nternet-**P**rotokoll, s. Kap. 4.7.5) und die Adressen entsprechend als **IP-Adressen** (s. Kap. 4.7.7) bezeichnet.

In Abb. 4 ist ein Kommunikationsvorgang dargestellt. Dabei wird das Netzwerkprotokoll **UDP** (**U**ser **D**atagram **P**rotokoll, s. Kap. 4.7.5) verwendet. Damit Client und Server senden und empfangen können, müssen sie eine bidirektionale Software-Schnittstelle (**Socket**, „Steckdose") eingerichtet haben. Folgender Ablauf ergibt sich dann:

- Zwei Rechner (Client und Server) sind miteinander verbunden (über Ethernet, Internet, ...).
- Der Client erzeugt einen Socket ① und sendet ②.
- Der Server erzeugt ebenfalls einen Socket.
- Nun kann der Server Daten empfangen ③ und diese verarbeiten.
- Danach sendet der Server diese an den Client ④.
- Dieser empfängt die Daten und verarbeitet diese.
- Beide schließen Ihre Sockets ⑤.

Da mehrere Sockets (z. B. von anderen Programmen auf einem Computer) gleichzeitig eingerichtet sein können, wird jedem Port eine eindeutige Nummer zugeordnet. Sie werden auch als Netzwerkport(-nummern) bezeichnet.

In Abb. 5 ist die Kommunikation mit dem **TCP**-Protokoll (**T**ransmission **C**ontrol **P**rotokoll) dargestellt, dem Standardprotokoll für eine Datenübertragung.

- Im Unterschied zu UDP muss der Client zunächst anfragen ⑥ ob er "akzeptiert" ⑦ wird.
- Erlaubt der Server eine Kommunikation, sendet er seine IP-Adresse.
- Danach können – wie bei UDP – Daten gesendet und empfangen werden ⑧.
- Am Ende schließen beide ihre Sockets ⑨.

Im Gegensatz zu TCP wird bei UDP nicht überprüft, ob die gesendete Nachricht beim Empfänger angekommen ist. Der Empfänger muss bei UDP zudem zusätzlich prüfen, ob die Nachricht unterwegs nicht verändert wurde.

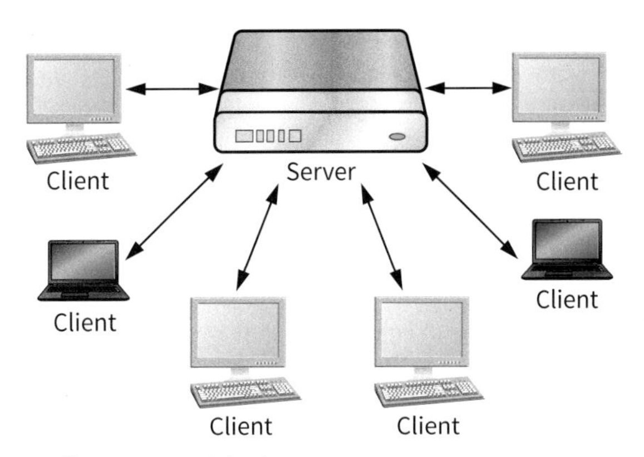

3: Client-Server-Prinzip

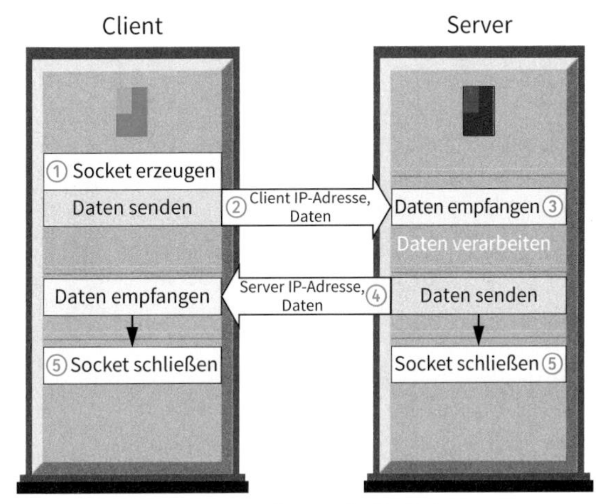

4: Server/Client Netzwerkprotokoll UDP

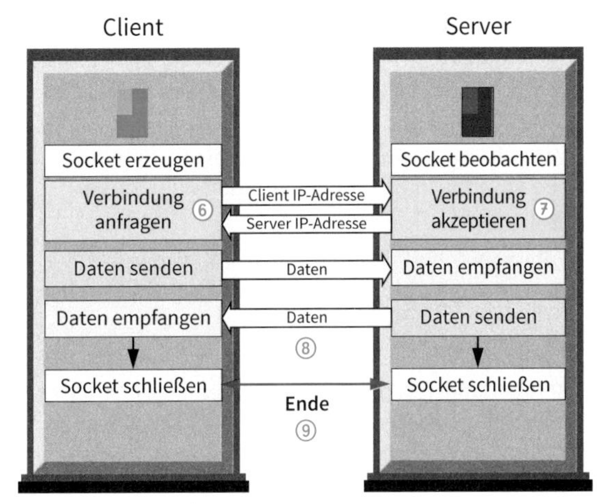

5: Server/Client Netzwerkprotokoll TCP

- Der Client kann einen Dienst vom Server anfordern.
- Ein Server stellt dem Client die gewünschten Dienstleistungen zur Verfügung.

Arten von Server-Software

Im Namen eines Serverprogramms ist in der Regel die angebotene Dienstleistung angegeben.

- **Web-Server**

Ein Web-Server stellt statische (z. B. Bild-Dateien als JPG, PNG) und dynamisch erzeugte Dateien zur Darstellung von Web-Seiten mit einem Web-Browser (Client) zur Verfügung (Abb. 1). Dynamische Dateien erzeugen dagegen Seiten, deren Inhalte gemäß dem Profil des Clients erstellt werden. Verwendet wird dabei das Datenübertragungsprotokoll (**HTTP**: **H**yper**t**ext **T**ransfer **P**rotocol, s. Kap. 4.10.2) und darunterliegend ein Netzwerkprotokoll (TCP/IP, s. Kap. 4.9.5).

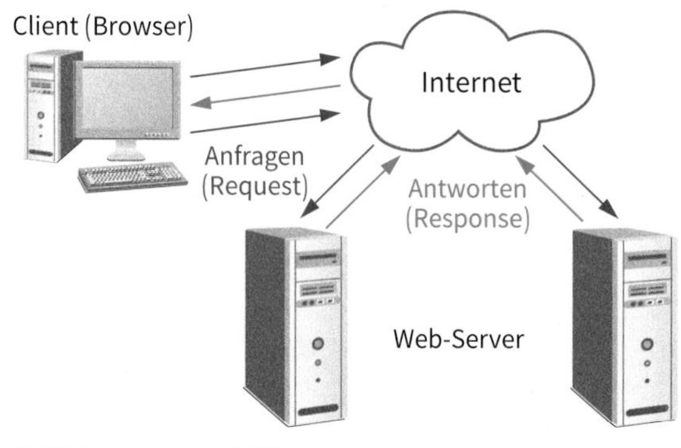

1: Web-Server und Client

Der Vorgang wird durch eine Anfrage (**Request**) eingeleitet. Je nach Komplexität sind mitunter zahlreiche Anfragen und Antworten (**Responses**) erforderlich.

Neben dem Versenden von Dateien können Web-Server noch weitere Funktionen übernehmen:
- Zugriffsbeschränkung
- Sicherheit (Verschlüsselung, z. B Verschlüsselung von HTTP mit SSL/TLS (= HTTPS)
- Verwaltung von Cookies (Textdatei mit clientenspezifischen Informationen für den Web-Server)
- Weiterleitung
- Fehlererkennung (Mitteilung an den Browser)
- Protokollierung

- **FTP-Server**

FTP (**F**ile **T**ransfer **P**rotocol) bedeutet lediglich Dateiübertragungs-Protokoll. Ein so bezeichneter Server wird zur Speicherung von Dateien verwendet. Diese können vom Client mit dem FTP-Protokoll herunter- bzw. hochgeladen werden.

Weiterhin kann eine von einem Client gesteuerte Dateiübertragung zwischen zwei FTP-Servern mittels einem File Exchange Protocol realisiert werden.

Für die Übertragung wird ein Kanal für die Steuerungsinformationen und ein zweiter für die Datenübertragung eingerichtet.

Der Server antwortet auf jeden Befehl des Clients mit einem Statuscode (z. B. 200: Anfrage erfolgreich, 404: Webseite nicht gefunden) und oft mit einem angehängten Erklärungstext. Die Befehle werden in der Regel erst nach einer erfolgreichen Authentifizierung (Identitätsprüfung für die Zugangsberechtigung) ausgeführt.

- **Proxy-Server**

Der Proxy-Server (Abb. 2 ③) übernimmt für die Kommunikation zwischen einem Client ① und einem Zielserver ② eine Stellvertreterfunktion (Proxy: **Stellvertreter**). Der Client spricht dabei den Proxy-Server an, der dann diese Anfrage an den Zielserver weiterleitet. In der Rückrichtung werden die Daten vom Zielserver an den Proxy-Server und von dort an den Client übertragen.

Als separate Netzwerkkomponente übernimmt der Proxy die Konvertierung der IP-Adresse und verhindert einen direkten Zugriff auf den Client.

Neben weiteren Schutzfunktionen wird ein Proxy-Server auch zur Entlastung von Web-Servern eingesetzt. Häufig abgerufene Webseiten werden auf dem Proxy-Server zwischengespeichert und können somit anderen Clients schnell zur Verfügung gestellt werden.

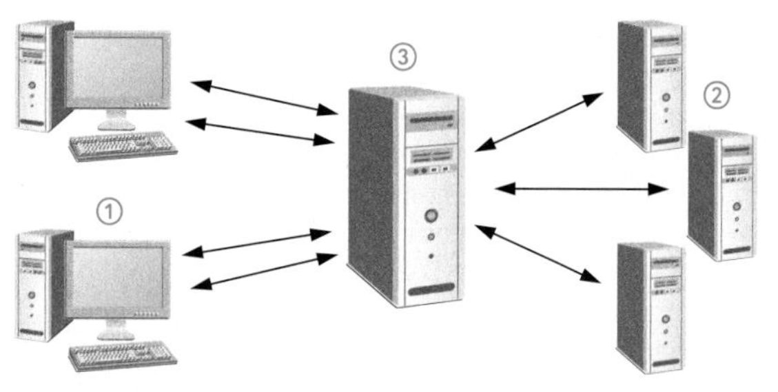

2: Proxy-Server, Arbeitsweise

Der Einsatz eines Proxy-Servers ermöglicht auch das anonyme Surfen im Internet, da lediglich die IP-Adresse des Proxy-Servers und nicht die IP-Adressen der dahinter befindlichen Computers (Abb. 2 ②) im Internet übertragen wird.

Proxy-Server werden auch in Unternehmen eingesetzt um den Zugriff auf unerwünschte oder unsichere Webseiten für die Mitarbeiter zu sperren.

- Ein Web-Server ist ein Server, der Dokumente an einen Client (Webbrowser) überträgt.
- Mit FTP können Verzeichnisse angelegt und ausgelesen sowie Dateien und Verzeichnisse umbenannt und gelöscht werden.
- Ein Proxy ist ein spezieller Computer mit einer Proxy-Software oder eine Proxy-Software, die auf einem vorhandenen Computer (z. B. Web-Server) als zusätzliche Software installiert ist.

4.9.5 Netzwerkprotokolle

Netzwerkprotokolle bestimmen den Ablauf des Datenaustausches zwischen den Netzwerkkomponenten. Die Protokolle enthalten Vereinbarungen, die aus Regeln und Formaten (Syntax) bestehen und somit die Bedeutung (Semantik) der ausgetauschten Datenpakete festlegen.

Ein Protokoll besteht aus **Datenpaketen** (synonym Datagramme). Diese sind eine in sich geschlossene **Dateneinheit** mit einer bestimmten Länge und Form. Zusätzlich enthalten sie Adressierungs- und Verwaltungsinformationen, z. B. Quell- und Zieladressen.

Beispiel eines typischen Datenpaket-Aufbau:
- Informationen über Absender und Empfänger
- Pakettyp (z. B. verwendetes Protokoll für die Nutzdaten)
- Paketgröße
- Wenn die Übertragungen mehrteilig erfolgt: Laufende Nummer und Gesamtzahl der Pakete
- Prüfsumme (Hinweis bei einer fehlerhaften Übertragung)

In Abb. 3 ist das Protokoll entsprechend dem TCP/IP-Modell dargestellt. Es besteht aus 9 Datenpaketen ① (**TCP**: **T**ransmission **C**ontrol **P**rotocol, **IP**: **I**nternet **P**rotocol).

Die einzelnen Datenpakete haben unterschiedliche Aufgaben, die bestimmten Schichten ② zugeordnet werden können. Im TCP/IP-Modell sind dies vier Schichten.

Mit TCP/IP werden Protokolle bezeichnet, die überwiegend für den Datenaustausch im Internet eingesetzt werden. Die Bezeichnung TCP/IP ist dabei stellvertretend für mehr als 500 Einzelprotokolle, die anwendungsspezifisch eingesetzt werden.

Netzzugangsschicht ③
Für diese Schicht gibt es keine TCP/IP-Protokolle. Diese Schicht definiert die unterschiedlichen physikalischen Techniken (z. B. Ethernet ❶), die zur Datenübertragung eingesetzt werden.

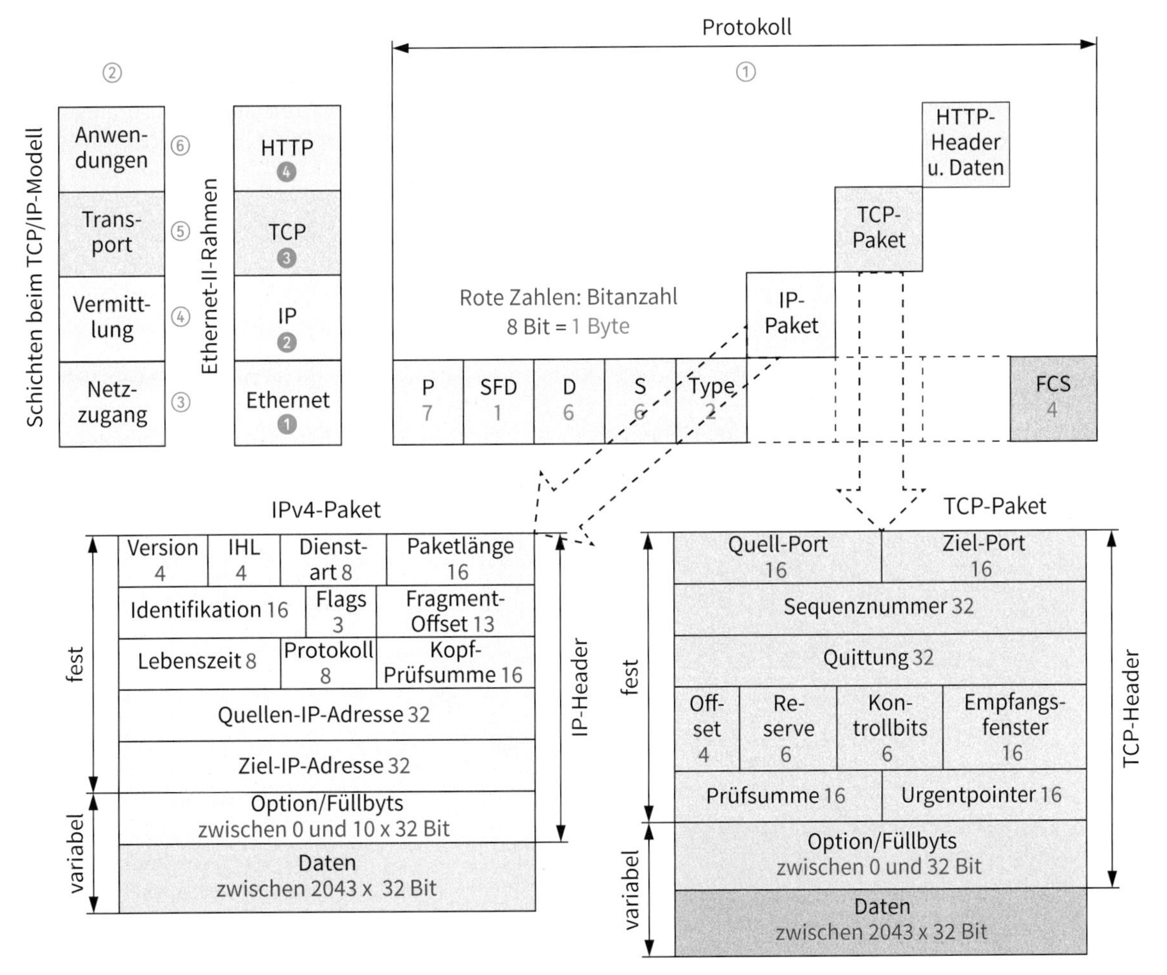

3: TCP/IP-Protokoll

Vermittlungsschicht ④

Diese Schicht ist zuständig für die Weitervermittlung von Datenpaketen und die Wahl des Weges im Netz (Routing). Die verwendeten Protokolle sind IPv4 und IPv6 ❷ (IP Version 4 bzw. 6, s. Kap. 4.9.7).

Transportschicht ⑤

Mit **TCP** ❸ (**T**ransmission **C**ontrol **P**rotocol: Transportsteuerungsprotokoll) wird ein zuverlässiger, verbindungsorientierter und bidirektionaler Datentransport realisiert. Mit **UDP** (**U**ser **D**atagram **P**rotocol: Anwendungsdaten-Protokoll) erfolgt eine verbindungslose, nicht zuverlässige, ungesicherte und ungeschützte Übertragung der Daten zu dem entsprechenden Programm auf dem Zielrechner.

Anwendungsschicht ⑥

Anwendungen sind:

- **FTP**: **F**ile **T**ransfer **P**rotocol (Dateiübertragungsprotokoll)
  - Download (Herunterladen) von Dateien vom Server zum Client
  - Upload (Hochladen) von Dateien vom Client zum Server
  - Dateiaustausch zwischen FTP-Servern
  - Anlegen, auslesen, austauschen und umbenennen von Dateiverzeichnissen

In aktuellen Browsern ist ein FTP-Client integriert.
Beispiel: ftp://ftp.rfc-editor.org/in-notes/rfc-index.txt

- **HTTP**: **H**ypertext **T**ransfer **P**rotocol („Querverweisender Text" Übertragungsprotokoll)
  - Übertragen von Webseiten aus dem WWW an einen WEB-Browser)
  - Durch Erweiterung der Anfrageparameter auch zur Übertragung von Dateien anwendbar http ist der Standardaufruf durch den WEB-Browser.

Beispiel: Verbindungsaufbau und Übertragung, Abb. 1

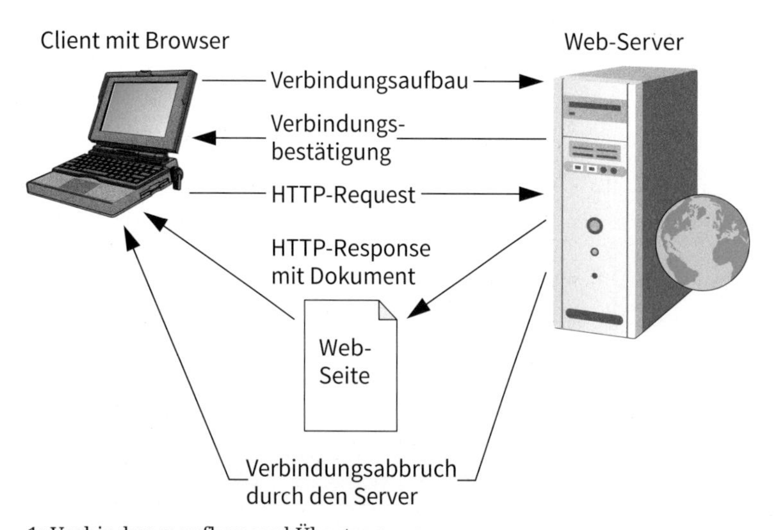

1: Verbindungsaufbau und Übertragung

- **HTTPS**: **H**yper**t**ext **T**ransfer **P**rotocol **S**ecure (sicheres Hypertext Übertragungsprotokoll)
  - Verschlüsselte Übertragung und Authentifizierung zwischen Web-Server und Web-Browser (Client)
  - Verschlüsselung erfolgt mit **TLS** (**T**ransport **L**ayer **S**ecurity: Transportschicht Sicherung)

Beispiel:

 https://email.t-online.de/

Webseite mit verschlüsselter Übertragung

- **RTP**: **R**eal-**T**ime **T**ransport **P**rotocol (Echtzeit Transportprotokoll)
  Es dient zur kontinuierlichen Übertragung von audiovisuellen Daten (Multimediadaten) in Echtzeit.
- **RTSP**: **R**eal-**T**ime **S**treaming **P**rotocol (Echtzeit Streaming Protokoll)
  Es dient zur Steuerung der Datenströme.
- **SMTP**: **S**imple **M**ail **T**ransfer **P**rotocol (Einfaches Mail-Übertragungsprotokoll)
  - Austausch von E-Mails in Rechnernetzen
  - Vorrangig für die Einspeisung und Weiterleitung von E-Mails
  - Die Nachrichtenabholung erfolgt in der Regel über Protokolle wie **IMAP** (**I**nternet **M**essage **A**ccess **P**rotocol, Internet Nachrichten Zugriffsprotokoll) oder dem veralteten **POP3** (**P**ost **O**ffice **P**rotocol **3**, auch Point of Presence: Postamt Protokoll, Anschlusspunkt).
- **SIP**: **S**ession **I**nitiation **P**rotocol (Sitzungs-Einleitungsprotokoll)
  - Verwaltung bzw. Aushandlung (Aufbau, Steuerung und Abbau) von Kommunikationsverbindungen zwischen zwei Teilnehmern
  - Anwendung z. B. in der **IP-Telefonie** (**VoIP**: **V**oice **o**ver **IP**; Sprache über IP)
  - Weitere Protokolle für den eigentlichen Datenaustausch sind **SDP** (**S**ession **D**escription **P**rotocol: Sitzungs-Beschreibungsprotokoll) für die Methoden bei der Übertragung (z. B. verwendete Codecs) und RTP für die eigentliche Datenübertragung.

> - Ein Netzwerkprotokoll ist ein Kommunikationsprotokoll für den Austausch von Daten zwischen Computern.
> - Netzwerkprotokolle bestehen aus Datenpaketen, die aufgrund ihrer Funktion bestimmten Schichten zugeordnet werden können.

4.9.6 Ethernet-II-Rahmen

In Kap. 4.6.5 wurde in Abb. 1 der Ethernet-II-Rahmen im Zusammenhang dargestellt. Jetzt sollen einzelne Bereiche ausführlicher betrachtet werden.

Im Ethernet-II-Rahmen (Abb. 2) befinden sich folgende Datenpakete:

- **P**: **P**reamble ❶
Die Präambel (Einleitung) besteht aus 7 Byte. Die Bitfolge ist alternierend mit 10101010 festgelegt. Sie dient zur Synchronisierung zwischen Sender und Empfänger.

- **SFD**: **S**tart **F**rame **D**elimiter ❷
Der Anfangsrahmen (Begrenzer) besteht aus einem Byte mit der Bitfolge 10101011.

- **D**: **D**estination Address ❸
Diese Zieladresse ist die MAC-Adresse des Empfängers (s. Kap. 4.7.9)

- **S**: **S**ource Address ❹
Diese Quelladresse ist die MAC-Adresse des Absenders

- **Type**: **T**ype Field ❺
Das Typen-Feld kennzeichnet das Protokoll der nächsthöheren Schicht (z. B. 0x0800 für IPv4-Protokoll)

- **Payload**: Nutzlast (Daten) ❻
Diese Nutzdaten haben einen Umfang minimal 64 Byte und maximal 1500 Byte. Sie enthalten ein zusätzliches Ergänzungsfeld (PAD) um die minimale Länge des Frames auf 64 Byte zu ergänzen

- **FCS**: **F**rame **C**heck **S**equence ❼
Diese Rahmen-Prüfsumme ist eine Prüfsumme, die mittels **CRC**-Verfahren (**C**yclic **R**edundancy **C**heck: Zyklische Redundanzprüfung) über die Ziel-MAC-Adresse, die Source-MAC-Adresse, das **PAD**-Feld (padding: ausstopfend) und die Nutzdaten gebildet wird. Die Prüfsumme wird mit der empfangsseitig errechneten Prüfsumme verglichen. Bei unterschiedlichen Werten war die Übertragung fehlerhaft.

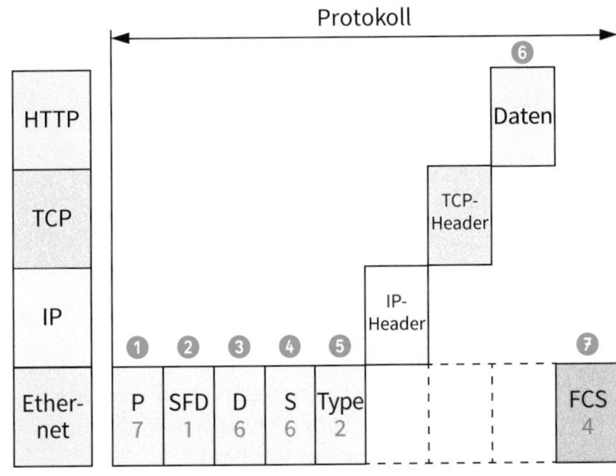

2: Ethernet- II-Rahmen

Header

Mit dem Begriff „Header“ kennzeichnet man in einem Protokoll Datenpakete, in denen sich protokollrelevante Informationen (Metainformationen) am Anfang eines Datenblocks befinden. Synonyme Begriffe sind Kopfdatei oder Dateikopf.

TCP-Header

Der TCP-Header beinhaltet neben den Daten der Anwendungsschicht zusätzliche Steuerungs- und Quittungselemente für die Verbindung (Abb. 3).

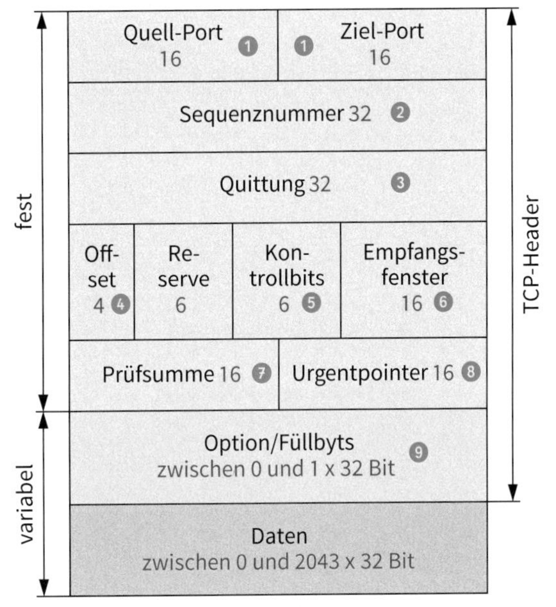

3: TCP-Header

- **Quell- und Ziel-Port** ❶
Nummer des Anwendungsprozesses

- **Sequenznummer** ❷
Sie wird bei der Quittierung ausgetauscht.

- **Quittungsnummer** ❸
Der Empfänger sendet die nächste erwartete Sequenznummer als Quittung dem Quellrechner und bestätigt somit den Empfang dieses Segments.

- **Offset** ❹
Er Gibt die Länge des TCP-Headers an und zeigt die Startadresse der Nutzdaten an.

- **Kontollbits** ❺
Sie steuern die Verbindung und legen fest, welche Felder im Header gültig sind.

- **Empfangsfenster** ❻
Es enthält die Anzahl der Daten-Oktette, die der Sender dieses Pakets empfangen kann.

- **Prüfsumme** ❼
Prüfung des TCP-Headers, der Daten, der Quell- und Ziel-IP-Adresse durch den Empfänger.

- **Urgentpointer** ⑧

Genaue Position des ersten Datenbytes nach den dringlichen Daten.

- **Optionenfeld** ⑨

Es Legt weitere Verbindungseigenschaften fest, die nicht im Header enthalten sind.

IPv4-Header

Mit **IPv4** bezeichnet man die vierte Version des Internet Protokolls (**I**nternet **P**rotocol **V**ersion **4**). In Abb. 1 ist die Struktur dargestellt.

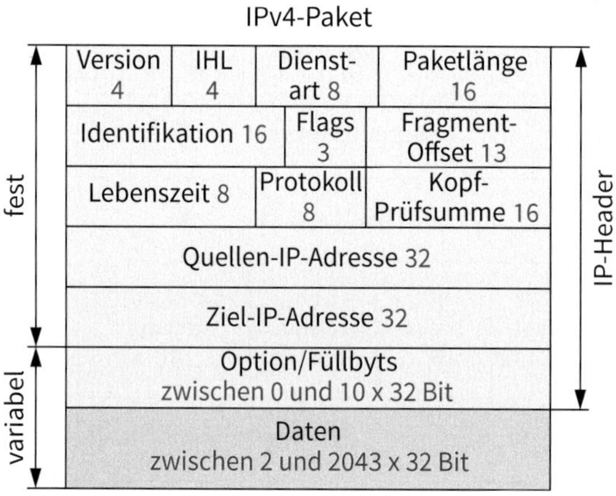

IPv4-Paket

	Version 4	IHL 4	Dienst-art 8	Paketlänge 16	
fest	Identifikation 16		Flags 3	Fragment-Offset 13	IP-Header
fest	Lebenszeit 8		Protokoll 8	Kopf-Prüfsumme 16	IP-Header
fest	Quellen-IP-Adresse 32				IP-Header
fest	Ziel-IP-Adresse 32				IP-Header
variabel	Option/Füllbyts zwischen 0 und 10 x 32 Bit				IP-Header
variabel	Daten zwischen 2 und 2043 x 32 Bit				

1: IPv4-Header

- **Version**

Versionsnummer des IP-Protokolls (z. B. v4)

- **IHL**: **I**nternet **H**eader **L**ength (Internet Kopflänge)

Länge des IP-Headers in Vielfachen von 32 Bit. Der Maximalwert ist 1111 (15), somit 15 x 32 = 480 Bit.

- **ToS**: **T**ype **of** **S**ervice (Art des Dienstes)

Qualität des angeforderten Dienstes (Priorität und Eigenschaften der Übertragung)

- **Total Length** (Gesamtlänge)

Gesamtlänge des IP-Pakets

- **Identification** (Identifikation)

Fortlaufenden Nummerierung der Pakete

- **Flags** (Kennzeichen)

Angabe über die Zulässigkeit der Rahmenfragmentierung

- **Fragment**-Offset (Fragment-Versatz)

Positionskennung für fragmentierte Nutzdaten

- **TTL**: **T**ime-**to**-**L**ive (Lebensdauer)

Kennzeichnen für die noch verbleibende Anzahl von Weiterleitungen des IP-Pakets

- **Protocol** (Protokoll)

Angabe des Ports des übergeordneten Transportprotokolls

- **Header Checksum** (Kopf-Prüfsumme)

Prüfsumme zur Überprüfung der Korrektheit des IP-Headers

- **Source-IP/Destination-IP** (Quell- und Ziel-IP-Adresse)
- **Options/Padding** (Optionen/Auffüllung)

Optionales Feld u. a. für Routing- u. Statistikfunktionen

IPv6-Header

Der IPv6-Header wurde gegenüber dem IPv4-Header stark vereinfacht. Damit können z. B Pakete in Routern schneller verarbeitet, Erweiterungen und Optionen optimaler unterstützt werden.

- **Version**

Versionsnummer des IP-Protokolls (v6)

- **Traffic Class** (Verkehrsklasse)

Festlegung der Beförderungspriorität der Pakete der Quellstation relativ zu seinen Paketen.

- **Flow Label** (Flusskennzeichnung)

Spezielle Behandlung der Datenpakete

- **Payload Length** (Nutzdaten-Länge)

Länge der Nutzdaten ohne Header

- **Hop Limit** (Sprung Grenze)

Jeder Vermittlungsrechner, der ein Paket weiterleitet, erniedrigt das Feld um 1. Wenn das Hop-Limit auf 0 steht, wird das Paket nicht mehr weitergeleitet (Vermeidung von Endlosschleifen).

- **Next Header** (Nächster Kopf)

Er gibt an, welcher Erweiterungs-Header folgt bzw. nach welchem Header des Transportprotokolls (z. B. TCP, UDP) das Paket passiert.

- **Source Address / Destination Address**

IP-Adressfelder mit 128 Bit Länge

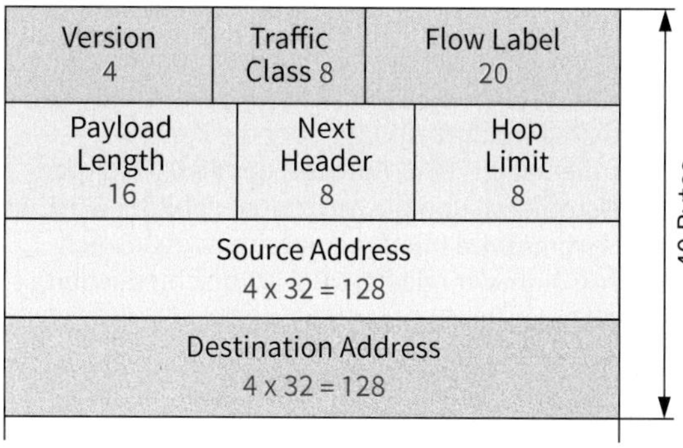

Version 4	Traffic Class 8	Flow Label 20	
Payload Length 16	Next Header 8	Hop Limit 8	40 Bytes
Source Address 4 x 32 = 128			40 Bytes
Destination Address 4 x 32 = 128			40 Bytes

2: IPv6-Header

Mit der Einführung von IPv6 besteht die Anforderung zwei Protokoll-Versionen zu handhaben. Primär ist der vorhandene Bestand an IPv4-Systemen zu bewahren und parallel dazu die IPv6-Version zu integrieren. Dieses geschieht durch verschiedene Maßnahmen, wie z. B. durch:

- Dual-Stack (Zweifacher Stapel)
- IPv4-Hosts und Router werden um den IPv6-Stack ergänzt (d. h., Geräte können IPv4 sowohl als auch IPv6 Pakete senden und empfangen)
- IPv6-Kapselung in IPv4 (Tunneln von IPv6)

4.9.7 IP-Adressen

Für den Datenaustausch in Computernetzen (u. a. Internet), die als Kommunikationsprotokoll das IP-Protokoll verwenden, muss jeder Rechner eine eindeutige Adresse besitzen, damit er erreichbar ist. In IP-Netzen werden für die Adressierung die beiden Versionen **IPv4** (IP Version 4) und **IPv6** (IP Version 6) verwendet. IPv4 ist die ursprüngliche Version und IPv6 ist die Nachfolgeversion.

IPv4

Die Adressen in IPv4 bestehen aus 32 Bits (4 Bytes), die durch Punkte voneinander getrennt sind. Jedes Byte kann einen dezimalen Wert zwischen 0 und 255 annehmen. Bei 32 Bits sind damit 2^{32} = 4.294.967.296 Adressen darstellbar. Die Schreibweise wird als **gepunktete Dezimalschreibweise** (dotted decimal notation) bezeichnet.

Beispiel:

179.193.154.11 ⇒

10110011 11000001 10011010 00001011

Adressenvergabe

Die Adressen werden weltweit durch eine zentrale Vergabebehörde (**IANA**: **I**nternet **A**ssigned **N**umbers **A**uthority) verwaltet. Von dieser Behörde werden Adressbereiche an **regionale Vergabestellen** (**RIR**: **R**egional **I**nternet **R**egistrie) vergeben. Für den Bereich Europa (Deutschland) und naher Osten ist die **RIPE** (**R**éseaux **IP E**uropéens) zuständig. In diesem Bereich können qualifizierte Internetprovider (**LIR**: **L**ocal **I**nternet **R**egistry) Adressbereiche beantragen, die bei Zuteilung auch entsprechend verwaltet werden müssen (Dokumentation z. B. der Adressweitergabe).

Netzeinteilung

Zur optimalen Ausnutzung der IP-Adressen wird das **CIDR**-Verfahren (**C**lassless **I**nter-**D**omain **R**outing: Klassenlose Netzwerkeinteilung) eingesetzt. Dazu wird eine **Netzmaske** (Abb. 3) ① verwendet. Diese besteht aus 0 und 1 (Bitmaske) und ist genauso lang ist wie die IP-Adresse. Sie dient zur Unterteilung der IP-Adresse in einen **Netzwerkteil** ② (Netzpräfix) und einen **Geräteteil** ③.

Für die Schreibweise werden **Suffixe** (Nachsilben) verwendet, die die Anzahl der 1-Bits in der Netzmaske festlegen. Die Darstellung erfolgt durch Angabe der IP-Adresse mit nachfolgendem Schrägstrich und der An-gabe der Anzahl der 1-Bit in der Netzmaske.

Mit einer „1" in der Netzwerkmaske kennzeichnet man die Verwendung des Bits an derselben Position in der IP-Adresse für die Adressierung von Netzen. Dabei werden alle Bits für den Netzwerkteil auf 1 und alle Bits für den Geräteteil auf 0 gesetzt ⑦.

Der **Netzwerkteil** ② (Abb. 3) einer IPv4-Adresse ergibt sich damit aus ihrer bitweisen logischen **UND-Verknüpfung** ⑥ mit der Netzmaske ①.

Der Geräteteil ③ ergibt sich durch eine logische UND-Verknüpfung ⑧ mit der invertierten Netzmaske ⑨.

Beispiel (Abb. 3):
IP-Adresse: 192.168.2.6/27 (Suffix) ④
Netzmaske: 255.255.255.224 ⑤

Für die Netzmaske sind im Beispiel 27 Bit auf 1 gesetzt. Somit verbleiben 32 Bit - 27 Bit = 5 Bit für den Geräteteil übrig. Das entspricht 2^5 = 32 Adressen (0 bis 31). Somit ergeben sich

- der Gesamtadressbereich mit 92.168.2.0 bis 192.168.2.31 und
- die nutzbaren IPv4-Geräteadresse mit 192.168.2.1 bis 192.168.2.30

- IPv4-Adressen bestehen aus 32 Bits. Die vier Oktette (Bytes) werden durch einen Punkt getrennt. Damit lassen sich 2^{32} (4.294.967.296) Adressen darstellen.
- Der Netzwerkteil ergibt sich durch die logische UND-Verknüpfung der IP-Adresse mit der Netzmaske.
- Der Geräteteil ergibt sich durch die logische UND-Verknüpfung der IP-Adresse mit den negierten Werten der Netzmaske.
- Der Netzwerkteil ist für alle Geräte eines Netzes identisch. Der Geräteteil innerhalb eines Netzes ist für jedes Gerät unterschiedlich.
- Die erste Adresse (Netzadresse) und die letzte Adresse (Broadcast-Adresse) können an kein Endgerät vergeben werden.

	IPv4-Adresse	11000000	10101000	00000010	00000110	192.168.2.6 ④
UND ⑥	Netzmaske ①	11111111	11111111	11111111	11100000	255.255.255.224 ⑤
=	Netzwerkteil ②	11000000	10101000	00000010	00000000	192.168.2.0 ⑦

	IPv4-Adresse ④	11000000	10101000	00000010	00000110	192.168.2.6
UND ⑧	Netzmaske negiert ⑨	00000000	00000000	00000000	00011111	0.0.0.31
=	Geräteteil ③	11000000	10101000	00000010	00000110	192.168.2.31

3: Beispiel für eine Adressenvergabe

Konfiguration

Die Zuordnung einer IP-Adresse kann manuell oder automatisch erfolgen.

- **Manuelle Konfiguration**
  Sie wird mit Programmunterstützung durch den Administrator am jeweiligen Gerät festgelegt.
- **Automatische Konfiguration**
  Sie erfolgt beim Booten eines Rechners durch einen Server. Dieser übermittelt die Adresse durch entsprechende Protokolle, wie z. B. BOOTP oder DHCP (s. Kap. 4.3.8).

Adressierung

Man unterscheidet zwischen statischer und dynamischer Adressierung.

- **Statische Adressierung**
  Hierbei erfolgt eine dauerhafte Zuweisung einer festen IP-Adresse (z. B. Server, Netzwerkdrucker).
- **Dynamische Adressierung**
  Für jede neue Verbindung eines Rechners mit dem Netz wird eine neue IP-Adresse verwendet.

Besondere IPv4-Adressen

Von der IANA wurden aus dem Gesamtbereich der IP-Adressen einzelne Bereich für besondere Anwendungen festgelegt. Die vollständige Zuordnung ist im RFC 3330 (**RFC**: **R**equest **F**or **C**omment) dokumentiert.

Beispiele:

Adressblock	Adressbereich	Beschreibung
0.0.0.0/8	0.0.0.0 bis 0.255.255.255	Nur für das aktuelle Netz
10.0.0.0/8	10.0.0.0 bis 10.255.255.255	Netzwerk für privaten Gebrauch
127.0.0.0/8	127.0.0.0 bis 127.255.255.255	Localnet
172.16.0.0/12	172.16.0.0 bis 172.31.255.255	Netzwerk für privaten Gebrauch
192.0.0.0/24	192.0.0.0 bis 192.0.0.255	reserviert, aber zur Vergabe vorgesehen
198.18.0.0/15	198.18.0.0 bis 198.19.255.255	Netz-Benchmark-Tests
224.0.0.0/4	224.0.0.0 bis 239.255.255.255	Multicast (Senden an einige geräte im selben Netz)
255.255.255.255	255.255.255.255	Broadcast (Senden an alle Geräte im selben Netz)

1: Besondere IP-Adressen

Private IP-Adressen

In privaten, lokalen Netzen (**LAN**) können selbst IP-Adressen vergeben werden. Dafür sollten für IPv4-Adressen aus den in RFC 1918 genannten privaten Netzen verwendet werden (z. B. 192.168.1.1, 192.168.1.2, ...). Diese Adressen werden von der IANA nicht weiter vergeben und im Internet nicht geroutet.

Um trotzdem eine Internet-Verbindung zu ermöglichen, werden in einem Router mittels Übersetzung die LAN-internen Adressen in öffentliche, im Internet gültige IPv4-Adressen, übersetzt. Bei Paketen, die an die öffentliche Adresse gerichtet ankommen, wird vom Router die öffentliche Adresse durch die private Adresse des Geräts im lokalen Netz ersetzt, für das das Paket bestimmt ist.

IPv6

Durch den hohen Bedarf an IP-Adressen wurde IPv6 eingeführt. Es verwendet 128 Bit zur Speicherung von Adressen, damit sind $2^{128} = 256^{16}$ Adressen darstellbar.

Im Gegensatz zu IPv4 werden die Adressen nicht mehr als gepunktete Dezimalschreibweise dargestellt, da diese Schreibweise bei IPv6 sehr unübersichtlich und fehleranfällig ist. IPv6-Adressen werden als acht Gruppen von je vier hexadezimalen Ziffern geschrieben und die Gruppen werden durch Doppelpunkte getrennt.

Beispiel:

8000:0000:0000:0000:0123:4567:89AB:CDEF

Zur Optimierung der Darstellung existieren folgende Vereinbarungen:

- Führende Nullen in einer Gruppe können entfallen.
  8000:0000:0000:0000:123:4567:89AB:CDEF
- Einfach oder mehrfach aufeinander folgende Blöcke, die den Wert 0 haben, dürfen ausgelassen werden. Dieses wir durch zwei aufeinander folgende Doppelpunkte dargestellt.
  8000::123:4567:89AB:CDEF
- Es darf höchstens eine Gruppe von zusammenhängenden Null-Blöcken reduziert werden.
- Für die letzten vier Bytes darf die herkömmliche dezimale Notation verwendet werden.
- Für die Angabe in einer URL wird die Adresse in eckige Klammern gesetzt. Die Netz-Schreibweise erfolgt mit einem Schrägstrich:
  8000::123:4567:89AB:CDEF/60

Vergleich der Schreibweisen

Beispiel Google IP-Adresse:

IPv4: 216.58.216.164
IPv6: 2607:f8b0:4005:805::200e

4.9.8 Domänen-Name-System (Domain Name System)

Das Domain Name System (**DNS**) ist ein Verzeichnisdienst im Internet. In Datenbanken befinden sich die Domainnamen mit den zugeordneten IP-Adressen. Unter einer Domäne (Domain) versteht man einen zusammenhängenden Teilbereich.

DNS ist ähnlich aufgebaut wie das Telefonbuch, in dem die Namen Telefonnummern zugeordnet sind. Es handelt sich um eine Vereinfachung für den menschlichen Nutzer des Internets, der sich für einen speziellen Rechner keine Zahlenkolonnen, sondern lediglich einen leicht erinnerbaren Namen merken muss. Dieser Verzeichnisdienst ist weltweit auf vielen Servern angesiedelt und ist hierarchisch in Form einer Baumstruktur aufgebaut.

Der Domainname besteht aus einer Folge von Zeichen, die durch Punkte getrennt sind. Grundsätzlich erfolgt die Namensauflösung von rechts nach links. Der letzte Eintrag in dieser Folge entspricht der **höchsten Ebene** (**Top-Level**), z. B. **.de**, **.net** oder **.com**.

Die Domainnamen werden weltweit von der **IANA** (**I**nternet **A**ssigned **N**umbers **A**uthority (USA): Stelle für Zuordnung der Internet-Nummern) zugeordnet. Für alle Domainnamen in Deutschland unterhalb der Top-Level Domäne .de ist die **DENIC** eG (**De**utsches **N**etwork **I**nformation **C**enter) zuständig.

Top-Level Domains (gTLD) werden eingeteilt in

- **Länderspezifische TLDs**
  (**ccTLD**: Country Code TLD)
  Sie bestehen aus einem Code mit zwei Buchstaben (ISO 3166) für die Länderkennung (z. B. .de ③ für Deutschland und .uk ④ für Großbritannien).
- **Allgemeine (generische) TLDs**
  (generic TLD, **gTLD**)
  - **uTLD** (Abb. 3)
    (**u**nsponsored **TLD**: nicht gesponserte TLD) ①.
    Sie werden von der **ICANN** (**I**nternet **C**orporation for **A**ssigned **N**ames and **N**umbers) kontrolliert und für Gruppen verwendet. Sie bestehen aus drei oder mehr Zeichen und stehen für einen Begriff, der diese Gruppe auszeichnet.
  - **sTLD** (**s**ponsored **TLD**: gesponserte TLD) ②.
    Sie werden von unabhängigen Organisationen nach eigenen Richtlinien kontrolliert und finanziert.

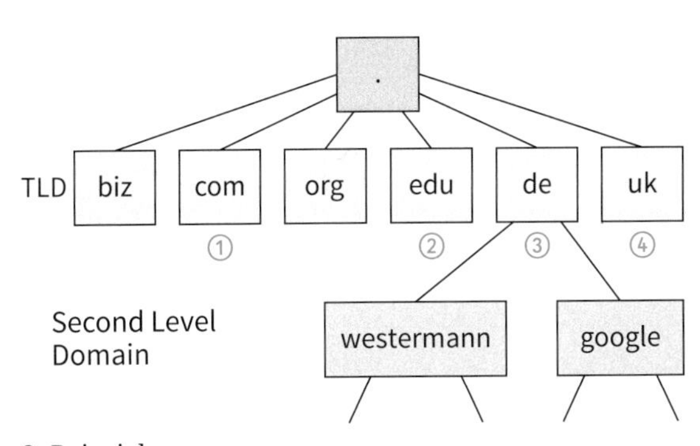

2: Beispiel

uTLD	Bedeutung	Anspruchsberechtigung
.biz	business	Kommerzielle Verwendung, frei zugänglich
.com	commercial	Ursprünglich für Unternehmen, frei zugänglich
.info	information	Informationsanbieter, frei zugänglich
.name	name	Nur für natürliche Personen, Familien, für jeden zugänglich
.net	network	Ursprünglich für Netzverwaltungseinrichtungen, heute frei für jeden
.org	organization	Nichtkommerzielle Organisationen, frei für jeden
.pro	professionals	Qualifizierte Fachkräfte

3: Beispiele für uTLDs

Die Umwandlung von Domainnamen in IP-Adressen wird von Name-Servern (**Resolvern**) durchgeführt (z. B. Hostname „Westermann.de" in IP-Adresse „217.13.73.18".

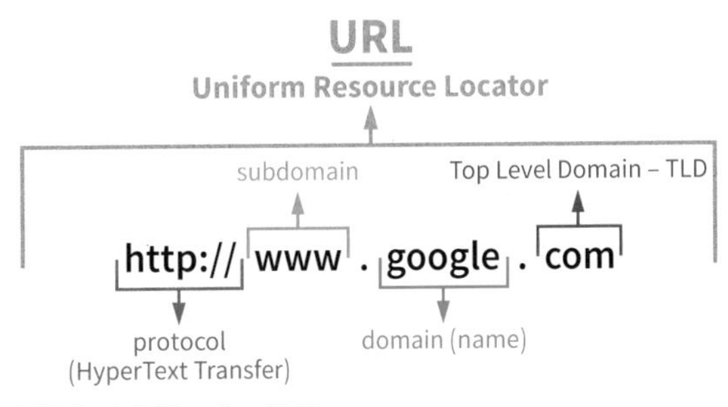

4: Beispiel für eine URL

- Das Domain Name System ist ein redundant betriebenes, hierarchisches und dezentrales System zur Verwaltung von Namen.
- Der Namensraum hat eine baumartige Struktur.
- Der Namensraum ist in Zonen unterteilt.
- Hauptsächlich wird das DNS zur Umsetzung von Domainnamen in IP-Adressen (forward lookup) benutzt.
- Mit dem DNS ist auch eine umgekehrte Auflösung von IP-Adressen in Namen (reverse lookup) möglich.
- Top-Level-Domain bezeichnet den letzten Abschnitt (rechts vom Punkt) einer Domain im Internet. Es ist die höchste Ebene der Namensauflösung.

4.9.9 MAC-Adresse

Die **MAC**-Adresse (**M**edia-**A**ccess-**C**ontrol-Address, Medien-Zugangsadresse) ist die feststehende Hardware-Adresse einer einzelnen Komponente (Gerät) und dient als Identifikator in einem Rechnernetz. Sie wird auch als Ethernet-ID, physische (physikalische) Adresse oder **Geräteadresse** bezeichnet. Weil es zu wenige gibt, kann es vorkommen, dass gleiche Adressen vorhanden sind. Sie dürfen deshalb nicht gleichzeitig in einem lokalen Netz vorkommen.

Sie besteht aus 48 Bit (sechs Byte, Abb. 2 ①). Diese sind aufgeteilt in zwei Blöcke zu je 24 Bit.

Der erste Block ist eine Herstellerkennung. Hersteller können sich gegen eine Gebühr bei der IEEE registrieren lassen und erhalten ihre herstellerspezifische Kennung **OUI** (**O**rganizationally **U**nique **I**dentifier).

Beispiele:

Compaq 00-50-8B-xx-xx-xx

Asus 00-15-F2-xx-xx-xx

Der zweite Teil wird von dem Hersteller in eigener Verantwortung vergeben und als **OUA** (**O**rganizationally **U**nique **A**ddress: Herstellerspezifische Adresse) bezeichnet.

Die Darstellung (Schreibweise) der Adresse erfolgt in hexadezimaler Form mit 6 Oktetten. Jedes Oktett wird als eine zweistellige hexadezimale Zahl dargestellt, die durch Bindestriche oder Doppelpunkte voneinander getrennt werden.

Beispiel: 00-07-E9-03-ff-A6
OUI Fa. Intel OUA

Mit 24 Bit für die OUA sind somit 2^{24} = 16.777.216 Adressen vorhanden. In der Regel verfügen Hersteller über mehrere OUI-Kennungen (z. B. Fa. Intel mehr als 25), wodurch eine entsprechende Vervielfachung der Adressen erfolgt.

Besondere Funktion haben das erste und zweite Bit des ersten Bytes. Das niederwertigste Bit wird verwendet für die Unterscheidung zwischen einer Einzel- oder Gruppenadresse. Das nachfolgende Bit für die Unterscheidung zwischen global oder lokal verwalteter Adresse.

Bit 1 (**I/G**)	0: **I**ndividual (Individuelle Adresse)	1: **G**roup (Gruppenadresse)
Bit 2 (**U/L**)	0: **U**niversal (Universelle Adresse)	1: **L**ocal (Lokale Adresse)

1: Beispiel, besondere Kennung

Diese Kennzeichnungen werden von speziellen Protokollen verwendet (z. B. I/G = 1: Multicast-Telegramm).

Die Standardeinstellung ist I/G = 0 und U/L = 0. Damit wird ein einzelner Rechner mit seiner universellen Adresse angesprochen.

Die MAC-Adresse ist in der Regel aufgedruckt (Abb. 2). Sie kann aber auch durch den Befehl `ipcon-fig/all` bei Windows-Rechnern bzw. `ifconfig` bei Linux-Rechnern angezeigt werden.

Der Hersteller einer Netzwerkkarte kann auch anhand der Datenbank beim IEEE gefunden werden: http://standards.ieee.org/develop/regauth/oui/public.html

Nach Eingabe der ersten drei Stellen (Format beachten) der MAC-Adresse wird der zugehörige Hersteller angezeigt. Dieser Zugriff ist hilfreich, wenn für eine Netzwerkkarte, deren Hersteller nicht bekannt ist, ggf. aktualisierte Treiber erforderlich sind.

Es gibt allerdings auch Adressen, die nicht veröffentlicht werden.

Neben der Anwendung zur Adressierung kann die MAC-Adresse auch zur Filterung von Adressen verwendet werden. Diese Funktion wird u. a. eingesetzt, um Rechnern, die nicht registriert sind, am Zugang zu einem Netz zu hindern (z. B. WLAN-Router Konfiguration). Allerdings wird diese Schutzmaßnahme als nicht besonders wirksam betrachtet, da mit entsprechender Software andere MAC-Adressen vorgetäuscht werden können (MAC Spoofing).

2: Repeater mit MAC-Adresse

- Die MAC-Adresse wird einem Gerät oder einer Komponente in Form einer 48 Bit langen Zahl zugeordnet. Sie ist eine physische Adresse.
- Die ersten 24 Bit kennzeichnen den Hersteller und die letzten 24 Bit das Gerät bzw. die Komponente. Bezogen auf den Hersteller können 16.777.216 Rechner unterschieden werden.

4.9.10 Netzwerkkabel

Die Datenübertragung kann mit Leitungen oder mit Hilfe elektromagnetischer Wellen erfolgen. Für die leitungsgebundene Übertragung werden Kupfer- oder Lichtwellenleitern (**LWL**) verwendet.

Bei Kupferleitungen muss folgendes beachtet werden:
- Der Leiterwiderstand und hohe Frequenzen verringern die Amplitude der Signale (Dämpfung).
- Das Frequenzband (Bandbreite), das vom Medium mit akzeptabler Dämpfung übertragen werden kann, ist nach oben begrenzt.
- Die von benachbarten Adern in einer Leitung induzierten Signale überlagern das Nutzsignal (**Nebensprechen**).
- Da die Adern der Leitungen Signale abstrahlen, können diese abgehört werden (Abhörbarkeit).

Als Kupferleiter werden vorwiegend Zweidrahtkupferleitungen (**Twisted Pair-Kabel**, **TP**-Kabel) verwendet. Koaxialkabel sind nur noch selten im Einsatz.

Bei Twisted Pair-Kabeln sind jeweils die Adernpaare des Hin- und Rückleiters miteinander zu einer Doppelader verseilt (Abb. 3). Die Verseilung ist ein einfacher Schutz gegen das Nebensprechen. Da die Ströme im Hin- und Rückleiter gleich, aber entgegengesetzt sind, heben sich störende Felder nahezu auf.

U/UTP Cat 5
U: **U**nshielded (ungeschirmt)
UTP: Unshielded **T**wisted **P**air (ungeschirmtes Aderpaar)

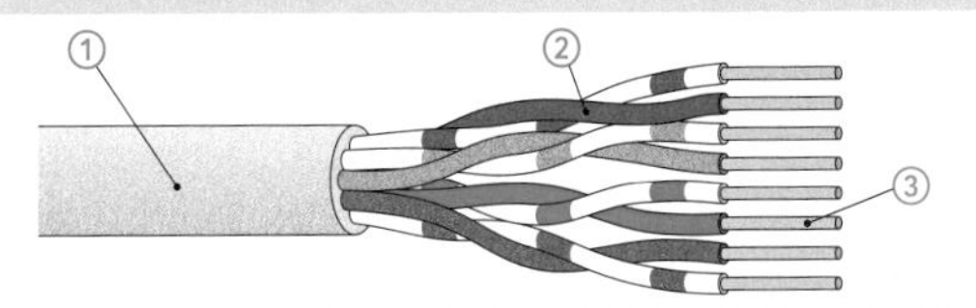

① Außenmantel grau (Polyvinylchlorid)
② Ader 0,94 mm Ø (Polyethylen)
③ Innenleiter Cu-Draht blank

U/FTP Cat 6
U: **U**nshielded (ungeschirmt)
FTP: **F**oiled **T**wisted **P**air (Folienschirm je Aderpaar)

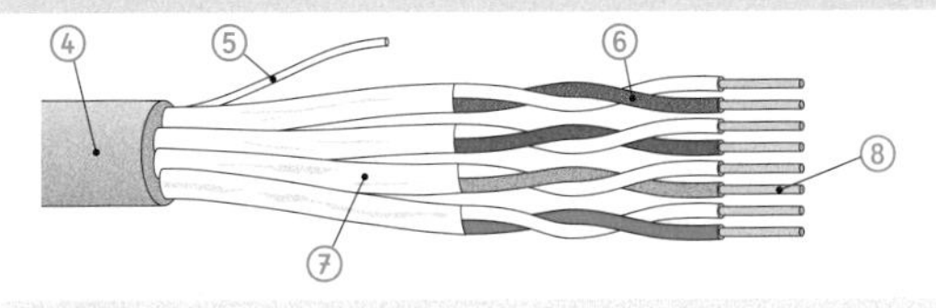

④ Außenmantel orange (Polyvinylchlorid)
⑤ Schirmabnahmeleiter Cu verzinnt
⑥ Ader 1,3 mm Ø (Polyethylen)
⑦ Folienschirm, Aluminium-Folie
⑧ Innenleiter Cu-Draht blank

3: Twisted Pair Kabel

Weiterhin wird durch sorgfältiges Verseilen der Widerstand der Leitung gesenkt, die Bandbreite erhöht und die Dämpfung gesenkt.

Bei hochwertigen Twisted Pair-Kabeln sind jede Doppelader und alle Doppeladern mit Aluminiumfolien/Drahtgeflechten umwickelt (Abb. 3). Damit wird erreicht, dass die Doppeladern gegeneinander und das gesamt Kabel gegen äußere elektrische Felder abgeschirmt ist.

Nach ISO/IEC-11801 werden Twisted Pair-Kabel bezüglich ihrer Schirmung nach dem Schema XX/YYY unterschieden (Abb. 4).

XX (Gesamtschirmung)		YYY (Aderschirm u. -anzahl)	
U:	**U**nscreened (Ohne Schirm)	**U:**	**U**nscreened (Ohne Schirm)
F:	**F**oiled (Folienschirm)	**F:**	**F**oiled (Folienschirm)
S:	**S**creened (Geflechtschirm)	**S:**	**S**creened (Geflechtschirm)
SF:	**S**creened **F**olied (Geflecht- und Folienschirm)	**TP:**	**T**wistes **P**air (Verdrilltes Paar)
		QP:	**Q**uaid **P**air

4: TP-Kabelbezeichnungen

Zum Anschluss werden RJ45 Steckverbinder (**RJ**: **R**egistered **J**ack, genormte Buchse) verwendet (Abb. 5). Bei Installationskabeln bestehen die Adern aus starren Kupferdrähten. Bei fertig konfektionierten **Anschlusskabeln** *[patch cables]* wird eine flexible Kupferlitze verwendet (Abb. 6).

5: RJ45 Stecker

6: Anschlusskabel (patch cables)

TP-Kabel werden in die Kategorien Cat 1 bis Cat 8 eingeteilt (Abb. 1, Seite 242). Bei dieser Einteilung steht die Eignung für eine bestimmte maximale Frequenz im Vordergrund.

Kategorie	f_{max} in MHz	Kabelaufbau	Anwendung
Cat 3	16	U/UTP	TK-Kabel für Sprache, Daten bis 10 Mbit/s
Cat 4	20	U/UTP	Daten bis 16 Mbit/s
Cat 5	100	F/UTP S/FTP	Strukturierte Verkabelung, Rechnernetze (LAN)
Cat 6	250	S/FTP	Sprache, Daten, Multimedia, weit verbreitet
Cat 7 [1)]	600	S/FTP	Bis 10-GB-Ethernet geeignet, Breitband-Kabel-TV (CCTV)
Cat 8 [2)]	2000	S/FTP	Rechnerzentren, strukturierte Verkabelung, (Tertiärbereich)

1): RJ45 Steckverbinder sind nicht geeignet. GG45: Abwärtskompatibel zu RJ45

2): Vierpaarig, geschirmte, symmetrische Kupferkabel, innerhalb eines gemeinsamen Schirms

1: TP-Kabelkategorien

Als Anschlussstecker werden bis Cat 6 RJ45 Stecker verwendet. Es gibt dafür zwei Kontaktbelegungsarten. Funktional sind diese identisch, dürfen aber innerhalb einer Kabelverbindung nicht gleichzeitig angewendet werden (Abb. 2).

RJ45	EIA/TIA 568A	EIA/TIA 568B
PIN 1 · · · 8	Paar-Nr. 3 2 1 4 / 1 2 3 4 5 6 7 8	Paar-Nr. 2 3 1 4 / 1 2 3 4 5 6 7 8
EIA/TIA: Electr.-/Telecomm. Ind. Association		

2: Anschlussstecker und -belegung

Lichtwellenleiter (LWL) übertragen Lichtsignale. Sie haben gegenüber Kupferleitern folgende Vorteile:
- Geringere Dämpfung
- Höhere Datenübertragungsrate
- Keine elektromagnetische Beeinflussung
- Nicht aus der Ferne abhörbar, da das Licht den LWL wegen der Beschichtung nicht verlassen kann.

LWL werden als Glasfaserkabel oder Kunststofffaserkabel angeboten.

Ein Glasfaserkabel (**PCF**: **Po**lymer **C**laddes **F**iber, Abb. 3) besitzt eine Glasfaser (Abb. 4 ①), in dem das Signal als Lichtstrahl geführt wird. Dieser Kern wird von einem Glasmantel ② mit einem anderen physikalischen Verhalten umschlossen. Dadurch kommt es an der Grenzfläche zur Reflektion der Lichtstrahlen. Der Kern ist mit einer Beschichtung ③ aus Kunststoff versehen. Mit dieser Beschichtung wird die mechanische Belastbarkeit erhöht und der LWL gegen Feuchtigkeit geschützt.

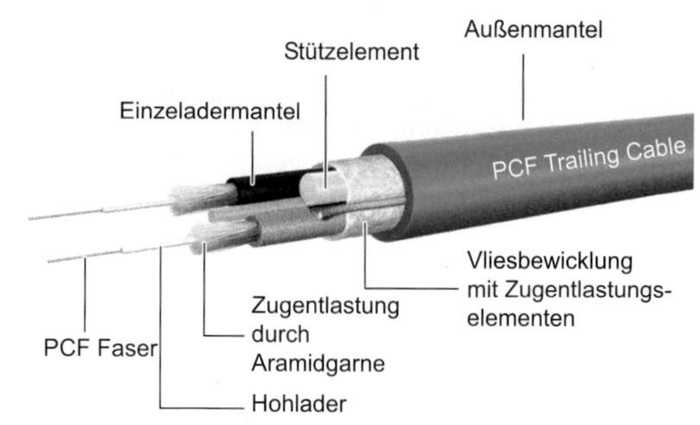

3: LWL-Kabel, Aufbau

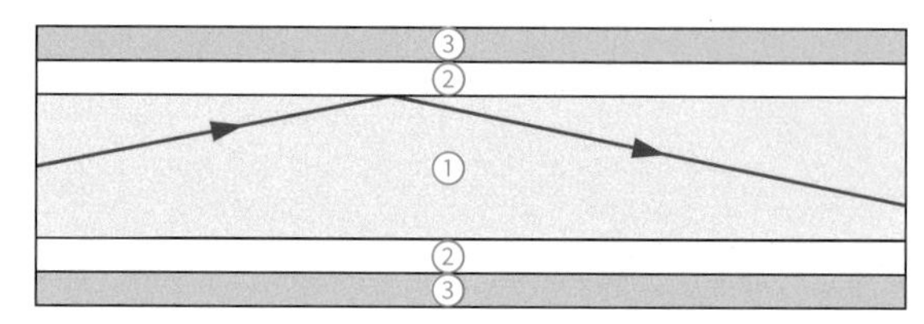

4: Strahlengang im LWL-Leiter

Kunststofffaserkabel werden hauptsächlich aus Polymerfasern (**POF**: **P**olymer **O**ptical **F**ibre cable) hergestellt. Ihre Datenübertragungsraten ist geringer. Gebräuchliche LWL-Steckverbinder sind in Abb. 5 zu sehen.

Typ	Abbildung	Faseranzahl
ST		eine Faser
SC		eine Faser
ESCON		zwei Fasern
SC-Duplex		zwei Fasern

5: LWL-Steckverbinder

- Twisted Pair-Kabel besitzen geschirmte und verseilte Adernpaare. Sie können durch ein Metallgeflecht gegen elektrische Felder von außen abgeschirmt sein.
- Twisted Pair-Kabel werden in die Kategorien Cat 1 bis Cat 8 eingeordnet. Je höher die Kategorie, desto größer ist die maximal zulässige Übertragungsrate.
- Lichtwellenleiter gibt es als Glasfaser- oder Kunststofffaserkabel. Ihre Datenübertragungsraten sind größer als die von Kupferkabeln.

4.9.11 Verkabelung

Die Verkabelung ist in Gebäuden und Räumen fest installiert und verursacht einen großen Teil der Investitionskosten. Während Endgeräte in der Regel nach wenigen Jahren durch neue Geräte ausgetauscht werden, sollte man die Verkabelung für eine längere Gebrauchsdauer vorsehen (ca. 10 bis 15 Jahre). Deshalb ist es erforderlich, dass bei der Planung des Netzwerks vorausschauende Überlegungen hinsichtlich der zukünftigen Nutzung bzw. möglicher Erweiterungen angestellt werden.

In Abb.. 6 ist beispielhaft die Verkabelung eines Wohngebäudes dargestellt. Die Internetverbindung wird über einen Router ① hergestellt. Von dort sind über Switch 1 ② und 2 ③ die PCs sowie ein Drucker, ein Fernsehgerät und ein WLAN Access Point ④ über LAN miteinander verbunden.

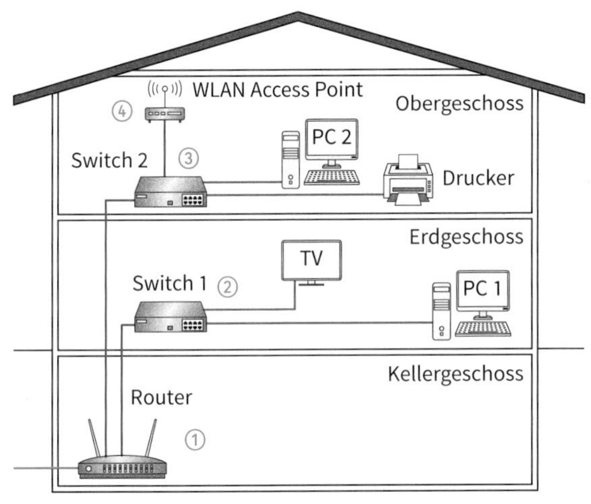

6: Verkabelung in einem Wohngebäude (Beispiel)

Damit die Verkabelungen übersichtlich bleiben und Veränderungen, wie z. B. Erweiterungen, problemlos durchgeführt werden können, sollte nach festgelegten Mustern vorgegangen werden. Das entsprechende Verkabelungskonzept wird als **strukturierte Verkabelung** oder **universelle Gebäudeverkabelung** (**UGV**) bezeichnet und auch in entsprechenden Normen erläutert (DIN EN 50173, 50174).

Bei der strukturierten Verkabelung werden drei Verkabelungsbereiche unterschieden (Abb. 7):
- **Primärer Bereich** (zwischen Gebäuden ⑤)
- **Sekundärer Bereich** (zwischen Stockwerken ⑥)
- **Tertiärer Bereich** (innerhalb einer Etage ⑦).

Die Kabellängen sind entsprechend festgelegt:
- **Primär** (Gelände), maximal 1500 m bei Lichtwellenleitern
- **Sekundär** (vertikal), maximal 500 m bei Lichtwellenleitern oder Kupferkabeln
- **Tertiär** (horizontal), maximal 100 m mit Kupferkabeln oder Lichtwellenleitern

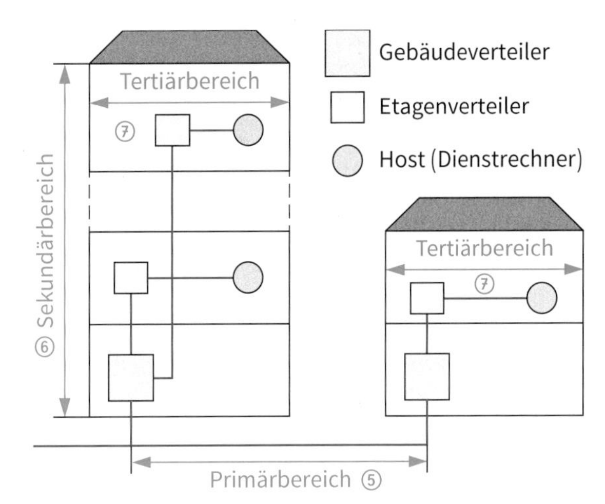

7: Strukturierte Verkabelung (Prinzip)

Für die Verbindung zwischen den Gebäuden ist eine LWL-Verkabelung vorgesehen. Dadurch erreicht man eine galvanische Entkopplung zwischen den angeschlossenen Geräten und realisiert eine störungsempfindliche Übertragungsstrecke.

Die tertiäre Verkabelung (Abb. 8) unterteilt man in die
- **Verkabelungsstrecke** (Permanent Link ⑧) und
- **Übertragungsstrecke** (Channel Link ⑨).

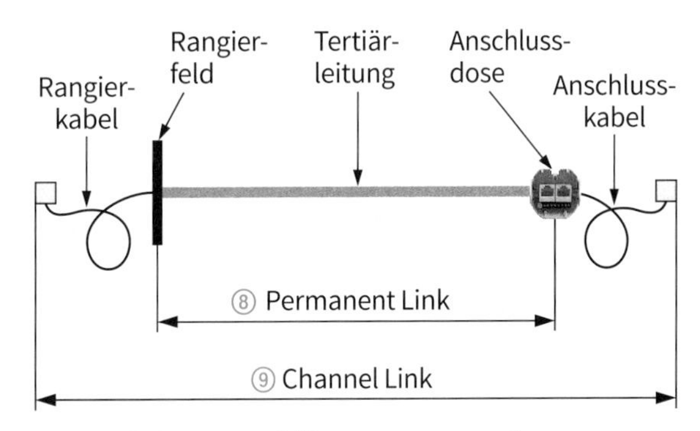

8: Verkabelungs- und Übertragungsstrecke

Die **Verkabelungsstrecke** ⑧ besteht aus dem festverlegte Kommunikationskabel und reicht vom Rangierfeld bis zur Anschlussdose. Die Kabellänge beträgt minimal 15 und maximal 90 m.

Für die **Übertragungsstrecke** ⑨ wird zusätzlich zur Verkabelungsstrecke an beiden Enden noch jeweils ein Anschlusskabel hinzugerechnet. Die Anschlusskabel dürfen dabei maximal 5 m lang sein. Insgesamt ergibt sich für die Übertragungsstrecke dann eine Länge von maximal 100 m.

- Die strukturierte Verkabelung ist eine geordnete Verkabelung in Etagen (tertiär), zwischen Stockwerken (sekundär) und zwischen Gebäuden (primär).

4.9.12 WLAN

WLAN (**W**ireless **LAN**: Drahtloses LAN) ist eine Netzwerktechnik, bei der die Übertragung mit elektromagnetischen Wellen erfolgt. WLAN wird mitunter auch als WiFi bezeichnet. Dies ist ein Kunstbegriff, in Anlehnung an HiFi (High-Fidelity, hohe Klangtreue, Qualitätsstandard im Tonbereich).

WLANs sind spezifiziert nach IEEE 802.11 und verwenden Frequenzen aus dem ISM-Bereich (2,4 GHz, 5 GHz). Die Übertragungsreichweiten sind unterschiedlich (Beispiel: IEEE 802.11n max. 70 m innerhalb von Gebäuden, im freien Gelände bis zu 120 m).

Übertragungsreichweiten sind auch abhängig von der Sendeleistung und den baulichen Gegebenheiten. Besonders Leichtbauwände (z. B. Metallrahmen) und Büroeinrichtungen können eine erhebliche Dämpfung verursachen und somit die Reichweite der Wellenausbreitung verringern. Außerdem können Geräte, die in diesen Frequenzbereichen arbeiten (z. B. Mikrowellengerät), Übertragungsstörungen verursachen.

Bei den WLAN-**Betriebsarten** unterscheidet man den
- Infrastruktur-Modus und
- Ad-hoc-Modus.

Im **Infrastruktur-Modus** wird die Koordination der vorhandene Clients durch einen **Wireless Access Point** (**WAP**, drahtloser Zugangspunkt, Abb. 5 ①) übernommen. Dieser ist in der Regel an ein kabelgebundenes Ethernet-Netzwerk angeschlossen ② und somit Bestandteil dieses Netzwerks.

Im **Ad-hoc-Modus** (ad-hoc: für diesen Augenblick) sind alle Stationen gleichberechtigt und sie kommunizieren direkt miteinander (Abb. 4). Es gibt keine zentrale Koordinierungsstelle.

1: Ad-hoc-Modus

Schutzmaßnahmen

Da die Funkübertragungsstrecke für alle frei zugänglich ist, sind besondere Schutzmaßnahmen für die Sicherheit des Netzwerks erforderlich. Dazu gehören u. a. der Einsatz
- einer geeigneten Verschlüsselungstechnik wie z. B. **WPA2** (**W**ireless **P**rotected **A**ccess: Drahtloser Zugangsschutz) oder
- die Abschaltung der Fernkonfiguration des Access Points.

Ab 2020 soll **WPA3** zur Verfügung stehen und damit Sicherheitsprobleme von WPA2 behoben sein.

2: AWAP ① mit DSL-Anschluss ②

Vorteile von WLAN-Einrichtungen
- Einfacher Aufbau
- Ergänzungen von bestehenden Netzwerken ohne zusätzliche Verkabelung sind möglich
- Weltweite Standardisierung
- Der Betrieb ist lizenzfrei
- Flexibilität (anpassbar z. B. an Baulichkeiten)
- Administration ist einfach, erfolgt in den Endgeräten

WLAN-Einrichtungen
Wesentlich ist die **Funkausleuchtung** innerhalb bzw. außerhalb von Gebäuden, da die Wellen durch lokale Gegebenheiten in der Ausbreitung behindert werden können.

Störfaktoren sind u. a.
- Abschattung durch Wände oder Büroschränke,
- Reflexion durch große Metallteile und
- erhöhte Dämpfung durch Wände und Decken.

Insgesamt kommt es dadurch zu **Ausbreitungsverzögerungen** und **Mehrwegausbreitung** der Funkwellen.

Eine sorgfältige Auswahl der einzusetzenden Antennen und der Aufstellstandorte der Access Points ist daher erforderlich. Die **Antennenarten** unterscheiden sich auch durch die Abstrahlungscharakteristik und dem Antennengewinn.

- Im Infrastruktur-Modus kommunizieren die Netzwerkendgeräte über einen Access Point miteinander.
- Im Ad-hoc-Modus kommunizieren die Netzwerkendgeräte direkt miteinander.
- Wenn WLAN eingerichtet wird, müssen bei der Planung mögliche Störungsquellen und Behinderungen für die elektromagnetischen berücksichtigt werden.

In Abb. 3 ist beispielhaft dargestellt, wie sich elektromagnetische Wellen in einer Etage ausbreiten.

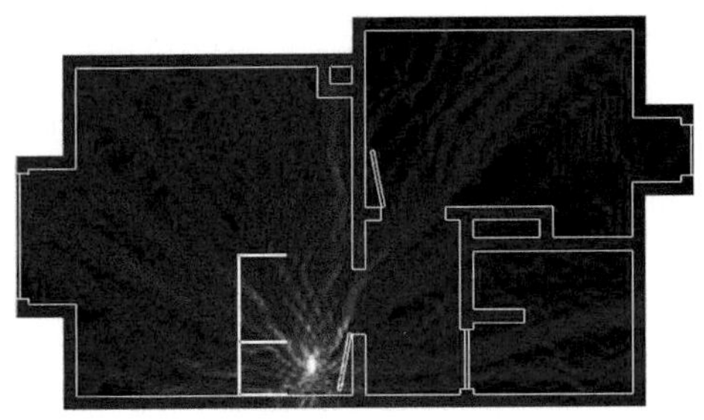

3: WLAN-Signalstärke in einer Wohnung (Simulation)

Der Empfang der WLAN-Signale lässt sich verbessern, wenn man mehrere Empfangs- und Sendeantennen verwendet. In Abb. 4 ist ein Router mit MIMO-Technologie abgebildet (**MIMO**: **M**ultiple **I**nput **M**ultiple **O**utput, zwei oder mehrere Antennen). Durch MIMO ergeben sich folgende Vorteile:

- Die Datenübertragungsrate ist größer.
- Die Reichweite erhöht sich.
- Der Abdeckungsgrad durch die elektromagnetischen Wellen im Raum ist größer.
- Die Störanfälligkeit ist geringer.

Erreicht werden diese Vorteile durch besondere Codierverfahren, die neben der zeitlichen auch die räumliche Dimension nutzen.

4: Mesh WLAN-Router mit MIMO-Technologie

Vereinfacht kann man sich das Übertragungsverfahren mit vier Sende- und Empfangsantennen so vorstellen: Die zu übertragenden Daten werden in vier parallele Datenströme aufgeteilt und gleichzeitige übertragen. Im Empfänger werden dann diese einzelnen Datenström wieder zusammengesetzt.

Neben MIMO verwendet man auch noch

- **MISO** (**M**ultiple **I**nput **S**ingle **O**utput, mehrere Sendeantennen, eine Empfangsantenne) und
- **SIMO** (**S**ingle **I**nput **M**ultiple **O**utput, eine Sendeantenne, mehrere Empfangsantennen).

WLAN-Mesh

Mesh: englisch, vermaschen, ineinandergreifen

Mit dem Standard IEEE 802.11s wurde **WMN** (**W**ireless **M**esh **N**etwork) entwickelt – eine Kombination aus Infrastruktur- und Ad-Hoc-Modus. Bei WMN organisieren ein WLAN-Mesh-Router (Abb. 5 ①) sowie mehrere WLAN-Mesh-fähige Repeater den Datenstrom zwischen verbundenen Endgeräten (Abb. 5 ②) und dem Internet selbstständig. Die WLAN-fähigen Geräte fungieren für andere Geräte als Relaisstationen bis zum nächstgelegenen WAP.

Mesh-Network-fähige Endgeräte verbessern dadurch die Übertragungsrate und die Netzabdeckung der bestehenden Access-Point-Infrastruktur.

Theoretisch kann man mit WLAN-Mesh einen allgegenwärtigen WLAN-Zugang in Räumen erzielen. Im Prinzip ist dann nur ein einziger WAP (Abb. 5 ③) erforderlich, der die Verbindung zum Internet herstellt.

Ein weiterer Vorteil von WLAN-Mesh ist, dass das WLAN-Netz wie ein einziges großes WLAN an den Endgeräten erscheint. Jeder Repeater und Router ist zudem mit dem gleichen WLAN-Namen (**SSID**: **S**ervice **S**et **I**dentifier) ansprechbar (s. farbige Pfeile Abb. 5, die separate WLANs darstellen). Die Endgeräte können dadurch leichter und ohne Verbindungsabbruch von einem WLAN-Repeater zum nächsten wechseln.

Der Router und die Repeater können im Netz einen oder mehrere Funktionen übernehmen:

- **Mesh-Points** reichen Daten zwischen anderen Mesh-Repeatern oder dem WLAN-Router weiter.
- Mit **Mesh-Access-Points** können sich WLAN-Endgeräte verbinden um Daten auszutauschen.
- Das **Mesh-Point-Portal** verbindet das WLAN-Mesh-Netz mit dem kabelgebundenen Ethernet-Netz (Beispiel: Router).

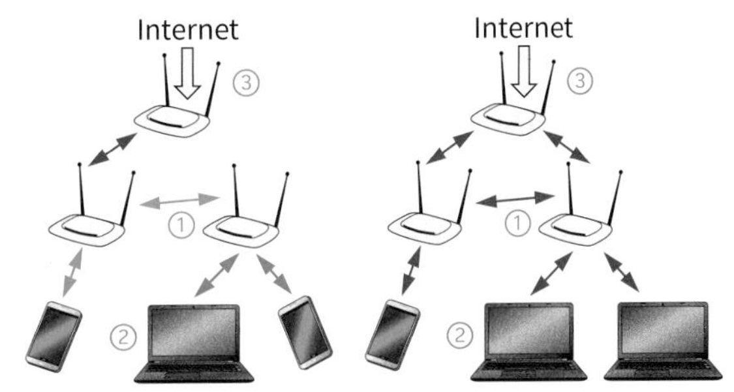

a) Ohne WMN b) Mit WMN

5: Beispielhafte Verbindungen

- Bei MIMO werden Datenströme gleichzeitig über mehrere Antennen (zwei oder mehrere) gesendet und von mehreren Antennen (zwei oder mehrere) empfangen.
- Mesh-Router bauen im Verbund mit mehreren Geräten ein flächendeckendes Netzwerk unter Beibehaltung der WLAN-Geschwindigkeit auf.
- Alle Geräte in einem Mesh-Netz können miteinander kommunizieren und Daten austauschen. Sie erzeugen jeweils ein eigenes WLAN-Signal.

4.9.13 Aufbau und Dienste des Internet

Im Internet (**inter net**work) sind weltweit Computersysteme über verschiedenartige Netzwerke miteinander verbunden. Das Internet besitzt keine Zentrale oder Zulassungsstelle. Jeder kann sich an das Internet anschließen und das Netz nutzen.

Zum Datenaustausch wird das Protokoll **TCP/IP** verwendet. Die Verbindung der Rechner erfolgt über Kupferleitungen, Glasfaserkabel, Breitbandkabel, Richtfunk oder Satellit (Abb. 1). Für die einzelnen Netze sind die Betreiber verantwortlich.

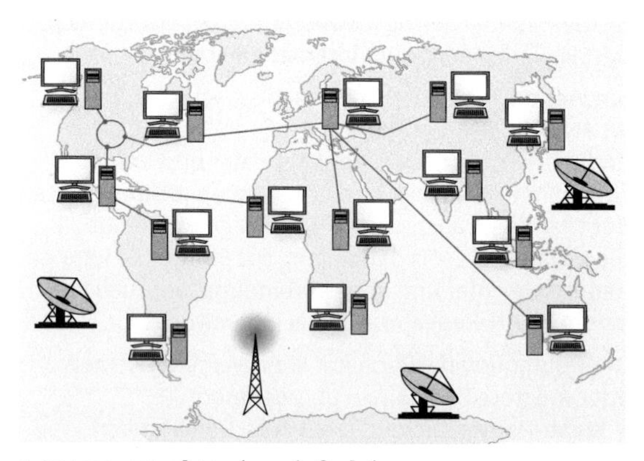

1: Internetstruktur (vereinfacht)

Es existieren verschiedene Organisationen, die sich mit dem Internet befassen. Eine wichtige Organisation ist die **IETF** [*Internet Engineering Task Force*]. Es handelt sich um eine große internationale Gemeinschaft von Netzwerkbetreibern, Herstellern und Forschern, die sich mit der Entwicklung der Internetarchitektur und reibungslosen Funktion des Internets befassen. Die Veröffentlichungen der IETF werden als **RFCs** [*Request for Comments*] niedergelegt, veröffentlicht und erhalten fortlaufende Nummern.

Für die eindeutige Vergabe von Internetadressen ist in jedem Land eine nationale Organisation verantwortlich. In Deutschland ist es die **DENIC** (**De**utsches **N**etwork **I**nformation **C**enter).

Im Internet werden zahlreiche Dienste von **Providern** (**ISP**: **I**nternet **S**ervice **P**rovider) angeboten. Die meisten Anwendungen funktionieren nach dem Client-Server-Prinzip (s. Kap. 4.7.4). Als Client-Server werden Hardware und Software bezeichnet, die den Datenaustausch bewerkstelligen. Das Client-Programm wird bei Bedarf vom Benutzer gestartet und baut eine Datenverbindung zum Server auf, holt und übergibt dann die Daten an den Benutzer. Der Server ist die Einheit, die die Dienstleistung erbringt.

- Das Internet ist ein weltweites Netz von Computern, die über das TCP/IP-Protokoll miteinander Daten austauschen können.

Netzwerkdienste sind in der Regel Programme, Anwendungen und Protokolle, die eine bestimmte Aufgabe (Dienst) in einem Netzwerk erfüllen (z. B. Anbieten einer Webseite). Diese Dienste werden entweder von Anwenderprogrammen genutzt oder übernehmen bestimmte Aufgaben, die für den Betrieb des Netzwerks erforderlich sind.

Da die Kommunikation im Internet in der Regel zwischen einem Client und einem Server abläuft, werden diese Dienste auch als **Client-Services** und **Server-Services** bezeichnet.

Für das Internet existiert eine Vielzahl von Diensten, die in Form von Protokollen im Betriebssystem implementiert sind (Beispiele in Abb. 2).

Bezeichnung		Funktion
FTP	**F**ile **T**ransfer **P**rotocol	Übertragen von Dateien
HTTP	**H**ypertext **T**ransfer **P**rotocol	Übertragen von Hypertext (Querverweisender Text), z. B. Webseiten
IMAP	**I**nternet **M**essage **A**ccess **P**rotocol	E-Mail-Abruf durch Client vom E-Mail-Server
IRC	**I**nternet **R**elay **C**hat	Echtzeitübertragung von Textnachrichten (Chat); Gesprächsrunden mit beliebiger Anzahl an Teilnehmern
LDAP	**L**ightweight **D**irectory **A**ccess **P**rotocol	Abfrage und Modifikationen von Verzeichnisdiensten (z. B. Suche nach E-Mail-Adressen von Personen)
NNTP	**N**etwork **N**ews **T**ransfer **P**rotocol	Übertragungsprotokoll für Nachrichten im Usenet (Netzwerk für die Benutzer von UNIX)
NTP	**N**etwork **T**ime **P**rotocol	Synchronisation von Uhren in einem Netz; Zuverlässige Zeitgabe; NTPv4 kann in lokalen Netzen die Zeitgenauigkeit auf ± 200 μs einhalten
SSH	**S**ecure **S**hell	Verschlüsselte Verbindung mit entferntem Rechner, z. B. für Ausführung von Kommandos auf entferntem Rechner von lokalem Rechner
WWW	**W**orld **W**ide **W**eb	Übertragung von Webseiten

2: Internetdienste (Auswahl)

- Beim Client-Server-Prinzip werden durch einen Auftraggeber (Client) Anforderungen an einen Server gerichtet, die dieser dann erfüllt.

4.9.14 Informationsbeschaffung im Internet

Das **World Wide Web** (**WWW**) ist ein über das Internet abrufbares System von HTTP-Dokumenten (Webseiten), die durch **Hyperlinks** (kurz: Link, elektronische Verweise, Querverweise) untereinander verknüpft sind. Die Webseiten – die neben Texten vielfältige Multimedia-Beiträge enthalten können – werden nach dem Client-Server-Prinzip zur Verfügung gestellt. Zur Darstellung der Seiten auf dem Bildschirm wird ein **Browser** (engl. to browse: stöbern, umsehen; Programm zur Darstellung von Webseiten) verwendet, z. B. Chrome, Edge, Firefox, Opera oder Safari. Bei der Informationsbeschaffung ergibt sich prinzipiell folgender Ablauf:

1. Der Nutzer stellt eine Internetverbindung über seinen Internet Service Provider her.

2. Danach startet der Nutzer seinen Browser.

3. Der Nutzer fügt dann in der Adresszeile des Browsers die Adresse **URL** [*Uniform Resource Locator*] des Anbieters der Webseite ein, die er sich anschauen möchte. Er wird damit zum **Kunden** [*client*] und der Anbieter zum Server.

4. Der Browser erstellt nun eine DNS-Abfrage (**DNS**: **D**omain **N**ame **S**ervice, Namensauflösung) über das UDP-Protokoll, um aus dem ersten Teil der URL (z. B. westermann.de) die IP-Adresse des Servers herauszufinden.

5. Ist die IP-Adresse des Servers bekannt, verbindet sich der Browser mit dem Server und fragt die Übertragung der Webseite aus der URL an.

6. Ist die IP-Adresse vorhanden, wird die angeforderte Webseite als HTML-Dokument an den Nutzer gesendet. Der Router übernimmt die Weiterleitung über den Provider zum Nutzer.

7. Der Browser des Nutzers bildet nun die Webseite auf dem Bildschirm ab und veranlasst gegebenenfalls die Darstellung oder Wiedergabe der eingebundenen Multimedia-Elemente (Grafik, Animation, Sound, Video usw.).

- **Zwischenspeicher (Cache-Server)**

Inhalte, wie z. B. Filme und Videos, verursachen bei der Übertragung vom Server zum Nutzer große Datenvolumen und belasten deshalb die Übertragungskanäle recht stark. Aus diesem Grunde betreiben Provider in der Regel spezielle Proxy-Server die solche Inhalte zwischenspeichern ("cachen"), sodass sie nicht mehr durch das ganze Internet geleitet werden müssen, sondern nur noch auf der relativ „kurzen Strecke" vom Provider zum Nutzer. Ob angeforderte Daten vom Cache des Providers oder vom Server direkt übertragen werden, bekommt der Nutzer nicht mit.

- **Suchen im WWW**

Ist die URL eines Anbieters von Informationen nicht bekannt, so kann man diese URL über spezielle Webseiten (**Suchmaschinen** [*search engines*]) suchen lassen.

Grundlage dieser Suchmaschinen sind kleine Progamme (Crawler oder Spider), die das Internet nach Dokumenten „durchstöbern" und gefundene Informationen zu den Suchmaschinenanbietern zurücksenden. Dort werden große Datenbanken mit den Informationen „gefüttert" und diese den Nutzern auf Anfrage bereitgestellt.

- **Suchmaschinen – Arbeitsweise**

Mit Programmen werden Dokumente (Text, Bild, Ton, Video) automatisch im Internet analysiert und indiziert. Der Index enthält die Datenstruktur sowie Informationen über das Dokument.

Wenn ein Suchbegriff in die Suchmaschine eingegeben wird, liefert diese auf Grund ihrer Indizierung (**indexbasierte Suchmaschine**) eine Liste von Verweisen auf relevante Dokumente und Kurzinformationen zum Dokument.

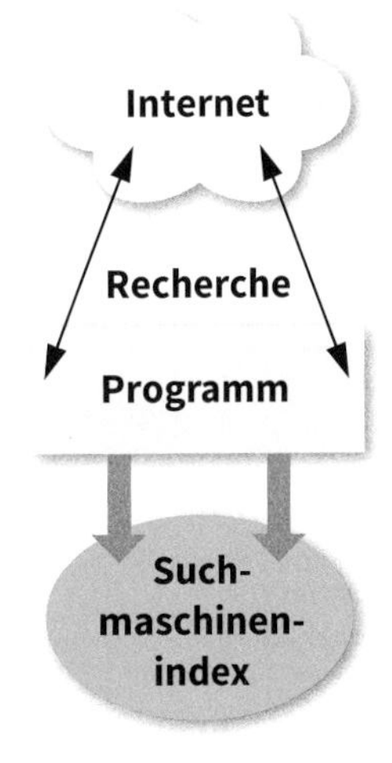

3: Suchmaschine (Prinzip)

- **Umgang mit Internetquellen**

Da jeder im Internet Veröffentlichungen vornehmen kann, gilt: Das Suchergebnis muss bewertet werden!

Beispiele für Bewertungskriterien:

Seriosität

Verfasser (z. B. Impressum, „Kontakt", „Wir über uns"), Kompetenz des Verfassers sowie Hintergrund (kommerziell, privat, wissenschaftliches Institut, ...), Aktualität (Datum der Erstellung, Überarbeitung), Präsentation (Übersichtlichkeit, Verständlichkeit, ...), Vollständigkeit, Trennung von Information und Werbung Qualität, Lobby-Organisation

Gewichtung der Ergebnisse

Die Reihenfolge des Dokuments (**Ranking**) in der Auflistung der Dokumente entspricht der geschätzten Relevanz aus „Sicht" der Suchmaschine. Die Relevanz wird mathematisch berechnet und das Verfahren in der Regel nicht veröffentlicht.

Die Position und die Häufigkeit des Suchbegriffs (Reihenfolge) sagt also nichts über die Qualität der Information aus.

Der Grad der Verlinkung (je mehr externe Links auf eine Webseite verweisen) verdeutlicht die Höhe der Popularität der Webseite.

Internetnutzung

Für die Betrachtung von Webseiten werden Webbrowser verwendet. Diese Programme interpretiert plattformunabhängig den übertragenen Code der Beschreibungssprache **HTML** [*Hyper Text Markup Language*] und stellt alle übertragenen multimedialen Elemente (Grafik, Musik usw.) entsprechend dar. Die Abb. 1 zeigt beispielhaft einen übertragenen HTML-Text und die vom Browser dargestellte Webseite in einer Gegenüberstellung.

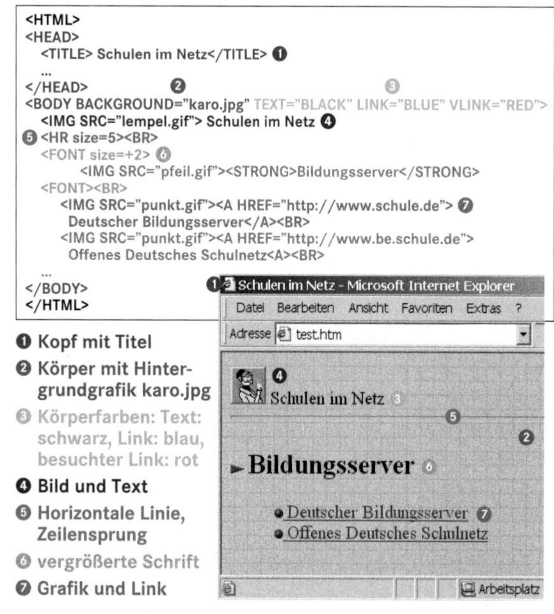

1: HTML-Code und Browserdarstellung

Über eingebundene Programme [*plug-ins*] und die Verwendung von Skriptsprachen (z. B. Javascript, Visual Basicscript) lassen sich die Darstellungsmöglichkeiten des Browsers und die Interaktivität von Webseiten erweitern.

Weit verbreitet ist der Einsatz von **Cookies** (deutsch: Kekse, Krümel). Es handelt sich dabei um kleine Textdateien, die Webseiten bei ihrem Aufruf auf der Festplatte des Nutzers speichern können. Bei jedem weiteren Aufruf schickt der Browser den Inhalt dieser Textdatei an die Webseite zurück. Dadurch können Nutzer von Webseiten wiedererkannt werden und ihr Surfverhalten – auch auf anderen Webseiten – verfolgt werden.

- HTML ist eine plattformunabhängige Beschreibungssprache für Dokumente. Sie wird für Web-Seiten verwendet.
- Cookies sind sehr kleine Textdateien die Informationen enthalten. Mit diesen kann ein Webserver einen Anwender wiedererkennen und bestimmte Einstellungen speichern.

4.9.15 Netzwerke im Museum

Das Vorbereitungsteam der Firma Elektro+IT, das sich mit der Netzwerkinstallation befasst hat, überprüft zunächst den Telekommunikationsanschluss für den Internetzugang. Im Museum befindet sich ein IP-basierter Anschluss (**IP**: **I**nternet **P**rotokoll), der für den Zugang zum Internet geeignet ist (Abb. 2, **TAE**: **T**elekommunikations-**A**nschluss-**E**inheit).

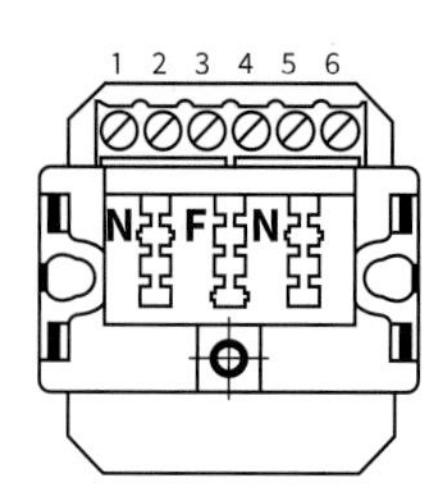

2: TAE-Anschluss

Bisher wurden über diesen Anschluss lediglich Telefonate geführt. Damit akustische Signale in das Datennetz eingespeist werden können, müssen sie zunächst im Mikrofon in elektrische Signale umgewandelt werden. Danach folgt eine Digitalisierung und Codierung. Da die Datenmenge noch sehr groß ist, wird sie reduziert und komprimiert. Danach werden diese Daten in viele kleine „Pakete" aufgeteilt (Paketvermittlung) und in das IP-Netz eingespeist.

Die Datenpakete gelangen auf unterschiedlichen Wegen zum Empfänger (IP-Adresse) und werden dort wieder zu einem kontinuierlichen Datenstrom zusammengefügt.

Das Team von Elektro+IT schlägt vor, zunächst an den IP-basierter Telekommunikations-Anschluss (TAE, Abb. 2 ①) einen integrierten WLAN-Router ② anzuschließen. Er besitzt fünf Ethernet-LAN-Anschlüsse (1 Gbit/s und 100 Mbit/s) ⑤, an die über Anschlussleitungen PCs, der Drucker oder andere Geräte mit-ein-ander vernetzt wer-den können.

Da in dem Router WLAN ② integriert ist, können auch mobile Geräte genutzt werden.

Der Router besitzt zusätzlich einen Glasfaser-Anschluss ③, einen USB-Anschluss für Drucker oder Speichermedien ⑥ und kann auch als DECT-Basisstation für analoge Telefone eingesetzt werden ④.

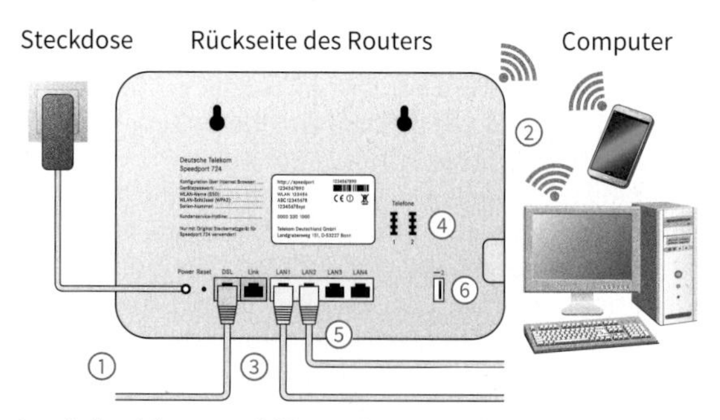

3: Rückseitige Anschlüsse eines WLAN-Routers

Der hier ausgewählte Router kann als Bindeglied für das WLAN-Mesh-Netz (s. Kap. 4.9.12) verwendet werden, zur Kommunikation über die Museumsapp (s. Kap. 4.10).

4.10 Informationsübertragung

4.10.1 Vom Audioguide zur Museumsapp

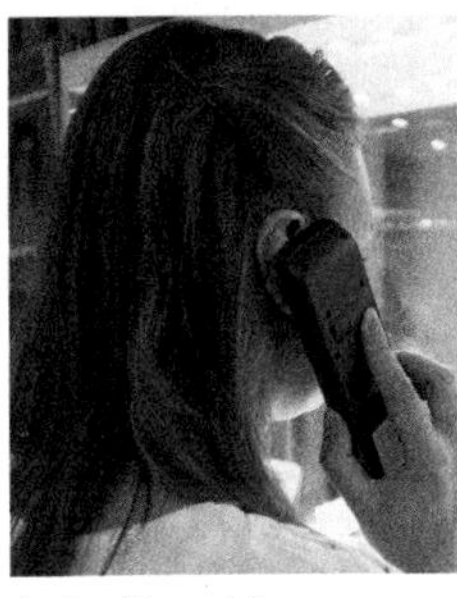
4: Audioguide

Bisher fand die Informationsübermittlung zu den im Museum ausgestellten Exponaten über Texttafeln an Wänden und Vitrinen statt. Zusätzlich konnten sich die Besucher einfach bedienbare Audioguides (Audioführer) ausleihen (Abb. 4). Da auf den Exponaten eindeutige Nummern angebracht waren, mussten die Besucher diese nur noch in ihren Audioguide eingeben. Anschließend erhielt man den Informationstext über einen Kopfhörer.

Mit den Jahren stieg die Anzahl der Besucher jedoch soweit an, dass immer öfter alle Geräte am frühen Nachmittag bereits im Einsatz waren.

Dies war keine besonders kundenfreundliche Situation. Deshalb soll das Unternehmen Elektro+IT einen Vorschlag unterbreiten, wie man die Informationsübertragung mit Hilfe einer **App** (**App**lication, Abwendung) und den bei vielen Museumsbesuchern bestimmt vorhandenen Smartphones realisieren kann.

Mit App wird eine Anwendungssoftware für einen PC bzw. für ein Smartphone bezeichnet. Im Gegensatz zu Computerprogrammen, die über ein Menü verfügen, besitzen Apps in der Regel einen geringeren Funktionsfang und lassen sich über einen Touchscreen-Bildschirm bedienen.

Anforderungen an eine Museumsapp

Zwischen den Museumsbetreibern und Mitarbeitern von Elektro+IT wird vereinbart, dass die App drei grundlegende Ansichten auf dem Bildschirm anzeigen soll (Abb. 5).

Weiterhin ist auch noch eine **Museumsführungsansicht** sinnvoll. Der Besucher startet damit eine virtuelle Führung und hört beim Durchlaufen der Räume passende Audioaufnahmen zu den dortigen Exponaten, die sich in der Nähe seines Standorts befinden.

Das Museum besitzt drei Stockwerke in zwei Gebäuden. Für die Besucher wäre es unkomfortabel, wenn Sie vor einem Exponat stehen und zunächst von der Kartenansicht (Abb. 5 ①), dann zur Raumansicht ② und am Ende zur Exponatenansicht ③ navigieren müssten, wenn sie Informationen zu einem Exponat erhalten wollen. Zudem soll das Abspielen der richtigen Audioaufnahmen in der Führungsansicht automatisch erfolgen, sobald der Besucher einen neuen Raum betritt und sich darin von Exponat zu Exponat bewegt.

Da im Museum keine Fachkräfte vorhanden sind, die eine entsprechende App programmieren können, soll eine **White-Label-App** bei einem auf Museumsapps spezialisierten Anbieter erworben werden. White Label würde übersetzt „weißes Etikett" heißen und bedeutet, dass ein Hersteller seine Produkte – in diesem Fall eine Museumsapp – ohne Label anbietet. Dabei nutzt der Hersteller eine einmal programmierte App und passt sie an das jeweilige Museum an, indem z. B. nur die Logos und Namen der Museen ausgetauscht werden. In der Regel sind White-Label-App kostengünstiger als eine speziell entwickelte App.

Damit im Museum eine genaue Informationsübertragung stattfinden kann, muss mit der App eine exakte Positionsbestimmung des Besuchers möglich sein. Dazu gibt es verschieden Möglichkeiten, die nachfolgend erläutert werden.

- Bei der Bestimmung eines Ortes (Verortung, Positionsbestimmung, Lokalisierung) wird ein Ort in Beziehung zu Bezugspunkten ermittelt.

- **Kartenansicht** ①
Übersicht aller Räume eines Stockwerks

- **Raumansicht** ②
Grundriss eines Raumes mit Exponaten

- **Exponatenansicht** ③
Inhalte wie z.B. Audioaufnahmen, Texte, Fotos, Videos zum Eyponat

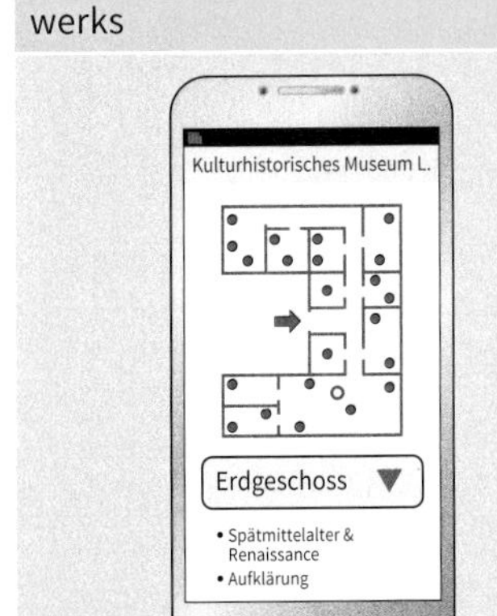

5: Grundlegende Ansichten einer Museumsapp

4.10.2 Lokalisierung

Es gibt verschiedene Technologien, mit denen man Besucher im Museum lokalisieren kann. Grundsätzlich unterscheidet man

- entfernungsmessende (**Lateration**, lat. lateral: seitlich) und
- winkelmessende Verfahren (**Angulation**, Winkelbildung).

Lateration

Bei der Lateration werden Entfernungen von einem Besucher (Abb. 1 ①) zu bekannte Punkte im Raum ② ③ ④ gemessen.

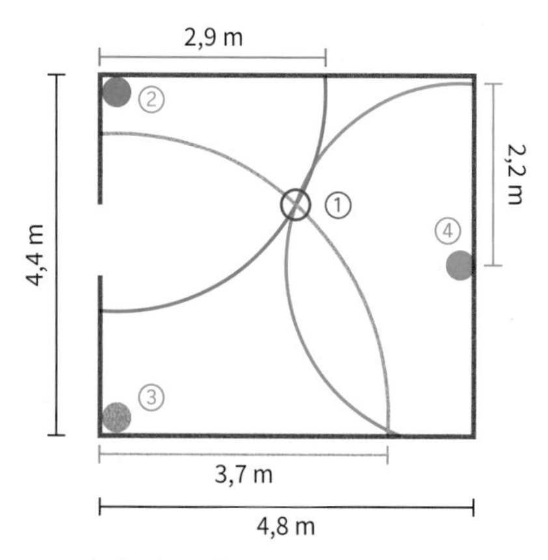

1: Messen mit drei Entfernungen im Raum

Kennt man von einem Punkt die Entfernung zum Smartphone des Besuchers, so weiß man, dass der Besucher sich auf einem Kreisbogen mit konstantem Abstand zum Punkt befindet (Abb. 1, grüner Kreisbogen). Besitzt man eine zweite Entfernung von einem anderen Punkt, so weiß man, dass sich der Besucher an einem der beiden Schnittpunkte der Kreisbögen um die beiden Punkte befindet (Abb. 1: Schnittpunkte zwischen grünem und blauen Kreisbogen). Mit einer dritten Entfernungsmessung weiß man schließlich, an welchem der beiden vorherigen Schnittpunkte sich der Besucher im Raum befindet. Natürlich müssen dafür die Positionen, von denen die Entfernung zum Besucher gemessen wird, im Raum bekannt sein (Abb. 1: ② ③ ④).

Auch in einem Raum mit mehr als drei Messpunkten können Entfernungsmessungen vorgenommen werden. Jede Kombination von drei Entfernungsmessungen ergibt immer die Position des Besuchers.

Für die Messung von Entfernungen in Innenräumen verwendet man verschiedene Verfahren. Ihr Einsatz hängt auch von den baulichen Bedingungen ab.

- Zur Lokalisierung einer Person bzw. eines Objektes sind bei der Lateration drei Messungen erforderlich.

Lokalisierung durch Messung der Signalstärke

Eine Entfernung in Innenräumen lässt sich ermitteln, wenn man die Verringerung der Signalstärke von elektromagnetischen Wellen in Ausbreitungsrichtung misst. Eingesetzt werden kann **BLE** (**B**luetooth **L**ow **E**nergy).

BLE basiert auf **Bluetooth** (benannt nach dem Wikingerkönig Blauzahn), das für die Datenübertragung zwischen Geräten über kurze Distanzen verwendet wird. Mit Bluetooth lassen sich verbindungslose sowie verbindungsbehaftete Übertragungen in Form von Punkt-zu-Punkt- und Ad-hoc- oder Pico-Netzen (Piconet) realisieren.

Pico-Netze sind kleinste Funkzelle mit mindestens einem Master und einem Slave. Es lassen sich aber auch bis zu 255 Geräte vernetzen. Sieben Geräte können gleichzeitig aktiv sein. Pico-Netze lassen sich auch miteinander verbinden (Abb. 2). Wenn mehrere Pico-Netze zusammengefasst sind, bezeichnet dies als ein Scatternetz.

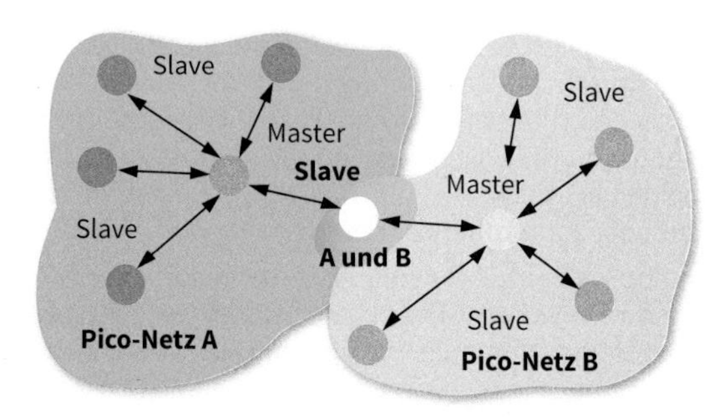

2: Beispiel für eine Bluetooth-Netzstruktur

Die Bezeichnung BLE macht deutlich, dass die Funksender (Frequenz 2,4 GHz) energieeffizient und kostengünstig sind. Sie sind klein und werden als **Beacons** (Bake, Leuchtfeuer) bezeichnet. Sie sind portabel und arbeiten drahtlos. Benötigt wird eine Energiequelle, z. B eine Knopfzelle (Betriebsdauer bis zu 5 Jahre).

Beacons gibt es in verschiedenen Formen und Farben. Abb. 3 zeigt ein Beispiel mit Abmessungen.

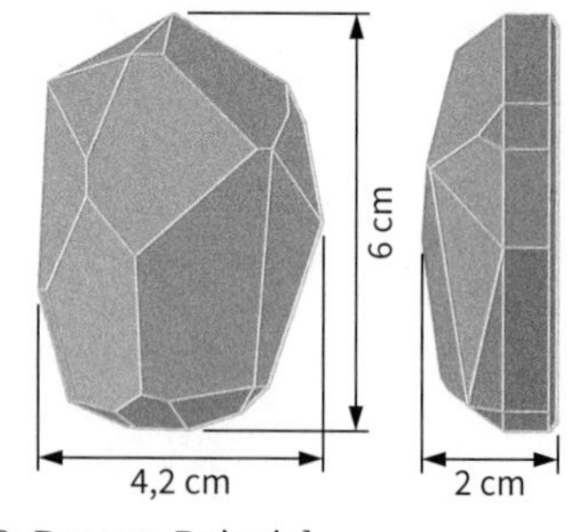

3: Beacon-Beispiel

Wie kann man nun mit Funksignalen einer BLE-Bake Objekte lokalisieren?

Beispiel: Die Sendeleistung eine BLE-Bake soll 10 mW betragen. Diese Information wird von der Bake stets mitgesendet. Aufgrund der Dämpfung elektromagnetischer Wellen wird die Empfangsleistung geringer sein.

Da die Verringerung quadratisch mit dem Abstand zur Signalquelle erfolgt ($1/r^2$), lässt sich mit dem am Empfänger gemessenen Wert die Entfernung berechnen. Die Verringerung wird mit dem RSSI-Pegel gekennzeichnet (**RSSI**: **R**eceiver **S**ignal **S**trength **I**ndicator).

Allerdings bewirkt jede Beeinträchtigung der Signalausbreitung, z. B. durch Gegenstände wie Wände, Exponate oder andere Personen, dass die im Handy gemessene Signalintensität geringer ist, als sie es bei ungestörter Signalausbreitung sein müsste. Dadurch kann der ermittelte Abstand zur Bluetooth-Bake größer erscheinen, als er es in Wirklichkeit ist (Abb. 4).

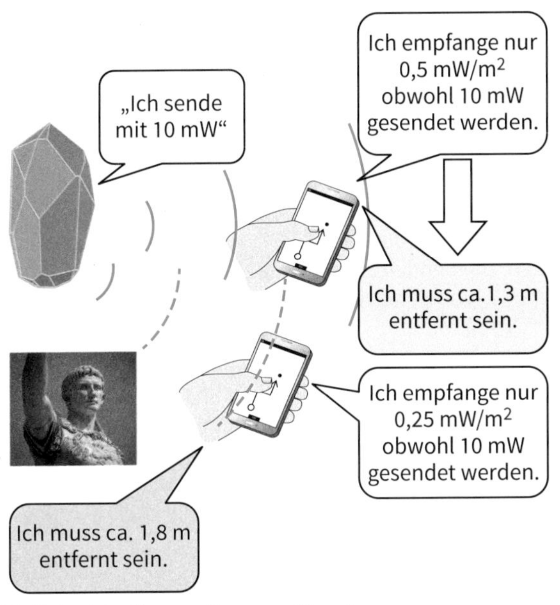

4: Beispiele für empfangene Signale

Ein weiterer zu beachtender Aspekt ist die **Abstrahlcharakteristik** der Antenne in der BLE-Baken. Eine ideale Antenne strahlt in alle Raumrichtungen gleichmäßig ihre Sendeenergie ab (Abb. 5a). Die rote Linie gibt an, wie die Signale um die Antenne herum abgestrahlt werden. Reale Antennen (Abb. 5b) haben selten eine perfekt gleichmäßige Abstrahlcharakteristik. Bei der Installation der BLE-Baken im Raum müssen daher die Informationen des Herstellers beachtet werden.

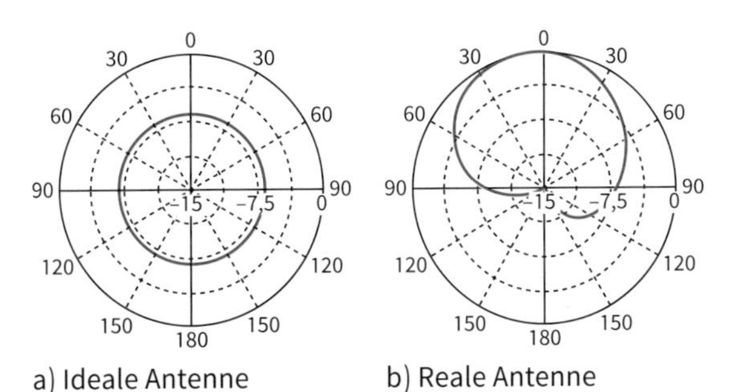

a) Ideale Antenne b) Reale Antenne

5: Abstrahlcharakteristiken von Antennen

Lokalisierung mit WLAN

Zur Lokalisierung können anstatt der Bluetooth-Signale auch Funksignale von WLAN-Basisstationen verwendet werden. Dies ist dann praktisch, wenn im Raum mehrere Basisstationen installiert sind. Die einzelnen WLAN-Basisstationen lassen sich durch ihre **MAC**-Adressen (**M**edia **A**ccess **C**ontrol) identifizieren.

Lokalisierung mit Hilfe von Signallaufzeiten

Eine Alternative, mit Funksignalen Entfernungen zu messen, besteht darin, die Zeitdauer (**ToA**: **T**ime **of** **A**rrival) zu messen, in der ausgesendete Signale in einem Empfänger empfangen werden. Aufgrund der konstanten Ausbreitungsgeschwindigkeit elektromagnetischer Wellen (Lichtgeschwindigkeit: ca. 300 000 km/s) kann die zurückgelegte Entfernung bestimmt werden. Dieses Verfahren erfordert allerdings, dass Sender und Empfänger eine genau synchronisierte Uhrzeit zur Verfügung steht. Beispiele hierfür sind die globalen Navigationssatellitensysteme (**GNSS**: **G**lobal **N**avigation **S**atellite **S**ystem) wie GPS, GLONASS, Galileo oder Beidou.

Lokalisierung aus der Differenz von Signallaufzeiten

Bei der Messung der Differenz von Signallaufzeiten (**TDoA**: **T**ime **D**ifference **of** **A**rrival) sind die Rollen im Gegensatz zum ToA vertauscht. Es sendet nur das mobile Gerät (z. B. Handy) und die Baken empfangen dieses Funksignal. Da das Handy von den Baken unterschiedlich weit entfernt ist, erreicht das Funksignal die Baken zu unterschiedlichen Zeitpunkten. Durch die Zeitdifferenz des empfangen des Signals an zwei Baken ergeben sich Hyperbeln, auf denen sich das mobile Gerät befinden muss (Abb. 6). Alle Punkte auf einer Hyperbel besitzen die gleiche Laufzeitdifferenz eines ausgesendeten Signals zu den zwei Baken.

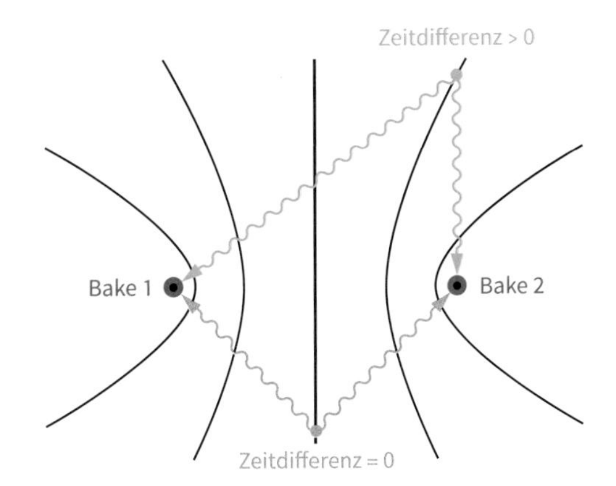

6: Hyperbeln gleicher Differenz der Signallaufzeit

- Eine Lokalisierung kann auch über die Messung von Signallaufzeiten und der Differenz von Signallaufzeiten vorgenommen werden.

	ToA	TDoA
Baken …	senden Funksignal	empfangen Funksignal und bestimmen die Position
Mobiles Gerät (z.B. Handy) …	empfängt Funksignale und bestimmt Position	sendet Funksignal

1: Vergleich zwischen ToA und TDoA

In Abb. 2 sind in einer Übersicht die verschiedenen Möglichkeiten der Lokalisierung dargestellt.

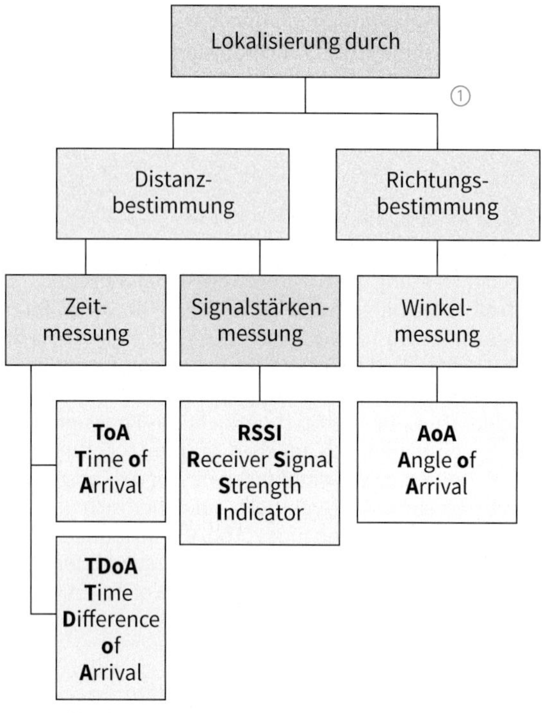

2: Möglichkeiten zur Lokalisierung

In der Übersicht von Abb. 2 ist noch die Lokalisierung durch Richtungsbestimmung durch Angulation (Winkelbildung) aufgeführt ①. Dabei wird eine Fläche in Dreiecke aufgeteilt und die Position des Objekts durch die Winkel mindestens zweier Fixpunkte (A, B) zum Objekt ermittelt.

- Durch Messung der Laufzeit von elektromagnetischen Wellen, die von Baken ausgesendet werden, kann das mobile Objekt (z. B. Handy) seine Position bestimmen.
- Bei der Messung von Signallaufzeitdifferenzen (TDoA) bestimmen die Baken als Empfänger die Position des sendenden Handys.

Lokalisierung durch UWB

Eine weitere Technologie zur Lokalisierung, die mit TDoA arbeitet, ist **UWB** (**U**ltra **W**ide**b**and, Ultrabreitbandfunk). UWB arbeitet mit sehr hohen Frequenzen im Bereich 3,1 GHz bis 10,6 GHz (Abb. 3). UWB hat eine höhere Reichweite und Präzision als BLE. Die Empfänger und Sender sind teurer und benötigen mehr Energie im Betrieb.

Eingesetzt wird UWB besonders in großen Lagern zur Lokalisierung verschiedenster Objekte. Auch Höhenunterschiede können mit UWB sehr gut ermittelt werden.

Ortsfeste Objekte müssen mit einem kleinen batteriebetriebenen UWB-Tag (Tag: Anhänger, Etikett, Mal, Abzeichen, Markierung) ausgestattet sein.

In modernen Kraftfahrzeugen wird UWB z. B. dazu benutzt, um zu erkennen, ob sich ein Funkautoschlüssel im oder noch außerhalb des Fahrzeugs befindet.

UWB arbeitet mit impulsförmigen Signalen. Es gibt keine Trägerfrequenzen, die moduliert werden müssen. Die Sendeleistung ist sehr klein (bis maximal 1 mW) und demzufolge die Reichweite gering (maximal 150 m).

Die für die Übertragung der Impulse benötigte Bandbreite ist sehr hoch (mindestens 500 MHz bis zu einigen GHz). Sie ist also erheblich höher als beispielsweise die Bandbreiten der Mobilfunkstandards GSM und UMTS.

Die gesamte Sendeleistung von wenigen Milliwatt wird auf einen großen Frequenzbereich verteilt (Abb. 3 ①), sodass für die schmalbandige Übertragungsverfahren (z. B. WLAN ②) keine Störungen auftreten.

In der Regel stört UWB-Signale andere Funksysteme nicht, weil sie gewissermaßen im „Rauschen untergehen“.

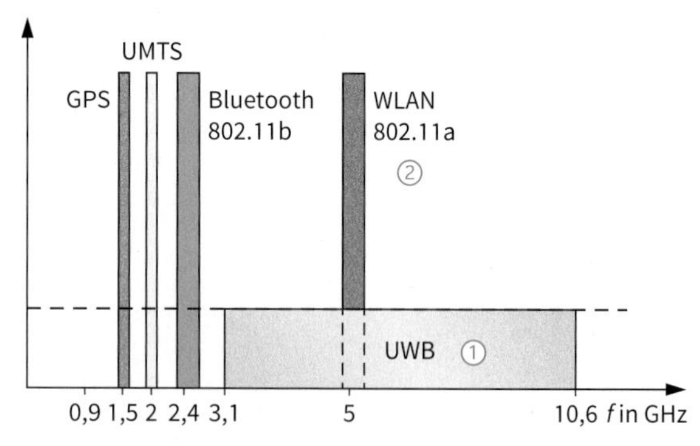

3: UWB-Frequenzbereich

- UWB ist eine Kurzstrecken-Funktechnik mit Auswertung der Signallaufzeit der elektromagnetischen Wellen (**TDoA**: **T**ime **D**ifference **o**f **A**rrival).

Lokalisierung mit VLC

Neben WLAN, BLE und UWB gibt es eine Technologie zur Lokalisierung von Besuchern, bei der das sichtbare Licht (400 THz, 780 nm, bis 800 THz, 375 nm ①) von LED-Lampen verwendet wird. Sie wird als **VLC** (**V**isible **L**ight **C**ommunication) bezeichnet.

Der Lichtstrom einer LED-Lampe (Abb. 4 ②) wird dazu mit hohen Frequenzen moduliert (Daten). Aufgrund der Trägheit des Auges können diese schnellen Helligkeitsänderungen nicht wahrgenommen werden. Mit einem Lichtempfänger (Fotodiode) und einem entsprechenden Wandler ③ lassen sich dann die Daten wiedergewinnen.

Auch mit der Kamera eines Smartphones ④ kann man die gesendete Helligkeitsänderungen aufnehmen und diese Informationen in Daten umwandeln. Es ist aber auch möglich, die Leuchte selbst zu identifizieren, wenn die Modulationsfrequenz bekannt ist.

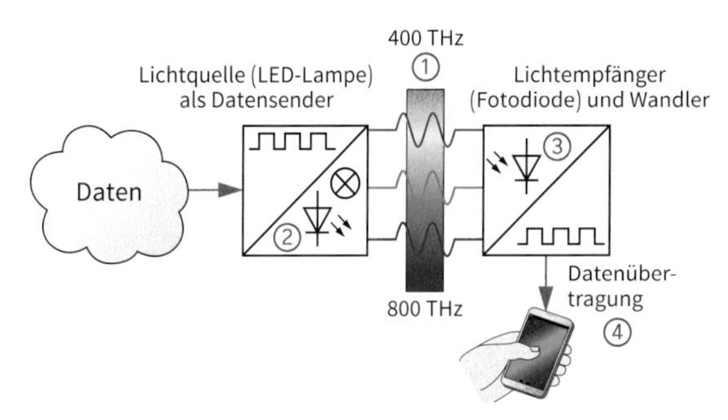

4: Prinzip der Datenübertragung mit VLC

Zur Lokalisierung der Besucher des Museums werden bei VLC die in den Decken der Räume befindlichen Lichtquellen mit speziellen LED-Treibern versehen. Die LED-Lampen arbeiten dann weiterhin als Lichtquellen und gleichzeitig als Datenquellen (Lichtsender) hinsichtlich ihrer Position, wenn das abgestrahlte Licht mit unterschiedlicher Frequenz moduliert (Abb. 5) wird. Für die genaue Lokalisierung ist es dann nur noch erforderlich, dass die empfangene Frequenz mit der im Smartphone gespeicherten Frequenz abgeglichen und das Ergebnis mit der gemessenen Lichtintensität verknüpft wird (Beispiel in Abb. 5).

Im Gegensatz zu funkbasierten Lokalisierungsverfahren muss jedoch bei VLC ständig eine Sichtverbindung zwischen der Kamera des Smartphones und den Lichtquellen vorhanden sein.

- VLC ist eine drahtlose Kommunikationsart mit moduliertem und sichtbarem Licht.
- Moduliertes LED-Licht kann mit Hilfe der Kamera eines Smartphones und einer entsprechenden Software zur Lokalisierung verwendet werden.

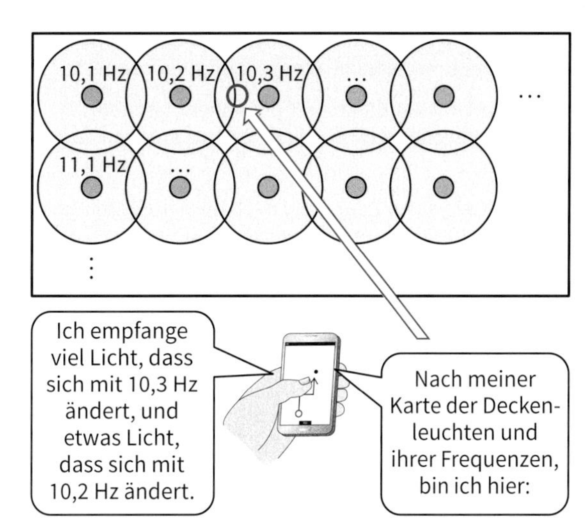

5: Prinzip der Lokalisierung mit VLC

Datenkommunikation mit VLC

Mit VLC können auch kontinuierlich Daten übertragen werden, wenn man Leuchten mit einem entsprechenden Modem ausstattet. Die Datenübertragung erfolgt ohne eine besondere Ausrichtung der Sender zum Empfänger. Natürlich muss die Beleuchtung eingeschaltet sein. Es kommt zu keiner schädlichen Strahlenbelastung.

Die theoretische Datenübertragungsrate beträgt bis zu 3 Gbit/s bei Verwendung von 3 Lichtfarben. Aktuell werden 100 Mbit/s bis 800 Mbit/s erreicht.

Die Frequenzen (sichtbares Licht) sind nicht reguliert, also frei verfügbar. Die Abschirmung ist einfach und die Ausbreitung kann durch lichtundurchlässige Flächen erfolgen (Glasscheiben).

Zwischen Licht- und Funksignalen kommt es zu keinen Interferenzen. Eine Abhörsicherheit ist bei geringer Störanfälligkeit gegeben.

4.10.3 Entscheidung der Museumsbetreiber

Den Museumsbetreibern werden durch Mitarbeiter des Unternehmens Elektro+IT mehre Lokalisierungstechnologien mit Vor- und Nachteile vorgestellt. Anschließend wird eine angemessene Lokalisierungspräzision gewünscht. Dabei soll in den Räumen der notwendige Installationsaufwand gering sein.

Damit sich die Besucher die Informationen mit der Museumsapp herunterladen können, müssen in den Räumen entsprechende WLAN-Router installiert werden. Eine grobe Lokalisierung, z. B. in welchem Raum sich ein Besucher befindet, ist damit bereits möglich.

Für ausgewählte Räume sollen allerdings spezielle LED-Treiber installiert werden. Dadurch können sich die Besucher mit Hilfe ihrer Smartphone-Kamera in Räumen mit vielen kleinen Exponaten exakt positionieren und Informationen über WLAN empfangen.

Die Betreiber des Museums wurden auch noch über erweiterbare technische Möglichkeiten informiert.

Abschließend hat Elektro+IT ein Angebot erstellt, in dem die folgenden wesentliche Arbeitspaketen aufgeführt sind:

- Erstellung eines Zeitplans, nach dem die vereinbarten Leistungen erbracht werden.
- Fachgerechte Installation der zu ersetzenden Lichtquellen, Beschattungsanlagen und Klimatisierungselemente.
  Da möglichst wenige sichtbare Leitungen auf den Wänden des denkmalgeschützten Gebäudes verlegt werden sollten, sind im Angebot energieautarke Funksensoren und entsprechende Aktoren eingeplant worden.
- Bedarfsgerechte Auswahl und Installation von einem leistungsfähigen PC zur Inhaltserstellung für die Museums-App, eines Netzwerkspeichers für Datensicherungen sowie eines einfacheren PCs mit Drucker für die Rezeption.
- Installation der benötigten Programme auf dem Büro- und dem Rezeptions-PC.
- Fachgerechte Installation von Netzwerkleitungen in den Büroräumen und Montage von WLAN-Mesh-Zugangspunkten in den Museumsräumen.
- Konfiguration der installierten Netzwerkhardware, Endgeräte und Einrichten der Internetverbindung. Dabei werden, wo möglich, automatische Sicherheitsupdates standardmäßig aktiviert.
- Funktionsprüfung aller installierten Geräte und vereinbarten Funktionen.
- Abstimmung mit der Firma – die die Museums-App programmiert – bei der Installation der LED-Beleuchtung in den Museumsräumen, um eine korrekte Ortung der Benutzer sicherzustellen.
- Einweisung der Museumsmitarbeiter in die korrekte Bedienung der Klimatisierung und Beschattungsanlage sowie Vertraut machen mit dem Beheben häufig auftretender möglicher Fehler.
  Dies beinhaltet auch das Aufzeigen der Informationskanäle zu bekannt gewordenen Sicherheitslücken der Hersteller der verbauten Netzwerkhardware.
- Anfertigen und Übergeben einer Dokumentation der durchgeführten Installations- und Konfigurationsarbeiten.
  Dies beinhaltet auch den Hinweis auf evtl. bei der Konfiguration von Geräten oder Installation von Software akzeptierten Lizenzbedingungen durch die Mitarbeiter der Firma Elektro+IT.

Technologie	Frequenzbereich	Präzision (Genauigkeit)	Reichweite	Entfernungsmessverfahren	Energiebedarf	Bemerkungen
WLAN	2,4 GHz/ 5 GHz	< 15 m	< 150 m	Signalstärke	hoch	WLAN Zugangspunkte müssen installiert werden. Daten- und Stromanschluss werden benötigt
BLE (**B**luetooth **L**ow **E**nergy)	2,4 GHz	< 5 m	< 30 m	Signalstärke	gering	Funksender (Beacons) müssen installiert werden, benötigen Batterien; langsame Lokalisierung
VLC (**V**isible **L**ight **C**ommunication)	400 – 800 THz	< 50 cm	< 8 m	Beleuchtungsstärke	gering	Frontkamera des Smartphones muss zur Deckenbeleuchtung gehalten werden, LEDs und LED-Treiber sind erforderlich
UWB (**U**ltra **W**ide **B**and)	3,1 – 10,6 GHz	< 30 cm	< 150 m	Laufzeit	hoch	Nicht verfügbar in Smartphones; nur für industrielle Anwendungen
GPS (**G**lobal **P**ositioning **S**ystem)	1,5 GHz	< 20 cm	fast weltweit verfügbar	Laufzeit	mittel	Nur im Außenbereich anwendbar

1: Technologien für eine Lokalisierung

Berufliche Handlungskompetenz

Die Ansprüche an einen guten Facharbeiter im modernen Arbeitsleben sind hoch. Sie sollen

- über hervorragende fachliche Kenntnisse verfügen,
- in der Lage sein, einen Kundenauftrag komplett selbstständig zu bearbeiten,
- den Arbeits- und Umweltschutz beachten,
- Kunden-Fachgespräche führen,
- Präsentationstechniken beherrschen,
- alleine oder im Team arbeiten,
- engagiert sein und
- aufgrund der schnellen technischen Innovationszyklen sich kontinuierlich fortbilden!

Keine Angst!
Sie müssen nicht alles sofort beherrschen!

⇩

Für Ihren neuen Lebensabschnitt benötigen Sie drei Dinge: → ***Interesse*** zeigen
→ ***Zeit*** nehmen
... und ***Spaß*** dabei haben!

Beachten Sie:
Niemand ist perfekt ...
(... schon gar nicht am Anfang der Ausbildung ☺)!

Betrachten Sie Ihre Berufsausbildung als eine wertvolle Chance in Ihrem Leben!
Als zukünftiger Facharbeiter sind Sie in ganz Europa eine gefragte Persönlichkeit.

Ausbildung

Ihre Ausbildung findet in der Berufsschule in Lernfeldern statt. Das bedeutet, der Unterricht wird nicht in bestimmten Fächern erteilt, sondern es werden so genannte Lernsituationen bearbeitet. Diese orientieren sich an der realen Berufswelt.

Lehrinhalte wie beispielsweise elektrotechnische Grundlagen, Elektronik, Fachrechnen, Fachzeichnen und Englisch werden in die jeweilige Lernsituation integriert. Dadurch wird eine realitätsnahe vollständige Handlung zur Erledigung eines Kundenauftrags durch die Schritte **Informieren** – **Planen** – **Ausführen** – **Kontrollieren** – **Auswerten** – **Kundenübergabe** vollzogen (s. Abbildung unten).

Kompetenzen

Neben der fachlichen Kompetenz werden noch weitere Kompetenzen vermittelt, z.B.:

- **Sozialkompetenz** (sich mitteilen können, Interesse an anderen zeigen, sich mit anderen verantwortungsbewusst auseinandersetzen)
- **Lernkompetenz** (systematisches Lernen, Lernzeitplanung, Eigeninitiative)
- **Methodenkompetenz** (Informationen sammeln, Problemlösungsstrategien beherrschen, Vorträge halten)
- **Personalkompetenz** (Selbstständigkeit, Zuverlässigkeit, Selbstvertrauen, Kritikfähigkeit)

Sämtliche Kompetenzen werden im Laufe der Ausbildung gestärkt und ausgebaut. Ziel ist das Erlangen der **beruflichen Handlungskompetenz**.

Am Beispiel der Lernsituation in Lernfeld 2 „Garageninstallation des Ehepaars Carsten" soll das Prinzip der vollständigen Handlung erläutert werden:

Der Elektrobetrieb macht sich beim Kunden über Art und Umfang des Auftrages sachkundig. Es findet eine Kundenberatung statt. Die Mitarbeiter benötigen hierfür fundierte Fachkenntnisse.

Die elektrische Anlage der Garageninstallation wird geplant. Berechnungen und aktuelle Vorschriften spielen hierbei eine wichtige Rolle. Aspekte des Arbeitsschutzes werden berücksichtigt.

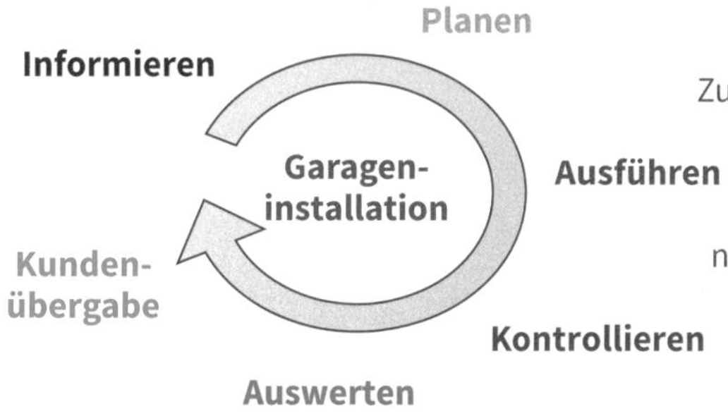

Zu den Ausführungen gehören neben der eigentlichen Elektroinstallation, die Dokumentation und das normgerechte Zeichnen von Schaltplänen.

Bei der neu installierten Garageninstallation wird eine elektrische Sicherheitsüberprüfung vorgenommen.

Die Ergebnisse der elektrischen Sicherheitsüberprüfung müssen beurteilt werden. Dazu sind Kenntnisse über aktuelle Vorschriften notwendig.

Der Kunde wird in die Anlage eingewiesen und er erhält eine Rechung. Ein freundliches und kompetentes Auftreten ist generell die „Visitenkarte" des Betriebes.

Was sind Geschäfte?

- Unter einem Geschäft versteht man eine wirtschaftliche und am Gewinn orientierte Tätigkeit.
- Der Wert des Outputs soll stets größer sein als der des Inputs.
- Das Ziel ist dabei eine Wertschöpfung durch Optimierung der
  - Ressourcen,
  - Durchlaufzeiten,
  - Qualität und
  - Kosten.

Was sind Geschäftsprozesse?

- Der Geschäftsprozess ist eingebettet zwischen der Kundenanfrage und dem fertigen Produkt bzw. der Dienstleistung (z. B. Elektroinstallation einer Garage).
- Mit Geschäftsprozessen wird das gewünschte betriebliche Handeln beschrieben, das durch Ereignisse ausgelöst und nach Ablauf einer bestimmten Zeit beendet wird.

- Der Geschäftsprozess besteht aus einer Folge von inhaltlich abgeschlossenen **Einzeltätigkeiten**, die auch öfter durchlaufen werden können.
- Die zeitlich und sachlogisch **aufeinander folgenden Aktivitäten** werden dabei organisiert.
- Während des Ablaufs sollen **geschäftliche bzw. betriebliche Ziele** (Schaffung von Produkten oder Dienstleistungen) erreicht werden.
- Der Geschäftsprozess soll den Mitarbeitern und Mitarbeiterinnen verlässliche **Entscheidungshilfen** geben und verdeutlichen, bei welchen Ereignissen wie entschieden werden soll.
- Durch die Transparenz bei Geschäftsprozessen kann das **betriebliche Handeln beschleunigt** werden.
- Beim betrieblichen Handeln soll die **Kundenorientierung** immer im Mittelpunkt stehen.
- Aktivitäten von Zulieferern, Kunden und ggf. Konkurrenten werden in Geschäftsprozesse mit einbezogen.

Welche Rolle hat das Geschäftsprozessmanagement?

Es werden vom Management
- verschiedene Organisationformen und Methoden zur Gestaltung von Geschäftsprozessen benutzt,
- Planungs- und Steuerungselemente bei der Durchführung der Prozesse verwendet und
- die oft komplexe Realität durch Modelle abgebildet.

Beispiele:
- Bearbeitung eines Kundenauftrags
- Durchführung einer Entwicklung
- Produktion eines Gerätes
- Abwicklung einer Reklamation

Beispiel für den Geschäftsprozess einer Elektroinstallation (vereinfacht)

Erfassung der Daten (Büro)
- Kunde
- Terminwunsch
- Art der Installation
- ...
- Weitergabe der Daten an die Werkstatt

Prüfung der Durchführbarkeit (Werkstatt)
- Verfügbarkeit von Personal und Material
- Termin möglich?
- Ortsbesichtigung erforderlich?
- ...

Angebot (Büro)
- Angebot formulieren
- Rückmeldung an Kunden
- ...

Erfassung der Daten (Werkstatt)
- Material bereitstellen
- Installation vornehmen
- Prüfung durchführen
- Anlage an Kunden übergeben
- ...

Auftragsabschluss (Büro)
- Rechnung erstellen
- Zahlungseingang prüfen
- ...

Wozu verwendet man Geschäftsprozessmodelle?

Modelle von Geschäftsprozessen sind vereinfachte Darstellungen mit denen sich z. B. folgende Fragen beantworten lassen:
- Was wird dargestellt?
- Für wen ist das Modell gedacht?
- Welche Beziehungen bestehen zwischen den am Prozess beteiligten Abteilungen?
- Wofür wird das benötigt?

Modelle dienen dazu
- komplexe Zusammenhänge zu vereinfachen,
- Strukturen und Beziehungen zu erkennen,
- den Blick auf das Wesentliche zu konzentrieren,
- überflüssige oder nicht klar definierte Schritte zu beseitigen und
- Veränderungen modellhaft zu testen und zu überprüfen.

Geschäftsprozessmodelle sind dann sinnvoll, wenn Geschäftsprozesse häufig und mit gleicher Grundstruktur ablaufen.

Was sind Merkmale technischer Prozesse?

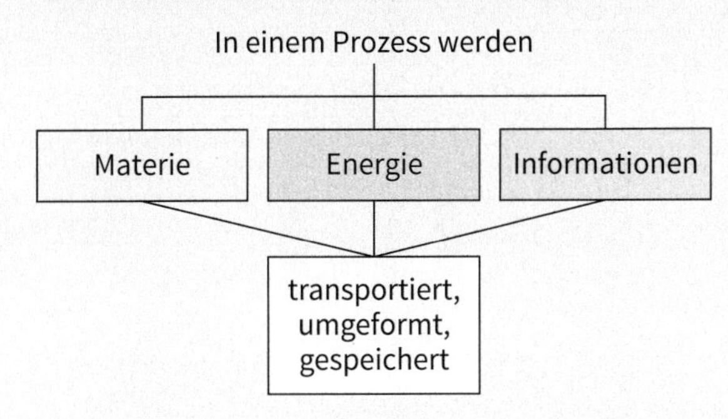

- Mit einem Prozess verfolgt (definiert) man ein bestimmtes Ziel.
- Der Prozessablauf erfolgt in einem abgeschlossenen System.
- In einem Prozess gibt es Ein- und Ausgangsgrößen sowie Zustände.
- Prozesse sind z. B.:
  - Planungsprozesse
  - Verfahrensprozesse
  - Einrichtungsprozesse
  - Fertigungsprozesse
  - Verteilungsprozesse
  - Messprozesse
  - Prüfprozesse
  - Wartungsprozesse
- Alle Teilprozesse im Gesamtprozess sind aufeinander bezogen.
- Der gesamte Prozess wird oft in Schritte aufgeteilt, wobei ein Teilschritt erst dann beginnt, wenn der davor liegende Schritt beendet wurde.
- Der Prozess wird durch physikalische oder chemische Größen beeinflusst (gesteuert, geregelt).

Wie lassen sich Prozesse darstellen?

- Bei der Auswahl einer geeigneten Darstellungsart muss gefragt werden,
  - **was**,
  - **für wen** und
  - **mit welcher Zielrichtung**

  dargestellt werden soll.
- Grafische Darstellungen erleichtern das Verständnis für technische Prozesse.

  Beispiele:

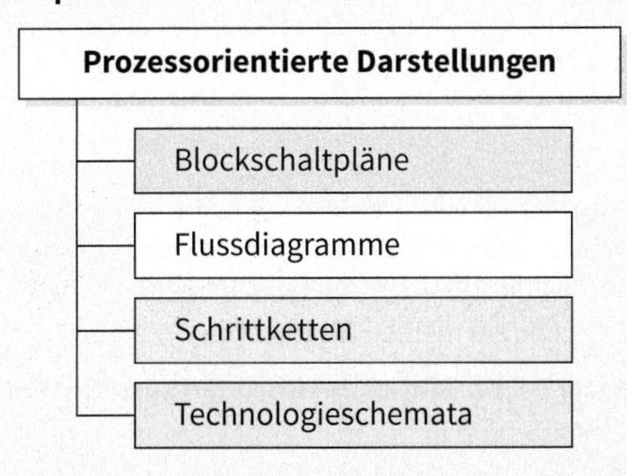

Technischer Prozess als Technologieschema

Beispiel: Zerkleinerungsanlage für Steingut

Mit dem abgebildeten Technologieschema wird das Ziel verfolgt, den Prozessablauf zu veranschaulichen.

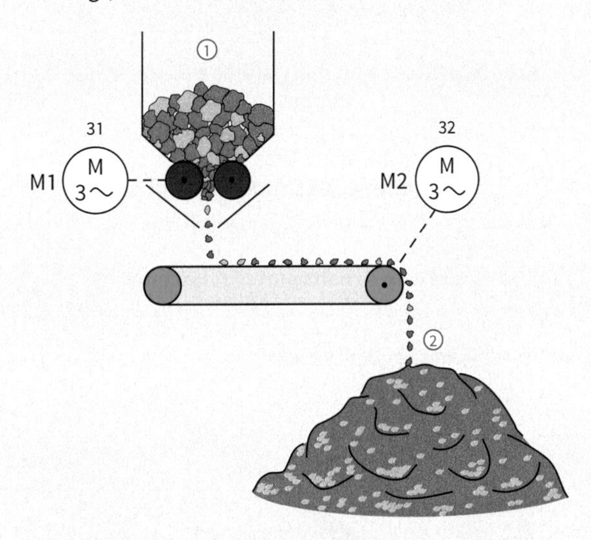

Merkmale des abgebildeten Technologieschemas:

- Das Technologieschema verdeutlicht, wie elektrische und mechanische Komponenten zusammenwirken.
- Verwendet werden verständliche und zum Teil nicht genormte Symbole.
- Der Materialtransport (**Materialfluss**) ergibt sich wie folgt:
  - Das Schüttgut ① wird durch Walzen zerkleinert.
  - Das zerkleinerte Material gelangt danach auf ein Förderband.
  - Am Ende des Förderbandes wird das zerkleinerte Material aufgeschichtet ②.
- Der Einsatz von elektrischer Energie (**Energiefluss**) erfolgt an folgenden Stellen:
  - Der Antrieb der Walzen für die Zerkleinerung des Materials erfolgt durch den Drehstrommotor M1.
  - Das Förderband wird durch den Drehstrommotor M2 angetrieben.
  - Die Energiezufuhr für die Motoren erfolgt über die Strompfade 31 und 32.
- Damit die Anlage ordnungsgemäß funktioniert, muss eine bestimmte Schaltfolge der Motoren gewährleistet sein (**Informationsfluss**). Es muss z. B. zuerst das Förderband eingeschaltet werden, bevor die Mühle in Betrieb genommen wird.

  1. Einschalten des Motors M2
  2. Freigabe des Motors M1
  3. Einschalten des Motors M1

  Je nach Anlage erfolgt diese **Ablaufsteuerung** per Hand oder automatisch.

Was ist Ergonomie?

Ergonomie = Wissenschaft von der menschlichen Arbeit

Ziele der Arbeitsorganisation

Arbeitsprozesse an menschliche Bedürfnisse anpassen

Individueller Gesundheitsschutz

Humane Arbeitsplatzgestaltung

Was ist menschengerechte Arbeit?

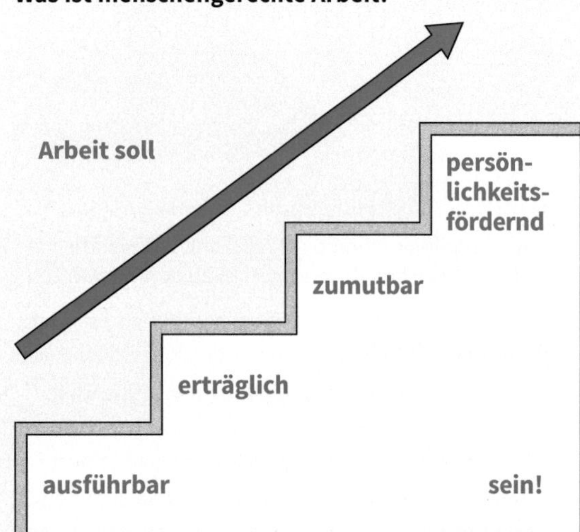

Welche körperlichen Beeinträchtigungen können eintreten?

- Körperliche Beschwerden
- Gefährdung des Sehvermögens
- Psychische Belastungen

Ich vermeide psychische Beanspruchungen durch Abbau von

- Monotonie,
- sinnlosem Wiederholen,
- sinnentleerter Arbeit,
- hohem Arbeitstempo und Arbeitsverdichtung,
- Informationsüberflutung,
- sozialer Isolation,
- Lärmbelästigung.

Ich vermeide einseitige Arbeit durch

- Mischarbeit (abwechslungsreiche Arbeit) und
- Pausen.

So richte ich meine Arbeitsfläche ein!

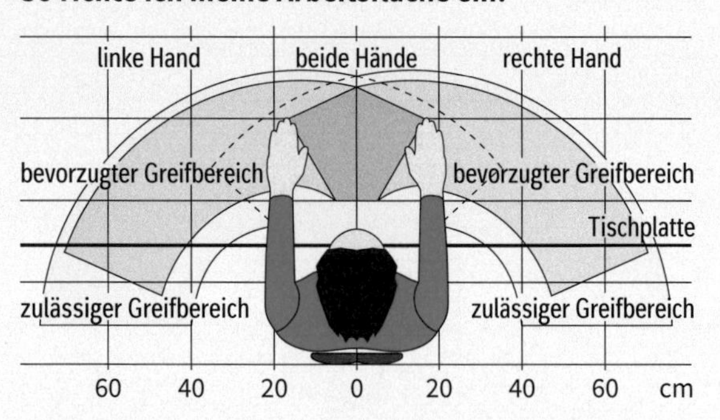

Arbeitstisch

Fläche:	mindestens 160 cm breit, 80 cm tief
Höhe:	68 cm bis 76 cm (verstellbar)
Beinfreiraum:	Höhe: 65 cm, Breite: 58 cm, Tiefe: 60 cm
Oberfläche:	reflexionsarm

So richte ich meinen PC-Arbeitsplatz ein!

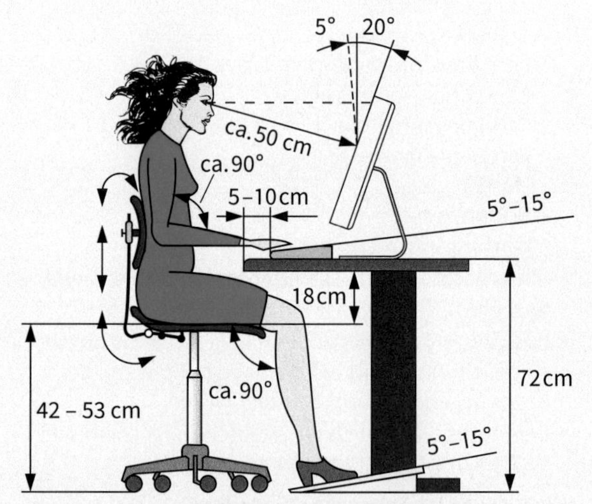

Meinen Monitor stelle ich wie folgt ein:

- Lichtquellen nicht vor oder hinter dem Monitor
- Bildwiederholfrequenz mindestens 70 Hz bei einem Röhrenmonitor
- Bildschirmdiagonale mindestens 21 Zoll
- Auflösung hoch, z. B. 1280 x 1024 Pixel
- Kontrast und Helligkeit ausreichend
- Sehentfernung 50 cm bis 60 cm
- Ausreichende Schriftgröße (z. B. „B und 8" gut unterscheidbar)

Ich achte auf die richtige Sitzhaltung!

- Aufrechte Haltung entlastet die Wirbelsäule, belastet aber die Rückenmuskulatur.
- Ich neige mich nicht nach vorne, da dadurch die Wirbelsäule am stärksten belastet wird.
- Ich verändere meine Haltung öfter.

Ich achte bei der Bildschirmarbeit auf ausreichende Pausen!

Wann arbeite ich am effektivsten?

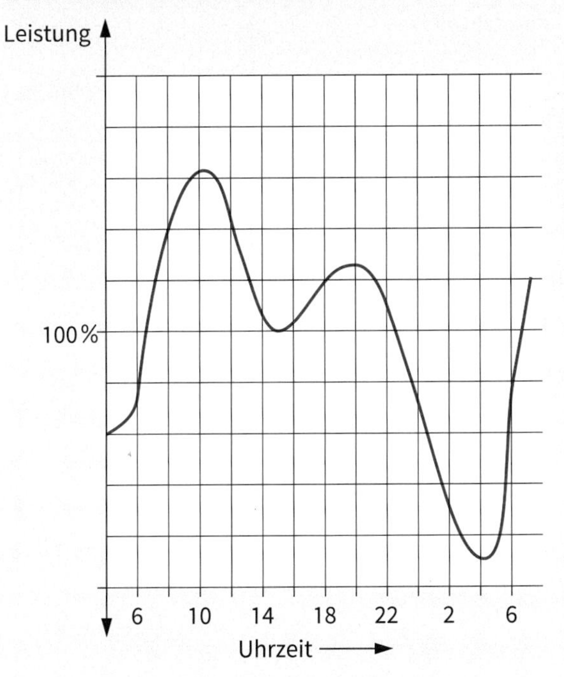

Ich beachte Regeln für meine Zeitplanung!
(60:40 Regel)

60 % für geplante Aktivitäten
20 % für unerwartete Aktivitäten (Reserve, Puffer)
20 % für spontane Aktivitäten (kreative Zeit)

Ich bewerte meine Aufgaben nach Wichtigkeit!

- Äußerst wichtig
  ⇒ Ich tue es selbst und delegiere nicht!
- Durchschnittlich wichtig
  ⇒ Ich versuche es fallweise zu delegieren!
- Weniger wichtig, unwichtig
  ⇒ Ich delegiere, verkürze den Aufwand oder streiche das Vorhaben!

Ich bewerte oder lasse meine Arbeit bewerten!

⇒ Erfolgserlebnisse
⇒ Arbeitsfreude, Motivation
⇒ Zufriedenheit
⇒ Gesundheit

Ich organisiere meine Arbeit planvoll!

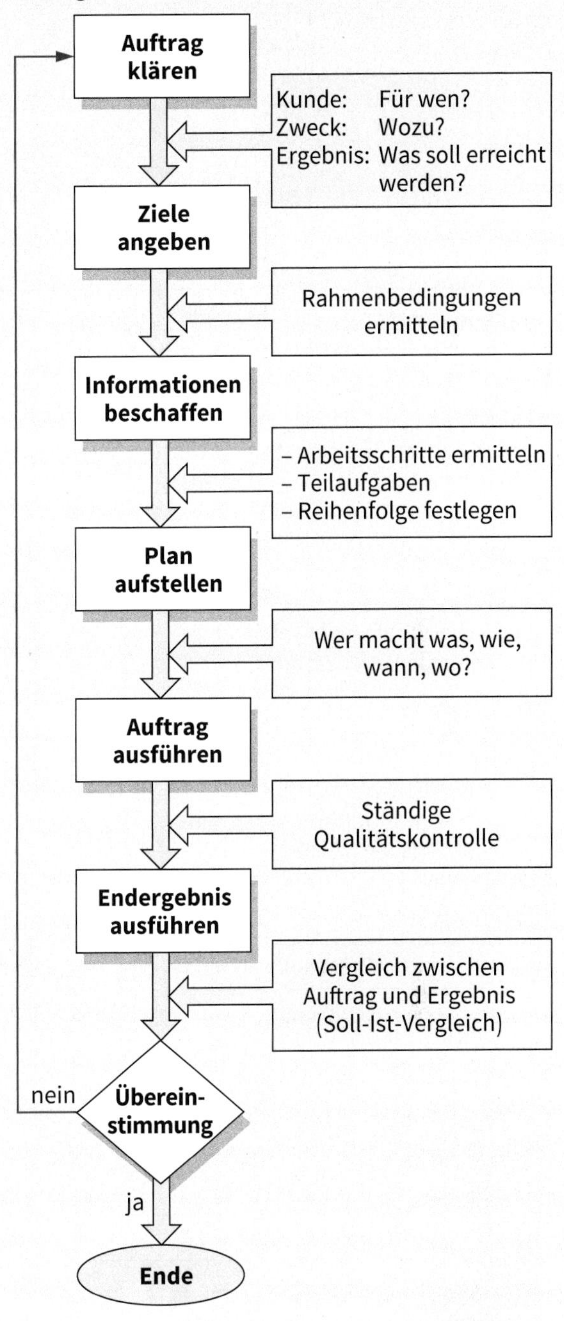

So nicht!

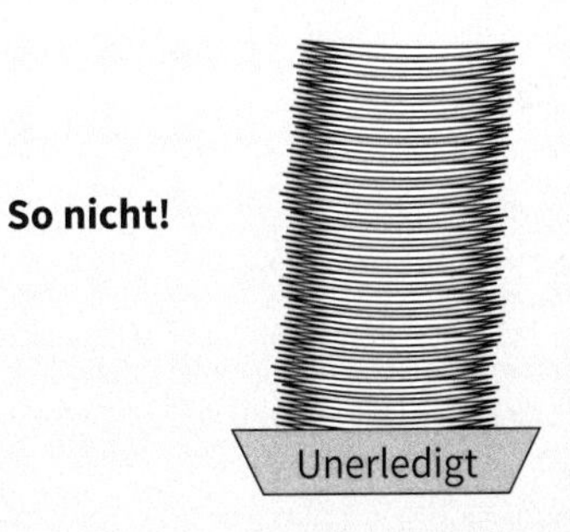

Was sind Merkmale eines Teams?

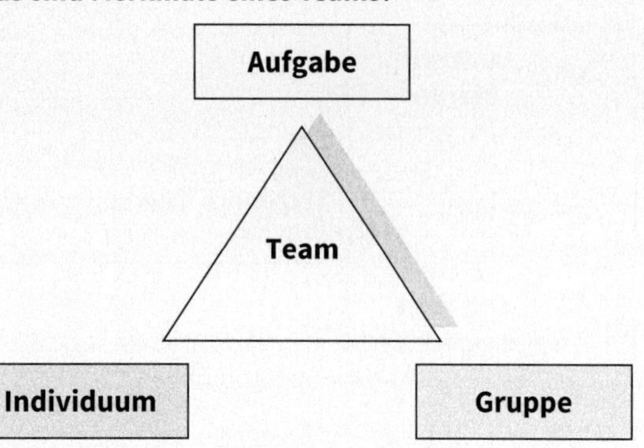

- Das Team ist ein Mittel, nicht der Zweck.
- Es existiert eine klar definierte Teamaufgabe.
- Jedes Mitglied übernimmt Verantwortung für die Erreichung der Ziele.
- Die selbst gesetzten Leistungsstandards sind hoch.
- Die persönlichen Leistungsziele stehen nicht im Widerspruch zueinander.
- Die Teammitglieder akzeptieren sich gegenseitig und haben füreinander Verständnis.
- Die Kommunikation ist offen.

Welche Ziele verbindet man mit Teamarbeit?

Wirtschaftliche Ziele

- Reduzierung von Kosten
- Verbesserung der Qualität
- Verkürzung von Durchlaufzeiten
- Erhöhung von Termintreue

Personelle Ziele

- Verbesserung (Humanisierung) der Arbeitsbedingungen
- Senkung von Fluktuation der Teammitglieder
- Verbesserung der Gesundheit
- Verbesserung der Motivation
- Steigerung der Zufriedenheit bei der Arbeit

Organisatorische Ziele

- Erhöhung der personellen Flexibilität
- Verringerung von Informationsverlusten
- Ständige Verbesserung im Arbeitsprozess

Wann sind Teams sinnvoll?

Bei

- fachlich übergreifenden Aufgaben,
- komplexen Aufgaben,
- anspruchsvollen Aufgaben,
- Aufgaben, für die Personen aus verschiedenen Fachbereichen mit verschiedenen Erfahrungen benötigt werden.

Welche Teamphasen unterscheidet man?

Kontaktphase

Vorgesetzte und Teammitglieder:

- Klärung gegenseitiger Erwartungen, Ziele, Rahmenbedingungen

Notwendige Voraussetzungen der Beteiligten:

- Offenheit, Ehrlichkeit und Engagement

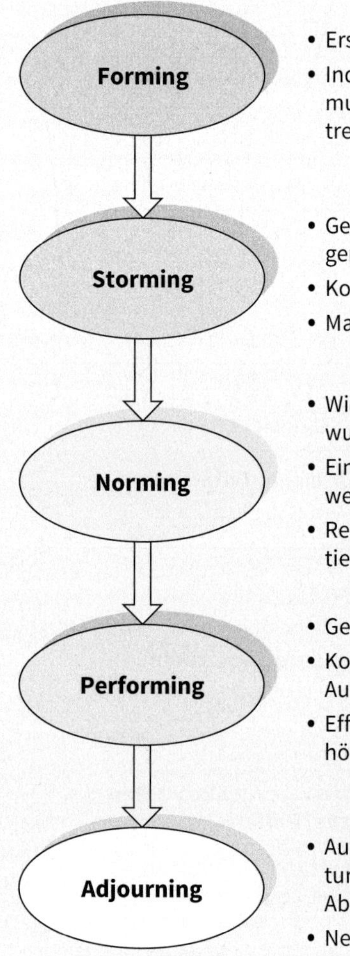

- Erstes Kennenlernen
- Individuelle Verhaltensmuster der Teilnehmer treffen aufeinander

- Gegensätzliche Meinungen werden deutlich
- Konflikte entstehen
- Machtkämpfe

- Widerstände sind überwunden
- Eingespielte Verhaltensweisen
- Regeln werden akzeptiert

- Geklärte Rollen
- Konzentration auf die Aufgaben
- Effektive Arbeit mit höchster Leistung

- Auflösung der Strukturen durch Zu- und Abgänge
- Neubeginn

⇒ **Teamarbeit muss erlernt werden!**

Ich analysiere meine Teamarbeit am Ende, indem ich folgende Fragen beantworte!

- Wie habe ich mich im Team gefühlt?
- Werde ich von den Teammitgliedern akzeptiert?
- Welchen Beitrag habe ich im Team erbracht?
- Im Rahmen der Teamarbeit war ich für folgende Aufgabe zuständig: …
- Bin ich mit unserem Arbeitsergebnis zufrieden?
- Welche Störungen hat es während der Teamarbeit gegeben?
- Welche Möglichkeiten zur Verbesserung der Teamarbeit gibt es?

Welche Faktoren bestimmen eine erfolgreiche Teamarbeit?

1. Planbare, messbare und damit überprüfbare Faktoren.

Ziele

Teamführung

Zeitplanung

Projektplanung

Qualifikation und Aufgabenverteilung

Entscheidungskompetenzen

Einbindung in die Betriebsstruktur

2. Kaum messbare und subjektiv wahrgenommene Faktoren

Visionen

Arbeitsklima

Teamgeist

Konkurrenz

Kommunikation und Interaktion

Sachliche und emotionale Offenheit

Gegenseitige Unterstützung

Teilnahme und Engagement

Interesse, Vertrauen und Akzeptanz

Übernahme von Verantwortung

Unzufriedenheit

Tumult
Egoismus
Aggression
Misstrauen

So nicht!

Welche Rollen werden von Teammitgliedern eingenommen?

- **Entscheider** (Thruster-Organizer)
  - Organisiert Termine und Ziele
  - Sorgt für die Einhaltung von Terminen und die Umsetzung der Ziele
  - Bewältigt Krisen
  - Befürwortet klare Strukturen und Hierarchien
  - Neigt zu unpersönlichem Umgang
- **Macher** (Concluder-Producer)
  - Bewältigt Routinearbeiten
  - Ist zuverlässig
  - Hat Ausdauer
  - Besitzt großes Durchhaltevermögen
  - Wacht über die Einhaltung von Plänen und Vorgaben
- **Berater** (Reporter-Adviser)
  - Sorgt für notwendige Informationen und Hilfsmittel
  - Leistet wichtige Aufbauarbeit
  - Klärt einzelne Details
  - Liefert inhaltliche Beiträge
  - Ist vorsichtig bei Entscheidungen
- **Kreativer** (Creator-Innovator)
  - Ist „Querdenker“ (denkt in neuen Bahnen)
  - Liefert neue Ideen und „experimentiert“
  - Akzeptiert Hierarchien nur widerstrebend
  - Kann Probleme bei der Teamintegration bereiten
- **Bewerter** (Assessor-Developer)
  - Überprüft mögliche Realisierbarkeiten
  - Kann Ergebnisse realistisch einschätzen
  - Ist wenig an Routinearbeit interessiert
- **Überzeuger** (Explorer-Promotor)
  - Bewahrt den Überblick
  - Organisiert nötige Kontakte
  - Ist nicht immer an Details interessiert
  - Interessiert sich für Innovationen
  - Ist kontaktfreudig und kann präsentieren
- **Prüfer** (Controller-Inspector)
  - Arbeitet genaue Details aus
  - Sorgt für Qualitätssicherung
  - Besitzt eine konzentrierte Arbeitshaltung
  - Verfügt über wenige personelle Kontakte
  - Arbeitet mehr im Hintergrund
- **Bewahrer** (Upholder-Maintainer)
  - Kümmert sich um Werte und Teamnormen, ist besonders hilfsbereit
  - Stabilisiert die gefühlsmäßigen Beziehungen der Teammitglieder
  - Verfügt über geringes Innovationspotenzial
  - Hat geringe Führungsqualitäten
- **Darsteller** (Controller-Inspector)
  - Repräsentiert das Team nach außen
  - Koordiniert Informationen

Was ist ein Lastenheft?

- DIN 69901-5, VDI 2519 Blatt 1, VDI 3694
  Es ist die „vom Auftraggeber festgelegte Gesamtheit der Forderungen an die Lieferungen und Leistungen eines Auftragnehmers innerhalb eines Auftrages".

Im Einzelnen:

- Das Lastenheft (Leistungsverzeichnis) enthält alle Forderungen des Auftraggebers (Kunden) an die Lieferungen und/oder Leistungen eines Auftragnehmers.
- Die Forderungen sind aus Anwendersicht einschließlich aller Randbedingungen zu beschreiben. Diese sollten quantifizierbar und prüfbar sein.
- Im Lastenheft wird definiert, was für eine Aufgabe vorliegt und wofür diese zu lösen ist.

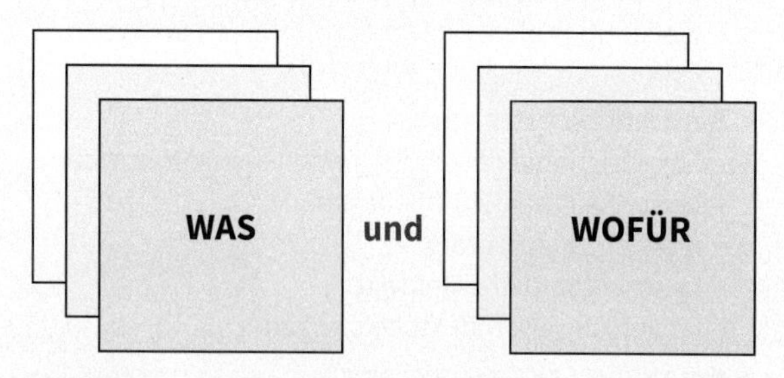

Vorteile

- Einheitliche Vorgabe für alle am Entwicklungsprozess Beteiligten.
- Weniger Missverständnisse und Versäumnisse durch eine systematische Dokumentation.

Nachteile

- Hoher Aufwand
- Individuelle Erstellung (keine Standardisierung)

Einsatzbereiche

- Dokumentation der Anforderungen der Planung eines Produktes bzw. einer Dienstleistung.
- Prinzipiell für alle Produkte bzw. Dienstleistungen einsetzbar.

Vom Lastenheft zum Auftrag

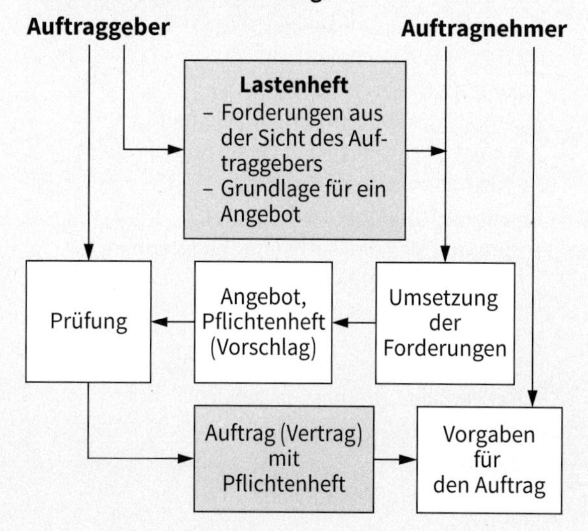

Was ist ein Pflichtenheft?

- DIN 69901-5, VDI 2519 Blatt 1, VDI 3694
  Es handelt sich um die „vom Auftragnehmer erarbeiteten Realisierungsvorhaben aufgrund der Umsetzung des vom Auftraggeber vorgegebenen Lastenhefts".

Im Einzelnen:

- Das Pflichtenheft ist Teil des Lastenheftes.
- Im Pflichtenheft werden die Anwendervorgaben detailliert und in einer Erweiterung die Realisierungsforderungen unter Berücksichtigung konkreter Lösungsansätze beschrieben.
- Im Pflichtenheft wird definiert, wie und womit die Forderungen zu relisieren sind.

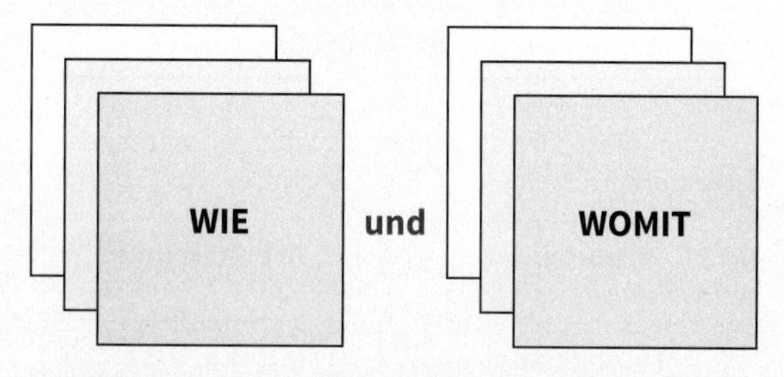

Funktion

- „Roter Faden" während des Ablaufs der Entwicklung, Produktion, ...

Wesentliche Bestandteile (Beispiele)

- Name des Prozesses, Projektes, Vorhabens, ...
- Verfasser des Pflichtenheftes
- Version
- Ablage der Dateien, Dokumentation
- Ziele
- Beschreibung, Nutzen für den Auftraggeber (Kunden), aktuelle Situation (z. B. bisheriges System)
- Anforderungen
  - **Vollständigkeit**
    Alle Details der Anforderung sind festzulegen. Es sollten so wenig wie möglich Aspekte als selbstverständlich eingeschätzt werden.
  - **Eindeutigkeit**
    Damit keine Missverständnisse entstehen, sind die Anforderungen möglichst mit einfachen Worten zu definieren.
  - **Testbarkeit**
    Alle Anforderungen müssen überprüfbar sein. Dieses ist eine Voraussetzung für die Abnahme durch den Auftraggeber.
- Schnittstellen
  Sie verdeutlichen Verbindungen zu anderen Systemen, Projekten, usw.
- Randbedingungen
- Unterschriften
  - Projektauftraggeber
  - Projektleiter

Was muss ich mir vor einer Beschaffung überlegen?

Was soll beschafft werden?

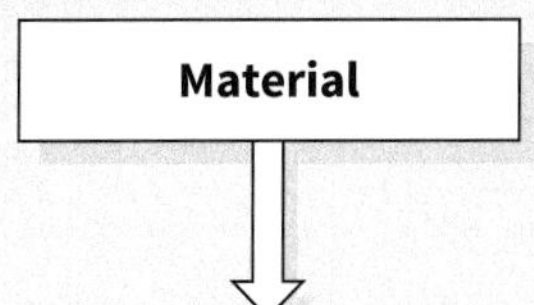

Wie viel soll beschafft werden?

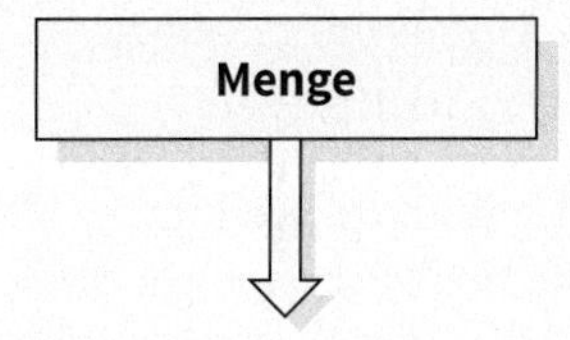

Wann soll beschafft werden?

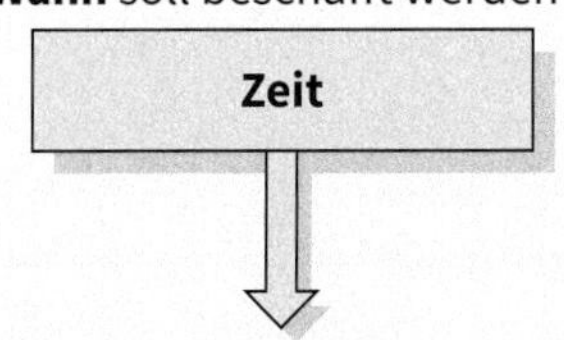

Wo soll beschafft werden?

Bezugsquelle

Welche Abteilungen sind bei einer Auftragsbearbeitung beteiligt? (Bild s. unten)

- Die Geschäftsführung ① leitet das Unternehmen. Sie arbeitet mit Buchhaltung, angegliederter Personalabteilung und Rechnungsprüfung zusammen.
- Der Kontakt mit dem Kunden besteht über die Fakturierung ② bzw. dem Call Center. Es entsteht ein Auftrag (Auftragsbestätigung), der auf Vollständigkeit und Richtigkeit geprüft wird.
- Die Einkaufsabteilung ③ sorgt dafür, dass genügend Material zur Verfügung steht (Bestandsführung).
- Die Einkaufsabteilung arbeitet mit den Lieferanten und dem Lagerpersonal ④ zusammen.
- Bei der Auftragsdurchführung ⑤ werden entsprechende Leistungen erbracht. Eine Zusammenarbeit mit dem Lager findet statt (z. B. Materialentnahme, Transport). Die Steuerung des Auftrags erfolgt in diesem Beispiel zentral.
- Nach der Erledigung des Auftrags wird dem Kunden die Rechnung zugestellt.
- Die Bank ⑥ ist zwischen dem Kunden, der Geschäftsführung und den Lieferanten eingebunden.

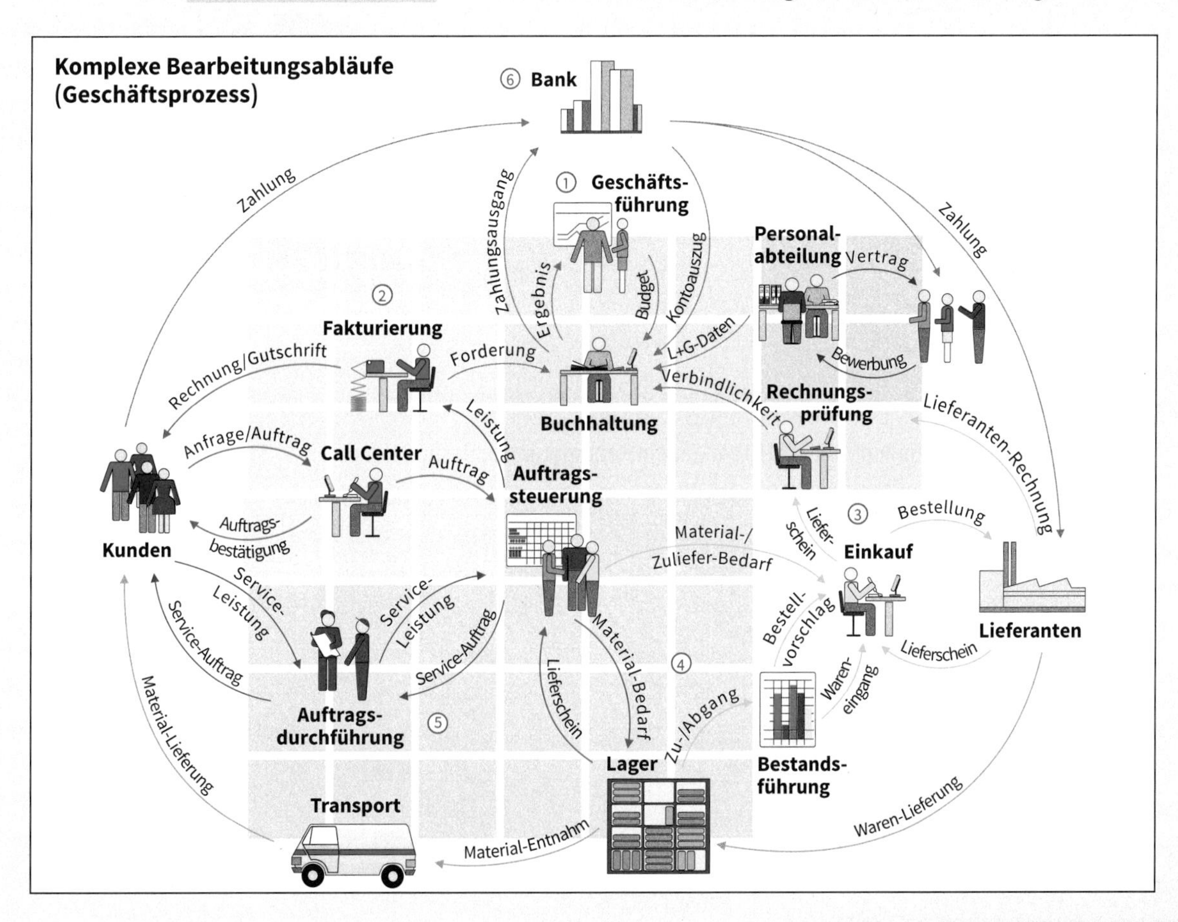

Für jedes Angebot ist eine Kalkulation notwendig. Mit Hilfe der Kalkulation werden die Verkaufspreise ermittelt.

Kalkulation
⇩
Angebot

Die Verkaufspreise setzen sich aus den Kosten des Unternehmens und dem gewünschten Verdienst (Gewinn) und der Mehrwertsteuer zusammen.

Welche Kostenarten entstehen dem Unternehmen?

Materialkosten	treten bei der Beschaffung des Materials auf, z. B. Einkauf von Leitungen
Lohnkosten	treten im Zusammenhang mit Arbeitnehmern auf, z. B. Stundenlohn, Rentenbeitrag
Variable Kosten	hängen von der Stückzahl ab, z. B. Schalterdosen
Fixe Kosten	sind unabhängig von der Stückzahl z. B. Miete, Kreditzinsen
Gemeinkosten	können keinem Produkt direkt zugeordnet werden, z. B. Werbung, Büroeinrichtung Sie werden als Prozentsatz den entsprechenden Kosten zugerechnet, z. B. Material-Gemeinkosten
Selbstkosten	sind Unternehmerkosten ohne Gewinn und Mehrwertsteuer

Zusammenhang der Kostenarten

Fixe Kosten werden stets bei den Gemeinkosten verrechnet.

Variable Kosten können Lohn-, Materialkosten und auch Gemeinkosten (z. B. Energiekosten) sein.

Ermittlung der Verkaufspreise

Materialkosten		Lohnkosten
+ Material-gemeinkosten		+ Lohn-gemeinkosten
= **Material-selbstkosten**	+	= **Lohn-selbstkosten**

= Selbstkosten
+ Gewinn
+ Mehrwertsteuer
= **Verkaufspreis**

Vereinfachtes Industrie-Schema

Für die elektro- und informationstechnischen Handwerke erstellt der ZVEH alle zwei Jahre eine Zusammenstellung unverbindlicher Kalkulationsbeispiele für alle typischen Materialien und Leistungen. Grundlagen dafür sind bundesdurchschnittliche Preise, Arbeitszeiten und Arbeitslöhne.

Es werden dabei unterschiedliche Gemeinkostenzuschläge und verschiedene Stundenlöhne verwendet. Die Unternehmer verwenden dann die für ihre Firma ermittelten Werte, z. B. 15 % Material-Gemeinkosten-Zuschlag.

Auszug aus einer Kalkulationshilfe

Leistungspositionen für die elektro- und informationstechnischen Handwerke · Stand 05/2017

04.03 Schalt-/ Installationsgeräte UP-Schalt- und Steckgeräte mit Gerätedose	unverbindliche Kalkulationsbeispiele Zeit	Lohn/Montage (€/Stunde)			Material (€/Meter bzw. €/Stück)				Cu 500/Al 200 Seite 6 Kalkulationsansatz für Lohn und Material (€)				
	Minuten	**40,51 €**	**46,24 €** ③	eigen	netto	**20 %** ⑤	**35 %**	eigen	40,51/ 20 %	40,51/ 35 %	46,24/ 20 %	46,24/ 35 %	eigen
Schalt- und Steckgeräte für Einzel- oder Kombiabdeckung liefern und montieren als:													
04.03.01 UP-Zugwechselschalter (Wand- u. Deckenmontage) mit Wandgehäuse weiß/reinweiß	13,0	8,78	10,02		14,01	16,81	18,91		25,59	27,69	26,83	28,93	
① 04.03.02 UP-Ausschalter 2-pol. mit Wandgehäuse weiß/reinweiß	② **13,6**	9,18	10,48		11,85	⑥ **14,22**	16,00		23,40	25,18	⑦ **24,70**	26,48	
04.03.03 UP-Ausschalter 3-pol. 10 A, mit Wandgehäuse, weiß/reinweiß	15,0	10,15	11,59		18,52	22,22	25,00		32,37	35,15	33,81	36,59	
04.03.04 UP-Kontrollausschalter 3-pol., 16 A, mit Wandgehäuse, weiß/reinweiß	17,3	11,65	13,30		25,32	30,38	34,18		42,03	45,83	43,68	47,48	

Beispiel für Kaufpreisermittlung

Lieferung und Installation
von UP-Schalter 2-pol, mit Gehäuse

Nach Industrieschema

Materialkosten	10,85 €
Materialgemeinkosten (20 %)	+ 2,37 €
Materialselbstkosten	14,22 €
Lohnkosten	8,73 €
Lohngemeinkosten (20 %)	+ 1,75 €
Lohnselbstkosten	10,48 €
Lohnselbstkosten	10,48 €
Materialselbstkosten	+ 14,22 €
Selbstkosten	24,70 €
Selbstkosten	24,70 €
Gewinn (10 %)	+ 2,47 €
Nettopreis	27,17 €
Nettopreis	27,17 €
Mehrwertsteuer (19 %)	+ 5,16 €
Verkaufspreis	**32,33 €**

Mit Kalkulationshilfe

Positionsnummer 04.03.02 ①
(UP-Ausschalter, 2-pol)

Lohnselbstkosten Montagezeit: 13,6 Minuten ② bei Stundenlohn von 46,24 € ③ (einschließlich Gemeinkosten)	**10,48 €** ④
Materialselbstkosten mit 20 %-Zuschlag ⑤	**14,22 €** ⑥
Selbstkosten	**24,70 €** ⑦
Gewinn 10 %(siehe oben)	**2,47 €**
Nettopreis	**27,17 €**
Mehrwertsteuer 19 %(siehe oben)	**5,16 €**
Verkaufspreis	**32,33 €**

Bedingungen eines Angebotes

Neben den Preisen für Lieferungen und Leistungen müssen Angebote weitere Angaben enthalten, z. B. Ausführungszeit.

- **Liefer-, Ausführungszeit**
  Datum oder Zeitspanne angeben
- **Zahlungen**
  Datum und Modus angeben z. B. Anzahlung, per Überweisung
- **Versand**
  „Kosten gehen zu Lasten des Kunden" oder „ab Werk", „ab Lager", „frei Baustelle" o. ä.
- **Verpackung**
  „Kosten gehen zu Lasten des Kunden" oder „netto einschließlich Verpackung" o. ä.
- **Bindungsfrist**
  Der Anbieter ist **grundsätzlich unbefristet** an die Preise seines Angebotes gebunden. Er kann aber vorsichtshalber eine Bindungsfrist angeben, damit er bei Preiserhöhung der Großhändler keine Probleme bekommt.

  Es sind Abweichungen nur dann zulässig, wenn der Kunde Zusatzarbeiten verlangt. Nach Gerichtsurteilen sind in begründeten Fällen Preiserhöhungen bis zu 25 % möglich.

Hinweis

Die Abgabe eines Angebots hat noch keine Rechtswirksamkeit. Erst wenn der Kunde den Auftrag erteilt hat und der Unternehmer den Auftrag annimmt, ist ein rechtswirksamer Vertrag (z. B. Werkvertrag für die Installation einer Anlage) entstanden. Die Absprachen können schriftlich oder mündlich sein.

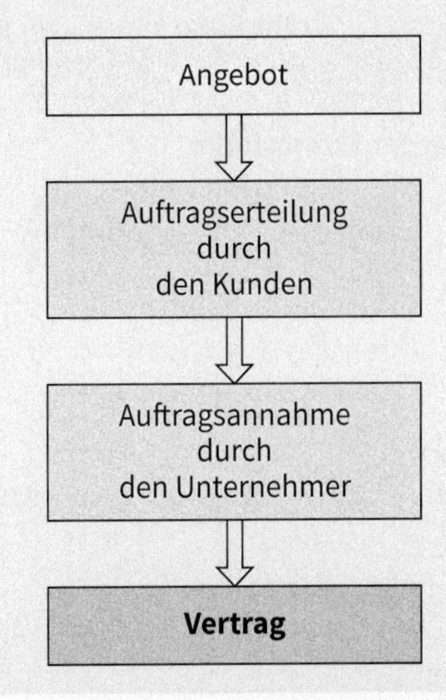

Ladung Q

$[Q] = A \cdot s$ $1\ A \cdot s = 1\ C$ (Coulomb)

Kräfte F zwischen Ladungen

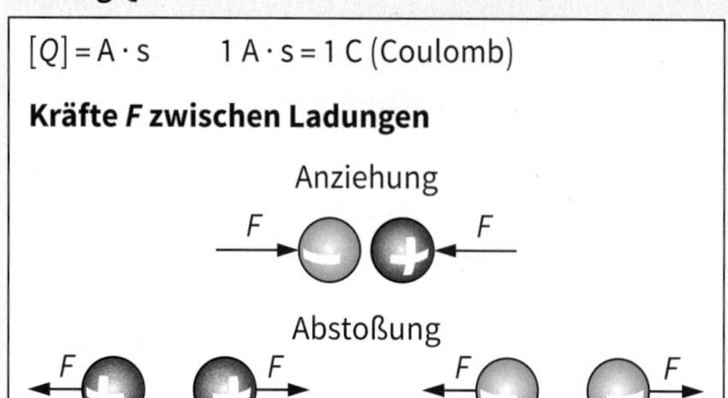

Spannung U

$[U] = V$ (Volt)

In Spannungsquellen werden negative von positiven Ladungen getrennt. Dazu ist die Trennungsarbeit W zu verrichten. Es entsteht die elektrische Spannung U.

Messung der Spannung

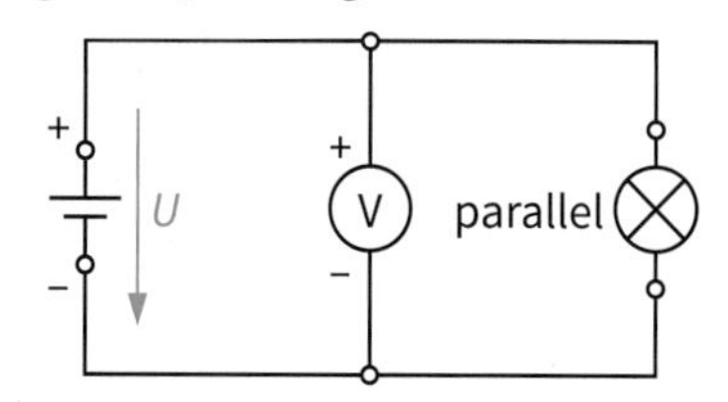

Spannungsarten

Gleichspannung Wechselspannung Mischspannung

Stromstärke I

$[I] = A$ (Ampere)

Die elektrische Stromstärke gibt an, wir groß die bewegte Ladung innerhalb einer bestimmten Zeit ist.

Messung der Stromstärke

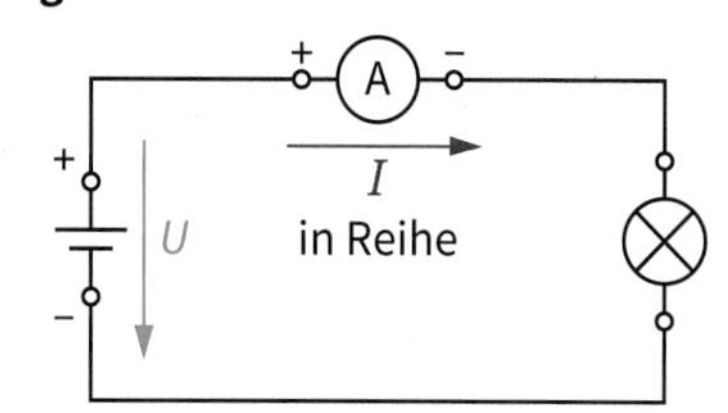

Stromarten

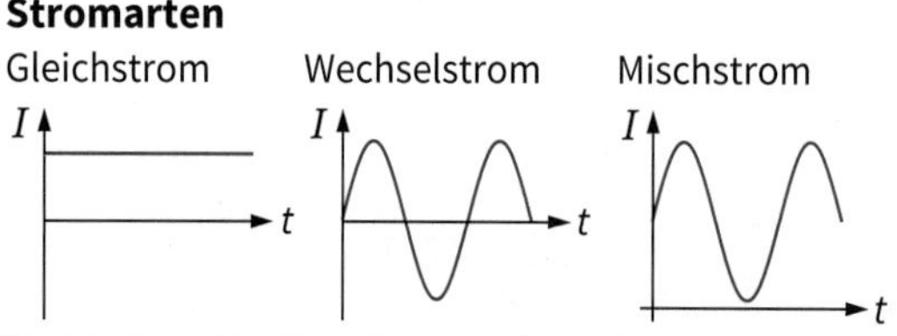

Widerstand R

$[R] = \Omega$ (Ohm)

$$1\ \Omega = \frac{1\ V}{1\ A}$$

Linearer Widerstand

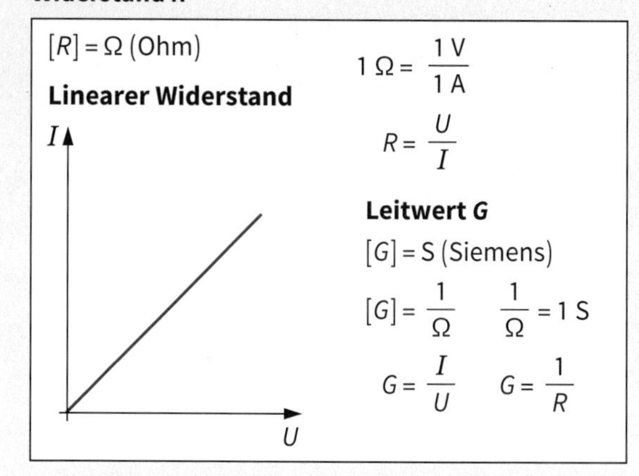

$$R = \frac{U}{I}$$

Leitwert G

$[G] = S$ (Siemens)

$$[G] = \frac{1}{\Omega} \qquad \frac{1}{\Omega} = 1\ S$$

$$G = \frac{I}{U} \qquad G = \frac{1}{R}$$

Leiterwiderstand R_L

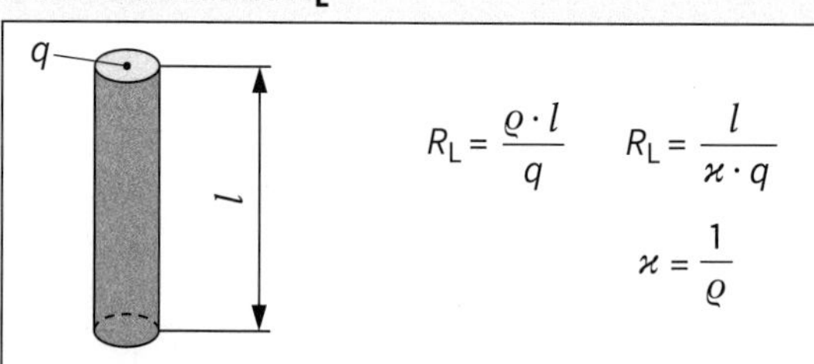

$$R_L = \frac{\varrho \cdot l}{q} \qquad R_L = \frac{l}{\varkappa \cdot q}$$

$$\varkappa = \frac{1}{\varrho}$$

ϱ: Spezifischer elektrischer Widerstand (Rho)

$$[\varrho] = \Omega \cdot m \qquad [\varrho] = \frac{\Omega \cdot mm^2}{m}$$

$\varkappa$: Elektrische Leitfähigkeit (Kappa)

$$[\varkappa] = \frac{S}{m} \qquad [\varkappa] = \frac{S \cdot m}{mm^2}$$

Leistung P

$[P] = W$ (Watt)

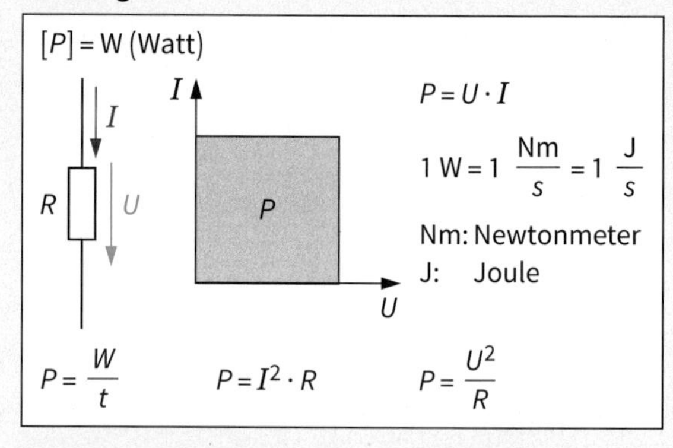

$$P = U \cdot I$$

$$1\ W = 1\ \frac{Nm}{s} = 1\ \frac{J}{s}$$

Nm: Newtonmeter
J: Joule

$$P = \frac{W}{t} \qquad P = I^2 \cdot R \qquad P = \frac{U^2}{R}$$

Elektrische Arbeit W

$[W] = W \cdot s$ (Wattsekunde)

$$1\ W \cdot s = 1\ V \cdot A \cdot s = 1\ Nm = 1\ J$$

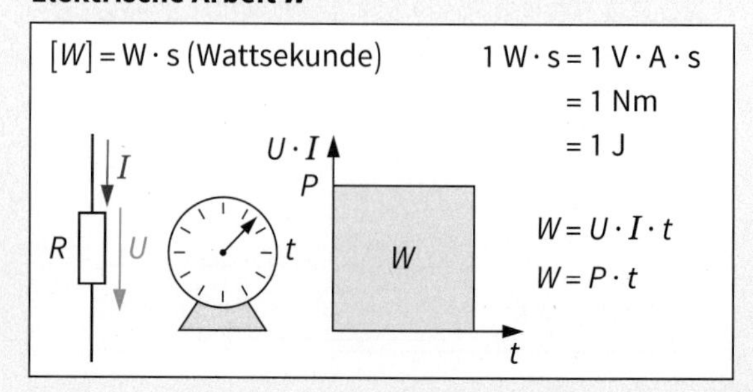

$$W = U \cdot I \cdot t$$

$$W = P \cdot t$$

Nach welchen Grundsätzen wird verfahren?

- Die Objekte aller Gewerke (z.B. Elektrotechnik, Maschinenbau usw.) werden nach demselben Prinzip gekennzeichnet.
- Dieses Prinzip richtet sich nach einer der folgenden Strukturen der Objekte:
  - Aufgabe (funktionsbezogen)
  - Herstellung (produktionsbezogen)
  - Lage (ortsbezogen)
- Die Kennzeichnung besteht aus großen Buchstaben, die nach DIN EN 61346-2 genormt sind. Je nach Struktur kann ein Trennzeichen vorangesetzt werden.
  funktionsbezogen = z. B. =A1
  produktionsbezogen – z. B. –M3
  ortsbezogen + z. B. +P5
- Zur eindeutigen Identifizierung gleicher Objekte werden diese durchnummeriert. In einer Anlage darf eine bestimmte Kennzeichnung nur einmal vorkommen.
- Es sind auch mehrere Trennzeichen möglich, z. B. = A1 + H1 (Unterverteilung A1 im Gebäude H Stockwerk 1)

Wie werden elektrotechnische Objekte gekennzeichnet?

- Zur Kennzeichnung elektrotechnischer Objekte wird die **funktionsbezogene Klassifizierung** benutzt.
- Jedes Objekt wird dabei als Teil eines Prozesses mit einem Eingang und einem Ausgang betrachtet, z. B. Elektroheizung:
  ⇒ Eingang: elektrische Energie
  ⇒ Ausgang: Wärmeenergie
- Die **Kennbuchstaben** werden den Objekten nach ihrer Aufgabe (Funktion) zugeordnet und nicht nach der Wirkungsweise des Objektes.
  So wird z. B. die Elektroheizung mit dem Buchstaben **E** (lt. Tabelle: Erzeugen von Wärme) versehen und nicht mit **R** (lt. Tabelle: Begrenzen von Energie).
- Hat ein Objekt mehrere Aufgaben bzw. Funktionen, wird es nach seiner Hauptaufgabe gekennzeichnet. Ist eine solche nicht sinnvoll festlegbar, erhält das Objekt den Kennbuchstaben **A**, z. B. Verteilung A1 (Verteilung, Verbrauchszählung, Schutz gegen Überlast).
- Es können auch Unterklassen gebildet werden, deren Kennbuchstaben in einer Legende erläutert werden.

Kennbuchstaben elektrischer Objekte

Kennbuchstabe	Aufgabe	Beispiele
A	Keine Hauptaufgabe feststellbar	Verteilung Schaltschrank
B	Umwandeln einer physikalischen Größe in ein Signal	Bewegungsmelder Fühler
C	Speichern von Energie oder Signalen	Festplatte Kondensator
E	Kühlen, Heizen, Leuchten, Strahlen	Kühlschrank Leuchte
F	Schützen von Personen oder Sachen	Sicherung Motorschutzrelais
G	Erzeugen von Energie, Materialfluss oder Signalen	Batterie Generator
K	Verarbeiten von Signalen oder Informationen	Hilfsschütz Zeitrelais
M	Bereitstellen von mechanischer Energie für Antriebe	Motor Stellantrieb
P	Darstellen von Informationen	Messgerät Lautsprecher

Kennbuchstabe	Aufgabe	Beispiele
Q	Schalten und Variieren von Energie-, Signal- oder Materialfluss	Installationsschalter Hauptschütz
R	Begrenzen oder Stabilisieren von Energie-, Informations- oder Materialfluss	Begrenzer Diode Widerstand
S	Umwandeln manueller Betätigung in Signale	Tastschalter Tastatur
T	Umwandeln von Energie oder Signalen (Beibehaltung der Energie- oder Informationsart)	Transformator Verstärker Netzgerät Wechselrichter
U	Halten von Objekten	Mast
V	Verarbeiten oder Behandeln von Material oder Produkten	Filter Waschmaschine
W	Leiten von Energie oder Signalen	Leitung Bussystem
X	Verbinden	Steckdose

Welche Arten von Dokumenten werden verwendet?

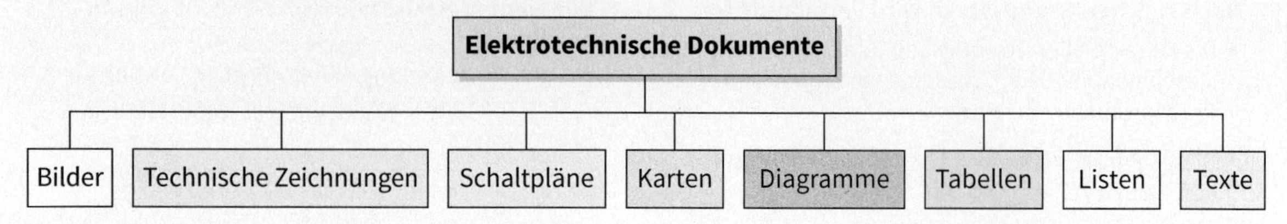

Was sind Merkmale elektrotechnischer Dokumente?

- Elektrotechnische Dokumente werden als Printmedien oder in digitaler Form (CD, DVD) hergestellt. Sie sind die Grundlage für
  - Planung,
  - Entwurf,
  - Installation,
  - Inbetriebnahme,
  - Nutzung,
  - Wartung und
  - Rückbau einer Anlage oder eines Objekts.
- Genormte **Zeichnungsformate**, **Linien**, **Schriften** und **Schaltzeichen** sind zu verwenden (Normen s. rechte Spalte).
- Eine Seite kann in ein oder mehrere Identifikationsfelder (Buchstaben für Zeilen ①, Zahlen für Spalten ②) und in ein Inhaltsfeld (Zeichnungsfeld) unterteilt sein.

Beispiel:

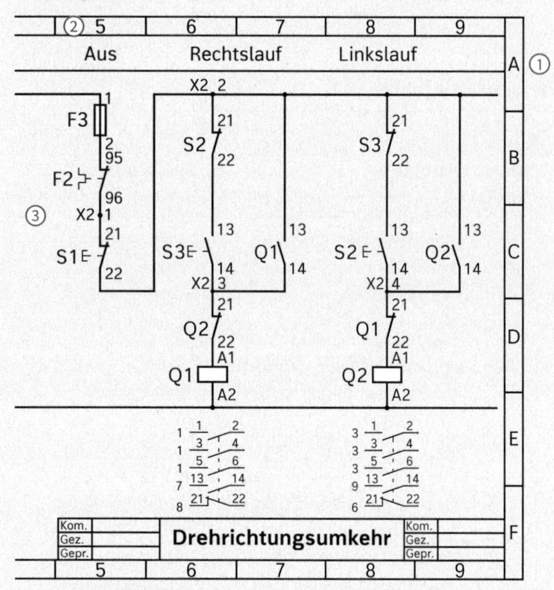

- Die **Hauptflussrichtung** und damit die Leserichtung soll in der Regel von oben nach unten oder von links nach rechts gehen (s. Beispiel Wendesteuerung oben).
- Neben den Schaltzeichen ③ oder entlang der Verbindungslinien können technische Daten angegeben werden.
- Dokumente sollten in Datenbanken abspeicherbar und so gekennzeichnet sein, dass sie jederzeit abgerufen werden können. Sie sollten aktualisierbar- und erweiterbar sein.

Für welche Zielgruppen werden elektrotechnische Dokumente erstellt?

- Benutzer/Anwender
- Kundendienst/Servicepersonal
- Hersteller/Produzent

Welche Normengremien gibt es?

Kurzname	Vollständiger Name	Herkunftsland
DIN	**D**eutsches **I**nstitut für **N**ormung	Deutschland
DNA	**D**eutscher **N**ormen**a**usschuss	Deutschland
ECQAC	**E**lectronic **C**omponents **Q**uality **A**ssurance **C**ommittee, Komitee für Bauelemente mit bestätigter Beschaffenheit	Europa
IEC	**I**nternational **E**lectrotechnical **C**ommission, Internationale Elektrotechnische Kommission	
IEEE	**I**nstitute of **E**lectrical and **E**lectronics **E**ngineers, Verein der Elektro- und Elektronik-Ingenieure	USA
VDE	**V**erband **d**er **E**lektrotechnik, Elektronik und Informationstechnik	Deutschland

Normen für elektrotechnische Dokumente

Norm	Bezeichnung
DIN EN 61082-1	Dokumente der Elektrotechnik
DIN EN 60848	GRAFCET, Spezifikationssprache für Funktionspläne der Ablaufsteuerung
DIN EN 81346-2	Kennzeichnung von elektrischen Betriebsmitteln

Norm elektrotechnischer Symbole

Norm	Bezeichnung
DIN EN 60617-2 bis 13	Graphische Symbole für Schaltungsunterlagen

Wodurch wird ein Bericht verständlich?

Einfachheit
- verständliche Sätze
- aktive und positive Formulierungen
- keine verschachtelten Sätze

Gliederung und Ordnung
- übersichtliche Darstellungen
- Wesentliches muss hervortreten (Schrift, Unterstreichung, Fettdruck)
- Gliederungspunkte, Absätze, ...

Kürze und Prägnanz
- kurze Satzteile
- auf den Punkt kommen
- Wesentliches herausstellen

Anregende Zusätze
- Neuheiten und Überraschungen
- Visualisierungen
- Abwechslung

Wie baue ich ein Protokoll auf?

1. Protokollkopf
- Anlass bzw. Überschrift
- Datum, Beginn, Ende
- Ort, Raum
- Teilnehmerinnen und Teilnehmer, Leitung
- Protokollantin, Protokollant
- Tagesordnung

2. Protokolltext

Verlaufs-protokoll oder **Ergebnis-protokoll**

- Verlauf (chronologisch) bzw. Ergebnis (Zusammenfassung, Ordnung nach Wichtigkeit, Übersichten, Tabellen, usw.)
- Anlagen

3. Protokollende
- Unterschrift des Protokollanten, der Protokollantin
- Datum der Protokollerstellung
- Unterschrift des Gegenzeichnenden (z. B. Leiter/in der Konferenz dokumentiert damit die sachliche Richtigkeit)

Wie verfasse ich einen Arbeitsbericht?

Er soll

verständlich geschrieben sein,

das **Wesentliche** enthalten und

übersichtlich gestaltet sein.

Beispielhafter Aufbau	
Projekt	Name, Beschreibung
Auftraggeber	Name, Institut, ...
Verfasser	Der Verantwortliche für die Erstellung des Berichts
Letzte Änderung	Datum der letzten Änderung
Dateiablage	Dateiname, Ort der Dateiablage, Ordner, ...
Zeit	Zeitspanne, für den dieser Bericht erstellt wurde (von ... bis ...)
Status	z. B. unproblematisch, kritisch, ansatzweise kritisch, ..., 50 %, ...
Aufgabenfortschritt	Fertigstellungsgrad (Angabe z. B. in %)
Besondere Ereignisse	z. B. folgende Teilaufgabe wurde erfolgreich abgeschlossen: ...
Nachfolgende Aktivitäten	Was ist als nächstes zu erledigen, ...
Zu erwartende Schwierigkeiten	Welche Probleme können bei den nächsten Teilaufgaben auftreten?
Entscheidungs- und Handlungsbedarf **...**	- Welche Entscheidungen müssen von wem und bis wann getroffen werden. - Welche Probleme treten auf, wenn die geforderten Entscheidungen nicht getroffen werden? - Welche Handlungen müssen von wem und wann durchgeführt werden? - Welche Probleme treten auf, wenn die Handlungen nicht ausgeführt werden?

Installationsplan

Beispiel:
Wohnungsinstallation

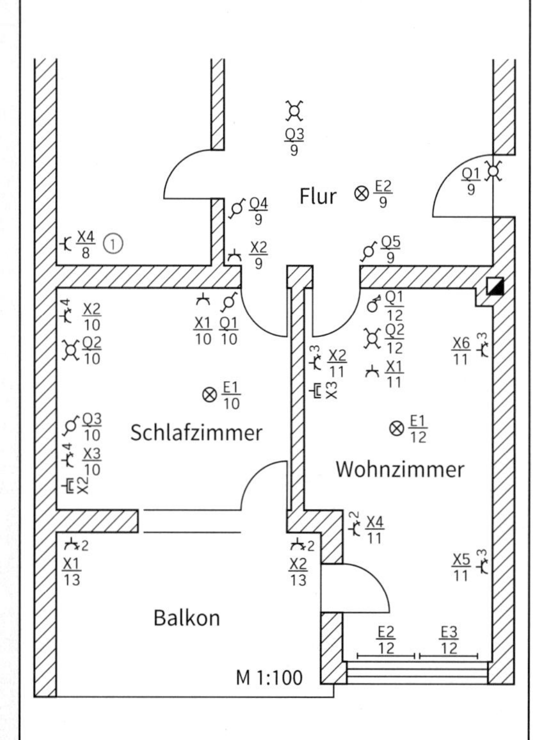

- Objekte sind im **Grundriss** eingezeichnet.
- Guter **Überblick** über die gesamte Installation.
- Geeignet für die **Kommunikation** mit dem Kunden.
- Schnelle Erstellung von **Stücklisten** (gesamt bzw. raumbezogen) möglich.
- **Ergänzungen** und **Änderungen** können schnell und deutlich eingezeichnet werden.
- **Stromkreise** sind nur **durch Stromkreisnummern** erkennbar ①.
- **Leitungen** sind **nicht** eingezeichnet.
- Durch Skizzierung der Leitungsführung ergibt sich der **Installationsschaltplan**.

Anwendung

Festlegung und Dokumentation der örtlichen Lage von Objekten.

Übersichtsschaltplan

Beispiel:
Unterverteilung einer Wohnung

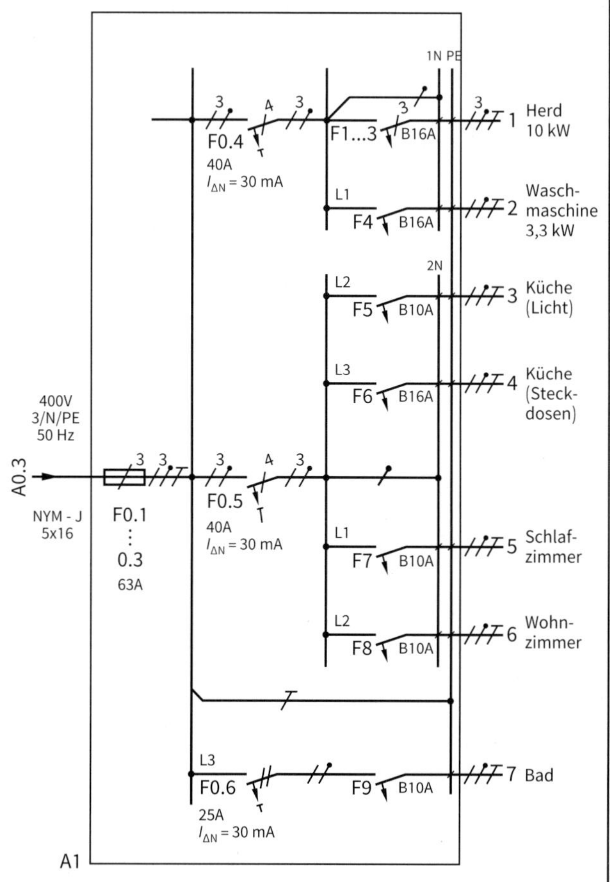

- **Einpolige** Darstellungen der Objekte der Verteilung und deren Verbindungen.
- Die **Funktion** tritt besonders gut hervor.
- Die **Leitungen** zwischen den Objekten sind gut erkennbar.
- Die **Objektkennzeichnung** tritt gut hervor. Dadurch wird die Funktion deutlich.
- Die **Aufteilung innerhalb der Stromkreise** ist **nicht** eingezeichnet.
- Die Darstellung ist **nicht ortsbezogen**.

Anwendung

Übersicht über die Struktur von komplexen Installationen (Objekte, Stromkreise, Leitungen und ihre Verbindungen).

Übersichtsschaltplan

Beispiel: Drehstrommotor

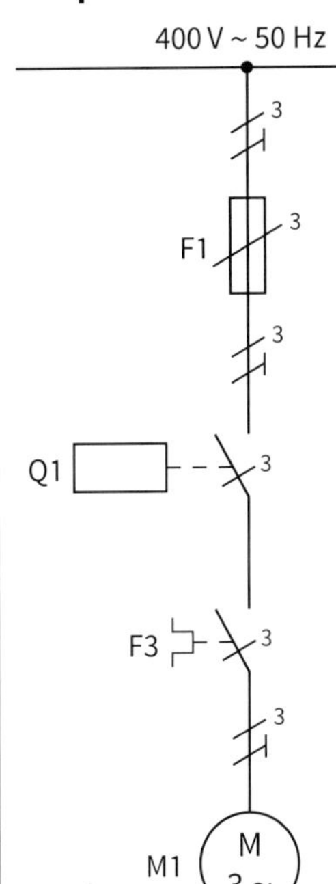

- **Einpolige** und sehr übersichtliche Darstellung der Hauptstromkreise.
- **Verbindungsleitungen** (Art und Anzahl der Leiter) sind dargestellt.
- **Funktion** der Objekte wird durch **Kennzeichnungen** deutlich.
- Einzelheiten der **Stromkreise** sind nicht dargestellt.

Anwendung

Erkennen der Hauptfunktion und Gliederung der Anlage.

Anordnungsplan

Beispiel: Schaltschrank

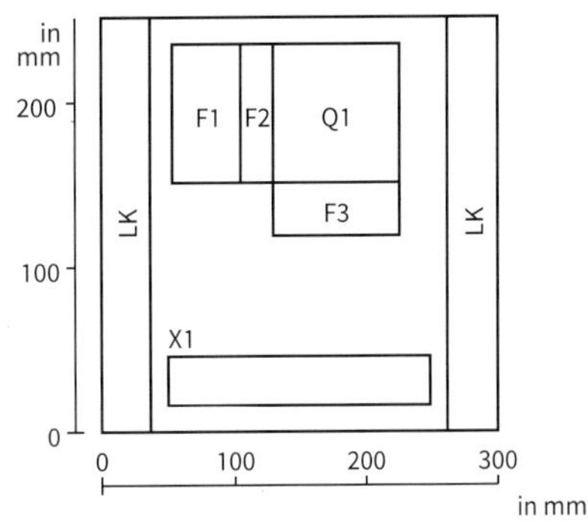

- Objekte sind als **geometrische Figuren ortsbezogen**, **zusammenhängend** und **lagerichtig** dargestellt.
- Die **ungefähre Größe** der Objekte ist erkennbar.
- **Funktion** der Objekte wird durch **Kennzeichnungen** deutlich.
- Die **Verbindungsleitungen** sind **nicht** dargestellt.

Anwendung

Erkennen der Lage und des Platzbedarfs der Objekte.

Geräteverdrahtungsplan

Beispiel: Schaltschrank

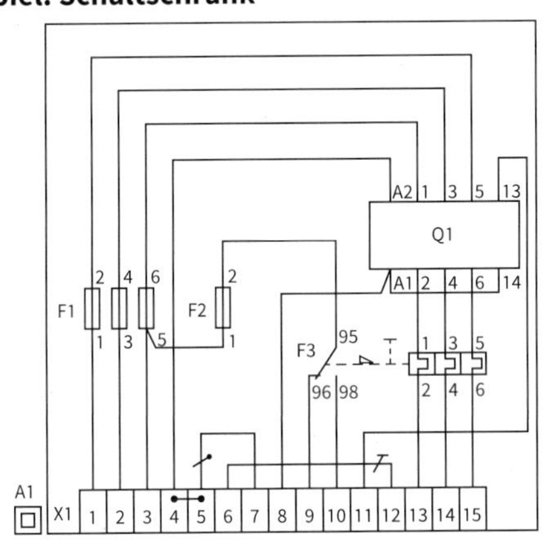

- **Mehrpolige Darstellung** der Verbindungen der Objektanschlüsse.
- **Hilfen für die Installation** durch Klemmenbezeichnung.
- **Funktion der Objekte** wird durch Kennzeichnungen deutlich.
- Bei **großen Systemen unübersichtlich**.

Anwendung

Erkennen und Herstellen der Verbindungen der Objekte.

Anschlussplan

Beispiel: Klemmleiste des Schaltschranks

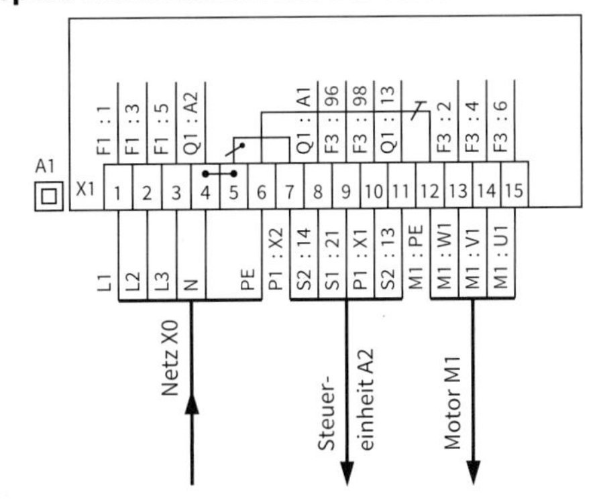

- **Klemmenbelegung** ist sehr gut erkennbar, Hilfe für die Installation.
- **Richtungen der Verbindungen** sind erkennbar (z. B. nach unten zu den Objekten außerhalb des Schaltschranks, nach oben zu den Objekten im Schaltschrank).
- **Objekt- und Klemmenbezeichnung** sind zusammen dargestellt (z. B. F1:3 bedeutet Sicherung F1, Klemme 3) und dessen Verbindung über Objekt X1.2 mit L2 des Objektes X0 (Netzanschlussklemme).

Anwendung

Erkennen und Herstellen der Verbindungen der Klemmleiste nach innen und außen.

Stromlaufplan in zusammenhängender Darstellung

Beispiel: Drehstrommotor

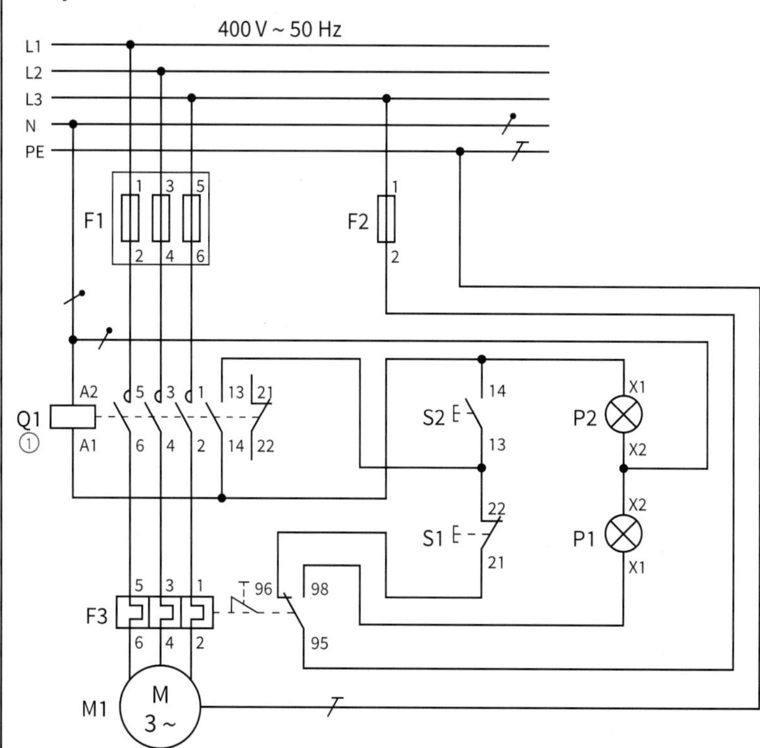

- **Schaltzeichen** sind mehrpolig als Einheit dargestellt (z. B. Q1 ①).
- Die **Anschlüsse** der Objekte mit Ihren **Verbindungen** sind erkennbar.
- **Stromkreise** sind **erkenn-** und **nachvollziehbar**.
- Die Funktion der **Objekte** ist durch ihre Kennzeichnung erkennbar.
- Durch die vielen Leiter wird das Erkennen der **Funktion der Anlage erschwert**.
- Die **Leitungsführung** ist **nicht** erkennbar.
- Die örtliche Lage der Objekte kann nicht bestimmt werden.

Anwendung

Erkennen der Objekte mit ihren Verbindungen.

Stromlaufplan in aufgelöster Darstellung

Beispiel: Drehstrommotor

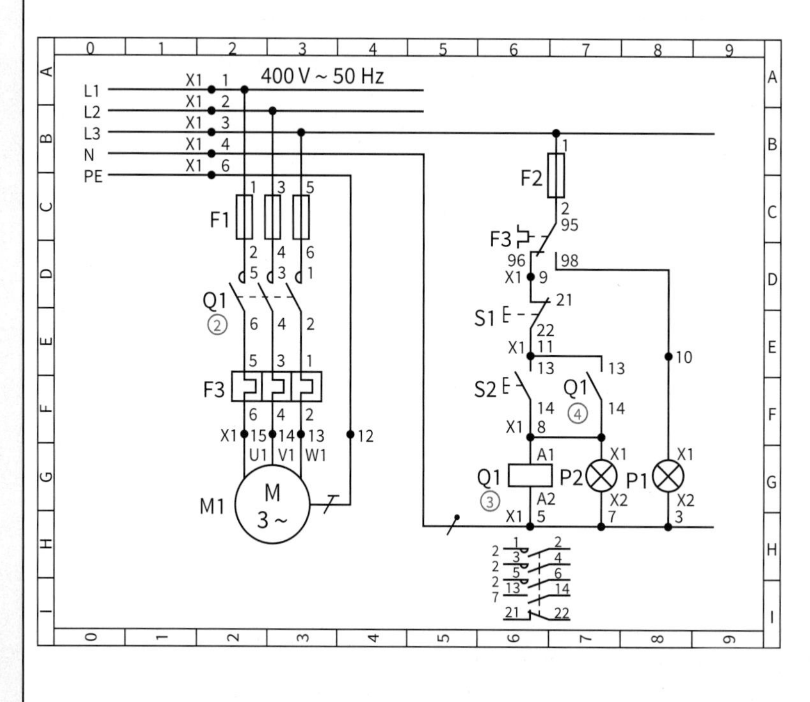

- Aus Gründen der **Übersichtlichkeit** werden die Funktionseinheiten getrennt dargestellt.
- Die **Zusammengehörigkeit** der Objekt-Teile (② ③ ④) wird durch dieselbe Kennzeichnung dargestellt.
- Aufgrund der **Strompfade** kann eine **exakte Beschreibung** (Fehlerangabe, Kommunikation) vorgenommen werden.
- Die **Funktion** der **Objekte** ist durch ihre Kennzeichnung erkennbar.
- Die **örtliche Lage** der Objekte kann **nicht** bestimmt werden.
- **Leitungsführungen** sind nicht erkennbar.

Anwendung

Erkennen der Funktion der Anlage.

Verbindungsplan

Beispiel: Schaltschrank

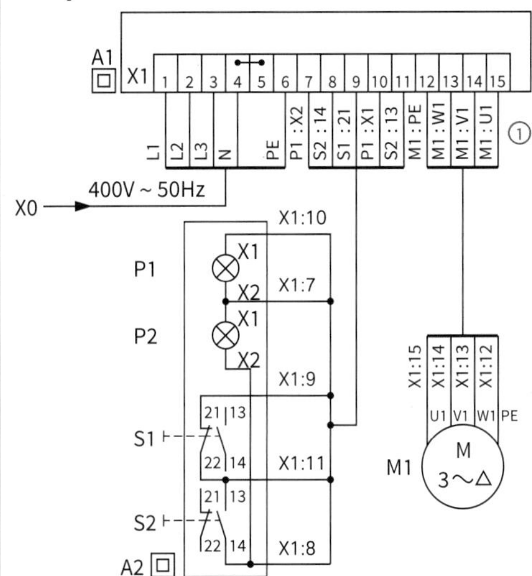

- **Verbindung zwischen Klemmen der Objekte** ist dargestellt.
- **Leitungen** haben **Zielbezeichnungen**①.
- **Verbindung zwischen** einzelnen **größeren Systemen** wird hervorgehoben.

Anwendung

Erkennen und Herstellen der Verbindungen der Objekte.

Funktionsschaltplan

Beispiel: Taktgeber

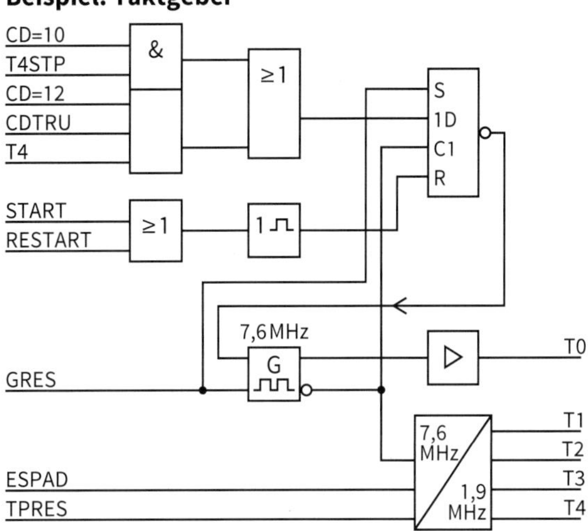

- **Funktion** der Anlage wird durch die Schaltzeichen der einzelnen Objekte und den funktionellen Verbindungen erkennbar.
- Der **Informationsfluss** kann nachvollzogen werden.
- Die **Bedeutung der Signale** auf den Leitungen wird durch Abkürzungen hervorgehoben.
- **Technische Realisierung** ist **nicht** erkennbar.

Anwendung

Erkennen der Funktion der Anlage.

Blockschaltplan

Beispiel: Funkempfänger

- **Funktionseinheiten** werden durch **Blöcke** dargestellt (einzelne Schaltzeichen).
- **Funktion** und **Anschlüsse** sind nachvollziehbar.
- **Verdrahtungen** und **Anschlüsse** an den Blöcken sind **nicht** erkennbar.
- **Technische Realisierung** ist nicht erkennbar.

Anwendung

Erkennen der Teilfunktionen und das Zusammenwirken der Objekte.

Kontaktplan (KOP)

Beispiel: Behältersteuerung

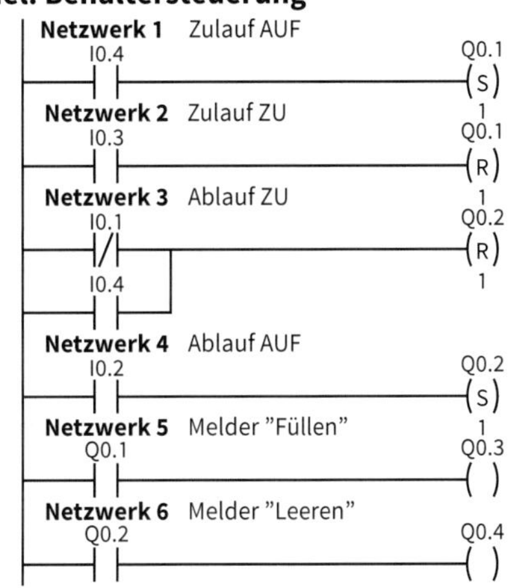

- **Verhalten von Systemen** ist nachvollziehbar (z. B. Schritte).
- **Funktion** wird deutlich.
- **Technische Realisierung** ist nicht erkennbar.

Anwendung

Programmieren von SPS.

Was sind Merkmale einer Präsentation?

Zielgerichtete Darstellung von Inhalten

Eine an den Adressaten ausgerichtete Information

Visualisierung der Darstellung

Welche Ziele verfolge ich bei einer Präsentation?

Die Teilnehmerinnen und Teilnehmer sollen die Präsentation mit bestimmten

- Meinungen,
- Vorstellungen und
- einem bestimmten Wissen verlassen.

Folgende Ebenen spielen dabei eine Rolle:

Sachlich
- Informationen geben
- Entscheidungen vorbereiten
- Überzeugungen anbahnen
- Problembewusstsein wecken

Persönlich
- Verständnis wecken
- Zustimmung erhalten
- Anerkennung bekommen
- Akzeptanz erreichen
- Sich darstellen

Bei der Auswahl der Inhalte beachte ich

- Thema,
- Ziele,
- Teilnehmerinnen und Teilnehmer und die
- zur Verfügung stehende Zeit.

Wie bereite ich mich vor?

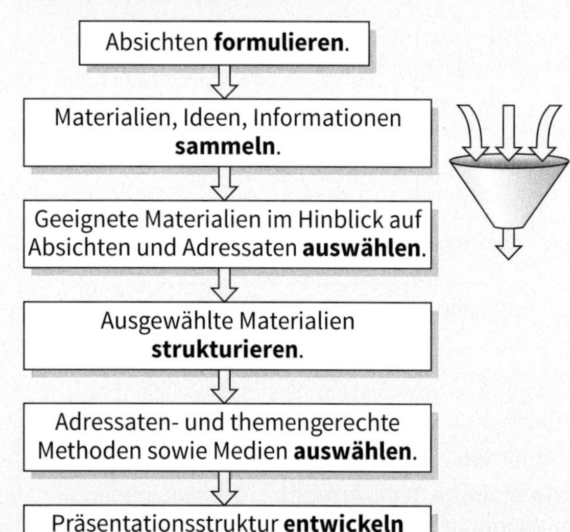

Bei der Durchführung beachte ich

- die Regeln der Kommunikation

Sachebene	**Selbstoffenbarung**
Beziehungsebene	**Appell**

- die Einhaltung des „Roten Fadens“,
- die unterschiedlichen „Lerntypen“
  - Visuell: Beobachten und Sehen,
  - Auditiv: Hören und Sprechen,
  - Haptisch: Fühlen und „Begreifen“ und gegebenenfalls Schmecken.
- das Zusammenspiel zwischen verbalen Aussagen und Visualisierungen,
- eine angemessene Sprachdynamik und Lautstärke,
- sinnvolle Sprechpausen,
- eine der Situation entsprechende Körperhaltung,
- Farbwirkungen und ihren sinnvollen Einsatz.

Farbe	Einsatz	Wirkung
Schwarz	Schrift, Kontur, Grafik, Zeichnung	Schwer, hart, Distanz, eng, Trauer
Grau	Hintergrund	Leblos, langweilig, Ruhe
Weiß	Hintergrund	Leer, leicht, hell, Reinheit
Rot	Betonung, Signal	Wärme, erregend, aufmerksam, Feuer, Verbot
Rosa	Hintergrund	Zart, zerbrechlich
Grün	Positive Betonung	Beruhigend, lebensfroh, Natur, Gesundheit
Blau	Schrift	Kälte, Distanz, Eis, Weite
Cyan	Schrift, Füllung	Entspannend, abwartend
Violett	Rahmen, Rand	Statisch, beharrend
Braun	Rahmen, Rand	Vertraut, gemütlich, bieder, arm
Gelb	Hintergrund	Hell, leicht, Freude, freundlich, Neid
Orange	Füllung für Grafiken	Lebendig, leicht, Vergnügen, Wonne

Ich beachte Farbkombinationen!

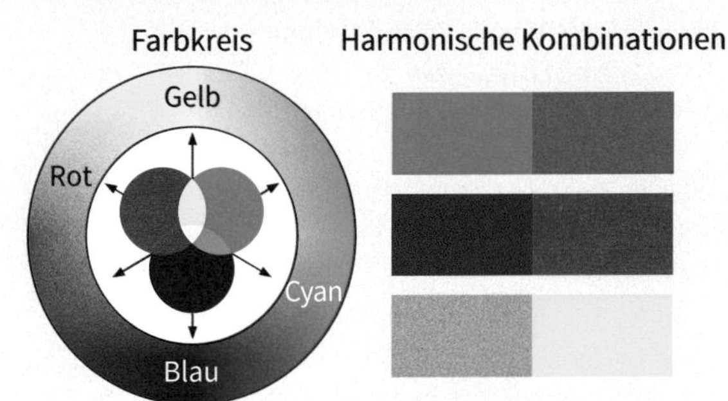

Ich lasse die Präsentation beurteilen!

Merkmal	Beispiele
Darstellungsweise	Frei gesprochen, Inhalt abgelesen
Verständlichkeit	Inhalt klar und verständlich, Inhalt unklar und weitschweifig
Wirkung auf Zuhörer	Sehr sicher, ruhig und sachlich; selbstsicher, unsicher
Sprache	Verständlich; dynamisch unverständlich; monoton
Blickkontakt	Hält Kontakt und variiert diesen; schaut unsicher
Antwort auf Fragen	Freundliche und kompetente Antwort; unklar; ausweichend
Medien	Übersichtlich; zielgerichtet; passend; gegliedert; unübersichtlich; überladen

Bei der Präsentation von Schaubildern, Grafiken und Diagrammen sind folgende drei Schritte sinnvoll:

1. Basisinformation geben
- Titel
- Art der Darstellung

2. Informationen vermitteln
- Zusätzliche Erklärungen
- Lenkung der Aufmerksamkeit

3. Informationen interpretieren
- Bedeutung, Stellenwert, Grenzen
- Entwicklung

Ich wähle angemessene Medien aus!
- Tafel, Whiteboard
- Flipchart
- Pinwand
- Overheadprojektor
- Datenprojektor

Hinweise zur Tafel und zum Whiteboard
- Whiteboard: Weiße Kunststofftafel, Beschriftung mit speziellen Filzstiften
- Zentrale und oft frontale Präsentationsfläche
- Kurzzeitige und situationsabhängige Informationen sind möglich
- Änderungen, Ergänzungen sind rasch möglich
- Begrenzte „Dynamik" durch Auf- und Zuklappen
- In Grenzen verstellbar (vertikal, horizontal)

Hinweise zur Pinwand

Moderationskarten

- Geeignet zum Anheften verschiedenster Materialien: Plakate, Karten (Wirkung der verschiedenen Formen und Farben beachten)
- Zwei Seiten
- Umgruppierung, Gruppierung der Karten leicht möglich

Hinweise zur Flipchart

- Überdimensionaler „Notizblock" mit DIN A0 Blättern (Charts)
- Informationsinstrument (vorgefertigte Blätter) und aktives Arbeitsinstrument
- Beschriftung mit großen Wörtern, keine langen Sätze
- Gedankengänge können entwickelt werden
- Arbeitsergebnisse können mitgenommen (archiviert) werden
- Flexibel im Einsatz
- Charts sind leicht zu transportieren

Hinweise zum Overheadprojektor

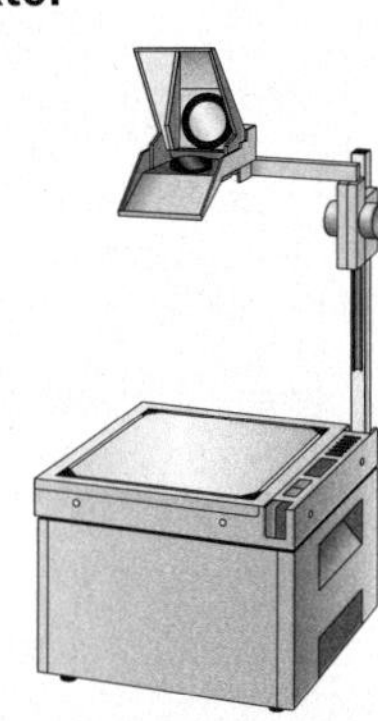

- Folien sind schnell und einfach herzustellen
- Blickkontakt zu den Teilnehmern herstellbar
- Informationsinstrument (vorgefertigte Folien) und aktives Arbeitsinstrument
- Ergänzungen sind jederzeit möglich
- Präsentation kann im Sitzen und im Stehen erfolgen
- Folien können einfach transportiert und archiviert werden
- Dynamik durch Klappfolien herstellbar
- Raum muss unter Umständen abgedunkelt werden
- Folien sind in der Regel klein (A4)
- Es kann immer nur eine Folie betrachtet werden.

Fachbücher

- Sie sind zur Vorbereitung und Nachbereitung von Lehrstoff an beliebigen Orten geeignet.
- In der Regel sind sie fachlogisch gegliedert.
- Eigene Markierungen erleichtern den Zugriff auf bestimmte Themen.
- Über das Stichwortverzeichnis (bzw. Inhaltsverzeichnis) lassen sich die gewünschten Themen finden.
- Quellen- und Literturverzeichnisse liefern Hinweise auf weiterführende Literatur.

Fachzeitschriften

- Sie sind aktuelle Informationsquelle über ein begrenztes Gebiet.
- Fachaufsätze können zu bestimmten Themen gesammelt werden.

Lexikon, Tabellenbuch, Handbuch

- Sie sind zum Nachschlagen bestimmter komprimierter Themen geeignet.
- Die Gliederung erfolgt nach Fachgebieten bzw. ist alphabetisch.
- Ein schneller Zugriff auf wesentliche Informationen über das Stichwortverzeichnis ist möglich.

Firmenunterlagen

- Vorgesehen sind sie für Käufer als Produktwerbung und Selbstdarstellung der Firma.
- Für den Service sind sie eine hilfreiche technische Informationsquelle, Bedienungsanleitung usw.

Datenspeicher, CD, DVD

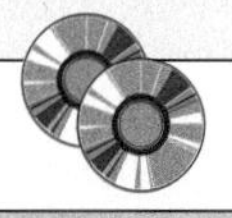

- Verschiedenste Text-, Bild-, Video- und Tonquellen (umfangreiche Daten) können enthalten sein.
- Informationsteile lassen sich über Links rasch finden.
- Der Benutzer kann aufgefordert werden, aktiv in die Darbietungen einzugreifen (interaktiv).
- Bestimmte Teile lassen sich ausdrucken bzw. weiterverarbeiten.

Informationsbeschaffung im Internet

Web-Verzeichnisse, Web-Kataloge

- Die Verzeichnisse bzw. Kataloge werden von Fachleuten erstellt. Sie sind übersichtlich und nach Themen sortiert.
- Sie enthalten Sammlungen von Webseiten-Adressen.
- Schritt für Schritt kann man sich der speziellen Thematik nähern.
- Die Verzeichnisse bzw. Kataloge enthalten „Wertvorstellungen“ der jeweiligen Verfasser.
- Bei nichthierarchischen Web-Verzeichnissen ist eine netzartige Struktur aufgebaut, deren Elemente durch Links verknüpft sind.
- Die Bewertung der Beiträge kann manuell (Voting), automatisch (Ranking) oder durch Auswertung der Zugriffe erfolgen.

Suchmaschinen

- Mit Programmen werden Dokumente (Text, Bild, Ton, Video) automatisch im Internet analysiert und indiziert.
- Der Index enthält die Datenstruktur sowie Informationen über das Dokument.
- Wenn ein Suchbegriff in die Suchmaschine eingegeben wird, liefert diese auf Grund ihrer Indizierung (indexbasierte Suchmaschine) eine Liste von Verweisen auf wichtige Dokumente und Kurzinformationen zum Dokument.

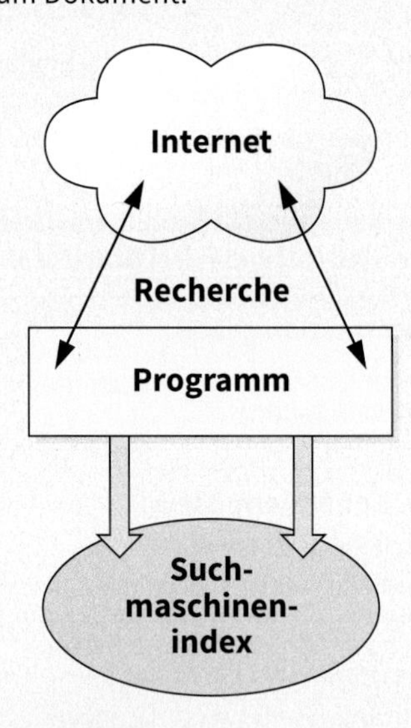

Metasuchmaschinen

- Ihre Aufgabe besteht darin, die Suchanfrage an mehrere andere Suchmaschinen gleichzeitig weiterzuleiten. Die Ergebnisse werden gesammelt und aufbereitet.
- Anfragen werden langsamer beantwortet als eine direkte Anfrage bei einer einzelnen Suchmaschine, da die Antwort aller Suchdienste abgewartet wird (Servicequalität).

Wie gehe ich mit Suchmaschinen um?

Marktanteile gegenwärtiger Suchmaschinen

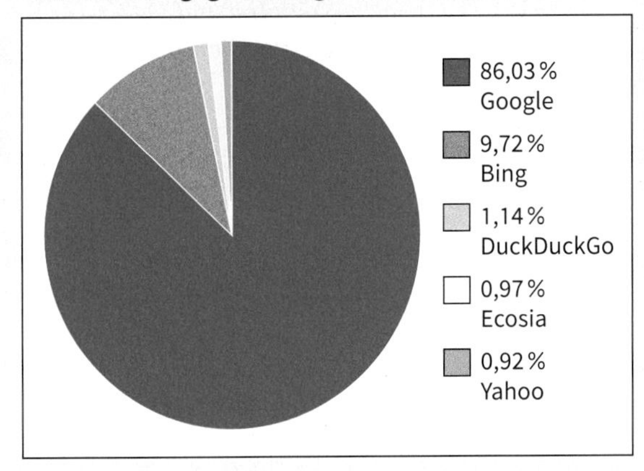

Vorüberlegungen zur Informationssuche

- Welche Art von Informationen suche ich?
- Welche Einschränkungen gibt es?
- Wo kann ich Informationen finden?
- Wie eindeutig ist der Suchbegriff?
- Suche ich im
  - gesamten Internet,
  - deutschsprachigen Raum, …
- Suche ich zuerst in einem Katalog und danach mit einer Suchmaschine?
- Suche ich mit einer oder mehreren Suchmaschinen?

Suchprozess

- Suchbegriff wählen
  - Sprachraum eingrenzen (Deutsch oder Englisch)
  - Synonyme, Abkürzungen verwenden
  - Rechtschreibung beachten
- Suchmethode
  - Einfaches Suchen
  - Erweitertes Suchen (Suchhilfen nutzen)

Suchhilfen

Als Suchhilfen werden mathematische Zeichen, boolesche Operatoren (Großbuchstaben, Leerzeichen davor und dahinter), Klammern, Anführungszeichen, … verwendet (s. rechte Spalte).

Suchstrategie

- Zu Beginn weder zu allgemeine noch zu konkrete Begriffe verwenden; eventuell auch Synonyme verwenden.
- Durch Begriffseinengung wird die Suche zunehmend verfeinert.

Wie kennzeichne ich die Internetquelle?

Wenn in Texten Internetquellen angegeben werden, gilt der Grundsatz:

Die Quelle muss vom Leser auffindbar sein, deshalb sind die genaue Adresse und das Datum der Benutzung anzugeben.

Wie bewerte ich Internetquellen?

Da jeder im Internet Veröffentlichungen vornehmen kann, gilt immer: Das Suchergebnis muss bewertet werden.

Beispiele für Bewertungsgesichtspunkte:

URL

- Dienst etsprechend dem Protokoll (http, ftp, news, …)
- Nationalität (.de, .at, …)
- Kontext (.edu, .org, …)

Seriosität

- Verfasser (kommerziell, privat, wissenschaftliches Institut, …)
- Aktualität (Datum der Erstellung)
- Präsentation (Übersichtlichkeit, Verständlichkeit, …)
- Vollständigkeit

Wie grenze ich Suchaufträge ein?

Die nachfolgenden Operatoren werden nicht von allen Suchmaschinen unterstützt. Auch kann die Schreibweise abweichen. Deshalb: Bedienungsanleitung beachten.

Operator	Erklärung	Beispiel
AND	Die verknüpften Suchbegriffe müssen vorkommen.	Festplatte AND Einbau
+	Der Begriff direkt ohne Leerzeichen nach dem Pluszeichen muss vorkommen.	Buch+IT
OR	Mindestens einer der Begriffe muss vorkommen (häufig Standardoperator)	Shareware OR Freeware
–	Begriff direkt ohne Leerzeichen nach dem Minuszeichen soll nicht vorkommen.	Betriebssystem –Windows
NOT	Der nach dem NOT folgende Begriff soll nicht vorkommen.	CD-ROM NOT Sony
NEAR	Die Begriffe sollen nahe beieinander auftauchen.	Microsoft NEAR Office
„…"	Phrasensuche: Es werden genau die in Anführungszeichen gesetzten Begriffe gesucht.	„Internet Explorer"
(…) {…} […]	Klammern werden für komplexe Abfragen mit booleschen Operatoren verwendet.	Software AND (Adobe OR Corel)
title: url: link:	Sucheinschränkungen für Titel, Domäne, Link	title:DVB-S2
*, %	Platzhalter für eine unbestimmte Anzahl beliebiger Zeichen.	Auto*, Ergebnis: Automat, Automobil, …

Was ist erfolgreiche geistige Arbeit?

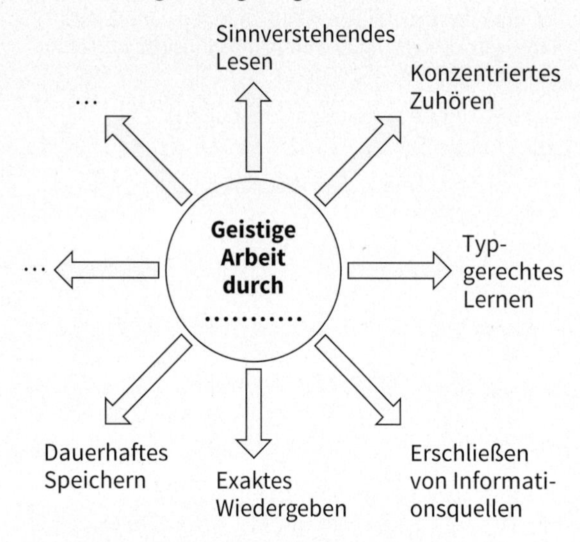

Ich schaffe effiziente Bedingungen!

- Äußerer Rahmen:
  z. B. Raum, Anordnung der Möbel bzw. Arbeitsgeräte, eventuell Musik
- Persönliche Bedingungen:
  z. B. psychologische Verfassung, positive Motivation, richtige Ernährung, ausreichend Schlaf, ausgewogener Lebenswandel

Richtiges Zuhören gelingt, wenn ich

- mich vorher mit dem Thema auseinandergesetzt habe,
- mitdenke und mir die wesentlichen Aussagen merke,
- mir Kritikpunkte und Fragen überlege und
- mich nicht ablenken lasse.

Wie kann ich effektiv lesen?

- Blickwinkel erweitern (dadurch weniger Haltepunkte für das Auge),
  ⇒ Augen ermüden weniger schnell.
- Nur die Augen bewegen, nicht den Kopf.
- Sinnerfassend lesen und nicht Wort für Wort aufnehmen.
- Lesepausen einlegen und über das Gelesene nachdenken.
- Verschiedene Lesearten anwenden.

  Beispiele:
  - Prüfen durch „überfliegen", ob der Text überhaupt für mich wichtig ist.
  - Text für einen ersten Überblick „überfliegen" (Schlüsselaussagen finden).
  - Gesamttext in wichtige und weniger wichtige Textstellen einteilen (selektieren) und nur die wichtigen intensiv verarbeiten.

Wie verarbeite ich Texte?

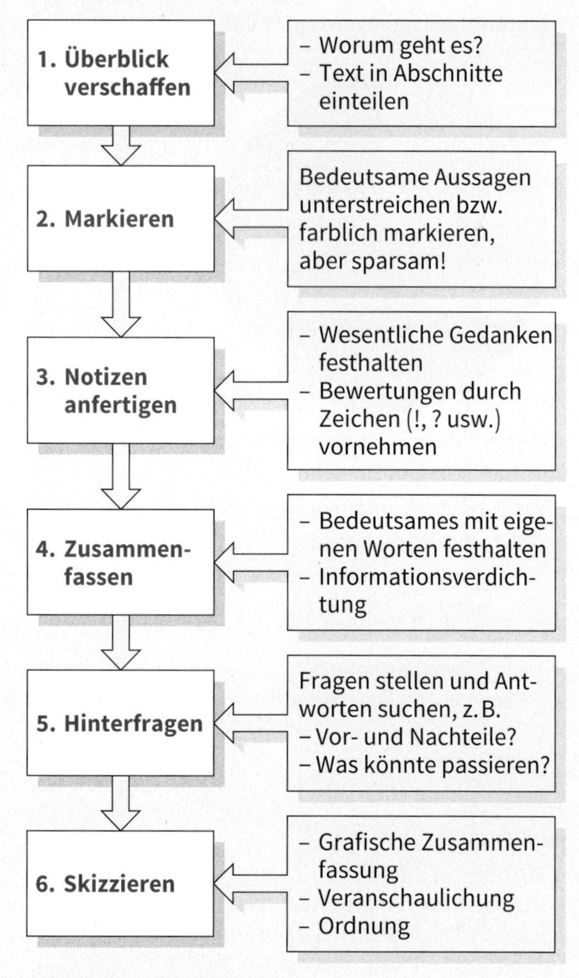

Was für ein Lerntyp bin ich?

- Sehtyp (**visuell**)
- Hörtyp (**auditiv**)
- Gesprächstyp (**verbal**)
- Fühltyp (**haptisch**)

Diese Lernbesonderheiten treten in der Regel nicht in reiner Form auf. Vorherrschend sind Mischformen.

⇒ Ich finde heraus, welchem Lerntyp ich entspreche und verbessere dadurch meine Lernfähigkeit!

Ich beachte meine Gedächtnisleistung!

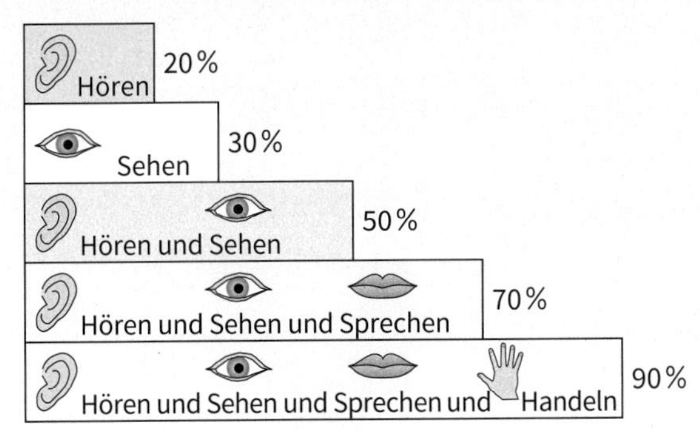

Regel:

- Möglichst viele Sinne ansprechen.
- Der größte Erfolg tritt ein, wenn selbsttätig gehandelt wird (selber tun!).

Ich beachte das Zusammenspiel zwischen Kurz- und Langzeitspeicherung!

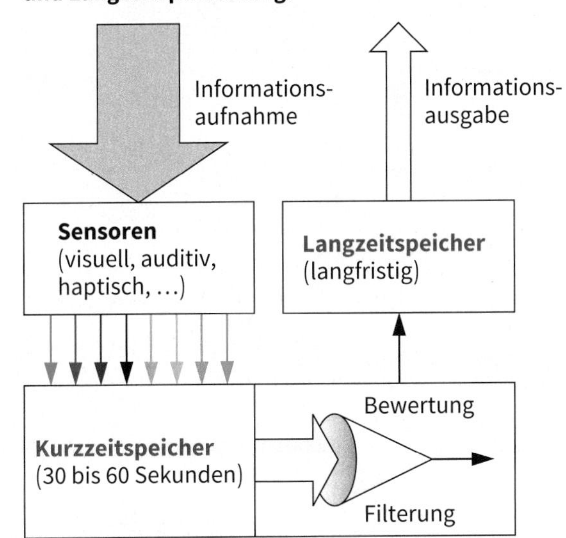

Nicht so!

Ich visualisiere und strukturiere meine Gedanken durch ein Mind-Map

Mind-Map: Bildhafte Darstellung von Gedankengängen (bildhafte Gedankenstütze)

Regeln:

- **Zentrales Thema** (**Hauptidee, Hauptbegriff**) in die Mitte (Kreis, Ellipse, Wolke, ...) setzen.
- **Weiterführende Gedanken** verzweigen sich dann vom zentralen Thema aus in alle Richtungen.
- Weitere Aspekte werden als **Zweige** (Abzweigungen) dargestellt.
- **Druckschrift** zur besseren Lesbarkeit verwenden.
- **Pfeile** zum Aufzeigen von Verbindungen einsetzen.
- **Farben** zur Hervorhebung benutzen.
- **Bilder** und **Grafiken** zur Illustration verwenden.

Einsatzmöglichkeiten:

- Verdeutlichung von Strukturen (Elemente und ihre Beziehungen).
- Auswertung eines Textes (Überblick).
- Protokollierung von Vorträgen.
- Vorbereitung auf Gespräche („Spickzettel") oder Prüfungen.
- Sammlung von Wissen (Brainstorming).

Vorteile:

- Vieles ist auf einem Blick erkennbar.
- Ordnungsstrukturen werden deutlich.
- Bildhafte Strukturen fördern das Erinnerungsvermögen.
- Nachträgliche Ideen können eingefügt werden.
- Kreativität wird gefördert.
- „Verborgene" Ideen können sichtbar werden.
- Für die Erstellung ist ein geringer Aufwand erforderlich.

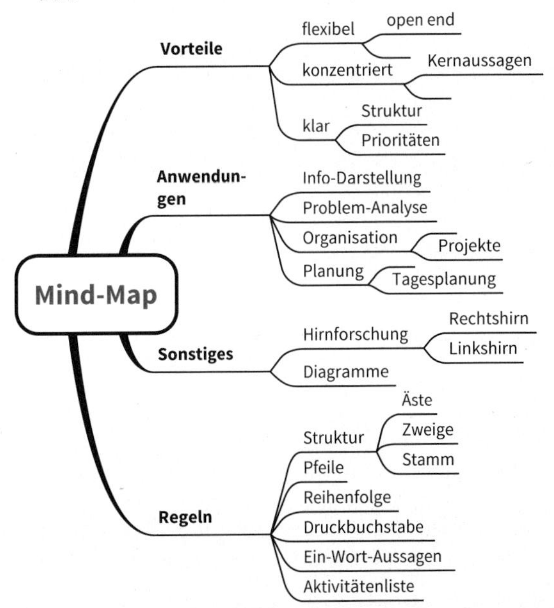

Dateiorganisation

- Digitale Informationen als Grundlage oder Ergebnis von Anwendungssoftware sind als Dateien auf der Festplatte abgelegt. Sie lassen sich in Ordnern und Unterordnern zusammenfassen.
- Jedes Betriebssystem stellt Dienstprogramme zur Verwaltung von Ordnern und Dateien zur Verfügung, z. B. Kopieren und Löschen.

Name	Änderungs...	Typ
Abbildungen	02.02.2010 ...	Dateiordner
Alte Versionen	11.05.2010 ...	Dateiordner
Lösungen	10.05.2010 ...	Dateiordner
Version_fuer_100305	02.02.2010 ...	Dateiordner
Version_fuer_100416	22.03.2010 ...	Dateiordner
Version_fuer_100611	07.05.2010 ...	Dateiordner
Zum Setzen	11.03.2010 ...	Dateiordner
Anhang_Projektmet...	02.01.2010 ...	Microsoft ...
Ausbaureihenfolge ...	13.07.2009 ...	Microsoft ...
Skizze LF4-Altbau H...	07.05.2010 ...	Adobe Acr...

Textverarbeitung

- Texte werden erfasst, gestaltet, gespeichert und ausgedruckt.
- Bearbeitungsmöglichkeiten: Gliedern und Strukturieren, Rechtschreibprüfung, Tabellen und Grafiken einbinden, Fußnoten und Inhaltsverzeichnisse erstellen usw.

Präsentation

- Arten:
  - moderiert, z. B. für einen Vortrag
  - unmoderiert, z. B. selbstständiger Ablauf für eine Werbung
- Bestandteile: multimediale Folien mit Texten, Bildern, Tönen, Filmen und Animationen.

Tabellenkalkulation

- Aufgaben:
  - Verwaltung großer Zahlenmengen
  - Berechnung von Zusammenhängen dieser Zahlen
  - Ergebnisse können als Diagramme dargestellt werden
- Grundlage aller Berechnungen sind Werte in Zellen, Zeilen und Spalten von Tabellen

	A	B	C	D	E	F
1	i	i*TA	e	Summe e	yr	x
2	0	0				150
3	1	0,1	50	50	7,5	192,430556
4	2	0,2	7,56944444	57,5694444	3,63541667	185,284111
5	3	0,3	14,7158886	72,2853331	5,08585552	194,712655
6	4	0,4	5,28734516	77,5726782	4,40736843	194,979043
7	5	0,5	5,02095671	82,5936349	4,63177742	197,492271
8	6	0,6	2,50772866	85,1013636	4,50584105	198,128222
9	7	0,7	1,87177849	86,9731421	4,53583495	198,925509
10	8	0,8	1,07449057	88,0476327	4,50983069	199,270733
11	9	0,9	0,72926686	88,7768995	4,51177166	199,556011
12	10	1	0,44398919	89,2208887	4,50544336	199,710152

Webbrowser

- Anzeigen von Webseiten im Internet
- Surfen im Internet über Hyperlinks
- Anzeigen verschiedener Dokumententypen
- Suchen nach Informationen
- Arbeiten mit webbasierten Anwendungen
- Einkaufen, kommunizieren und spielen

E-Mail-Client

- E-Mails sind elektronische Postsendungen, die mit Dateianhängen versehen werden können.
- Aufgaben sind z. B.:
  - E-Mails von einem oder mehreren Providern herunterladen
  - E-Mails verwalten
  - E-Mail-Adressen verwalten
  - E-Mails an zusammengestellte Gruppen senden

Grafik

- Grafiken: z. B. Foto, Logo, Skizze, technische Zeichnung
- Grafikprogramme dienen der Erstellung, Veränderung und Verwaltung von digitalen Grafiken.
- Es werden Programme zur Verarbeitung pixelorientierter und vektororientierter Grafiken unterschieden. Ein Pixel ist das kleinstmögliche Bildelement. Ein Vektor ist z. B. eine Gerade oder ein Kreisbogen.

Was sollte man bei der Textverarbeitung beachten?

- Text als Fließtext eingeben
- Nur bei gewünschtem Absatz Returntaste verwenden
- Formatvorlagen bei der Texterstellung benutzen
- Eigene Formatvorlagen erstellen
- Rechtschreib- und Grammatikprüfung nutzen
- Tabellen ohne Rahmen als Gestaltungsmittel nutzen
- Formatierungen erst am Ende vornehmen
- Gliederungsfunktion zur automatischen Erstellung von Verzeichnissen und Indexen nutzen

Wozu kann man die Tabellenkalkulation verwenden?

- Kalkulation und Kostenrechnungen erstellen
- Angebotsvergleiche durchführen und Rechnungen erstellen
- Investitionspläne erstellen
- Statistiken erstellen und auswerten
- Tabellen zur Datenerfassung erstellen
- Messwerttabellen erstellen und auswerten
- Diagramme erstellen
- Simulationen durchführen
- Interaktive Formulare erstellen

Worauf sollte man bei Präsentationen achten?

- Für ein einheitliches Layout der gesamten Präsentation Formatvorlagen und Folienmaster verwenden
- Maximal 20 unabhängige Folien verwenden
- Möglichkeiten der Visualisierung nutzen
- Textumfang begrenzen, keine ganzen Sätze, kein Fließtext
- Pro Folie maximal 10 Informationseinheiten verwenden
- Schriftgröße mindestens 18 pt. (abhängig von der Raumgröße) einsetzen
- Maximal drei Schriftarten, -stile benutzen
- Farbanzahl begrenzen und aufeinander abstimmen
- Animationen sparsam und mit Bezug zum Inhalt einsetzen
- Nur Sound mit Bezug zum Inhalt einsetzen
- Folienhintergrund inhaltsbezogen einsetzen, dabei auf Kontrast und Lesbarkeit achten
- Unterstützung des roten Fadens der Präsentation durch Symbolwiederholung
- Präsentationen frühzeitig testen

Wie lassen sich Dateien organisieren?

- Den Desktop (Schreibtisch) nur für aktuell zu erstellende Dokumente nutzen
- Eine Ordnerstruktur mit einer nicht zu tiefen, aber auch nicht zu flachen Hierarchie erstellen
- Aussagekräftige Datei- und Ordnernamen verwenden
- Wenn die Inhalte aufeinander aufbauen: Datei- und Ordnernamen mit Nummern, z. B. 001, 002 usw. beginnen

Sachwortverzeichnis

B

E

F

G

H

I

J

K

L

M

N

O

P

Q

R

S

T

U

V

W

X

Z

Bildquellenverzeichnis

|Benning Elektrotechnik und Elektronik GmbH & Co. KG, Bocholt: 117.2. |Bildredaktion1, G. Schneider-Albert, Berlin: 52.4, 52.5, 71.1, 71.3. |CARL JÄGER, Tonindustriebedarf GmbH, Hilgert: 167.3. |Di Gaspare, Michele (Bild und Technik Agentur für technische Grafik und Visualisierung), Bergheim: 63.2. |Dietz Sensortechnik, Heppenheim: Dietz Sensortechnik 162.3. |DOCUTECHNICA - Technische Dokumentation & Fotografie, Dipl.-Ing. Hans-Christian Starke, Kiel: 204.6. |Druwe & Polas-tri, Cremlingen/Weddel: 21.1, 21.2, 21.4, 21.5, 21.6, 21.7, 21.8, 27.5, 38.4, 48.3, 54.6, 55.4, 56.1, 66.4, 66.5, 66.6. |E.G.O. Elektro-Gerätebau GmbH, Oberderdingen: 29.1. |Eaton Industries GmbH, Bonn: 129.4, 130.1. |ELTAKO GmbH, Fellbach: 187.4. |EnOcean GmbH, Oberhaching, Oberhaching: 182.1, 185.1, 185.2, 185.3, 185.4, 186.3. |Festo SE & Co. KG, Esslingen: 165.5. |Flextron AG, Tagelswangen: 184.1. |fotolia.com, New York: Durst, Otto 47.3; Flächle, Jürgen 10.1; Kalinovsky, Dmitry 63.3; Maxim_Kazmin 196.2; rcx 149.1; Seybert, Gerhard 60.2, 71.2. |GnuPG e.V., Düsseldorf: 225.3. |goobay®, Braunschweig: 207.4. |Heise Medien GmbH & Co. KG, Hannover: https://www.heise.de/select/ct/2019/22/1571743995528045/content-images/pass1Sticks_104805-ju-uw_E.jpg 225.2. |Helmut ROHDE GmbH, Prutting: 167.4, 167.5. |Hübscher, Heinrich, Lüneburg: 7.1, 7.2, 7.3, 7.6, 7.8, 14.2, 20.3, 20.5, 26.3, 28.2, 38.5, 45.1, 45.5, 59.1, 59.2, 174.4, 188.1, 199.2, 199.4, 199.7, 199.9, 199.10, 201.3, 202.1, 204.1, 207.2, 207.3, 208.1, 208.2, 208.3, 209.3, 209.14, 209.16, 209.17, 210.1, 211.3, 211.4, 212.1, 212.2, 212.3, 213.2, 215.2, 221.2, 240.1, 240.2, 241.2, 241.3, 243.4, 245.1. |Jagla, Dieter, Neuwied: 13.2. |KAISER GmbH & Co. KG, Schalksmühle: 64.1, 64.2, 64.4. |Kemo Electronic GmbH, Geestland: 179.2. |Klaue, Jürgen, Bad Kreuznach: 23.2, 41.1, 67.2, 67.5, 68.1, 69.2, 69.3, 72.1, 73.1, 83.1. |KNX, Diegem (Brüssel): 180.1, 182.2. |Kübler Group, Fritz Kübler GmbH, VS-Schwenningen: 168.7. |Levy, Mario, Hohen Neuendorf: 62.3, 93.4, 97.1, 102.2, 103.1, 103.3, 103.5, 103.7, 106.2, 107.1, 108.1, 109.1, 110.1, 112.1, 114.2, 116.1. |Lithos, Wolfenbüttel: Alle weiteren Grafiken. |META-Handelsgesellschaft mbH, München: https://www.kfe-service.de/ 264.3. |Microsoft Deutschland GmbH, München: 225.1. |PantherMedia GmbH (panthermedia.net), München: Koszienski, Frank 126.4. |Pechtel, Dag Dr., Bremen: 280.1, 280.2, 280.3, 280.4, 280.5, 280.6, 280.7. |Pepperl+Fuchs SE, Mannheim: 127.5. |PHOENIX CONTACT GmbH & Co. KG, Blomberg: 158.2. |Quick-Ohm Küpper & Co. GmbH, Wuppertal: 169.3. |Shutterstock.com, New York: Csaszar, Peter 171.1; Deutschlandreform 245.2; Garcia Guillen, Alberto 219.1; kastianz 207.1; Krasyuk, Volodymyr 199.1, 211.1; Oil and Gas Photographer 68.3; optimarc 38.1; Ostranitsa Stanis 103.9; S.Dashkevych 199.3; Sorn340 Studio Images 104.3, 104.4, 104.6. |Siemens AG, München: 44.2, 90.3, 90.4, 90.7, 92.1, 92.2, 98.5, 150.1, 150.2, 155.1, 174.3, 174.5; © Siemens AG 2019, Alle Rechte vorbehalten 185.5, 185.7, 185.8; © Siemens AG 2021, Alle Rechte vorbehalten 125.2, 126.5. |stock.adobe.com, Dublin: alexstr 198.1; Andrey 199.5; Anton 230.6; benjaminnolte 230.2; blende40 188.4; changephoto 199.6; Eisenhans Titel, Titel; electriceye 188.2; Gilmanshin, Ruslan 249.5, 251.2; Kuzina, Olesya 127.3; lrwilk 227.1; luchschenF 190.3; M-Production 249.1; Mariia 210.3, 210.5, 210.6; patrikslezak 200.2; Raths, Alexander 3.1; salita2010 230.5; Sedmáková, Renáta 125.3; singkham 219.2; Söllner, Thomas 230.1; tatevrika 230.4; tibbbb 210.4; Vadim 230.3; Yemelyanov, Maksym 203.1. |Thielert , Mike, Lehrte: 142.1, 143.3. |ubisys technologies GmbH, Düsseldorf: 187.1, 187.5. |Vanselow, Holger, Stuttgart: 104.5. |VARTA Microbattery GmbH, Ellwangen: 12.4, 12.5, 12.7, 12.8, 12.9, 12.10, 12.11, 14.4, 39.3. |© Siemens AG: 2021, Alle Rechte vorbehalten 242.1. |© TDK Electronics AG: © TDK Electronics AG 2021 157.2, 157.3, 157.4.|